雷达技术丛书

雷达发射机新技术

郑　新　李文辉　潘厚忠　余振坤　杨　明　等编著

電子工業出版社
Publishing House of Electronics Industry
北京 · BEIJING

内 容 简 介

雷达发射机是雷达系统的重要组成部分，其性能和品质直接影响或决定着雷达系统的性能和品质。本书在全面、系统地论述真空管雷达发射机和固态雷达发射机技术及其相关技术，以及将基本原理介绍清楚的基础上，主要以工程实践为背景，力求帮助工程技术人员在掌握雷达发射机的设计原则、思路和方法的同时，了解和掌握近年来雷达发射机技术方面所取得的新理论、新成果和新技术。

全书共分 12 章，包括概论、真空管雷达发射机、固态雷达发射机技术、全固态雷达发射机的设计和实践、脉冲调制器、发射机电源、雷达发射机特种元件、发射机系统监控与可靠性设计、雷达发射机技术参数的测试、发射机冷却及电磁兼容的设计、第三代半导体全固态雷达发射机和真空微波管雷达发射机新技术。

本书既可作为从事雷达发射机设计和研制人员的学习用书和设计手册，也可作为从事其他发射设备、雷达系统研制人员及雷达使用人员的参考书，还可以作为高等学校雷达技术相关专业的高年级本科生和研究生的教材或参考书使用。

图书在版编目（CIP）数据

雷达发射机新技术 / 郑新等编著. —北京：电子工业出版社，2024.3

（雷达技术丛书）

ISBN 978-7-121-47504-7

Ⅰ. ①雷…　Ⅱ. ①郑…　Ⅲ. ①雷达发射机　Ⅳ.①TN957.3

中国国家版本馆CIP数据核字（2024）第055859号

责任编辑：董亚峰　　特约编辑：刘宪兰
印　　刷：天津千鹤文化传播有限公司
装　　订：天津千鹤文化传播有限公司
出版发行：电子工业出版社
　　　　　北京市海淀区万寿路 173 信箱　邮编 100036
开　　本：720×1 000　1/16　印张：39　字数：830 千字
版　　次：2024 年 3 月第 1 版
印　　次：2024 年 3 月第 1 次印刷
定　　价：240.00 元

凡所购买电子工业出版社图书有缺损问题，请向购买书店调换。若书店售缺，请与本社发行部联系，联系及邮购电话：（010）88254888，88258888。

质量投诉请发邮件至 zlts@phei.com.cn，盗版侵权举报请发邮件至 dbqq@phei.com.cn。

本书咨询联系方式：（010）88254754。

“雷达技术丛书”编辑委员会

总　序

雷达在第二次世界大战中得到迅速发展，为适应战争需要，交战各方研制出从米波到微波的各种雷达装备。战后美国麻省理工学院辐射实验室集合各方面的专家，总结第二次世界大战期间的经验，于1950年前后出版了雷达丛书共28本，大幅度推动了雷达技术的发展。我刚参加工作时，就从这套书中得益不少。随着雷达技术的进步，28本书的内容已趋陈旧。20世纪后期，美国Skolnik编写了《雷达手册》，其版本和内容不断更新，在雷达界有着较大的影响，但它仍不及麻省理工学院辐射实验室众多专家撰写的28本书的内容详尽。

我国的雷达事业，经过几代人70余年的努力，从无到有，从小到大，从弱到强，许多领域的技术已经进入了国际先进行列。总结和回顾这些成果，为我国今后雷达事业的发展做点贡献是我长期以来的一个心愿。在电子工业出版社的鼓励下，我和张光义院士倡导并担任主编，在中国电子科技集团有限公司的领导下，组织编写了这套“雷达技术丛书”（以下简称“丛书”）。它是我国雷达领域专家、学者长期从事雷达科研的经验总结和实践创新成果的展现，反映了我国雷达事业发展的进步，特别是近20年雷达工程和实践创新的成果，以及业界经实践检验过的新技术内容和取得的最新成就，具有较好的系统性、新颖性和实用性。

“丛书”的作者大多来自科研一线，是我国雷达领域的著名专家或学术带头人，“丛书”总结和记录了他们几十年来的工程实践，挖掘、传承了雷达领域专家们的宝贵经验，并融进新技术内容。

“丛书”内容共分3个部分：第一部分主要介绍雷达基本原理、目标特性和环境，第二部分介绍雷达各组成部分的原理和设计技术，第三部分按重要功能和用途对典型雷达系统做深入浅出的介绍。“丛书”编委会负责对各册的结构和总体内容审定，使各册内容之间既具有较好的衔接性，又保持各册内容的独立性和完整性。“丛书”各册作者不同，写作风格各异，但其内容的科学性和完整性是不容置疑的，读者可按需要选择读取其中的一册或数册。希望此次出版的“丛书”能对从事雷达研究、设计和制造的工程技术人员，雷达部队的干部、战士以及高校电子工程专业及相关专业的师生有所帮助。

“丛书”是从事雷达技术领域各项工作专家们集体智慧的结晶，是他们长期工作成果的总结与展示。专家们既要完成繁重的科研任务，又要在百忙中抽出时间保质保量地完成书稿，工作十分辛苦。在此，我代表“丛书”编委会向各分册作者和审稿专家表示深深的敬意！

本次“丛书”的出版意义重大，它是我国雷达界知识传承的系统工程，得到了业界各位专家和领导的大力支持，得到参与作者的鼎力相助，得到中国电子科技集团有限公司和有关单位、中国航天科工集团有限公司有关单位、西安电子科技大学、哈尔滨工业大学等各参与单位领导的大力支持，得到电子工业出版社领导和参与编辑们的积极推动，借此机会，一并表示衷心的感谢！

中国工程院院士
2012 年度国家最高科学技术奖获得者 王小谟
2022 年 11 月 1 日

前　言

随着社会需求的不断增长，雷达在国防建设和国民经济等多个领域得到了广泛应用，雷达发射机技术也取得了突飞猛进的进步。雷达发射机从它诞生之日起，就与新技术、新材料、新器件和新工艺的发展密切相关，每当出现与雷达技术有关的新材料、新工艺和新器件时，雷达发射机技术就会跃上一个新的台阶；同时，随着雷达发射机技术的不断发展，也牵引着新材料、新工艺和新器件的进一步发展。

现代雷达系统需要具有更强探测威力、更高探测精度和多目标跟踪能力，要求雷达发射机的性能和用途有根本性的提高和扩展。尤其是从 21 世纪初开始，第三代半导体微波功率器件的技术不断发展和进步，微波功率放大器和固态发射机系统的性能也得到迅速提升，并通过广泛的实际应用极大地促进了雷达系统技术和性能指标的提高。同时，新一代高分辨率、目标特性和成像雷达等高性能雷达越来越朝着毫米波等高频段方向发展，毫米波真空微波管的设计方法、制造工艺和测量技术取得突破性的进展，也为毫米波及太赫兹波段低端雷达发射机成功应用于实际工程提供了坚实的技术基础。

20 世纪 80 年代以来，国内外先后出版了几本论述雷达发射机技术的书籍，如 1982 年出版的《微带功率晶体管放大器》、1985 年出版的《现代雷达发射机的理论设计和实践》、1985 年出版的 *Solid State Radar Transmitters*、1994 年出版的 *Microwave Tube Transmitters*、2016 年出版的《宽禁带化合物半导体材料与器件》、2017 年出版的《宽禁带半导体高频及微波功率器件与电路》和 2021 年出版的《微波和射频真空电子功率源》等书籍。这些书籍分别从不同的方面论述了雷达发射机的相关技术，一直是广大读者（特别是从事雷达发射机设计和研制工作的工程技术人员）很好的参考书，对实际工作也起到了指导和很大的促进作用。我们在学习和理解上述书籍中的基本概念和基本理论的基础上，结合工程实践经验和具体研究成果编著了本书。

编著本书的目的是使读者能系统、全面和快速地了解与掌握雷达发射机技术的基本概念和理论知识，了解和掌握雷达发射机的功能、基本原理、组成和特点，有针对性地学习和掌握雷达发射机设计与研制的知识、思路和具体设计方法及一些特殊考虑。

本书是一本全面、系统地论述真空管雷达发射机和固态雷达发射机及其相关技术的书籍。

由于本书重点讨论现代雷达发射机的设计原则、思路和方法，且以所研制成功的雷达发射机为例，从实际工程经验中归纳总结出一些对以后的工程实践有指导意义的内容，力图反映近年来在雷达发射机技术方面所取得的新成果和新技术。因此，对雷达发射机技术的基础理论和知识我们只进行了简要的论述，更详细的理论知识，请读者参阅上面提到的相关书籍。

全书共分 12 章，第 1 章概述了雷达发射机的发展史、功能和分类，讨论了雷达发射机的工作原理、组成和主要性能指标及要求；第 2 章介绍了真空管雷达发射机的工作原理、组成、性能和特点，讨论了其设计思路和方法；第 3 章和第 4 章主要介绍了固态雷达发射机的工作原理、组成、重要技术指标和特点，讨论了固态雷达发射机所用功率管的特性和固态雷达发射机的基本技术，重点阐述了用于实际工程中固态雷达发射机的设计思路和具体设计方法及特殊考虑；第 5 章和第 6 章概述了脉冲调制器和发射机电源的工作原理、指标和作用，主要讨论了线型脉冲调制器、栅极脉冲调制器、刚管脉冲调制器，速调管电源、行波管电源和固态发射机电源的指标要求和设计考虑；第 7 章主要讨论了雷达发射机特种元件的参数计算和设计方法；第 8 章介绍了发射机系统监控与可靠性设计等方面的内容；第 9 章指出了雷达发射机技术参数测试的重要性，研究了技术参数的含义和测试方法；第 10 章讨论了发射机冷却方式的选择与设计，以及在电磁兼容设计方面的考虑；第 11 章主要介绍了第三代半导体微波功率器件的特性、应用及发展展望，重点讨论了第三代半导体微波功率器件及全固态雷达发射机中 GaN 微波功率放大器和其系统的指标要求、方案选择、具体组成、工作原理、设计方法、特殊考虑和实践应用；第 12 章主要介绍了毫米波真空微波管和小型化真空微波管的特性、应用及发展展望，重点讨论了毫米波真空微波管雷达发射机、分布式空间合成真空微波管发射机、高压高功率模块化和高速高集成脉冲调制器的指标要求、方案选择、具体组成、工作原理、设计方法、特殊考虑和实践应用。

本书由直接从事雷达发射机设计和研制工作的工程技术人员编写，由于作者大都研制成功了多部雷达发射机，具有相当丰富的专业知识和实践经验，因此本书既可以作为从事雷达发射机设计和研制人员的学习用书和设计手册，也可以作为从事其他发射设备和雷达系统的研制人员及雷达使用人员的参考书，还可以作为高等学校雷达技术相关专业高年级本科生和研究生的教材或参考书。

本书的第 1 章、第 3 章、第 4 章、第 9 章由郑新、潘厚忠、杨明、余振坤编写，第 2 章由李文辉编写，第 5 章由张建华、李文辉编写，第 6 章由汪军编写，第 7 章由钟惠斌编写，第 8 章由戴大富、黄军编写，第 10 章由刘湛、李文辉编写，第 11 章由郑新、余振坤、张科编写，第 12 章由郑新、杨明、杨景红编写。郑新负责全书的统稿，并对各章节内容进行了调整、补充和完善。全书由魏智研究员和赵玉洁研究员审稿。在本书的编写过程中，得到了中国工程院王小谟院士和张光义院士的指导和帮助，原中国电子科学研究院的邱荣钦高级工程师和电子工业出版社“雷达技术丛书”特邀首席策划编辑刘宪兰、学术出版分社社长董亚峰给出了重要指导意见并为本书的编辑与出版付出了辛勤的努力，汤长岭、邢靖、靖江、丁卫菊对本书初稿进行了绘图工作，在此一并表示衷心的感谢。

我们编写本书的初衷是想为我国雷达事业的发展做出贡献，但鉴于水平和能力有限，书中难免存在错误和不足之处，敬请广大读者批评指正。

郑　新

2022 年 8 月 8 日

目 录

第1章 概 论

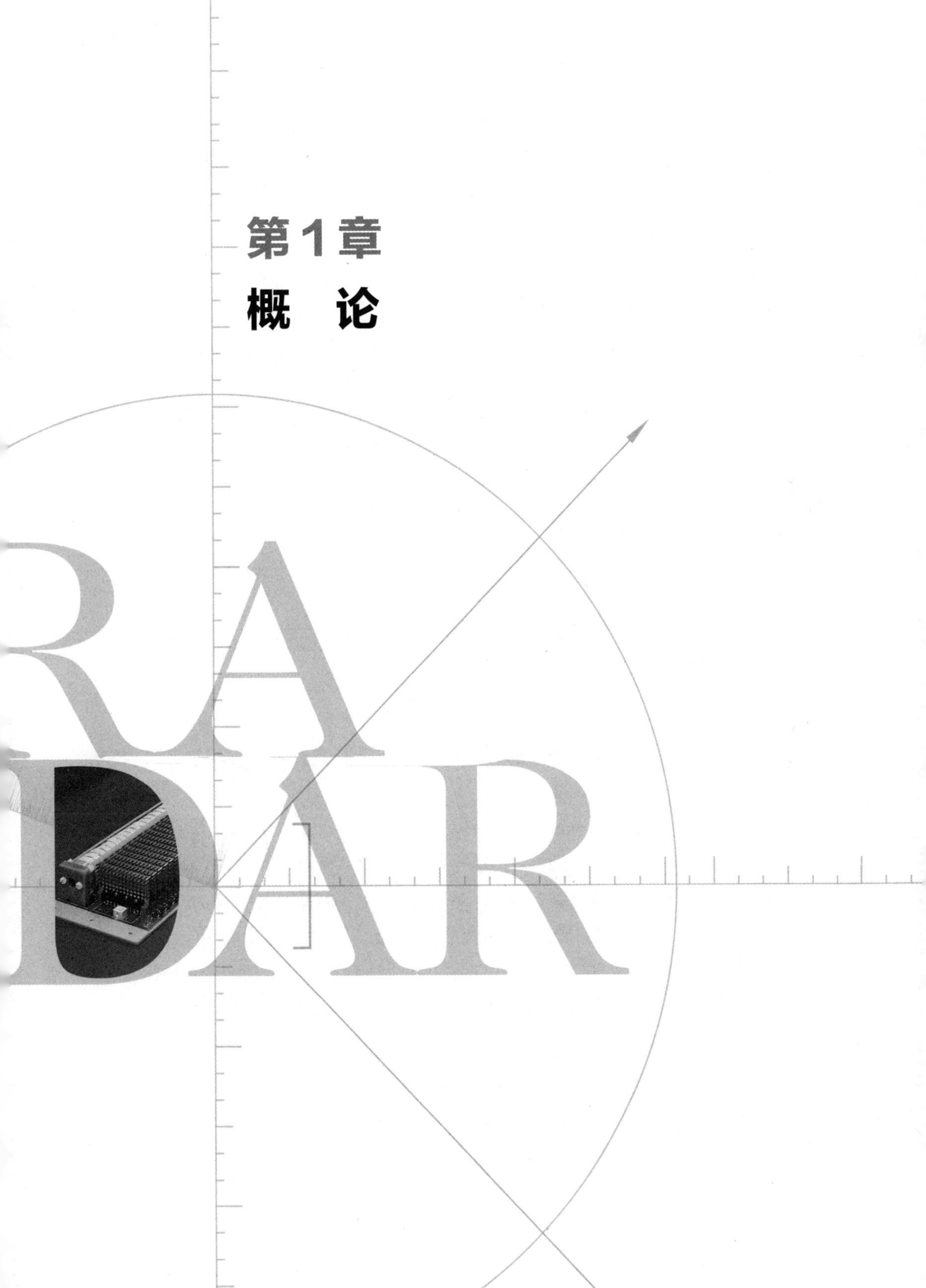

本章概述了雷达发射机的发展史、功能和分类，阐明了雷达发射机的基本工作原理、组成和主要技术参数，简述了现代雷达对发射机的要求，最后介绍了用于几种不同平台和不同场合的雷达发射机。

1.1 概述

雷达发射机伴随着第二次世界大战初出现的第一批搜索雷达而诞生。当时英国人采用的是电真空三极管发射机，工作频率仅限于 VHF 和 UHF 波段。随着雷达技术的迅猛发展，对发射机性能指标提出了越来越高的要求，其工作频率也向着微波频段扩展，要求输出功率几百千瓦至几兆瓦。

在随后的年代相继出现了速调管（美国 Varian 兄弟发明）、磁控管（英国人 Randall 和 Boot 发明）、行波管（奥地利人 Rudolph Kompfiner 博士发明）等付诸实用的微波电子管，同时也促使发射机向微波频段不断发展，各种雷达发射机伴随种类繁多的雷达应运而生。

雷达发射机一般可分为两大类：自激振荡式发射机和主振放大式发射机。而自激振荡式发射机又可分为两种：一种是初期雷达使用的三极和四极管振荡式发射机，其工作频率为 VHF 或 UHF 波段；另一种为磁控管振荡式发射机。

自激振荡式发射机系统组成相对简单，但其性能差，尤其是频率稳定度低，不具备相干特性，其雷达也无法测速。但磁控管振荡式发射机可工作在多个雷达频段，加之其成本低和效率高，所以仍有一定数量的磁控管振荡式发射机被一些雷达所采用。

主振放大式发射机系统组成相对复杂，性能指标好，频率稳定度高，其雷达可实现脉冲多普勒测速。它可以采用多种脉冲信号形式，具备脉冲压缩工作方式，但这类发射机成本高，组成复杂，效率低。大多数雷达，尤其是相控阵雷达发射机，都为主振放大式。其典型代表有 20 世纪 70 年代后期研制的测控雷达发射机和 80 年代中期研制的 YLC-2 三坐标远程警戒引导雷达发射机。前者为速调管放大器发射机，输出峰值功率 2.5MW；后者为全固态相控阵发射机。

自 20 世纪 40 年代末（1948 年）半导体三极管发明后，晶体管运用频率不断向 VHF、UHF 及微波波段推进，功率也不断提高。

从 60 年代末开始固态雷达发射机的设计，到 70 代中期就已经有多种全固态雷达发射机开始付诸使用，如美国的 AN/TPS-59 和 Pave Paws 雷达发射机。

80 年代以后，工作频率在 4GHz 以下的全固态雷达发射机（一般采用硅微波双极功率晶体管）如雨后春笋般涌现出来，大量地替换掉原有电子管雷达发射机。同时，随着砷化镓场效应晶体管（GaAs FET）制造技术的进步，全固态发射机尤其是有源相控阵雷达全固态发射机研制成功并快速应用到各种雷达系统中。

自 21 世纪初开始，以 GaN 为代表的第三代半导体材料和微波功率器件取得了突飞猛进的发展和进步，随之而来的第三代半导体全固态雷达发射机技术不断获得新的突破，同时，通过迅速而广泛的工程应用，显著地促进了新一代雷达系统指标的提升与进步。

一般来说，固态雷达发射机可分为两种：一种是集中放大式高功率固态发射机，另一种是分布式相控阵发射机。

表 1.1 列出了国内外早期的一些典型雷达发射机的工作频率、输出功率、形式和所选用的功率器件的类型。

表 1.1 典型雷达发射机一览表

型号 或代号	国别	研制年代	主要技术参数		形式	功率器件类型
			工作频率	输出功率		
测量雷达	中国	20 世纪 60 年代初	VHF 波段	峰值 1MW，平均 4kW	自激振荡式	四极管
AN/FPS-85	美国	20 世纪 60 年代初	P 波段	峰值 32MW，平均 400kW	主振放大式 无源相控阵	四极管
精密跟踪 测量雷达	中国	20 世纪 60 年代	C 波段	峰值 1MW，平均 1kW	自激振荡式	同轴磁控管
AN/FPS-16	美国	20 世纪 50 年代中期	C 波段	峰值 1MW，平均大于 640W	自激振荡式	磁控管
AN/FPS-50	美国	20 世纪 50 年代中期	P 波段	峰值 5MW，平均 300kW	主振放大式	速调管
大型相控阵 预警雷达	中国	20 世纪 70 年代	P 波段	峰值 2.5MW，平均 50kW	主振放大式 无源相控阵	速调管
测量雷达	中国	20 世纪 90 年代	S 波段	峰值 250kW，平均 5kW	主振放大式 无源相控阵	多注速调管
舰载精密 测量雷达	中国	20 世纪 70 年代末	C 波段	峰值 2.5MW，平均 6kW	主振放大式 双工或并联	速调管
AN/FPS-108	美国	20 世纪 70 年代	L 波段	峰值 15.4MW，平均 1MW 96 个行波管推动 96 个 子阵，空间合成	主振放大式 相控阵式	行波管
AN/TPQ-37	美国	20 世纪 70 年代	S 波段	峰值 125kW，平均 5kW	主振放大式 无源相控阵	行波管
机载火控雷达	中国	20 世纪 80 年代	X 波段	—	主振放大式	栅控行波管

续表

型号或代号	国别	研制年代	主要技术参数		形式	功率器件类型
			工作频率	输出功率		
机载火控雷达	中国	20 世纪 80 年代末	X 波段	—	主振放大式	双模栅控行波管
AN/TPS-70	美国	20 世纪 80 年代初	S 波段	峰值 3.5MW，平均 6.2kW 宽带放大 200MHz	主振放大式	行波速调管
AN/MPS-39	美国	20 世纪 80 年代中期	C 波段	峰值 1MW，平均 5kW 宽带放大 500MHz	主振放大式 无源相控阵	前向波放大管
车载测量雷达	中国	20 世纪 80 年代末	C 波段	峰值 500kW，平均 1kW	主振放大式	前向波放大管
AN/FPS-115 (PAVE PAWS)	美国	20 世纪 70 年代	P 波段	峰值 582.4kW，平均 145kW	主振放大式 有源相控阵	硅双极晶体管
AN/SPS-40	美国	20 世纪 60 年代	P 波段	峰值 250kW，平均 4kW	主振放大式 高功率相加	硅双极晶体管
AN/FPS-117	美国	20 世纪 70 年代	L 波段	峰值 24.75kW，平均 5kW	主振放大式 行馈相控阵	硅双极晶体管
YLC-1	中国	20 世纪 70 年代	P 波段	峰值约 25kW，平均 2.5kW	主振放大式 行馈相控阵	硅双极晶体管
YLC-4	中国	20 世纪 80 年代初	P 波段	—	主阵放大集中式	硅双极晶体管
YLC-2	中国	20 世纪 80 年代	L 波段	—	主振放大式 行馈相控阵	硅双极晶体管
YLC-6	中国	20 世纪 80 年代末	S 波段	—	主振放大集中式	硅双极晶体管
SLC-2	中国	20 世纪 90 年代	S 波段	—	主振放大式 有源相控阵	硅双极晶体管

1.2 雷达发射机的功能

雷达发射机是为雷达系统提供符合要求的射频发射信号，将低频交流能量（少数也可是直流电能）转换成射频能量，经馈线系统传输到天线并辐射到空间的设备。雷达发射机一般分为连续波发射机和脉冲发射机，最常用的是脉冲雷达发射机。

现代雷达发射机要想高效地将工频电能转换成符合要求的射频发射信号，就要尽可能地采用优良的微波功率器件、先进的开关转换器件、优质元器件及新材料、新工艺等综合技术，辅以最佳仿真技术进行设计，以最新的生产加工手段进行精心加工，再以科学的组装、调试程序技术进行生产，最终获得性能、体积、质量、可靠性等指标都满足要求的雷达发射机。

雷达发射技术是对雷达频率源产生的小功率射频信号进行放大或直接自激振荡产生高功率雷达发射信号的一种综合技术，它主要包括功率放大技术、电源和调制技术、控制保护和冷却技术。雷达发射机是雷达系统的重要组成部分，也是整个雷达系统中最昂贵的部分之一。发射机性能的好坏直接影响到雷达整机的性能和质量。

随着雷达技术的飞速发展，对雷达发射机也提出了各种苛刻的要求。雷达在国防、军工、国民经济各个领域被广泛应用，不同用途的雷达对发射机的要求也各不相同。

现代雷达要解决的首要问题是在恶劣环境条件下发现目标并准确地测试所发现目标的各项参数。所谓恶劣环境是指目标周围对雷达发射信号的强反射，如地物、海浪、雨和雪等产生的强反射信号都会使雷达所要探测的目标回波信号被“淹没”。显然，消除这些杂波是不能通过增加发射功率或提高接收机灵敏度来解决的。雷达系统中抑制这些杂波主要采用动目标显示（MTI）或脉冲多普勒滤波（PD）技术。MTI 技术采用延迟相消的时域处理方法，如最简单的双脉冲对消。它是将接收到的回波信号延迟一个脉冲周期后与下一个脉冲周期的回波信号相减；对不动的杂波信号，相邻周期的回波信号振幅、相位不变，相减后可抵消，以使要测试的运动目标显示出来。PD 技术是采用频域内的相参处理，通常是对 N 个脉冲回波进行傅里叶分析，获得回波信号的频谱，再通过多普勒滤波器把多普勒频率为零的杂波滤去，留下多普勒频率不是零的运动目标回波，并可测出目标径向速度。

PD 技术与 MTI 技术相比，前者具有可提供目标径向速度信息、检测灵敏度高等优点，因为 PD 技术是对 N 个回波相参进行处理，其检测灵敏度比单个脉冲大约提高 $10\lg N$(dB)；而 MTI 技术平均检测灵敏度与单个脉冲情况相同。PD 技术与恒虚警率（CFAR）电路和自适应检测门限相结合，可较好地解决对非零多普勒杂波（如雨雪）的滤波和抑制强的零多普勒杂波在多普勒滤波器中的旁瓣输出造成的虚警问题。但 PD 技术设备复杂、造价高，因此对杂波抑制要求不高，也没有要求多普勒测速的系统，可采用 MTI 技术。另外，PD 技术要求雷达波束对目标驻留的时间比较长，为 N 个重复周期时间；而双脉冲对消 MTI 只要两倍重复的周期时间。这对边扫描、边跟踪的三坐标雷达及相控阵雷达来说，采用 PD 技术存在一定的困难。因此，20 世纪 80 年代中期，有学者提出了用动目标数字检测(MTD)方法来抑制杂波，这是将 MTI 和 PD 处理器相级联，并同时利用 CFAR 和杂波图处理器，这种组合具有近似最佳杂波滤波器的性能。在 MTD 中由 MTI

技术预先抑制强的地物杂波，以缓解对多普勒滤波器组动态范围和低旁瓣的压力。从上述说明中可以看出，为了降低杂波，不管采用 MTI 技术还是 PD 技术，对发射信号都有两项基本要求：一是发射信号必须是相参的，二是发射信号脉间应是高稳定的。信号相参是指发射信号与雷达频率源的信号存在固有相位关系，发射机必须是主振放大式，对 MTI 体制来说是为了减小对消剩余；对 PD 体制来说，脉间不稳定反映在频谱上会出现寄生频率分量，产生不希望的寄生输出。高性能雷达发射机必须满足这两项指标要求。

高性能雷达对发射机的第二个要求是要能输出复杂的发射信号。早期雷达的发射信号几乎都是载频固定的矩形调制脉冲，其脉冲宽度 τ 和信号频谱宽度 B 乘积等于 1（τB=1）。雷达诸多性能与信号形式有关，表现在下列四个方面。

（1）在一定虚警概率下，雷达探测能力与信号能量成正比。信号能量与信号峰值功率和发射脉冲宽度成正比，要提高信号能量既可加大信号峰值功率，也可加宽脉冲宽度。对发射机来说，过大峰值功率会带来许多问题，同时体积、质量增加，成本提高很多；而加大脉冲宽度可充分利用发射管和发射机其他设备的潜力，所花代价要小得多，或者说，加大脉冲宽度可以在不加大信号峰值功率的情况下，保证需要的平均功率。因为利用接收反射回波原理的雷达的作用距离实际上是与平均功率有关的。

（2）雷达测距精度和测速精度也随发射信号能量的增加而提高，同时测距精度还随信号频带宽度的加大而提高，测速精度随信号脉冲宽度增加而提高。先进的目标特性测试雷达和高分辨率成像雷达要求发射信号带宽要大于 10%，如 L 波段达 200MHz，X 波段为 1GHz，发射脉冲宽度为 100μs 至数毫秒。

（3）雷达的距离分辨率和速度分辨率分别与信号的有效频带宽度和脉冲宽度成正比。对于 τB=1 的矩形固定载频脉冲信号雷达，用加宽发射脉冲宽度来提高信号能量的方法与测距精度和测距分辨率的要求相矛盾；而采用 $\tau B \gg 1$ 的复杂发射信号能解决此矛盾，这种大时间带宽积信号为脉冲压缩信号。这样的宽脉冲发射信号，在接收机中经匹配滤波器可压缩成很窄的回波脉冲（回波脉冲宽度近似地与信号频谱宽度成反比），应用此技术的雷达为脉冲压缩雷达。

（4）雷达对某些杂波和人工干扰的对抗能力也与发射信号的形式有关。但选用何种发射信号形式只能根据雷达特定用途（含所检测目标环境状况）和所要求获得的目标信息来选择。

雷达发射机要具备发射多种复杂波形的能力，发射机射频放大器件就必须具备可宽、可窄带宽和可宽、可窄脉冲的工作能力，同时要求发射机微波功率放大器的信号失真小，否则接收机输出会产生虚假回波，使雷达性能变差。

高性能雷达要具备的另一个能力是抗干扰能力，对雷达进行干扰的方法是多种多样的，其中最难对付的是发射频谱接近于白色噪声的有源干扰。采用宽带发射机和捷变频工作方式是对付此种干扰的一种有效方法。

全固态有源相控阵雷达发射机是一种分布放大式发射机，其固态放大器与馈线、功率分配器、移相器、T/R 组件等构成多辐射单元的有源天线阵列。固态发射机有利于实现雷达的多功能化。发射脉冲宽度由射频激励信号决定，它一般不需要脉冲调制器，且很容易发射各类复杂的、编码的射频信号。全固态放大器的优点是适合于宽脉冲、大工作比运用，适用于$\tau B \gg 1$的脉冲压缩雷达系统。

现代雷达广泛地应用在国防、国民经济、航空航天、太空探测等领域，雷达发射机技术除用于雷达外，在导航、遥控、遥测、电子对抗、电离层探测、高能加速器、工业微波加热、医疗设备、仪表设备、高功率微波武器等方面都可以广泛应用。

1.3　脉冲雷达发射机的主要技术参数

脉冲雷达发射机的主要技术参数是根据雷达整机的要求，结合现代雷达发射机的发展水平来确定的明确指标，这些指标基本上决定了发射机的基本类型及相应的组成部分。下面就一些主要技术参数加以说明，而其他电性能指标及结构、冷却等相关指标将在相关章节中给出说明。

1.3.1　工作频率

雷达发射机的工作频率是根据雷达所执行的任务来确定的，选择频率既要考虑大气层中各种气候条件对电波的影响（吸收、散射、衰减等因素），又要考虑测试精度、分辨率、雷达平台及环境等要求，还要考虑现有及未来可能研制出符合要求的微波功率管的水平。

一般来讲，地面对空搜索、远程警戒雷达需选用较低的工作频率，精密跟踪测量雷达需选用较高的工作频率，而大多数机载雷达受体积、质量等限制，工作频率大都选在 X 波段。工作频率不同，发射机类型就可能不同，早期远程警戒雷达发射机大都用真空三极管、四极管，工作频率为 VHF、UHF 波段；后来的磁控管、大功率速调管、行波管及正交场放大管常工作在 UHF 波段、L 波段、S 波段、C 波段和 X 波段等波段。

20 世纪 60 年代，微波功率晶体管技术飞速发展，固态放大器设计应用技术日趋成熟，全固态发射机也应运而生，由此开始，工作频率在 S 波段以下的发射机大量选用全固态发射机。

雷达发射机的瞬时带宽可定义为：发射机工作时，在不进行任何调整时的工作频率可变化的范围，其输出功率值的变化应小于1dB。此指标是针对主振放大式发射机而言的，发射机的瞬时带宽应大于所放大的信号本身频率变化的范围（即信号带宽）。

瞬时带宽的要求决定了被选用放大管的类型，一般来说窄带发射机可选用三极管、四极管、速调管和硅双极微波晶体管等器件；宽带发射机可选用行波管、前向波管、行波速调管、多注速调管及砷化镓场效应晶体管等器件。

对一些特殊用途的雷达，如成像雷达、目标特性识别雷达，其信号带宽很宽，其发射机需用超宽带发射机。

1.3.2 输出功率

发射机的输出功率是指发射机末级放大器（或振荡器）送至馈线系统的射频功率。对于连续波雷达，发射机输出功率是连续波功率。对于脉冲雷达发射机，其输出功率以峰值功率 $\hat{P}_0$ 和平均功率 $\overline{P}_0$ 来表示。这里应指出，峰值功率 $\hat{P}_0$ 是指脉冲持续期间射频振荡的平均功率（单位时间内能量），不是射频正弦振荡的最大瞬时功率；平均功率是指脉冲重复周期内输出功率的平均值。若发射脉冲是理想矩形等周期脉冲串，脉冲宽度为 τ，脉冲重复周期为 T_r，则有

$$\overline{P}_0 = \hat{P}_0 \times \frac{\tau}{T_\mathrm{r}} = \hat{P}_0 \times \tau \times F_\mathrm{r} \tag{1.1}$$

式（1.1）中，F_r 为脉冲重复频率，$\tau / T_\mathrm{r} = \tau F_\mathrm{r} = D$ 称为雷达工作比或占空比。

发射机输出功率决定了雷达的威力和抗干扰能力。对采用反射式工作方式的雷达，发射机的输出功率与雷达作用距离的关系为 4 次方根的关系，由此可见，采用提高发射机输出功率来增加雷达作用距离的方法，既增加成本，又收效甚微。

1.3.3 脉冲波形

目前常用和正在研制的雷达，多数为脉冲雷达，脉冲波形既有简单等周期矩形脉冲串，也有复杂编码脉冲串。理想矩形脉冲的参数主要有脉冲幅度和脉冲宽度，而实际的发射信号一般都不是理想矩形脉冲，而是具有上升沿、下降沿的脉冲，且脉冲顶部有波动和倾斜，如图 1.1 所示。

图 1.1 中，脉冲宽度 τ 为脉冲上升沿幅度的 $0.5A$ 处至脉冲下降沿幅度 $0.5A$ 处之间的脉冲持续时间；脉冲前沿 τ_r 为脉冲上升沿幅度 $0.1A$ 处至 $0.9A$ 处之间的持续时间；脉冲后沿 τ_f 为脉冲下降沿幅度 $0.9A$ 处至 $0.1A$ 处之间的持续时间；顶部

波动为脉冲顶部振铃波形的幅度 Δu 与脉冲幅度 A 之比，即 $\dfrac{\Delta u}{A}$，通常以百分数或 dB 数值表示；脉冲顶降即顶部倾斜，它为脉冲顶部倾斜幅度 ΔA 与脉冲幅度 A 之比。

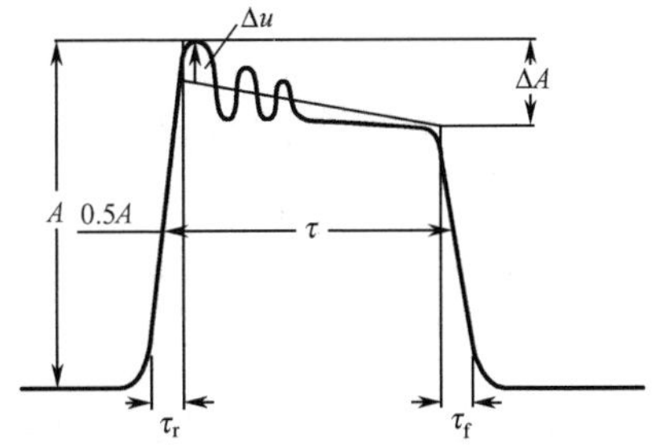

图 1.1 矩形脉冲波形

上述发射信号检波波形的相关参数是表示发射信号质量的基本参数。

1.3.4 发射信号的稳定性和频谱纯度

发射信号的稳定性是指射频信号的振幅、频率（或相位）、脉冲重复频率和脉冲宽度的稳定性，任一参数的不稳定都会影响高性能雷达主要性能指标的实现。现代高性能雷达都对发射信号的稳定性提出了严格要求。

发射信号可用下式表述，即

$$s(t)=\begin{cases}\left[A_0+\varepsilon(t)\right]\cos\left[2\pi f_c t+\varphi(t)+\varphi_0\right], & t_0+nT_r+\Delta t_0 \leqslant t \leqslant t_0+nT_r+\Delta t_0+\tau+\Delta\tau \\ & (n=0,1,2,\cdots) \\ 0, & \text{其余时间}\end{cases} \tag{1.2}$$

式（1.2）中，A_0 为等幅高频信号振幅，$\varepsilon(t)$ 为叠加于 A_0 之上的幅度变化，f_c 为高频载波频率，φ_0 为信号初始相位，Δt_0 为脉冲信号起始时间的不稳定量，$\Delta\tau$ 为脉冲信号宽度的不稳定量。

那么信号瞬时频率 f 可表示为

$$f=\frac{\mathrm{d}}{\mathrm{d}t}\left[2\pi f_c t+\varphi(t)+\varphi_0\right]=2\pi f_c+\dot{\varphi}(t) \tag{1.3}$$

式（1.3）中，$\varphi(t)$ 为相位不稳定量，$\dot{\varphi}(t)$ 为频率不稳定量。

这些不稳定量一般都很小，即$\left|\dfrac{\varepsilon(t)}{A_0}\right|$、$\left|\varphi(t)\right|$、$\left|\dfrac{\dot{\varphi}(t)}{2\pi f_c}\right|$、$\left|\dfrac{\Delta t_0}{T_r}\right|$和$\left|\dfrac{\Delta\tau}{\tau}\right|$都远小于 1。

上述不稳定量均可分为确定的不稳定量和随机的不稳定量。确定的不稳定量来自电源的纹波、脉冲调制波形的顶部波动和周围环境有规律的机械振动等因素，通常是时间的周期性函数。随机的不稳定量是任意的，如发射管的噪声，调制脉冲幅度的随机变化等都可能是原因之一，对于这些随机变化必须用统计的方法进行分析。信号的稳定度可以在时间域上来度量，也可以在频率域内用傅里叶分析法来度量。

1. 信号稳定度的时域度量

对于信号确定的不稳定量，分析方法比较简单，因不稳定量为周期性变化，所以可用傅里叶级数展开，取其起决定性影响的基波分量的幅值作为信号稳定度的时域度量。有时，为了简便起见，可直接取信号不稳定量的幅值和频率作为稳定度的时域度量。

对于信号随机的不稳定量，要取不稳定量$x(t)$的方差来度量。方差定义为

$$\sigma_x^2(t)=\left\langle x^2(t)\right\rangle \tag{1.4}$$

式（1.4）中，〈〉表示对集合取统计平均值，这里假设$x(t)$的数学期望为0。此定义在实际中难以应用，因为它要求有连续数据和无限数据长度的测试，为此需运用采样方差来度量，其定义为

$$\sigma_x^2(N\cdot T\cdot\tau)=\left\langle \frac{1}{N-1}\sum_{n=1}^{N}x_n^2\right\rangle \tag{1.5}$$

式（1.5）中，x_n是在时间τ内对$x(t)$进行采样测试得到的值，即

$$x_n=\frac{1}{\tau}\int_{t_n}^{t_n+\tau}x(t)\mathrm{d}t,\qquad t_{n+1}=t_n+T\qquad (n=0,1,2,3,\cdots) \tag{1.6}$$

这里要指出的是，式（1.6）中，τ是采样时间，不是脉冲宽度；T为两次采样的时间间隔，不是脉冲重复周期。但在某些特殊情况下，τ可能等于脉冲宽度，T可能等于脉冲重复周期。N为进行采样测试总的次数。注意要有两个条件成立时，式（1.6）的定义才有意义：①当采样次数N增加时，采样方差收敛；②每N次测试为一组，要求取无限次测试的统计平均值。实际上第二个条件中取无限次测试的统计平均值是难以实现的，只能进行有限组测试。那么取多大的有限组值才合适呢？即当取有限组值作统计平均值时，其与真值方差之间误差有多大？这就涉及不稳定量的数学模型。对频率稳定度，此问题尤为突出。由于闪烁噪声的影响，当$N\to\infty$时，频率稳定度的采样方差不收敛。为解决此问题，美国 IEEE 有关小组于20世纪70年代初推荐利用双采样（N=2）无间歇（T=τ）方差作为频率稳定度的时域度量，也称阿仑方差，即

$$\sigma_y^2(\tau)=\left\langle \frac{1}{2}\left(\overline{y}_{k+1}-\overline{y}_k\right)^2\right\rangle \tag{1.7}$$

$$\overline{y}_k=\frac{1}{\tau}\int_{t_k}^{t_k+\tau}y(t)\mathrm{d}t \tag{1.8}$$

$$y(t)=\frac{\dot{\varphi}(t)}{2\pi f_{\mathrm{c}}} \tag{1.9}$$

现在阿仑方差概念已被普遍采用，但也存在不完善的问题，因此有人在探求

更完善的度量方法。

对于雷达信号稳定度，人们通常关注的是短期稳定度，可以忽略那些变化缓慢的过程。因此，把阿仑方差从频率稳定度应用到其他参数稳定度的分析也是合适的，在忽略了变化非常缓慢的过程后，$\sigma_x^2(N\cdot T\cdot\tau)$ 不收敛的问题也就排除了。在不同场合采用 $\sigma_x^2(N\cdot T\cdot\tau)$ 作为时域度量也是可以的。另一个问题是应取多少组测试值进行平均？业已证明，当测试组数 m 很大时，m 组测试平均所得值与真实方差值的相对误差 δ 服从正态分布，其均值为零，当 $m>10$ 时，均方差近似为

$$\sigma(\delta)\approx\frac{1}{\sqrt{m}} \tag{1.10}$$

例如，进行 1000 组的测试，$\sigma(\delta)\approx3\%$，也就是说，m 组测试的平均结果和真实方差之间的误差在±3%之内的概率是 68%，误差在±10%之间的概率是 99.9%。

综上所述，针对雷达信号的随机不稳定性，可以分别采用振幅、频率或相位、脉冲宽度和定时的采样方差来进行度量。

2. 信号稳定度的频域度量

对任一平稳随机过程，可用傅里叶分析法在频率域内用它的功率谱密度（简称谱密度）来表示。根据维纳-辛钦（Wiener-Khinetchine）定理，平稳遍历性随机过程的功率谱密度与其自相关函数成傅里叶变换对关系。对随机过程，自相关函数和谱密度都是偶函数，所以傅里叶变换为余弦形式，随机过程 $\xi(t)$ 的自相关函数 $R(\tau)$ 可定义为

$$R(\tau)=\langle\xi(t)\xi(t+\tau)\rangle=\lim_{T\to\infty}\frac{1}{T}\int_{-\frac{T}{2}}^{+\frac{T}{2}}\xi(t)\xi(t+\tau)\mathrm{d}t \tag{1.11}$$

谱密度 $W(f)$ 与 $R(\tau)$ 的关系为

$$W(f)=2\int_{-\infty}^{+\infty}R(\tau)\cos2\pi f\tau\mathrm{d}\tau \tag{1.12}$$

$$R(\tau)=\int_{0}^{+\infty}W(f)\cos2\pi f\tau\mathrm{d}f \tag{1.13}$$

式中，$W(f)$ 是单边带功率谱密度，其傅里叶频率范围从 $0\to+\infty$，而没有考虑负频率分量。有些书上的 $W(f)$ 定义为双边功率谱密度，其傅里叶频率变化范围从 $-\infty\to+\infty$。很明显，单边谱密度值比双边谱密度值大一倍。图 1.2 表示了两者关系。该图所示是一个只有寄生调相而无寄生调幅信号的两种谱密度表示法，其中图 1.2（a）是双边谱密度，图 1.2（b）是单边谱密度。因为对雷达信号进行谱密度测试时，得到的值是单边谱密度，所以这里定义 $W(f)$ 也为单边谱密度。

当随机过程 $\xi(t)$ 是确定性的过程时，如 $\xi(t)=A_0\cos2\pi f_\mathrm{c}t$，其自相关函数具

有周期性形式，即

$$R(\tau)=\frac{A_0^2}{2}\cos 2\pi f_c\tau \tag{1.14}$$

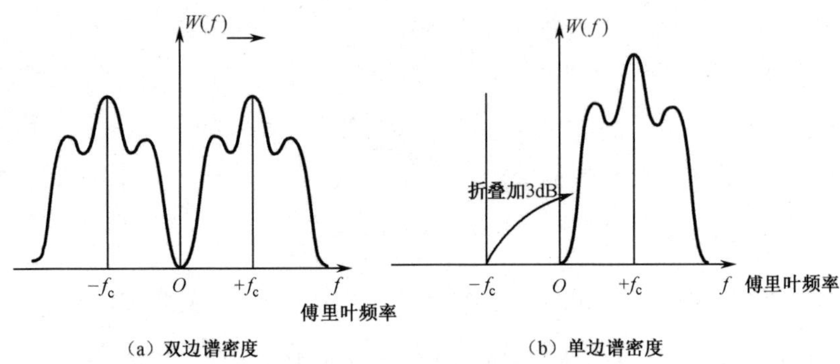

图 1.2　信号功率谱密度的两种表示法

此时式（1.12）是不收敛的，需要引入分配函数概念。

$$\int_{-\infty}^{+\infty}\cos 2\pi ft\mathrm{d}t=\delta(f) \tag{1.15}$$

式（1.15）中，$\delta(f)$ 是冲激函数，此时相应谱密度为

$$\begin{aligned}W(f)&=\frac{A_0^2}{2}\int_{-\infty}^{+\infty}\left[\cos 2\pi(f+f_c)\tau+\cos 2\pi(f-f_c)\tau\right]\mathrm{d}\tau\\&=\frac{A_0^2}{2}\delta(f-f_c)\end{aligned} \tag{1.16}$$

从式（1.16）中可以看出，谱密度是离散分量。$f=f_c$ 这一离散分量，功率为 $\frac{A_0^2}{2}$。一般情况下，谱密度是连续分布的，在某个频率上其功率无穷小，只有在一定的频带内才有一定的功率。

综上所述，可以把 $s(t)$ 看作一个平稳遍历性随机过程，它有谱密度 $S(f)$ 存在。若 $s(t)$ 为没有任何寄生调制的稳定信号，比如是一个理想矩形射频脉冲串周期信号，则它的谱密度为纯离散谱结构，仅在（$f_c \pm nf_r$）（f_r 为脉冲重复频率，$n=0,1,2,\cdots$）的各个傅里叶频率上存在分量。它们相对载频 f_c 的幅度分布为 $\frac{\sin x}{x}$ 的函数，理想矩形射频脉冲串幅度谱如图 1.3 所示。

假如 $s(t)$ 有寄生调制信号，则其谱密度就不是理想谱了。也就是说，载频主谱线周围会产生寄生输出，有时在远离主谱线的地方也会产生寄生输出。对确定性的寄生调制，反映在谱密度上为线状谱，也叫离散型寄生谱。对随机性的不稳定，则反映为分布状谱，也叫分布型寄生谱。图 1.4 所示为一个连续波雷达信号

在载频附近处的功率谱密度分布。

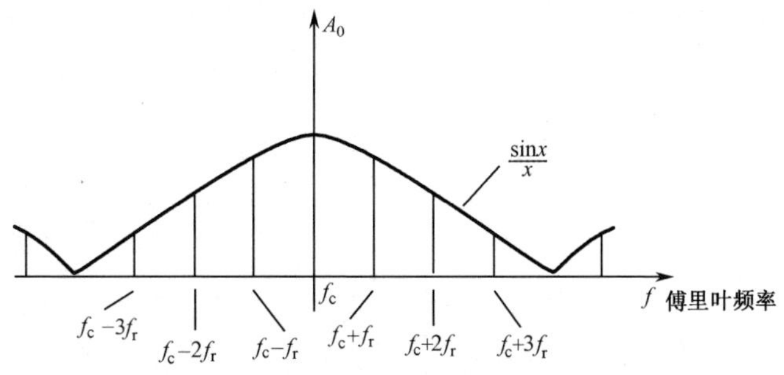

图 1.3　理想矩形射频脉冲串幅度谱

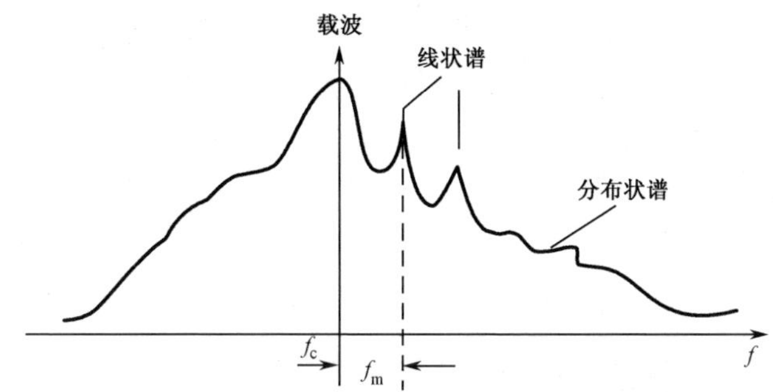

图 1.4　一个连续波雷达信号在载频附近处的功率谱密度分布

由图 1.4 可见，发射信号的谱密度在傅里叶频率轴上的分布是不对称的。发射机中表示信号稳定度不能类似于接收机中定义噪声系数那样单纯地只用一个数来表示，而必须表示出其分布，指出信号在偏离载频 f_m 处的谱密度分布，并进一步指明谱密度的分布是上边带，还是下边带。因为一般情况下，信号寄生调制既有调幅，又有调相（调频），因而其谱密度分布在载频两侧不对称（见图 1.4）。同时，联系到雷达信号的射频频谱测试问题，以这种方式表示信号稳定度的方法还是不完善的，因为它没有指明这些附加寄生分量是由哪种不稳定性产生的，信号的振幅、频率（相位）或脉冲重复频率不稳定等都会引起射频频谱中寄生边带的产生，为了提高发射机的稳定度，找出不稳定的原因很重要。

对射频信号的某项不稳定情况来说，它们对于信号频谱的影响相当于把某项不稳定量的基带频谱移动到载频的两侧，形成载频两侧寄生的对称分布的频谱。例如，前面图 1.2 所示的是仅有寄生调相的信号，它的一对离散性边频为周期性寄生调相所造成，而分布的上、下边带为随机性寄生调相产生的，且每个单项不稳定产生的频谱分布是对称的，因此在度量信号稳定度时只要取一个边带的值就可以了。也就是说，对确定性的不稳定，信号的频域稳定度可用该离散谱的一个边带的功率与载频功率之比来表示（以分贝计）。对于随机性的不稳定则以该分布性谱的每单位频带上的单边带功率与载频功率之比来度量，即以 dB/Hz 计。此值与偏离载频(f_{m})的大小有关，可用$\delta(f_{\mathrm{m}})$来表示，通常把该值称作信号的频谱纯度；而在表述频率合成器输出信号质量时称为单边带相位噪声。可以把这个概念应用到其他表示信号不稳定度的度量方法中去。

早期的一般频谱分析仪，它的动态范围和分辨率不能满足精确测试单位频带相位噪声的要求，随着技术的进步，一些高质量的频谱分析仪可以较精确地测试单位频带相位噪声值，这些仪表的分辨率带宽和视频带宽可达 10Hz、3Hz 或 1Hz。如果仪表带宽达不到 1Hz，如为 ΔB(Hz)，那么所测得的分贝数与$\delta(f_{\mathrm{m}})$的关系可近似为

$$\delta(f_{\mathrm{m}})=10\lg\frac{\Delta B\text{带宽内的单边带功率}}{\text{载频功率}}-10\lg\Delta B\ \text{（dB/Hz）} \qquad (1.17)$$

现代雷达对信号的频谱纯度提出了严格要求，如对脉冲多普勒雷达的典型要求须优于-80dB。为了满足信号频谱纯度要求，对发射机必须进行有针对性的精心设计。

1.3.5　发射机效率

发射机全机效率一般定义为发射机输出高频功率与交流供电（市电）或发电机的输入功率（应包括冷却用电）之比。连续波雷达发射机效率较高，脉冲雷达发射机效率较低，尤其是高峰值功率、低工作比的脉冲发射机；速调管、行波管发射机效率相对较低；磁控管、前向波放大管发射机效率相对较高；分布式全固态发射机效率比较高。

1.4　脉冲雷达对发射机的要求

不同的雷达体制对发射机提出了不同的要求，它主要表现在雷达信号形式和对信号稳定度的要求方面。早期的一般脉冲雷达对发射机的稳定度没有严格的要求，可以选用简单的单级振荡式发射机，而现代雷达对发射机的稳定度提出了比较严格的要求，这是目前广泛应用主振放大式发射机的根本理由。下面就常用的三种不同雷达体制，即脉冲压缩雷达、动目标显示雷达和脉冲多普勒雷达对发射机的要求进行简要讨论。

1.4.1　脉冲压缩雷达对发射机的要求

雷达为了增加作用距离和提高距离分辨率，广泛地采用了脉冲压缩技术。脉

冲压缩概念是第二次世界大战后德国的考尔提出的，其基本原理是：雷达发射一个脉冲宽度 τ 非常大的线性调频或相位编码的信号，如图 1.5 所示。其 τ 与信号带宽 B 的乘积是远大于 1 的射频信号。接收时，通过接收机内脉冲压缩滤波器将信号压缩成窄脉冲，其宽度为 τ'，$\dfrac{\tau}{\tau'}=n$，n 称为脉冲压缩比，其值可为几十至上千；τ' 近似为信号带宽的倒数 $\dfrac{1}{B}$，相应地幅度增大为 $\sqrt{B\tau}$ 。所以时间带宽乘积又称脉冲压缩比。

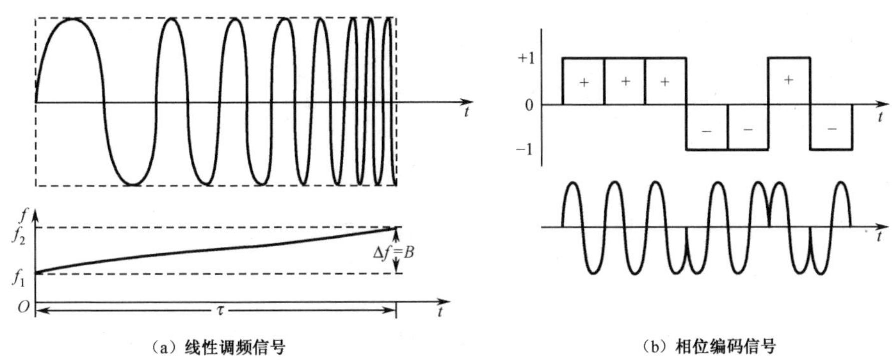

（a）线性调频信号　　（b）相位编码信号

图 1.5　两种常用脉冲压缩信号

脉冲压缩雷达按其用途不同可分成两大类：一类是为了增加作用距离，克服高峰值功率的限制，而采用长脉冲宽度，即几十微秒至几毫秒，但这时信号瞬时带宽不宽，一般为几兆赫；另一类是为了获得高距离分辨率，提高目标特性的识别率，此时，虽然发射信号脉冲宽度不很宽，但信号瞬时带宽很宽，为几百兆赫至上千兆赫。在脉冲压缩雷达中，应用较多的信号形式主要有两种：一种为线性调频信号，即在脉冲宽度时间内频率呈线性变化，如图 1.5（a）所示；另一种为相位编码信号，信号被分成若干个子脉冲，子脉冲宽度相等、相位不同，如图 1.5（b）所示。

对于脉冲压缩雷达，发射机的功能主要是争取将射频信号不失真地放大到所需电平，也就是说，要求发射机具有不失真地将大脉冲宽度和大瞬时带宽的信号进行放大的能力。

对于主振放大式发射机，信号失真可分为两类：一类为频率域失真，这是由放大链振幅特性和相位特性的非线性所引起的；另一类为时间域失真，这是由调制脉冲顶部波动、顶降和电源纹波引起信号寄生调相或寄生调幅所产生的。

下面来分别分析放大器振幅特性和相位特性的非线性所引起的信号失真对脉

冲压缩雷达的影响。

一个不失真的放大器，它的幅度特性在信号频带内为常数，$A(f)=a_0$，相位特性为直线，$\varphi(f)=2\pi b_0 f$。设放大器输入信号为$S(f)$，则放大器输出信号$s_0(t)$的不失真时间波形为

$$
\begin{aligned}
s_0(t) &= \int_0^{+\infty} S(f)\cdot A(f)\mathrm{e}^{-\mathrm{j}\varphi(f)}\mathrm{e}^{\mathrm{j}2\pi ft}\mathrm{d}f \\
&= a_0\int_0^{+\infty} S(f)\mathrm{e}^{\mathrm{j}2\pi f(t-b_0)}\mathrm{d}f \\
&= a_0\int_0^{+\infty} S(f)\mathrm{e}^{\mathrm{j}2\pi ft'}\mathrm{d}f
\end{aligned}
\tag{1.18}
$$

式（1.18）中，$t'=t-b_0$。

式（1.18）表明，信号经理想放大器放大，在幅度上增大了a_0倍，时间上延迟了b_0，而波形不发生变化。

如果放大器存在失真，则幅度特性不再是常数，相位特性不再呈线性。为了分析简单，假设它们具有简谐型失真（再复杂的失真总可用傅里叶级数分解成多项简谐分量之和），即

$$
A(f)=a_0+a_n\cos\frac{2\pi nf}{B} \tag{1.19}
$$

$$
\varphi(f)=2\pi b_0 f-b_n\sin\frac{2\pi nf}{B} \tag{1.20}
$$

式中，a_n和b_n分别为幅度失真和相位失真的最大值，n是在信号带宽B内变化的周期数，如图 1.6（a）所示。

这时放大器的输出信号为

$$
s_{01}(t)=\int_0^{+\infty} S(f)\left(a_0+a_n\cos\frac{2\pi nf}{B}\right)\mathrm{e}^{\mathrm{j}2\pi ft'+\mathrm{j}b_n\sin\frac{2\pi nf}{B}}\mathrm{d}f \tag{1.21}
$$

若只有幅度失真而无相位失真时，即$b_n=0$，则幅度失真项可写成

$$
a_n\cos\frac{2\pi nf}{B}=\frac{a_n}{2}\left(\mathrm{e}^{\frac{\mathrm{j}2\pi nf}{B}}+\mathrm{e}^{\frac{-\mathrm{j}2\pi nf}{B}}\right)
$$

式（1.21）可写成

$$
s_{01}(t)=a_0\int_0^{+\infty} S(f)\mathrm{e}^{\mathrm{j}2\pi ft'}\mathrm{d}f+\frac{a_n}{2}\left[\int_0^{+\infty} S(f)\mathrm{e}^{\mathrm{j}2\pi f\left(t'+\frac{n}{B}\right)}\mathrm{d}f+\int_0^{+\infty} S(f)\mathrm{e}^{\mathrm{j}2\pi f\left(t'-\frac{n}{B}\right)}\mathrm{d}f\right] \tag{1.22}
$$

式（1.22）中，等号右侧第一项为放大器无失真输出$s_0(t')$，后两项是由幅度失真引起的附加输出，它们的时间波形和信号波形都相同，振幅为$\frac{a_n}{2}$。在时间上，

一个比真实信号超前 $\frac{n}{B}$，另一个比真实信号滞后 $\frac{n}{B}$。由此，式（1.22）可写成

$$s_{01}(t)=s_0(t')+\frac{a_n}{2a_0}\left[s_0\left(t'+\frac{n}{B}\right)+s_0\left(t'-\frac{n}{B}\right)\right] \tag{1.23}$$

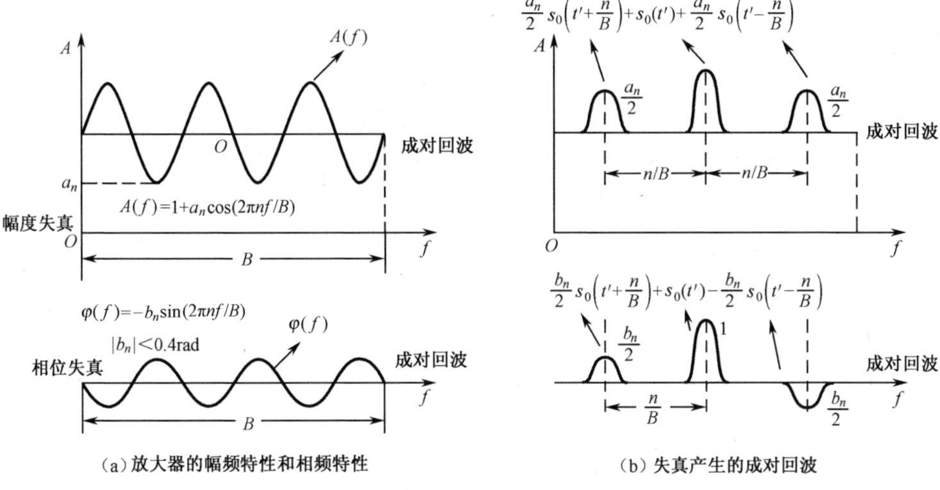

（a）放大器的幅频特性和相频特性　　　（b）失真产生的成对回波

图 1.6　放大器的幅频特性和相频特性失真对信号的影响

很显然，式(1.23)这样的信号类似于接收机中匹配滤波器的输出信号，其输出除一个真实主回波外，在主回波的两边还存在一对虚假回波，其离主回波的间隔（示波屏上相当于距离）大小与放大器在信号带宽 B 内的失真周期数 n 相关。虚假回波的幅度与放大器失真大小 a_n 相关。

若放大器只有相位失真而无幅度失真时，$a_n=0$，因而式（1.21）可写成

$$s_{01}(t)=a_0\int_0^{+\infty}S(f)\mathrm{e}^{\mathrm{j}2\pi ft'}\mathrm{e}^{\mathrm{j}b_n\sin\frac{2\pi nf}{B}}\mathrm{d}f \tag{1.24}$$

其中的相位失真函数可以用贝塞尔级数展开为

$$\mathrm{e}^{\mathrm{j}b_n\sin\frac{2\pi nf}{B}}=\mathrm{J}_0(b_n)+\sum_{m=1}^{+\infty}\mathrm{J}_m(b_n)\left[\mathrm{e}^{\mathrm{j}m\frac{2\pi nf}{B}}+(-1)^m\mathrm{e}^{-\mathrm{j}m\frac{2\pi nf}{B}}\right]$$

把此式代入式（1.24），经整理得出

$$s_{01}(t)=\mathrm{J}_0(b_n)s_0(t')+\sum_{m=1}^{\infty}\mathrm{J}_m(b_n)\left[s_0\left(t'+m\frac{n}{B}\right)+(-1)^m s_0\left(t'-m\frac{n}{B}\right)\right] \tag{1.25}$$

式(1.25)表明，相位失真会引起一组成对回波。但当 b_n 较小时，如小于 0.4rad，就有 $\mathrm{J}_0(b_n)=1$，$\mathrm{J}_1(b_n)=\frac{b_n}{2}$，$\mathrm{J}_m(b_n)=0(m\geqslant 2)$。于是有

$$s_{01}(t)=s_0(t')+\frac{b_n}{2}\left[s_0\left(t'+\frac{n}{B}\right)-s_0\left(t'-\frac{n}{B}\right)\right] \tag{1.26}$$

这说明，对于相位失真较小的情况，由它所引起的失真与幅度失真是相似的，只是虚假回波极性有所不同，图 1.6（b）表示了此情况。

在图 1.6 中给出了幅度特性和相位特性存在失真时产生的虚假信号。为了简便，该图中设定 $a_0=1$。因幅度特性和相位特性失真而影响雷达的结果是产生了成对虚假回波，因此称上述分析为成对回波理论。

接下来讨论放大器的时间域失真。此问题已在信号稳定度的讨论中说明过，无论寄生调幅还是寄生调相，只要寄生调制较小，其结果在载频信号频谱两侧产生上、下边带。这种寄生的上、下边带，经脉冲压缩匹配滤波器，其输出也在主回波两侧产生成对回波。

现在以线性调频信号为例加以说明。设放大器无寄生调制时输出信号的包络是理想矩形线性调频脉冲，即

$$s_0(t)=a_0\cos\left(2\pi f_{\mathrm{c}}t+\frac{1}{2}\mu t^2\right)\quad\left(-\frac{\tau}{2}\leqslant t\leqslant\frac{\tau}{2}\right) \tag{1.27}$$

式（1.27）中，μ 为角频率在脉冲宽度 τ 内的变化速率。此信号经过匹配滤波器的输出为

$$g_0(t)=s_0(t)\otimes h(t)=\int_{-\infty}^{+\infty}s_0(\tau)h(t-\tau)\mathrm{d}\tau \tag{1.28}$$

式（1.28）中，$\otimes$ 为卷积符号，$h(t)=\cos\left(2\pi f_{\mathrm{c}}t-\frac{1}{2}\mu t^2\right)$ 为匹配滤波器的冲激响应。

把 $s_0(t)$ 的表达式（1.27）代入式（1.28），可得

$$g_0(t)=\int_a^b a_0\cos\left(2\pi f_{\mathrm{c}}\tau+\frac{1}{2}\mu t^2\right)\cos\left[2\pi f_{\mathrm{c}}(t-\tau)-\frac{1}{2}\mu(t-\tau)^2\right]\mathrm{d}\tau \tag{1.29}$$

式（1.29）中

$$a=-\frac{\tau}{2}+t,\qquad b=\frac{\tau}{2}\qquad (t>0)$$

$$a=-\frac{\tau}{2},\qquad b=\frac{\tau}{2}+t\qquad (t<0)$$

使用三角恒等式展开，并忽略二次项，得出

$$\begin{aligned}g_0(t)&=\frac{a_0}{2}\int_a^b\cos\left(2\pi f_{\mathrm{c}}t+\mu\tau t-\frac{1}{2}\mu t^2\right)\mathrm{d}\tau\\&=\frac{a_0}{2}\left[\frac{\sin\left(2\pi f_{\mathrm{c}}t+\mu\tau t-\frac{1}{2}\mu t^2\right)}{\mu t}\right]_{\tau=a}^{\tau=b}\end{aligned} \tag{1.30}$$

当 $t>0$ 时，有

$$g_0(t)=\frac{a_0}{2}\left\{\frac{\sin\left[2\pi f_c t+\frac{1}{2}\mu(\tau-t)\right]}{\mu t}-\frac{\sin\left[2\pi f_c t-\frac{1}{2}\mu(\tau-t)\right]}{\mu t}\right\}$$

$$=a_0\frac{\sin\left[\frac{\mu t}{2}(\tau-t)\right]}{\mu t}\cos 2\pi f_c t \tag{1.31}$$

当 $t<0$ 时，有

$$g_0(t)=a_0\frac{\sin\left[\frac{\mu t}{2}(\tau+t)\right]}{\mu t}\cos 2\pi f_c t \tag{1.32}$$

当 $-\tau\leqslant t\leqslant\tau$ 时，有

$$g_0(t)=a_0\frac{\sin\left[\frac{\mu t}{2}(\tau-|t|)\right]}{\mu t}\cos 2\pi f_c t=\hat{g}_0(t)\cos 2\pi f_c t \tag{1.33}$$

式（1.33）中

$$\hat{g}_0(t)=a_0\frac{\sin\left[\frac{\mu t}{2}(\tau-|t|)\right]}{\mu t} \tag{1.34}$$

式（1.34）表示的是输出信号包络。

如果放大器有简谐的寄生调幅，其输出应为

$$\begin{aligned}s_{01}(t)&=\left(a_0+a_n\cos 2\pi f_m t\right)\cos\left(2\pi f_c t+\frac{1}{2}\mu t^2\right)\\&=a_0\cos\left(2\pi f_c t+\frac{1}{2}\mu t^2\right)+\frac{a_n}{2}\left\{\cos\left[2\pi\left(f_c+f_m\right)t+\frac{1}{2}\mu t^2\right]+\right.\\&\left.\cos\left[2\pi\left(f_c-f_m\right)t+\frac{1}{2}\mu t^2\right]\right\}\qquad\left(-\frac{\tau}{2}\leqslant t\leqslant\frac{\tau}{2}\right)\end{aligned} \tag{1.35}$$

此信号经过匹配滤波器输出为

$$g_{01}(t)=s_{01}(t)\otimes h(t) \tag{1.36}$$

式（1.36）由三项组成：一项是式（1.35）中由 $s_{01}(t)$ 第一项产生的输出，它明显就是 $g_0(t)$；另外两项是式（1.35）中由 $s_{01}(t)$ 的上、下两边带所产生的。按同样类似的方法可得到

$$\frac{a_n}{2}\times\frac{\sin\left[\frac{2\pi f_m+\mu t}{2}(\tau-t)\right]}{2\pi f_m+\mu t}\cos\left[2\pi\left(f_c+\frac{f_m}{2}\right)t\right]$$

和

$$\frac{a_n}{2}\times\frac{\sin\left[\dfrac{-2\pi f_{\mathrm{m}}+\mu t}{2}(\tau-t)\right]}{-2\pi f_{\mathrm{m}}+\mu t}\cos\left[2\pi\left(f_{\mathrm{c}}-\frac{f_{\mathrm{m}}}{2}\right)t\right]$$

如果线性调频信号在脉冲宽度 τ 内的最大频偏为 Δf ，则 $2\pi\Delta f=\mu\tau$ 。于是上两式可写成

$$\frac{a_n}{2}\times\frac{\sin\left[\dfrac{\mu}{2}\left(t+\dfrac{f_{\mathrm{m}}}{\Delta f}\tau\right)(\tau-|t|)\right]}{\mu\left(t+\dfrac{f_{\mathrm{m}}}{\Delta f}\tau\right)}\cos\left[2\pi\left(f_{\mathrm{c}}+\frac{f_{\mathrm{m}}}{2}\right)t\right]$$

和

$$\frac{a_n}{2}\times\frac{\sin\left[\dfrac{\mu}{2}\left(t-\dfrac{f_{\mathrm{m}}}{\Delta f}\tau\right)(\tau-|t|)\right]}{\mu\left(t-\dfrac{f_{\mathrm{m}}}{\Delta f}\tau\right)}\cos\left[2\pi\left(f_{\mathrm{c}}-\frac{f_{\mathrm{m}}}{2}\right)t\right]$$

此两式与寄生调幅输出很相似，所以其输出也表示主回波两侧出现的成对虚假回波。它们与主回波的间隔为 $\dfrac{n}{B}$ ，其中 n 为寄生调相在脉冲宽度内的周期数，其相对于主回波的幅度是 $\dfrac{b_n}{2}$ 。

对于非线性调频的其他脉内调制（如相位编码等），结果和线性调频相似。

综上所述，允许信号失真电平的大小和脉内调制的类型关系不大，它主要取决于雷达允许的成对回波的大小。

由此可以得出结论，无论放大器频率失真还是寄生调制，都会在主回波两侧产生成对的虚假回波，虚假回波的大小是最大失真值的一半，而它们距主回波的间隔与脉冲宽度 τ 内失真量的变化周期数 n 成正比。这里需要指出的是，在分析各项失真的时候，可以认为各个失真项是单独存在的，虽然在实际中不是这样，但只要失真量不是很大，这样处理是可行的。

为了保证脉冲压缩雷达性能良好，需要对虚假回波提出严格要求。一般要求虚假回波小于主回波 30～40dB。这就对发射机放大器的频率失真、脉冲调制器寄生调制的最大值提出了一定的要求，而且这一要求还与失真或寄生调制在脉冲宽度内的变化周期数有关。若它们在脉冲宽度内且变化周期数 n 很小时（如 $n<1$），其虚假回波有部分与主回波重叠或全部落在压缩脉冲宽度内。由于压缩脉冲宽度 τ' 与信号带宽 B 的倒数近似相等，因此虚假回波距主回波的间隔 $\dfrac{n}{B}$ 也就等于 $n\tau$ ，

而 $n<1$ 时就和主回波重叠。这样，虚假回波使主回波变宽，并变成不对称。这时可允许虚假回波的幅度大一些，但此时雷达距离分辨率会有所下降。

对于脉冲压缩雷达发射机除考虑信号失真和寄生调制外，同时还要考虑发射机频带内噪声输出对雷达的影响，因为带内噪声输出也会产生脉冲压缩的时间旁瓣。

1.4.2　动目标显示雷达对发射机的要求

动目标显示（MTI）雷达对发射机的一项根本要求是射频信号的相位在脉冲间具有高的稳定度。下面讨论脉冲间不稳定性对相位相干 MTI 系统的影响。

两类相位相干 MTI 雷达系统原理框图如图 1.7 所示，其中图 1.7（a）为自激振荡式雷达发射机，图 1.7（b）为全相干主振放大式雷达发射机。

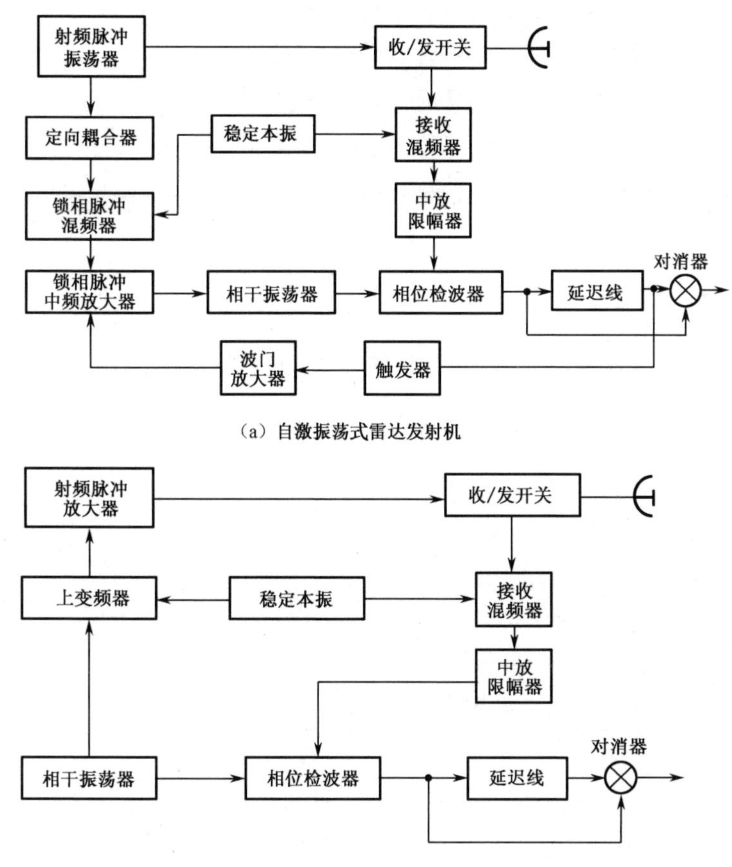

（a）自激振荡式雷达发射机

（b）全相干主振放大式雷达发射机

图 1.7　两类相位相干 MTI 雷达系统原理框图

两者消除固定目标回波的原理相同。在图 1.7（a）中，由于发射机输出射频信号的两个相邻脉冲之间的相位不相干，所以要对每个发射脉冲确定一个相位基准（定相），这里既可用主波（发射脉冲）定相，也可用回波（接收脉冲）定相。主波定相经定向耦合器从发射信号中取出定相脉冲，与稳定本振混频变成中频锁相脉冲进行中放限幅，对相干振荡器锁相。这时相干振荡器输出的信号含有发射脉冲起始相位信息，然后与接收到回波信号的基准信号在相位检波器比相，由此检出目标信息。

在图 1.7（b）所示的全相干主振放大式雷达发射机中，稳定本振信号与相干振荡器信号在上变频器中混频后取出和频信号，作为发射机高频激励信号，经发射机功率放大而输出。此信号中已含有稳定本振和相干振荡器的相位信息。雷达收到的回波信号与稳定本振进行接收混频，将差频作为中频信号，并进行放大、限幅，此信号与相干振荡器的另一输出信号在相位检波器中进行比相，相位检波器输出的信号与回波信号和相干振荡器信号的相对相位有关，这即是全相干系统的特性。当回波信号来自固定目标时，其幅度在脉冲间是不变的，它与相干信号的相对相位也是不变的。因而相位检波器的输出幅度不变，如图 1.8 所示。如果回波信号来自运动目标，则回波信号和相干信号之间的相对相位将以多普勒频率

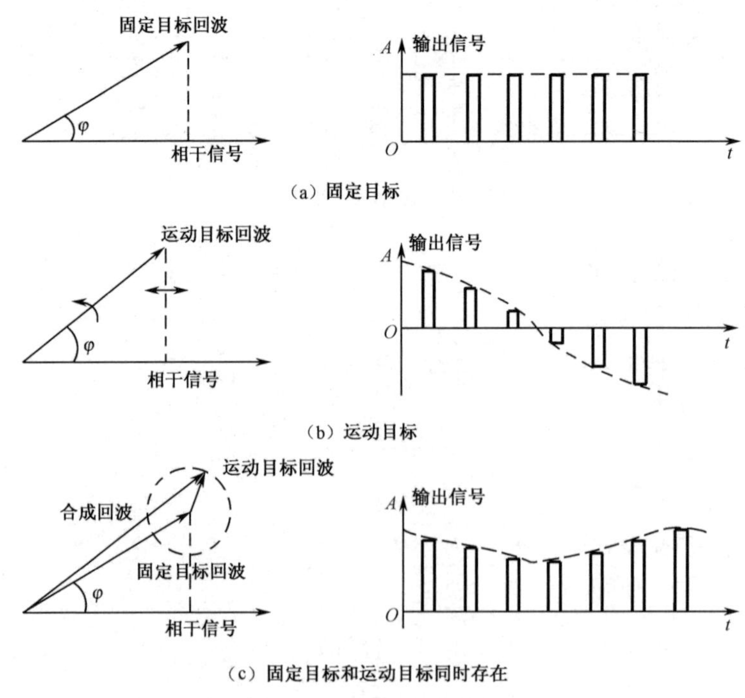

图 1.8　相位检波器的输出信号

的速率变化，相应地，相位检波器的输出幅度也以同样速率变化，如图 1.8（b）所示。在图 1.8(c)中表示了同一距离上既有固定目标又有运动目标的回波信号。相位检波器的输出信号送到一个具有延迟一个重复周期 T 的延迟线与相加器组成的对消器中，对消器把本周期脉冲与前一周期延迟 T 的脉冲相减，其固定目标回波输出为零；只有运动目标的回波才有信号输出，这就是相干 MTI 系统的基本工作原理。

从上述的相干 MTI 系统工作基本原理可以看出，如果发射机射频输出信号在相邻脉冲之间存在幅度不稳定、相位或频率不稳定、触发脉冲时间抖动和脉冲宽度不稳定的情况，都会使固定目标的回波信号不能完全对消，这就限制了相干 MTI 系统的性能指标。

通常用改善因子 I' 来表示 MTI 雷达系统的性能指标。I' 定义为

$$I' = \frac{\overline{S}_{\text{o}} / C_{\text{o}}'}{S_{\text{i}} / C_{\text{i}}'} = \frac{\overline{S}_{\text{o}}}{S_{\text{i}}}\text{CA} \tag{1.37}$$

式（1.37）中，$\text{CA} = \dfrac{C_{\text{i}}'}{C_{\text{o}}'}$ 称为杂波抑制度或对消比，它是对消器输入杂波功率 C_{i}' 与输出杂波功率 C_{o}' 之比。$\overline{S}_{\text{o}} / S_{\text{i}}$ 称为信号增益，这是对消器输出信号在所有可能的目标速度上的平均功率与输入信号功率之比。S_{o} 取平均值是因为对消系统对不同多普勒频率响应不同，且目标速度是在一定范围内分布的。

在 MTI 雷达系统中，发射机的各项不稳定量中有发射机射频信号的幅度不稳定、相位不稳定（对主振放大式雷达发射机）、发射脉冲频率不稳定（对自激振荡式雷达发射机）、定时脉冲时间抖动及射频脉冲宽度不稳定等。

（1）对于射频信号幅度的不稳定（接收机中收到目标的回波信号本身也是起伏的）来说，它在接收机中很容易被消除，即在中频放大器中采用限幅中放使加入相位检波器的信号幅度不变，同时在相位检波器电路中采用平衡相位检波器，使加入相位检波器的两路信号（目标回波信号和相干振荡器的基准信号）的幅度相等，这样平衡相位检波器输出信号仅与目标回波信号和基准信号相对相位变化有关，而与幅度无关，这也就将幅度不稳定因素的影响排除掉了。

（2）对于相位不稳定量来说，在主振放大式雷达发射机中，射频功率放大器脉冲间相位会产生变化，如图 1.9 所示，若用 $\boldsymbol{V}_{\text{c}}$ 表示相位稳定时固定目标的回波矢量，而相位差 φ 使固定目标回波矢量变成 $\boldsymbol{V}_{\text{c}} + \boldsymbol{V}_{\varphi}$，显然 $\boldsymbol{V}_{\varphi} = \boldsymbol{V}_{\text{c}} \cdot \varphi$。

回波矢量的摆动经相位检波器转换成输出幅度的变化，在一次对消时，对消器输出杂波剩余为

$$C_{\text{o}}' = V_{\text{c}}^2 \sigma_{\Delta\varphi}^2 \tag{1.38}$$

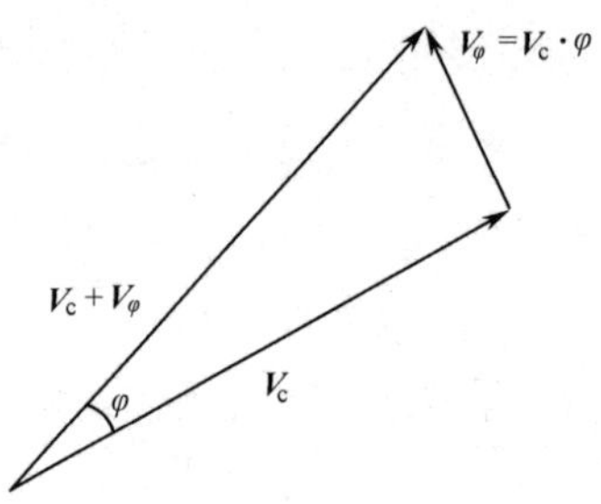

图 1.9　射频功率放大器相位不稳定引起回波矢量的摆动

而输入杂波功率 $C_i'=V_c^2$，故得杂波对消比为

$$\mathrm{CA}=\frac{C_i'}{C_o'}=\frac{1}{\sigma_{\Delta\varphi}^2} \tag{1.39}$$

因此，由于发射机功率放大器相位不稳定所产生的对 MTI 雷达系统改善因子的限制如下：

对于一次对消，有

$$I'=\left(\frac{\bar{S}_o}{S_i}\right)_1\cdot\mathrm{CA}=\frac{2}{\sigma_{\Delta\varphi}^2} \tag{1.40}$$

以分贝数表示为

$$I'=20\lg\left(\frac{\sqrt{2}}{\sigma_{\Delta\varphi}}\right)\ (\mathrm{dB}) \tag{1.41}$$

对于二次对消，有

$$I'=\left(\frac{\bar{S}_o}{S_i}\right)_2\cdot\mathrm{CA}=\frac{6}{\sigma_{\Delta\varphi}^2} \tag{1.42}$$

$$I'=20\lg\left(\frac{\sqrt{6}}{\sigma_{\Delta\varphi}}\right)(\mathrm{dB}) \tag{1.43}$$

如果 φ 在脉冲间是不相关的，则改善因子的限制用 φ 的方差表示，一次、二次对消均为

$$I'=20\lg\left(\frac{1}{\sigma_\varphi}\right)\ (\mathrm{dB}) \tag{1.44}$$

（3）对于振荡器频率不稳定而引起的发射脉冲频率的不稳定，会带来对消剩余。振荡器频率的慢变化，可以由稳定本振的频率自动微调来校正，但频率的快变化，如脉冲间的频率变化则无法校正。相干振荡器虽每次都被发射脉冲锁定，但锁定的不是频率而是相位，因此锁定脉冲过去以后，相干振荡器以其固有频率振荡，此频率与锁定脉冲频率有差异。回波脉冲除在锁定点与相干振荡器信号没

有相对相位差外，在脉冲的其他位置还会出现相位误差。为了分析简单，假设相位差 φ 与振荡器频率 f 具有线性关系，即

$$\varphi = 2\pi ft \tag{1.45}$$

注意，这里 φ 与 f 是脉间随机变量。因而在一次对消情况下，由振荡频率不稳定所引起的 MTI 改善因子的限制为

$$I' = \frac{2}{\sigma_{\Delta\varphi}^2} = \frac{6}{(2\pi\tau)^2\sigma_{\Delta f}^2} \tag{1.46}$$

以分贝表示为

$$I' = 20\lg\left[\frac{\sqrt{6}}{(2\pi\tau)\sigma_{\Delta f}}\right] \text{ (dB)} \tag{1.47}$$

对于二次对消，类似地有

$$\sigma_{\Delta\varphi}^2 = \frac{(2\pi\tau)^2}{3}\sigma_{\Delta f}^2 \tag{1.48}$$

$$I' = 20\lg\left[\frac{\sqrt{18}}{(2\pi\tau)\sigma_{\Delta f}}\right] \text{ (dB)} \tag{1.49}$$

如果 Δf 在脉间是不相关的，则改善因子限制用 Δf 的方差表示，对一次、二次对消均为

$$I' = 20\lg\left[\frac{\sqrt{3}}{(2\pi\tau)\sigma_{f}}\right] \text{ (dB)} \tag{1.50}$$

（4）发射脉冲定时不稳定（即定时脉冲时间抖动）将影响采用模拟延迟线的 MTI 雷达系统的性能。由于定时脉冲时间的抖动，使对消器前、后两个脉冲时间不能对准，由此导致脉冲前沿和后沿不能对消，如图 1.10 所示。

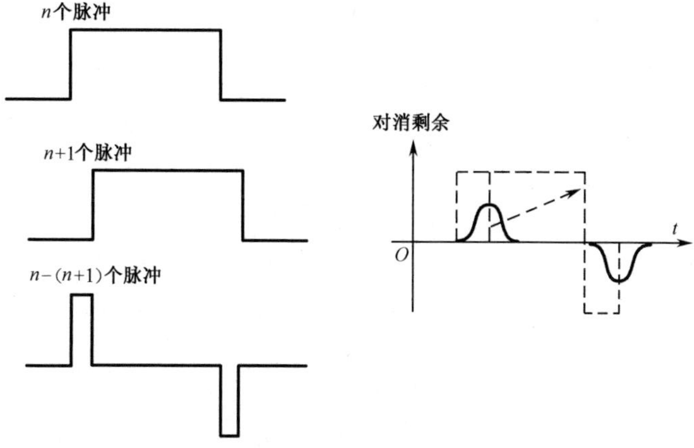

图 1.10　由于定时不稳定产生的对消剩余

受接收机带宽的限制，输出电压不可能在抖动时间内升到最大值，因此一般假设在一个脉冲宽度内接近其最大值，所以当第 n 个脉冲到来时，一次对消在脉冲前、后沿所达到的幅度为 $\frac{A(t_{n-1}-t_n)}{\tau}$，$t_n$ 为第 n 个脉冲前沿抖动时间。因此一次对消剩余功率为

$$C_o' = \left\langle \frac{2A^2}{\tau^2}(t_{n-1}-t_n)^2 \right\rangle = \frac{2A^2}{\tau^2}\sigma_{\Delta t}^2 \tag{1.51}$$

$$\mathrm{CA} = \frac{\tau^2}{2\sigma_{\Delta t}^2}$$

所以

$$I' = 20\lg\left(\frac{\tau}{\sigma_{\Delta t}}\right)\ (\mathrm{dB}) \tag{1.52}$$

对二次对消有类似的情况，即

$$I' = 20\lg\left(\frac{\sqrt{3}\tau}{\sigma_{\Delta t}}\right)\ (\mathrm{dB}) \tag{1.53}$$

对定时脉冲时间抖动在脉冲间不相关的情况有

$$I' = 20\lg\left(\frac{\tau}{\sqrt{2}\sigma_t}\right)\ (\mathrm{dB}) \tag{1.54}$$

（5）射频脉冲宽度不稳定对 MTI 改善因子的限制与时间抖动相似，但它只在前沿或后沿产生对消剩余，其对改善因子的限制为：

对一次对消，有

$$I' = 20\lg\left(\frac{\sqrt{2}\tau}{\sigma_{\Delta\tau}}\right)\ (\mathrm{dB}) \tag{1.55}$$

对二次对消，有

$$I' = 20\lg\left(\frac{\sqrt{6}\tau}{\sigma_{\Delta\tau}}\right)\ (\mathrm{dB}) \tag{1.56}$$

对射频脉冲宽度的不稳定在脉间不相关的情况有

$$I' = 20\lg\left(\frac{\tau}{\sigma_\tau}\right)\ (\mathrm{dB}) \tag{1.57}$$

发射脉冲幅度的不稳定对 MTI 改善因子的限制是

$$I' = 20\lg\left(\frac{A}{\sigma_A}\right)\ (\mathrm{dB}) \tag{1.58}$$

式（1.58）假定幅度不稳定是在脉冲间不相关的情况下发生的。

综上所述，发射机的不稳定因素对 MTI 雷达系统改善因子的限制如表 1.2 所示。

表 1.2　发射机的不稳定因素对 MTI 雷达系统改善因子的限制

脉冲间不稳定因素	对改善因子的限制/dB
相位不稳定	$I' = 20\lg\frac{1}{\sigma_\varphi}$
幅度不稳定	$I' = 20\lg\frac{A}{\sigma_A}$
定时脉冲时间抖动（触发脉冲）不稳定	$I' = 20\lg\frac{\tau}{\sqrt{2\sigma_t}}$
射频脉冲宽度不稳定	$I' = 20\lg\frac{\tau}{\sigma_\tau}$
发射脉冲频率不稳定（相干振荡器锁定于脉冲末端）	$I' = 20\lg\frac{\sqrt{3}}{(2\pi\tau)\sigma_f}$

1.4.3　脉冲多普勒雷达对发射机的要求

脉冲多普勒（PD）雷达是利用运动目标的多普勒频移从强地物杂波背景中检测出运动目标回波。PD 雷达对固定目标的抑制能力优于 MTI 雷达 10～20dB，同时还可测出运动目标的速度。PD 雷达与 MTI 雷达相比，其主要特点为：① 一般采用较高的脉冲重复频率，以避免测速模糊；② 对回波信号单根谱线进行多普勒滤波；③ 一定要采用全相干主振放大式发射机。在 PD 雷达中发射机一定要采用相干式的，原因是要利用发射信号的相位信息；而在一般 MTI 雷达中，为了避免测距模糊，总是选择不太高的脉冲重复频率，这样可不考虑多次回波问题（即不必考虑比脉冲重复周期所确定的距离还要远的目标回波），而用发射脉冲对相干振荡器锁相（主波定相）来解决相位相干问题。在 PD 雷达中采用的高重复频率，存在距离模糊问题，因而一定要考虑多次回波的问题。锁相方法解决不了非同一发射脉冲回波之间相位相干问题；同时，非相干式自激振荡式发射机的稳定度差，不能满足 PD 雷达的要求。

为了说明 PD 雷达对发射机稳定度的要求，下面简述 PD 雷达的组成及回波信号的频谱结构。

机载 PD 雷达的地物杂波与运动目标回波的频谱结构如图 1.11 所示，其地物杂波主要由三部分组成：

（1）天线方向图主瓣收到的杂波称为主瓣杂波，其在多普勒频移轴上的位置由飞机相对于地面的速度及天线主瓣照射的位置来决定。因为天线主瓣具有一定宽度，而雷达在同一波瓣中接收的杂波可能是不同的反射点反射的，其多普勒频

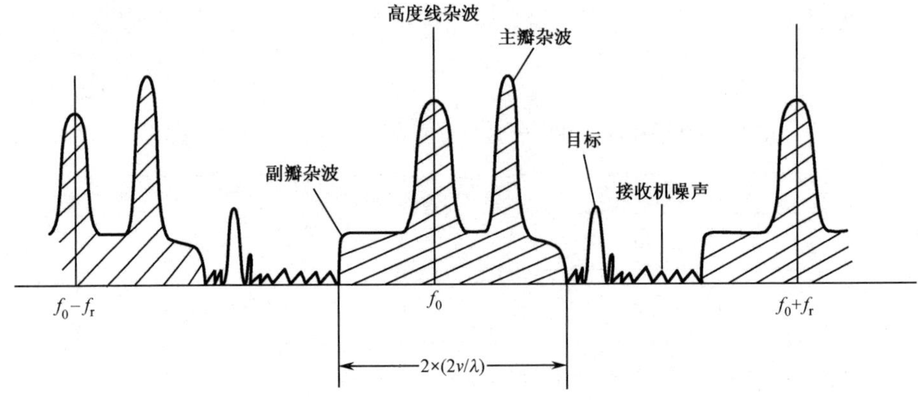

图 1.11 机载 PD 雷达的地物杂波与运动目标回波的频谱结构

移有所不同，所以主瓣杂波有一定的多普勒频带。虽然主瓣杂波的频谱宽度与诸多因素有关，但发射机不稳定是使地物杂波展宽的主要因素之一，也是本章要讨论的主要问题。

（2）照射到地面的天线副瓣接收到的杂波称为副瓣杂波，其与地物杂波的性质、天线副瓣的形状和位置相关。天线副瓣可能从任一方向照射到地面，因此副瓣杂波在多普勒频移轴上的分布是$-\dfrac{2v}{\lambda}\sim\dfrac{2v}{\lambda}$，其中 v 是飞机水平飞行速度，λ 是雷达的工作波长。

（3）高度线杂波是由垂直于地面的天线副瓣接收到的地物杂波引起的。在飞机作水平飞行时，其在多普勒频移轴上的位置为零点。因为副瓣有一定宽度，所以高度线杂波具有相应的频带，由于距离近、强度大，所以发射机因泄漏而产生的干扰也位于高度线杂波的频谱位置上。又因为雷达是脉冲工作的，所以地物杂波以脉冲重复频率 f_r 重复出现。运动目标在多普勒频移轴上的位置决定于目标与雷达的相对径向速度。

从地物杂波和运动目标回波的频谱结构出发，可以说明 PD 雷达的组成特点。图 1.12 所示为机载 PD 雷达的组成框图。

PD 雷达除强调必须采用主振放大式发射机外，与其他雷达不同的还在于信号处理部分。PD 雷达是对脉冲串频谱中的单根谱线进行多普勒滤波的，由于杂波散射体在距离上是均匀分布的，当位置随机且数量足够多时，其杂波回波具有平稳高斯噪声的特性，因此它与热噪声的区别在于，热噪声具有很宽的频带，并且一定的频带可看作白色噪声；而杂波功率谱是频率的函数，是色散噪声。

设杂波谱为$C'(f)$，热噪声谱为N_0，信号谱为$S(f)$，根据最佳滤波理论，

输出端得到最大信杂比的最佳滤波器的传递函数为

$$H(f)=\frac{S^*(f)\mathrm{e}^{-\mathrm{j}2\pi f t_\mathrm{s}}}{C'(f)+N_0} \tag{1.59}$$

式（1.59）中，t_s 是使滤波器能在物理上实现所加的延迟时间，*表示共轭。

最佳滤波器可以由两组滤波器 $H_1(f)$ 和 $H_2(f)$ 级联组成，其中

$$H_1(f)=\frac{1}{C'(f)+N_0} \tag{1.60}$$

可用来抑制杂波，而

$$H_2(f)=S^*(f)\mathrm{e}^{-\mathrm{j}2\pi f t_\mathrm{s}} \tag{1.61}$$

用来实现信号匹配。

从图 1.11 所示的目标回波的频谱结构可知，与信号匹配的滤波器既可以用与整个信号频谱相匹配的梳齿滤波器，也可以用与单根谱线匹配的窄带滤波器组。很明显，用窄带滤波器组容易实现。为了使窄带滤波器有效工作，在它前面，要先加一个单边带滤波器，通过单边带滤波器选取载波谱线为 $f_0-\frac{f_\mathrm{r}}{2}$～$f_0+\frac{f_\mathrm{r}}{2}$ 范围内的信号谱线。这样选取载波谱线的优点是它的功率最大，其位置不受脉冲重复频率变化的影响。可以证明，经单边带滤波后的信杂比不受损失。由于目标的多普勒频率有一定范围，且随目标速度而变化，所以窄带滤波器一定是一组滤波器。还应注意，经单边带滤波器滤波后，信号由脉冲变成了连续的，丢失了距离信息，所以单边带滤波应在距离门放大器之后实施。图 1.12 所示表明了这一点，对搜索雷达来说应设置许多距离门通道以覆盖全部要搜索的距离。

图 1.12 中使用了零多普勒频率抑制滤波器及主瓣杂波抑制滤波器，以滤去高度线杂波及主瓣杂波。主瓣杂波抑制滤波器的频率特性应是杂波加噪声频谱的倒数，其在多普勒频移轴上的位置随机载雷达的运动速度及天线波束的指向而变化。所以，可以认为主瓣杂波抑制滤波器的位置总和主瓣杂波的位置对准，也就可把它们看作处于相对静止的状态。

在上述杂波滤波器之外，还设置了一个发射脉冲抑制电路并置于距离门放大器之前，以消除发射脉冲泄漏对接收机的影响。具体的做法是采用一个与发射脉冲同步的波门在发射脉冲期间使放大器截止。

了解了 PD 雷达的工作特点后，下面来讨论发射机的不稳定度（主要考虑短期的不稳定性）对 PD 雷达的影响。在前面讨论发射信号稳定性时已指明了信号参数的不稳定将会使频谱发生变化。周期性的不稳定会产生新的寄生频谱分量；而随机性的不稳定则会产生寄生的分布边带，即相当于谱线展宽。发射信号的频

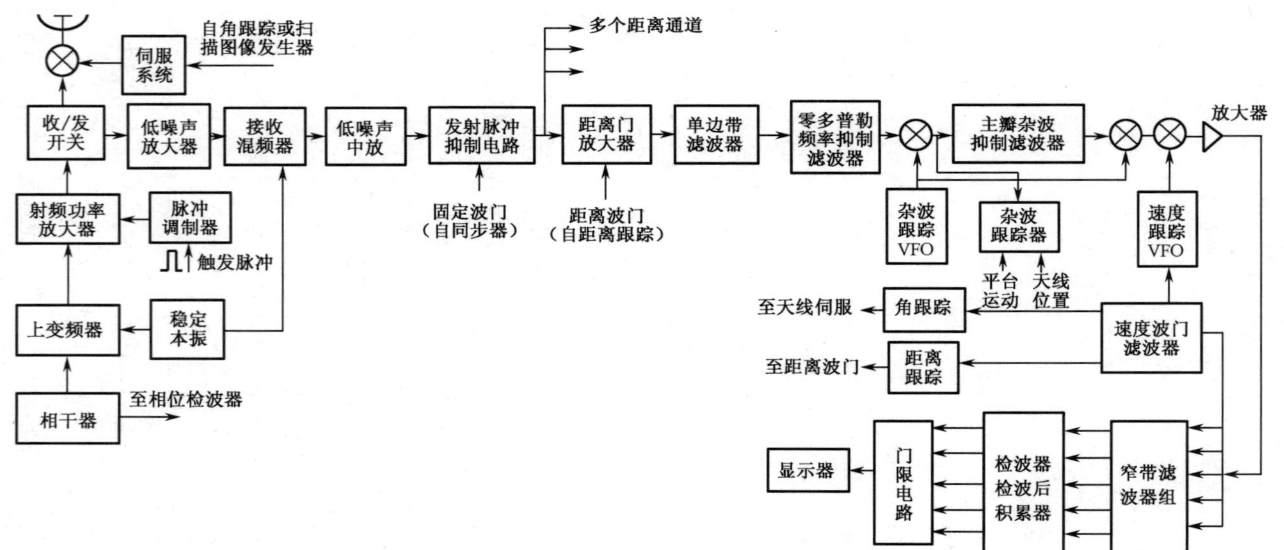

图 1.12　机载 PD 雷达的组成框图

谱变化一定会反映到杂波和目标回波上，接收机收到的主瓣杂波（虽然高度线杂波和副瓣杂波也一样，但由于主瓣杂波的强度最大，所以主要考虑主瓣杂波的影响）及目标回波也有相应寄生分量及谱线展宽情况。若这些寄生分量没被杂波滤波器抑制并进入窄带滤波器组，就会影响到雷达性能。寄生分量或谱线展宽部分与载频远近不同（即调制频率 f_m 的不同），对雷达的影响程度也不同，其影响的结果主要有四种：① 产生假目标；② 降低杂波背景下的可见度；③ 在无杂波区信噪比损失；④ 虚假信号进入跟踪回路后，产生对距离跟踪或角度跟踪的干扰。

下面根据不同的调制频率 f_m 分别讨论各种影响的数量关系。

1. 信号的正弦寄生调制

1） $f_m > f_{min}$

f_{min} 是主瓣杂波滤波器与窄带滤波器组之间的最小频率间隔。当 $f_m > f_{min}$ 时，由主瓣杂波引起的寄生频谱分量将落在主瓣杂波滤波器以外并进入窄带滤波器组；当寄生分量大于接收机的热噪声电平时，将被误认为目标或降低雷达杂波下的可见度。

（1）寄生调幅或脉冲寄生调幅。射频信号的寄生调幅或脉冲寄生调幅对 PD 雷达的影响与 MTI 雷达一样，但这种信号具有的幅度变化，可通过接收机的中频放大器的限幅放大和采用平衡检相器（使相位检波器输入的接收信号和相干振荡器基准信号这两路信号的幅度相等），以此来消除幅度变化带来的影响。

（2）寄生调频。由寄生调频所产生的边带是在信号谱线两侧 f_m 处的一对边频。对于主瓣杂波寄生边频的功率大小应考虑两种情况：一是所谓共同调频情况，即发射信号和本振信号具有相同的寄生调频；二是单独调频，即仅有发射信号或本振信号的寄生调频。

（3）寄生调相。寄生调相和寄生调频是相似的，此时 δ_φ 为最大相位偏离，且寄生调相一般是独立的，对它的要求为

$$\delta_\varphi = 2\sqrt{k_s \Big/ \left(\frac{C'}{N}\right)} \tag{1.62}$$

式（1.62）中，k_s 为寄生调相系数。

（4）寄生脉冲宽度调制。脉冲宽度调制射频信号的频谱相当于把脉冲宽度调制的基带频谱搬移到载频频谱的两边，其具体论述详见《现代雷达发射机的理论设计和实践》一书（强伯涵、魏智编著，1985 年国防工业出版社出版）。寄生脉冲宽度调制信号对 PD 雷达的影响可按寄生调幅信号的方法处理。

（5）寄生脉位调制。脉位调制在接收机中要转变成脉冲宽度调制。因为杂波

信号因脉位调制大多数会受距离波门的部分遮挡或部分落在距离波门之外，即接收到的脉冲的一个边沿是由发射脉冲决定的，而另一边沿是由距离波门决定的。所以，这时脉位调制对PD雷达的影响可转变成脉冲宽度调制来考虑。

2）$\frac{B_n}{2}<f_m<f_{min}$

当调制频率 f_m 低于杂波滤波器与窄带滤波器之间的最小频率间隔 f_{min} 时，其主瓣杂波的一阶寄生边频经杂波滤波器衰减，这并不影响雷达工作。但是，对于高阶寄生边频，当 $jf_m>f_{min}$ 时，jf_m（jf_m 是第 j 次边频）将落入窄带滤波器组并产生假目标或降低杂波下的可见度。

对于寄生调幅来说，只要不过量就不会产生高阶分量。实际中寄生调幅一般很小，所以不会出现过量调幅。脉冲宽度和脉位调制也不存在过量调幅问题。

当 $f_m<f_{min}$ 但大于窄带滤波器带宽的一半时，需考虑强目标回波的寄生分量对邻近窄带滤波器的影响，当大于接收机热噪声电平时，会使邻近窄带滤波器误认为出现目标。

当目标回波存在寄生分量时，还要考虑信杂比损失问题的影响。由于目标回波寄生分量的产生会引起载波功率的下降，对于寄生调幅来说，其脉冲宽度和脉位调制、载波功率是不变的，因此不存在此项信噪比损失；而对寄生调相来说，所有的寄生边频均落在窄带滤波器之外（因 $f_m>\frac{B_n}{2}$），只有载波谱线落在窄带滤波器之内。

3）$\frac{1}{T_I}<f_m<\frac{B_n}{2}$（$T_I$ 是信号检波后的视频积累时间）

当 $\frac{1}{T_I}<f_m<\frac{B_n}{2}$ 时，也要考虑两个影响：一是主瓣杂波由寄生调制产生高阶分量进入窄带滤波器；二是目标回波由寄生调制导致载波功率的下降。前者会产生假目标或降低杂波下的可见度，后者将导致信杂比损失。此处不考虑强目标回波可能在邻近窄带滤波器中产生假目标的问题，因为这时 $f_m<\frac{B_n}{2}$，所以低阶分量不可能落到本窄带滤波器之外，而其他高阶分量幅度小，也可不考虑。

4）$0<f_m<\frac{1}{T_I}$

寄生边频小于信号积累时间倒数的情况一般可以不考虑。只是为了避免信噪比损失，需要使信号瞬时频率在积累时间内的变化值不大于检波前的带宽，并且信号幅度在一个积累周期内变化也不要太大。

5）$f_L - f_{BW} < f_m < f_L + f_{BW}$

式 $f_L - f_{BW} < f_m < f_L + f_{BW}$ 中，f_L 是跟踪副载波的频率，f_{BW} 是跟踪回路的噪声带宽。

在此范围内信号寄生调制主要影响跟踪误差。寄生调幅相当于幅度噪声影响角的跟踪误差，它在误差信号检波器上产生附加输出，要消除此输出，天线要偏离一个角度。

设此角度偏差的均方根值为θ_E，跟踪系统的调制灵敏度为K_M（K_M 定义为调幅系数与相对误差角之比），由此得出

$$\theta_E = \frac{K_A}{\sqrt{2}} \times \frac{\theta}{K_M} \tag{1.63}$$

式（1.63）中，θ 为雷达天线的波束宽度，K_A 为寄生调幅系数。

当角偏差要求一定时，寄生调幅应满足下式

$$K_A \leqslant \sqrt{2} K_M \frac{\theta_E}{\theta} \tag{1.64}$$

对寄生调相（调频）则可不考虑，因为误差信号检波器是幅度检波器，它不反映相位的变化。

寄生脉位和脉冲宽度调制会影响距离跟踪系统，它们的关系和上面寄生调幅对角跟踪系统的影响相似，上面已经讨论了信号正弦寄生调制的发射机对 PD 雷达性能的影响，有关 PD 雷达对发射机不稳定的要求如表 1.3 所示。

表 1.3 中，f_{min} 是窄带滤波器组与主瓣杂波滤波器之间的最小频率间隔，B_n 为窄带滤波器的带宽，τ_d 为主瓣杂波的延迟，T_I 为信号检波后的视频积累时间，f_L 为跟踪副载波的频率，f_{BW} 为跟踪回路的噪声带宽，K_A 为寄生调幅系数，δ_F 为寄生调频的最大频偏，δ_φ 为寄生调相的最大相位偏离，δ_τ 为寄生脉冲宽度调制的最大偏离，δ_p 为寄生脉位调制的最大偏离，C'/N 为主瓣杂波功率与热噪声功率之比，$(S/N)_{max}$ 为最大目标信号与热噪声功率之比，k_s 为安全系数，j 为$\left(1+\frac{f_{min}}{f_m}\right)$的整数部分，$i$ 为$\left(1+\frac{B_n}{2f_m}\right)$的整数部分，$\tau$ 为信号脉冲宽度，d_{min} 为脉冲宽度遮挡比，θ 为天线波束的宽度，K_M 为跟踪系统的调制灵敏度，θ_E 为跟踪系统误差的均方根值（角或距离）。

表 1.3　PD 雷达对发射机不稳定的要求（信号正弦寄生调制）

调制频率 f_m	对雷达的影响	寄生调幅	寄生调频（单独/共同）	寄生调相	寄生脉冲宽度调制	寄生脉位调制
$f_m > f_{min}$	主瓣杂波产生假目标或限制杂波下的可见度	接收机中消除	$\delta_F = 2f_m\sqrt{k_s/(C'/N)}$（单独） $\delta_F = f_m\sqrt{k_s/(C'/N)}$（共同）	$\delta_\varphi = 2\sqrt{k_s/(C'/N)}$	同寄生调幅	同寄生调幅
$\frac{B_n}{2} < f_m < f_{min}$	主瓣杂波高阶边频产生假目标或降低杂波下的可见度	—	$\delta_F = 2f_m[j!\sqrt{k_s/(C'/N)}]^{\frac{1}{j}}$	—	—	—
	信杂比损失（不大于 0.1dB）	—	$\delta_F = 0.2f_m$（单独） $\delta_F = 0.1f_m$（共同）	$\delta_\varphi = 0.2$	—	—
$5B_n < f_m < f_{min}$	强目标引起邻近滤波器出现假目标，用最大信噪比 $(S/N)_{max}$ 代替主瓣杂波噪声比 (C'/N)	接收机中消除	$\delta_F = 2f_m\sqrt{k_s/(S/N)_{max}}$（单独） $\delta_F = f_m\sqrt{k_s/(S/N)_{max}}$（共同）	$\delta_\varphi = 2\sqrt{k_s/(S/N)_{max}}$	同寄生调幅	同寄生调幅
$\frac{1}{\pi\tau_d} < f_m < \frac{B_n}{2}$	主瓣杂波的高阶分量产生假目标或降低杂波下的可见度	—	$\delta_F = 2f_m\left[j!\sqrt{k_s/(C'/N)}\right]^{\frac{1}{j}}$	—	—	—
	信噪比损失（不大于 0.1dB）	—	$\delta_F = 2f_m(0.1i!)^{\frac{1}{i}}$（单独） $\delta_F = f_m(0.1i!)^{\frac{1}{i}}$（共同）	$\delta_F = 2(0.1i!)^{\frac{1}{i}}$	—	—

续表

调制频率 f_m	对雷达的影响	寄生调幅	寄生调频（单独/共同）	寄生调相	寄生脉冲宽度调制	寄生脉位调制
$\frac{1}{T_l}<f_m<\frac{1}{\pi\tau_d}$	主瓣杂波的高阶分量产生假目标或降低杂波下的可见度	—	$\delta_F=2f_m\left[j!\sqrt{k_s}/(C'/N)\right]^{\frac{1}{j}}$（单独） $\delta_F=\frac{1}{\pi\tau_d}\left[j!\sqrt{k_s}/(C'/N)\right]^{\frac{1}{j}}$（共同）	—	—	—
	信杂比损失（不大于 0.1dB）	—	$\delta_F=2f_m(0.1\,i!)^{\frac{1}{i}}$（单独） $\delta_F=\frac{1}{\pi\tau_d}(0.1\,i!)^{\frac{1}{i}}$（共同）	—	—	—
$0<f_m<\frac{1}{T_l}$	信噪比损失	—	$\delta_F=\frac{B_n}{2\pi f_m T_l}$（单独） $\delta_F=\frac{B_n}{(2\pi f_m)^2 T_l\tau_d}$（共同）	—	—	—
$f_L-f_{BW}<f_m<f_L+f_{BW}$	影响跟踪误差	角跟踪系统 $K_A\approx\sqrt{2}K_M\frac{\theta_E}{\theta}$	—	—	距离跟踪系统 $\delta_\tau=\sqrt{2}K_M d_{min}\left(\frac{\theta_E}{\tau}\right)$	距离跟踪系统 $\delta_p=\frac{K_M}{2}\tau d_{min}\left(\frac{\theta_E}{\tau}\right)$ （共同） $\delta_p=\sqrt{2}K_M\tau d_{min}\left(\frac{\theta_E}{\tau}\right)$ （单独）

2. 信号的窄带噪声调制与脉冲间随机调制

信号的寄生调制如果不是正弦调制而是窄带噪声调制，则前面讨论的各项关系仍可应用，只要把前面得出的允许最大偏离看作 B_n 带宽中均方根噪声调制值的 $\sqrt{2}$ 倍即可。这样与调制频率远大于 $\frac{B_n}{2}$ 的情况更符合，而对较低的调制频率仅能作为一种粗略的估算。

除正弦调制和窄带噪声调制外，可能还存在脉冲间随机调制，它的主要影响是杂波谱线的展宽进入窄带滤波器组。

3. 信号的脉冲顶降

脉冲顶降将引起射频信号的线性相位偏移，即

$$s(t) = A_0 \cos\left[2\tau f_c t + \varphi(t)\right] \tag{1.65}$$

$$\varphi(t) = \frac{\Delta\varphi}{\tau} t$$

上式中，$\Delta\varphi$ 是脉冲宽度 τ 内顶降引起的最大相移，因此

$$s(t) = A_0 \cos\left(2\pi f_c + \frac{\Delta\varphi}{\tau}\right) t \tag{1.66}$$

也就是说，信号的中心频率发生了偏移，而频谱结构没有变化，仍为 $\frac{\sin x}{x}$ 分布，即有

$$A(f) = \frac{\sin\pi\left[f - \left(f_c + \frac{\Delta\varphi}{2\pi\tau}\right)\right]\tau}{\pi\left[f - \left(f_c + \frac{\Delta\varphi}{2\pi\tau}\right)\right]\tau} \tag{1.67}$$

当 $f = f_c$ 时

$$A(f_c) = \frac{\sin\frac{\Delta\varphi}{2}}{\frac{\Delta\varphi}{2}} \approx \frac{\left[\frac{\Delta\varphi}{2} - \frac{1}{3!}\left(\frac{\Delta\varphi}{2}\right)^3\right]}{\frac{\Delta\varphi}{2}} = \left[1 - \frac{1}{6}\left(\frac{\Delta\varphi}{2}\right)^2\right] \tag{1.68}$$

故相对功率损失为

$$1 - \left[1 - \frac{1}{6}\left(\frac{\Delta\varphi}{2}\right)^2\right]$$

若 $\frac{1}{6}\left(\frac{\Delta\varphi}{2}\right)^2 \leqslant 0.1$，则相对功率损失为 $\frac{1}{3}\left(\frac{\Delta\varphi}{2}\right)^2$。若射频放大器的相位调制灵敏度为 K_φ，则射频放大器所加电压 U 变化 1%所产生的相移值为

$$\frac{\Delta\varphi}{2}=\frac{1}{2}\times\frac{2\pi}{360}K_{\varphi}\frac{\Delta u}{U} \tag{1.69}$$

相对功率损失为

$$\frac{1}{3}\left(\frac{\pi}{3.6}K_{\varphi}\frac{\Delta u}{U}\right)^{2}$$

上式仅适用于最大相移 $\Delta\varphi$ 小于 90° 的情况。

PD 雷达对信号稳定度要求很高，一般机载 PD 雷达对单项寄生调制的要求比载波功率低 80dB（因 C/N=70dB，k_s=−10dB），而实际上有多项不稳定量同时存在，因而对每项指标要求会更高。这样严格的要求，给 PD 雷达发射机设计增加了难度。射频放大器的灯丝、偏压电源、高压电源等都需要用稳压电源，并且其纹波和稳定度要优于10^{-5}～10^{-3}，脉冲调制器顶部波动（寄生调制）要求不大于 2%～3%，顶降不大于 5%。

1.5　常用的雷达发射机

最初，雷达是为了满足对空监视和武器控制的军事需求而研制的，而现在雷达已被用于许多重要的民用场合，如飞机、轮船、飞船的安全飞行和测控，环境、遥感和气象预报等其他应用。发射机作为雷达的“心脏”和能源系统，除为雷达提供足够大的射频功率外，还必须针对不同的应用，通过精心的设计，满足不同的技术要求。雷达发射机按产生射频信号的方式不同，分为自激振荡式（单级）和主振放大式（多级）发射机；按发射信号的形式不同，分为连续波发射机和脉冲发射机；按发射机产生大功率射频能量所采用器件的不同，分为电真空器件发射机和全固态发射机；按用途和平台不同，分为地面雷达发射机、机载雷达发射机、星载雷达发射机和舰载雷达发射机等。下面就主要几种应用平台的发射机进行简述。

1.5.1　地面雷达发射机

地面雷达一般用于搜索、警戒、对空探测和精密跟踪测量等，这种雷达要求发射机具有高功率输出能力（高峰值功率、高平均功率）。因此，当发射机处于窄带工作时，其射频功率放大管毫无例外地选择具有高增益和高功率的速调管，如中国国内的精密跟踪测量、远程预警等地面雷达发射机。当发射机处于宽带工作时，一般采用行波管放大器推前向波管放大器的多级放大链式发射机。这种发射机的特点为：行波管具有高增益，而前向波管具有高功率和高效率，如中国的车载测控等地面雷达发射机。

随着微波功率晶体管制造技术的飞速发展，微波硅双极晶体管、金属氧化物半导体场效应管和砷化镓场效应管的性能不断完善，地面雷达发射机家族中又增添了新成员：复合式发射机和全固态发射机。复合式发射机的推动级为固态放大器，末级采用真空管（速调管或行波管）放大器，如气象雷达发射机、精密跟踪测量雷达发射机等。

全固态发射机一般分为两种基本类型：第一种是高功率（大平均功率）集中式发射机，第二种是分布式空间合成有源相控阵雷达发射机。

常用地面雷达发射机的典型组成如图 1.13 所示。

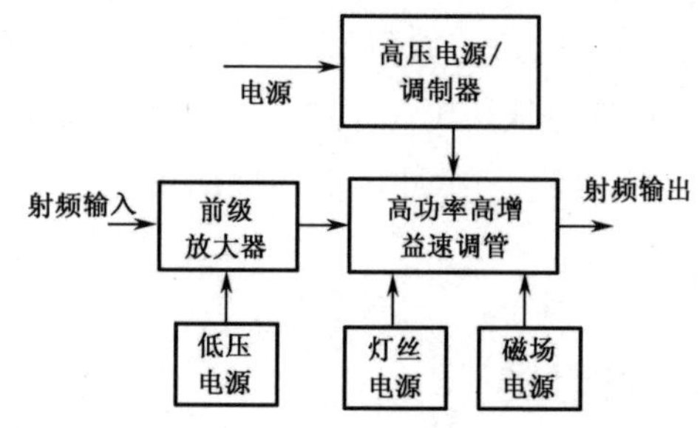

（a）高功率速调管发射机

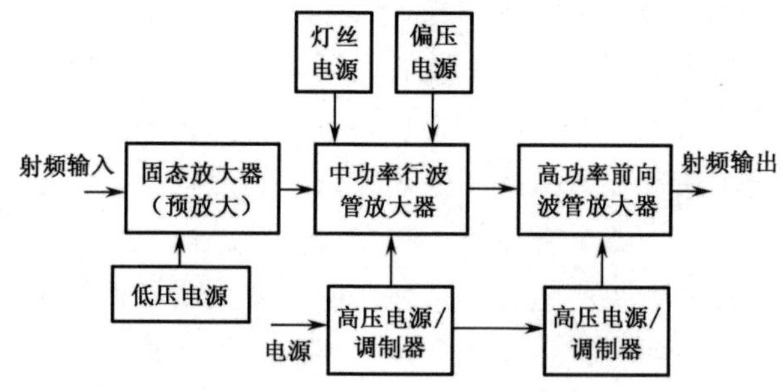

（b）宽带大功率行波管+前向波管发射机

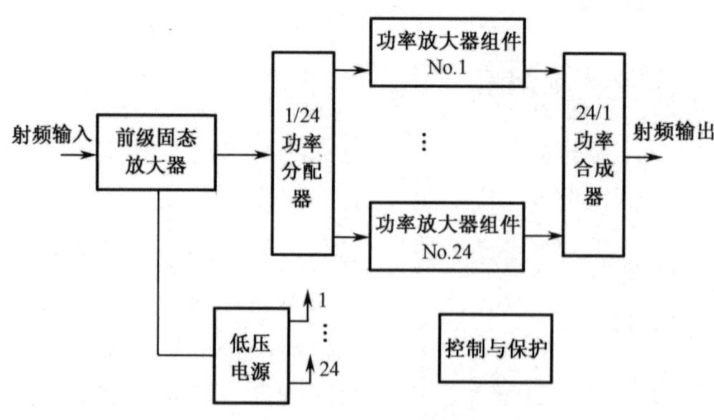

（c）高功率（大平均功率）集中式发射机

图 1.13　常用地面雷达发射机的典型组成

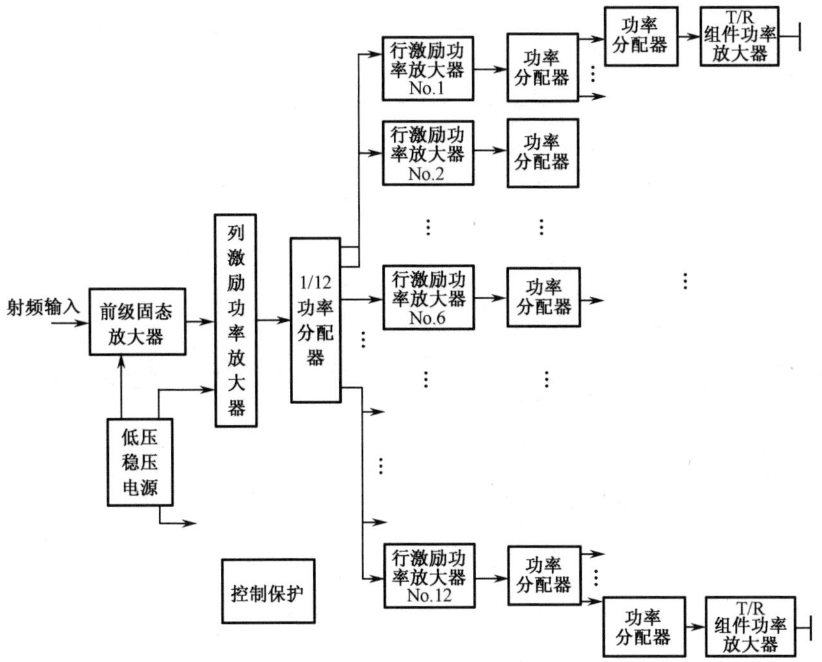

（d）分布式空间合成有源相控阵雷达发射机

图 1.13　常用地面雷达发射机的典型组成（续）

1.5.2　机载雷达发射机

早期的机载雷达以机载火控雷达为主。机载火控雷达发射机一般采用行波管放大器。该雷达发射机大都工作在 X 波段（亦有 Ku 波段的全相参 PD 雷达），峰值功率为几千瓦至几十千瓦，平均功率为几百瓦至千瓦，机载火控雷达发射机有时也采用双模行波管。机载行波管放大器的优点是体积小、质量小，具有比较宽的瞬时带宽。

除了机载火控雷达外，机载预警雷达是另一个重要领域。机载预警雷达一般工作在 P 波段、L 波段或 S 波段，其发射机可采用全固态有源相控阵，也可采用行波管、单注速调管或多注速调管。

近年来随着微波半导体技术的飞速发展，越来越多的新一代机载火控雷达采用了全固态有源相控阵体制。

行波管机载火控雷达发射机主要组成部分如图 1.14 所示。

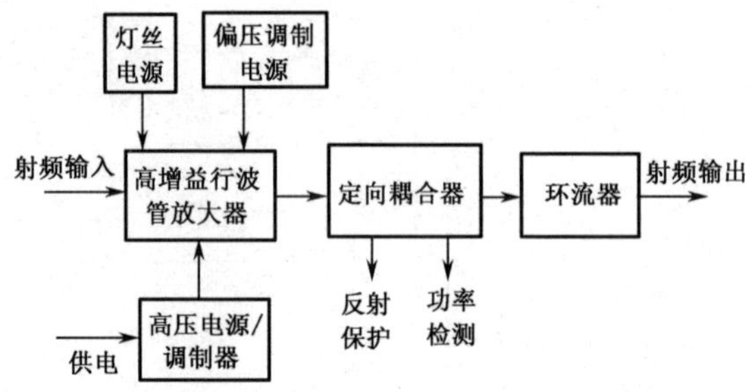

图 1.14　行波管机载火控雷达发射机主要组成部分

1.5.3　星载雷达发射机

星载雷达发射机主要用在地形测绘或成像，以及自然资源开发等领域。早期的星载雷达发射机主要采用体积小、质量小的行波管放大器，有时也采用永磁速调管放大器，目前越来越多的星载雷达发射机采用固态微波功率晶体管放大器和有源相控阵体制。

1.5.4　舰载雷达发射机

舰载雷达发射机在电性能指标和组成结构上与地面雷达发射机相似，可以采用自激振荡式的磁控管发射机，也可以采用主振放大式发射机。当窄带工作时，一般采用前级中、小功率行波管或速调管推动末级大功率速调管放大器的方案；宽带运用时，采用前级行波管放大器推动末级高功率前向波管放大器的方案。

早期的主振放大式发射机，一般采用中、小功率行波管或速调管放大器，而 20 世纪 80 年代以后，开始大量采用固态微波功率器件。已投入使用的典型舰载雷达发射机有多种类型，如磁控管发射机、二级速调管发射机、固态放大器推动末级速调管发射机和有源相控阵全固态发射机。美国 SPY-1 雷达发射机采用行波管推前向波管放大器。

舰载雷达发射机在结构设计上需满足一系列特殊要求，如抗摇摆（船摇）、抗颠簸（浪涌）；在工艺上要求防潮湿、防盐雾、防腐蚀和防霉变；其冷却系统一般采用水冷（一次循环水，二次海水排放）方式。

1.6　发射机应用一览

发射机除用于雷达外，各种高功率发射机也广泛地应用于通信、广播、电子对抗、遥测、遥感、科学研究、高能物理、工业加工、医用加速器和实验室仪表、设备等。

早期各种用途发射机的常用微波功率器件（真空管和微波功率晶体管）如表 1.4 所示。

表 1.4　早期各种用途发射机的常用微波功率器件

应用领域		应用器件		
		地面	空用	太 空 用
雷达	搜索，警戒和测控	三极管和四极管、速调管、行波管、前向波管放大器、耦合腔行波管、行波速调管、磁控管、微波硅双极管、金属氧化物半导体场效应管和砷化镓场效应管	行波管、速调管、微波硅双极管和砷化镓场效应管	行波管、速调管、微波硅双极管、砷化镓场效应管
	火控	行波管、正交场放大管、砷化镓场效应管	行波管，磁控管、砷化镓场效应管	—
	机载预警	—	速调管、微波硅双极管、行波管	—
	气象雷达	速调管、微波硅双极管	行波管、磁控管	—
	导弹制导	砷化镓场效应管	行波管	—
导航信标		磁控管（已被固态代替）、微波硅双极管	—	—
电子对抗		行波管、微波硅双极管	行波管、砷化镓场效应管	—
通信	点对点或移动式	行波管、微波硅双极管、金属氧化物场效应管和砷化镓场效应管	砷化镓场效应管	—
	卫星通信	行波管、速调管、砷化镓场效应管	—	行波管、砷化镓场效应管
广播电视		速调管、行波管、扩展互作用放大器、三极管和四极管、微波硅双极管	—	行波管
科学与工业	直线加速器	速调管、三极管和四极管	—	—
	微波加热	磁控管、速调管、微波硅双极管	—	—
	仪表和设备	行波管、速调管、固态器件	—	—

参考文献

[1] 强伯涵，魏智. 现代雷达发射机的理论设计和实践[M]. 北京：国防工业出版社，1985.

[2] Sivan L. Microwave Tube Transmitters[M]. London: Chapman and Hall, 1994.

[3] Edward Ostroff, Michael Borkowski, Harry Thoms, et al. Solid-State Radar Transmitters[M]. Norwood, MA: Artech House Inc, 1985.

[4] 袁孝康，王仕潘，朱俊达. 微波功率晶体管放大器[M]. 北京：人民邮电出版社，1982.

[5] 斯科尔尼克 M I. 雷达手册（第四分册）[M]. 谢卓，译. 北京：国防工业出版社，1974.

[6] Merrill Skolnik. Radar Handbook [M]. Second edition. New York: McGraw Hill Companies Inc, 1990.

[7] 情报中心. 世界地面雷达手册[Z]. 2 版. 南京：机械电子工业部第十四研究所，1992.

[8] Jed Rice. LDMOS Linearity and Reliability[J]. Microwave Joural, 2002, 45(6): 6.

[9] 西北电讯工程学院 202 室发射组. 雷达发射设备[Z]. 西安：西北电讯工程学院，1975.

第 2 章

真空管雷达发射机

本章主要介绍了真空管雷达发射机的设计方法和怎样进行方案论证，并根据常用真空管的特点、性能，说明了如何在雷达发射机中选择微波管和怎样正确使用。针对高功率真空微波管（真空管）发射机、栅控微波管发射机、正交场管发射机、多注速调管发射机和微波功率模块的特点，对主要电路的拓扑形式、基本组成和各组成部分的作用、工作原理及设计等要求做了进一步的描述。

2.1 概述

真空管雷达发射机的设计主要包括方案论证和工程设计两部分。方案论证是根据雷达系统对发射机的主要技术指标要求，再依据基本理论和历史论据，通过反复计算比较来选取一种既能全面满足指标要求，又合理、可行的方案；工程设计就是根据方案论证所选取的真空管，按真空管正常工作时对各级电源、调制器、控制与保护及冷却子系统的要求，经过指标分配与计算，提出各部分的设计要求。

20 世纪末期，用于雷达发射机的固态功率晶体管发展很快，人们在低频段先后研制出了许多种全固态发射机，并显示出明显的优势；但是，在高功率、高频率、窄脉冲的应用领域里，真空管发射机仍占优势地位。两者处在不断发展之中，并相互竞争、相互渗透、长期共存地发展，这对提高真空微波管性能、降低成本、延长寿命和创造新品种都十分有利。

2.2 方案考虑

根据任务要求、器件现况和电路技术水平及成败经验，经过多种可实现方案的分析比较和折中，从中选择一种合理可行的方案是方案论证的宗旨，其论证程序可归纳为以下两步：

（1）确定发射机类型；

（2）确定发射机组成形式。

2.2.1 确定发射机类型

根据任务所需的工作模式（全相参或非相参），可确定发射机的类型是单级自激振荡式发射机还是主振放大式发射机。若要求雷达能在强背景杂波中，准确地检测到更多、更微弱的目标信息，则雷达一般应采用频率（或相位）稳定度高的全相参放大链发射机体制。由于主振放大式发射机具有信号相干性，且信噪比高（可达到 40dB 以上），具有多种工作方式可供选择（可变性强），抗干扰能力强，以及信号带宽宽等特点，因此现代雷达几乎都采用这样的发射机；而单级自激振荡式发射机虽然简单、价廉，但相干性差，信噪比低（在 30dB 以下），且工作状态可变性差，抗干扰能力弱，所以仅适用于在低性能雷达中使用。在单级自激振荡式发射机中，采用磁控管加注技术（或锁定技术），虽然也可使输出信号的稳定度提高，但其指标仍会低于全相参发射机，且锁定带宽和工作动态范围仍很小。

2.2.2　确定发射机组成形式

发射机主要由射频系统、高压电源、调制器、冷却系统和控制保护等几部分组成，下面分别进行简单介绍。

1）射频系统

射频系统包括射频放大器和与它们相连的射频元器件。

高增益、中功率（峰值功率在 1MW 以内）行波管或速调管放大链式发射机，一般可由一级固态功率放大器驱动一级真空管放大器组成；峰值功率在 1MW 以上的行波管或速调管发射机和峰值功率在 100kW 以上的前向波管发射机，当其驱动功率在 5kW 以上（不同频段，略有不同），且采用固态功率放大器驱动有困难时，则需采用一级固态放大器驱动两级真空管放大器的形式；若想获得更高峰值功率和平均功率，且采用单个末级微波功率管获得有困难时，可采用多个中、大功率微波管并联合成（包括集中合成或空间分布合成）的方法获得。射频元器件（定向耦合器、衰减器、检波器、移相器、隔离器或环流器、谐波滤波器、打火检测器、充气波导、密封窗、弯头和直波导）可随通过的功率大小、结构和参数的差异而有所不同。

2）高压电源、调制器和冷却系统

不同的微波管所需的高压电源、调制器和冷却系统的形式也是不同的。

高峰值功率阴极调制微波管需要大功率线型调制器或刚管（刚性开关管）调制器，其线型调制器的高压电源一般采用多相整流的低频（50Hz 或 400Hz）电源，而发射机的冷却系统一般采用强迫风冷却加液体冷却或强迫风冷却、液体冷却加蒸发冷却的形式。

栅极调制（含阳极调制、聚焦电极调制和控制电极调制）微波管发射机，其调制器一般采用浮动板调制器，它的高压电源因电压较高、功率较大，且其稳定度和纹波直接影响着输出信号的质量，一般采用稳定度较高的高频逆变电源，其冷却系统通常采用强迫风冷却或强迫风冷却加液体冷却的形式。

3）控制保护

不同类型发射机的控制保护电路虽然因其控制保护内容各不相同，但一般均可采用相同的可编程工业控制器来实现。

2.2.3 真空微波管的选择

若想设计出符合要求的雷达发射机，需要根据发射机的不同用途和真空微波管的性能特点，进行可行性和经济性等方面的论证，经反复比较后，择优选取所需的真空微波管，以满足雷达系统对发射机各技术指标的要求。真空微波管的选择原则可概括为以下 7 个方面。

（1）对于地面固定雷达站，要求其发射机的输出功率高、脉冲宽度和重复频率变化不太大，以及瞬时带宽较窄，如远程测试或引导雷达，应首选高功率阴极调制单注速调管，因为这种微波管具有功率大、效率高、易冷却、电路简单、寿命长、运行费用低等优点。

（2）对于机载侦察或火控雷达，由于其工作模式多，因而要求发射机具有脉冲宽度和重复频率变化范围大、瞬时频带宽、工作效率高、可靠性好、体积小且质量小等特点。因此，应首选具有降压收集极的栅极调制（或聚焦电极调制、或双模环杆、或环圈）行波管。

（3）对于机载预警雷达，则要求发射机的输出功率大、瞬时带宽宽、脉冲宽度和重复频率变化范围大、效率高、可靠性好、体积小且质量小，因此可考虑选用具有降压收集极、栅极调制的耦合腔行波管，也可选用控制极调制的多注速调管和直流运用的前向波管，以及阴极调制的多注速调管。

（4）对于星载雷达，要求其发射机寿命长、体积小、质量小、效率高，因此可选高效率的长寿命行波管，也可选用由微型行波管与微波单片集成电路（MMIC）混合集成的微波功率模块（MPM）或全固态放大器。

（5）对于相控阵雷达用的行发射机或 T/R 组件，可首选固态发射机或固态功率放大器模块，也可选用 MPM、行波管或前向波管放大器，或由 MPM 构成的 T/R 组件。

（6）对于低频段大功率超视距雷达，则要求其发射机功率大、相对频带宽，脉冲宽度宽或有连续波工作能力，且重复频率低，因此可首选具有连续波工作能力的栅控管或固态微波功率放大器。

（7）对于高功率毫米波小目标测试和目标识别（或成像）雷达，由于要求其发射机输出功率高、工作带宽宽、信号变化灵活，因此可首选毫米波回旋管放大器，功率较小时也可选用毫米波行波管。

2.2.4　指标分配与计算

发射机的指标分配与计算是发射机设计中的重要内容，其指标分配与计算正确与否，直接影响到发射机能否满足使用要求。发射机的指标分配与计算主要包括输入功率和功耗的计算与分配，稳定性指标的计算与分配，可靠性指标的计算与分配，下面分别加以介绍。

1. 输入功率和功耗的计算与分配

（1）根据发射机的输出功率和全机效率，计算出发射机的总功耗和输入功率，为供电系统设计提供依据。

（2）根据发射机的组成形式，计算与分配各单元电路的输入功率、效率、功耗，以及最高热点功耗，为冷却子系统设计提供依据。

2. 稳定性指标的计算与分配

稳定性指标的计算与分配就是根据发射机输出信号的稳定度指标要求和发射机的组成形式，计算出各组成单元相关参数的稳定度，并根据各单元达到稳定度指标的难易程度，按照它们之间是否相关来进行指标分配。

3. 可靠性指标的计算与分配

可靠性指标的计算与分配就是根据系统提出的可靠性与可维修性指标的要求，在方案论证阶段找出薄弱环节，确立应采取的可靠性模型、结构形式以及可能提高可靠性的措施，计算出各单元电路的平均故障间隔时间（MTBF），进而设计出发射机的 MTBF 和平均维修时间（MTTR）。

2.3　常用真空微波管

在真空管发射机的设计中，还有一个很重要的环节就是要正确选择和使用真空微波管。为了选好、用好微波管，下面将较详细地对一些常用真空微波管的工作原理、性能和特点进行介绍。

2.3.1　常用真空微波管的结构及功能

常用真空微波管主要分为两大类：一类是线性注管，另一类是正交场器件。

1. 线性注管

行波管和速调管都是线性电子注器件（简称线性注管），它们是由电子枪（包括灯丝、阴极、聚焦电极或阳极或控制栅极）、互作用结构（慢波结构或谐振腔）、收集极、电子注聚焦系统、射频（RF）输入和输出装置、外壳和封装等几部分组成的，它们的功能分别如下：

（1）电子枪是产生电子、形成并控制电子注流的装置，它由灯丝、阴极和控制电极等组成。其中灯丝是给阴极加热的；阴极是发射电子的；控制电极（含调制阳极、绝缘聚焦电极和控制栅极）是控制电子注通/断或改变电子注电流大小的。

（2）互作用结构是射频波和电子注相互作用并进行能量交换的场所。

（3）收集极用于收集互作用后的电子。

（4）电子注聚焦系统用于聚焦互作用的空间电子注，以获得尽可能高的电子通过率和尽可能小的管体电流。它可以是周期永磁聚焦（PPM）型，也可以是电磁聚焦型。

（5）射频输入和输出装置，分别为线性注管的射频输入和输出提供接口，它可以根据其功率的大小和频率的高低采用同轴接头或波导。

（6）外壳和封装即把处于真空的电子枪、互作用结构和收集极封装起来，使其保持足够高的真空度，以避免管内高压打火，从而维持阴极长寿命地工作。密封绝缘陶瓷是一种封装材料，它可以将电子枪、收集极和射频输入/输出装置支撑起来，以保护微波管和安装接口。

线性电子注管主要包括单注多腔速调管、行波管（TWT）和多注速调管三大类，它们的工作特点和结构形式各不相同，下面分别进行介绍。

1）单注多腔速调管

单注多腔速调管的互作用电路由射频输入腔、漂移腔和射频输出腔组成，它的结构示意图如图 2.1 所示。单注多腔速调管的电子枪比行波管的电子枪简单，一般为二极管枪。高功率单注多腔速调管的聚焦系统采用电磁聚焦的居多，低功率、高频、窄带速调管也可采用周期永磁聚焦系统。

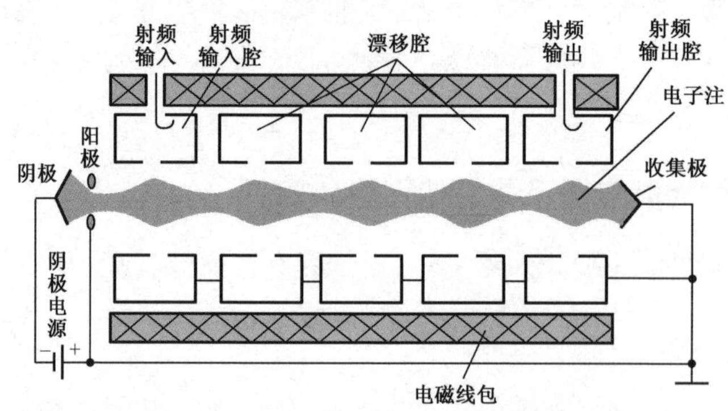

图 2.1　单注多腔速调管的结构示意图

2）行波管

行波管的互作用电路由慢波电路（可分为螺旋线、环圈、环杆和耦合腔四种）构成。为了提高使用效率，其收集极可由多级降压收集极组成。图 2.2（a）和图 2.2（b）分别示出了螺旋线和耦合腔两类行波管的内部结构剖视图。

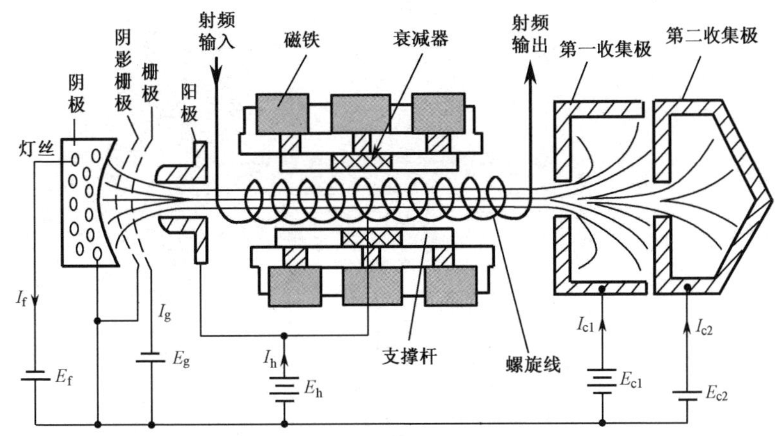

（a）螺旋线行波管内部结构剖视图

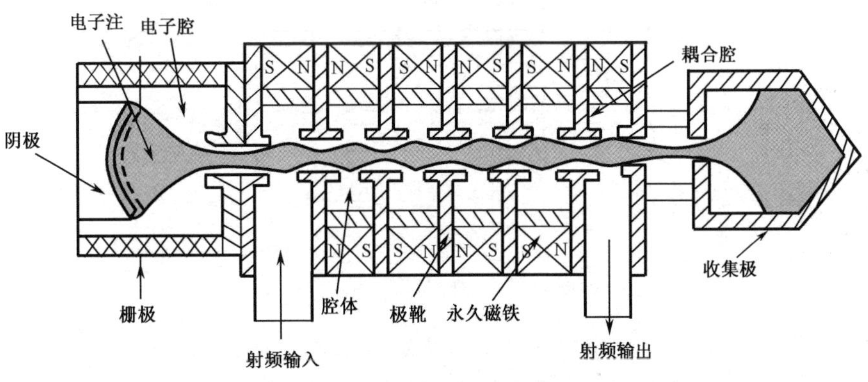

（b）耦合腔行波管内部结构剖视图

图 2.2　两种类型行波管的内部结构剖视图

双模行波管的结构与栅控行波管相似，只不过它的栅极由内外两层栅极构成，它们分别控制着两种不同的输出功率模式。图 2.3 为双模行波管电子枪结构示意图。

3）多注速调管

多注速调管和行波管的聚焦系统采用周期永磁聚焦结构的居多，但对于体积大、功率高的管子则采用电磁聚焦结构。

多注速调管的电子枪多为带控制电极的电子枪，其电子注可多达 6～36 个，它的互作用电路与单注速调管一样仍由输入腔、谐振腔、漂移腔和输出腔组成，但它们为多个电子注所共用，其结构较复杂，图 2.4 为多注速调管内部结构示意图。

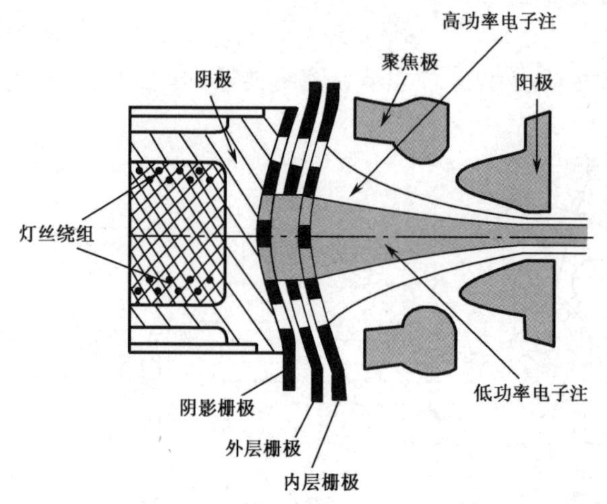

图 2.3　双模行波管电子枪结构示意图

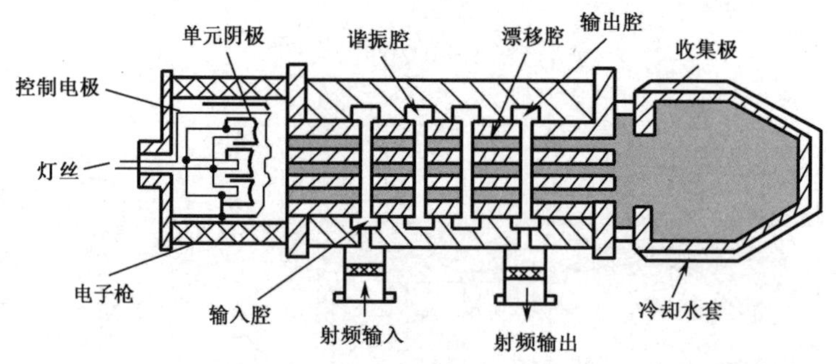

图 2.4　多注速调管内部结构示意图

在多注速调管中，每个电子注有一个对应的阴极和电子注通道，公共的控制电极、输入腔、漂移腔和输出腔在每个对应的电子注处都有通孔，以便让电子注通过并形成与射频场互作用的过程。每个腔与通孔相交处都有与单注速调管一样的腔体间隙，以便在间隙处形成高频电场。

2. 正交场器件

正交场器件由阴极、阳极、射频输入和输出（磁控管只有输出）装置以及磁钢组成。

正交场器件多为二极管器件，它由发射电子的阴极和用做谐振腔或慢波结构的阳极组成。其中，阴极分热阴极和冷阴极两种，通常采用分布发射的圆柱形结构，置于管子的中心。阳极在阴极的外边，其轴线与阴极轴线同心。

在正交场器件中，磁控管的历史最悠久，使用也最广泛，但是由于它是振荡器，其输出信号稳定度较差，因此现代雷达中已经很少使用了；而正交场放大器（CFA）中的前向波管因性能好，所以用得较多。

1）磁控管

磁控管主要有普通磁控管和同轴磁控管两种，它们的内部结构示意图如图 2.5 所示。

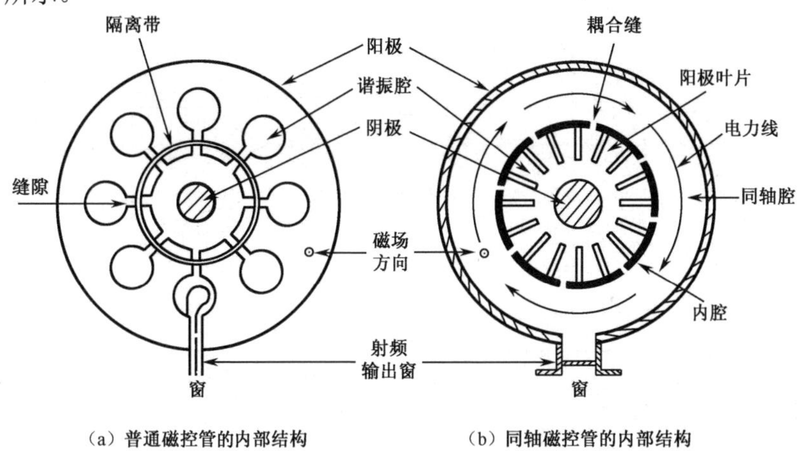

图 2.5 两种常用磁控管的内部结构

2）前向波管

现代雷达中常用的前向波管有两种，一种为阴极调制结构，另一种是直流运用结构。直流运用结构的前向波管是由射频激励启动产生射频放大，射频脉冲结束时由熄灭脉冲关断而终止工作。它的控制电极是将阴极分离一部分出来，使它与阴极绝缘而构成。当其在脉冲放大期间，使它与阴极同电位，并在脉冲结束时在其上加一个相对于阴极为正的脉冲，便可以将阴极附近的剩余电子消除而终止放大。直流运用结构的前向波管的结构示意图如图 2.6 所示。

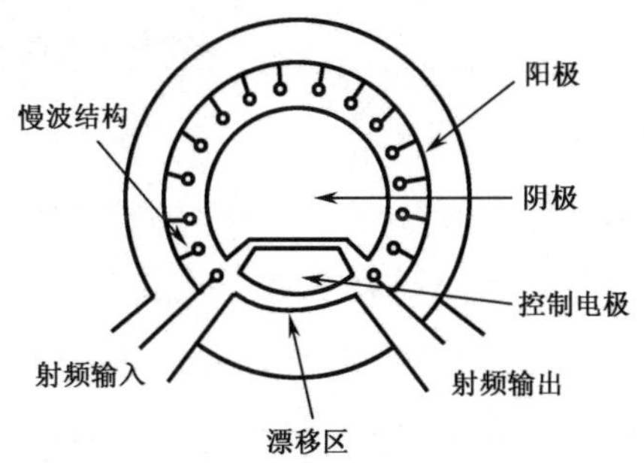

图 2.6 直流运用结构的前向波管的结构示意图

2.3.2 常用真空微波管的工作原理及性能

真空微波管工作区内的伏安特性基本相似，其电压与电流的关系都遵循式（2.1）的 3/2 次方规律，只不过不同的管种，其导流系数和可稳定工作的动态范围不同而已。

$$I = \rho_e \times U^{\frac{3}{2}} \tag{2.1}$$

式（2.1）中，I 为通过微波管的阴极电流，单位为 A；ρ_e 为导流系数，单位为μP；U 为加在微波管阴极上的电压，单位为 V。

微波管导流系数的取值，受阴极电流发射密度、阴极面积、阴极寿命和阴极电压等因素的制约。对不同的管种和不同的使用目的，微波管导流系数的取值是不同的。为了获得一定的功率，在设计时常在高导流系数/低电压与低导流系数/高电压间进行反复权衡后折中取值，低导流系数/高电压模式与高导流系数/低电压模式间的比较如表 2.1 所示。

表 2.1　低导流系数/高电压模式与高导流系数/低电压模式间的比较

模式	优点	缺点
低导流系数/高电压模式	1. 设计容易 2. 电子注质量对加工公差不太敏感 3. 电子注质量好，且易聚焦 4. 电流密度低，且寿命长 5. 在低收敛比时，轴向速度的离散小，易实现高效收集极设计	1. 因其电压高，所以微波管及电路被高压击穿的问题发生较多 2. 当 20kV 以上时，需要笨重的铅屏 3. 微波管单位长度的尺寸较大、增益较低
高导流系数/低电压模式	1. 因工作电压低，所以微波管和电路发生被高压击穿的概率较低 2. 微波管单位长度的尺寸较小，其增益较高	1. 设计困难 2. 电子注质量受加工公差影响较大 3. 在高功率使用和存在高收敛比时，电子注的质量和稳定性较差 4. 电流密度大，寿命较短 5. 存在高收敛比时，会引起电子轴向速度离散值增大，使高效收集极设计困难

由于行波管的阴极表面较小，工作电压较低，为了获得较高的使用寿命，其导流系数一般在 0.5～2μP 之间取值，如长寿命的卫星行波管，其导流系数仅在 0.6μP 左右；速调管的导流系数通常也在 0.5～2μP 之间取值。为了扩展工作带宽、降低工作电压，通常采用较高的导流系数，其值可高达 2～3μP；多注速调管靠多个电子注并联工作，虽然每个电子注的导流系数并不高（一般在 0.5～1μP 之间取值），但总的导流系数却很高，其值可达 20～30μP，所以多注速调管的注电压可以很低；正交场器件常选用分布发射式阴极，其阴极表面很大，有较大的电流发射能力，因此在工作区内，其导流系数可比单注线性电子注管大得多，其值可达 5～10μP。

在线性电子注器件中，按照式（2.1）所产生的电子注电流，在无射频信号激励时，99%的电子以略低于光速的速度直达收集极，在收集极上转变为热能。当把适合于微波管工作频率和功率要求的射频信号加入微波管的输入端时，微波管内的电子注受激与射频场产生互作用过程，并使射频波得以放大。不同的微波管，其互作用过程是不相同的，下面就不同行波管和速调管的工作原理分别给予说明。

1. 行波管的工作原理及性能

行波管是一种使用范围广和工作频率范围宽的中、大功率放大器件。根据行波管慢波结构的不同，可将它分为螺旋线行波管、环杆行波管或环圈行波管、耦合腔行波管等数种；若按功能划分，则可将行波管分为宽带行波管、大功率行波管、双模行波管、相位一致行波管、卫星行波管、低噪声行波管及调相行波管等多种。在雷达发射机中，主要使用中、大功率的耦合腔行波管、双模行波管和环杆（或环圈）行波管，以及为研制微波功率模块而使用的微型行波管，下面将较详细地介绍行波管的工作原理和性能。

1）慢波电路

根据行波管的工作频带、输出功率的不同要求，行波管的慢波结构可分为螺旋线、衍生螺旋线（环圈、环杆）和耦合腔等几种形式。

（1）螺旋线是指慢波电路由很细的钨丝或钼丝绕制而成的结构，它非常脆弱且热容量很小，其绝缘支撑体的传热性也很差，故允许的截获电流很小（一般限制在 10mA 量级），但带宽最宽。

（2）衍生螺旋线是指慢波电路为环圈、环杆和双带对绕或双螺旋线的结构，它的尺寸和热容量较螺旋线的要大，故具有较高的功率容量，但频带要窄些（比耦合腔的宽）。

（3）耦合腔的慢波结构一般是由多达 50 或 60 个全金属结构的相邻腔体组成的。射频波通过相邻腔体壁的耦合槽或孔传播时，就像在一个折叠波导中传播一样。它是全金属结构，具有尺寸大、功率容量大和易冷却等优点，适合于高功率工作（峰值功率可达 200kW，平均功率可大到数十千瓦），是行波管中的高功率器件，但其瞬时带宽较窄（约 10%）。

上述的螺旋线结构对射频波有双向传输的特性，使得它既可以从输入端向输出端传送射频能量，也可以从输出端向输入端反向传输射频能量。当负载不匹配时，反射波将传至输入端，形成返波振荡而输出不希望的噪声。为了防止反射信号传至输入端形成返波（返向波）振荡，通常把螺旋线的中部断开，分别在断开的每端处加一个涂有射频吸收材料的绝缘支撑杆，构成衰减器，以衰减其反射能量和消除返波振荡。

由于螺旋线是均匀线，因此在螺旋线中传播的射频波，其相速可在一个很宽的频率范围内保持近似不变，再加上负色散技术可将低频段的射频波相速拉平，所以可获得 3:1 或更大的带宽。

虽然螺旋线在高频段也能工作，但随着频率的升高，射频波产生的电场范围将缩小，因而不能深入螺旋线内部深处，有效地与电子交换能量，因此高频段效率低而输出功率小。在采用硬钎焊螺旋线的行波管中，压缩使用带宽后，可以获得较高的功率，如一个带宽为 28%的螺旋线行波管，可输出峰值功率 20kW，平均功率 800W。

2）电子注与射频波间的互作用

行波管的电子注处在慢波结构内的中心线上，受到慢波结构上电磁场的调制作用。当慢波结构上输入射频波后，由于射频能量以行波形式沿着慢波结构传播，并与慢波结构中的电子注进行互作用，使电子发生群聚，其电子的群聚过程如图 2.7 所示。射频波所产生的轴向电场是一个交变场，对电子注中的电子进行速度调制。处于加速场中的电子速度加快，而密度减小；处于减速场中的电子速度减慢，则密度加大，形成电子群聚。电子在与射频场进行互作用的过程中，减速场中的电子将自身的能量交给射频场，使射频信号得以放大。

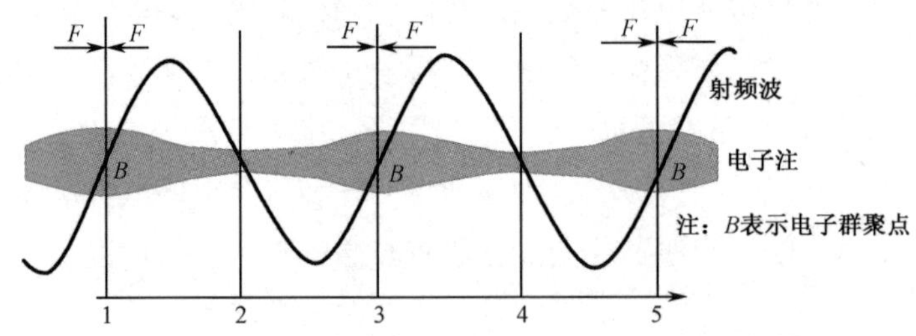

图 2.7　电子的群聚过程

如果正确设置阴极电压，使电子的速度正好与射频波同步，则射频波与群聚电子能有效地交换能量，获得最高的电子效率。

3）注流特性与射频输出功率

对于给定的饱和射频输出功率 P_{out}，行波管的电子注效率 η_{e} 可由下式确定，即

$$\eta_{\mathrm{e}}=\frac{P_{\mathrm{out}}}{I\cdot U} \tag{2.2}$$

式（2.2）中，I 和 U 分别是阴极电流和电压。

当电子注效率恒定时，射频输出功率 P_{out} 将与电子注功率成正比，P_{out} 可表示为

$$P_{\text{out}} = \eta_{\text{e}} \cdot \rho_{\text{e}} \cdot U^{\frac{5}{2}} \tag{2.3}$$

式（2.3）中，ρ_{e} 为导流系数。

4）射频增益与功率特性

在小信号驱动的情况下，行波管具有线性增益。但是随着射频驱动信号的增大，行波管将进入饱和放大状态，若再增加驱动电平将导致输出功率和增益下降。

一般情况下，中频段的增益和功率最高，低频段和高频段的增益和功率都将下降（参差调谐管的情况则略有不同）。当阴极电压调到使电子注团的速度与射频波同步时，其小信号线性增益最大。

在超宽带的行波管中，为了补偿频带高频段的射频损失，允许阴极同步电压适当调高 0.5%～1%，而且效率略有提高；但不能过高，过高会引起返波振荡。

实际上，为了防止过激励使射频输出功率减小和引起电子注散焦，通常将额定输出功率定在低于饱和点以下 0.5dB 的地方。

由于螺旋线的非均匀性，衰减器和分隔区的不连续性以及输入/输出的不匹配性等原因，在频带内输出功率并非很平坦，频带越宽，波动越大。

5）效率

行波管的效率包括电子效率和收集极效率两部分。电子效率是电子注与射频波之间的互作用效率；提高收集极效率是靠收集极降压，降低电子速度，以便电子把能量交给射频波，从而提高输出功率和效率。

（1）电子效率。影响电子效率的因素很多，在宽带行波管中，影响最大的是慢波结构中输入/输出失配所引起的损耗、趋肤效应所引起的损耗，以及支撑杆引起的损耗三种。提高行波管电子效率的方法是采用铜、金组成的慢波结构来降低趋肤损耗（镀铜的钨丝趋肤损耗比不镀铜的钨丝趋肤损耗减少 5%）。采用金刚石支撑杆也可减小趋肤损耗和支撑杆损耗；窄带管比宽带管的输入/输出匹配好，其电子效率高；靠近收集极的则可采用螺旋线的螺距逐步增大方式，以实现动态速度渐变（耦合腔行波管是采用腔体周期渐变、改变耦合槽形状和改变腔体直径等方法来实现速度渐变的）。这些方式由于改善了带内匹配，所以也可提高电子效率。

（2）收集极效率。采用降压收集极能较大幅度地提高行波管的使用效率，收

集极级数越多、减速越平缓，其效果越好，但结构同时越复杂，实用中收集极一般为 2～4 级。

收集极降压效果比例越大，似乎回收的能量就越多。但是如果降压比例太大，将使得群聚中的慢速电子无力穿越降压区到达收集极，返回电子枪或打在慢波结构上形成“回流”，干扰放大过程。

“回流”电子打在慢波结构上还会加重电子注散焦，使慢波结构发热或使慢波线损坏。图 2.8 为慢波线电流随收集极降压比的变化曲线。从图 2.8 中可以看出，当第一级收集极的降压比超过 50%时，产生的“回流”将超过慢波线的电流极限。

为了减小“回流”，应根据电子到达收集极的不同速度，采用多个收集极来逐步降低其电压，使每个收集极置于不同的电位，以使减速场的分布与电子速度的范围相匹配，这将获得很好的效果。

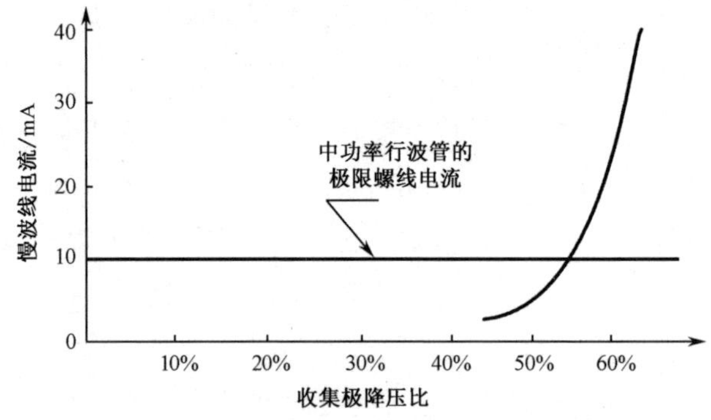

图 2.8　慢波线电流随收集极降压比的变化曲线

为了使行波管结构和使用电路尽量简单，常规雷达中的行波管大都采用 1～2 级降压收集极。但是对于太空运用或要求效率高、冷却简单、体积小的运用场合，收集极数目增加到 3～5 级也是值得的。为了研制通用的微波功率模块，所研制的微型宽带（6～18GHz）行波管的收集极级数可多达 4 级，其总效率可高达 60%。

2. 双模行波管工作的特点

双模行波管是作为功率控制器件设计的。图 2.3 所示的双模行波管电子枪结构大致与栅控行波管的相似，只不过它有两层控制栅极。在恒定的阴极电压和收集极电压下，当两个栅极加不同的电压时，可方便地控制注电流的导通率，以达到改变注电流大小从而改变输出功率的目的。大注电流对应高输出功率，小注电流对应低输出功率，高输出功率与低输出功率之比为提升比，其值大致为 10dB。

两个栅极都加正电压工作时，允许阴极发射电流的区域比较大，所得的电子注电流也较大，由此获得高峰值功率，故为高功率模式。如果仅内层栅极加正电压，外层栅极不加正电压而加负偏压工作时，只有外层栅极中心孔所对应的阴极表面的电子才可以通过，因而所获得的注电流较小，相对输出峰值功率也较小，故称为低功率模式。

双模行波管的优点是电路简单，工作状态切换方便快速，只用一个行波管在不改变高压和输入激励功率的情况下，只改变栅极工作状态，就可以很方便地改变其输出峰值功率；它的缺点是在低峰值功率模式下，效率较低，在宽带、高峰值功率、高增益时，易产生不希望的振荡等问题。

3. 速调管的工作原理和性能

速调管的工作原理和性能与行波管类似，同属于线性电子注真空微波功率器件，只不过速调管的互作用过程是靠腔体间隙处的外加射频场对电子注中的电子进行速度调制而实现能量交换的。

1）电子注和谐振腔中射频电场的相互作用

在注电压、注电流工作正常的情况下，当射频信号从输入腔输入后，在输入腔的间隙处形成射频电场，该射频电场便对电子注中的电子进行速度调制。

在不考虑空间电荷效应的情况下，假设电子穿越输入腔的间隙时，调制电压无大的变化，则单个电子离开腔体间隙的速度 $V(t)$ 可由下式算出，即

$$V(t)=V_0\left(1+\frac{U}{2U_0}\sin\omega t\right) \tag{2.4}$$

式（2.4）中，V_0 为速度调制前由电子枪射出的电子速度，U 为调制电压，U_0 为速调管阴极电压（$U_0 \gg U$），ω 为调制频率（rad/s）。

在调制电压的正半周内，电子越过输入腔体间隙时被加速；在调制电压的负半周内，电子越过输入腔体间隙时被减速。在输入腔与输出腔之间的漂移空间里，速度快的电子赶上较慢的电子，结果在沿着速调管长度的方向上，出现了电子群聚的现象，如图 2.9 所示。

处于减速场中的电子将自身的能量交给射频场，使射频信号得以放大，并经输出腔耦合输出，剩余的电子到达收集极后转变为热量。

双腔速调管的增益大约为 10dB，但此增益可以通过在输入腔和输出腔间增加附加腔而得到提高。

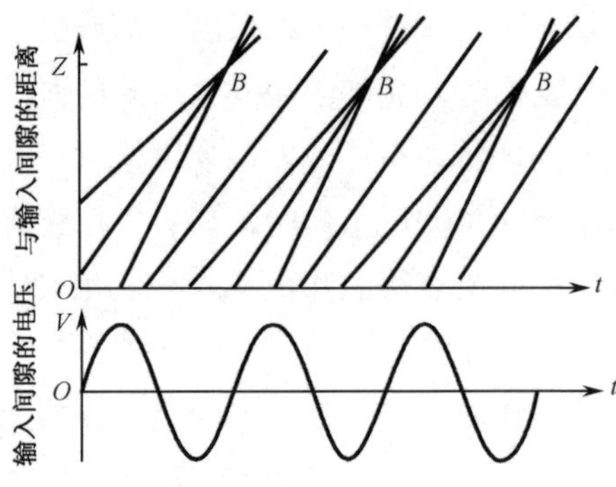

图 2.9　速调管中电子群聚的阿普尔盖特图

2）射频腔体

射频腔体的尺寸决定着速调管的工作频率和带宽。

在 S 波段以下的低频速调管中，因腔体尺寸较大，所以常采用外置谐振腔结构，以减小真空部分尺寸。外置谐振腔调谐较方便，也可获得腔体与电子注的良好耦合。虽然腔体 Q 值很高，而瞬时带宽较窄，但其机械调谐范围仍可达到 10%～15%。

在 S 波段及其以上波段的速调管中，腔体必须放在真空外壳之内，以便使得腔体与电子注良好耦合。此时需使用减压盒进行调谐，因而结构更复杂，成本更高，使用频带宽度更窄。

输出腔体具有互易功能，电子运动时会在腔体内产生电压和电流。其能量的输出可用耦合环（在 S 波段及其以下波段），也可用腔体与波导的过渡来耦合（在高频段）。

3）射频性能

速调管电子注与射频场的相互作用、输入功率与输出功率间的关系、增益与输入功率的关系等特性都与行波管的类似，且在达到饱和状态以前就出现了非线性现象，饱和后功率开始下降的情况也与行波管的类似。

速调管的增益、带宽和功率都与电子注半径、电子速度、电子注与腔体的耦合、电子注阻抗和腔体 Q 值等因素有关，这些因素互相制约，设计时应在增益、带宽和功率间进行折中考虑。

要提高速调管的增益可以增加腔体数目，一般情况下有三腔、四腔、五腔甚至更多的典型腔数。就一定带宽而言，多腔速调管的增益可从 30dB 提高到 65dB。

采用腔体参差调谐，可以增加带宽；降低腔体 Q 值，也可增加带宽，但会降低增益和效率；由于增加峰值功率需要强电子注，而强电子注会使电子注电阻下降及腔体负载加重，因而提高峰值功率在可增加带宽的同时，其代价是增益会有所下降。

电子注电阻 R_e 的表达式如下

$$R_e = \frac{U}{I} = \eta_e^{\frac{1}{5}} \cdot \rho_e^{-\frac{4}{5}} \cdot P_{out}^{-\frac{1}{5}} \tag{2.5}$$

式（2.5）中，ρ_e 为导流系数（μP），P_{out} 为射频输出功率（$P_{out} = \eta_e UI$，UI 是电子注功率，η_e 是电子注效率）。

速调管电子注的电阻典型值在 1000～1500Ω 之间，当漂移管长度和电子注对腔体的耦合度不变时，R_e 减小，R_e / Q 也减小，因此腔体的有效带宽将增加。下面给出一个增益带宽积经折中后的近似表达式，即

$$\sqrt{G}\left(\frac{\Delta f}{f}\right) = \frac{R_e}{Q} P_{out}^{\frac{1}{5}} \rho_e^{\frac{4}{5}} \tag{2.6}$$

式（2.6）中，G 是速调管的增益，Δf 为速调管的瞬时带宽。从该式中可以看出：当增益一定时，增加输出功率 P_{out}、加大导流系数 ρ_e 或降低 Q 值都可以增加速调管的瞬时带宽 Δf。

提高速调管带宽的另一种方法是群腔法。该方法是对中间腔加载（即降低 Q 值），使每对腔靠紧，以便使每对腔同时被同一电子注所激励。实践证明，一种工作于 S 波段（4MW）的 13 腔速调管在采用此技术后，其饱和功率下的瞬时带宽可达到 14%，效率为 40%。

速调管的输出功率能力比行波管高，一是它的电子效率较高，二是它的电子注电压也可以比行波管高。在斯坦福加速器上用的一个 S 波段速调管，当电子注电压为 315kV、脉冲宽度由 6.5μs 降到 0.1μs 时，其峰值功率可达 50MW。又如汤姆逊的一个 TH2132 速调管，在脉宽为 4.5μs 时，P_{out} 为 45MW；当脉冲宽度降至 1μs 以下时，P_{out} 为 150MW，其增益高达 45～50dB。

速调管的工作频率决定了谐振腔的尺寸，而要增加功率也受尺寸的限制，因为随着注电压的提高会出现下列问题：

（1）电子枪飞弧；

（2）输出腔间隙飞弧；

（3）当射频输出窗超过最大允许的射频功率密度时，会产生过热现象。

速调管的注流调制和热噪声与行波管相似，但是在高功率速调管中，由于栅极受功率容量的限制，当平均功率在 5kW 以上时，一般使用阳极调制器或阴极调制器而不使用栅极调制器（若栅极能得到有效冷却，则高功率下也可用栅

极调制器）。

速调管电子注调制的瞬态效应与行波管相似，在接通或断开的瞬间，会出现瞬态高峰值管体电流，该瞬态管体电流将对电子注产生扰动而形成噪声输出，其值虽然要比行波管大约低几分贝，但由于速调管输出的功率大，因此其绝对噪声功率也不可忽略，应采取措施予以限制。

对载波信号的影响而言，满功率输出时，由于调幅噪声被饱和现象所抑制，其调幅噪声要比调相噪声低 6dB 左右。

速调管的典型调相噪声电平，在偏离载波 2kHz 时为-115dBc/kHz；在偏离载波 20kHz 以上时，此值下降到固定的调相噪声基准-125dBc/kHz，这个值比同档行波管的低得多。以上结果与速调管的增益和工作比密切相关，增益越高，工作比越大，其输出噪声也越大。

4. 多注速调管的工作原理与性能

多注速调管具有工作电压低、瞬时带宽宽、效率高、体积小、质量小等优点，可以采用控制电极调制和永磁聚焦，是高机动雷达的优选微波管之一。但因内部结构复杂，阴极发射电流密度大而影响使用寿命，因此需不断改进和完善。

多注速调管中的每个电子注与公共腔（输入腔、漂移管和输出腔）的射频场进行互作用和能量交换的过程与单注速调管的情况相同，不同的是它有多个电子注，每个电子注的导流系数较小，因而通道间的相互影响较小。但是为了在较低功率下获得宽频带，要求谐振腔中心部分（漂移管头）区域的面积尽可能地减小，以便不使它的 R/Q 值减小。处于不同径向位置的电子注，因其通道间隙处的电场相位差增大，影响了电子与高频场的互作用效果，所以其电子注数目不能太多（一般在 36 以内）。而由于漂移管头的面积决定了电子注的数目和单元阴极发射面积的大小，因此多注管的阴极发射面积比单注管的小，其电流发射密度要比单注管的大，一般在 10～15A/cm^2（脉冲状态下达到 30～40A/cm^2），这给制造和提高使用寿命增加了困难。为了提高多注管的性能和使用寿命，必须选用电流发射密度高的阴极材料和新的制造工艺。同时要采用先进的设计和加工技术来确保管内 N 个电子注的阴极、控制极、谐振腔、漂移管和收集极的中心线精确对准，才能获得好的效果。

多注速调管的工作电压较低，可以方便地采用控制电极调制。由于控制电极不可能做到与阴极的形状一样，像阴影栅那样贴在阴极表面，它距阴极较远，因此所需的注流截止负偏压较高，约为注电压的 30%。控制电极处在整管中的最高电位点上，因它与阴极间的电场是非均匀场且距离较近（一般约为 0.5mm），所以容易引起打火和离子击穿。为了减少因控制电极而引起的打火现象，在脉冲宽度和重复频率变化不太大的运用场合，采用固态刚管调制器作阴极脉冲调制也是一种较好的解决方案，此方法早已被国内某雷达研制单位率先在多个雷达发射机中成功应用，很好地解决了多注管易打火的问题，提高了发射机的可靠性。

5. 正交场放大器的工作原理及性能

由于直流运用结构的冷阴极前向波管具有突出的优点，因而使用范围较广，这里仅就它的工作原理进行介绍。

如图 2.6 所示的直流运用结构的前向波管中，当射频信号从装在阳极周围的慢波结构上输入并加上阴极电压后，射频信号和阴极周围的噪声在高压场的作用下，使管内残余气体产生电离，其正离子以极高的速度轰击冷阴极表面，形成强大的二次电子发射。这些电子在由阴极向阳极的运动中，受正交电磁场的共同作用，使阴极周围强大的电子云团形成轮辐运动。在接近阳极慢波结构的过程中，当电子云团轮辐的角速度与阳极慢波结构的射频波同步时，处在减速场中的电子将其动能交给射频场，使射频波得以放大。经历减速后的部分剩余电子，因洛伦兹力的减小被阳极收集而转变成热量；另一部分电子在加速场的作用下，因洛伦兹力的增加而继续环行，返回到阴极转变成热量，以加大其阴极的二次电子发射能力。

为了有效地放大射频信号，电子云团轮辐的角速度应与射频场同步。为此，对加在阴极上的电压和加在阳极慢波结构上的射频激励信号，提出了严格的要求。

阴极电压与磁场决定着电子轮辐的角速度，当磁场一定时，阴极电压过高或过低都会使电子轮辐的角速度与射频波不同步，从而影响其有效放大功能。阴极电压过低时易产生低压振荡模式，过高时会产生高压振荡模式。为避免出现这两种不稳定的工作情况，加在前向波管上的阴极电压，应确保前向波管工作在如图 2.10 所示的伏-安特性曲线的 B 区内。

射频波的场强过低时，不能充分地使电子轮辐的动能转变为射频能而产生强大的噪声，因此，射频驱动信号应该足够大才能获得更稳定的射频输出。

在高效的重入式前向波管中，射频结束时，空间电荷不能迅速消失，会激励起前向波管中其他的振荡模式，形成一个长长的射频噪声尾巴。为了消除这种影响，从前向波管的漂移区所对应的阴极中分离出一块作为控制电极（阴极与控制电极绝缘）。当控制电极加上相对阴极为正的脉冲电压时，就会将阴极附近的这些剩余空间电荷迅速地消除，以消除其射频振荡。

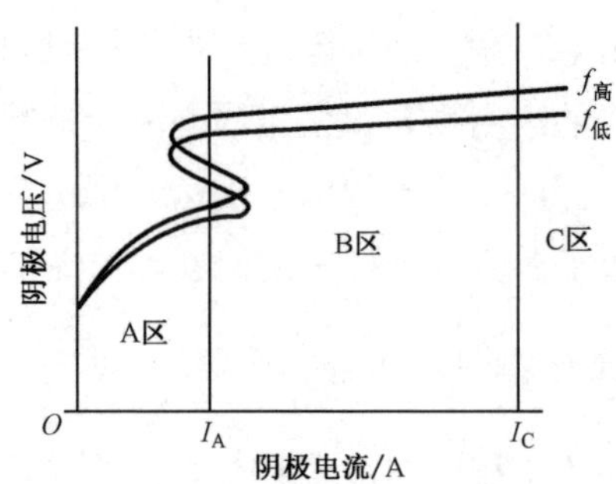

图 2.10　前向波管的伏-安特性曲线

从 L 波段到毫米波的工作频段内，都可以采用正交场放大器。慢波结构的物理尺寸决定了前向波管的工作频率。正交场放大器的带宽也取决于工作模式（前向波或返向波）的限制。前向波管具有高达 10%～15%的瞬时带宽，返波管的瞬时带宽非常窄，大约为 1%。然而，通过改变阴极电压来调谐返波管可获得 10%的调谐带宽，但在该带宽内的功率变化会较大。

正交场放大器的输出功率取决于射频输入功率和前向波管的总效率。在驱动功率足够的条件下，其射频输出功率的增加与阳极电流呈线性关系。

当射频激励功率很低时，正交场放大器的工作噪声非常大，随着射频激励功率的增加，噪声逐步被抑制直到进入相位锁定的工作状态。

限制正交场放大器输出最高功率的因素包括：

（1）阴极脉冲电流的发射能力（包括起始发射和二次发射）；

（2）由于增加阴极电压而引起电子云与射频场的互作用失锁，进入不需要的振荡模式；

（3）当输出功率超过给定值时，激励功率无力维持锁相；

（4）阳极过热。

常规正交场放大器的增益限制在 10～16dB 范围内，由于输入与输出的射频隔离有限，电子云经射频耦合会产生噪声，且增益高了会出现振荡；又由于低增益要求有较高的激励功率，因此这是常规正交场放大器的一大缺点。为了克服这一缺点，采用阴极激励的正交场放大器可以把增益提高到 30dB。

2.3.3　常用真空微波管的比较

在常用真空微波管中，各种微波管的性能、使用范围和工作方式是不相同的，为了正确选用真空微波管，下面将雷达用脉冲真空微波管的性能列入表 2.2 中，以便在选择时进行比较。

表 2.2　雷达用脉冲真空微波管的性能比较

特性	线性电子注管（LBT）				正交场管（CFT）	
	速调管（含行波速调管）	多注速调管	螺旋行波管（含环圈、环杆）	耦合腔行波管	磁控管	正交场放大器
应用	放大器	放大器	放大器	放大器	振荡器	放大器
频率范围	UHF～Ka 波段	L～Ku 波段	L～Ka 波段	UHF～Ka 波段	UHF～Ka 波段	UHF～Ka 波段
最大峰值功率	L 波段为 5MW	L 波段为 0.8MW	L 波段为 20kW	UHF 波段为 240kW	L 波段为 1MW	S 波段为 5MW
最大平均功率	L 波段为 1MW X 波段＞10kW	L 波段为 14kW X 波段为 17kW	L 波段为 1kW Ka 波段为 40W	L 波段为 12kW X 波段为 10kW	L 波段为 1.2kW X 波段为 100W	L 波段为 13kW X 波段为 2kW
峰值功率下的阴极电压	L 波段为 5MW 时，达 125kV	L 波段为 0.8MW 时，达 32kV	L 波段为 20kW 时，达 25kV	L 波段为 0.2MW 时，达 42kV	L 波段为 1MW 时，达 40kV	L 波段为 5MW 时，达 65kV
相对带宽	窄带高增益时为 1%～10%	1%～10%	10%～400%	5%～15%	锁定时为 1%，机械调谐时为 15%	窄带高增益时为 5%～15%
增益/dB	30～65	40～45	30～65	30～65	注入锁定时为 10	一般 10～20，阴极激励时可达 35
效率①	20%～65%	30%～45%	20%～65%	达 60%	达 70%	达 60%
导流系数/μP	一般为 0.5～2，也可用到 2～3	20～30（最多可达 36）	0.5～2	0.5～2		5～10
钛泵需求	峰值功率大于 1MW 时需要					需要或自带泵
调制方式	高功率时为阴极调制，中、低功率时可用栅极调制或阳极调制	阴极调制或控制电极调制	栅极调制、阴极调制、聚焦电极或阳极调制	阴极调制、阳极调制、栅极调制或聚焦电极	阴极调制	阴极调制
聚焦方式	线包或 PPM	PPM 或线包	PPM	PPM 或线包	永磁铁	
典型的调制灵敏度	$d\theta/\theta=1/3$（dv/v）②		$d\theta/\theta-1/2$（dv/v）		$dF/F=0.003$（dI/I）	$d\theta=1°\sim3°$（$dI/I=1\%$）③
热噪声	典型值为-90dBc/MHz				比线性电子注管约差 20dB	

① 在带宽较窄、频率较低时，效率最高。在线性电子注管中可采用多级降压收集极来提高效率。

② 表中的θ为微波管的电长度，速调管$\theta\approx5\lambda$，行波管$\theta\approx15\lambda$。

③ 返波管的相位调制灵敏度约为前向波管的 1/3。

2.4　高功率微波管发射机设计

在 L 波段以上，瞬时带宽在 10%以下，峰值功率在 1MW 以上，平均功率在 10kW 以上的中远程固定式雷达发射机设计中，一般选用阴极脉冲调制形式的真空微波管，如速调管、耦合腔行波管或回旋管，也可采用中功率发射机与微波功率合成技术来实现其大功率。调制器一般选用线型脉冲调制器（或组合式的线型调制器），有时也采用大功率刚管脉冲调制器。调制器开关应尽量选用固态开关，如 SCR、RBDT 和 IGBT。高功率长寿命的电真空开关管，如氢闸流管、真空三极管、四极管也是一个不错的选择，但由于它们需要灯丝电源、偏置电源和高电压驱动脉冲等，因此导致电路复杂，可靠性低。

2.4.1 阴极调制微波管发射机的设计

阴极调制微波管发射机的设计在方案论证阶段，已确定了适用的微波管及发射机的类型；而在工程实施方案中，主要是考虑如何设计组成发射机的各个子系统，以全面达到所需的技术指标要求。

1. 发射机的设计要求

根据设计任务书或合同中的技术要求，发射机设计要求一般应包括：

（1）工作模式（应注明是单级自激振荡式还是主振放大式）；

（2）工作频率（应包括频率范围、变频方式、变频速度和瞬时带宽）；

（3）输出射频功率（应包括峰值功率、平均功率和带内功率起伏）；

（4）增益；

（5）射频包络（包括脉冲宽度τ、上升时间τ_r、下降时间τ_f和顶部不平度）；

（6）信号形式（包括脉冲宽度、重复频率、工作比和它们的变化范围、变化方式）；

（7）平均故障间隔时间（MTBF）和平均维修时间（MTTR）；

（8）结构形式、质量和效率η；

（9）电源的电压、频率、功率及变化范围和制式；

（10）环境要求（包括温度、湿度、海拔高度、振动冲击和含腐蚀气体浓度等）。

2. 发射机各部分指标的计算与分配

1）对微波管的要求

方案论证所选用的微波管，当没有定型管时，应提出供微波管设计的技术指标，包括：

（1）微波管类型；

（2）工作频率（包括频率范围、瞬时带宽、变频方式和变频速度）；

（3）输出功率（包括峰值、平均值和带内起伏）；

（4）最大工作脉冲宽度和最高脉冲重复频率；

（5）增益（包括带内增益起伏）；

（6）效率（输出基波功率与微波管输入总功率之比）；

（7）调制方式（阴极调制、阳极调制、聚焦电极调制、栅极调制、熄灭电极调制中的某一种方式）；

（8）工作电压、电流（包括电压、电流值及变化范围）；

（9）各电极的电压或电流的相位调制灵敏度；

（10）杂散输出限制（包括谐波、寄生调制和噪声）；

（11）冷却方式（包括传导冷却、强迫风冷却和液体冷却）；

（12）工作环境（包括海拔高度、温度、湿度和振动冲击强度）；

（13）使用寿命；

（14）结构形式和质量；

（15）输入/输出形式。

2）指标计算与分配

（1）确定电源或调制器参数。根据微波管的输出功率 P_{out}、效率 η_{e} 和导流系数 ρ_{e}，计算电源、调制器等有关参数。根据式（2.3）计算出微波管的主要工作参数：

工作电压

$$U=\left[P_{\text{out}}\div\left(\eta_{\text{e}}\rho_{\text{e}}\right)\right]^{\frac{2}{5}} \tag{2.7}$$

工作电流

$$I=\left(P_{\text{out}}\div\eta_{\text{e}}\right)\div U=\rho_{\text{e}}U^{\frac{3}{2}} \tag{2.8}$$

工作点的等效阻抗

$$R=U\div I \tag{2.9}$$

电源或调制器的脉冲功率

$$P=U\times I \tag{2.10}$$

射频激励功率

$$P_{\text{in}}=P_{\text{out}}\div 10^{\frac{G}{10}} \tag{2.11}$$

式（2.11）中的 G 是微波管的饱和增益（单位为 dB）。

（2）分配稳定性指标。根据任务要求的改善因子、微波管的相位调制灵敏度和放大链中各部分的难易程度，计算和分配系统下属各分机的稳定性指标。

影响发射机稳定度的因素很多，各种因素的影响程度和计算方法也不相同，表 2.3 中列出了几种主要参数的改善因子计算公式，供设计时参考。当然，不是每种发射机的稳定度都受表中各种因素的影响，具体设计时只需选择表中有关的项目即可。

表 2.3　脉间不稳定项目及改善因子的计算公式

脉间的不稳定项目	改善因子的计算公式
发射机频率（振荡式发射机）	$I'_{\mathrm{f}}=20\lg\left[1\div(\pi\Delta f\tau)\right]$
稳定本振或相干振荡器的频率	$I'_{\mathrm{e}}=20\lg\left[1\div(\pi\Delta fT)\right]$
发射射频相位 φ （含相干振荡器锁相）	$I'_{\varphi}=20\lg(1\div\Delta\varphi)$
发射脉冲幅度 A	$I'_{A}=20\lg(A\div\Delta A)$
脉冲定时（t）变化	$I'_{t}=20\lg\left[\tau\div\left(\sqrt{2}\Delta t\sqrt{B\tau}\right)\right]$
发射脉冲宽度（τ）变化	$I'_{\tau}=20\lg\left[\tau\div\left(\Delta\tau\sqrt{B\tau}\right)\right]$

表 2.3 中，Δf 为脉间的射频变化，τ 为发射脉冲宽度，T 为雷达与目标间电波的往返传播时间，$\Delta\varphi$ 为脉间射频相位变化，Δt 为脉冲定时抖动，ΔA 为脉间的脉冲幅度变化，$\Delta\tau$ 为脉冲宽度抖动，A 为脉冲幅度，$B\tau$ 为脉冲压缩雷达的脉冲宽度与带宽的积，未编码的脉冲，其 $B\tau=1$。

对于一个由以固态放大器为驱动级，高功率速调管放大器为末级组成的放大链，由于固态放大器的稳定度较易达到高指标，分配指标时应适当从严（设其 $\varDelta_1$ 不稳定性的相位差为 $\Delta\varphi_1$，幅度差为 ΔA_1）；而要使速调管放大器实现高稳定度的难度较大，分配指标时应适当放宽（设其 $\varDelta_2$ 不稳定性的相位差为 $\Delta\varphi_2$，幅度差为 ΔA_2）。它们的关系可由下列公式表示，即

$$\varDelta_1=\sqrt{\left(\frac{1}{\Delta\varphi_1}\right)^2+\left(\frac{A}{\Delta A_1}\right)^2} \tag{2.12}$$

$$\varDelta_2=\sqrt{\left(\frac{1}{\Delta\varphi_2}\right)^2+\left(\frac{A}{\Delta A_2}\right)^2} \tag{2.13}$$

$$\varDelta=\sqrt{\left(\frac{1}{\varDelta_1}\right)^2+\left(\frac{1}{\varDelta_2}\right)^2} \tag{2.14}$$

式（2.14）中，$\varDelta$ 为该发射机的不稳定值，它与改善因子 I' 的关系为

$$I'=20\lg\frac{1}{\varDelta} \tag{2.15}$$

根据经验，在相位稳定度满足要求的情况下，一般都能满足幅度稳定度的要求，因此在初步计算中，可以不考虑幅度稳定度指标的分配问题，只分配并计算相位稳定度指标即可，即

$$\Delta\varphi=\sqrt{\Delta\varphi_1^2+\Delta\varphi_2^2} \tag{2.16}$$

$$I' = 20\lg\frac{1}{\Delta\varphi} \tag{2.17}$$

在每级放大器中，影响输出信号稳定度的具体因素又有许多项，就速调管放大器而言，其影响因素可包括阴极调制脉冲幅度稳定度、灯丝电源电流稳定度、磁场电源电流稳定度和射频驱动信号稳定度等项。这些项中的每项都可能引起总的相位失真和幅度失真，设计时应根据它们的难易程度，参照各级电压调制灵敏度，进行仔细权衡和反复计算来分配指标。粗估时，也可以以相位为主来进行估算。各电极电压的相位调制灵敏度，可在微波管的使用参数表中查出。设计时各极电压的调制灵敏度可参考如表 2.4 所示的经验数据，来计算各电极电压的稳定度。

表 2.4 各种微波管各电极的电压调制灵敏度

电极	正交场放大器各极电压调制灵敏度/（°/V）	速调管各极电压调制灵敏度/（°/V）	行波管各极电压调制灵敏度/（°/V）
阴极	1～3（阴极电流变化为 1%时）	$\frac{\Delta\theta}{\theta}=\frac{\Delta U}{2U}$	$\frac{\Delta\theta}{\theta}=\frac{\Delta U}{3U}$（0.5～3）
栅极	—	与行波管的值相近	2～5
聚焦电极	—	与行波管的值相近	1
灯丝	—	与行波管的值相近	0.03～0.1
收集极	—	与行波管的值相近	0.005～0.05
驱动变化	2～4（每 1dB）	7（每 1dB）	7（每 1dB）

以速调管发射机为例，下面介绍一下计算微波管各电极电源电压稳定度的方法。

用 I_2' 表示速调管各电极电源的总改善因子，并用 $\Delta\varphi_2$ 表示速调管输出信号的相位变化，对应各电极电源引起速调管输出信号的相位变化分别是：$\Delta\varphi_c$ 为阴极电压引起的相位变化，$\Delta\varphi_f$ 为灯丝电源引起的相位变化，$\Delta\varphi_m$ 为磁场电流引起的相位变化，$\Delta\varphi_r$ 为驱动信号引起的相位变化，则 $\Delta\varphi_2$、I_2' 应满足下式要求

$$\Delta\varphi_2 = \sqrt{(\Delta\varphi_c)^2 + (\Delta\varphi_f)^2 + (\Delta\varphi_m)^2 + (\Delta\varphi_r)^2} \tag{2.18}$$

$$I_2' = 20\lg\frac{1}{\Delta\varphi_2} \tag{2.19}$$

设灯丝电源的相位调制灵敏度为 M_f，磁场电源的相位调制灵敏度为 M_m，驱动信号的幅相转换为 M_r，则可分别计算出各电极电源电压（电流）引起速调管输出相位变化和各电极电源的电压（电流）稳定度要求。因为 $\Delta\varphi_c$ 表示以弧度为单位的相位变化，而每弧度等于 57.3°；M_c 为速调管阴极电压的相位调制灵敏度，表示电压或电流每变化 1% 时所引起射频输出信号的相位变化量或者以输入驱动信

号每变化 1dB 时所引起的射频输出信号的相位变化量，则计算阴极调制脉冲电压的稳定度公式为

$$\Delta U_{\mathrm{c}} / U_{\mathrm{c}} = \frac{\Delta\varphi_{\mathrm{c}} \times 57.3^{\circ}}{M_{\mathrm{c}}} \times 1\% \tag{2.20}$$

计算灯丝电源的稳定度公式为

$$\Delta U_{\mathrm{f}} / U_{\mathrm{f}} = \frac{\Delta\varphi_{\mathrm{f}} \times 57.3^{\circ}}{M_{\mathrm{f}}} \times 1\% \tag{2.21}$$

计算磁场电流的稳定度公式为

$$\Delta I_{\mathrm{m}} / I_{\mathrm{m}} = \frac{\Delta\varphi_{\mathrm{m}} \times 57.3^{\circ}}{M_{\mathrm{m}}} \times 1\% \tag{2.22}$$

计算驱动信号的稳定度公式为

$$\Delta P_{\mathrm{in}} / P_{\mathrm{in}} = \frac{\Delta\varphi_{\mathrm{r}} \times 57.3^{\circ}}{M_{\mathrm{r}}} \ (\mathrm{dB}) \tag{2.23}$$

（3）粗略计算和分配 MTBF。根据雷达分配给发射机的 MTBF，设组成该发射机各分机的可靠性模型为串联模型，则有

$$\mathrm{MTBF} = \frac{1}{\sum_{i=1}^{I} \lambda_i} \tag{2.24}$$

式（2.24）中，λ_i 为第 i 个分机的失效率。在发射机中，设调制器和高压电源的失效率为 λ_1，控制保护系统的失效率为 λ_2，冷却系统的失效率为 λ_3，高频系统的失效率为 λ_4。它们的具体数值应根据各分机所用元器件的基本失效率、可靠性模型、降额因子和环境系数计算求得，然后将其具体数值代入下式并求系统的总失效率，即

$$\lambda = \lambda_1 + \lambda_2 + \lambda_3 + \lambda_4 \tag{2.25}$$

$$\mathrm{MTBF} = 1/\lambda \tag{2.26}$$

进行可靠性指标分配时，不能采用平均的分配方法，应根据各种分机插件的重要性和复杂程度，经权衡后进行合理分配。

（4）用电量的计算与分配。大功率线型调制器的常规效率（设带降低 Q 值的充电电路的充电效率为 η_1，放电效率为 η_2，电源效率为 η_3）确定后，高压电源的输入功率 P_{h} 可按下式计算

$$P_{\mathrm{h}} = \frac{P_{\mathrm{out}}}{\eta_0\ \eta_1\ \eta_2\ \eta_3} \tag{2.27}$$

式（2.27）中，P_{out} 和 η_0 分别为微波管的输出功率和效率。

估算出聚焦电源所需的输入功率 $P_{聚焦}$、冷却系统的水泵和风机所需功率 $P_{冷却}$

（未考虑冬天加热和环境空调的功率）、速调管灯丝功率 $P_{灯丝}$、控制保护及辅助电源功率 $P_{其他}$ 后，再与高压电源的输入功率 P_h 一起，按下式求出发射机所需的总输入功率 P_{Tin}，即

$$P_{Tin} = P_h + P_{聚焦} + P_{冷却} + P_{灯丝} + P_{其他} \tag{2.28}$$

已知射频输出功率和总输入功率，便可求出发射机的总效率 η 为

$$\eta = P_{out} \div P_{Tin} \tag{2.29}$$

3. 提出各组成单元的设计要求

阴极调制大功率速调管发射机由高压电源、调制器、高频放大器系统和系统监控系统等几部分组成，其系统框图如图 2.11 所示。

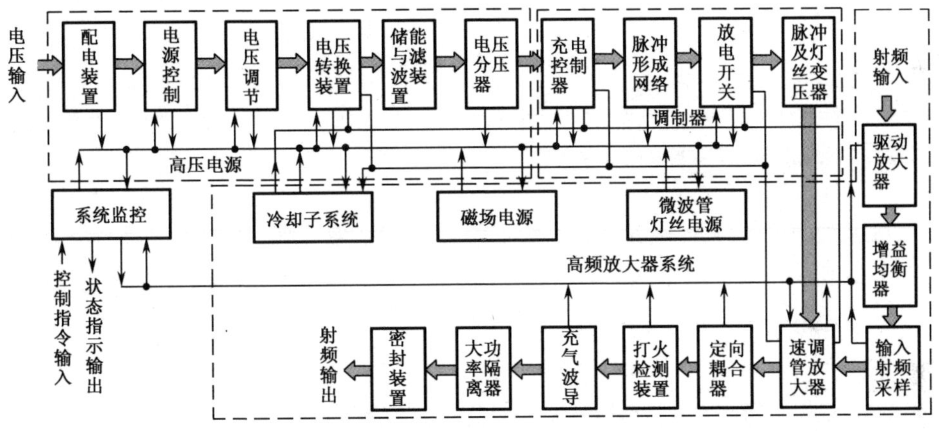

图 2.11　大功率速调管发射机系统框图

高压电源包括配电装置、电源控制、电压调节、电压转换装置、储能与滤波装置和电压分压器六部分；调制器包括充电控制器、脉冲形成网络、放电开关和脉冲及灯丝变压器四部分；高频放大器系统包括微波管灯丝电源、磁场电源、冷却子系统和速调管放大器及各种微波元器件；系统监控包括系统工作状态的控制与指示，参数的监视与测试，故障状态的隔离、指示与保护，同时还要与总系统进行通信。

以上各部分的详细介绍可在以后各章中去查阅。

根据统一设计规范的要求和发射机各组成部分的计算数据，便可对发射机所属的主要部分（①高压电源；②调制器；③高频放大器系统；④系统监控；⑤微波管灯丝电源；⑥冷却子系统；⑦系统结构等）提出设计要求。发射机所属部分设计要求如表 2.5 所示。

表 2.5　发射机所属部分设计要求

要求	高压电源	调制器	高频放大器系统	系统监控	微波管灯丝电源	冷却子系统	系统结构
构成形式	有	有	有	有	有	有	有
输入量额定值及变化	有	有	有	有	有	有	—
输出量压力、稳定度及变化	电压	电压	基准	有	电压	液、气压	—
输出量流速、稳定度及纹波	电流	电流	基准	有	电流	液、气流	—
波形及频率变化	有	有	有	有	有	—	—
参数监测指示	有	有	有	有	有	有	屏蔽
可靠性及可维护性	有	有	有	有	有	有	有
布局和电磁兼容性	有	有	有	有	有	有	有
环境适应性	有	有	有	有	有	有	有
故障检测、隔离与保护	有	有	有	有	有	有	有
匹配或驻波	—	有	—	有	—	—	—
体积和质量	有	有	有	有	有	有	有

4. 系统设计中应注意的问题

系统设计就是根据方案论证所确定的方案，采用具体电路和结构形式将整个发射系统组合起来，以形成一个完整的系统。为了能使发射系统全面达到指标要求并确保其稳定可靠地工作，应注意处理好下面的几个设计问题。

1）微波管与调制电路的接口设计

大功率线型脉冲调制器或刚管调制器与微波管接口，应根据不同的工作电压和不同的调制方式，采用不相同的接口方式。当电压很高（50kV 以上）时，一般不采用直接接口，而是在调制器和微波管之间加入一台脉冲变压器，以提升电压和实现阻抗的变换与匹配。

在线型脉冲调制器中，由于高变比脉冲变压器的漏感和分布电容较大，会使脉冲前、后沿变差。为了获得好的输出脉冲和减小低阻抗脉冲形成网络（PFN）的设计难度，脉冲变压器的升压比不能太高。对线性电子注管负载而言，脉冲变压器的漏感和分布电容对脉冲前沿 τ_r 的影响可用下式进行估算

$$\tau_r = 1.78\sqrt{L_1(C_d + C_1)} \tag{2.30}$$

式（2.30）中，L_1 为漏感，C_d 为微波管的分布电容折算到初级的值，C_1 为折算到初级的变压器分布电容值。

当脉冲电压很高时，为了使脉冲变压器缩小体积又能确保在较恶劣环境中（潮湿、低气压）安全可靠地工作，脉冲变压器与速调管的阴极油箱，应一体化设计，以便使高压脉冲引线在绝缘强度很高的油中传输和转接。

采用脉冲变压器耦合方式的阴极调制发射机，灯丝电源通常通过脉冲变压器的次级双绕组馈给，以解决灯丝供电的高压隔离问题。为减小次级双绕组上通过的灯丝电流，一般在脉冲变压器次级双绕组的低压端输入较高的灯丝电压，在高压端放置一台自耦式降压灯丝变压器用于降压，其连接方式如图 2.12 所示。

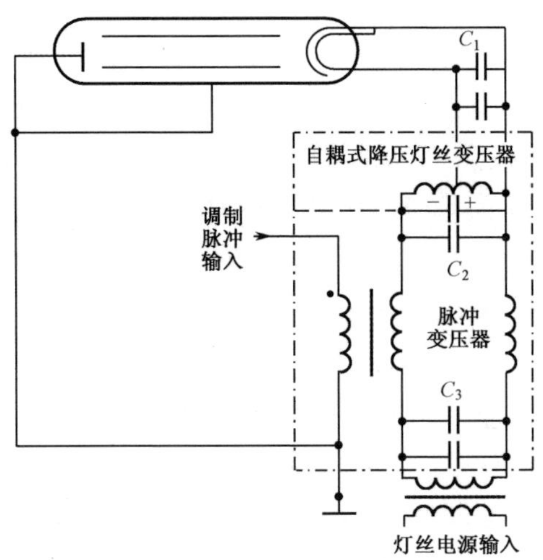

图 2.12　通过脉冲变压器次级双绕组的灯丝馈电图①

为了确保双绕组间的脉冲电位相等或尽可能接近，应分别在双绕组间的低压端和高压端接入适当的脉冲旁路电容 C_1、C_2、C_3；为了减小电容的分布电感，一般采用两个电容并联，其中一个为低电感电容。

2）微波管与微波电路间的接口设计

组成放大链的大功率速调管发射机高频系统通常由图 2.13 所示的末级射频放大器与各种微波元器件所组成。

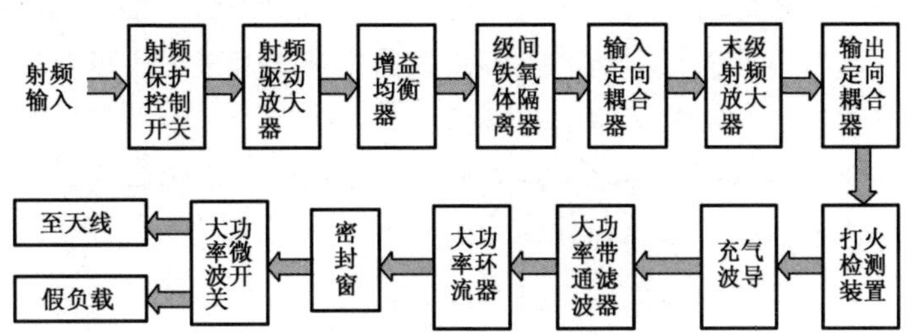

图 2.13　大功率速调管发射机高频系统框图

① 为方便起见，除开关、变压器、电流互感器等外，全书的电容、电阻、电感、滤波器等符号一律用斜体，具体见本书的相关内容。

由该图可见，末级射频放大器输入端的微波组件一般包括射频保护控制开关、射频驱动放大器、增益均衡器（或可变衰减器）、级间铁氧体隔离器和输入定向耦合器；末级射频放大器输出端，一般应有输出定向耦合器、打火检测装置、充气波导和密封窗（视需要而定）、大功率带通滤波器、大功率环流器、大功率微波开关及假负载等。

为方便对微波元器件的选用，将各微波元器件的作用和要求介绍如下。

（1）射频保护控制开关有机电开关和电子开关之分。机电开关利用电磁能使开关通/断，其速度较慢，一般为 ms 级，但通过功率较大；电子开关则用加电控制 PIN 二极管实现微波的通/断，其速度很快，一般在 ns～μs 级，但通过功率较小。它的作用是当大功率波导系统驻波过大或打火时用于快速切断输入射频信号，以保护贵重的微波管。在控制电极调制的线性电子注管放大器中，射频开关除在输出打火时能及时关断射频激励以保护微波管外，还能降低脉间噪声。除此之外，还有铁氧体开关也经常使用在中、小功率场合。

（2）射频驱动放大器为末级放大器提供足够的驱动功率。

（3）增益均衡器（或可变衰减器）为末级放大器提供最佳的激励放大状态，以防止过激励和欠激励。

（4）级间铁氧体隔离器对反射功率有 20dB 以上的衰减和隔离作用，它对前级放大器能够起到保护作用。

（5）定向耦合器是作为射频入射功率和反射功率的采样器件，用于监测发射机的工作状态和保护微波管。要求定向耦合器不仅有准确的耦合度和定向性，还要求它的插入损耗要小且其端口驻波要小。

（6）打火检测装置用来采集馈线中微波打火时的光信号，以便对微波管实施快速保护。由于馈线有折弯问题，所以采样光信号应避免死区。

（7）大功率带通滤波器用于衰减发射管非线性特性所产生的谐波或带外杂散输出，以减小发射机的射频干扰和提高系统的电磁兼容能力。它对带内信号的衰减很小，对谐波或带外杂散输出的衰减很大。

（8）大功率环流器用于隔离天线及转动铰链驻波过大或打火时对发射系统的影响，也给接收机提供一条低损耗的回波通道。

（9）充气波导和密封窗的作用是为提高馈线系统的耐功率能力而用于馈线内部的增压和防潮。

（10）大功率微波开关及假负载是专用于发射机调机或自检的，在系统运行时并不用。因此，移动式系统一般不使用它们。

为了确保高频系统可靠、稳定地工作，对设计的各微波元器件必须在工作频带内满足以下要求：

（1）输入/输出驻波必须符合设计要求；

（2）插入损耗必须小于规定值（与馈线长短和工作频率有关）；

（3）功率容量要求满足在所需工作环境内，发射机在最大输出功率下，各微波元器件不发生电晕打火现象；

（4）微波的泄漏必须小于规定值；

（5）满足气密的要求，以增压和防潮；

（6）定向耦合器的定向性或隔离器的隔离度应满足所要求的值。

5. 安全与防护

在高功率速调管发射机中，由于工作电压很高（输出 1MW 时需要 80kV 左右的脉冲电压），输出射频峰值功率很大（一般在 1MW 以上）。当高电压下的高速电子打在速调管的收集极上时，容易产生很强的射线（主要是 X 射线），也容易在高压电极周围产生电晕或形成电弧放电，这不仅会损伤人的身体，也将影响周围电子设备的正常工作和安全；同时，发射机输出的高功率微波还会在天馈系统中因驻波过大而产生打火现象，其过大的反射功率也会危及微波管的安全。因此，必须注意高功率发射机的安全设计和安全防护设计。

1）防止馈线系统打火

在变化较大的环境中使用的高功率发射机，一定要对馈线进行密封和充气，防止馈线系统打火或反射功率过大，并且适时检测输出功率和反射功率，以便对微波管实施快速保护，避免当馈线打火或电子注散焦时损坏微波管。

2）防 X 射线

当电压超过 30kV 的高速电子打在金属上时，会产生较强的 X 射线。因此，应该用铅板（铅屏蔽罩）来屏蔽能产生 X 射线的微波管（以收集极为主）。工作电压越高，其射线越强，要求铅屏蔽罩越厚。

（1）X 射线的危害：X 射线会对生物造成不可逆的伤害，剂量越大、时间越长，伤害越严重。它对人身体的主要影响如下：

① 加速衰老；

② 引起白内障；

③ 损坏细胞；

④ 对生殖细胞有伤害。

（2）安全剂量：为了安全，X 射线的辐射剂量应在安全值以内。对于离设备（辐射源）5cm 的操作者来说，其剂量不能超过如下规定值：

① 1 小时以内应小于 2mR（毫伦）；

② 连续 7 天以内应小于 100mR；

③ 对人体的重要器官，每季度的剂量应小于 125mR，每年的剂量应小于 500mR。

装上铅屏罩后，应确保操作人员及设备工作在安全剂量范围内。如果超出规定值（2mR/h）时，应关断设备电源，采取进一步措施以确保操作人员的身体健康。

3）其他安全防护措施

发射机的高压区域也是一个危险的地方，也应注意安全设计。除防止电晕和打火放电危及机器安全外，还必须确保操作者的绝对安全。因此，在高压区除应设有明显的标记外，还应设置必要的安全保护罩、安全连锁装置和高压泄放装置。凡是危及人身安全的高压部件，都应置于安全保护体之内，以免工作时被人体触及。同时，设置的开机连锁装置要能使保护体未关闭时，无法加高压，而当保护体关闭后，开机连锁装置才允许加高压。为了确保检修高压元器件人员的安全，所有高压储能组件都应设置自动电能泄放装置；当开启保护体的门时，泄放开关即自动接通并及时泄放。

为确保机器的工作安全，所有高压部位还应具有防尘、防潮和增压的功能，以避免因高压电晕或打火而缩短机器寿命。

2.4.2 真空微波管发射机的功率合成

为适应雷达对发射机输出更高功率的要求，当采用单个真空微波管功率不够时，一种方法是用多个末级管进行微波功率合成来实现；另一种方法则是将多部发射机输出的微波功率经天线辐射进行空间合成，如相控阵的 T/R 组件、行发射机就属这一类。

1. 微波功率合成的方式

为了有效地进行微波功率的合成，要求各发射机的输出功率应满足一定的要求，按照矢量叠加的方程式，两部发射机的合成功率可表示为

$$P_{\text{out}} = \frac{P_1 + P_2}{2} + \sqrt{P_1 \times P_2}\cos\varphi \tag{2.31}$$

式（2.31）中，P_{out} 为合成输出功率，P_1 为第一部发射机的输出功率，P_2 为第二部发射机的输出功率，φ 为两部发射机输出射频信号间的相位差。

从式（2.31）可以看出，只有当两部发射机输出信号的幅度相等、相位相同时，才能获得最大的合成输出功率，其最大合成输出功率为 $2P_1$（或 $2P_2$）。

1）对微波系统的要求

功率合成系统中的各发射机的高频系统的性能，对合成效率影响很大，应严

格控制各发射机高频系统中各微波元器件的机械长度、端口驻波和插入损耗，使它们尽可能地保持一致，但实际上这是十分困难的。为了消除它们的加工和装配误差，常常采用垫片、延迟线和移相器来微调补偿，以便使它们在带内尽可能减小相位偏差。每路高频系统及其微波元器件应在高频系统输入端增加一台移相器，以便调节两部发射机间的射频相位。

通道中的有源微波元器件（微波管、电调衰减器和 PIN 开关）中影响相位的因素较多，这不仅与它们的电长度有关，还与它们的工作状态有关。为了获得较高的合成效率，除尽量选择相位一致性好的微波管（各管的尺寸、磁场、增益、相位灵敏度等参数应一致）外，还应确保微波管的工作状态、工作环境尽量相同。

在各种真空微波管中，速调管和行波管由于其电长度较长，输出相位的差异较大；而前向波管因电长度最短，对相位的影响最小，因此最适合于用作微波功率合成，如 AN/SPY-1A 雷达的末级就是由 16 个 SFD-261 前向波管并联合成的。

2）对供电设计的要求

微波功率合成真空管发射机的供电方式既可以是集中统一馈电，也可以是分散馈电。不同的馈电方式，其效果有所不同。集中统一馈电可以保证各个微波管各对应电极上的电压相同，且起伏变化规律也一致，这就确保了各微波管射频输出特性的一致性，也有利于进行高效微波功率的合成。但是在大功率系统中，尤其当大功率直流高压电源储能电容很大时，万一并联支路中有一个微波管打火，该打火微波管就必须迅速脱离总电源，以防止发生灾难性故障。灯丝、偏压等电源因电压低、功率小，虽然不会因某一路出现故障而引起灾难性的事故，但也得采用隔离措施，才能确保其他未出故障的单元正常工作。

分散供电可使每个发射单元成为一个独立的系统，且互相牵连小，并可减小故障概率，提高可靠性；但要确保微波功率合成的各发射机输出信号幅度或相位的一致性，以前难度较大。不过在功率电子电路日趋完善的今天，各组电源的输出控制在较高精度范围内已不是可望而不可即的事情。

以上两种馈电方式，在全固态发射机中都有许多成功运用的例子。在真空微波管功率合成的发射机中，也可以根据需要来选择其中的一种。

为了减小微波系统的体积，也可以只把微波系统与接收机组装在一起，将所有行波管的电源采用集中统一的供电方式。美国在 20 世纪 60 年代中期研制的多功能相控阵雷达 MAR-1 的发射系统就采用了这种形式。它将 824 个峰值功率为 5kW 的阳调行波管，分别与有关的微波元器件（驱动衰减器、移相器、输出隔离器、滤波器）组装在一起，再分别插入一个平面阵列天线中，其电源就是集中统一分区供电的。

2. T/R 组件的空间合成形式

在 S 波段及以下频段，用固态功率放大器作为 T/R 组件的例子已经较多，由于它的单管功率和效率较高，所以应用得较为普遍。但是在 C 波段及其以上频段，应用固态 T/R 组件做大功率相控阵时因为其组件数太多，给系统调校带来一定困难，同时由于单管固态放大器的功率和效率较低，且频率越高，难度越大。为了解决这一困难，利用单管功率大、效率高的行波管作为发射机的 T/R 组件是一个较好的选择。尤其是已成熟的微型、高效、高可靠行波管，更适合于 T/R 组件用，比如用 MPM 就可以很灵活地组成如图 2.14～图 2.16 所示的多种相控阵雷达的阵列结构。

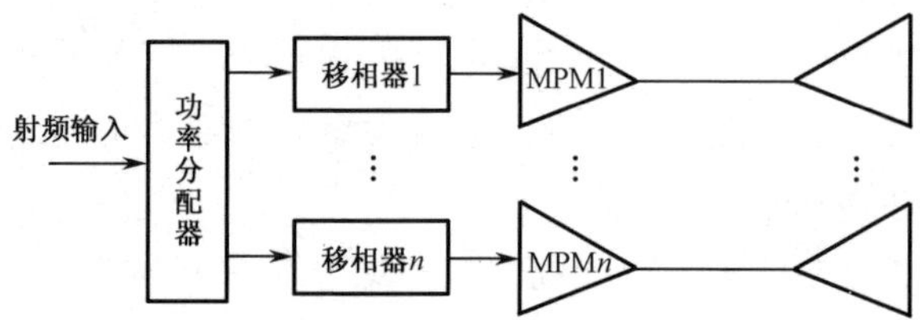

图 2.14　基于线性或二维阵列的空间功率合成方法的相控阵雷达阵列结构

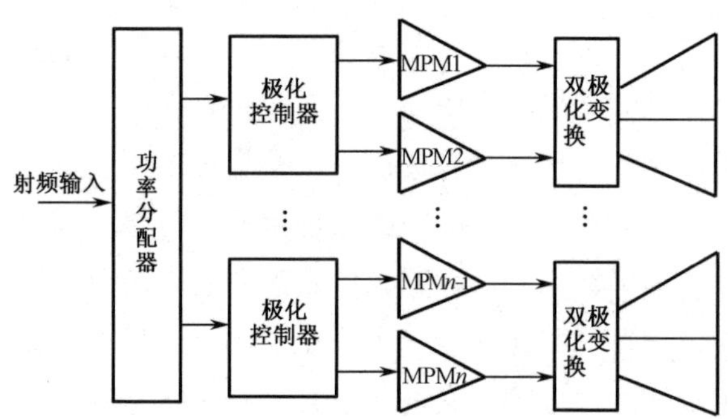

图 2.15　由 MPM 驱动正交极化的相控阵雷达阵列结构

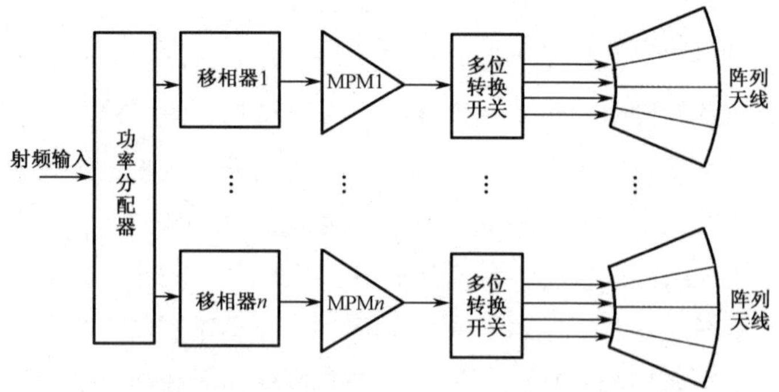

图 2.16　基于开关阵列的高功率 MPM 的相控阵雷达阵列结构

2.5　栅控微波管发射机

带控制电极的微波管发射机具有工作模式多、工作模式变换灵活，射频调制波形好，视频利用率高，无“兔耳”噪声输出等优点。当高压电源的纹波和稳定度较好时，易获得较高的系统相位稳定性，因此栅控微波管发射机被广泛用于各种高性能的机动式雷达中。根据不同的控制电极，微波管电子注的调制方式可分为阳极调制、聚焦电极调制、栅极调制［栅极调制中还包括截获栅极、无截获栅极（阴影栅极和双栅极）］等几种。

能采用控制电极调制的微波管是阴极电压较低（50kV 以下）的微波管。大多数行波管、多注速调管和直流运用的前向波管都是采用如图 2.17 所示的控制电极调制的常用微波管。

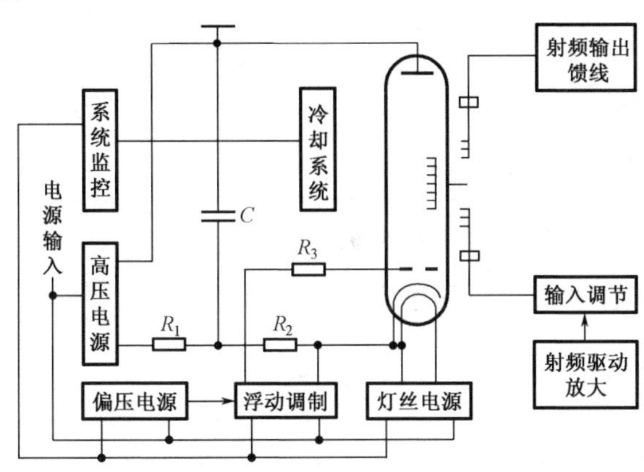

图 2.17　带控制电极微波管的简化系统框图

带控制电极的微波管发射机的关键是设计好控制电极浮动板调制器和直流高压电源（参见第 5 章和第 6 章两章）。这里仅就其特殊要求和接口注意事项进行介绍。

2.5.1　控制电极的调制形式及特点

在高功率耦合腔行波管和速调管中，由于设计耐高功率容量的栅极较困难，且大功率直流高压电源体积庞大，因此电子注的调制基本上采用阳极调制或阴极脉冲调制。但是随着栅极的优化设计和有效冷却，大功率微波管也有采用无截获栅极的例子，如 AR-3D 雷达所用的就是高功率栅极调制速调管。

在中、低功率行波管和大功率多注速调管中，一般阴极电压较低，因此也可以使用阳极、聚焦电极或控制栅极来调制。

在阳极调制微波管中，电子注导通期间的阳极为地电位，截止期间则相对于地为负电位，其负电压的大小取决于微波管的设计，一般为额定阴极电压的 1/3 以上，但阳极电流可以忽略不计。

采用聚焦电极调制的微波管，在电子注导通期间，只需聚焦电极保持在阴极电位或略高一点即可；当电子注截止时，聚焦电极应相对于阴极为负电平，其值在阴极额定电压的 50%以下，但聚焦电极电流却小至可以忽略。

在栅极调制微波管中，因栅极离阴极很近，所需的栅极调制电压很低，一般在正、负几百伏以内。由于截获栅在电子注导通时要截取注电流的 10%～20%，易引起栅极发射现象，所以在大功率管中不宜采用；无截获栅极由于其截获电流小，只有注电流的 1%或以下，所以被广泛使用。各类控制电极的调制方法和性能的比较如表 2.6 所示。

表 2.6　各类控制电极的调制方法和性能的比较

工 作 参 数	阳 极	聚 焦 电 极	截 获 栅 极	无截获栅极
注导通电压/V①	0	0	60～400	100～500
注截止电压/V①	−1～−0.33	−0.5～−0.1	−500～−60	−500～−200
总的放大系数	1～3	2～10	30～75	—
截止放大系数	1～3	2～10	30～150	30～250
极电容/pF②	30	50～100	10～20	30～50
注电流截获	0%	0%	10%～20%	0.1%～1%
耐功率极限/W	—	—	5	5
注通/断时的散焦	不明显	有影响	明显	明显
寿命	长	较长	较长，但受阴极材料蒸发沉积的限制	
应用	中、大功率的雷达、电子对抗和通信		中、小功率的雷达和电子对抗	
噪声	最低	较低	较高	较高
优点	耐打火冲击，对注流影响小，噪声低	对注流影响较小，噪声较低，打火冲击较小	调制电压和偏压低	调制电压和偏压低
缺点	截止偏压高	截止偏压较高	调制电流大，对注流影响大，噪声较高，受阴极影响较大，易“栅发射”	调制电流较大，对注流影响大，噪声较高，受阴极影响大，易“栅发射”

① 表示相对于阴极（阴极电压为 U_k）。

② 表示其值为 X/Ku 波段微波管的典型值，频率低、电容大（因为电子注增大，阴极面积增大，直径变大），反之亦然。

1. 注流调制中的瞬态效应

电子注聚焦不可能十分完美，总会有很小一部分电流被慢波电路截获。电子注在调制电极通/断转换的瞬间，会产生瞬时散焦现象。散焦的电子打在慢波电路上，热容量极小的螺旋线可能会因过热而损坏；同时散焦会扰乱电子注，而使射频输出噪声增大。

为了降低电子注在通/断瞬间所产生的散焦，调制脉冲的上升/下降时间应尽可能地短，并要消除在此期间所产生的振荡和过冲。

调制脉冲的上升/下降时间是由调制电极的电容 C 和回路阻抗决定的。电容值越大，储能量（$CU^2/2$）越大，其上升/下降时间就越长，所损耗的调制功率也就越多。为了缩短栅极调制脉冲的上升/下降时间，在电路设计时应尽量减小脉冲回路的电感值和电阻值，以增大其充/放电电流，但其电阻又不能太小，否则会产生振荡和过冲。

2. 射频噪声影响

控制电极调制的微波管，由于其在脉冲与脉冲之间的时间间隔里，阴极一直存在直流高压，虽然截止偏压可关断注电流，但不会十分彻底，因此会产生脉间热噪声。不同控制电极的微波管，脉间噪声的大小是不相同的。

实用的多阳极低噪声行波管，其噪声系数约为 8～25dB。对于较高功率的单阳极行波管，当采用较高温度浸渍钨阴极时，若工作在高增益情况下，其噪声系数可达到 30～45dB。

栅控管的噪声功率密度大于聚焦电极调制的微波管，聚焦电极调制的微波管的噪声功率密度则大于阳调管，选择时应予以注意。

射频波和电子注之间的能量交换程度是随输入功率的大小而变化的，这不仅影响行波管的幅度传输特性，还影响其相位特性。当输入功率由低到高增加时，电子注速度沿行波管长度方向逐步减慢，射频波也随之减速，相当于慢波电路的有效相位长度增长了，故使相移增大。当行波管进入饱和工作状态后，电子注不再有足够的能量来使射频波稳定地减速，因此相位灵敏度则相应减小。当输入过激励时，电子注直径因散焦而增大，使慢波结构截获电流增加，若螺旋线高压稳定度不够或功率容量不足时，则电压会下降，此时电子速度将有所减缓，其相位长度将增大。

行波管的相位非线性度比前向波管大，用在脉冲压缩雷达中，将导致较大的距离边带。为了减小其影响，要提高各电极电压的稳定度。

阳极或聚焦电极离阴极较远，基本不受阴极的影响，无二次发射问题。虽然所需的截止偏压很高（阳极调制时为阴极电压的 30%～100%，聚焦电极调制电压为阴极电压的 10%～50%），但电流却小至可以忽略，其导通电压很低（接近阴极电位）。

2.5.2 工作状态控制

微波管的工作状态是由它各个电极上的电压所决定的。为了确保微波管工作状态的稳定性，电极上的电压就应相对地稳定在规定值的范围以内。

1. 正确设置各电极的保护电压和正常工作电压范围

在行波管发射机中，由于阴极同步电压与电子注散焦密切相关，为了确保行波管工作的稳定可靠，各极电压必须限制在如表 2.7 所示的数值范围内。

表 2.7 行波管各电极电压的要求

各电极电压	调整范围/%	调整精度/%	稳定精度/%	安全范围/%
阴极	±5	±0.2	±0.2	±0.8（<500μs）
灯丝	±1	±1	±1	±2.5（<2ms）
控制电极开通	±10	±0.2	±0.1	±1.5（<200μs）
聚焦电极开通	0	±0.2	±0.1	±1.5（200μs）
控制电极关断	±10	±2	±1	-1.5～+10（200μs）
收集极	固定	±3	±3	±5（<200μs）
钛泵（如需要）	固定	±5	±5	±12（<1ms）

在正交场管和速调管发射机中，其阴极电压可在一个较宽的范围内调节。因此，可以按工作需要适当调节其峰值功率以适应不同工作模式的需要。而行波管发射机的峰值功率却变化很小（双模行波管除外）。

为了使控制电极调制的发射机正常工作，浮动板调制器应具有各种完善的保护措施。高压电源应能快速适应空载（微波管电子注截止时）且不过压，短路（线性电子注管打火时）时能够限流，以免损伤元器件。

2. 输入过激励限制

在行波管和速调管发射机中，如果输入过激励时，会出现输出功率增加缓慢、效率下降、电子注散焦增大、幅/相转换加大、管体或螺旋线电流加大、热噪声增大等现象。严重过激励工作时间较长时，还会造成螺旋线因过热而损坏。因此，应避免工作在过激励状态。

用行波管作线性放大器时，激励功率应有余量，可在激励器与微波管输入口之间加入一个线性器或补偿器，以便按行波管输入最佳激励的要求来衰减过大的输入功率。

除指标要求很高的宽带脉冲压缩雷达外，一般情况下只要求行波管螺旋线不过热，性能指标在允许的范围内，适当允许过激励，以获得最大的输出功率。通过对电子枪的优化设计，也可以减轻过激励的影响。

3. 输出反射和驻波限制

输出反射经过输出窗进入行波管的慢波结构中，为了防止反射功率引起返波振荡，行波管的慢波电路中间增设了衰减器和分隔器，以吸收其反射能量。这种衰减器的功率容量很小，因此承载的反射功率不能太大，太大会损坏衰减器。反射功率进入慢波电路将破坏射频场与电子注的互作用，而引起电子注散焦，结果会导致慢波电路发热。如果反射功率过大，也会使输出同轴线的内导体插针发热，进而引起输出密封窗因热应力而裂开。

前向波管输出端口驻波大了，同样会影响前向波管的稳定工作，且其反射功率可直接传到输入端，引起小功率的输入微波元器件打火。

速调管是高功率管，输出端驻波大了或反射功率大了，容易在速调管输出窗产生过高的高频场，引起输出窗打火、开裂和漏气。

为了保护贵重的微波管，一般应在微波管的输出端外接一个环流器（或隔离器）。一般的微波管应能允许在 1.5 的驻波比值负载下正常工作，驻波比值为 2 时不损坏微波管，不允许在驻波比值大于 2 的情况下工作。发射机驻波保护电路的驻波比值应设置在 1.6～2 之间，对于不同的微波管，其值允许有一点变化。低功率管或正交场管的负载驻波可略大些，高功率管或螺旋线行波管的负载驻波则应更小些。

4. 消除放大链自激振荡

放大链产生自激振荡的原因可能有：

（1）对于高增益放大链，如果输入/输出屏蔽不好，当其泄漏的射频信号的幅度和相位与输入信号形成正反馈时，该放大链就会产生自激振荡；

（2）如果栅极调制脉冲信号矩形度较差，其上升或下降沿上有振铃和过冲或脉冲顶部波动过大时，均会使电子注电流产生扰动，严重时可使行波管产生自激振荡；

（3）阴极同步电压超过正常范围时，会产生返波振荡；

（4）输出射频馈线驻波过大时，由于反射功率干扰电子注而产生散焦，严重时会损坏衰减器而产生返波振荡；

（5）行波管收集极降压太快，会产生“回流”，该“回流”也会破坏电子注的正常运行，扰动太大同样也会使行波管产生自激振荡。

防止自激振荡的方法就是首先查出自激振荡的原因，再根据自激振荡的原因采取措施予以消除，同时认真控制行波管的工作状态，确保各电极的电压（如表 2.6 内所示值）和波形严格控制在正常工作范围之内。

5. 缓解振动冲击

当主振放大式发射机用于高稳定要求或振动冲击严重的地方时，应对其放大器实施缓冲减振设计，以消除因振动冲击而降低放大器性能的现象。尤其是小信号激励的高增益放大器特别怕振动冲击，因此小功率的高增益放大器应具有良好的减振措施。

6. 合理控制温度

发射机功耗的大部分消耗在微波管和电子设备中，如不能及时把损耗在微波管和电子设备中的热消除，微波管和电子设备的温度便会越来越高，以致在大的热应力下会使发射机的稳定性变差，严重时会损坏微波管和电子设备。适度降低其温度不仅是确保发射机正常工作和降低噪声的需要，而且也可延长微波管和电子设备的使用寿命。

为了确保微波管和电子设备稳定、可靠地工作，应对发射机内的热点或对热敏感的部位实施有效的热监控和采取特殊的冷却措施。

2.6 正交场管发射机

正交场管具有与偏压二极管相似特性的等效阻抗，它与线性电子注管不同，其门限电压以下没有电流；门限电压以上，其电流才开始增加，所以设计发射机时应适应这一特点。

正交场放大管中还包括返波管，但是由于它的性能不如前向波管放大器，因此在现代雷达中较少使用。

在正交场管中，因为前向波管发射机具有工作电压低、效率高、体积小、质量小、相位噪声低、有较宽的瞬时带宽的特点，所以前向波管发射机在现代雷达中相对用得较多。

2.6.1 前向波管发射机的基本类型

前向波管的种类很多，但实用的仅有圆形连续发射重入式的前向波管一种，这种前向波管又分为阴极脉冲调制前向波管和直流运用前向波管两种类型。因此，其前向波管发射机也只有阴极脉冲调制前向波管发射机和直流运用前向波管发射机两大类。

1. 阴极脉冲调制前向波管发射机

阴极脉冲调制前向波管发射机的特点、调制脉冲与射频激励脉冲间的时间关系，以及调制器的最佳工作形式分述如下。

1）阴极脉冲调制前向波管发射机的特点

阴极脉冲调制前向波管发射机与磁控管发射机的结构形式一样，所不同的是它需要在加射频激励的情况下才能进行放大工作。当外加射频激励信号很小时，不能有效地对电子云的轮辐进行锁定，因而会产生很强的噪声输出。只有当激励信号足够大并抑制了此种噪声时，才能进入放大工作状态。在工作点附近的饱和激励作用下，由于电子云的速度与射频波同步，所以能有效地进行能量交换，故其效率很高，且其相位失真很小。

阴极脉冲调制前向波管发射机具有电压低、效率高、电路简单、脉间噪声小、打火概率低和冷却方便等优点。但是，采用简单的线型脉冲调制器调制时，因其调制脉冲的前、后沿较大，所以将会引起较大的前、后沿噪声和时间抖动。

2）调制脉冲与射频激励脉冲间的时间关系

在冷阴极前向波管放大器中，由于无射频激励时，电子云呈杂乱运动的噪声状态，电流很小，对调制器呈高阻状态，会引起调制脉冲电压产生过大的前沿尖峰而打火。为了避免这种异常情况，应按图 2.18 所示的调制脉冲与射频激励脉冲的时间关系，用射频激励脉冲“嵌套”住调制脉冲，即射频激励脉冲比调制脉冲略宽一些。

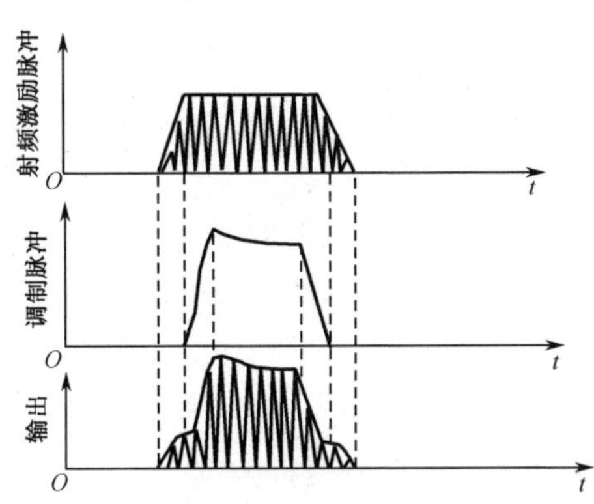

图 2.18　阴极脉冲调制前向波管调制脉冲与射频激励脉冲的时间关系

为了避免通过低压模式区时产生过大的噪声输出，调制脉冲幅度应确保前向波管稳定工作于如图 2.10 所示的 B 区；其脉冲上升沿和下降沿应尽量小，以减少在 A 区产生噪声的机会。

阴极脉冲调制前向波管发射机的调制脉冲，一般利用刚管脉冲调制器[①]或线型调制器产生。由于线型调制器输出波形的矩形系数较差，且时间抖动较大，因此该类发射机不宜在动目标改善因子值较高的雷达中使用。要想获得更高值的改善因子，建议采用由射频激励启动、熄灭脉冲关断、直流运用的前向波管放大器。

3）调制器的最佳工作形式

由于前向波管在工作频带内的等效阻抗是有变化的，为了确保带内功率起伏较小，调制器应工作于恒流状态。而线型脉冲调制器是脉冲电流源，较适合于前向波管的使用要求，但由于线型脉冲调制器输出脉冲的前、后沿较大，脉冲宽度和重复频率变化不灵活，因此限制了其的使用范围。

固态恒流刚管脉冲调制器可以获得比较理想的矩形脉冲，因而是一种很好的选择。只不过由于单个开关管的电压较低，当其作高压开关时，需要多管的串联运用。多管串联时要精心设计均压、驱动和保护电路，方能确保串联开关的安全和获得好的输出波形。然而，串联开关的可靠性和恒流特性均欠佳。为了减小串联管数和降低高压电源的电压及体积，也可采用升压脉冲变压器耦合形式，但这样会增大脉冲的前、后沿，降低灵活性，所以设计时应权衡和折中考虑，然后进行选取。

2. 直流运用前向波管发射机

1）直流运用前向波管发射机的特点

在直流运用的前向波管发射机中，前向波管的阴极一直加有直流高压。当射频激励信号从前向波管的输入端输入后，激励起冷阴极的二次电子发射，并约束电子云团的运动轨迹，与阳极慢波电路中的射频场交换能量而使射频信号得以放大。但是当射频脉冲结束时，阴极周围的剩余电子不会自行消失，需要在控制电极上加入一个能消除这些剩余电子的脉冲（称作熄灭脉冲），以结束前向波管的射频振荡。由于射频脉冲波形是在小功率下形成的，其前、后沿比较小，且启动前向波管放大可在 50ns 内完成，结束时只需把一个功率小、前沿小的窄脉冲加到控制电极上，就可以很快地消除阴极附近的剩余电子，从而终止前向波管的工

① 刚管脉冲调制器是利用“刚性”开关管做调制开关的调制器。

作。所以它可以获得较理想的输出射频信号。

直流运用前向波管发射机的优点如下：

（1）可以获得很好的射频输出脉冲、不会产生上升或下降过程的噪声，可获得较高的信噪比。

（2）电路简单，只需要一个稳定度好的高压电源和一个小功率窄脉冲调制器，其体积小、质量小，较适合于高机动的运用场合。

（3）由于效率高，且不损失输入射频信息，在恒流工作条件下可获得宽瞬时带宽，较适合于宽带脉冲压缩、相位编码体制雷达的复杂信号使用。

（4）关断前向波管电源或适度降低前向波管高压，可以快速变换射频输出功率，实现功率的程序控制。

综上所述，直流运用前向波管发射机是一种可获得高性能指标的发射机系统。

2）熄灭脉冲必须与射频脉冲后沿严格同步

熄灭脉冲的好坏及定时的准确与否，直接影响放大链的性能指标。

为了减小射频输出脉冲后沿和减少抖动时间，熄灭脉冲的定时一是要稳，二是上升率要快。为了达到最佳的熄灭效果，要求熄灭脉冲满足下列要求：

（1）脉冲上升率要快。比如为了获得小于 2ns 后沿抖动的射频脉冲，熄灭脉冲的上升沿应小于 100ns。

（2）有足够的脉冲功率。脉冲电压一般大于阴极电压的 1/3，电流约大于阴极电流的 1/3，脉冲宽度应为射频脉冲后沿的 5 倍左右。为了有效、快速地熄灭前向波管的后沿振荡，其熄灭脉冲的幅度应比熄灭时所需的幅度高 25%以上。

（3）精确控制熄灭脉冲的时间。熄灭脉冲的时间应精确调节，以使得前向波管输出射频脉冲下降到幅度的 80%处，正好是熄灭脉冲上升到其幅度的 75%处，这是前向波管最佳的熄灭状态。

熄灭脉冲与射频脉冲后沿的时间关系如图 2.19 所示。

在射频脉冲后沿之前过早加上熄灭脉冲，不但要损失输入射频信息，还可能产生关断失控；而在射频脉冲后沿之后过迟加上熄灭脉冲电压，将产生噪声拖尾从而降低信噪比。

图 2.19 中，由于熄灭脉冲 t_1 过早到达，结果使射频输出脉冲的顶部被切掉一块，产生脉冲失真，后沿增大；而熄灭脉冲 t_2 是最佳的熄灭位置，其输出脉冲完整无缺；熄灭脉冲 t_3 则过迟到达，结果产生射频输出脉冲的拖尾现象（输出噪声）。

为了获得好的熄灭脉冲，调制器最好选用固态刚管调制器电路。为了进行电位隔离，必须采用脉冲变压器耦合。采用脉冲变压器后，由于漏感和分布电容的影响，其波形将略有变化。减小漏感和分布电容的方法是减小脉冲变压器初、次级间匝数比和选择最佳的绕组形式。要获得上升时间快的窄脉冲，应尽量减小脉冲回路的引线长度，以减小引线电感和电容。由于控制电极在射频工作前、后的等效负载变化很大，为了防止振荡和过压，还应设置适当的匹配电路和钳位电路。

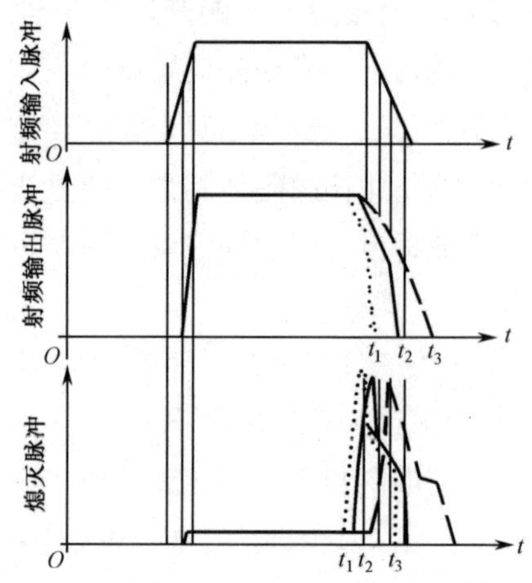

图 2.19　熄灭脉冲与射频脉冲后沿的时间关系

熄灭脉冲的时间稳定性，会对系统改善因子产生影响，为了减小其影响，应采用时间稳定性很高的同步信号，同时脉冲放大器的时延要短且稳定，熄灭输出脉冲的上升沿要小且稳定。

实践证明，当采用线型脉冲调制器时，只要脉冲变压器变比控制在 1:4 以内，脉冲变压器次级联接适当的匹配负载，并尽量减小脉冲回路的引线长度，在熄灭脉冲获得 100ns 上升时间的情况下，可实现射频脉冲后沿抖动小于 4ns 的目标。

2.6.2　前向波管发射机的设计要点

设计前向波管发射机，就是根据任务书的要求，为达到所需的技术、战术指标，正确选择前向波管，确定放大链级数，确定各级放大器的最佳工作条件，以及考虑前向波管发射机对冷却系统的特殊要求，确定冷却系统的组成形式和结构设计。

1. 确定放大链级数

放大链级数要根据雷达的用途和输出峰值功率的大小来确定。一般输出峰值功率在 100kW 以内，可选用一级固态功率合成组件驱动一级前向波放大器的方案；当输出峰值功率在 500kW 以上时，可选用一级固态功率合成组件驱动两级前向波管放大器的方案。

冷阴极前向波管的优点是不需要预热，且开机速度快，它与固态功率合成组件联合运用可实现快速开机的要求，并且可以提高其可靠性。但是固态功率合成组件的输出功率应适中，太高会增加系统成本。因此，当前向波管的激励功率降低到 5kW 以下时，采用固态功率合成组件作为推动级较合理。当然，这也不是绝对的，在要求快速反应的高机动远程三坐标雷达中，也有使用大功率固态发射机作为驱动级的，如在 SPS-48L（V）雷达发射机中，第一级前向波管的激励功率为 60kW，就是用固态功率合成组件构成的。

2. 确定各级放大器的最佳工作条件

系统设计时应设法避免前向波管出现异常情况，一旦出现异常情况，要及时实施调节措施或保护措施，以确保系统工作的稳定、可靠。以下异常情况出现时应立即采取保护措施。

（1）无射频激励或欠激励时不能给前向波管加高压。若已在高压工作环境中，应在 2ms 内切断高压电源。

（2）阴极调制的前向波管，射频激励脉冲宽度应略宽于调制脉冲宽度，并“嵌套”调制脉冲。当射频激励脉冲窄于调制脉冲时，应停机工作并进行调整，否则会引起前向波管打火或输出噪声超标。

（3）直流运用的前向波管，在没有熄灭脉冲或时间关系、幅度大小不适当时，不能给前向波管加高压，如果在高压工作环境中一旦出现熄灭脉冲失常情况应及时停机检修。

（4）在热阴极前向波管系统中，还要对阴极温度或阳极平均电流实施监控，并调节灯丝电压确保其工作在正常范围内。如果超出正常范围要自动调节或停机检修。

（5）在大功率的直流运用前向波管发射机中，一旦出现前向波管内部拉弧打火情况时，要及时将储能电容器的能量转移到撬棒保护电路中，以免损坏前向波管。对于功率较小（电容储能小于 500J）、工作脉冲电流又不太大者（小于 25A），可在阴极回路中串联大功率、无感高压电阻来限制打火时的最大电流。

3. 前向波管发射机对冷却系统的特殊要求

由于阳极慢波管的管径很小（S 波段的慢波管内径约 0.8mm），因此要求水中的微粒直径应小于 25μm，且不能有盐类矿物质，以防在高温下沉积于慢波管内，使慢波管堵塞而烧坏。又由于阴极和控制电极处在高电位，且阴极与控制极的间距非常小，通水冷却后，主要靠水来承担熄灭脉冲的绝缘工作。因此，直流运用前向波管的冷却水不但要有精细的过滤器，同时还要求消除水中的带电离子，如 Ca^{2+} 、Mg^{2+} 、Na^{+} 、Fe^{2+} 等金属阳离子和 HCO_3^- 、SO_4^{2-} 、Cl^- 等负离子，为此还要有阴、阳离子树脂的水质处理器。

为了确保水质的要求，水冷系统中的水质处理器（微粒过滤器、阴阳离子交换器）、水泵、热交换器及其管路都应采用高稳定性的材料（如不锈钢或增强塑料）来制作。

前向波管的阳极、阴极、控制电极甚至输出射频窗都需要冷却，尤其是大功率管中被冷却表面发热量超过 0.15kW/cm^2 时，需要用水冷却。

采用水冷却后，冬天应按表 2.8 所示的温度数据加入不同比例的防冻液（乙二醇和乙醇），以防结冰损坏前向波管及水冷系统。加入的乙二醇和乙醇必须达到化学纯度，不能有腐蚀性的化学成分，以确保系统工作的稳定性。

理想的稳定系统是不存在的，冷却系统经过一定的时间运行之后，水质处理器的性能会下降，水质会变差，因此应定期更换冷却液和处理器。

为了克服因高纯水冷却带来的上述缺陷，可将阴极和控制极的传热方式改为使用油或热管，分别将阴极和控制极的热量快速、有效地带出管外，然后用强迫风冷却或液体冷却方式将其散掉。

表 2.8　前向波管冷却液在不同温度下含水、乙二醇和乙醇的比例

温度	−10℃～0℃	−20℃～−10℃	−30℃～−20℃	−40℃～−30℃
纯水体积比/%	80	64	50	40
乙二醇体积比/%	10	18	25	30
乙醇体积比/%	10	18	25	30

注：由于乙二醇的黏度大，因此比例高了会使流动性变差，为了降低黏度，减慢挥发速度，应适量增加乙醇，减少乙二醇（保持其和的比例不变）。环境温度在−40℃以下需用增加乙二醇和乙醇的比例来防冻，但由于混合液黏度太大，流动性很差，管内阻力显著增加，冷却效果不好，此时必须采用大管径的管路系统或加热才能减小阻力。表 2.8 中所示比例是经试验证明的有效数据。

2.7　多注速调管发射机

多注速调管具有工作电压低、瞬时带宽宽、效率高、冷却方便、体积小、质量小和功率密度较高等优点，比较适合在高机动雷达中使用。由于多注速调管的增益较高，用一级固态放大器驱动一级多注速调管就可以构成一个放大链，其电路简单，因此具有较高的性价比；尽管它还有管内结构复杂、阴极电流发射密度大、离子击穿概率高等缺点，但它仍是一种性能优良的发射管，可以从研制和使用两方面予以不断改进。

图 2.20 所示是一台由控制电极调制的多注速调管发射机的原理框图。它包括

直流高压电源（由高压隔离输入 1～4、高压单元 1～4 和电容 C_1 组成）、浮动板调制器、管体电源稳流器（由电压基准电路、细调电源输入和细调电源、部分直流高压电源和电阻 R_4 等分压组合组成）和灯丝输入等几部分，与栅控行波管发射机类似。该多注速调管发射机的监控和冷却系统与单注速调管发射机相似，这里未画出。

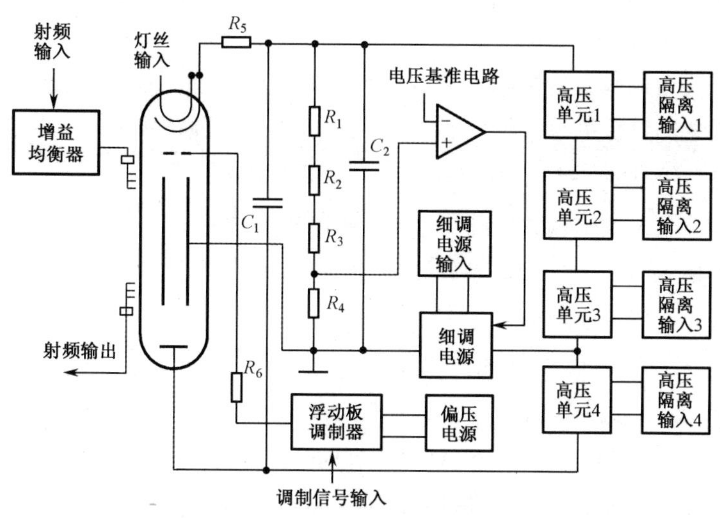

图 2.20　多注速调管发射机原理框图

由于宽带多注速调管的带内增益起伏较大，为了补偿这一欠缺，在图 2.20 所示的框图中加入了增益均衡器，在实际应用中也是需要的。为了消除振荡和防止多注速调管打火时损坏电源或调制器，这里采用大功率高压电阻 R_5 和 R_6，可以起到隔离和阻尼的作用。

2.7.1　多注速调管发射机稳定工作的条件

由于多注速调管内部结构复杂、通道数量多，每个电子注通道很小，各电子注与阴极和栅极进行精确对准十分困难，阴极电流密度高，控制极与阴极间的距离小，场强集中，以及周边电子注聚焦欠佳等原因，特别是在高峰值功率的情况下，容易发生打火现象。

为了确保多注速调管发射机稳定、可靠地工作，应在尽量选用多注速调管峰值功率不太高（500kW 以下）的前提下，同时处理好下列不稳定因素。

在多注速调管长期存放时，或者由于阴极温度过高或过低，聚焦磁场不正确（线包电流失常），激励功率过大，输出驻波过大，阴极电压过高或控制失灵等原因的存在，均可能引起多注速调管打火的现象。应对较长时间未使用的多注速调管进行“老炼”，以消除其残留的气体。有钛泵者可用它来去除残留的气体或进行监测；无钛泵者，则应通过加灯丝和逐步提高阴极电压的方法来“老炼”。

在确认多注速调管真空度良好的情况下，应与单注速调管发射机一样，必须确保多注速调管的工作状态在正常范围以内，妥善地设置各种参数的监测保护点，并确保其监测保护电路的准确、可靠。如果发现偏离规定值或者发现按规定需要定期调整的（如灯丝电压）情况，要及时调整，避免或减少打火概率。

由于多注速调管发射机的脉冲电流大，要减小顶降，必须加大储能电容。当大储能电容在高打火概率的情况下工作时，为了有效地保护多注速调管，必须设计如图 2.21 所示的多注速调管打火时的撬棒保护电路。

图 2.21 中，C_1 为储能电容；C_2 为打火信号耦合电容；R_1 为限流电阻；R_2 为打火信号采样电阻；VT_1 为撬棒放电管，它可以使用触发管、氢闸流管，也可以使用晶闸管；K 为多注速调管；VD_1 为稳压二极管。

当 K 打火时，通过 R_2 的电流迅速增加，R_2 两端的电压经耦合电容 C_2 耦合到 VD_1 上，其幅度超过 VD_1 的击穿电压后，便加到 VT_1 的控制极上，当其幅度足够大时，VT_1 即导通，形成新的放电回路 $C_1 - R_1 - VT_1$。由于新的放电回路的阻抗小于 K 打火回路的阻抗，所以 K 中的打火电流迅速减小，从而有效地保护了多注速调管。

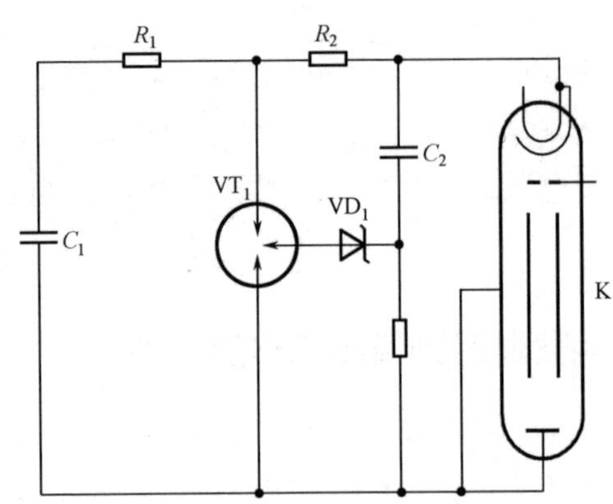

图 2.21　多注速调管打火时的撬棒保护电路

2.7.2　多注速调管的供电设计

由于多注速调管一般没有降压收集极，其收集极与谐振腔是并联接地的，所以所需的高压电源只有一组，峰值功率为 1MW 以内的多注速调管，其电压一般在 35kV 以内，是比较低的。多注速调管发射机对高压电源纹波及稳定度的要求，需根据系统稳定性指标计算求得。为了实现电源低纹波、高稳定度的要求，通常采用高频、高稳定逆变电源供给，也可采用多相（如 12 相或 24 相）整流叠加后再滤波的办法来实现。

与其他线性注管一样，谐振腔电流的稳定度对多注速调管输出信号稳定度的影响最大，而收集极电流的影响则要小些。因此，可以将谐振腔电流从总电流中分离出来，采用后置稳流的办法来改善输出信号的稳定性。如图 2.20 所示的细调电源即是一个用于补偿总电压变化的精密稳压电源，由于谐振腔电流仅占总电流的 10%左右，所以容易获得较高的调整精度。

为了提高调制器的可靠性，在结构设计时要注意减小分布电容，增加绝缘强度，避免尖端和电晕打火的现象发生，最好将该调制单元整体放在“法拉第屏蔽笼”中，其同步信号可通过光纤或脉冲变压器隔离馈给。同时，还要采取措施，在控制极与阴极间并联火花隙或压敏电阻，防止速调管打火时损坏调制器。为了保护调制开关管，应在调制器与多注速调管控制极间串联耐压较高的限流电阻 R_6。

2.8 微波功率模块

微波功率模块（Microwave Power Module，MPM）是工作在微波与毫米波频段的小型化、高度集成的微波功率放大器。它可用作下一代雷达、电子战和通信等微波系统共用标准的微波源，是一种极具潜力的军民两用功率器件。

MPM 由真空功率放大器（Vacuum Power Booster，VPB）、单片微波集成电路（MMIC）或固态放大器（Solid-State Amplifier，SSA）和集成电源调整器（Integrated Power Conditioner，IPC）组成，MPM 的原理简略框图如图 2.22 所示。

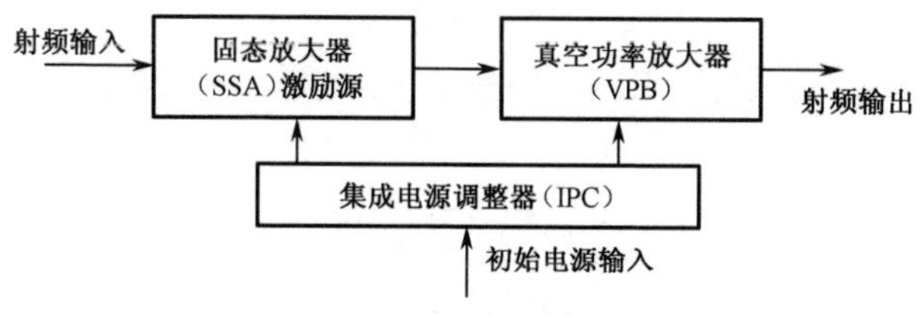

图 2.22　MPM 的原理简略框图

MPM 充分利用了 MMIC 的低噪声、高增益与 VPB 的大功率、宽带宽和高效率的特点，融进了先进的电源设计技术、热设计技术及低耗组件设计技术，并采用新型材料与封装工艺，做成了一种被称作“超级组件”（Super Component）的高性能新概念微波功率模块。与传统的 TWTA 和 SSA 相比，MPM 比 SSA 具有更高的功率与效率，比 TWTA 具有更低的噪声，其功率密度提高了一个数量级。

2.8.1 固态放大器的设计

驱动 VPB 的前级固态放大器（SSA）的典型框图如图 2.23 所示。

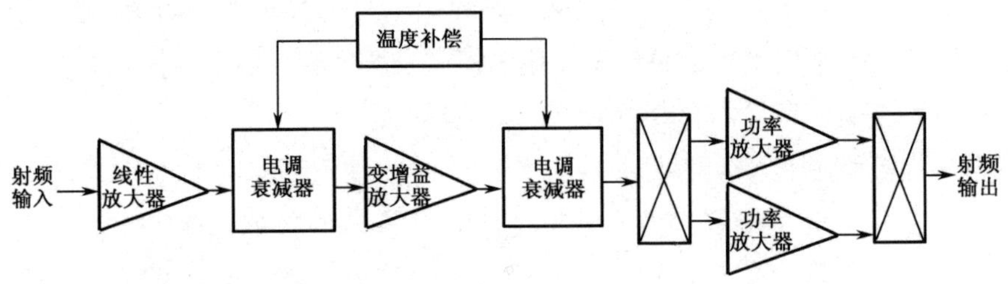

图 2.23 驱动 VPB 的前级固态放大器（SSA）的典型框图

SSA 的主要功能包括：

（1）提供 25～30dB 的小信号增益（通常为 MPM 总增益的一半），以及 VPB 达到额定输出功率所需的射频驱动功率；

（2）补偿 VPB 带宽内增益变化，使 MPM 在 2～3 倍频程带宽内有一个相对平的增益响应；

（3）降低 MPM 的噪声系数。

MPM 放大器与传统的 TWTA 相比，其典型的噪声系数值可小于 10dB，而单独的 TWTA 的噪声系数约为 30dB。由固态放大器与 TWTA 组成的放大链，放大链总的噪声系数 F 与各级放大器的噪声系数和增益有关，可用级联放大器噪声系数公式来估算，即

$$F = F_1 + F_2 / G_1 \tag{2.32}$$

式（2.32）中，F_1、G_1 分别是固态放大器的噪声系数和增益，F_2 是行波管的噪声系数。

由式（2.32）可见，放大链的噪声系数比单独 TWTA 的噪声系数低了很多，且其固态放大器的增益越高，总噪声系数越低。

MPM 中的 SSA 一般由 MMIC 放大器（由线性放大器、变增益放大器和功率放大器构成）、电调衰减器和 PIN 调制器三部分组成。作为相控阵的 T/R 或功率合成组件用的 MPM，还应包括一个电调移相器。

SSA 之所以采用 MMIC 技术，不仅为了增加带宽和增益，同时还为了减小尺寸和降低成本。因为若采用分立元件设计，其组件尺寸将会比原来增大 2～3 倍，而增益却只有它的一半。所以采用 MMIC 技术除具有减小尺寸的好处外，因

其组件数量的减少，也使可靠性较原来提高了 5～10 倍，并且其总成本也下降到原来的 1/3 左右。

2.8.2　真空功率放大器的设计

MPM 中的 VPB 是一种特殊的 TWTA，需要采用特殊的设计方法和加工制作工艺。因此 VPB 的设计是很重要的技术问题，特作如下简述。

频段覆盖 2～40GHz，供 MPM 模块用的超小型、宽带、高效系列 VPB，都是采用通用模块化的设计方法，与传统行波管一样，VPB 有一半的零件和组装步骤都是通用的。通常情况下 VPB 的加工件大都采用高温、高精度、镀铜的金属件和陶瓷件，其主要子部件连接处的安装法兰盘都是采用激光焊接的。

电子枪为静电聚焦皮尔斯（Pierce）枪，它的调制电极为廉价的聚焦极。为了缩短慢波电路的长度、降低阴极电压，需选用较高的导流系数，其典型值为 0.5～1μP。为了延长 VPB 的使用寿命，采用 M 型阴极并轻载运行（发射电流密度为数个安培每平方厘米）；聚焦电极的截止负偏压设计为 1300V 左右；电子枪各电极的引线是通过一个带有金属化通孔的圆柱形陶瓷管座引出的。

阴极与灯丝组件是用同轴绝缘套管结构支撑的，这样的结构可获得较高的热阻，且其温度范围很宽，机械稳定性也好。灯丝功率只需 5W 就可在 30s 内将 VPB 加热到工作要求的温度。

电子枪组件设计的一个重要特点是枪的荫罩可以调整，即阴极组件相对于阳极至少可以移动±0.01inch（1inch≈2.54cm）。为确保 VPB 运行的稳定性，可以在调试时施以适当的作用力使之移动，以把枪的导流系数调整到最佳值。

互作用电路采用氧化铍支撑杆的两段螺旋线。用分离器隔离的输入/输出电路是很短的，分离器两边的支撑杆上，每边都有一个石墨衰减器。这样设计可使输入/输出隔离度优于 80dB 以上，并能吸收由于输出电路外部不匹配造成的较大射频反射功率，以保护 SSA。支撑杆上的金属化加载叶片，能提供几乎均匀的电子速度分布，从而获得低谐波功率的宽带性能。在输出电路中通过电子速度分级，可使宽带电路的效率达到 20%。对于窄带应用，控制电子速度分布则无须叶片加载，而是采用一个双级电子速度分级电路，以使效率超过 30%。VPB 采用同轴射频真空窗与电路耦合方式，它的输入/输出窗的设计取决于 VPB 的频率与功率要求。耦合窗的接头类型通常为：低功率管（100W）用 SMA，高功率管用 TNC，毫米波管则用 2mm×4mm 波导作为输入/输出窗。

管体内径经高精度加工后，将圆筒螺旋线和支撑杆部件整体装入其内。整体圆筒螺旋线的外导体是磁铁的极靴，这对于提高磁效率和轴向磁场的均匀性有利。

采用低成本热填充的制造工艺，将螺旋线和支撑杆整体装入管体圆桶电极内，以形成电路的紧配合，其热传导性能和机械强度都很优良。

为了减少真空外壳的横截面积，所有的 VPB 几乎都采用了比例为 2:17 的钐和钴磁性材料制成的高磁场强度的周期永久磁铁。之所以选择这种材料，是因为它的磁场强度高，温度稳定性好。

为了提高 C 波段 VPB 的电路和收集极的效率，其电子注需要设计成分层漂流的分布模型。电子注的层流分布是需要通过仔细设计磁铁组件的入口磁场分布来获得的。最佳入口磁场分布可通过 CAD 的电子枪模拟及磁铁组件的磁场仿真得到。电子注的轨迹计算可采用 Hermannsfeldt 公司的电子光学程序，而磁铁组件的磁场分布则可选用 Maxwell 公司的静磁模拟程序得到。在确定了最佳磁场的入口分布后，组件入口磁铁可分别按要求充到相应的磁场强度。

所有 VPB 都采用具有再聚焦段的四级降压收集极，以便回收较多的电子注能量。收集极的电气设计是基于 NASA Lewis 方法得到的，然后计算收集极各透镜的耗散功率，并改变各透镜的形状和位置来优化收集极回收的总能量。这一新颖的收集极设计采用了内表面镀金属的单体矩形氧化铍陶瓷外壳。收集极的各级透镜用石墨制成，以抑制二次电子发射，其外表面进行了金属化处理以便焊接。这种设计使从 VPB 到模块冷却体间的热传导率非常高，同时减轻了总质量。

2.8.3 集成电源调整器的设计

对于 MPM 的系统设计来说，集成电源调整器（IPC）是一个很重要的部件，它不仅涉及缩小体积、减小质量，还涉及可靠性的问题。这种设计是将结构设计、热设计、电路设计、电磁兼容设计和微组装与混合集成融于一体，是要求很高的机电一体化设计。要做好这种设计，单靠传统的方法是不行的，必须利用先进的计算机优化设计和仿真技术才能完成。它包括电路优化与仿真、三维结构优化与仿真、热分析与仿真和电磁干扰的模拟与仿真等技术。

由于 MPM 模块的体积很小，元器件的组装密度非常高，因此采用常规的设计方法，使用分立元器件是无法实现的。组装设计时必须大量采用大规模集成电路芯片、贴装元器件，通过系统集成，实现三维组装。为了确保其工作的稳定和可靠，组装设计中应处理好以下几个问题：

（1）为了适用于各种苛刻环境，所有高压单元（浮在阴极高电位上的单元），如灯丝电源、正偏置电源、负偏置电源、调制器和各种高压引出端子，都应使用导热的绝缘材料灌注。

（2）为了缩小体积，应减少各单元间的转接，避免使用连接器，各单元间的连接尽量采用导线焊接。

（3）为了减小电磁干扰，应合理布局及走线，认真处理好信号间的屏蔽、隔离、滤波及接地，以确保系统工作的稳定和可靠。

通过计算机优化和仿真设计的 MPM，采用混合组装、ASIC（专用集成电路）、高比能磁性材料，利用高比能高压电容、高压绝缘液体介质冷却及先进的电路设计等技术，其 IPC 的高压转换效率可达到 90%～94%、电源的封装密度达到 5.5W/cm^3、负载能力达到 350W，VPB 阴极电压为 4kV，高度小于 0.69cm。

标准 MPM 系列的初级电源是 270VDC，其他类型的初级电源多为 28VDC 或三相 400Hz 电源，这可通过加一个外部电源变换器而轻松地满足 270VDC 电压的要求。预稳变换器作为高压电源（HVPS）和辅助电源变换器的一部分，可以最大限度地减小其输入电压的变化，提供稳定的 350VDC 输入电压。所有的逆变器都是 200kHz 的固定频率，经脉冲宽度调制的零电压、零电流开关变换器，使其输出电压加到高压变压器初级。该变压器有几个次级绕组，其输出经整流和叠加后形成 VPB 所需要的各收集极和阴极的工作电压。阴极电压采样是由一个带频率补偿的高精度高压分压器网络来完成的；而精确的阴极电压调整是通过一个宽带线性螺旋线后置调节器电路来实现的。分压器的阻性部分采用厚膜电路结构，来自分压器的阴极采样电压被用来调整阴极电压以达到±0.05%的精度要求。辅助电源也是一个具有 200kHz 频率的回扫开关电源，它提供所有内部需要的辅助电源。预稳变换器、逆变器和辅助电源都是采用传统的脉冲宽度调制电路并以同一开关频率同步运行，其中预稳变换器和逆变器的调整环节都采用电流控制模式。

调制器控制着 VPB 的电子注电流，采用高速高压 MOSFET（金属氧化物半导体场效应晶体管）可实现调制器的转换时间为 10ns 数量级，从输入 MPM 的 TTL 信号到转变成调制器电压的总延迟为 30ns 数量级。连续工作时，调制器的最高重复频率为 330kHz；间隙工作时，调制器的最高重复频率可达 5MHz。

系统监控针对电源和 VPB 设置了控制和保护措施，这些措施包括 VPB 灯丝加热定时、阴极欠压、螺旋线过流、逆变器过流和过热等。MPM 的电源保护和 VPB 的打火保护则采用电路自身的阻抗限流、监测螺旋线电流、过流关断电源和加入浪涌限制组件等综合保护措施。

2.8.4　组装设计

在使用环境、初级电源和冷却条件都有限制的共形 T/R 组件情况下，要提高有效辐射功率，必须集中辐射能量。增加辐射单元，可以有效地提高辐射功率，但由此会导致孔径尺寸增大并使带宽减小。随着辐射带宽的减小，为保持对目标的最大有效辐射功率，其波束调整也变得更为复杂，从而导致系统成本的提高。对于要求宽波束的机载小平台系统来说，减少辐射单元数量的要求常常阻碍着有效辐射功率的显著提高。如果为适应平台要求减少辐射单元数量 N，则有效辐射功率也会下降。这就要求射频放大器的输出功率以非线性增加才能抵消相控阵尺寸减小的影响。因此，放大器对初级电源、冷却系统及体积等方面的要求成了制约性因素。

采用 GaAs 器件、高电子迁移率晶体管（PHEMT）和金属半导体场效应晶体管（MESFET）技术的 SSA，长期以来被有源相控阵采用。典型的 2～15W 放大器可以紧靠辐射单元放置，这最大限度地减小了损耗，并有利于降低接收机的噪声系数值。然而，考虑到损耗和电路的复杂性，SSA 内场效应晶体管的组合数量实际上不可能无限增加。与 MPM 或微型 TWTA 相比，SSA 的主要缺点是效率低。正是这种低效率使初级电源功率增大，冷却负担加重，结构变大，从而大大影响了整个系统的质量和成本。为了适应中、小平台，如无人机、卫星和战斗机等对体积、质量、初级电源和冷却系统等的要求，小尺寸和高效率的 MPM 是非常合适的选择。

MPM 的高功率、小体积、小质量和高效率的优点使它适合于航空器、移动车辆及卫星发射机等许多应用领域。如果每个辐射单元由一个高功率 MPM 驱动，则在提供相同有效辐射功率的情况下，孔径尺寸可以减小；若用固态相控阵，当个别单元发生故障时，同样也能实现系统可靠地工作，只不过系统性能有所下降。正如固态 T/R 组件一样，MPM 也可以添加一个接收信道，这对其体积和质量的影响很小。随着频率的提高与带宽的增加，与固态器件相比，真空电子器件在功率与效率方面有独特的优势。

2.8.5 可靠性

采用任何一种新技术都会涉及可靠性的问题，像 MPM 这样高功率密度的器件更是如此。MPM 是建立在 SSA、VPB 和 IPC 三种成熟部件技术基础上的，且 SSA 由几片 MMIC 组成，预计其可靠性不会成问题。相反，由于 MPM 高度集成了现代组件的设计与制造技术，它将提供可与其他高功率放大器技术（如固态技术）相比拟的长寿命性能。规模生产 MPM 的 MTBF 目标预计值大于 15000h。

经验表明，在进行 VPB 设计时，若考虑到长寿命工作的需要，对 VPB 的输出平均功率进行适当降额应用，将呈现出与其他微波功率放大器技术相匹敌甚至超过的长寿命性能。MPM 中的 VPB 可以被认为是降低了工作电压的标准工业用的微型 TWT。

MPM 中的 VPB 经过多年的设计与实际应用，几项针对提高标准化程度的设计改进将极大地提高 MPM 中 VPB 的可靠性。与传统的 TWT 相比，MPM 中 VPB 的零件数量减少了 50%以上，这就大大减少了潜在的铜焊失效点。它采用的阴极的电流密度与太空用 TWT（约 1～2A/cm^2）的 M 型分布式阴极相同。MPM 中 VPB 的阴极工作电压较低（额定 4～5kV），不像传统的“大瓶子”——TWTA 工作电压在 8～15kV 之间。它的电压的下降，极大地提高了 VPB 和电源电路的可靠性。

采用周期永磁铁对电子注进行聚焦与约束，使 VPB 在所有激励条件下，其螺旋线的截获率都很低，从而减少了对被认为是寿命终结机理的电路老化的担心。使用四级降压收集极提高效率，减小在射频激励和直流工作条件下的热流量，可以从机理上减少失效因素。

由于输入过激励或激励中的高谐波分量而导致的螺旋线截获电流大的问题，在集成式 MPM 中通过加入与 VPB 性能相匹配的 SSA 而被最大限度地避免了。在许多情况下，SSA 的驱动特性可被用来作为一个天然限幅器以保护 VPB，同时采用计算机辅助设计的 SSA 射频链确保了均衡的、低谐波宽带驱动性能。

IPC 中的高频高效开关电源给 VPB 提供了高压电源。该高频高效开关电源所特有的低储能特性限制了 VPB 打火时损坏其内部组件的可能性。另外，在 IPC 设计中内置的控制与保护功能，包括阴极过/欠压、电子注过流、螺旋线过流、过热及其他保护功能，能够在出现故障时，快速切断电源。

MPM 的封装工艺省掉了 VPB、调制器和高压电源上的高压接插件，将高压输出单元及调制器直接与 VPB 焊连，不仅提高了可靠性，同时也节省了一部分成本，减小了体积。

所有有关 TWTA 的失效模式，包括热流量、工作电压、过激励、内部打火、阴极耗尽及主要功能块的连接等问题，都可以通过适当的可靠性设计而得到解决或改善。

参考文献

[1] 强伯涵，魏智. 现代雷达发射机的理论设计与实践[M]. 北京：国防工业出版社，1985.

[2] Ewell G W. Radar transmitters[M]. New York: McGraw Hill, 1981.

[3] Sivan L. Microwave Tube Transmitters[M]. London: Chapman & Hall, 1994.
[4] William North. Hight-Power Microwave Tube Transmitters[R]. Los Alamos National Laboratory, 1994.
[5] Merrill S. Radar Handbook[M]. Second Edition. New York: McGraw-Hill Companies Inc, 1990.
[6] 廖复疆. 真空电子技术[M]. 北京：国防工业出版社，1999.
[7] 二〇二教研室. 雷达发送设备[Z]. 西安：西北电讯工程学院，1975.
[8] Skolnik M I. Introduction to radar systems[M]. Second Edition. New York: McGraw-Hill, 1980.
[9] 丁鹭飞，耿富录. 雷达原理[M]. 西安：西安电子科技大学出版社，1984.
[10] 杰里 • L.伊伏斯，等. 现代雷达原理[M]. 卓荣邦，译. 北京：电子工业出版社，1991.
[11] 张光义. 相控阵雷达系统[M]. 北京：国防工业出版社，1994.
[12] Granatstein V L, Parker R K, Armstrong C M. Vacuum electronics at the dawn of the twenty-first century[C]. Proceedings of the IEEE, 1999, 87(5)：702-716.
[13] 丁耀根，等. S 波段多注宽带速调管的研制[J]. 电子科学学刊，1996(2)：221-223.
[14] 丁耀根. 现代雷达用的宽带大功率速调管[J]. 现代雷达，1995(2)：78-83.
[15] Smith C R, Armstrong C M, Duthie J. The Microwave Power Module: A Versatile RF Building Block for High-Power Transmitters[C]. Proceedings of The IEEE, 1999, 87(5)：717-737.

第 3 章

固态雷达发射机技术

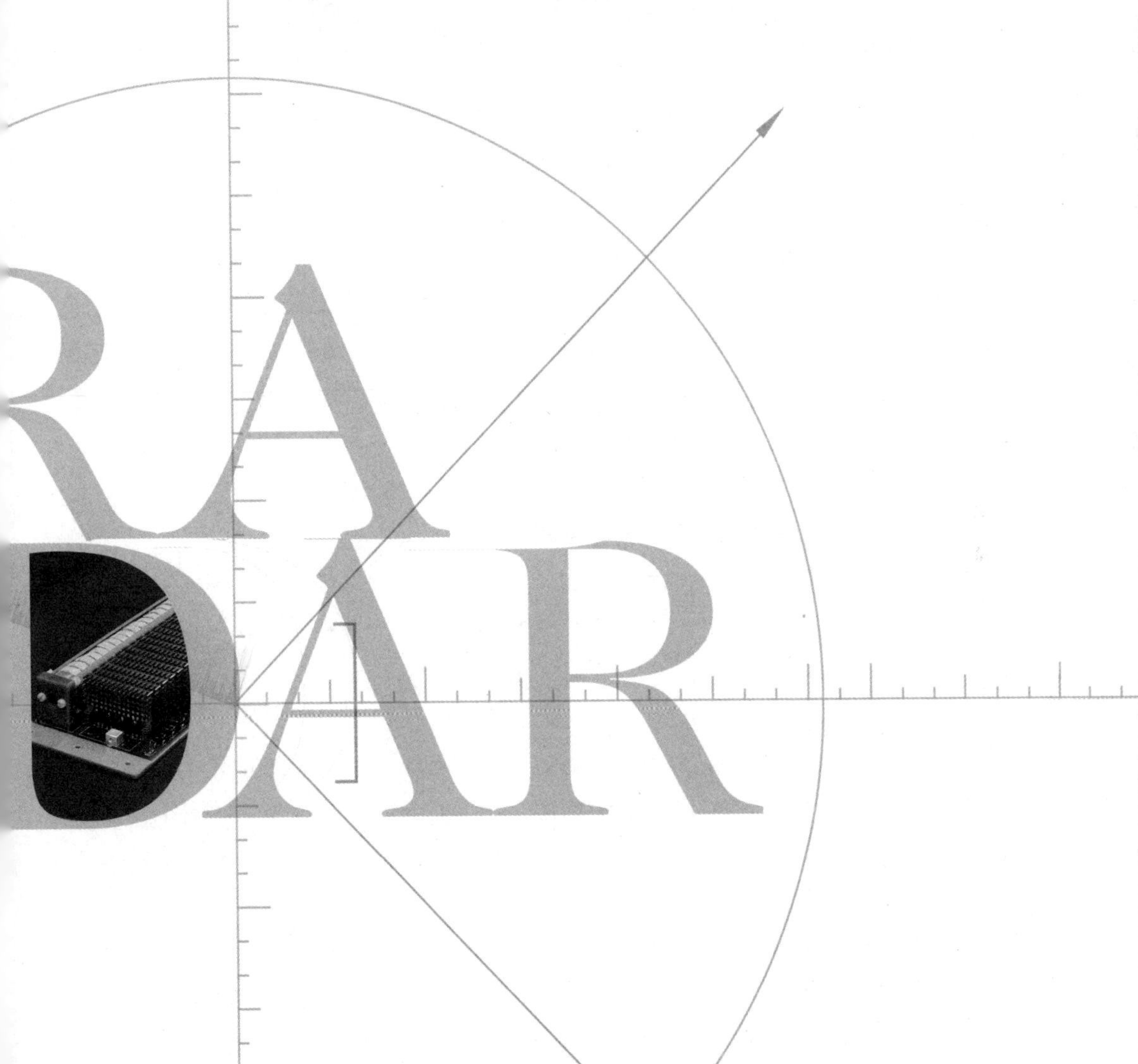

本章简述了固态雷达发射机的分类、功能和优点，介绍了固态雷达发射机中常用的第一代半导体及第二代半导体固态微波功率晶体管，即双极型微波功率晶体管、金属氧化物半导体场效应微波功率晶体管、砷化镓场效应微波功率晶体管和雪崩二极管的特性和应用；第三代半导体固态微波功率晶体管的特性和应用将在本书第 11 章进行介绍，本章还讨论了微波功率晶体管大信号 S 参数的测试、动态阻抗测试、阻抗匹配方法，以及针对满足不同要求、不同用途的功率放大器的设计方法等固态发射机基本技术方面的问题。

3.1 概述

自 20 世纪 60 年代以来，微波功率晶体管的设计和制造水平不断提高，在不断提高输出功率的同时，工作频率也不断扩展。随着微波功率晶体管迅速进入实用阶段，雷达发射机技术也不断取得新的突破，于是全固态雷达发射机应运而生。

全固态雷达发射机基本上分为两大类：一类是高功率集中放大式发射机；另一类是微波固态放大技术与相控阵技术相结合的分布式有源相控阵雷达发射机。早期的全固态雷达发射机主要工作在短波、VHF 和 UHF 波段，随着全固态雷达发射机的成功运用和雷达系统的需要，工作频率逐步扩展至 L 波段。微波功率晶体管放大器的输出功率，相对于电真空器件放大器的输出功率要低得多，全固态雷达发射机必须采用多管并联、多级串联和高功率合成技术，或采用多辐射单元的有源相控阵空间合成技术。

固态放大器常用的第一代半导体及第二代半导体固态微波功率晶体管有两大类：一类为硅微波双极晶体管，工作频率从短波至 S 波段，硅微波双极晶体管单管功率，L 波段及以下波段为几百瓦，窄脉冲器件可达千瓦，S 波段为几百瓦；另一类为场效应晶体管（FET），它按其工艺、材料和工作频率的不同又分为两种：一种是金属氧化物半导体场效应晶体管（MOSFET），另一种是砷化镓场效应晶体管（GaAsFET）。MOSFET 早期的工作频率在 500MHz 以下，随着工艺的不断改进，工作频率也得以提高，功率可达 300W。MOSFET 在移动通信基站中被广泛应用，其优点为线性度好、增益高、效率高和热稳定性好。为了进一步提高它的线性度，又成功研制出移动通信系统专用的 LDMOSFET，这是一种横向扩散的 MOSFET，既改善了线性度，又提高了增益和输出功率。GaAsFET 工作频率可达 30～100GHz，输出功率也在不断地提高，其 C 波段、X 波段单管（多芯）的输出功率可达数十瓦。这是一种应用非常广泛的固态微波功率器件，在 C 波段、X 波段采用 GaAsFET 做成的功率放大器组件，可组成 C 波段、X 波段全固态有源相控阵雷达发射机。

自 20 世纪 80 年代以来，出现了一批采用新工艺制造的新器件，如异质结双极晶体管（HBT）、高电子迁移率晶体管（HEMT）、拟晶态高电子迁移率晶体管（PHEMT）和双异质结拟晶态高电子迁移率晶体管（DH-PHEMT）等。同时，传统工艺的微波固态功率器件也采用了新材料，如锗化硅、磷化铟、氮化硅等，使器件功率和工作频率得以进一步提高。这些晶体管的优点是：①具有高功率密度和高效率，典型电流密度在 300～325mA/mm^{2}之间，效率在 40%左右；②工作频率较高，可达到毫米波波段（约 75GHz）；③输出功率大，S 波段最大输出功率可达 230W，效率达 40%。

固态雷达发射机由多个功率放大器组件直接合成，或在空间合成得到所需要的输出功率，其使用的功率晶体管从几个到成千上万个不等。即使有少数功率晶体管失效，对整机的输出功率也没有太大的影响，因而使发射机具有故障弱化特性。固态发射机还具有工作电压低、可靠性高、维修性好、全寿命周期费用低和机动性好等优点，已广泛应用在地面、车载、舰载、机载和星载等雷达领域。

与高功率真空管发射机比，固态雷达发射机虽具有上述一些优点，但同时也存在一些局限性，如在高功率情况下，固态雷达发射机的成本会高于真空管雷达发射机。

3.1.1　双极型微波功率晶体管

微波功率晶体管是固态放大器的心脏，因此微波固态放大器的设计者应对微波功率晶体管特性有所了解。下面简要介绍常用的微波功率晶体管的特性。

双极型微波功率晶体管普遍采用硅芯片材料，具有外延层双扩散 n-p-n 平面型结构。平面 n-p-n 管结构示意图如图 3.1 所示。

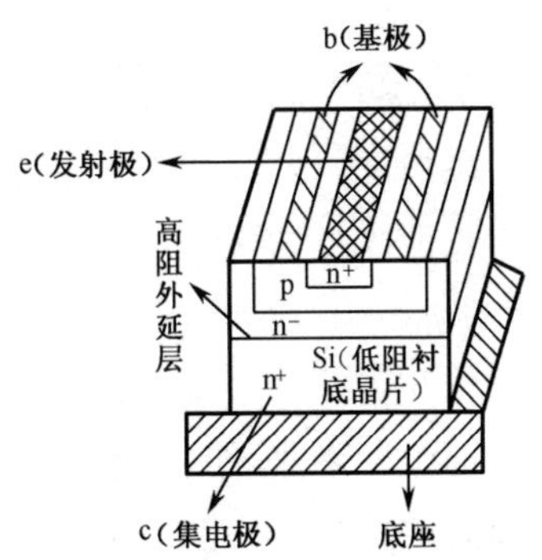

图 3.1　平面 n-p-n 管结构示意图

平面 n-p-n 管是在低阻衬底 n$^+$ 型硅片上，生成一薄的 n$^-$ 型高阻外延层（其电阻率和厚度主要由击穿电压决定），然后用标准平面工艺，在硅片上生成氧化层。通过光刻等技术，在外延层上制作所要求电极图形的 P 型扩散基区及高浓度 n$^+$ 型扩散发射区，并在它上面制作欧姆接触电极（基极，发射极）。这样就形成了 n$^+$-n$^-$-pn$^+$ 结构的外延平面管芯。它的集电极直接由芯片背面引出。平面型管芯结构的优点是：性能稳定，在较小有效面积下，利用了较大的接触面积，从而降低了引线电感和接触电阻；采用氧化光刻技术可制成复杂的电极图案。在微波功率晶体管中常用三种电极图案结构，即重叠结构、叉指结构和矩阵结构，其目的在于获得发射极周长对结面积之比的最大值（这一比值决定了晶体管所能达到的最大工作电流），并使集电极至基极的电容和时间常数 $R_{bb}\times C_c$ 达到最小值（R_{bb} 是基极扩散电阻，C_c 是集电极结电容）。工作频率越高，其发射极和基极的线宽越小，为微米量级，更高要求时达 0.1μm 量级的基区宽度，这就接近了光刻技术的极限。因此，要用浅结扩散技术和离子注入技术等加工方法。

微波功率晶体管的性能参数如下。

（1）极限工作电压，结击穿电压及最高工作电压。

微波功率晶体管极限工作电压（V_C），是指发生下列三种情况之一时所加最小电压值：p-n 结发生击穿或完全损坏；微波功率晶体管参数发生显著变化，不能正常工作；微波功率晶体管参数发生缓慢且不可恢复的变化。

结击穿电压（V_B）集电结或发射结击穿统称为结击穿，是指集电结或发射结在加上反向电压下发生击穿现象时的电压值。通常将 p-n 结反向电流达到一定值时的反向电压称为击穿电压。假设基极开路时，集电极与发射极之间的击穿电压为 BV_{CEO}，发射极开路时，集电极与基极之间的击穿电压为 BV_{CBO}。两者之间存在下述的经验关系式

$$BV_{CEO}=\frac{BV_{CBO}}{\sqrt[n]{1+h_{f_e}}}\approx\frac{BV_{CBO}}{\sqrt[n]{1+\dfrac{f_T}{f}}} \tag{3.1}$$

式（3.1）中，n 是与晶体材料和微波功率晶体管类型相关的常数，对于平面 n-p-n 硅管，$n=2.5\sim4$；f_T 为微波功率晶体管特征频率，f 为工作频率。

显然 $BV_{CEO}<BV_{CBO}$，如果基极不开路（实际应用均如此），基极和发射极之间有一定电阻，则集电极与发射极之间击穿电压 BV_{CER} 在 BV_{CEO} 与 BV_{CBO} 之间，即 $BV_{CEO}<BV_{CER}<BV_{CBO}$。

最高工作电压（U_M）是指微波功率晶体管能长期安全工作的最高电压。为了防止可能出现的偶然不稳定因素，保持微波功率晶体管长期、可靠、稳定地工作，U_M 必须远小于 U_C，一般 $U_M\approx0.6U_C$。

（2）极限工作温度、最高结温度及最高储存温度。

微波功率晶体管的极限工作温度 T_f 是指保持微波功率晶体管能长期正常工作的最高温度。T_f 指能测试到的微波功率晶体管法兰处温度。一般 T_f 在 90℃±5℃（对于硅管）的范围内，当超过此温度时微波功率晶体管内部温度会超过所允许的结温 T_j（温升由结到壳的热阻决定），这时微波功率晶体管性能会下降甚

至完全损坏。

最高结温 T_{jm} 是指微波功率晶体管正常工作时所允许的最高 p-n 结温度（主要指集电极 p-n 结温度，此处电流最大，热量在该处产生）。对于锗管来说，T_{jm} 一般在 70℃～120℃之间；对于硅管来说，T_{jm} 一般在 150℃～250℃之间。人们常用的硅微波双极管 T_{jm} 为 200℃。最高储存温度 T_{sm} 是指保证微波功率晶体管在未加电时不受破坏的可长期保存的最高温度。一般情况下，T_{sm} 不允许超过 T_{jm}，否则微波功率晶体管性能会变差或发生不可恢复的恶化。

（3）热阻和集电极最大耗散功率。

热阻 R_T 是微波功率晶体管的重要参数，它表示了微波功率晶体管工作时所产生的热量向外扩散的能力，单位为“℃/W”；定义是当微波功率晶体管耗散功率为 1W 时，管内温度上升多少（℃）。R_T 越小，微波功率晶体管散热能力就越强。热阻定义为

$$R_T = \frac{T_j - T_f}{P_C} \tag{3.2}$$

式（3.2）中，T_j 为热源温度（即集电结温度），T_f 为管壳（法兰）温度，P_C 为微波功率晶体管工作时的集电极耗散功率。

微波功率晶体管在固态放大器中工作时的热阻由三部分组成

$$R_T = R_{Ti} + R_{TC} + R_{TO} \tag{3.3}$$

式（3.3）中，R_{Ti} 为热流由热源（集电结）流向微波功率晶体管法兰的那部分热阻，称微波功率晶体管热阻（内热阻）；R_{TC} 为热流由微波功率晶体管法兰流至放大器散热器的热阻，称接触热阻；R_{TO} 为散热器向周围环境散发热量的热阻，称外热阻。

集电极最大耗散功率 P_{CM} 是指在一定环境温度下，当 $T_f = T_a$（环境温度）时，集电结温度达到允许的最高值，即 $T_j = T_{jm}$ 时集电极耗散的功率。由式（3.2）可得

$$P_{CM} = \frac{T_{jm} - T_f}{R_T} \tag{3.4}$$

一般手册上给出的数据是在一定散热条件下测得的（即一定的管壳温度 T_f 或环境温度 T_a），如果实际的管壳温度 T_f' 或环境温度 T_a' 不是手册上所规定的温度，则此时所允许集电极最大功耗可按下式计算

$$\begin{cases} R_T = \dfrac{T_{jm} - T_f'}{P_{CM}'} = \dfrac{T_{jm} - T_f}{P_{CM}} \\ P_{CM}' = \dfrac{T_{jm} - T_f'}{T_{jm} - T_f} \cdot P_{CM} \end{cases} \tag{3.5}$$

（4）饱和电阻和集电极最大电流。

微波功率晶体管的饱和电阻R_{CES}是微波功率晶体管处于饱和状态下集电极与发射极之间的电阻（在一定的集电极电流下），用公式表达为

$$R_{\text{CES}}=\frac{U_{\text{CES}}}{I_{\text{C}}} \tag{3.6}$$

式（3.6）中，U_{CES}为微波功率晶体管饱和状态下集电极与发射极之间的压降，称为微波功率晶体管饱和压降（在一定的集电极电流下）。

为使微波功率晶体管能适应低电压、大电流的工作状态，扩大微波功率晶体管动态范围，提高集电极效率，保证微波功率晶体管的可靠性，必须尽量减小R_{CES}值。虽然是在一定的集电极电流下，R_{CES}和U_{CES}值还是越小越好，但要注意微波功率晶体管的R_{CES}和U_{CES}的值在低频段值小、高频段值大这一特征。大多数微波功率晶体管的U_{CES}小于3V，但在微波频率下却会超过5V。

通常希望微波功率晶体管工作在低电压、大电流状态，微波功率晶体管饱和电阻是限制最大工作电流的主要因素。当工作电压增大时，微波功率晶体管电流放大倍数（α或β）将随电流增加而下降，并且限制工作电流的增加。工作电压增加到一定值时，P_{CM}值成为限制最大工作电流的决定因素。进一步增加工作电压，就会产生二次击穿现象。微波功率晶体管实际所达到的最大工作电流小于所允许的值。

（5）特征频率f_{T}。

特征频率f_{T}定义为微波功率晶体管的电流放大倍数β下降为1时的工作频率，它是表示微波功率晶体管放大能力的一个重要参数。f_{T}在微波频率低端是一个重要参数。当频率高于2GHz时，对共基极电路意义就不大了。由于它与电流有关，所以必须考虑f_{T}随电流变化的关系。

（6）功率增益G_{P}。

功率增益G_{P}是微波功率晶体管的重要参数之一。硅微波双极晶体管受材料和工艺等因素限制（G_{P}值不会很高），同时还受增益带宽乘积的限制（如果要求带宽，则G_{P}就低些），并随工作频率的增加而下降。在微波功率晶体管中，由于受多种宽带工作因素的影响，它不遵循每一倍频程下降6dB的规律，而通常是每一倍频程下降3～5dB，所以设计放大器时要考虑此特点。

（7）输出功率P_{o}。

硅微波功率晶体管的输出功率P_{o}不但与工作频率和工作状态相关，也依赖于微波功率晶体管散热状态和电流分布的均匀性。器件内部局部热斑的出现是限制最大安全输出功率的主要因素。对于L波段及L波段以上的微波功率晶体管，连续波输出功率P_{o}不可能超过最大集电极耗散功率P_{CM}的50%。因为连续波工作

时，微波功率晶体管内部 p-n 结温度很高，在发生意外负载失配时，返回微波功率晶体管的反射功率会使结温继续升高，为了使结温保持在 200℃以下，使用时必须进行良好匹配。

（8）集电极效率 η 。

集电极效率 η 是指微波功率晶体管的输出高频功率与电源总消耗功率之比，即

$$\eta = \frac{P_o}{U_{CC} I_C} \times 100\% \tag{3.7}$$

式（3.7）中，U_{CC} 是集电极电源电压，I_C 是集电极电流。

提高微波功率晶体管的集电极效率 η 很重要，可使电源利用率增高，降低微波功率晶体管内功耗，从而可降低管内温度，使微波功率晶体管热稳定性得到改善。

提高 η 值还与扩大微波功率晶体管的输出特性工作区方式相一致，为此应选用 U_{CES} 值小的微波功率晶体管并提高工作电压，同时还要改善在不同工作电流下放大系数的均匀性，使非线性失真不因工作区的扩大而增加。此外，η 值还与工作状态密切相关，且是工作频率的函数，当工作频率增高时，损耗就增加，η 会下降。

综上所述，硅微波双极晶体管是早期全固态雷达发射机中用得最多（数量和品种）的微波功率晶体管，从短波波段、VHF 波段和 P、L、S 波段，直至工作频率为 3.5GHz 的微波功率晶体管都可用于全固态雷达发射机，其典型代表如表 3.1 所示。

表 3.1　硅微波双极晶体管的典型代表

型号	主要参数						
	工作频率	输出功率 P_o/W	最大脉冲宽度 τ_{max}/μs	最大工作比 D_{max}	功率增益 G_p/dB	集电极效率 η	生产单位
MRF430	1.5～30MHz	600	CW（连续波）		10	50%	Motorola
SD1563	400～500MHz	300	250	10%	9.6	50%	SGS-Thomson
SD1565	400～500MHz	500	250	10%	9.7	—	SGS-Thomson
3DA502B，C	540～610MHz	150	150	15%	7.5	—	国内研究所
PH1214-220M	1.2～1.4GHz	220	150	10%	7.4	50%	M/A-COM
PH1214-300L	1.2～1.4GHz	300	300	10%	7.5	50%	M/A-COM
PH1214-150EL	1.2～1.4GHz	150	6（ms）	25%	7.5	50%	M/A-COM
PH2731-75L	2.7～3.1GHz	75	300	10%	7	38%	M/A-COM
PH3134-100L	3.1～3.4GHz	100	200	10%	7.5	35%	M/A-COM
IB3042	3.1～3.4GHz	100	300	10%	7.5	35%	Integra
PH3135-65M	3.1～3.5GHz	65	100	10%	7.5	35%	M/A-COM
PH3135-80M	3.1～3.5GHz	80	100	10%	7.5	40%	M/A-COM

3.1.2 金属氧化物半导体场效应微波功率晶体管

1930 年，Lillienfeld 提出了场效应微波功率晶体管（FET）的基本概念；1948 年，Schokley 发明了晶体三极管，并于 1952 年提出了场效应微波功率晶体管（FET）的概念。FET 属于电压控制器件，它与晶体三极管的区别在于导电机理不同，晶体三极管是电流控制器件，其导电机理是由多数载流子（电子）和少数载流子（空穴）共同完成的，所以又将晶体三极管称为双极型晶体管。3.1.1 节所述硅双极型微波功率晶体管就属于此类器件，而场效应微波功率晶体管的物理结构是一个整片半导体材料（如砷化镓或硅），其电流通路（也叫沟道）受到外加电压（电场）的作用时，只有一种载流子起导电作用，图 3.2 所示为场效应微波功率晶体管的分类。

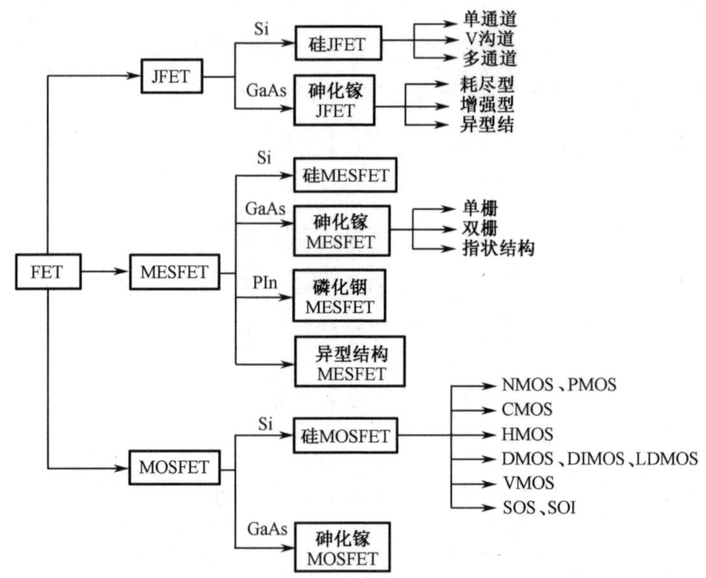

图 3.2 场效应微波功率晶体管分类

从图 3.2 中可以看出，由于栅极物理结构不同，场效应微波功率晶体管有三种基本类型：

（1）结型场效应微波功率晶体管（JFET）；

（2）金属半导体场效应微波功率晶体管（MESFET）；

（3）金属氧化物半导体场效应微波功率晶体管（MOSFET）。

这三种场效应微波功率晶体管在原理上都可用在微波频率，但由于制造工艺的问题，JFET 这类器件通常用于低频电路，作为开关电路控制元件。MESFET 采用了肖特基（Schottky）控制栅（栅极由金属同半导体直接接触，形成肖特基势垒），广泛地用在微波电路中。MOSFET 是在金属和半导体之间加入了氧化物作为绝缘层，因此又称为绝缘栅场效应微波功率晶体管（IGFET）。它的栅极上的金属和半导体材料间有氧化层构成电容，其下有导电沟道，具有感生沟道的称为增强型（栅极加正压）；具有扩散型沟道的，称为耗尽型（栅极加负压）。MOSFET 组成结构及工作原理示意如图 3.3 所示。

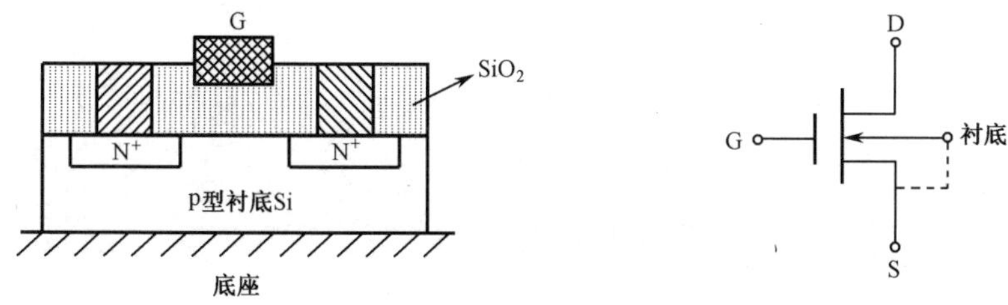

图 3.3　MOSFET 组成结构及工作原理示意

MOSFET广泛地用于数字集成电路，如计算机存储器和微处理器等。随着微波功率晶体管制造技术的飞速发展，以及 MOSFET 制造加工工艺的不断改进，MOSFET广泛用于微波频段，且其工作频率正在不断提高。同时，输出功率也不断提高，与同频段的微波硅双极晶体管的功率相当。

MOSFET 是电压控制器件，由栅极上的电压来控制导电沟道宽度，其导电机理是由多数载流子完成的，因而具有大信号特性好、热稳定性好；允许大面积有源区组合；可不用镇流技术；当温度上升时，漏极电流会减小等优良特性。MOSFET 与双极晶体管相比具有更低的噪声电平输出。

MOSFET 在固态放大器中得到越来越广泛的应用，特别是在移动通信中，在雷达发射机中的应用亦在不断增多。表 3.2 所示为常用 MOSFET 的型号及主要参数。

表 3.2　常用 MOSFET 的型号及主要参数

型号	主要参数						
	工作频率 /MHz	输出功率 P_o/W	最大脉冲宽度 τ_{max}/μs	最大工作比 D_{max}	功率增益 G_p/dB	集电极效率 η	生产单位
MRF156（1）	150	600	—	—	20	60%	Motorola
MRF151G	225	300	—	—	16	65%	Motorola
F1430	600	300	—	—	13	—	Polyfet
SR704	500	300	—	—	12	75%	Polyfet
SR746	500	300	—	—	16	55%	Polyfet
BLL1214-250	1200～1400	250	300	10%	13.5	50%	Philips
MRF199*	900	150	—	—	10	53%	Motorola
MRF286*	2000	60	—	—	11	55%	Motorola
L8808*	1500	60	—	—	14	—	Polyfet
PTE10120*	1800～2000	120	—	—	12	41%	Polyfet

*表示 LDMOSFET。

3.1.3 砷化镓场效应微波功率晶体管

在 3.1.2 节中所述的金属半导体场效应微波功率晶体管中，砷化镓（GaAs）MESFET 是用途比较广泛的固态微波功率晶体管，其基本组成结构和工作原理示意如图 3.4 所示。

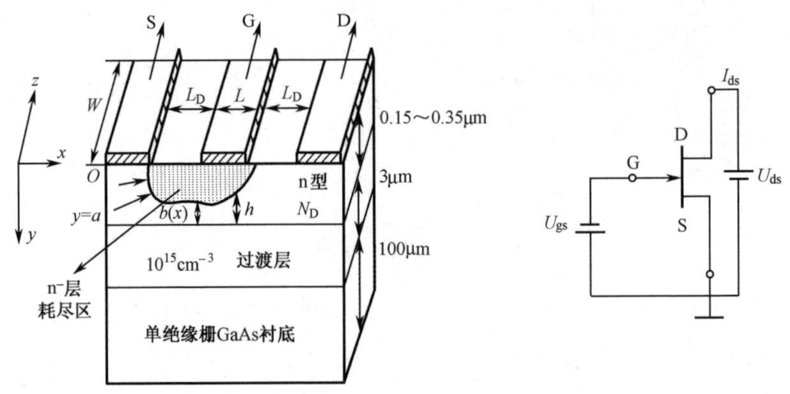

图 3.4　GaAs MESFET 基本组成结构及工作原理示意

从图 3.4 中可看出，GaAs MESFET 有一个单绝缘栅 GaAs 衬底，一个过渡层，一个 n^- 层耗尽区，n^- 层的掺杂浓度在 8×10^{16}～$2\times10^{17}cm^{-3}$ 之间，电子移动范围在 3000～4500 cm^{-3} 之间。源极和漏极是欧姆接触，采用金或锗；栅极是肖特基栅接触，采用蒸发铝。栅极和源极之间加反向偏压来控制耗尽区的大小，漏极和源极之间加正向电压来加速电子，当反向偏压增加时，沟道变窄，漏极电流减小。漏极电流由栅极电压控制，当反向偏压增加达到夹断电压时，沟道夹断，电流接近于零。其伏-安特性曲线如图 3.5 所示。

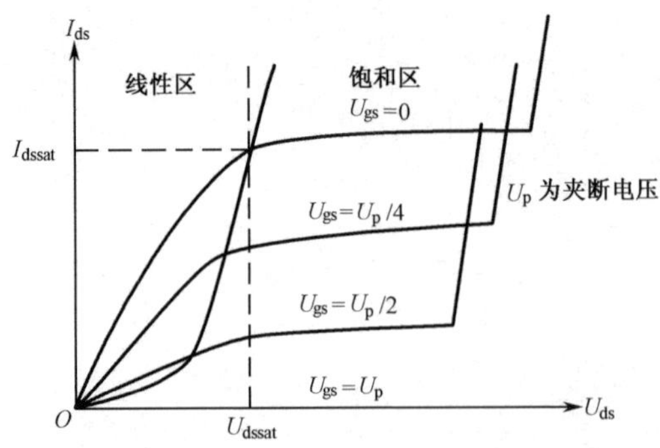

图 3.5　GaAs MESFET 的伏-安特性曲线

GaAs MESFET 与 MOSFET 的主要差别有三点：

（1）栅极物理结构不同，采用金属-半导体接触（MES）结构，而不是采用金属-氧化物-半导体接触（MOS）结构；

（2）衬底材料不同，这里是砷化镓（GaAs），不用硅（Si）；

（3）导电机理不同，前者为 n 型电子导电，后者为 p 型空穴导电。

这类 MESFET 除单栅结构外，还有双栅结构，双栅 GaAs MESFET 比单栅具有更高增益和更小反馈电容，改变第二栅直流偏压，可在更宽范围内改变增益，也可进行载频脉冲幅度调制，其上升、下降时间均小于 0.1ns。

MESFET 的高频极限取决于材料的参数和器件结构。在 GaAs 和 Si 材料中，电子（n 型）比空穴（p 型）有更高的迁移率，所以在微波频段，只用 n 型沟道 FET。GaAs 与 Si 相比，其电子迁移率高 6 倍（掺杂浓度为$1\times10^{17}\text{cm}^{-3}$），最大漂移率高 2 倍，两者饱和速度近似。在 GaAs 中，寄生电阻比 Si 中的小，因此跨导大，在高场区渡越时间更短，电流增益带宽乘积约高 2 倍。就器件结构而言，最重要的参数是栅长 L_g，减小 L_g 值，就降低了电容 C_{gs} 和跨导 g_m 值，从而改善了电流增益带宽积。当 L_g 值减小时，若保持 $L_g/D>1$（D 为沟道厚度），则 D 值也要相应减小，这就要采用高掺杂浓度（但要注意击穿现象）。要提高 MESFET 的高频极限就要选用电子迁移率和漂移速度高的材料，如 GaAs、InP 等材料，同时要使用亚微米栅长（0.25μm 或 0.1μm）。

MESFET 能否用在更高微波频率和具有更大的功率容量的放大器中，取决于 MESFET 的半导体材料和制造工艺。从理论上说，MESFET（双极管，场效应管）最大允许电压和特征频率由下式决定

$$U_m f_T = EV_S / 2\pi \tag{3.8}$$

式（3.8）中，U_m 为 MESFET 上所加的最大允许电压；f_T 为特征频率；E 为半导体材料的击穿电场强度；V_S 为半导体中载流子的饱和漂移速度。

MESFET 的特征频率 f_T 与载流子在半导体内的渡越时间 t_τ 有如下关系

$$f_T = \frac{1}{2\pi t_\tau} \tag{3.9}$$

在 FET 中，t_τ 是从源极到漏极的总渡越时间。由于半导体材料内部载流子的漂移速度会达到饱和，故 t_τ 有最小值，它取决于半导体的材料和尺寸。在 FET 中，L_g（同时沟道厚度 D）越小，载流子通过它的总渡越时间（t_τ）就越短。但受电场击穿限制，U_m 值也要下降。因此，$U_m f_T$ 的乘积有一个极限。

GaAs MESFET 早期在微波低噪声放大器、小功率器件方面占支配地位，并在单片微波集成电路中扮演着重要角色。GaAs MESFET 的特征和优点如下：

（1）只有多数载流子（电子）流通；

（2）半导体的导电性由所加电场控制，故称 FET；

（3）工作时其控制信号由加在控制栅极上的电压来决定，因此它是电压控制器件，而不像双极型晶体管那样是电流控制器件；

（4）器件除具有电流增益外，还有电压增益；

（5）器件能工作在很高频率；

（6）具有低噪声和高效率；

（7）具有高输入阻抗，可达几兆欧；

（8）与双极型晶体管相比，抗辐射能力强。

GaAs MESFET 在微波领域被广泛应用，如低噪声放大器、中小功率放大器、微波振荡器、混频器、移相器、开关和高速逻辑电路等，其工作频率可达毫米波频段。表 3.3 所示为典型的 GaAs FET 及 MMIC 器件的型号和主要参数。

表 3.3　典型的 GaAs FET 及 MMIC 器件的型号和主要参数

型号	主要参数				
	工作频率/GHz	输出功率/W	功率增益/dB	集电极效率	生产单位
FLM5359-25DA	5.3～5.9	25	8.5	40%	FUJITSU
FLM5359-35DA	5.3～5.9	35	8.5	40%	FUJITSU
TIM5359-16	5.3～5.9	16	7.5	33%	TOSHIBA
TIM5359-45SL	5.3～5.9	45	9.0	45%	TOSHIBA
TIM0910-20	9.5～10.5	20	7.0	34%	TOSHIBA
TIM1414-20	14.0～14.5	20	6.0	34%	TOSHIBA
MMPA2731-35	2.7～3.1	3	35	30%	国内研究所
HE591	3.1～3.5	2	23	30%	国内研究所
HE066A	5.4～5.9	6	27	30%	国内研究所
HE066B	5.4～5.9	8	29	30%	国内研究所

3.1.4　雪崩二极管

毫米波雷达和导弹寻的器发展很快，毫米波雷达与微波雷达相比有体积小、质量小、精度高和分辨率高的特点。毫米波雷达与光雷达或红外系统相比，它穿透云、烟、雾、灰尘的能力更强。毫米波雷达和导弹寻的器的工作频率一般集中在 35GHz 和 94GHz，在这两个频段上大气损耗较小。进入 21 世纪，固态毫米波器件发展很快，其主要器件是碰撞雪崩渡越时间（Impact Avalanche and Transit Time，IMPATT）二极管（简称雪崩管）和耿氏（Gunn）二极管，雪崩管具有比耿氏二极管更大的功率，固态毫米波发射机常用雪崩管作为放大器或振荡器，而耿氏二极管因其噪声电平低而常作为接收机本振。下面简要介绍雪崩管。

雪崩管作为固态毫米波振荡器，在 35GHz 频率上可输出连续波功率为 1.5W，在 60GHz 频率上输出连续波功率为 1W，在 94GHz 频率上输出连续波功率为 700mW，在 140GHz 频率上输出连续波功率为 100mW，在 220GHz 频率上输出连续波功率为 25mW；而输出脉冲振荡器可产生较高峰值功率，在 35GHz 频率上输出脉冲功率为 10W，在 94GHz 频率上输出脉冲功率为 5W。一般来说，雪崩管的脉冲功率比连续波功率大 10 倍。受脉冲宽度和工作比的限制，固态毫米波器件热时间常数值小，若使一个脉冲宽度内的器件内部温度迅速上升，要达到最大峰值功率，雪崩管工作时的脉冲宽度不应大于 100ns，且脉冲宽度增加，峰值功率减小。

雪崩管脉冲工作时的另一重要特性是振荡频率具有“Chirp”效应。这是由于器件温度在脉冲工作期间内上升，二极管阻抗发生变化，使得振荡频率降低。同时，振荡频率也受偏置电流控制，因此“Chirp”频率可通过偏置电流的变化进行补偿。

雪崩管也可作为毫米波功率放大器。毫米波功率放大器有稳频功率放大器和注入锁定振荡器两种基本类型。前者适用于较宽频带的功率放大，但增益较低，单级为 10dB 左右；后者适用于窄频带工作，具有高增益。雪崩管放大器为了获得较大输出功率，也可采用多管合成方法。其合成方法既可用一系列雪崩管放大器在一个放大器腔体上相加获得高功率输出，也可由一系列雪崩管放大器用魔 T 耦合器相加，实现高功率输出。

3.2　微波功率晶体管大信号 *S* 参数的表征和测试

正确设计微波功率晶体管放大器的先决条件是获得所用晶体管的输入/输出阻抗数据，据此开始设计输入匹配和输出匹配网络。微波功率晶体管的输入/输出阻抗数据一般是由晶体管生产厂家提供的，但厂家往往仅提供微波功率晶体管的测试架阻抗，这也没有关系，在一定条件下，可对此值取共轭，由此当作微波功率晶体管的输入/输出阻抗数据来使用。上述阻抗值必须是在电路处于稳定工作状态时的测试值才有效，当微波功率晶体管处在潜在不稳定工作状态时，微波功率晶体管的阻抗数据就测试不准，这时有必要采用更完善的方法，即把用于线性微波电路的网络参数法推广到微波功率晶体管放大器设计中来，用散射参量（*S* 参数）来表征微波功率晶体管的特性。

人们知道，微波功率晶体管是一个三端有源器件，可当作双口网络，如图 3.6 所示。

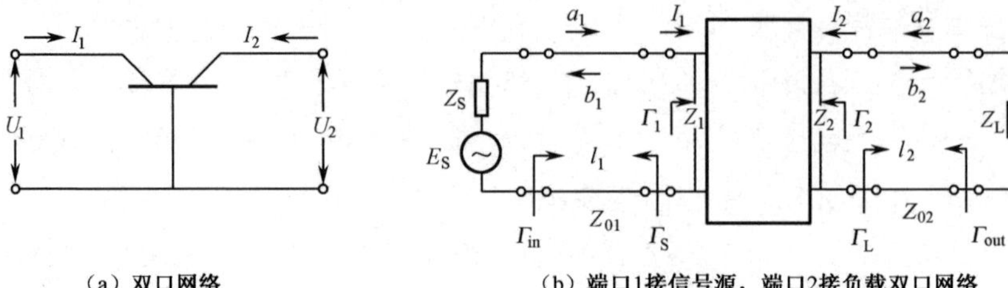

（a）双口网络　　（b）端口1接信号源，端口2接负载双口网络

图 3.6　微波功率晶体管双口网络

微波功率晶体管双口网络可由每个端口上的外电压和外电流或每个端口上的入射电压和反射电压来描述，图 3.6 所示的双口网络的输入/输出反射系数为（下式中 β 为相移常数）

$$\varGamma_{\text{in}} = \varGamma_1 \text{e}^{-\text{j}2\beta l_1} = \frac{b_1}{a_1} \tag{3.10}$$

$$\varGamma_1 = \frac{Z_1 - Z_{01}}{Z_1 + Z_{01}} \tag{3.11}$$

$$\varGamma_{\text{out}} = \varGamma_2 \text{e}^{-2\text{j}\beta l_2} = \frac{b_2}{a_2} \tag{3.12}$$

$$\varGamma_2 = \frac{Z_2 - Z_{02}}{Z_2 + Z_{02}} \tag{3.13}$$

入射波 a 和反射波 b 也可以用入射电压、反射电压及特性阻抗表示，公式为

$$\begin{cases} a_1 = \dfrac{U_{\text{inc1}}}{\sqrt{Z_{01}}}, \qquad b_1 = \dfrac{U_{\text{ref1}}}{\sqrt{Z_{01}}} \\ a_2 = \dfrac{U_{\text{inc2}}}{\sqrt{Z_{02}}}, \qquad b_2 = \dfrac{U_{\text{ref2}}}{\sqrt{Z_{02}}} \end{cases} \tag{3.14}$$

微波功率晶体管双口网络的散射参量，即 S 参数可定义为

$$\begin{cases} b_1 = S_{11}a_1 + S_{12}a_2 \\ b_2 = S_{21}a_1 + S_{22}a_2 \end{cases} \tag{3.15}$$

把 a 看成独立自变量，b 看成应变量，按字母顺序，到达微波功率晶体管双口网络的波“a”为入射波，“b”为反射波。为了分析方便，令 $Z_{01} = Z_{02} = Z_0$，此时有 $l_1 = l_2 = 0$，这样可求出如图 3.6 所示的微波功率晶体管双口网络反射系数，它仅与相移和输入/输出无损传输线长度有关，但可暂时略去这个相移，从式（3.15）和 $\varGamma_1 = \dfrac{a_2}{b_2}$ 解式（3.10），得

$$\varGamma_1 = \frac{b_1}{a_1} = S_{11} + \frac{S_{12}S_{21}\varGamma_1}{1 - S_{22}\varGamma_1} = S'_{11} \tag{3.16}$$

同样用式（3.15）和$\varGamma_{\rm S}=\dfrac{a_1}{b_1}$解式（3.12），得

$$\varGamma_2=\frac{b_2}{a_2}=S_{22}+\frac{S_{12}S_{21}\varGamma_{\rm S}}{1-S_{11}\varGamma_{\rm S}}=S'_{22} \tag{3.17}$$

当$\varGamma_1=\varGamma_{\rm S}=0$时，上述两式简化为

$$\begin{cases}\varGamma_1=S_{11}\\ \varGamma_2=S_{22}\end{cases} \tag{3.18}$$

综上所述，输入/输出反射系数是所有 4 个 S 参数及终端（负载）反射系数$\varGamma_{\rm L}$、源反射系数$\varGamma_{\rm S}$的函数。

可将入射电压和反射电压直接与每个端口的电压和电流联系起来，在双口网络输入端（$l_1=l_2=0$）有

$$\begin{cases}U_1=U_{\rm inc}+U_{\rm ref}\\ Z_0I_1=U_{\rm inc}-U_{\rm ref}\end{cases} \tag{3.19}$$

将式（3.19）中两式相加和相减，得

$$\begin{cases}U_{\rm inc}=\dfrac{U_1+Z_0I_1}{2}\\[2ex] U_{\rm ref}=\dfrac{U_1-Z_0I_1}{2}\end{cases} \tag{3.20}$$

因此

$$\begin{cases}a_1=\dfrac{U_1+Z_0I_1}{2\sqrt{Z_0}}\\[2ex] b_1=\dfrac{U_1-Z_0I_1}{2\sqrt{Z_0}}\\[2ex] a_2=\dfrac{U_2+Z_0I_2}{2\sqrt{Z_0}}\\[2ex] b_2=\dfrac{U_2-Z_0I_2}{2\sqrt{Z_0}}\end{cases} \tag{3.21}$$

微波功率晶体管的大信号 S 参数，可在实验室进行测试。下面简要介绍两种常用的测试方法。

1）用普通方法测试大信号 S 参数

用普通方法测试大信号 S 参数的测试系统框图如图 3.7 所示。

测试在 50Ω 系统中进行。测试过程大致如下：测S_{11}、S_{22}时，将矢量电压表探头 B 接在双定向耦合器 I 的$\rm B_1$位置，测出入射波和反射波的幅值比和相移角。测S_{11}时，微波功率晶体管测试架正向放置；测S_{22}时，微波功率晶体管测试架反向放置。测S_{12}和S_{21}时，将矢量电压表探头 B 接于双定向耦合器 II 的$\rm B_2$位

置。测 S_{12} 时，测试架反向放置；测 S_{21} 时，测试架正向放置。在测试 S 参数时要对测试系统进行起始校准，目的是保持双定向耦合器Ⅰ的输入端到矢量电压表探头 A 的输入信号通道的电长度精确地等于到探头 B 输入端的电长度。这样两个探头之间的起始相移为 0°。

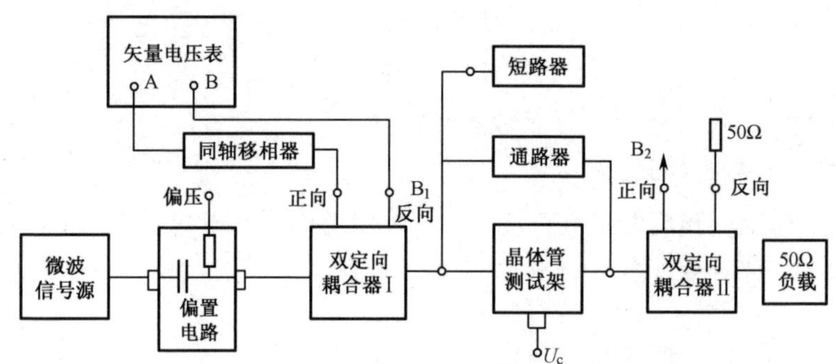

图 3.7 微波功率晶体管大信号 S 参数测试系统框图

校准方法如下：将短路器接入图 3.7 所示的微波功率晶体管测试架位置，加入适当大小的射频信号功率，并调节同轴移相器位置，使短路器产生相移读数为 180°。当矢量电压表探头 B 接在双定向耦合器Ⅱ的 B_2 位置时，其起始校准为，将通路器接入图 3.7 中微波功率晶体管测试架位置，加入适当大小射频信号功率，并调节同轴移相器位置，使两路探头之间相移为 0°。如果短路器的电长度精确地等于通路器电长度的一半，且两个双定向耦合器电长度一致，则后一步校准可省略。

测 S_{11} 时，微波功率晶体管测试架正向放置，将电压加到额定值，并加上正常使用条件下射频信号功率，测 A、B 两端上的电压幅度比值和相位角 φ；再将微波功率晶体管测试架反接并加上同样的电压和功率，就可测出 S_{22} 的相应指标。测 S_{21} 时，当矢量电压表探头 B 接在双定向耦合器Ⅱ的 B_2 位置时，微波功率晶体管测试架正向放置。测 S_{12} 时，微波功率晶体管测试架反向放置。

应当说明的是，根据上述测试方法所得 S 参数的测试结果与工作状态密切相关。因此，要提高准确度就必须尽可能地在与实际运用状态相同的条件下测试，尤其是偏置状态，因此 S_{21} 受工作条件影响最大；由于 S_{12} 很小，而测试误差大，为了提高测试的精确度，建议用“双信号法”来测试大信号 S 参数。

2）“双信号法”测试大信号 S 参数

在一定的功率、偏置状态和工作频率下，微波功率晶体管特性可由式（3.15）来描述。从式（3.15）可推导出下列各式

$$\frac{b_1}{a_1}=S_{11}+S_{12}\frac{a_2}{a_1} \tag{3.22}$$

$$\frac{b_1}{a_2}=S_{11}\frac{a_1}{a_2}+S_{12} \tag{3.23}$$

$$\frac{b_2}{a_1}=S_{21}+S_{22}\frac{a_2}{a_1} \tag{3.24}$$

$$\frac{b_2}{a_2}=S_{21}\frac{a_1}{a_2}+S_{22} \tag{3.25}$$

上述等式中各量均为复数。等式左边 $\frac{b_i}{a_j}$（i, j=1, 2，以下同）等于等式右边的 S_{ij} 与另一复数之和，如上式中 $\frac{b_1}{a_1}$ 等于 $S_{12}\frac{a_2}{a_1}$ 与 S_{11} 之和。$\frac{b_i}{a_j}$ 测试轨迹的“双信号法”大信号 S 参数测试系统框图如图 3.8 所示。

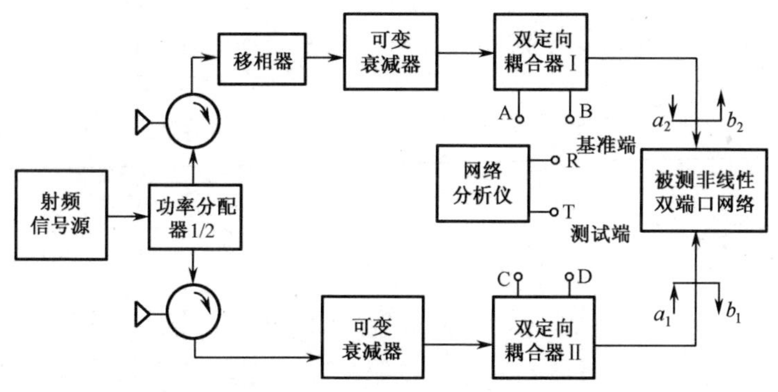

图 3.8　“双信号法”大信号 S 参数测试系统框图

在此测试系统中有一射频信号源，其输出分成 a_1 和 a_2 两路。测试 $\frac{b_i}{a_j}$ 幅值比，在网络分析仪上，可根据反射（$i=j$）和传输（$i\neq j$）的测试获得。测 $\frac{b_1}{a_1}$ 轨迹时，将双定向耦合器 II 的 C 端接到网络分析仪的基准端 R 上，并将 D 端接到网络分析仪的测试端 T 上，然后用移相器改变 a_1 和 a_2 之间的相位差。

测 b_1/a_2 轨迹时，将双定向耦合器 I 的 A 端接到网络分析仪的 R 端；将双定向耦合器 II 的 D 端接到网络分析仪的 T 端，再用移相器改变 a_1 和 a_2 之间的相位差。

测 b_2/a_1 轨迹时，将双定向耦合器 II 的 C 端接到网络分析仪的 R 端，将双定向耦合器 I 的 B 端接到网络分析仪的 T 端，再用移相器改变 a_1 和 a_2 之间的相位差。

测 b_2/a_2 轨迹时，将双定向耦合器Ⅰ的 A 端接到网络分析仪的 R 端，将双定向耦合器Ⅰ的 B 端接到网络分析仪的 T 端，再用移相器改变 a_1 和 a_2 之间的相位差。

在测试过程中，a_1 和 a_2 的幅度可由可变衰减器来调节。a_1 的幅度要调到使微波功率晶体管具有所要求的集电极直流电流。a_2 的幅度可调到任一合适的数值，一般在额定集电极电流 I_C 下，测出各组 $|a_2|$ 值下的 b_i/a_j 轨迹才有意义。

不同的 a_2 值，实际上模拟了输出端口不同的负载反射系数。因此，b_i/a_j 的轨迹在不同 a_2 值时的变化反映了负载“失配”效应对 S 参数的影响。如果集电极电流 I_C 值随 a_2 和 a_1 之间相位不同而有显著的变化，则必须调节 a_1 的幅度，使 I_C 保持恒定不变，在此情况下测试不同 $|a_2/a_1|$ 值时的 b_i/a_j 的轨迹。上述测试中参考面的校准须按矢量网络分析仪标准方法进行校准。

“双信号法”的另一个优点是从 b_i/a_j 轨迹的性质可预期放大器设计的正确度。如 b_i/a_j 轨迹明显偏离圆形，则放大器预期的性能和实验结果之间将有较大的差别。

3.3 阻抗匹配

人们知道，微波功率晶体管的输入/输出阻抗是非常低且具有相当的电抗部分，并且随着器件输出功率的增加而使阻抗变得更低，这些低阻抗必须变换到 50Ω，也就是必须要进行阻抗匹配电路的设计。一个合适的阻抗匹配网络可以实现通频带内最佳的功率传递效率，因此，微波功率晶体管放大器的设计关键就是阻抗匹配，即将微波功率晶体管放大器的输入阻抗与信源的内阻实现共轭匹配；微波功率晶体管放大器的输出阻抗与负载阻抗达到共轭匹配；前级微波功率晶体管的输出阻抗与后级微波功率晶体管的输入阻抗实现共轭匹配。因此，实现阻抗匹配的条件是必须知道微波功率晶体管的输入/输出阻抗（前面已提到了一般微波功率晶体管生产厂家都能正确地给出其输入/输出阻抗数据或微波功率晶体管测试架的输入/输出阻抗数据）。固态功率放大器设计师可依据已知阻抗数据用各种不同方法设计阻抗匹配网络。如果微波功率晶体管厂家没有给出阻抗数据，设计师就需要利用微波功率晶体管动态阻抗的测试方法来进行实际工作条件下的准确测试。

3.3.1　微波功率晶体管的动态阻抗测试

图 3.9（a）所示为微波功率晶体管动态阻抗测试框图，图 3.9（b）是微波功率晶体管测试架示意图。图 3.9（b）中微带线$l_1 = l_2 = l$，特性阻抗均为 50Ω；微带线$l_3 = l_4 = \lambda_g/4$，其特性阻抗一般大于 80Ω，由此构成高阻扼流圈。

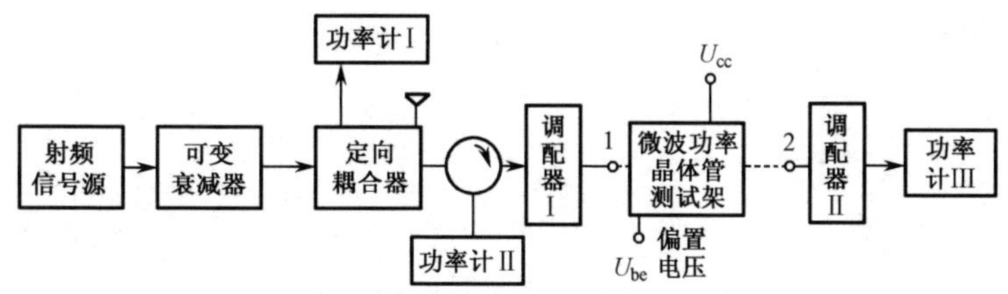

（a）微波功率晶体管动态阻抗测试框图

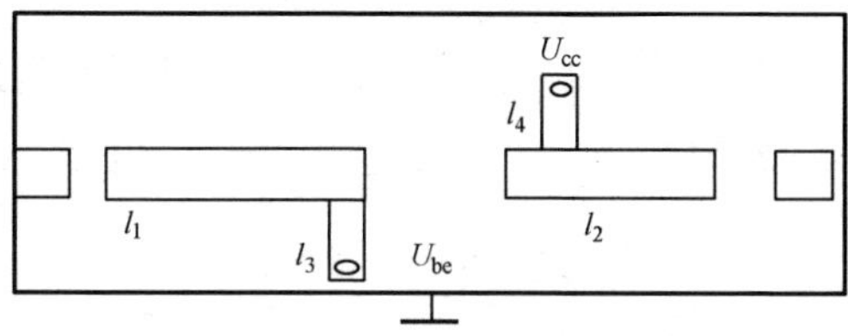

（b）微波功率晶体管测试架示意图

图 3.9　微波功率晶体管动态阻抗的测试示意图

测试过程大致如下：

（1）检查测试系统是否正常，把微波信号源输出功率和可变衰减器置于合适位置，测试架上不接微波功率晶体管，用 50Ω 微带线连接l_1和l_2，调节调配器 I 和调配器 II，使功率计III上的读数达到最大。

（2）把可变衰减器的衰减量增大，去掉l_1和l_2之间的 50Ω 微带连接线，接入被测微波功率晶体管，加上额定的偏置电压U_{be}（或零偏置）、集电极电压U_{cc}（实际工作时的电压值）。

（3）加入所需额定激励功率值（在功率计 I 上读出校准过的读数），反复调节调配器 I 和调配器 II，使微波功率晶体管输入端反射功率最小（即功率计 II 上读数最小），使输出功率（功率计III上的读数）最大。同时，应使其他各项参数达到规定指标（如增益、效率、输出功率等），且保证放大器工作稳定。这时认为晶体管输入/输出达到了共轭匹配。

（4）去掉微波功率晶体管测试架，用矢量网络分析仪（或矢量电压表）分别测“1”端和“2”端的无源二端网络阻抗，将测得的阻抗取共轭值。再在阻抗圆图上沿等ρ圆分别按顺时针方向转l_1/λ_g和l_2/λ_g的值后，所得值即为微波功率晶体管输入/输出阻抗。

从上述过程可以看出，微波功率晶体管动态阻抗测试问题可归结为无源二端网络输入阻抗的测试。测试输入阻抗时，在图 3.9（a）中，“1”端左边所有部分为被测网络，此时信号源不工作；测试输出阻抗时，“2”端右边所有部分为被测网络。两种情况下，测得的阻抗是复数阻抗，取共轭值，便是在测试频率上、一定工作状态下，达到额定输出功率时的微波功率晶体管动态输入/输出阻抗。

3.3.2 阻抗匹配方法

微波功率晶体管放大器通常采用的设计方法主要有两种：输入/输出阻抗共轭匹配法和大信号 S 参数法，有时也需要采用负载牵引法。

阻抗匹配方法既包含输入/输出阻抗的复数共轭匹配，也包含输入/输出阻抗与传输线的实数特性阻抗匹配。阻抗匹配网络的设计是用阻抗匹配方法设计微波功率晶体管放大器的核心部分。以下依次叙述阻抗匹配的不同方法。

1. 串联阻抗（或并联导纳）匹配法

串联阻抗匹配法是把微波功率晶体管在中心频率下测得的输入/输出阻抗看成电阻和电抗的串联等效电路，对它进行共轭匹配。微波功率晶体管输入/输出阻抗可分别表示为

$$Z_{\text{in}} = R_{\text{in}} + \text{j}X_{\text{in}}\,,\quad Z_{\text{out}} = R_{\text{out}} - \text{j}X_{\text{out}} \tag{3.26}$$

设计输入/输出匹配电路时，首先在图 3.10 所示的阻抗圆图上找出归一化输入/输出阻抗值（一般为对源阻抗 50Ω 和负载阻抗 50Ω 归一化）所对应的点 P 和共轭点 Q 的位置，然后沿着等 ρ 圆（等驻波系数圆）分别向信源方向（顺时针）和负载方向（逆时针），转到与 R=1 的等电阻圆（单位电阻圆）相交于 A 点和 B 点的位置。所转过的距离 l_1 、l_2 用一段归一化基准阻抗微带线（50Ω）来实现，再串联接入圆图上 A、B 点的电抗值所代表的电抗元件，就达到了共轭匹配。为了便于实验调试和弥补微波功率晶体管参数的离散性和不准确性，希望串入的电抗元件是一个可调电容，一般在沿等驻波系数圆旋转时，使 A 点落到阻抗圆的右半边，B 点落到阻抗圆的左半边。

并联导纳匹配法是把微波功率晶体管在中心频率上测得的输入/输出导纳看成一个电导和一个电纳的并联等效电路，对它进行共轭匹配。根据微波功率晶体管的输入/输出阻抗 Z_{in} 和 Z_{out} ，在阻抗圆图上转换成相应的输入/输出导纳，即

$$Y_{\text{in}} = G_{\text{in}} - \text{j}B_{\text{in}}\,,\quad Y_{\text{out}} = G_{\text{out}} + \text{j}B_{\text{out}} \tag{3.27}$$

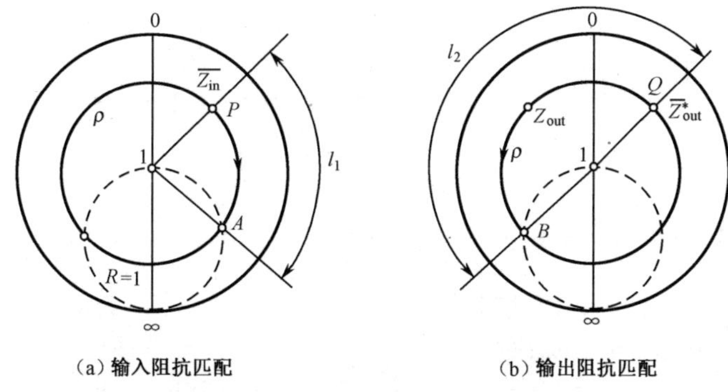

(a) 输入阻抗匹配　　(b) 输出阻抗匹配

图 3.10　用阻抗圆图进行阻抗匹配

在设计匹配电路时，在阻抗圆图上的 $\bar{Z}_{in}$ 、$\bar{Z}_{out}$ 只要沿等 ρ 圆转 180°，就是对应导纳圆图上的输入/输出归一化导纳。这就可以进行匹配电路设计，其方法与上面相似。只是并接的电纳元件可以使用微调电容器，也可以使用长度小于 $\lambda_g/4$ 的开路分支线。

应该说明：一个串联阻抗完全可用一个并联导纳来等效，上述两种匹配方法是相似的，在阻抗圆图上，阻抗和导纳的相互转换极其简单，也就是圆图上与圆图中心对称的两点所代表的值。串联网络的阻抗和并联网络的导纳的等效变换如图 3.11 所示，亦可由下述公式来转换。

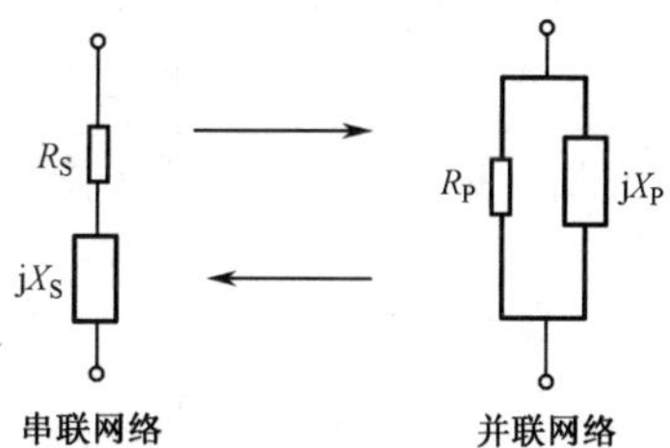

图 3.11　串联网络的阻抗和并联网络的导纳的等效变换

串联网络变为并联网络的恒等式为

$$\frac{1}{R_S + jX_S} = \frac{1}{R_P} + \frac{1}{jX_P} = \frac{1}{R_P} - j\frac{1}{X_P} \tag{3.28}$$

将式(3.28)左边的分子和分母同乘以分母的共轭复数，且令等式两边的实部和虚部分别相等，可得到

$$\begin{cases} R_P = \dfrac{R_S^2 + X_S^2}{R_S} \\ X_P = \dfrac{R_S^2 + X_S^2}{X_S} \end{cases} \tag{3.29}$$

反之，把并联网络变为等效串联网络时，可得到

$$
\begin{cases}
R_{\mathrm{S}}=\dfrac{R_{\mathrm{P}}X_{\mathrm{P}}^{2}}{R_{\mathrm{P}}^{2}+X_{\mathrm{P}}^{2}}\\[2ex]
X_{\mathrm{S}}=\dfrac{X_{\mathrm{P}}R_{\mathrm{P}}^{2}}{R_{\mathrm{P}}^{2}+X_{\mathrm{P}}^{2}}
\end{cases}
\tag{3.30}
$$

2. 1/4 波长微带线加电抗调配线匹配法

现在以图 3.12 为例说明此方法，若微波功率晶体管输入/输出阻抗为

$$
\begin{cases}
Z_{\text{in}}=R_{\text{in}}+\mathrm{j}X_{\text{in}}\\
Z_{\text{out}}=R_{\text{out}}-\mathrm{j}X_{\text{out}}
\end{cases}
\quad 其导纳为
\begin{cases}
Y_{\text{in}}=G_{\text{in}}-\mathrm{j}B_{\text{in}}\\
Y_{\text{out}}=G_{\text{out}}+\mathrm{j}B_{\text{out}}
\end{cases}
$$

在图 3.12 中，输入/输出电路用一段 1/4 波长微带线作为匹配电路，但是 1/4 波长微带线只能匹配微波功率晶体管复数导纳（复数阻抗）的实数部分，电抗部分还需用电抗调配线 C_1 和 L_1（l_1 和 l_2）来抵消晶体管复数导纳（复数阻抗）的虚数部分，C_1 和 L_1 的值可由导纳的电纳分量来计算，且可用短节微带线来实现。在图 3.12（a）中，C_1 可用微调电容来实施，L_1 用一节微带线来实现。在图 3.12（b）中，输入/输出阻抗的感抗和容抗部分，分别由微带线 l_1、l_2 来抵消，短线 l_1 在 A 点获得阻抗实部值，作为 1/4 波长变换的起点。短线 l_2 的感抗抵消了容抗，由短线 B 点可得出阻抗实部值，也是 1/4 波长的变换起点，其尺寸可由阻抗圆图求得，如图 3.13 所示。

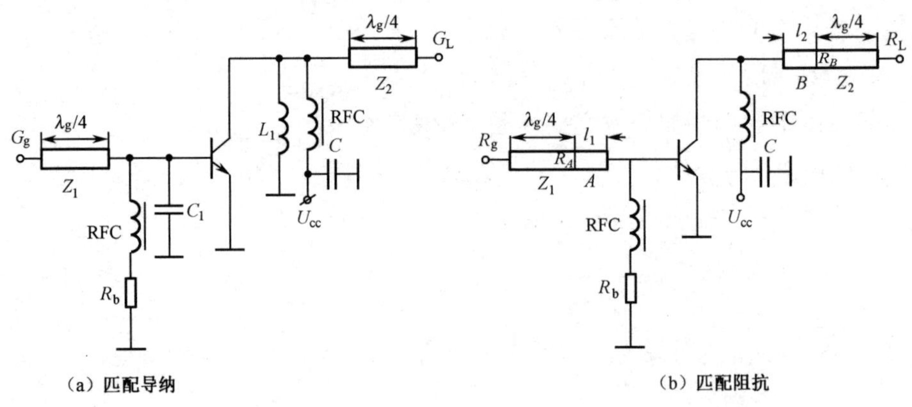

图 3.12　1/4 波长微带线加电抗调配线匹配法

设圆图中 A、B 点对应实数阻抗（反归一化后）R_A 和 R_B，则图 3.12（b）中的 $Z_1=\sqrt{R_A R_{\mathrm{g}}}$，$Z_2=\sqrt{R_{\mathrm{L}} R_B}$ 可用微带线特性阻抗表查得上述阻抗所对应的微带线宽高比 ω/h 的值及有效介电常数 ε_{e}，从而可确定其实际尺寸。

应该指出，这种匹配方法中的微带线长度若超过 1/4 波长，当工作频率较低时，其尺寸将很大，因此此方法适用于较高的微波频段。

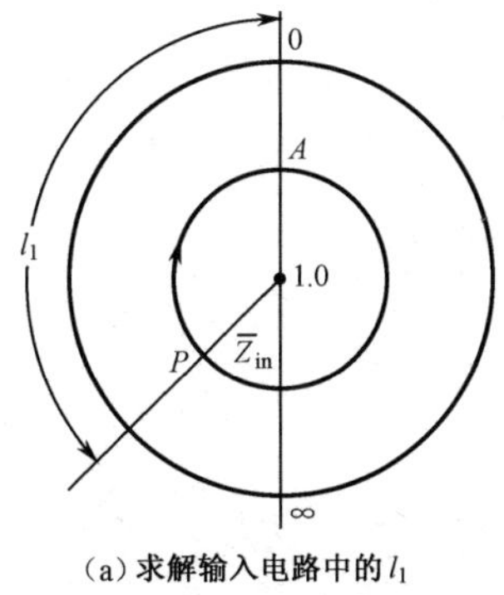

(a) 求解输入电路中的 l_1

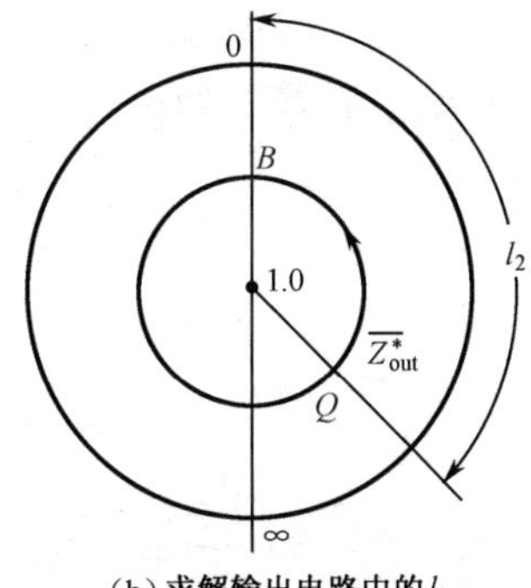

(b) 求解输出电路中的 l_2

图 3.13　用阻抗圆图求解调配线长度

3. 1/8 波长微带线阻抗匹配法

人们知道，只要适当选择微带线的特性阻抗值，1/8 波长微带线可将任一复数阻抗变为一纯电阻，如图 3.14 所示。设 1/8 波长微带线特性阻抗为 Z_{01}。终端负载阻抗为 $Z_L = |Z_L|(\cos\theta_L + j\sin\theta_L)$，则其输入阻抗为

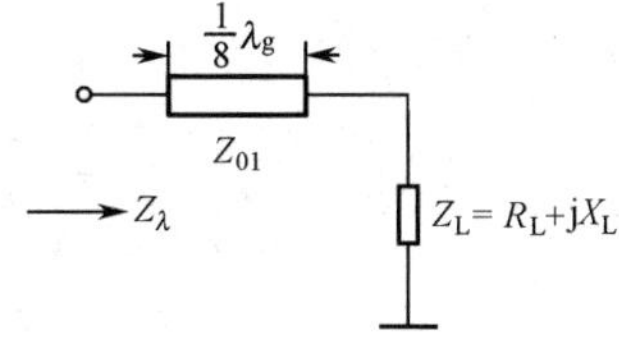

图 3.14　1/8 波长线阻抗变换器

$$Z_\lambda = Z_{01}\frac{Z_L + jZ_{01}\tan\beta l}{Z_{01} + jZ_L\tan\beta l} = Z_{01}\frac{|Z_L|(\cos\theta_L + j\sin\theta_L) + jZ_{01}\tan\dfrac{\pi}{4}}{Z_{01} + j|Z_L|(\cos\theta_L + j\sin\theta_L) + \tan\dfrac{\pi}{4}}$$

$$= Z_{01}\frac{\dfrac{|Z_L|}{Z_{01}}\cos\theta_L + j\left(\dfrac{|Z_L|}{Z_{01}}\sin\theta_L + 1\right)}{\left(1 - \dfrac{|Z_L|}{Z_{01}}\sin\theta_L\right) + j\dfrac{|Z_L|}{Z_{01}}\cos\theta_L} \tag{3.31}$$

若令

$$Z_{01} = |Z_L| = \sqrt{R_L^2 + X_L^2} \tag{3.32}$$

则式（3.31）为

$$Z_\lambda = Z_{01}\frac{\cos\theta_L + j(\sin\theta_L + 1)}{(1 - \sin\theta_L) + j\cos\theta_L} \tag{3.33}$$

把式（3.33）右边的分子和分母同乘以分母的共轭复数并化简得

$$Z_\lambda = Z_{01}\frac{\cos\theta_L}{1 - \sin\theta_L} = |Z_L|\frac{\cos\theta_L}{1 - \sin\theta_L} = \frac{R_L}{1 - \dfrac{X_L}{|Z_L|}} \tag{3.34}$$

式（3.34）表示一纯电阻，也就是说只要满足式（3.32）的条件，1/8 波长微带线

就能将任一复数阻抗转换成一纯电阻。同时，若式（3.32）成立，则1/8波长微带线的负载终端的反射系数的模将为最小值。因为

$$\varGamma_{\mathrm{L}}=\frac{Z_{\mathrm{L}}-Z_{01}}{Z_{\mathrm{L}}+Z_{01}}=\frac{\left(R_{\mathrm{L}}-Z_{01}\right)+\mathrm{j}X_{\mathrm{L}}}{\left(R_{\mathrm{L}}+Z_{01}\right)+\mathrm{j}X_{\mathrm{L}}}$$

$$\left|\varGamma_{\mathrm{L}}\right|^{2}=\frac{\left(R_{\mathrm{L}}-Z_{01}\right)^{2}+X_{\mathrm{L}}^{2}}{\left(R_{\mathrm{L}}+Z_{01}\right)^{2}+X_{\mathrm{L}}^{2}}=\frac{\left|Z_{\mathrm{L}}\right|^{2}-2R_{\mathrm{L}}Z_{01}+Z_{01}^{2}}{\left|Z_{\mathrm{L}}\right|^{2}+2R_{\mathrm{L}}Z_{01}+Z_{01}^{2}}$$

对上式求极值，由 $\dfrac{\mathrm{d}\left|\varGamma_{\mathrm{L}}\right|^{2}}{\mathrm{d}Z_{01}}=0$ 可求得 $Z_{01}=\left|Z_{\mathrm{L}}\right|$，即为式（3.32）。通过再求二次微分可得出上述极限为最小值。这样就可避免整个匹配系统出现大的驻波比。

1/8 波长微带线只是将晶体管复数阻抗转换成实数电阻，而没有等于信号源内阻（信内阻）R_{g} 或负载电阻 R_{L}，因此还要用一段1/4波长阻抗变换线使之等于 R_{g} 或 R_{L}。图3.15给出了这种转换关系。

在图3.15（a）中，$Z_{01}=\left|Z_{\mathrm{L}}\right|$，而1/4波长变换器的特性阻抗为

$$Z_{02}=\sqrt{Z_{0}\frac{R_{\mathrm{L}}}{1-\dfrac{X_{\mathrm{L}}}{\left|Z_{\mathrm{L}}\right|}}} \tag{3.35}$$

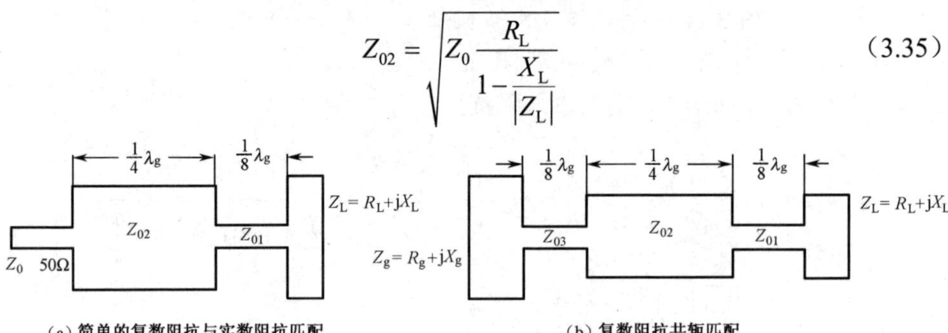

图3.15　1/8波长微带线阻抗匹配法

图3.15（b）所示为复数阻抗共轭匹配，这时只要选择 $Z_{03}=\left|Z_{\mathrm{g}}\right|$，$Z_{01}=\left|Z_{\mathrm{L}}\right|$，而 Z_{02} 按式（3.36）计算，即

$$Z_{02}=\sqrt{\frac{R_{\mathrm{g}}}{1-\dfrac{X_{\mathrm{g}}}{\left|Z_{\mathrm{g}}\right|}}\times\frac{R_{\mathrm{L}}}{1-\dfrac{X_{\mathrm{L}}}{\left|Z_{\mathrm{L}}\right|}}}=\sqrt{\frac{R_{\mathrm{L}}R_{\mathrm{g}}\left|Z_{\mathrm{L}}\right|\left|Z_{\mathrm{g}}\right|}{\left(\left|Z_{\mathrm{g}}\right|-X_{\mathrm{g}}\right)\left(\left|Z_{\mathrm{L}}\right|-X_{\mathrm{L}}\right)}} \tag{3.36}$$

此种方法对微带功率放大器的级间匹配有一定的意义。

4. 不定长度微带线直接匹配法

不定长度微带线直接匹配法是仅用一段微带线（其特性阻抗和长度待定）将复数阻抗与实数阻抗进行匹配，或将两个复数阻抗进行共轭匹配。前者适用于输

入/输出匹配网络，后者适用于级间匹配网络。这种方法设计简单，但要满足一定条件才能实现，下面给出这些限制条件及相关公式。

如果传输线在终端接负载阻抗 Z_L，则其输入阻抗为

$$Z_\lambda = Z_0 \frac{Z_L + jZ_0 \tan \beta l}{Z_0 + jZ_L \tan \beta l} \tag{3.37}$$

式（3.37）中，Z_0 为传输线特性阻抗，$Z_L = R_L + jX_L$ 是传输线负载阻抗，l 为传输线长度，β 是传播常数，即 $\beta = \frac{2\pi}{\lambda_g}$，式（3.37）可写为

$$Z_\lambda = Z_0 \frac{R_L + j\left(X_L + Z_0 \tan \beta l\right)}{\left(Z_0 - X_L \tan \beta l\right) + jR_L \tan \beta l} \tag{3.38}$$

设法使 Z_λ 变成信号源阻抗或外部端接负载阻抗（常取 50Ω）。由于 Z_0、R_L 和 X_L 均为实数，要使 Z_λ 为实数，应令式（3.38）右边为实数（以 R_λ 来表示），当 $\frac{a+jb}{c+jd} = k$（k 为某个实常数）时，存在 $a = kc$，$b = kd$，$k = \frac{a}{c} = \frac{b}{d}$，按此特性，可写出传输线输入阻抗是纯电阻时的两个关系式为

$$R_\lambda = Z_0 \frac{R_L}{Z_0 - X_L \tan \beta l} \tag{3.39}$$

$$R_\lambda = Z_0 \frac{X_L + Z_0 \tan \beta l}{R_L \tan \beta l} \tag{3.40}$$

可以看出，要把一复数阻抗变为一纯电阻，所需的微带线长度 l 可由式（3.41）求得，即

$$l = \frac{1}{\beta} \arctan \frac{Z_0\left(R_X - R_L\right)}{R_\lambda X_L} \tag{3.41}$$

经过推导可得出该微带线的特性阻抗为

$$Z_0 = \sqrt{R_\lambda R_L} \sqrt{1 - \frac{X_L^2}{R_L\left(R_\lambda - X_L\right)}} \tag{3.42}$$

从微波实现的角度出发，Z_0 应为实数，所以用式（3.41）和式（3.42）确定的一段微带线实现微波功率晶体管输入/输出阻抗匹配时，要满足下列条件

$$\begin{cases} \dfrac{X_L^2}{R_L\left(R_\lambda - R_L\right)} < 1 \\ \sqrt{R_L^2 + X_L^2} < \sqrt{R_\lambda R_L} \end{cases} \tag{3.43}$$

式（3.43）称为不定长度微带线直接匹配法的判别式。

用一段不定长度的微带线还可实现级间匹配，使两个复数阻抗共轭匹配，如图 3.16 所示。

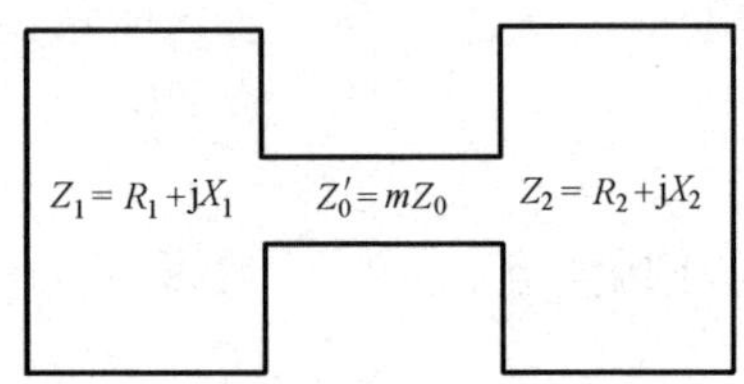

图 3.16　一段微带线使复数阻抗共轭匹配

若待匹配的阻抗分别为 $Z_1 = R_1 + jX_1$， $Z_2 = R_2 + jX_2$，则设匹配变换段特性阻抗 $Z_0' = mZ_0$。这里 Z_0 是考虑了制造工艺等因素后选定的阻抗值。待匹配的阻抗应以 Z_0 归一化，即

$$\overline{Z}_1 = \frac{Z_1}{Z_0} = r_1 + jx_1, \qquad \overline{Z}_2 = \frac{Z_2}{Z_0} = r_2 + jx_2$$

若它们满足下列条件之一：

（1） $r_2 > r_1$， $g_1 = \dfrac{r_1}{r_1^2 + x_1^2} > g_2 = \dfrac{r_2}{r_2^2 + x_2^2}$；

（2） $r_2 < r_1$， $g_1 = \dfrac{r_1}{r_1^2 + x_1^2} < g_2 = \dfrac{r_2}{r_2^2 + x_2^2}$。

则匹配变换段微带线参数 m 和 l 可利用下列公式计算，即

$$\begin{cases} m = \sqrt{\dfrac{\dfrac{1}{g_2} - \dfrac{1}{g_1}}{\dfrac{1}{r_1} - \dfrac{1}{r_2}}} \\ l = \dfrac{1}{2\beta}\left(\arctan\dfrac{-2mx_1}{m^2 - r_1^2 - x_1^2} - \arctan\dfrac{2mx_2}{m^2 - r_2^2 - x_2^2}\right) \end{cases} \tag{3.44}$$

变换段特性阻抗为

$$Z_0' = mZ_0$$

5. T 形或 Π 形网络匹配法

T 形或 Π 形网络匹配法常用于微波频率的低端（VHF 波段、P 波段、L 波段及以下波段），此时，一般选用集总参数元件和分布参数元件相结合的混合结构。这种方法既可匹配纯电阻负载，也可匹配复数阻抗负载。具体元件的设计和计算既可通过匹配网络导出的公式计算，也可通过阻抗圆图求解。

表 3.4、表 3.5 和表 3.6 分别列出了常用的几种输入/输出和级间匹配网络及其各元件的计算公式。

表 3.4　输入匹配网络及其各元件的计算公式

序号	网络形式	计算公式
1	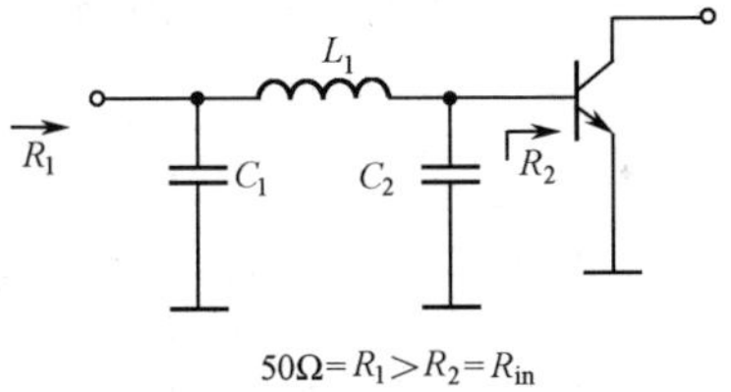 $50\Omega=R_1>R_2=R_{in}$	$X_{C_1}=R_1/Q_L$ $X_{C_2}=\dfrac{R_2}{\sqrt{\dfrac{R_2}{R_1}\left(1+Q_L^2\right)-1}}$ $X_{L_1}=\dfrac{Q_L R_1}{1+Q_L^2}\left(1+\dfrac{R_2}{Q_L X_{C_2}}\right)$
2	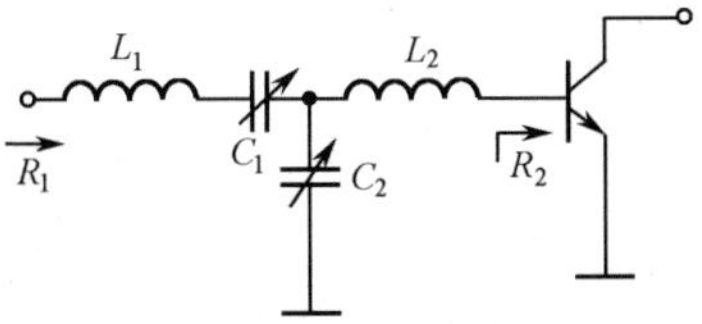 $50\Omega=R_1>R_2=R_{in}$	$X_{L_1}=Q_L R_1$ $X_{L_2}=\dfrac{R_2}{Q_L}\sqrt{\dfrac{R_1\left(1+Q_L^2\right)-1}{R_2}}$ $X_{C_1}=\dfrac{R_1\left(1+Q_L^2\right)}{Q_L}\left[1-\sqrt{\dfrac{R_2}{R_1\left(1+Q_L^2\right)}}\right]$ $X_{C_2}=\dfrac{R_1}{Q_L}\sqrt{\dfrac{R_2\left(1+Q_L^2\right)}{R_1}}$
3	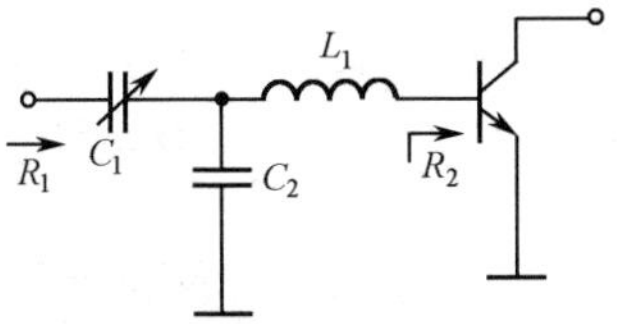 $50\Omega=R_1>R_2=R_{in}$	$X_{L_1}=Q_L R_2$ $X_{C_1}=R_1\sqrt{\dfrac{R_2\left(1+Q_L^2\right)}{R_1}-1}$ $X_{C_2}=\dfrac{R_2\left(1+Q_L^2\right)}{Q_L}\times\dfrac{1}{1-\dfrac{X_{C_1}}{Q_L R_1}}$

表 3.5　输出匹配网络及其各元件的计算公式

序号	网络形式	计算公式
1	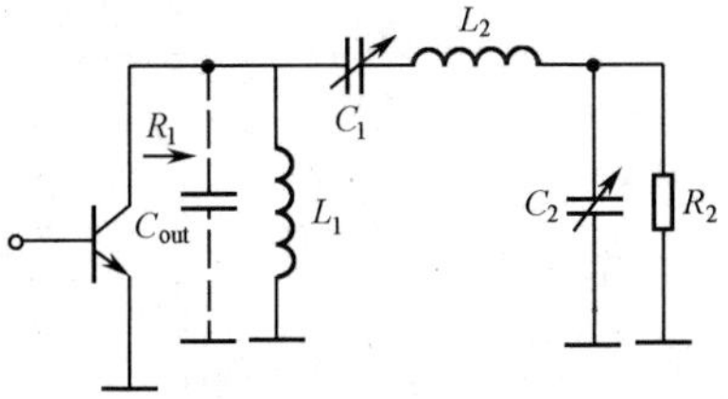 $R_1<R_2=R_L=50\Omega$	$X_{C_1}=Q_L R_1$ $X_{L_1}=\dfrac{Q_L R_1}{\dfrac{Q_L R_1}{X_{C_{out}}}+1}$ $X_{C_2}=\dfrac{R_2}{\sqrt{\dfrac{R_2\left(1+Q_L^2\right)}{R_1 Q_L^2}-1}}$ $X_{L_2}=Q_L R_1\left(1+\dfrac{R_2}{Q_L X_{C_2}}\right)$

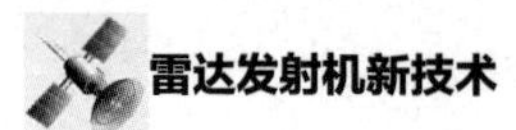

续表

序号	网络形式	计算公式
2	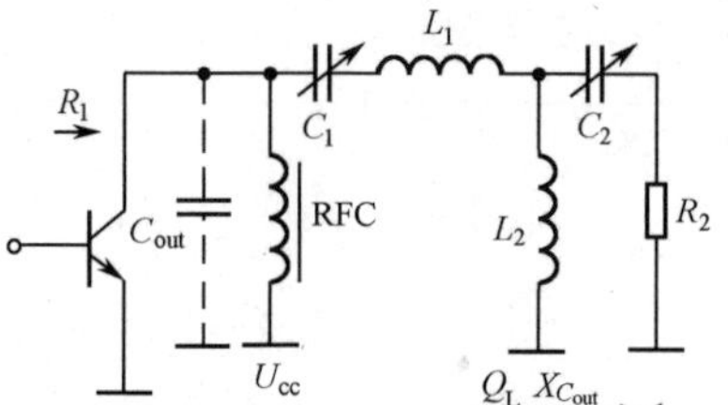 $R_2=R_L=50\Omega$ $\quad \frac{Q_L X_{C_{out}}}{\sqrt{R_1R_2}}>1$	$X_{L_1}=\frac{Q_L X_{C_{out}}^2}{R_1}\left(1-\frac{\sqrt{R_1R_2}}{Q_L X_{C_{out}}}\right)$ $X_{C_1}=\frac{Q_L X_{C_{out}}^2}{R_1}\left(1-\frac{R_1}{Q_L X_{C_{out}}}\right)$ $X_{L_2}=X_{C_{out}}\sqrt{\frac{R_2}{R_1}}$ $X_{C_2}=\frac{R_2}{Q_L}\left(\frac{Q_L X_{C_{out}}}{\sqrt{R_1R_2}}-1\right)$
3	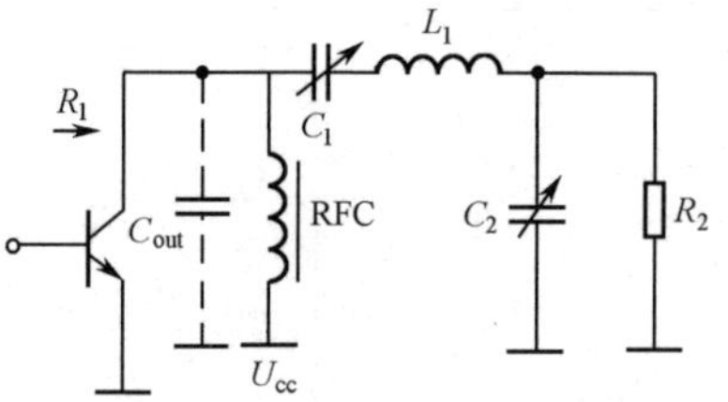 $R_1R_2>X_{C_{out}}^2$ $\quad R_1<Q_L X_{C_{out}}$	$X_{C_1}=\frac{Q_L X_{C_{out}}^2}{R_1}\left(1-\frac{R_1}{Q_L X_{C_{out}}}\right)$ $X_{C_2}=\frac{R_2}{\sqrt{\frac{R_1R_2}{X_{C_{out}}^2}\times\frac{1+Q_L^2}{Q_L^2}-1}}$ $X_{L_1}=\frac{X_{C_{out}}^2}{R_1}\times\frac{Q_L^2}{1+Q_L^2}\left(Q_L+\frac{R_2}{X_{C_2}}\right)$

表 3.6　级间匹配网络及其各元件的计算公式

序号	网络形式	计算公式
1	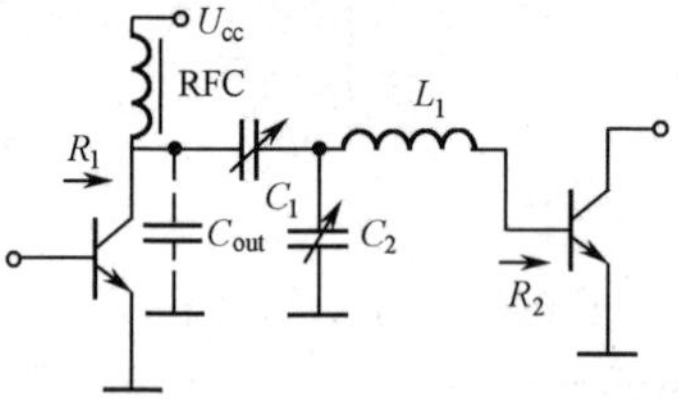 $X_{L_1}\gg X_{C_1}$ $\quad R_1>R_2=R_{in}$	$X_{L_1}=Q_LR_2=Q_Lr_{bb}$ $X_{C_1}=X_{C_{out}}\sqrt{\frac{R_2(1+Q_L^2)}{R_1}-1}$ $X_{C_2}=\frac{R_2(1+Q_L^2)}{Q_L}\times\frac{1}{1-\sqrt{\frac{R_1R_2(1+Q_L^2)}{X_{C_{out}}^2Q_L^2}}}$
2	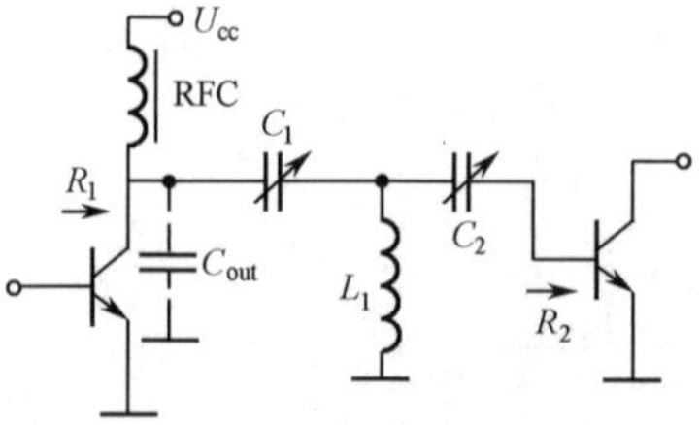 $X_{C_2}\gg X_{C_1}$ $\quad R_1>R_2=R_{in}$	$X_{L_1}=\frac{R_2(1+Q_L^2)}{Q_L}\times\frac{1}{1+\sqrt{\frac{R_1R_2(1+Q_L^2)}{X_{C_{out}}^2Q_L^2}}}$ $X_{C_1}=X_{C_{out}}\sqrt{\frac{R_2(1+Q_L^2)}{R_1}-1}$ $X_{C_2}=Q_LR_2=Q_Lr_{bb}$

续表

序号	网 络 形 式	计 算 公 式
3	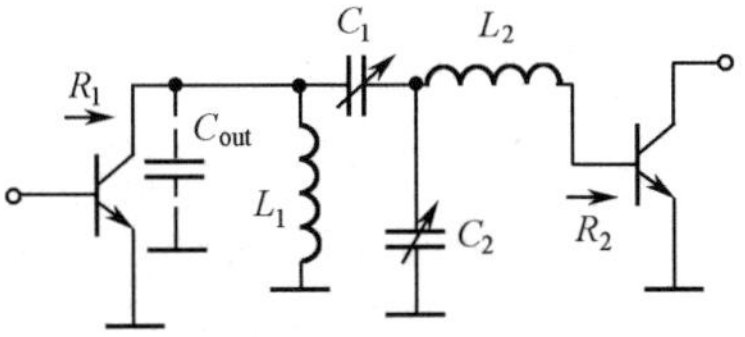 R_1 C_{out} L_1 C_1 L_2 C_2 R_2 $R_1 > R_2 = R_{in}$	$X_{L_1} = \frac{R_1}{Q_L}$ $X_{C_1} = \frac{R_1}{Q_L} \times \frac{1-\sqrt{\frac{R_2}{R_1}}}{1-\frac{R_1}{Q_L X_{C_{out}}}}$ $X_{L_2} = \frac{R_2}{Q_L} \times \frac{\sqrt{\frac{R_2}{R_1}}-1}{1-\frac{R_1}{Q_L X_{C_{out}}}}$ $X_{C_2} = \frac{R_1}{Q_L} \times \frac{\sqrt{\frac{R_2}{R_1}}}{1-\frac{R_1}{Q_L X_{C_{out}}}}$

在工作频率为几百兆赫的功率放大器中，电感元件一般用高阻微带线来实现，电容元件则常用陶瓷微调电容。应该说明的是，表中 Q_L 值一般取值范围在 2～6 之间。

6. 多节并联导纳匹配法

在阻抗匹配的并联导纳法中，其所达到的阻抗匹配，仅限于在工作频率附近能达到的较好匹配，若工作频率改变，微波功率晶体管输入/输出阻抗（或导纳）都会产生相应变化。因此，要保持在较宽的工作频带内具有良好的共轭匹配，就要采用多节并联导纳匹配法。其过程是将微波功率晶体管在不同工作频率上测得的导纳值描在导纳圆图上，按频率顺序由低至高，将导纳值连成一条曲线。设计时，据此曲线选用多个并联电纳，从不同位置接入，以实现在较宽频带内的共轭匹配。

假设并联电纳的接入点离微波功率晶体管的距离为 l，那么在不同工作频率时，微波功率晶体管导纳值沿各自等驻波系数圆转到并联电纳接入点所旋转的波长数 l/λ_g 是不同的，$l/\lambda_{g长} < l/\lambda_{g短}$。即在整个工作频带内，高于中心频率的各点导纳值比低于中心频率的各点导纳值沿各自的等驻波系数圆移动 l 距离所走过的波长数大。这样，从微带线上的一点转换到另一点，其导纳值随波长的变化轨迹与原来的不同。这表明，在整个工作频带内微波功率晶体管导纳值变化的轨迹曲线，在接入一段微带线之后，在频带的高端和低端得到不同的拉伸或压缩，由此可使导纳值曲线变换到靠圆图的中心，接近于匹配点，从而达到宽带匹配的目的。下面举例说明。

设微波功率晶体管的导纳曲线如图 3.17（a）所示，在中心频率点导纳值为 M，高频端导纳值为 S，低频端导纳值为 L。从弧线 LMS 可以看出，若先接入微带线，让导纳曲线直接转向信号源方向，则 L 点更落后于 S 点，起不了压缩作用。因此，可在微波功率晶体管的输入端（或输出端）并接一个容性电纳，使导纳曲线沿等电导圆往右移动，当弧线 LMS 从 A 区转到 B 区时，频带内高、低端导纳值相对变化不同，如图 3.17（a）所示。这时再使 L、M 和 S 各点沿各自的等驻波系数圆向信号源方向移动到电导的单位圆附近。然后，并接一个感性电纳，就可将导纳值曲线移到圆图的 1+j0 点附近达到匹配。图 3.17（b）中所标数据可从圆图中读出。

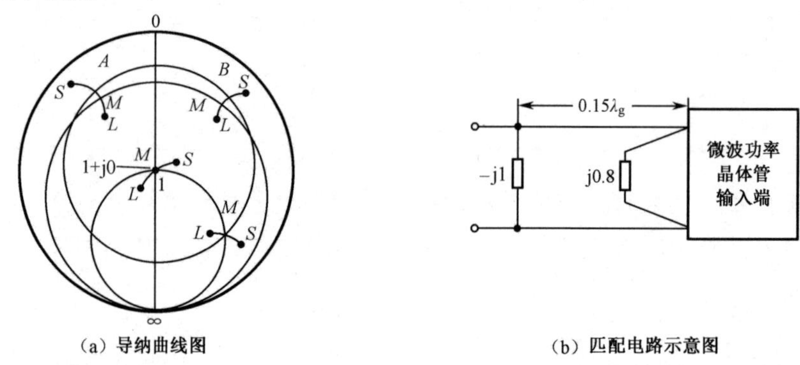

（a）导纳曲线图　　（b）匹配电路示意图

图 3.17　多节并联导纳匹配法示意图

7. 微带渐变线匹配法

以多节并联导纳匹配法设计阻抗匹配网络比较简单，但所需尺寸较大，尤其是在微波频率低端，线长有时难以实现；而微带渐变线匹配法恰好适合于微波频率低端。常用的微带渐变线为指数渐变线，其具有频带宽、尺寸小等优点。

如图 3.18 所示，当微带指数渐变线端接任意阻抗 Z_S，且微带指数渐变线匹配长度小于 $\lambda_g/4$ 时，任意一点 x 处的输入阻抗 $Z_{in}(x)$ 为

$$Z_{in}(x)=Z_{C_2}e^{-\delta x}\times\frac{\sqrt{1-\left(\frac{\delta}{2\beta}\right)^2}+j\left(\frac{Z_{C_2}}{Z_S}-j\frac{\delta}{2\beta}\right)\tan\beta' x}{\frac{Z_{C_2}}{Z_S}\sqrt{1-\left(\frac{\delta}{2\beta}\right)^2}+j\left(1+j\frac{Z_{C_2}}{Z_S}\times\frac{\delta}{2\beta}\right)\tan\beta' x}\tag{3.45}$$

式（3.45）中，$\beta'=\beta\sqrt{1-\left(\frac{\delta}{2\beta}\right)^2}$ 为微带指数渐变线相移常数，$\beta=\sqrt{\varepsilon_e}\beta_0$ 为均匀微带指数渐变线相移常数，$\beta_0=\frac{2\pi}{\lambda_0}$ 为自由空间相移常数，λ_0 为自由空间波长；

ε_e 为微带指数渐变线有效介电常数；Z_{C_2} 为微带指数渐变线高阻端的特性阻抗；δ 为表征微带指数渐变线宽度变化率的常数，称为锥度；Z_S 为微带指数渐变线端接阻抗。

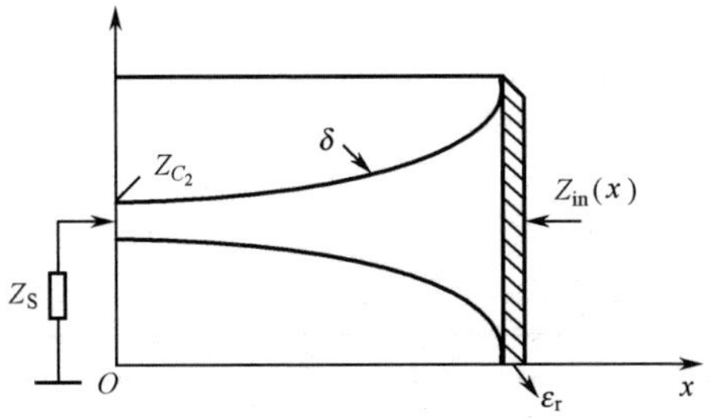

图 3.18　微带指数渐变线

当衬底的相对介电常数 ε_r＜2 时，有效介电常数 ε_e 为

$$\varepsilon_e = \frac{\varepsilon_r+1}{2}+\frac{\varepsilon_r-1}{2}\left[1+\frac{12}{\frac{2}{\pi}\left(\frac{60\pi^2}{\sqrt{\varepsilon_r}Z_C}-1\right)+\frac{2}{\pi}\ln\left(\frac{120\pi^2}{\sqrt{\varepsilon_r}Z_C}-1\right)+\frac{\varepsilon_r-1}{\varepsilon_r\pi}\ln\left(\frac{60\pi}{\sqrt{\varepsilon_r}Z_C}-1\right)}\right] \tag{3.46}$$

式（3.46）中，$Z_C = Z_{C_2}e^{-\delta x}$ 为微带指数渐变线特性阻抗。

当微带指数渐变线作为阻抗匹配电路时，一般它的高阻端接信号源或负载电阻，这时 $Z_S = Z_{C_2}$，这样式（3.45）可以简化为

$$Z_{in}(x) = Z_{C_2}e^{-\delta x}\times\frac{\left[1-\left(\frac{\delta}{2\beta}\right)^2\right]\left(1+\tan^2\beta' x\right)}{\left[\sqrt{1-\left(\frac{\delta}{2\beta}\right)^2}-\frac{\delta}{2\beta}\tan\beta' x\right]^2+\tan^2\beta' x}-jZ_{C_2}e^{-\delta x}\times \tag{3.47}$$

$$\frac{2\frac{\delta}{2\beta}\tan^2\beta' x}{\left[\sqrt{1-\left(\frac{\delta}{2\beta}\right)^2}-\frac{\delta}{2\beta}\tan\beta' x\right]^2+\tan^2\beta' x}$$

从此式可以看出，微带指数渐变线输入阻抗呈容性，它与频率、相对介电常数 ε_r、锥度 δ 和距离 x 相关。当微波功率晶体管输入阻抗呈感性，且感抗不很大时，可选用锥度合适的微带指数渐变线直接达到共轭匹配，这是一个较理想的宽带匹配电路。一般来说，微带指数渐变线容抗不大，如果微波功率晶体管输入感抗较大时，要串联一个小电容或在微带指数渐变线高阻端并联一个开路来实现共轭匹配。

8. 1/4 波长多阶梯阻抗变换器匹配法

1/4 波长多阶梯阻抗变换器的工作带宽，在原理上随着阶梯数目 n 的增大而加宽。这种方法用在 L 波段以上的功率放大器中很有实用价值。图 3.19 给出了 1/4 波长多阶梯阻抗变换器的原理结构。

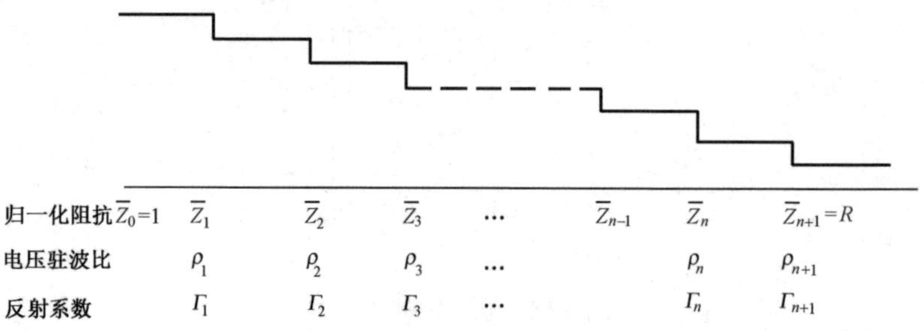

图 3.19　1/4 波长多阶梯阻抗变换器的原理结构

在图 3.19 中，$\rho_i=\dfrac{Z_i}{Z_{i-1}}$ 为阻抗跳变或接头电压驻波比，$\Gamma_i=\dfrac{\rho_i-1}{\rho_i+1}$ 为截面的固有反射系数。

$$R=\rho_1\rho_2\cdots\rho_n\rho_{n+1}=\frac{Z_n+1}{Z_0} \tag{3.48}$$

式（3.48）为阻抗变换比。

现在以二阶梯阻抗变换器为例，分析其工作原理。如图 3.20 所示，其特性阻抗为 Z_1、Z_2；长度 $l=\dfrac{1}{4}\lambda_{g_0}$；电长度 $\theta=\dfrac{2\pi l}{\lambda_g}=\dfrac{\pi}{2}\times\dfrac{\lambda_{g_0}}{\lambda_g}$；$Z_0$、$Z_L$ 为微带线外接阻抗，$Z_0<Z_1<Z_2<Z_L$。T_0、T_1 和 T_2 为参考面，电压反射系数分别为

$$\Gamma_0=\frac{Z_1-Z_0}{Z_1+Z_0},\qquad \Gamma_1=\frac{Z_2-Z_1}{Z_2+Z_1},\qquad \Gamma_2=\frac{Z_L-Z_2}{Z_L+Z_2}$$

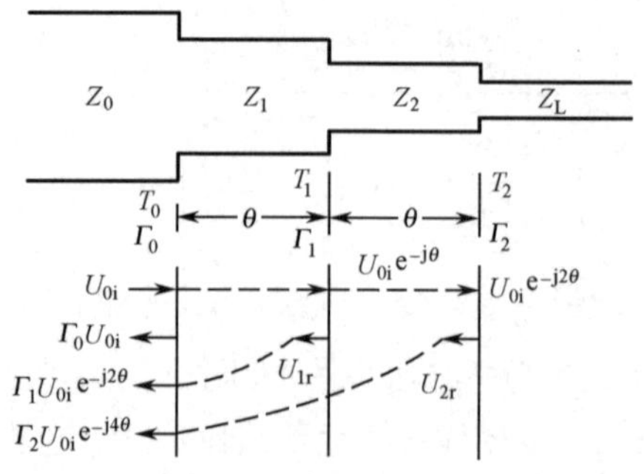

图 3.20　二阶梯阻抗变换器及反射波电压值

若没有阻抗变换器，T_0、T_2 参考面连接在一起时的电压反射系数为 $\Gamma'=\dfrac{Z_L-Z_0}{Z_L+Z_0}$。

可证明前面的反射系数 Γ_0、Γ_1 和 Γ_2 都小于 Γ'，所以称下面的分析为"小反射的一阶理论"。

假设 T_0 参考面输入一电压 U_{0i}，经 T_1 参考面传到 T_2 参考面，产生三个反射波电压 U_{0r}、U_{1r} 和 U_{2r}。假设这些反射波电压都很小，同时 T_1 和 T_2 参考面入射波电压幅度可认为与 T_0 参考面的入射波电压 U_{0i} 的幅度相等，只是相位分别滞后了 θ 和 2θ，所以 T_1 参考面入射波电压为 $U_{0i}e^{-j\theta}$；而反射波电压为 $\Gamma_1U_{0i}e^{-j\theta}$，它传到 T_0 参考面后相位又滞后了 θ，成为 $\Gamma_1U_{0i}e^{-j2\theta}$。$T_2$ 参考面的入射波电压为 $U_{0i}e^{-j2\theta}$，产生反射波电压为 $\Gamma_2U_{0i}e^{-j2\theta}$，当它传到 T_0 参考面时，相位滞后 2θ，成为 $\Gamma_2U_{0i}e^{-j4\theta}$。所以，若略去参考面之间的连续反射，$T_0$ 参考面上从右向左的反射波电压之和为

$$\Gamma_0U_{0i}+\Gamma_1U_{0i}e^{-j2\theta}+\Gamma_2U_{0i}e^{-j4\theta}$$

依此类推，有几个阶梯变换器，那么 T_0 参考面上反射波电压之和为

$$\Gamma_0U_{0i}+\Gamma_1U_{0i}e^{-j2\theta}+\Gamma_2U_{0i}e^{-j4\theta}+\cdots+\Gamma_nU_{0i}e^{-j2n\theta} \tag{3.49}$$

式（3.49）中

$$\Gamma_n=\frac{Z_L-Z_n}{Z_L+Z_n}$$

由式（3.49）可得出 n 节阶梯变换器在 T_0 参考面上的电压反射系数为

$$\Gamma=\Gamma_0+\Gamma_1e^{-j2\theta}+\Gamma_2e^{-j4\theta}+\cdots+\Gamma_ne^{-j2n\theta} \tag{3.50}$$

若阶梯变换器各参考面的电压反射系数按下式选择，即

$$\Gamma_0=\Gamma_n,\quad \Gamma_1=\Gamma_{n-1},\quad \Gamma_2=\Gamma_{n-2},\ \cdots$$

则式（3.50）可写成

$$\begin{aligned}\Gamma&=\left(\Gamma_0+\Gamma_0e^{-j2\theta}\right)+\left(\Gamma_1e^{-j2\theta}+\Gamma_1e^{-j2(n-1)\theta}\right)+\left(\Gamma_2e^{-j4\theta}+\Gamma_2e^{-j2(n+2)\theta}\right)+\cdots\\&=e^{-jn\theta}\left[\Gamma_0\left(e^{jn\theta}+e^{-jn\theta}\right)+\Gamma_1\left(e^{j(n-2)\theta}+e^{-j(n-2)\theta}\right)+\Gamma_2\left(e^{j(n-4)\theta}+e^{-j(n-4)\theta}\right)+\cdots\right]\\&=2e^{-jn\theta}\left[\Gamma_0\cos n\theta+\Gamma_1\cos(n-2)\theta+\Gamma_2\cos(n-4)\theta+\cdots\right]\end{aligned} \tag{3.51}$$

上面运算中应用了尤拉公式，即 $\cos\theta=\dfrac{e^{j\theta}+e^{-j\theta}}{2}$。对 Γ 取模，得

$$|\Gamma|=2\left|\Gamma_0\cos n\theta+\Gamma_1\cos(n-2)\theta+\Gamma_2\cos(n-4)\theta+\cdots\right| \tag{3.52}$$

式（3.52）表明，当 $\Gamma_0,\Gamma_1,\Gamma_2,\cdots$ 各值给定后，可以有多个 θ 使 $|\Gamma|=0$，又因 θ 与 $1/\lambda_g$ 或频率成正比，所以与 $|\Gamma|=0$ 对应的频率也有多个值，这就意味着将工

作频带展宽了。从上述的分析可以看出，多阶梯阻抗变换器的宽带特性是利用了反射波互相抵消的原理获得的。

切比雪夫型阶梯阻抗变换器的频率特性如图 3.21 所示，图中 ρ_{max} 为工作频带内最大驻波系数，λ_{g_1} 和 λ_{g_2} 是工作频带内的边缘频率的导波波长，相应电长度为

$$\theta_1 = \frac{\pi}{2} \times \frac{\lambda_{g_0}}{\lambda_{g_1}}, \qquad \theta_2 = \frac{\pi}{2} \times \frac{\lambda_{g_0}}{\lambda_{g_2}} \tag{3.53}$$

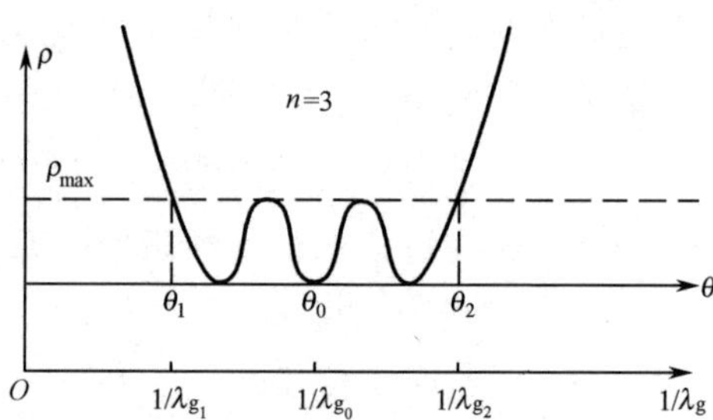

图 3.21　切比雪夫型阶梯阻抗变换器的频率特性

取 θ_1 和 θ_2 的平均值为 θ_0，即 $\theta_0 = \frac{1}{2}(\theta_1 + \theta_2)$，相应的导波波长为 λ_{g_0}（λ_{g_0} 为中心频率导波波长），则有

$$\theta_0 = \frac{\pi}{2} \times \frac{\lambda_{g_0}}{\lambda_{g_0}} = \frac{\pi}{2} \tag{3.54}$$

将 θ_1、θ_2 代入 θ_0，化简得

$$\lambda_{g_0} = \frac{2\lambda_{g_1}\lambda_{g_2}}{\lambda_{g_1} + \lambda_{g_2}} \tag{3.55}$$

可以将式（3.55）看作中心导波波长的定义式，$\theta_2 - \theta_1$ 定义为阶梯阻抗变换器的带宽。称 $\frac{\theta_2 - \theta_1}{\theta_0}$ 为相对带宽，以 W_q 表示为

$$W_q = \frac{\theta_2 - \theta_1}{\theta_0} = 2\frac{\lambda_{g_1} - \lambda_{g_2}}{\lambda_{g_1} + \lambda_{g_2}} \tag{3.56}$$

有关 1/4 波长多阶梯阻抗变换器的设计可参阅有关微波滤波器的设计手册，通过采用查数据表格的方法来设计。目前普遍采用的是计算机自动设计。这里还应指出，1/4 波长多阶梯阻抗变换器只能进行阻抗实部变换，在设计微带功率放大器时，作匹配电路阻抗的电抗分量还需用电抗元件来调配。

9. 短阶梯阻抗变换器匹配法

前面所讲 1/4 波长多阶梯阻抗变换器用于微波频率低端时（低于 1GHz），其尺寸会显得过大而不实用，为了减小尺寸，采用比 1/4 波长更短的切比雪夫阻抗变换器，即短阶梯阻抗变换器，它可使两个不同的阻抗实部实现宽带匹配。短阶梯阻抗变换器的构成如图 3.22 所示，其中每节微带线具有相同长度 l 和不同特性阻抗 Z_j。通常选择 $l=(1/16)\lambda_g$ 或 $l=(1/32)\lambda_g$。短阶梯阻抗变换器的频率特性如图 3.23 所示。该图中每个阶梯的电长度 θ 是频率的变量，而纵坐标表示该变换器的插入损耗 L_A，定义为

$$L_A = 10\lg\frac{P_A}{P_L}\ (\text{dB}) \tag{3.57}$$

式（3.57）中，P_A 为变换器从信号源获得的最大功率（称资用功率），P_L 为匹配状态下变换器输出端的负载吸收功率。

短阶梯阻抗变换器的相对带宽 W_q 和中心频率的导波波长 λ_{g_0} 分别与式（3.56）和式（3.55）相同。

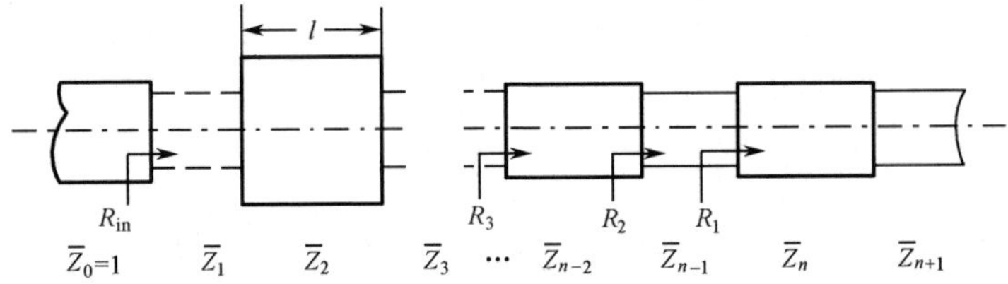

图 3.22 短阶梯阻抗变换器的构成

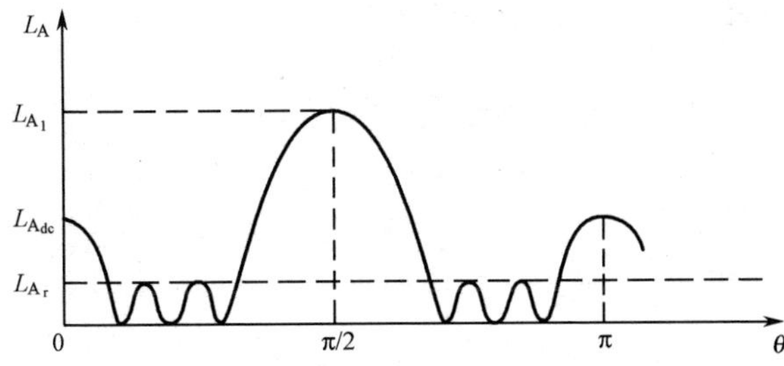

图 3.23 短阶梯阻抗变换器的频率特性

从图 3.23 中的频率特性可以看出，其衰减特性具有周期性，并且在 $\theta=\pi/2$ 时为最大。

$$L_A = 10\lg\frac{(\rho+1)^2}{4\rho} \tag{3.58}$$

式（3.58）中，ρ 为驻波系数。在 $\theta=0$ 时，即直流情况下，从式（3.48）可知，$\rho=\dfrac{Z_n+1}{Z_0}=R$（阻抗变换比），由此得出

$$L_{A_{dc}}=10\lg\frac{(R+1)^2}{4R} \tag{3.59}$$

令 $\overline{Z}_0=1$ 和 $\overline{Z}_{n+1}=R$，则从图 3.22 和图 3.23 可知，在 $\theta=\pi/2$ 时，各输入阻抗为

$$R_1=\frac{\overline{Z}_n^2}{R}$$

$$R_2=\frac{\overline{Z}_{n-1}^2}{R_1}=\frac{R\overline{Z}_{n-1}^2}{Z_n^2}$$

$$R_3=\frac{\overline{Z}_{n-2}^2}{R_2}=\frac{\overline{Z}_n^2\overline{Z}_{n-2}^2}{R\overline{Z}_{n-1}^2}$$

$$R_4=\frac{\overline{Z}_{n-3}^2}{R_3}=\frac{R\overline{Z}_{n-1}^2\overline{Z}_{n-3}^2}{\overline{Z}_n^2\overline{Z}_{n-2}^2}$$

依此类推，得到 Z_0 处的输入阻抗为

$$R_{in}=\frac{R(\overline{Z}_1\overline{Z}_3\cdots\overline{Z}_{n-1})^2}{(\overline{Z}_2\overline{Z}_4\cdots\overline{Z}_n)^2}\quad（n\text{ 为偶数}） \tag{3.60}$$

$$R_{in}=\frac{(\overline{Z}_1\overline{Z}_3\cdots\overline{Z}_n)^2}{R(\overline{Z}_2\overline{Z}_4\cdots\overline{Z}_{n-1})}\quad（n\text{ 为奇数}） \tag{3.61}$$

在短阶梯阻抗变换器中，$n=1,3,5,\cdots$ 和 $n=2,4,6,\cdots$ 的各节分别属于高、低阻抗系列，运算后，得出反射衰减值 L_{A_1} 为

$$L_{A_1}=10\lg\frac{(R_{in}+1)^2}{4R_{in}}\text{（dB）} \tag{3.62}$$

有关短阶梯变换器的设计，也可参阅有关微波滤波器设计手册。变换器电路具有反对称性，在归一化阻抗表中只给出了一半元件归一化值，另一半元件的阻抗值可通过以下公式计算得出，即

$$\overline{Z}_i\bigg|_{i=\frac{n}{2}+1\to n}=\frac{R}{Z_{n+1-i}} \tag{3.63}$$

短阶梯阻抗变换器虽然尺寸较小，但是当阻抗变换比 R 大很多时，给微带线的实现带来困难。因此，用它来作微带功率放大器匹配电路时，要谨慎选择。

10. 变阻滤波器匹配法

前面介绍的多阶梯阻抗变换器在设计过程中主要考虑通带内特性，实际上其阻带衰减特性差，对谐波抑制能力较弱；而变阻滤波器，既具有阻抗变换作用，又具有滤波特性，同时阻带衰减特性也可以控制，且结构紧凑，很适合于在各个微波频段上应用。

实际上用这种变阻滤波器作为微带功率放大器的匹配网络时，对微波功率晶体管的输入/输出阻抗中的电抗分量（如其值不大的话），可把它归入变阻滤波器的第一个或最后一个元件值。这样就省去了另加电抗调配的麻烦，使电路结构更紧凑，又省去了外加的对频率特性敏感的电抗元件，从而改善了放大器的宽带性能。目前，一般具有内匹配的晶体管，其输入匹配网络通常是以变阻滤波器原型进行设计的。

变阻滤波器的原型电路如图 3.24 所示。在最平坦型或切比雪夫型低通滤波器（n 为偶数）原型的基础上，可以根据阻抗变换比的要求，按网络综合法进行设计。

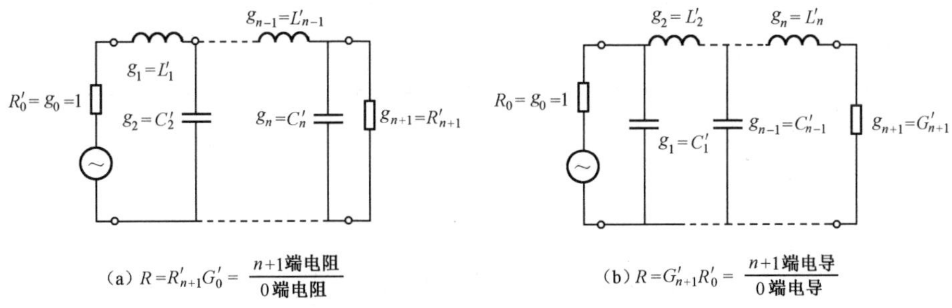

图 3.24　变阻滤波器的原型电路

图 3.24（a）所示电路适用于从低阻变换到高阻，而图 3.24（b）所示电路适用于从高阻变换到低阻。所以在设计中取变换比 $R>1$。从图 3.24 中还可以看出，对于具有 n 个电抗元件的电路，有 $n+2$ 个元件数值，所有元件值都对 g_0 进行归一化。与滤波器原型电路相似，g_0 和 g_{n+1} 是电阻还是电导，要根据其位于并联电容还是串联电感附近的情况而定。

切比雪夫变阻滤波器的频率响应特性如图 3.25 所示，它与低通原型滤波器的频率响应特性不同，尤其是在 $\omega'=0$ 附近。由于 $\omega'=0$ 时相当于直流，此时所有串联感抗为零，尤其是并联容抗为无穷大，信号源内阻和负载电阻直接相连（阻抗跳变），就会产生较大阻抗变换比 R。根据式（3.59），在 $\omega'=0$ 点时产生衰减峰值的 $L_{A_{dc}}$ 为

$$L_{A_{dc}} = 10\lg\frac{(R+1)^2}{4R}\text{(dB)} \tag{3.64}$$

$L_{A_{dc}}$ 值一般较大，使变阻低通滤波器呈现类似带通滤波器的频率响应特性（从图 3.25 可以看出，在频率低端，衰减特性受阻抗变比限制，衰减变化曲线陡度小，响应特性不对称）。在图 3.25 中，ω_1' 和 ω_2' 是在纹波电平为 L_{A_r} 时的边界频率，中心频率 ω_0' 的定义为

$$\omega_0' = \frac{1}{2}(\omega_1' + \omega_2') \tag{3.65}$$

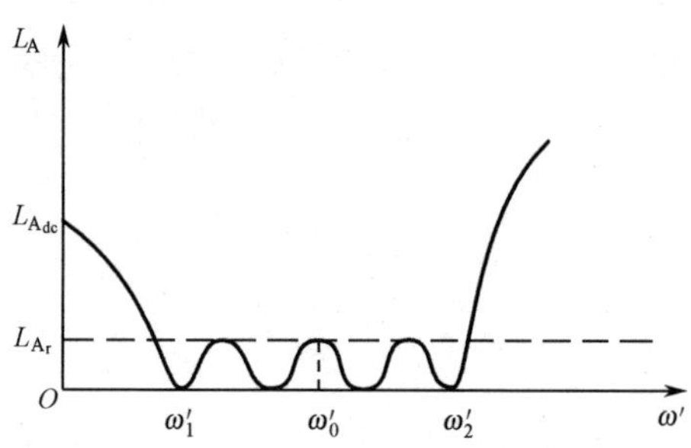

图 3.25　切比雪夫变阻滤波器的频率响应特性

通常滤波器工作频率对 ω_0' 进行归一化，即 $\omega_0'=1$，相对带宽 ω_q 同前所述。由于变阻滤波器的设计已经表格化，所以也可利用相关微波软件进行优化设计。

前面已经介绍了阻抗匹配网络设计常用的各种方法，利用上述方法设计微带功率放大器的步骤如下。

（1）确认设计要求（即确定微带功率放大器的主要技术指标）。

主要技术指标：工作频率，频率变化范围（瞬时带宽），输入激励功率，输出功率、功率增益；

微带功率放大器工作状态：连续波或脉冲运用；

脉冲运用条件：最大工作比，最大脉冲宽度，脉冲重复频率，脉冲上升时间（前沿），脉冲下降时间（后沿），脉冲顶部降落。

（2）根据微带功率放大器的主要技术指标，选择合适的微波功率晶体管，按微波功率晶体管的主要参数，确定微带功率放大器的组成。在选择微波功率晶体管时，其工作频率和频率变化范围一定要大于设计要求的工作频率和频率变化范围，这样才能保证在微带功率放大器的频带两端（高、低边频）满足技术指标要求，因为多级放大器带宽要比单级放大器带宽窄。

（3）根据所选微波功率晶体管，确定微带功率放大器直流工作电压 U_{cc} 或 U_{DS}。

（4）获取微波功率晶体管工作频率范围内的输入/输出阻抗，或微波功率晶体管的测试架阻抗（其共轭值为微波功率晶体管的输入/输出阻抗）。如果没有此数据，就需要在实际工作状态下测试微波功率晶体管的动态输入/输出阻抗。

（5）根据微波功率晶体管的输入/输出阻抗，设计微带功率放大器的输入匹配网络、级间匹配网络和输出匹配网络。

（6）设计偏置、馈电电路和考虑冷却方式。

（7）确定电路结构布局、元件排列等与结构设计相关的问题，以消除自激和振荡的隐患。

（8）进行微带功率放大器调试和性能指标测试。

在以上的各个环节中，匹配网络的设计是关键，设计的目的是在实际工作频率范围内，使微波功率晶体管的输入/输出都得到良好匹配，以最大限度地发挥微波功率晶体管的放大能力。

前面介绍的实现输入/输出阻抗共轭匹配的方法，其简单的匹配电路只能在带内中心频率附近实现共轭匹配，电路越复杂，能达到近似共轭匹配的频率范围越宽。本章所讨论的大多数阻抗匹配都是在复数阻抗与实数阻抗之间及复数阻抗之间的共轭匹配。但其中也有些方法只适用于实数阻抗（即纯电阻）之间的匹配，在此，想通过下述讨论把这些方法推广到共轭匹配的情况。图 3.26 所示为输入电抗（或电纳）抵消法，它是晶体管输入阻抗 $Z_{in} = R_{in} + jX_{in}$ 与 50Ω 的共轭匹配的例子。

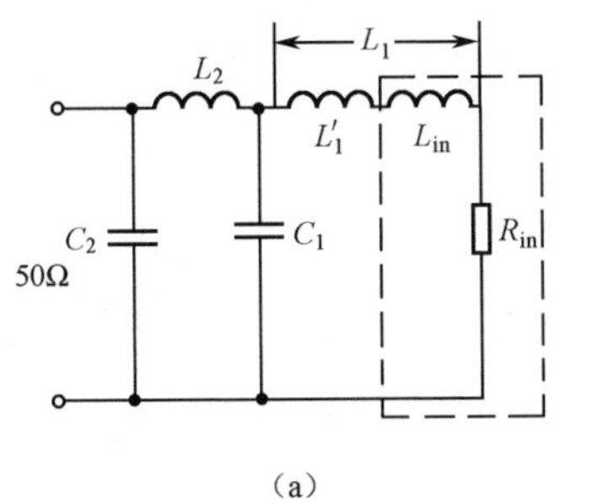

（a）

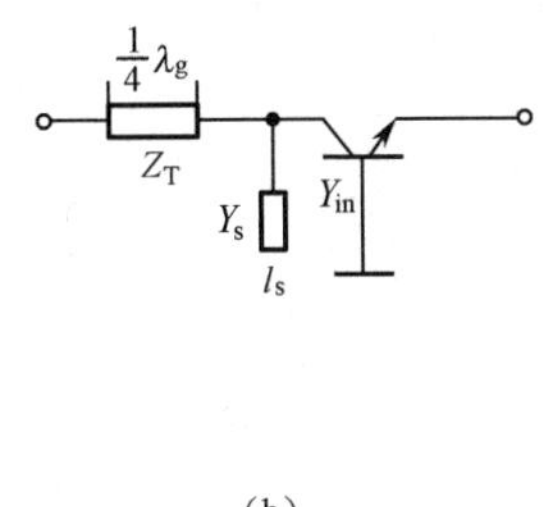

（b）

图 3.26　输入电抗（或电纳）抵消法

在图 3.26（a）中，利用四元变阻滤波器把 R_{in} 与 50Ω 阻抗进行匹配，L_{in} 作为 L_1 的一部分（$L_1 = L_1' + L_{in}$），消除了 L_{in} 对带宽产生的限制。全部设计都按变阻滤波器匹配法进行，当 $L_{in} < L_1$ 时，此设计才可行。图 3.26（b）中通过 $(1/4)\lambda_g$ 的变换段和并联电纳调配线来实现输入共轭匹配。设 $(1/4)\lambda_g$ 变换段的特性阻抗为 Z_T，则设计方程为

$$
\begin{cases}
Z_{\mathrm{T}} = \sqrt{\dfrac{50}{\mathrm{Re}\,Y_{\mathrm{in}}}} \\
Y_{\mathrm{s}} \cot \dfrac{2\pi}{\lambda_{\mathrm{g}_0}} l_{\mathrm{s}} + \mathrm{Im}\,Y_{\mathrm{in}} = 0
\end{cases}
\tag{3.66}
$$

式（3.66）中，“Re”表示复数的实部，“Im”表示复数的虚部，Y_{s}为容性（开路）短截线特性导纳，l_{s}为短截线的长度。式（3.66）中的第二个方程表示在中心频率上将Y_{in}的电纳分量调谐掉的条件。此时可以认为，Y_{in}中只有实数分量（纯电导）。当然，这种调谐是窄带的，为了展宽频带，可使容性开路短截线的电纳随频率变化的斜率与微波功率晶体管输入电纳 $\mathrm{Im}\,Y_{\mathrm{in}}$ 随频率变化的斜率构成补偿（大小相等，方向相反），这种电纳斜率补偿可用下列方程表示

$$
\left.\frac{\mathrm{d}}{\mathrm{d}\omega}\right|_{\omega_0}\left(Y_{\mathrm{s}} \cot \frac{2\pi}{\lambda_{\mathrm{g}}} l_{\mathrm{s}}\right) + \left.\frac{\mathrm{d}}{\mathrm{d}\omega}\right|_{\omega_0}(\mathrm{Im}\,Y_{\mathrm{in}}) = 0
\tag{3.67}
$$

式(3.67)中，ω_0表示中心频率，λ_{g}是开路短截线的导波波长。用此式与式(3.66)中第二个方程联合求解，就可单一地决定开路短截线参量Y_{s}和l_{s}的值。考虑到$\lambda_{\mathrm{g}} = \dfrac{v_{\mathrm{p}}}{\omega}$（这里$v_{\mathrm{p}}$是传输线的相速），对式（3.67）求导，得

$$
\left(-Y_{\mathrm{s}} \csc^2 \frac{2\pi}{\lambda_{\mathrm{g}_0}} l_{\mathrm{s}}\right)\frac{2\pi l_{\mathrm{s}}}{v_{\mathrm{p}}} + \left.\frac{\mathrm{d}}{\mathrm{d}\omega}\right|_{\omega_0}(\mathrm{Im}\,Y_{\mathrm{in}}) = 0
$$

或

$$
\frac{2\pi l_{\mathrm{s}}}{\lambda_{\mathrm{g}_0}} \times \frac{Y_{\mathrm{s}}}{\omega_0} \times \frac{1}{\sin^2 \dfrac{2\pi}{\lambda_{\mathrm{g}_0}} l_{\mathrm{s}}} + \left.\frac{\mathrm{d}}{\mathrm{d}\omega}\right|_{\omega_0}(\mathrm{Im}\,Y_{\mathrm{in}}) = 0
\tag{3.68}
$$

用式（3.66）的第二个方程去除式（3.68），得出

$$
\frac{2\pi l_{\mathrm{s}}}{\omega_0 \lambda_{\mathrm{g}_0}} \times \frac{1}{\left(\sin \dfrac{2\pi}{\lambda_{\mathrm{g}_0}} l_{\mathrm{s}}\right)\left(\cos \dfrac{2\pi}{\lambda_{\mathrm{g}_0}} l_{\mathrm{s}}\right)} = \frac{-\left.\dfrac{\mathrm{d}}{\mathrm{d}\omega}\right|_{\omega_0}(\mathrm{Im}\,Y_{\mathrm{in}})}{\mathrm{Im}\,Y_{\mathrm{in}}}
\tag{3.69}
$$

即

$$
\frac{\sin \dfrac{4\pi l_{\mathrm{s}}}{\lambda_{\mathrm{g}_0}}}{\dfrac{4\pi l_{\mathrm{s}}}{\lambda_{\mathrm{g}_0}}} = \frac{\mathrm{Im}\,Y_{\mathrm{in}}}{\omega_0 \left.\dfrac{\mathrm{d}}{\mathrm{d}\omega}\right|_{\omega_0}(\mathrm{Im}\,Y_{\mathrm{in}})}
$$

式（3.69）右边是已知的，可通过查$\dfrac{\sin x}{x}$函数表或图解表求出$\dfrac{4\pi l_{\mathrm{s}}}{\lambda_{\mathrm{g}_0}}$的数值。有了此值，再代入式（3.66）中的第二个方程即可确定Y_{s}的值；Y_{s}的值确定后，就

可计算出开路短截线的中心导波波长 λ_{g_0}，由此就可以计算出 l_s 的长度。

通过上述过程，可以在较宽的工作频带内达到微波功率晶体管输入导纳的补偿。应当指出的是，用阻抗匹配法设计宽带微波功率晶体管放大器的目的是要达到在工作频带内使微波功率晶体管输入/输出阻抗尽可能工作在共轭匹配状态，以最大限度地发挥微波功率晶体管的放大能力。这与常说的宽频带工作的含义有所不同。

用阻抗匹配法设计微带功率放大器比较简单，因为微波功率晶体管的输入/输出阻抗（或测试架阻抗）一般由生产厂家给出，若没有给出，用动态阻抗测试也不太复杂，可归结为线性无源网络输入阻抗的测试。现在微带功率放大器的设计普遍采用此方法。

随着各类微波功率晶体管放大器设计软件的不断推出，利用微波 CAD 软件优化设计微波功率晶体管放大器既方便又准确，这使微波功率晶体管放大器的设计、生产和调试技术都达到了一个新的水平。

3.4　微波功率晶体管放大器的指标要求和设计方法

在本章 3.3 节中已经系统地介绍了有关用阻抗匹配的方法设计微波功率晶体管放大器的内容，这种方法的优点是简便、明了、效果好；不足之处是无法预测微波功率晶体管放大器的稳定性，且微波功率晶体管放大器的功率增益和输出功率等重要指标没有明确的表达式，也不能指出要达到相同指标选择多种电路的可能性，而采用大信号 S 参数来设计微波功率晶体管放大器可以克服或改善这种不足。实际设计中，很难找到一种完美的设计方法，设计出万能的微波功率晶体管放大器。只能根据不同的用途，选择恰当的设计方法，来满足不同的指标要求或进行折中考虑。

3.4.1　微波功率晶体管放大器的稳定性

微波功率晶体管放大器稳定工作是实现性能指标的先决条件。要使其稳定工作，在电路设计方面要考虑并分析微波功率晶体管放大器在哪种负载条件下会发生振荡，微波功率晶体管大信号 S 参数要满足哪些条件，其放大器才能稳定地工作。微波功率晶体管放大器作为一个有源网络，其在稳定性方面分为两大类：一类称为无条件稳定或绝对稳定；另一类称为有条件稳定或潜在不稳定。无条件稳定是指微波功率晶体管输入/输出端接上任何无源负载都不会振荡，有条件稳定是指微波功率晶体管至少有一个无源负载会使它发生振荡。也就是说，无条件稳定是指微波功率晶体管端接任何无源负载时，它的输入/输出阻抗都不会呈负阻状态；有条件稳定是指微波功率晶体管端接适当的无源负载时，它的输入/输出阻抗会呈负阻状态。

目前使用的大多数微波功率晶体管放大器都属于有条件稳定，只有用重负荷来抑制负阻的出现，才能使微波功率晶体管放大器稳定工作。

微波功率晶体管放大器原理电路图如图 3.27 所示，它表示了微波功率晶体管放大器一般的电路形式。

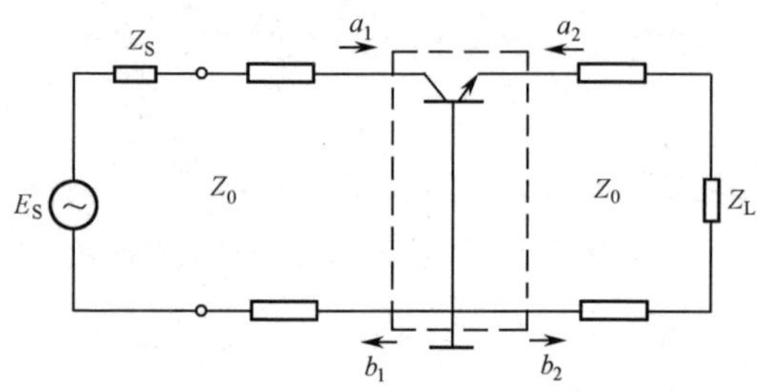

图 3.27　微波功率晶体管放大器原理电路图

微波功率晶体管放大器的负载为 Z_L，信号源输出为 E_S，内阻为 Z_S，微波功率晶体管两端特性阻抗 $Z_0 = 50\Omega$，传输线长度假设为零（以虚线表示）。在前面介绍大信号 S 参数表征法时，已经说明微波功率晶体管的入射波和反射波之间的关系可用大信号 S 参数来表示，即

$$\begin{cases} b_1 = S_{11}a_1 + S_{12}a_2 \\ b_2 = S_{21}a_1 + S_{22}a_2 \end{cases} \tag{3.70}$$

为了分析微波功率晶体管放大器的稳定性，可从其输入/输出阻抗是否呈现负阻出发，不直接讨论阻抗关系，而从反射系数及 S 参数角度出发来讨论。结合图 3.27 可得出下列各式

$$\Gamma_L = \frac{a_2}{b_2} = \frac{Z_L - Z_0}{Z_L + Z_0} \tag{3.71}$$

$$\Gamma_S = \frac{a_1}{b_1} = \frac{Z_S - Z_0}{Z_S + Z_0} \tag{3.72}$$

$$\Gamma_{in} = \frac{b_1}{a_1} = \frac{Z_{in} - Z_0}{Z_{in} + Z_0} \tag{3.73}$$

$$\Gamma_{out} = \frac{b_2}{a_2} = \frac{Z_{out} - Z_0}{Z_{out} + Z_0} \quad (E_S = 0\text{时}) \tag{3.74}$$

当微波功率晶体管的输出接任意负载 Z_L（或用 Γ_L 表示）时，其输入端的反

射系数 Γ_{in} 可由式（3.70）求得，即

$$\Gamma_{\text{in}}=\frac{b_1}{a_1}=S_{11}+S_{12}\frac{a_2}{a_1} \tag{3.75}$$

由式（3.70）可求得

$$\begin{aligned}\frac{a_2}{a_1}&=\frac{1}{S_{22}}\left(\frac{b_2}{a_1}-S_{21}\right)=\frac{1}{S_{22}}\left(\frac{a_2}{a_1}\frac{b_2}{a_2}-S_{21}\right)\\&=\frac{1}{S_{22}}\left(\frac{a_2}{a_1}\frac{1}{\Gamma_{\text{L}}}-S_{21}\right)\end{aligned} \tag{3.76}$$

即

$$\frac{a_2}{a_1}=\frac{S_{21}\Gamma_{\text{L}}}{1-S_{22}\Gamma_{\text{L}}}$$

将此式代入式（3.75）得到

$$\Gamma_{\text{in}}=S_{11}+\frac{S_{12}S_{21}\Gamma_{\text{L}}}{1-S_{22}\Gamma_{\text{L}}}=\frac{S_{11}-\Gamma_{\text{L}}\Delta}{1-\Gamma_{\text{L}}S_{22}} \tag{3.77}$$

式（3.77）中

$$\Delta=S_{11}S_{22}-S_{12}S_{21} \tag{3.78}$$

从式（3.77）可看出，微波功率晶体管端接任意负载时的反射系数 Γ_{in} 是由两部分组成的：当微波功率晶体管接 Z_0 时，反射系数为 S_{11}，负载反射系数通过微波功率晶体管反向传输后的耦合值为 $\dfrac{S_{12}S_{21}\Gamma_{\text{L}}}{1-S_{22}\Gamma_{\text{L}}}$；而输入接任意负载时的输出反射系数为

$$\Gamma_{\text{out}}=S_{22}+\frac{\Gamma_{\text{S}}S_{12}S_{21}}{1-\Gamma_{\text{S}}S_{11}}=\frac{S_{22}-\Gamma_{\text{S}}\Delta}{1-\Gamma_{\text{S}}S_{11}} \tag{3.79}$$

因为 Γ_{in} 和 Γ_{out} 的表达式基本相同，因此下面只以 Γ_{in} 的表达式，即（3.77）为例进行分析。

如果 $\Gamma_{\text{in}}>1$，则输入阻抗呈负阻性质，微波功率晶体管放大器属潜在不稳定；如果 $\Gamma_{\text{in}}<1$，则输入阻抗为有损正电阻。不管负载阻抗怎样，只要单位反射系数圆内为正电阻（无源负载），则微波功率晶体管放大器就不会产生振荡，即是绝对稳定的。因此，微波功率晶体管放大器是潜在不稳定还是绝对稳定的分界线为 $\Gamma_{\text{in}}=1$。

设

$$\left|\Gamma_{\text{in}}\right|=\left|\frac{S_{11}-\Gamma_{\text{L}}\Delta}{1-\Gamma_{\text{L}}S_{22}}\right|\leqslant 1 \tag{3.80}$$

$$\left|1-\Gamma_{\text{L}}S_{22}\right|\geqslant\left|S_{11}-\Gamma_{\text{L}}\Delta\right|$$

将模值平方，得到

$$1+|\Gamma_{\mathrm{L}}|^2|S_{22}|^2-2\mathrm{Re}(\Gamma_{\mathrm{L}}^*S_{22}^*)\geqslant|S_{11}|^2+|\Gamma_{\mathrm{L}}|^2|\Delta|^2-2\mathrm{Re}(S_{11}\Gamma_{\mathrm{L}}^*\Delta^*)$$

式中，“*”是指取共轭复数，由此上式可改写为

$$|\Gamma_{\mathrm{L}}|^2\left(|S_{22}|^2-|\Delta|^2\right)-2\mathrm{Re}\left[\Gamma_{\mathrm{L}}^*\left(S_{22}^*-S_{11}\Delta^*\right)\right]+1-|S_{11}|^2\geqslant0 \tag{3.81}$$

式（3.81）取等号时即表示负载Γ_{L}平面上的一个圆的方程，其圆心矢径为

$$r_{S_2}=\frac{S_{22}^*-S_{11}\Delta^*}{|S_{22}|^2-|\Delta|^2} \tag{3.82}$$

圆的半径为

$$\rho_{S_2}=\left|\frac{S_{12}S_{21}}{|S_{22}|^2-|\Delta|^2}\right| \tag{3.83}$$

此圆被称为稳定圆，Γ_{L}平面由此被分成两个区域：一个区域为$|\Gamma_{\mathrm{in}}|<1$，是微波功率晶体管的绝对稳定工作区；另一个区域为$|\Gamma_{\mathrm{in}}|>1$，是潜在不稳定工作区，在此区域内要使微波功率晶体管放大器稳定工作，需使信源阻抗的正电阻值超过Γ_{in}的负阻值。

同样道理，可得出Γ_{S}平面上稳定圆的方程，圆心矢径为

$$r_{S_1}=\frac{S_{11}^*-S_{22}\Delta^*}{|S_{11}|^2-|\Delta|^2} \tag{3.84}$$

圆半径为

$$\rho_{S_1}=\frac{S_{12}S_{21}}{|S_{11}|^2-|\Delta|^2} \tag{3.85}$$

若判别圆内和圆外哪个是稳定区，要分两种情况来分析：

（1）当$|S_{22}|^2-|\Delta|^2>0$时，以式（3.81）除以$|S_{22}|^2-|\Delta|^2$后，不等式符号不改变方向，这时负载稳定圆(r_{S_2},ρ_{S_2})的外部是稳定区，内部是潜在不稳定区。

（2）当$|S_{22}|^2-|\Delta|^2<0$时，以式（3.81）除以$|S_{22}|^2-|\Delta|^2$后，不等式符号改变方向，这时负载稳定圆(r_{S_2},ρ_{S_2})的外部是潜在不稳定区，而内部是稳定区。

利用Γ_{L}平面上的原点，即$\Gamma_{\mathrm{L}}=0$点的稳定条件，可更方便地判别稳定区与不稳定区的位置。由式（3.77）可知，原点稳定条件为

$$|S_{11}|<1 \tag{3.86}$$

同理可得Γ_{S}平面上原点的稳定条件为

$$|S_{22}|<1 \tag{3.87}$$

利用原点稳定条件，可区分圆内与圆外哪个是稳定区。在原点稳定的条件

下，若稳定圆包含原点，则圆内是稳定区，而圆外是潜在不稳定区；若稳定圆不包含原点，则圆内是不稳定区，而圆外是稳定区。

要求微波功率晶体管放大器绝对稳定的条件，就是要求在 $\Gamma_{\rm L}$ 平面上的单位圆内（即 $|\Gamma_{\rm L}|\leqslant 1$ 的无源负载区域内）都满足 $|\Gamma_{\rm in}|<1$ 的条件，也即在 $|\Gamma_{\rm L}|\leqslant 1$ 的单位圆内不存在任何不稳定区，就是说以稳定圆(r_{S_2}，ρ_{S_2})是否包含原点而分两种情况：

（1）当 $|S_{22}|^2-|\varDelta|^2>0$ 时，原点在稳定圆(r_{S_2}，ρ_{S_2})外，如图 3.28 中（a）和图 3.28（c）两种情况所示，此时圆内为不稳定区，而圆外为稳定区。此种情况下可得出

$$1-|S_{11}|^2-|S_{22}|^2+|\varDelta|^2>2|S_{12}S_{21}| \tag{3.88}$$

式（3.88）称为微波功率晶体管放大器的绝对稳定条件。

（2）当 $|S_{22}|^2-|\varDelta|^2<0$ 时，稳定圆(r_{S_2}，ρ_{S_2})包含原点，如图 3.28（b）和图 3.28（d）所示，这时圆内为稳定区，圆外为不稳定区。此种情况下有

$$K=\frac{1-|S_{11}|^2-|S_{22}|^2+|\varDelta|^2}{2|S_{12}S_{21}|} \tag{3.89}$$

而 $K>1$ 是绝对稳定的必要条件。

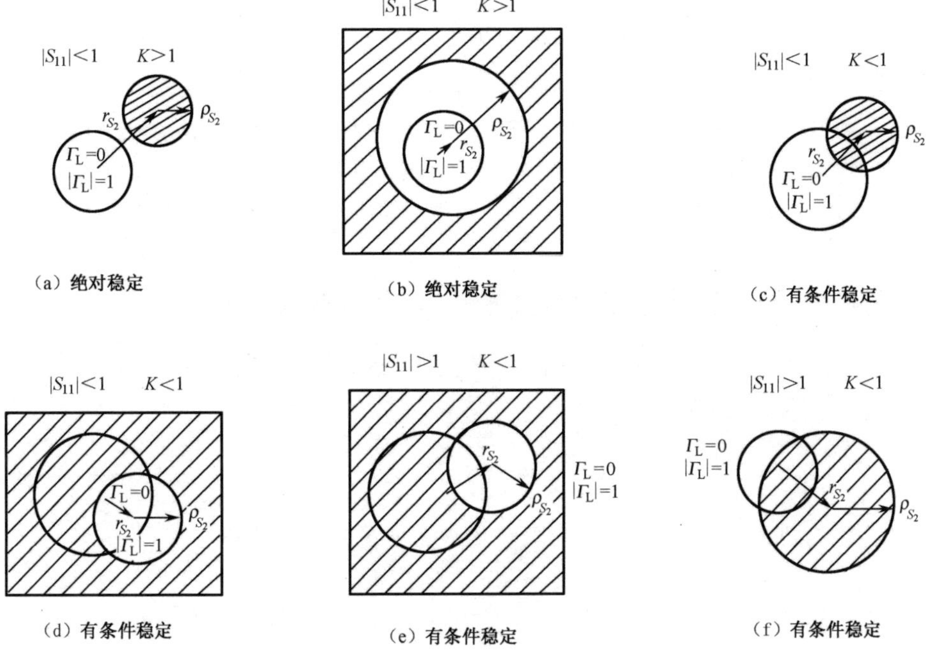

图 3.28　$\Gamma_{\rm L}$ 平面上六种可能的稳定情况

同样也可对信源负载 Γ_S 平面进行分析，从而得出绝对稳定条件为 $|S_{22}|<1$ 和 $K>1$。

综上所述，微波功率晶体管放大器的绝对稳定条件有三条，即

$$\begin{cases} |S_{11}|<1 \\ |S_{22}|<1 \\ K=\dfrac{1-|S_{11}|^2-|S_{22}|^2+|\Delta|^2}{2|S_{12}S_{21}|}>1 \end{cases} \tag{3.90}$$

微波功率晶体管放大器绝对稳定的充分和必要条件为①

$$\begin{cases} |S_{12}S_{21}|<1-|S_{11}|^2 \\ |S_{12}S_{21}|<1-|S_{22}|^2 \\ K=\dfrac{1-|S_{11}|^2-|S_{22}|^2+|\Delta|^2}{2|S_{12}S_{21}|}>1 \end{cases} \tag{3.91}$$

$K>1$ 仅是绝对稳定的必要条件，也是晶体管输入/输出端利用无源负载同时达到共轭匹配的条件。

图 3.28（a）、图 3.28（c）和图 3.28（e）对应于 $|S_{22}|^2-|\Delta|^2>0$；图 3.28（b）、图 3.28（d）和图 3.28（f）对应于 $|S_{22}|^2-|\Delta|^2<0$；阴影区为潜在不稳定区。

图 3.28（a）和图 3.28（b）是绝对稳定情况，在 Γ_L 平面上满足 $|S_{11}|<1$ 和 $K>1$ 的条件。图 3.28（c）和图 3.28（d）对应于 $K<1$ 和 $|S_{11}|<1$ 的条件，此时单位圆内有部分区域是潜在不稳定的。图 3.28（e）和图 3.28（f）对应于 $|S_{11}|>1$ 和 $K<1$ 的条件，因而是原点不稳定区。包含原点的区域也为不稳定区。除图 3.28 中给出的六种情况外，当 $|S_{11}|>1$ 和 $K>1$ 时，整个单位圆为潜在不稳定区。

3.4.2 微波功率晶体管放大器的增益和输出功率

如图 3.27 所示，在微波功率晶体管放大器中的功率增益有如下三种不同定义：

（1）实际功率增益为

$$G=\frac{P_L}{P_{in}}$$

式中，P_L 为负载吸收功率，P_{in} 为微波功率晶体管的输入功率。

① 有关此条件的推导请参阅 1986 年科学出版社出版的《用 S 参数法设计放大器和振荡器》，（美）文德林 G D 著。

（2）资用功率增益为

$$G_{A} = \frac{P_{\text{out a}}}{P_{Sa}}$$

式中，$P_{\text{out a}}$ 是微波功率晶体管输出资用功率，即传送到输出匹配负载上的功率，也是微波功率晶体管在信源阻抗下具有的最大输出功率；P_{Sa} 为信源资用功率，也是信源最大输出功率。

（3）转移功率增益（或插入功率增益）为

$$G_{T} = \frac{P_{L}}{P_{Sa}}$$

在这三种功率增益中，G 与输出匹配有关，与输入匹配无关；G_{A} 与输入匹配有关，而与输出匹配无关；G_{T} 与输入/输出匹配都有关。其中，G_{T} 表示系统插入微波功率晶体管放大器后，功率增加的倍数，也最为实用。

从图 3.27 中可看出负载吸收功率为

$$P_{L} = \frac{1}{2}|b_{2}|^{2}(1-|\varGamma_{L}|^{2}) \tag{3.92}$$

假设传输线无损耗，则负载的入射功率波等于微波功率晶体管输出端口外向功率波。

信源有效输出功率以 $\frac{1}{2}|b_{2}|^{2}$ 表达，而 b_{S} 为

$$|b_{S}| = \frac{E_{S}\sqrt{Z_{0}}}{Z_{S}+Z_{0}}$$

则信源资用功率为

$$P_{Sa} = \frac{\dfrac{|b_{S}|^{2}}{2}}{1-|\varGamma_{S}|^{2}} \tag{3.93}$$

因而，微波功率晶体管放大器的转移功率增益为

$$G_{T} = \frac{P_{L}}{P_{Sa}} = \frac{|b_{2}|^{2}}{|b_{S}|^{2}}(1-|\varGamma_{S}|^{2})(1-|\varGamma_{L}|^{2}) \tag{3.94}$$

由此可推导出

$$G_{T} = \frac{|S_{21}|^{2}(1-|\varGamma_{S}|^{2})(1-|\varGamma_{L}|^{2})}{|(1-\varGamma_{S}S_{11})(1-\varGamma_{L}S_{22})-S_{12}S_{21}\varGamma_{S}\varGamma_{L}|^{2}} \tag{3.95}$$

式（3.95）表示了正向传输、输入匹配、输出匹配程度及反向传输耦合等因素对 G_{T} 所起的作用。

同样地，也可推导出

$$G=\frac{|S_{21}|^2(1-|\Gamma_L|^2)}{(1-|S_{11}|^2)+|\Gamma_L|^2(|S_{22}|^2-|\Delta|^2)-2\mathrm{Re}(\Gamma_L C_2)} \tag{3.96}$$

$$G_A=\frac{|S_{21}|^2(1-|\Gamma_S|^2)}{(1-|S_{22}|^2)+|\Gamma_S|^2(|S_{11}|^2-|\Delta|^2)-2\mathrm{Re}(\Gamma_S C_1)} \tag{3.97}$$

式中

$$\Delta=S_{11}S_{22}+S_{12}S_{21}$$

$$C_1=S_{11}-\Delta S_{22}^*$$

$$C_2=S_{22}-\Delta S_{11}^*$$

关于微波功率晶体管放大器的最大功率增益可以得出这样的结论：当微波功率晶体管两端同时达到共轭匹配时，其放大器增益可为最大值，其共轭匹配条件为

$$\begin{cases}\Gamma_S^*=\Gamma_{in}=S_{11}+\dfrac{S_{12}S_{21}\Gamma_L}{1-\Gamma_L S_{22}}\\ \Gamma_L^*=\Gamma_{out}=S_{22}+\dfrac{S_{12}S_{21}\Gamma_S}{1-\Gamma_S S_{11}}\end{cases} \tag{3.98}$$

联立求解上面两等式，可得出

$$\Gamma_S^*=\Gamma_{in}=C_1^*\left(\frac{B_1\pm\sqrt{B_1^2-4|C_1|^2}}{2|C_1|^2}\right) \tag{3.99}$$

$$\Gamma_L^*=\Gamma_{out}=C_2^*\left(\frac{B_2\pm\sqrt{B_2^2-4|C_2|^2}}{2|C_2|^2}\right) \tag{3.100}$$

式中

$$B_1=1+|S_{11}|^2-|S_{22}|^2-|\Delta|^2$$

$$B_2=1+|S_{22}|^2-|S_{11}|^2-|\Delta|^2$$

$$C_1=S_{11}-\Delta S_{22}^*$$

$$C_2=S_{22}-\Delta S_{11}^*$$

在式（3.99）和式（3.100）中，当 B_1 或 $B_2>0$ 时，关系式中“±”应取“−”；当 B_1 或 $B_2<0$ 时，则取“+”。根据 $B_1^2-4|C_1|^2=B_2^2-4|C_2|^2=4|S_{12}S_{21}|^2(K^2-1)$，可以判定两对解的性质。当稳定系数绝对值 $|K|<1$ 时，每对解(Γ_{in} , Γ_{out})的模值均为 1；当 $|K|>1$ ，$K<0$ 时，每对解中，一个模值大于 1，一个模值小于 1；当 $K>1$ 时，两对解中有一对解的模值小于 1，一对解的模值大于 1。所以，在微波功率晶体管存在正实部（无源）信源阻抗及负载阻抗时，达到共轭匹配的条件是 $K>1$。

满足绝对稳定条件的微波功率晶体管放大器，其 B_1 和 B_2 必为正。因而式（3.99）和式（3.100）中"±"应取"−"，也就是说微波功率晶体管两个端口同时达到共轭匹配时，信源和负载的反射系数应为

$$\varGamma_{\mathrm{mS}} = C_1^* \left(\frac{B_1 - \sqrt{B_1^2 - 4|C_1|^2}}{2|C_1|^2} \right) \tag{3.101}$$

$$\varGamma_{\mathrm{mL}} = C_2^* \left(\frac{B_2 - \sqrt{B_2^2 - 4|C_2|^2}}{2|C_2|^2} \right) \tag{3.102}$$

这时增益达到最大，且三个增益值相等

$$G_{\max} = G_{\mathrm{Amax}} = G_{\mathrm{Tmax}} = \left|\frac{S_{21}}{S_{12}}\right| \left|K \pm K^2 - 1\right| = \mathrm{MAG} \tag{3.103}$$

而最大稳定增益为

$$\mathrm{MSG} = \left|\frac{S_{21}}{S_{12}}\right| \tag{3.104}$$

这是从有条件稳定（$K<1$）过渡到绝对稳定（$K>1$）的转折点（$K=1$）时的增益，也就是有条件稳定的最大稳定增益。

前面已提到过，大多数微波功率晶体管放大器都是潜在不稳定的，所以不能同时实现双口共轭匹配，因而最大增益也就失去了意义。对潜在不稳定的微波功率晶体管放大器来说，其最大增益不确定。从理论上讲，这时功率增益可为无穷大（相当于电路发生寄生振荡）；对绝对稳定的微波功率晶体管放大器来说，在某些条件下达不到 G_{Tmax} 那样高的增益，因为实际中负载阻抗会受到某些限制，不能实现共轭匹配。这时微波功率晶体管放大器的设计要用一组等增益圆进行。

对于最有用的等增益圆，根据其定义可有

$$G_{\mathrm{T}} = \frac{P_{\mathrm{L}}}{P_{\mathrm{Sa}}} = \frac{P_{\mathrm{in}}}{P_{\mathrm{Sa}}} \frac{P_{\mathrm{L}}}{P_{\mathrm{in}}} = \frac{P_{\mathrm{in}}}{P_{\mathrm{Sa}}} G \tag{3.105}$$

当微波功率晶体管输入端口达到共轭匹配时，$P_{\mathrm{in}} = P_{\mathrm{Sa}}$，即 $G_{\mathrm{T}} = G$，也就是说，若选定 $\varGamma_{\mathrm{L}}$ 值，信源阻抗满足下式的共轭匹配条件，即

$$\varGamma_{\mathrm{S}}^* = S_{11} + \frac{S_{12} S_{21} \varGamma_{\mathrm{L}}}{1 - \varGamma_{\mathrm{L}} S_{22}} \tag{3.106}$$

则 $G_{\mathrm{T}} = G$。

微波功率晶体管放大器设计与一般小信号放大器设计的主要差别是：除考虑功率增益指标外，还要考虑放大器输出功率的大小，微波功率晶体管放大器中负载阻抗不仅影响增益和输入阻抗，也影响最大输出功率，如下式所示

$$(P_{\text{out}})_{\max} = \frac{(U_{\text{CC}} - U_{\text{sat}})^2}{2R_{\text{LP}}} \tag{3.107}$$

式（3.107）中，U_{CC} 为集电极电源电压，U_{sat} 为微波功率晶体管饱和电压，R_{LP} 为集电极并联等效负载电阻。

如果微波功率晶体管在饱和状态下工作，则有

$$R_{\text{LP}} = \frac{R_{\text{L}}^2 + X_{\text{L}}^2}{R_{\text{L}}} \tag{3.108}$$

因此，等输出功率的轨迹就是等 R_{LP} 值的所有负载阻抗的轨迹。此轨迹在阻抗圆图上是等电导圆，圆心必须通过这样一点：$Z_{\text{L}} = R_{\text{LP}} + \text{j}0$。如果所选择的负载阻抗落在此等电导圆的外面，则集电极的饱和作用将限制所希望达到的输出功率；如果所选择负载阻抗位于等电导圆里面，则微波功率晶体管的全部射频电压将不会被充分利用。这样要达到所要求的输出功率，峰值集电极电流就比额定值要大。这里需要说明，在式(3.107)中，一般U_{sat} 比直流饱和电压大得多，它是影响微波功率晶体管最大输出功率的重要因素之一。

3.4.3 绝对稳定微波功率晶体管放大器的设计

线性大信号微波功率晶体管放大器的设计通常分三个步骤进行：

第一步，根据微波功率晶体管放大器的设计指标，选择微波功率晶体管放大器用的微波功率晶体管，按所选定微波功率晶体管的电性能指标和直流参数等来确定微波功率晶体管的工作状态和工作电压等(集电极电压或漏极电压)，然后再正确地选定微波功率晶体管的直流工作点(合适的偏置电压)，以使微波功率晶体管能长期安全地工作（保证输出信号最大时不发生集电极与发射极之间的电压击穿现象)。关键一点是应保证微波功率晶体管在任何时候的工作结温不超过生产厂家规定的最大值。

第二步，根据所选定的微波功率晶体管的大信号 S 参数（若没有此数据就要用前面介绍过的方法测试其 S 参数）进行最大增益、最大线性功率输出、负载阻抗和信源阻抗的计算。

第三步，进行微波功率晶体管放大器的电路实施，利用前面介绍过的阻抗匹配方法，将负载阻抗和信源阻抗与微波功率晶体管的输入/输出阻抗进行共轭匹配。

下面以 C 波段砷化镓场效应晶体管为例，说明线性功率放大器的设计过程。表 3.3 中列出的 FLM5359-35DA 砷化镓场效应晶体管（简称晶体管），在中心频率 $f_0 = 5600\text{MHz}$ 时，其 S 参数为

$$S_{11} = 0.53\,\underline{/71.85^\circ}\,,\qquad S_{12} = 0.05\,\underline{/-104.56^\circ}$$
$$S_{21} = 2.90\,\underline{/-58.99^\circ}\,,\qquad S_{22} = 0.39\,\underline{/105.60^\circ}$$

晶体管热阻 $R_{\rm T} = 1.18$（℃/W）。

（1）根据晶体管的直流参数，选择直流工作点为

$$U_{\rm DS} = 10\text{（V）},\ U_{\rm GS} = -1.25\text{（V）},\ I_{\rm DSO} \approx 8.5\text{（A）}$$

（2）计算晶体管射频稳定系数 K 为

$$K = \frac{1-|S_{11}|^2-|S_{22}|^2+|\varDelta|^2}{2|S_{12}S_{21}|}$$

式中，$|\varDelta| = |S_{11}S_{22} - S_{12}S_{21}| = |0.084\,\underline{/143.40^\circ}\,| = 0.084$。将 S 参数代入上式，经计算得出 $K = 1.9793$，即 $K>1$。

（3）由于 $K>1$，$|S_{11}|<1$，$|S_{22}|<1$，因此晶体管是绝对稳定的，所以存在最大增益 $G_{\max}$ 为

$$G_{\max} = \left|\frac{S_{21}}{S_{12}}\right| \times \left|K \pm \sqrt{K^2-1}\right|$$

式中的“±”取决于 B_1 和 B_2 值，即

$$B_1 = 1+|S_{11}|^2-|S_{22}|^2-|\varDelta|^2 = 1.1217>0$$
$$B_2 = 1+|S_{22}|^2-|S_{11}|^2-|\varDelta|^2 = 0.864>0$$

因 B_1 和 B_2 都大于零，所以取“–”，即 $G_{\max} = 15.72\text{dB}$。

（4）计算能产生最大增益时的负载反射系数为

$$\varGamma_{\rm L} = C_2^*\left(\frac{B_2-\sqrt{B_2{}^2-4|C_2|^2}}{2|C_2|^2}\right)$$

式中，$C_2 = S_{22} - S_{11}^*\varDelta = 0.354\,\underline{/109.64^\circ}$。

取共轭复数

$$C_2^* = 0.354\,\underline{/-109.64^\circ}$$

将 C_2^* 和 B_2 代入上式，得

$$\varGamma_{\rm L} = 0.521\,\underline{/-109.64^\circ}$$

当输出反射系数确定后，再来确定输入端口实现共轭匹配的信源反射系数。

当输出负载反射系数为 $\varGamma_{\rm L}$ 时，晶体管的输入反射系数 $\varGamma_{\rm in}$ 为

$$\varGamma_{\rm in} = S_{11} + \frac{S_{12}S_{21}\varGamma_{\rm L}}{1-S_{22}\varGamma_{\rm L}}$$

代入相应数据，得出

$$\varGamma_{\rm in} = 0.622\,\underline{/-73.94^\circ}$$

而信源反射系数是它的共轭值，所以有

$$\Gamma_S = \Gamma_{in}^* = 0.622\,\underline{/-73.94^\circ}$$

Γ_S 也可按

$$\Gamma_S = C_1\left(\frac{B_1 - \sqrt{B_1^2 - 4|C_1|^2}}{2|C_1|^2}\right)$$

计算，得出

$$B_1 = 1.1217$$

即是同样的结果。

（5）求解漏极（或集电极）负载阻抗 Z_L（或导纳 Y_L）和信源阻抗，可按下列公式计算

$$Z_L = \frac{1+\Gamma_L}{1-\Gamma_L} Z_0$$

$$Z_S = \frac{1+\Gamma_S}{1-\Gamma_S} Z_0$$

对 50Ω 的系统 $Z_0 = 50\Omega$，将 Γ_L 和 Γ_S 的值分别代入上述两式，得出

$$Z_L = (0.451 - j0.605)Z_0$$

$$Z_S = (0.587 - j1.146)Z_0$$

也可以将 Γ_L 和 Γ_S 直接标注在阻抗（或导纳）圆图上直接读出数据。负载导纳的实数部分（即负载电导）$G_L = \mathrm{Re}\left(\frac{1}{Z_L}\right)$ 可以在圆图上直接读数，如图 3.29 所示，也可按下式计算

$$G_L = \frac{1}{50}\mathrm{Re}\left(\frac{1-\Gamma_L}{1+\Gamma_L}\right) = 15.82\text{（mS）}$$

式中，G_L 的值直接决定了晶体管放大器输出功率的大小，以及确定了晶体管中是产生电压限幅还是电流限幅。如图 3.30 所示，晶体管负载线决定了输出功率的大小，该图中画出了决定于电导 G_L 的晶体管负载线，其中最大输出功率负载线的 $|G_L| = |G_0| = 0.85$（mS）。该式即为直流工作点和围绕此点的电压、电流的最大对称摆动的决定条件。如果 $|G_L| > |G_0|$，则晶体管中产生电压限幅；如果 $|G_L| < |G_0|$，则晶体管中产生电流限幅。

（6）计算最大增益时功率放大器的线性功率输出。

求出晶体管的实际负载电导后，就可在圆图上画出通过负载反射系数 Γ_L 点的等电导圆（见图 3.29）。等电导圆的圆心在圆图的实轴上，距原点的距离为

$\dfrac{G}{1+G}$，半径为$\dfrac{1}{1+G}$。其中，G 是负载电导 G_L 的归一化值（对 1/50 Ω 进行归一化），即 $G=\dfrac{G_L(\text{mS})}{20}$。由于等电导圆的刻度比例与反射系数相同，代入相应数据，最后得出 $G=0.791$，等电导圆中心距为 0.442，等电导圆半径为 0.558。

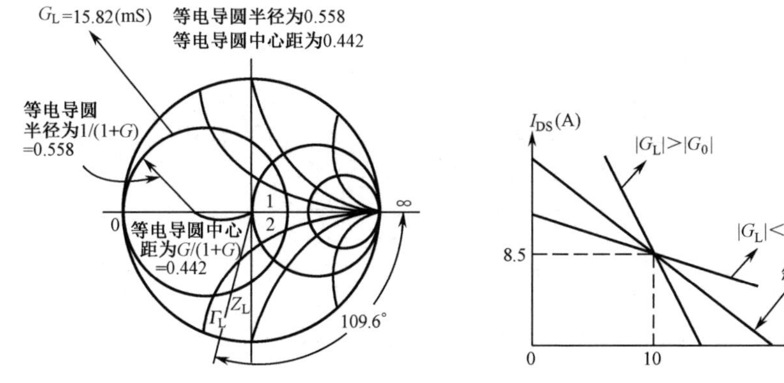

图 3.29　输出反射系数平面上的等电导圆　　图 3.30　晶体管的负载线决定了输出功率的大小

从图 3.30 中可以看出，$|G_L|$ 就是负载线斜率，最佳斜率 $|G_0|$ 是由围绕工作点的允许电压和电流做最大对称摆动的条件决定的。当 $|G_L|>|G_0|$ 时，负载线的斜率比 G_0 大，电压摆动受到限制，输出功率为

$$P_L=\frac{{I_0}^2}{2G_L}$$

当 $|G_L|<|G_0|$ 时，负载线斜率比 G_0 小，电流摆动受到限制，这时输出功率为

$$P_L=\frac{{U_{DS}}^2}{2}\times G_L$$

设 G_0 为直流工作决定的负载电导，即

$$G_0=\frac{I_{DSO}}{U_{DS}}=0.85(\text{mS})$$

由此已计算出最大增益时的 $G_L=15.82$（mS）。此放大器电流摆动受到限制，这时线性功率输出为

$$P_L=\frac{10^2}{2}\times 15.82=791(\text{mW})$$

（7）放大器的电路实现：根据前面求解的负载阻抗和信源阻抗，可选用低通型变阻滤波匹配法来设计输入/输出电路的匹配网络，即

$$Z_L=Z_0(0.451-\text{j}0.605)$$
$$Z_S=Z_0(0.587-\text{j}1.146)$$

式中，Z_0 为放大系统的特性阻抗，对 50Ω 系统有 $Z_0 = 50\Omega$。这时也可用微波CAD软件来优化设计匹配网络。

如果高频电路板选用微波复合介质板 Rogers TMM10，则其 $\varepsilon_e = 9.2$，厚度 $h = 1\text{mm}$。放大器的输入/输出匹配电路如图 3.31 所示（图中尺寸单位为 mm）。

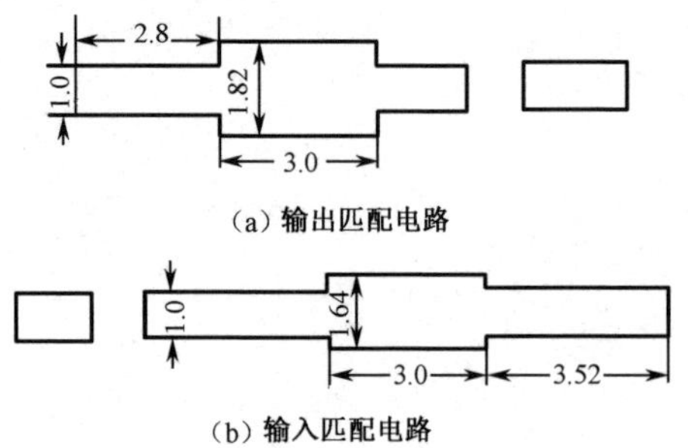

图 3.31　放大器的输出/输入匹配电路

（8）最后用常规方法设计偏置电路和高频滤波去耦电路。

此放大器经调试，其工作频率在 5.4～5.9GHz 之间，1dB 压缩点附近的输出功率为 24.6～32.0W，饱和输出功率为 30.5～39.6W，增益 $G_P \geqslant 8\text{dB}$。

3.4.4　潜在不稳定微波功率晶体管放大器的设计

本章前面已提到过大多数微波晶体管的稳定系数 $K<1$，而工作在有条件稳定状态时，在某些信源阻抗和负载阻抗下会产生寄生振荡，这时不再有确定的 $G_{\max}$。这种情况下的微波功率晶体管放大器的设计应按下述方法进行。

（1）根据所选微波功率晶体管特性，选定合适的功率增益，再根据微波功率晶体管 S 参数计算出该增益上的负载阻抗的轨迹，这个轨迹就是负载反射系数平面上的等增益圆。该圆的圆心矢径为

$$r_g = \left(\frac{g_2}{1 + D_2 g_2}\right) C_2^2 \tag{3.109}$$

半径为

$$\rho_g = \frac{(1 - 2K\left|S_{12}S_{21}\right| g_2 + \left|S_{12}S_{21}\right|^2 g_2^2)^{\frac{1}{2}}}{1 + D_2 g_2} \tag{3.110}$$

式中，$g_2 = \dfrac{G}{\left|S_{21}\right|^2}$，$G$ 为微波功率晶体管实际功率增益。

一般情况下，输入电路是按共轭匹配条件进行设计的，所以 G 值与转移功率增益 G_T 相等

$$D_2 = |S_{22}|^2 - |\Delta|^2$$

$$C_2 = S_{22} - \Delta S_{11}^* \qquad \Delta = S_{11}S_{22} - S_{12}S_{21}$$

（2）在负载反射系数平面上画出等输出功率圆。等输出功率圆在圆图上就是等电导圆，并且经过阻抗 $Z_{并} = R_{LP} + j0$ 这点。式中，R_{LP} 为微波功率晶体管的并联负载阻抗的电阻分量，它由式（3.108）决定。R_{LP} 决定了微波功率晶体管输出功率为

$$P_{out} = \frac{1}{2} \times \frac{(U_{CC} - U_{sat})^2}{R_{LP}} \tag{3.111}$$

（3）上述等增益圆和等输出功率圆（等电导圆）之间存在三种关系：①相交，即有两个交点；②相切，即有一个交点；③不存在公共点。

关系①存在两个负载阻抗值，它使微波功率晶体管放大器给出所要求的输出功率和增益，这时可根据微波功率晶体管放大器的其他指标选择其一；关系②给出一个唯一的负载阻抗值；关系③表明没有一个负载阻抗能使微波功率晶体管同时达到所要求的功率和增益指标，这时要修改技术指标，降低功率增益或提高电源电压等。

（4）当负载阻抗确定后，可根据 S 参数来计算微波功率晶体管输入阻抗。按共轭匹配条件，确定信源阻抗为

$$\Gamma_S^* = \Gamma_{in} = S_{11} + \frac{S_{12}S_{21}\Gamma_L}{1 + \Gamma_L S_{22}} \tag{3.112}$$

式（3.112）中，Γ_L 已在前面选定。从上述过程可以看出，微波功率晶体管输出电路不在共轭匹配状态，且一般是失配的，而输入端口是共轭匹配的。

（5）计算 Γ_S 和 Γ_L 平面上的稳定圆，并判定上述方法中所选定的负载阻抗和信源阻抗是否落在稳定区。因为只有当它们落在稳定区时，微波功率晶体管放大器的设计才能实施，否则需修改指标，重新进行计算和判断。

输入稳定圆的圆心矢径为

$$r_{S_1} = \frac{S_{11}^* - S_{22}\Delta^*}{|S_{11}|^2 - |\Delta|^2} \tag{3.113}$$

半径为

$$\rho_{S_1} = \left| \frac{S_{12}S_{21}}{|S_{11}|^2 - |\Delta|^2} \right| \tag{3.114}$$

输出稳定圆的圆心矢径为

$$r_{S_2} = \frac{S_{22}^* - S_{11}\Delta^*}{|S_{22}|^2 - |\Delta|^2} \tag{3.115}$$

半径为

$$\rho_{S_2} = \frac{S_{12}S_{21}}{|S_{22}|^2 - |\varDelta|^2} \tag{3.116}$$

以上各式中的$\varDelta = S_{11}S_{22} - S_{12}S_{21}$。

要判定稳定圆的内部和外部区域哪个是稳定区，可按下述方法进行：

对位于输出稳定圆内的任意负载阻抗，按式（3.112）计算出输入反射系数$\varGamma_{in}$，然后进行判定，若$\varGamma_{in}$>1，则输出稳定圆内是不稳定区，圆外则为稳定区。

用同样方法可以计算出输出反射系数，并用以判定输入稳定圆的稳定区。

下面用实例来说明潜在不稳定微波功率晶体管放大器的设计过程。

【例 3.1】 国产 GaAs FET 器件 DX551B。

国产 GaAs FET 器件 DX551B 的直流工作参数为：$U_{DS} = 8V$，$I_{DS} = 350mA$，$U_{GS} = -1.2V$；高频参数为：最高工作频率$f_{op} = 10GHz$，输出功率$P_{out} \geqslant 1W$，功率增益$G_p \geqslant 4dB$。

在$f = 5.8GHz$的工作频率上，以$U_{DS} = 8V$，$I_{DS} = 350mA$，$U_{GS} = -1.2V$，激励功率 10mW 为工作条件，矢量网络分析仪测得 S 参数为

$$S_{11} = 0.885\underline{/120.7^\circ}, \qquad S_{12} = 0.241\underline{/24.9^\circ}$$

$$S_{21} = 0.659\underline{/-42.0^\circ}, \qquad S_{22} = 0.832\underline{/118.3^\circ}$$

计算有关参数如下

$$\varDelta = S_{11}S_{22} - S_{12}S_{21} = 0.789\underline{/227.7^\circ}$$

$$C_1 = S_{11} - S_{22}^*\varDelta = 0.274\underline{/148.8^\circ}$$

$$B_1 = 1 + |S_{11}|^2 - |S_{22}|^2 - |\varDelta|^2 = 0.468$$

$$C_2 = S_{22} - S_{11}^*\varDelta = 0.2008\underline{/161.1^\circ}$$

$$B_2 = 1 + |S_{22}|^2 - |S_{11}|^2 - |\varDelta|^2 = 0.286$$

$$D_2 = |S_{22}|^2 - |\varDelta|^2 = 0.0697$$

计算放大器射频稳定系数（验证放大器在潜在不稳定条件下工作）为

$$K = \frac{1 - |S_{11}|^2 - |S_{22}|^2 + |\varDelta|^2}{2|S_{12}||S_{21}|} = 0.462, \quad K < 1$$

由式中结果可以看出，这是潜在不稳定状态，微波功率晶体管放大器只能有条件地稳定工作，因而不存在最大功率增益。

根据国产 GaAs FET 器件 DX551B 的性能参数，选择在 5.8GHz 上输出功率大于 1W，功率增益$G_p \geqslant 6dB$；再根据 S 参数，计算负载阻抗轨迹。该轨迹为负载反射系数平面上的等增益圆，其圆心矢径为

$$r_{\mathrm{g}} = \left(\frac{g_2}{1+D_2G_2}\right)C_2^*,\quad g_2 = \frac{G_{\mathrm{P}}}{\left|S_{21}\right|^2} = 9.21$$

$$r_{\mathrm{g}} = 1.126\,\underline{/-161.1^\circ}$$

等增益圆半径为

$$\rho_{\mathrm{g}} = \frac{(1-2K\left|S_{12}S_{21}\right|g_2 + \left|S_{12}S_{21}\right|^2 g_2^2)^{\frac{1}{2}}}{1+D_2g_2} = 0.815$$

然后据此画出输入/输出平面上的稳定圆。

输出稳定圆的圆心矢径为

$$r_{S_2} = \frac{C_2^*}{\left|S_{22}\right|^2 - \left|\varDelta\right|^2} = 2.88\,\underline{/-161.1^\circ}$$

输出稳定圆的圆半径为

$$\rho_{S_2} = \frac{\left|S_{12}S_{21}\right|}{\left|S_{22}\right|^2 - \left|\varDelta\right|^2} = 2.28$$

因$\left|r_{S_2}\right| > \rho_{S_2}$，所以输出稳定圆内为不稳定区。

输入稳定圆的圆心矢径为

$$r_{S_1} = \frac{C_2^*}{\left|S_{11}\right|^2 - \left|\varDelta\right|^2} = 1.71\,\underline{/-148.8^\circ}$$

输入稳定圆的圆半径为

$$\rho_{S_1} = \frac{\left|S_{11}S_{22}\right|}{\left|S_{11}\right|^2 - \left|\varDelta\right|^2} = 0.987$$

因$\left|r_{S_1}\right| > \rho_{S_1}$，所以输入稳定圆外为稳定区。潜在不稳定放大器的$\varGamma_{\mathrm{L}}$的选择如图 3.32 所示。

根据图 3.32 中阻抗圆图上等增益圆、输出稳定圆和输入稳定圆的数值，并按式（3.108）计算出R_{LP}值，在圆图上画出等电导圆（即等功率输出圆），并取等增益圆与等电导圆的两交点作为负载阻抗。由于等增益圆与等电导圆的两交点处于不稳定区边缘，因此选择等增益圆负载反射系数$\varGamma_{\mathrm{L}}$时，应远离不稳定区，所以选择$\varGamma_{\mathrm{L}} = 0.315\,\underline{/-161.1^\circ}$。

该点阻抗为$Z_{\mathrm{L}} = Z_0(0.55-\mathrm{j}0.13)$。

负载阻抗确定后，要使微波功率晶体管放大器达到给定的功率增益G_{P}，微波功率晶体管放大器输入端必须共轭匹配，这就决定了信源阻抗为

$$\varGamma_{\mathrm{S}} = \left(\frac{S_{11} - \varGamma_{\mathrm{L}}\varDelta}{1-\varGamma_{\mathrm{L}}S_{22}}\right)^* = 0.904\,\underline{/-123.4^\circ}$$

从阻抗圆图上可直接读出 $Z_S = Z_0(0.05-j0.535)$。

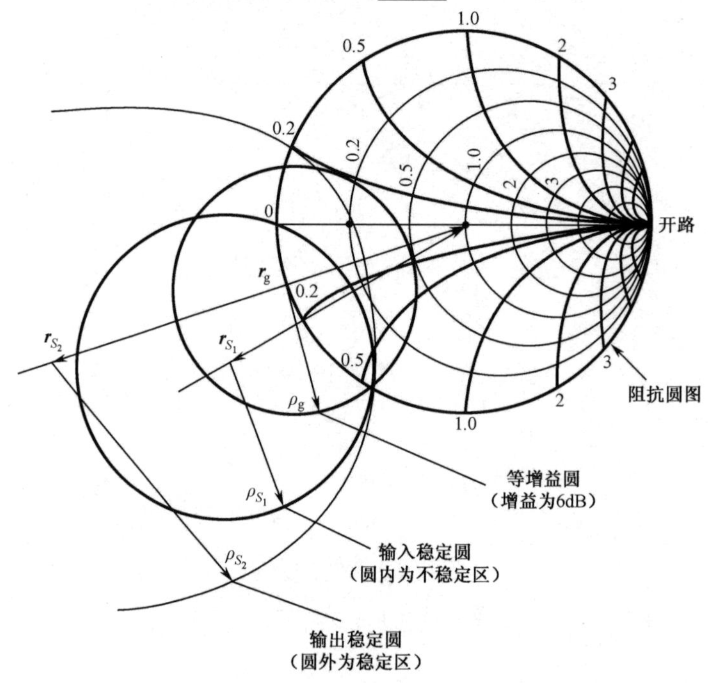

图 3.32　潜在不稳定放大器的 Γ_L 的选择

这样就可以根据微波功率晶体管放大器工作频带的要求进行输出/输入电路的设计，实现微波电路则可选用低通型变阻滤波器来完成。

最终实验结果如下：单级放大器的 $U_{DS} = 7.5V$，$U_{GS} = -1.2V$，$I_{DSO} = 230mA$，$f_0 = 5.53GHz$，$P_{in} = 45mW$，$P_{out} \geqslant 280mW$，$G_P \approx 7.9dB$。

在 5.4～5.9GHz 范围内，保持等激励输入 $P_{in} \approx 30mW$，输出 $P_{out} \geqslant 170mW$；而当 $P_{in} \geqslant 200mW$ 时，$P_{out} \geqslant 1W$。

3.4.5　宽带微波功率晶体管放大器的设计

在雷达、通信和电子对抗等领域，某些场合的应用会对发射机工作带宽提出较高的要求。而在实践中，实现微波功率晶体管放大器的宽带工作是件不容易的事，这是因为微波功率晶体管输入电阻很低，输入电路较小的引线电感将使输入电路的 Q 值增大，从而严重限制了工作频带的展宽。尤其是在 C 类放大器中，输入电路的失配会引起微波功率晶体管驱动的困难，使宽带工作难以实现。前面介绍的各种阻抗匹配网络的设计方法，有些虽然适用于宽带匹配，但未考虑到微波功率晶体管放大器的输出功率、增益和效率等问题，下面简单介绍几种展宽微波功率晶体管放大器工作频带的设计方法。

1）采用共基极接法

在设计微波功率晶体管放大器时，若频率较低，一般为了达到较高增益常采用共发射极接地放大电路；若频率较高，则采用共基极接地电路。而为了展宽微波功率晶体管放大器工作频带，需采用共基极接地放大电路。这种接法，其输入/输出电容都比共发射极电路的输入/输出电容小。它的主要原因是由基极接地，消除了输入/输出回路之间的电磁耦合。对于单调谐回路来说，谐振时，其回路特性阻抗为

$$r_0 = \omega_0 L = \frac{1}{\omega_0 C} = \sqrt{\frac{L}{C}} \tag{3.117}$$

它与并联谐振时阻抗 R_P 的关系为

$$R_P = \frac{L}{C_r} = \frac{r_0^2}{r} = Qr_0 \tag{3.118}$$

由式（3.117）和式（3.118）可以得出

$$R_P = Q\sqrt{\frac{L}{C}} \tag{3.119}$$

以上各式中，Q 为回路品质因数，r 为回路损耗电阻。那么微波功率晶体管放大器输出功率可表示为

$$P_{out} = \frac{1}{2} I_{C_1} V_{C_1} = \frac{1}{2} I_{C_1}^2 R_P \tag{3.120}$$

式（3.120）中，I_{C_1} 和 V_{C_1} 分别是集电极基波电流和电压。根据上述公式可以看出，当微波功率晶体管输出电容减小时，并联回路谐振电阻 R_P 增大，此时在给定 I_{C_1} 电流的条件下，输出功率 P_{out} 增加；反之，要保持 P_{out} 不变，则一定要降低并联回路谐振电阻 R_P 的值，这就要求降低回路有载 Q 值。而由于 Q 值与频带 Δf 有如下关系

$$\Delta f = \frac{f_0}{Q}$$

因此可见 Q 值降低，则带宽 Δf 增加。

由此可知，采用共基极接地放大电路时，其输入/输出电容小，因而频带可展宽。对多级放大器也是同样道理，末级的输入电容是激励级集电极输出电容的一部分，如果末级输入电容小，就表明激励级输出电容也较小，所以共基极电路多级放大器带宽可比共发射极多级放大器的带宽更宽。

2）采用双调谐回路

在微波频率的低端，为了增加微波功率晶体管放大器带宽，除采用共基极接地放大电路外，还可采用双调谐回路作为集电极的负载回路（在多级放大器中，还可用双调谐回路作为级间耦合电路），这样也可增加微波功率晶体管放大器带宽。由高频谐振放大电路的理论可知，用双调谐回路时，其 3dB 带宽是单调谐回路的 $\sqrt{2}$ 倍。当选用三调谐回路或四调谐回路时，其带宽比单调谐回路的 3dB 带宽分别增加 50%和 53%，但电路的复杂性也有所增加。

3）采用参差调谐

在微波频率低端，微波功率晶体管多级放大器的设计中还可用级间参差调谐的方法来展宽微波功率晶体管放大器的频带。谐振放大器的分析表明，两级参差调谐时，适当选择两级的谐振频率和回路 Q 值，其带宽可增加到单级（单调谐回路）的 $\sqrt{2}$ 倍。采用三级参差调谐时，其带宽还可更宽。

4）选择高质量的输入回路调谐电容

由于微波功率晶体管的输入阻抗在一般情况下都呈感性，因此输入匹配电路中要用外加电容去抵消掉感抗部分。这个电容要尽可能地靠近晶体管的输入端，其寄生电感要非常小，因为寄生电感使有效电容和插入损耗增加，使微波功率晶体管放大器带宽变窄。

由电容器的 Q 值产生的插入损耗可根据图 3.33 所示的电路来计算。

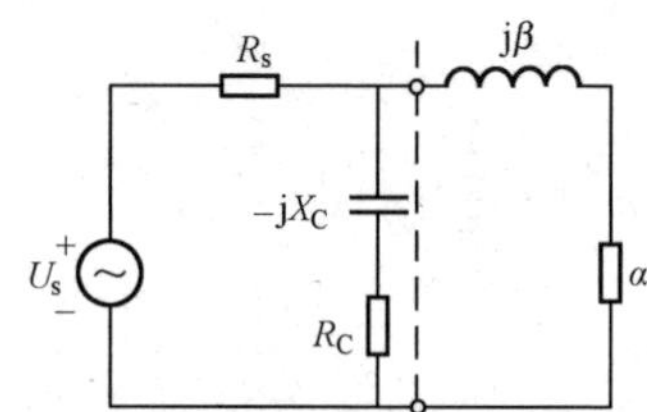

图 3.33　晶体管放大器的输入电路

图 3.33 中晶体管输入阻抗为 $\alpha+\mathrm{j}\beta$，输入调谐电容容抗为 $-\mathrm{j}X_{\mathrm{C}}$，损耗电阻为 R_{C}。若消耗在 α 和 R_{C} 中的功率分别为 P_α 和 P_{R}，则电容器产生的插入损耗由式（3.121）决定

$$\frac{P_\alpha}{P_\alpha+P_{\mathrm{R}}}=\frac{1}{1+\dfrac{P_{\mathrm{R}}}{P_\alpha}}=\frac{1}{1+\dfrac{R_{\mathrm{C}}}{\alpha}\left(\dfrac{\alpha^2+\beta^2}{R_{\mathrm{C}}^2+X_{\mathrm{C}}^2}\right)}=\frac{1}{1+\dfrac{\alpha}{R_{\mathrm{C}}}\left(\dfrac{1+Q_{\mathrm{d}}^2}{1+Q_{\mathrm{C}}^2}\right)} \tag{3.121}$$

式（3.121）中，$Q_{\mathrm{d}}=\dfrac{\beta}{\alpha}$ 为微波功率晶体管输入阻抗决定的 Q 值，$Q_{\mathrm{C}}=\dfrac{X_{\mathrm{C}}}{R_{\mathrm{C}}}$ 为电容器损耗决定的 Q 值。插入损耗一般以 dB 表示，即

$$\mathrm{IL} = -10\lg\left[1+\frac{\alpha}{R_{\mathrm{C}}}\left(\frac{1+Q_{\mathrm{d}}^2}{1+Q_{\mathrm{C}}^2}\right)\right] \quad (\mathrm{dB}) \tag{3.122}$$

电容器容抗要与微波功率晶体管的输入感抗相谐振，所以存在关系式 $\frac{\alpha}{R_{\mathrm{C}}} \approx \frac{Q_{\mathrm{C}}}{Q_{\mathrm{d}}}$，代入式（3.122）可得出

$$\mathrm{IL} \approx -10\lg\left[1+\frac{Q_{\mathrm{C}}}{Q_{\mathrm{d}}}\left(\frac{1+Q_{\mathrm{d}}^2}{1+Q_{\mathrm{C}}^2}\right)\right] \quad (\mathrm{dB}) \tag{3.123}$$

从式（3.123）可以看出，不同的 Q_{d} 和 Q_{C} 值产生的插入损耗不同。Q_{d} 由微波功率晶体管决定，Q_{C} 由调谐电容决定。一般应选择 Q_{C} 值大的电容器，表 3.7 说明了这一点。

表 3.7　Q_{C} 引起的插入损耗

单位：dB

Q_{d}	Q_{C}					
	5	10	20	40	80	100
2	1.71	0.94	0.50	0.80	0.13	0.10
4	2.57	1.51	0.83	0.27	0.22	0.18
6	3.40	2.07	1.16	0.63	0.32	0.26
8	4.10	2.58	1.49	0.81	0.42	0.32
10	4.70	3.00	1.81	0.98	0.51	0.42

例如，当微波功率晶体管的 Q_{d} 值为 6dB，Q_{C} 值为 10dB 时，插入损耗高达 2.07dB；当 $Q_{\mathrm{C}} = 80\mathrm{dB}$ 时，则插入损耗为 0.32dB。

调谐电容的寄生电感将使有效电容值增加到

$$C_{\mathrm{eff}} = \frac{C}{1-4\pi^2 f^2 LC} \tag{3.124}$$

显然，电容值的增加会使微波功率晶体管放大器带宽变窄。

5）采用衰减-频率特性具有一定斜率的输入匹配网络

当采用阻抗匹配方法设计微波功率晶体管放大器时，一般遵循输入/输出端同时实现共轭匹配的原则，以最大限度地发挥微波功率晶体管的放大能力。而在宽带放大器中如果仍按其原则进行时，则不能获得平坦的增益特性和输出功率，这是由微波功率晶体管本身的频率特性所决定的。微波功率晶体管的放大能力在宽频带范围内，近似地以每 1 倍频程 6dB 的衰减规律变化（即频率增加 1 倍，其增益下降 6dB）。此时，微波功率晶体管宽带放大器的设计准则是：在频带高端，使微波功率晶体管输入端和输出端同时达到共轭匹配，以最大限度地发挥微波功率晶体管的放大能力；而随着工作频率的降低，微波功率晶体管的放大能力

将近似地以每倍频程 6dB 的规律递增。这就要求匹配网络在频率降低时产生的失配损耗也要近似地以每倍频程 6dB 的规律递增，以抵消微波功率晶体管放大能力的变化，使微波功率晶体管放大器功率增益和输出功率保持基本不变。在微波功率晶体管放大器中，输出电路匹配状况直接决定了输出功率和效率。因此，输出网络补偿作用有限，从而主要依靠输入匹配网络的设计来达到扩展带宽的目的。

将一具有适当衰减-频率特性倾斜度的无损网络作为输入匹配电路，就是为获得宽带补偿。在前面介绍过的低通型变阻滤波器匹配网络即是按通带内具有最低反射插入损耗的准则进行综合设计的，它没有给定的衰减-频率倾斜特性，因此不适合在宽带功率放大器中应用。

图 3.34（a）为归一化的两节输入匹配网络，即低通型归一化两节集总元件无损网络，它在频带高端实现输入共轭匹配，且其失配衰减随频率变化斜率可近似地达到所要求值。该图中微波功率晶体管输入阻抗近似为集总电阻 R' 与电感 L' 的串联。网络元件 L_1' 中含有微波功率晶体管的输入电感 L'，设计时要先考虑 $L_1' \geqslant L'$。元件值相对于特性阻抗（50Ω）和工作频率 ω_0 的归一化，使得上界工作频率 $\omega_{\mathrm{H}}' = 1$（rad/s），$Z_{\mathrm{in}}' = R_{\mathrm{g}}' = 1 + \mathrm{j}0$（Ω）。此网络在 $\omega_{\mathrm{H}}' = 1$ 时所定义的阻抗变换比为

$$\gamma = R_{\mathrm{in}}' / R'$$

图 3.34（b）显示了网络的转换衰减-频率特性。其工作频带定义为下界工作频率 ω_{L}' 和上界工作频率 ω_{H}' 之间的区域，该网络的相对带宽 ω 为

$$\omega = \frac{2\left(\omega_{\mathrm{H}}' - \omega_{\mathrm{L}}'\right)}{\omega_{\mathrm{H}}' + \omega_{\mathrm{L}}'} = \frac{2\left(1 - \omega_{\mathrm{L}}'\right)}{1 + \omega_{\mathrm{L}}'} \tag{3.125}$$

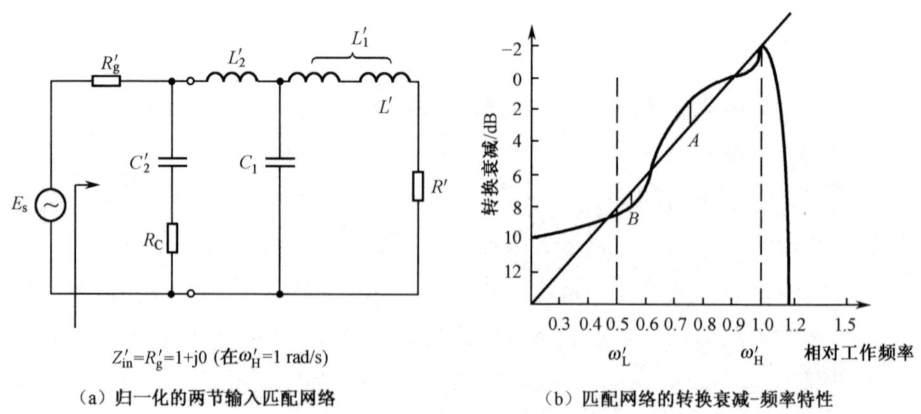

（a）归一化的两节输入匹配网络　　（b）匹配网络的转换衰减-频率特性

图 3.34　输入匹配网络的电路形式和频率特性

这里定义偏离所希望的衰减-频率特性的最大绝对正偏差与负偏差之和为阻抗匹配网络的纹波。图 3.34（b）中的 A 加 B 的和就是此网络衰减-频率特性纹波。

表 3.8、表 3.9 和表 3.10 分别是网络衰减-频率特性为 6dB/倍频程、5dB/倍频程和 4dB/倍频程的两节阻抗匹配网络。

在微波功率晶体管放大器中，通常用 1dB 来定义工作带宽。从数据表中可以看出，对于近似为 6dB/倍频程的设计，只有变换比γ小于 62.5 时，倍频程的波动才小于 1dB。对于$\gamma=100$，波动为 1.03 时，可能达到的最大相对带宽为 $\omega=0.56$。

表 3.8　6dB/倍频程的两节阻抗匹配网络

变换比γ	归一化元件值				分数带宽上的纹波/dB				
	L_1'/H	C_1'/F	L_2'/H	C_2'/F	$\omega=0.30$	$\omega=0.40$	$\omega=0.50$	$\omega=0.56$	$\omega=0.67$
20	0.218	4.91	0.841	0.550	0.34	0.34	0.34	0.34	0.79
25.0	0.168	6.24	0.766	0.784	0.42	0.43	0.45	0.45	0.45
	0.192	5.89	0.973	0.900	0.31	0.31	0.31	0.31	0.60
	0.195	5.79	0.987	0.875	0.28	0.29	0.29	0.29	0.51
33.3	0.168	6.97	0.972	1.20	0.19	0.19	0.19	0.19	0.28
	0.171	6.99	0.966	1.30	0.16	0.22	0.28	0.33	0.48
50.0	0.124	9.56	0.827	1.60	0.15	0.15	0.24	0.37	0.49
	0.128	9.36	0.835	1.65	0.24	0.28	0.28	0.28	0.39
	0.132	9.11	0.852	1.65	0.35	0.35	0.35	0.35	0.35
	0.136	8.88	0.869	1.65	0.46	0.46	0.46	0.46	0.46
	0.140	8.72	0.872	1.70	0.56	0.56	0.56	0.56	0.56
62.5	0.102	11.4	0.763	1.70	0.14	0.36	0.76	0.99	1.22
	0.106	11.3	0.760	1.80	0.22	0.22	0.46	0.71	0.97
	0.114	10.6	0.786	1.85	0.48	0.48	0.48	0.49	0.77
	0.118	10.3	0.795	1.90	0.65	0.65	0.65	0.65	0.65
	0.125	9.74	0.834	1.85	0.88	0.88	0.88	0.88	0.88
100.0	0.0690	16.8	0.624	2.10	0.140	0.74	1.62	2.08	2.60
	0.0770	15.4	0.649	2.20	0.50	0.50	1.17	1.63	2.21
	0.0820	14.2	0.653	2.40	1.03	1.03	1.03	1.03	1.65
	0.0860	14.2	0.653	2.40	1.03	1.03	1.03	1.03	1.65
	0.0915	13.5	0.958	2.50	1.41	1.41	1.41	1.41	1.41
	0.0950	12.9	0.691	2.40	1.60	1.60	1.60	1.60	1.60

表 3.9　5dB/倍频程的两节阻抗匹配网络

变换比γ	归一化元件值				分数带宽上的纹波/dB				
	L_1'/H	C_1'/F	L_2'/H	C_2'/F	$\omega=0.30$	$\omega=0.40$	$\omega=0.50$	$\omega=0.56$	$\omega=0.67$
20	0.218	5.22	0.985	0.85	0.27	0.30	0.30	0.30	0.31
25.0	0.195	6.70	0.987	1.15	0.18	0.18	0.18	0.18	0.18
33.3	0.159	7.51	0.898	1.04	0.13	0.13	0.23	0.31	0.41
	0.168	7.25	0.919	1.48	0.22	0.22	0.24	0.24	0.24
50.0	0.116	10.3	0.772	1.70	0.11	0.25	0.67	0.94	1.30
	0.124	9.80	0.786	1.80	0.31	0.31	0.38	0.62	1.00
	0.130	9.46	0.798	1.85	0.49	0.49	0.49	0.49	0.85
	0.136	9.14	0.810	1.90	0.67	0.67	0.67	0.67	0.70
	0.140	8.90	0.829	1.88	0.77	0.77	0.77	0.77	0.77
62.5	0.0976	12.2	0.705	1.90	0.15	0.32	0.93	1.32	1.84
	0.105	11.4	0.740	1.09	0.40	0.40	0.87	1.23	1.72
	0.110	11.1	0.140	2.00	0.58	0.58	0.60	0.93	1.44
	0.112	11.0	0.725	2.10	0.64	0.67	0.67	0.67	1.26
	0.120	10.4	0.745	2.15	0.97	0.97	0.97	0.97	1.05
100.0	0.0680	17.4	0.589	2.30	0.23	0.75	1.85	2.52	3.26
	0.0730	16.5	0.597	2.40	0.51	0.51	1.46	2.10	2.94
	0.079	15.6	0.590	2.60	0.90	0.97	0.97	1.60	2.54
	0.085	14.6	0.606	2.65	1.29	1.29	1.29	1.30	2.26
	0.092	13.7	0.607	2.80	1.90	1.90	1.90	1.90	1.90
	0.0950	13.2	0.630	2.73	1.99	1.99	1.99	1.99	1.99

表 3.10　4dB/倍频程的两节阻抗匹配网络

变换比γ	归一化元件值				分数带宽上的纹波/dB				
	L_1'/H	C_1'/F	L_2'/H	C_2'/F	$\omega=0.30$	$\omega=0.40$	$\omega=0.50$	$\omega=0.56$	$\omega=0.67$
20	0.218	5.27	0.982	1.20	0.14	0.15	0.15	0.15	0.15
25.0	0.192	6.20	0.967	1.40	0.12	0.12	0.12	0.20	0.36
	0.195	6.39	0.926	1.48	0.19	0.28	0.28	0.28	0.30
33.3	0.147	8.12	0.831	1.50	0.11	0.28	0.62	0.86	1.18
	0.153	7.98	0.835	1.60	0.13	0.13	0.35	0.57	0.91
	0.162	7.72	0.845	1.70	0.30	0.35	0.35	0.35	0.70
	0.170	7.47	0.858	1.75	0.46	0.50	0.51	0.51	0.57
50.0	0.106	11.2	0.710	1.80	0.09	0.47	1.16	1.32	2.18
	0.112	10.8	0.718	1.90	0.19	0.26	0.84	1.27	1.89
	0.118	10.5	0.721	2.00	0.36	0.37	0.57	0.98	1.82
	0.124	10.2	0.722	2.10	0.50	0.57	0.63	0.72	1.40
	0.130	9.73	0.743	2.10	0.74	0.74	0.74	0.75	1.27
	0.138	9.32	0.747	2.20	1.06	1.06	1.06	1.06	1.06

续表

变换比γ	归一化元件值				分数带宽上的纹波/dB				
	L_1'/H	C_1'/F	L_2'/H	C_2'/F	$\omega=0.30$	$\omega=0.40$	$\omega=0.50$	$\omega=0.56$	$\omega=0.67$
50.0	0.140	9.20	0.758	2.18	1.11	1.11	1.11	1.11	1.11
62.5	0.0896	13.3	0.652	2.00	0.10	0.61	1.49	2.36	2.77
	0.0976	12.5	0.669	2.10	0.34	0.38	1.10	1.64	2.41
	0.104	12.0	0.666	2.25	0.57	0.57	0.67	1.20	2.02
	0.110	11.5	0.670	2.35	0.88	0.88	0.88	0.88	1.75
	0.120	10.8	0.672	2.50	1.38	1.38	1.42	1.42	1.42
	0.125	10.3	0.708	2.40	1.53	1.53	1.53	1.53	1.53
100.0	0.0640	18.5	0.556	2.40	0.22	1.11	2.45	2.69	4.17
	0.0700	17.4	0.554	2.60	0.59	0.59	1.80	2.60	3.70
	0.0780	16.1	0.549	2.85	1.17	1.17	1.17	1.90	3.13
	0.0830	15.2	0.552	2.95	1.55	1.55	1.55	1.55	2.85
	0.0930	14.0	0.556	3.15	2.37	2.37	2.37	2.37	2.37
	0.0960	13.4	0.585	3.03	2.48	2.48	2.48	2.48	2.48

应该指出，输出匹配网络会影响输入匹配网络的设计。输出匹配网络的阻抗随频率的变化，将通过微波功率晶体管内部耦合电容的作用来影响微波功率晶体管放大器的增益-频率特性。所以，输入电平控制网络的设计要在输出匹配网络确定的情况下进行。

上述数据表对于工作频率低于 1GHz 的共发射极接地微波功率晶体管输入匹配电路设计也是有效的。在更高频率上，这些数据表只能用作参考。

6）采用内匹配微波功率晶体管

为了使微波功率晶体管放大器达到最大工作带宽、效率及功率增益，其输入匹配网络必须尽可能地靠近有源器件，如果微波功率晶体管是标准封装，则匹配网络应靠近封装管壳；如果能将匹配网络放入封装管壳内，则能使微波功率晶体管放大器性能获得显著提高，如集电极效率可提高 5%。

内匹配微波功率晶体管一般可分为两种：一种是输入/输出匹配网络直接将阻抗转换到 50Ω，此时放大器的电路设计将大大简化；另一种是将输入/输出阻抗转换到中间某个阻抗值，如 10～20Ω，此时放大器电路的设计容易实现。具有内匹配的微波功率晶体管电路如图 3.35 所示，它显示了一个将输入/输出匹配到 50Ω 的微波功率晶体管。

图 3.35 所示电路是将管芯输入阻抗 $Z_{in}=R+jX$ 直接转换到 50Ω 的输入匹配网络。该图中采用了一般的二节网络，按前面介绍过的低通型变阻滤波器进行设计。输出匹配网络也基本相同。但内匹配微波功率晶体管也有缺点：一是

输入/输出电路在管内封装，难以对匹配网络进行微调，微波功率晶体管成品率会有所下降，从而使成本增加；二是内匹配微波功率晶体管限制了使用频率的范围，使其只能在内匹配频率范围内工作。

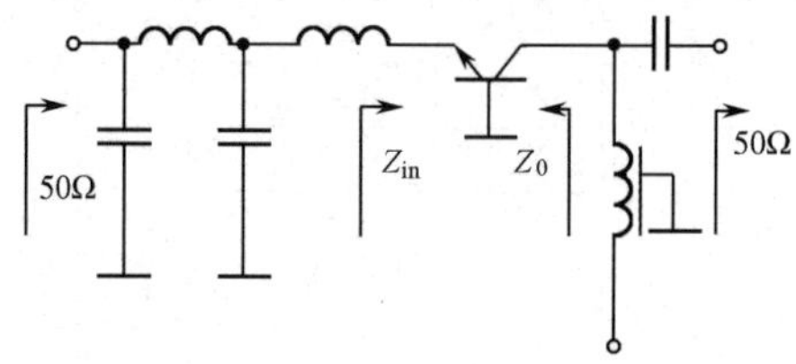

图 3.35　内匹配微波功率晶体管电路

7）采用 A 类工作状态

工作在 C 类的微波功率晶体管放大器效率较高，但是其输入阻抗在宽带内很难实现共轭匹配，因此微波功率晶体管输入得不到足够的推动功率。特别是工作频率高于 1GHz 后，输入阻抗 Q 值很高，激励功率显著下降。如果微波功率晶体管能工作在 A 类状态，就能克服上述不足，并获得较高增益，也能部分补偿效率降低的不足。此法的关键是微波功率晶体管能否工作在 A 类状态，如果可以，就可以采用在宽带范围内使输出功率和增益都最佳的设计方法。

3.4.6　宽带线性微波功率晶体管放大器的设计

前一节提到了宽带微波功率晶体管放大器运用在 A 类工作状态，可克服 C 类微波功率晶体管放大器不适宜宽带工作的不足，既能实现输入电路的宽带匹配，又能在 A 类工作状态下具有较高增益，可弥补效率的降低。A 类工作状态放大器的实现取决于两点：①要有适合于 A 类工作状态的微波功率晶体管；②要采用使输出功率和增益在宽带内最佳化的设计方法。

一般微波功率晶体管，有的能工作在 A 类工作状态，有的则只能工作在 C 类工作状态而不能工作在 A 类工作状态。

宽带线性微波功率晶体管放大器的设计主要取决于微波功率晶体管输入/输出电路的实现。所设计的电路应能给出所需要的稳定增益和在工作频带内满足输出功率和集电极效率等指标要求。在微波频段内，微波功率晶体管的微波特性可用大信号 S 参数来表征，S 参数能影响和决定放大器的稳定性、功率增益及带宽。而输出功率和效率是与微波功率晶体管功率容量、直流工作状态（偏置电压）和负载阻抗有关的，且负载阻抗又受增益、带宽和稳定性的影响，因此要在这些相互制约的因素中权衡利弊并做出选择。

宽带线性微波功率晶体管放大器的设计过程可遵循图 3.36 所示的设计流程进行。

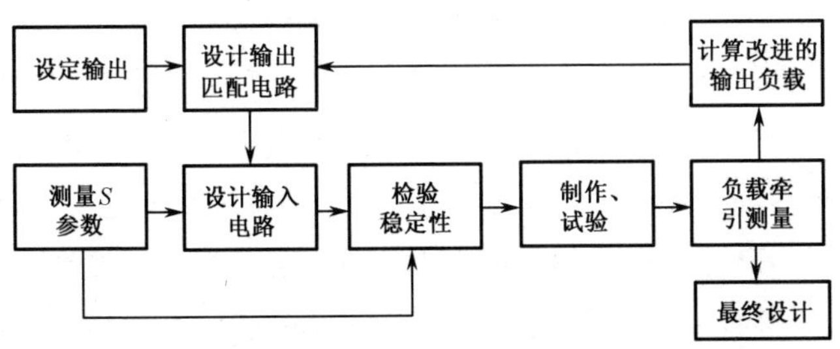

图 3.36　宽带线性微波功率晶体管放大器设计流程图

第一步是根据设定的输出负载来设计输出匹配电路，而输出匹配电路应给出与微波功率晶体管输出功率容量相一致的负载电阻。该电路还需抵消微波功率晶体管的基极-集电极电容，使微波功率晶体管的电抗性负载最小，然后采用最实用的电路结构——低通型变阻滤波器，作为宽带输出匹配网络，其一般形式如图 3.37 所示。

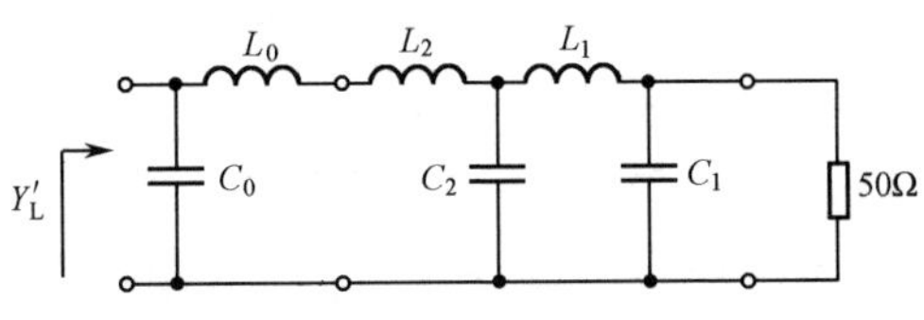

图 3.37　宽带输出匹配电路

第二步是根据 S 参数和已经确定的输出匹配电路，选好合适的输入电路结构，用计算机进行优化设计，使电路元件在所要求的频带内达到最佳效果。

第三步是对该放大器电路进行稳定性检验，如果该放大器处于潜在不稳定状态，则要对电路进行修改，以确保该放大器处于稳定工作状态。

第四步是制作出供试验用的放大器，然后进行反复试验，以达到最佳设计。

第五步是进行负载牵引测量，就是用试验方法来检验输出负载在各种失配状态下对放大器性能的影响，将放大器输出功率随负载阻抗变化的关系曲线记录下来，并画在阻抗圆图上，即画出等输出功率曲线。由此可使输出电路达到最佳化，然后再修正输入电路设计，多次重复上述设计过程，直至该放大器性能达到指标要求。

3.4.7 宽带C类微波功率晶体管放大器的设计

宽带大信号C类微波功率晶体管放大器（简称大信号放大器）的设计比小信号微波功率晶体管放大器的设计复杂得多，在大信号放大器中，除保证在宽带内放大器稳定性的要求外，还要满足饱和输出功率和集电极效率两项性能指标的要求。另外，大信号放大器的输出匹配电路还影响放大器的功率增益，并且在一般情况下其功率增益与饱和输出功率指标会有矛盾。对最大输出功率而言，此时的功率增益要降低1dB以上。大信号放大器的输入匹配电路主要是从保证达到一定功率增益和增益平坦度方面来考虑设计的，而不是考虑与饱和输出功率与集电极效率之间的关系。

大信号放大器的设计，主要是利用计算机进行优化设计，即先要对能达到宽带工作的电路结构进行定性了解，再结合一些有效的电路约束条件，从多种方案中选择最佳方案。

1. 微波功率晶体管的大信号电路特性

本章前面已介绍了微波功率晶体管大信号S参数的表征法和利用大信号S参数设计微波功率晶体管放大器的方法。但这些方法都存在一定局限性，它们能较正确地反映微波功率晶体管放大器的稳定性、功率增益和增益平坦度等。但对大信号微波功率晶体管放大器设计的两个重要参数——饱和输出功率和集电极效率没有反映。S参数可以在负载线与微波功率晶体管输出阻抗间建立一定的关系，但不能提供饱和输出功率的大小和集电极效率的高低。S参数设计法仍可用于宽带微波功率晶体管放大器的设计中，但只能作为设计过程中的一个环节，即用于输入电路设计和放大器稳定性的检验。

在C类放大器设计中，要采用已经建立起来的完整的大信号集电极负载线特性法（或称负载牵引特性测试法），它在输出功率、功率增益、集电极效率和稳定性等重要指标之间可以建立起确定的关系。负载牵引特性测试法由如下的一系列测试所组成：保持加在微波功率晶体管的集电极电压在规定的范围内；输入一定频率的恒定驱动功率；测试不同集电极负载阻抗下的输出功率、集电极电流，观察其放大器的稳定性。在工作频带内的若干个频率点，测得上述指标对应的数据，以供输出匹配网络计算机优化设计时使用。

负载阻抗的变化情况可用精确校准的滑块调配器来完成，也可用前面介绍的“双信号法”得到等效负载阻抗的变化范围（即用可变衰减器改变a_2的模，用移相器改变它的相位，即改变等效负载阻抗）替代。要得到完整的负载牵引特性需要很长时间，且需要在每个频率上测几十个集电极阻抗点。

由于 A 类状态工作的微波功率晶体管与 C 类状态工作的微波功率晶体管的原理相同，因此其 1.8GHz 频率上的负载牵引特性可参见图 3.38。该图中的轮廓线表示了等输出功率时的负载阻抗的轨迹。虽然负载牵引特性测试法很重要，但测试太费时，不方便使用。现在普遍采用的是一种大信号放大器近似输出等效电路的宽带设计方法。

图 3.39 给出了大信号共基极微波功率晶体管输出等效电路。该图中的 B 和 C 分别表示微波功率晶体管基极和集电极外引线端。L_0 表示集电极串联引线电感，C_0 表示微波功率晶体管的有效大信号输出电容。经测试发现，C_0 与在电桥上实际测试的集电极-基极反偏结电容 C_{cb} 的大小差不多。R_0 一般不测试，它只表示微波功率晶体管内确实存在一个有限阻值的并联输出电阻。

图 3.39 中的微波功率晶体管输出等效电路是设计宽带大信号输出匹配网络的依据。根据等效电路中集电极结点 C' 处的阻抗，可以确定设计输出匹配电路的约束条件。

设 C' 处的导纳 $Y_L' = G + \mathrm{j}B$（也可用 $R_P = \dfrac{1}{G}$ 和 $X_P = \dfrac{1}{B}$ 的并联来表示），其中并联电阻 R_P 与输出功率有关。设定 U_{cc} 值后，则存在一个近似不变的 R_P，使微波功率晶体管在工作频率范围内产生所希望的输出功率。

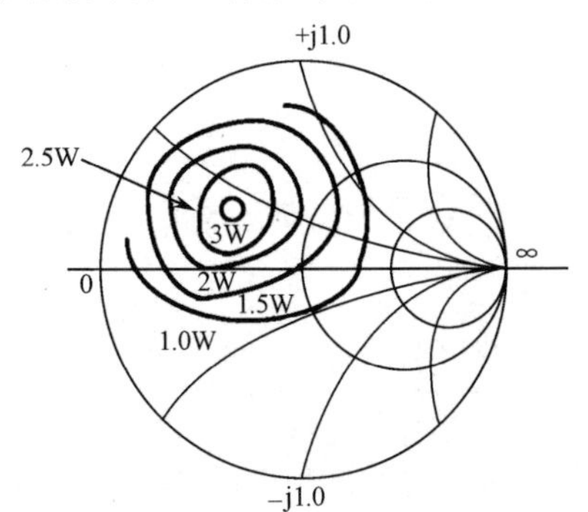

图 3.38　一种在 A 类状态工作的微波功率晶体管在 1.8GHz 频率上的负载牵引特性

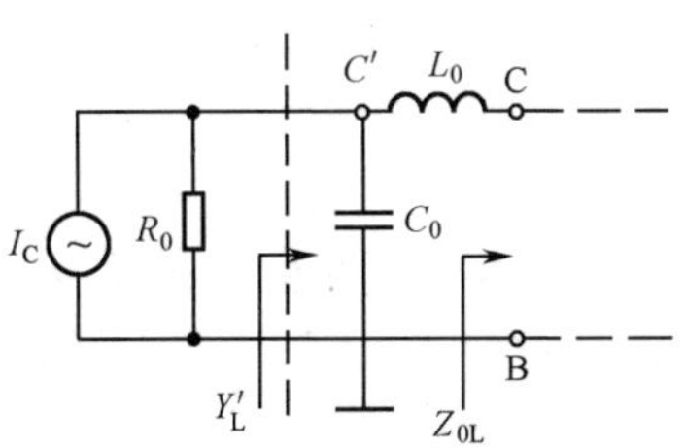

图 3.39　大信号共基极微波功率晶体管输出等效电路

这一现象已被由变换到输出等效电路结点 C' 处的负载牵引测试数据和微波功率晶体管生产厂给出的数据所证实。工作频率一定，当输出功率低于实际值时，R_P 将与输出功率成反比。所以，为了保持在工作频率范围内饱和输出功率近似相等，R_P 的值必须随频率增加而成比例地减小。

把电容 C_0 调谐掉后，可以得到纯电阻性负载 R_P，使微波功率晶体管的集电

极效率达到最佳。但实验证明，不可能在整个频带内都将电容 C_0 调谐掉，只能在一个或几个频率上实现，且失谐越大，X_P 值越小，集电极效率下降得就越多。实际中，为了保持达到合适的集电极效率，都规定 X_P 的最小值。作为另一个设计约束条件，规定 X_P 在工作频带内的任何频率上，其值都要大于 R_P 值的 2 倍，即 $|X_P| \geqslant 2R_P$。实际中，假如满足上述两个约束条件的设计，仍达不到所要求的带宽时，只有牺牲集电极效率，放松对 X_P 的约束，以满足带宽要求。有时可选用 $|X_P| \geqslant R_P$ 的条件去达到可接受的指标。允许 R_P 值比它实际的值偏差大一些，也是在性能和带宽之间进行折中的另一种办法。

2. 宽带输出匹配网络的设计

宽带输出匹配网络的实用电路是全低通型变阻滤波器，如图 3.40 所示。

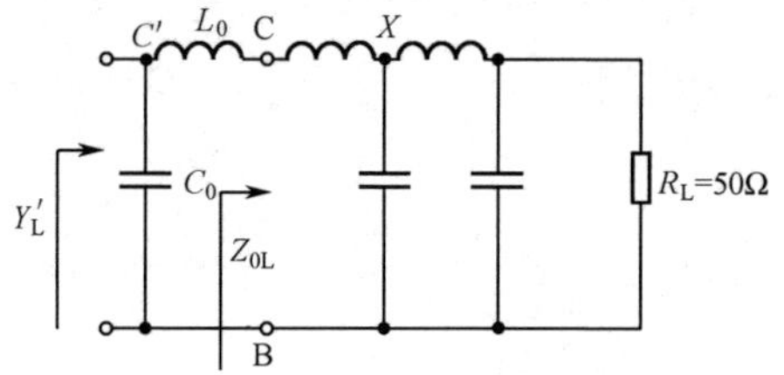

图 3.40　宽带输出匹配电路

该图中已将微波功率晶体管的输出等效电路中的 C_0 和 L_0 考虑在图中的匹配网络里了。假如在管壳内部加上一个与输出电容 C_0 并联的电感，可使微波功率晶体管的工作频带进一步展宽，而此并联电感放在管壳之外，就起不到展宽工作频带的作用了。

3. 输入匹配网络的设计

输入匹配网络的作用是为在工作频带内获得所要求的功率增益和增益平坦度。大信号微波功率晶体管的输入阻抗随集电极负载阻抗的变化而改变，而集电极负载阻抗按输出功率和集电极效率指标来设计。因而宽带大信号放大器的设计过程是先选定合适的输出匹配网络，再去设计输入匹配网络来满足增益要求。

在微波频段，大信号微波功率晶体管的输入等效电路一般为一个小电阻与一个电感串联；对共基极电路，此电阻和电感值将随频率增加而慢慢地增大。这时候较合适的输入匹配网络是由两节低通型变阻滤波器组成的。它能将微波功率晶体管的输入串联电感并入网络。同时，低通型滤波器是用并联电容在微带电路实现的，这比起用串联电容在微带电路中实现高通或带通滤波器要容易得多。

输入匹配电路的设计原则是补偿微波功率晶体管的增益-频率特性的变化。在频率高端，微波功率晶体管功率增益将下降，此时力求使微波功率晶体管与 50Ω 信源阻抗匹配，以补偿增益损失；而在频带的低端，微波功率晶体管功率增益较高，可以使它偏离匹配状态，以压低增益，使它与频率高端增益接近，这就是常用的电抗性衰减法进行增益补偿的办法。

设计输入电路时还要注意：①一般高功率晶体管的串联输入电阻很小，其测试精度特别重要；②微波功率晶体管串联输入的 Q 值比较高，与微波功率晶体管输入相关联的电容器必须尽可能地靠近管壳。

3.4.8　平衡微波功率晶体管放大器的设计

在微波频率低端，为了提高微波功率晶体管放大器的输出功率，可采用推挽结构的双列式微波功率晶体管设计平衡放大器（简称平衡推挽放大器）。这种放大器比单管相同功率的单端放大器具有更多显著的优点。推挽结构的双列式晶体管在一个管壳内封装了两个晶体管芯片，芯片之间相对管内虚拟地的相位差 180°。管内虚拟地降低了共模电感，而该共模电感是放大器产生不稳定的根源。平衡推挽放大器的原理电路如图 3.41 所示。

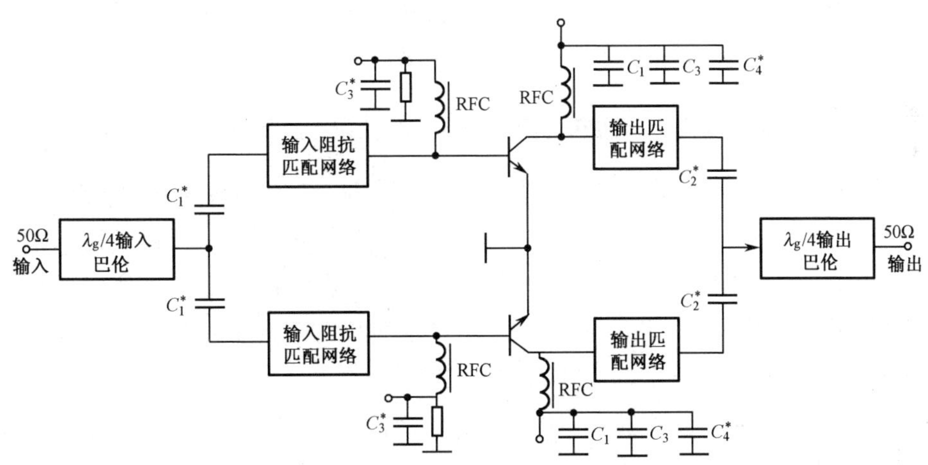

图 3.41　平衡推挽放大器的原理电路

这种双引线封装的微波功率晶体管，其工作原理就像两个相互隔离的单端晶体管一样，但其输入/输出阻抗可有效地增加，即单端晶体管的阻抗是双列式微波功率晶体管平衡阻抗的一半。因此，对于具有相同发射极周长的微波功率晶体管，平衡推挽放大器（推挽工作）的阻抗是单端（并联运用）阻抗的 4 倍，图 3.42 说明了这一点。

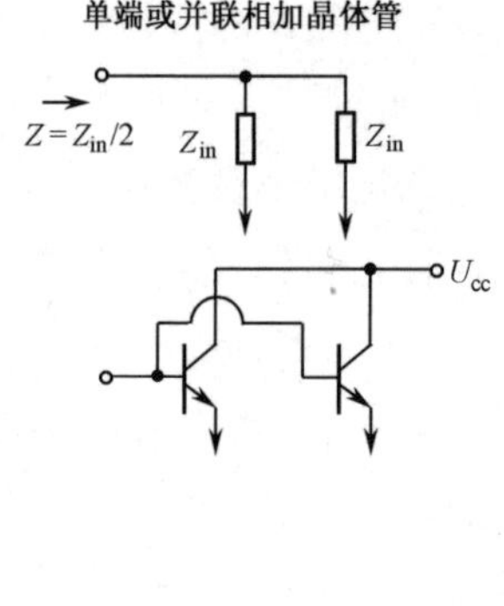

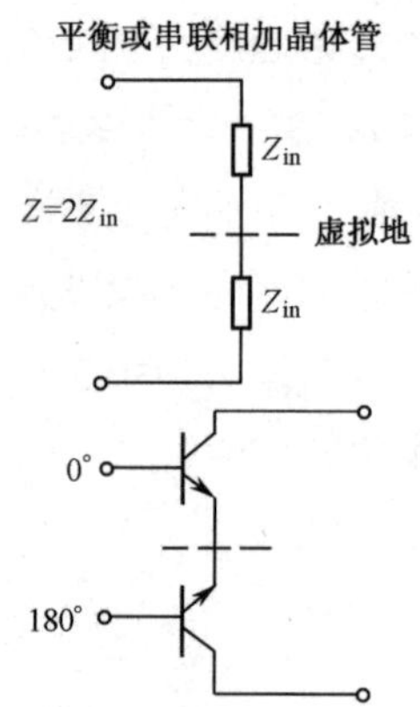

图 3.42　平衡和单端设计时阻抗电平的比较

平衡推挽放大器的结构决定了器件内部和外部匹配网络间的唯一阻抗匹配方式。并联电容装在双引线之间，这对于工作在 UHF 波段的由芯片电容组成的阻抗匹配网络来说，能有效地节省空间。只要保持微波功率晶体管双线间的相位差为 180°，就能充分发挥推挽工作方式的作用，这只需要在该晶体管外设计一个巴伦（平衡至不平衡变换器）作为阻抗匹配网络的一部分。平衡推挽放大器的单个管芯工作在 B 类状态，但平衡推挽放大器具有 A 类放大器的优良线性特点，其线性输出功率近似为单管的 2 倍。这类放大器被广泛应用在 UHF 波段。

3.4.9　最小结温微波功率晶体管放大器的设计

微波功率晶体管在恶劣的环境条件下要具有良好性能必然会增加系统的复杂性。在要求器件具有更高工作频率、更高功率密度、更高封装密度和扩展工作频带等指标时，常常会因为偶然的疏忽而导致器件出现过大的功耗。器件的许多种故障机理都与器件过热相关，因此，在器件内部保持较低的且均匀分布的结温是非常重要的。

目前有两种基本有效的方法来测试器件的结温，根据所测得的结温能计算出器件的有效热阻。

最常用的测试方法是红外扫描技术。该测试方法利用了一个与光学显微镜相连接的红外检波器来实现。显微镜聚焦在微波功率晶体管管芯表面且能以检波电压测试出所散发的红外能量，此检波电压与已校准过的基准曲线相比，就可测得峰值瞬态温度。红外扫描仪可聚焦在小到 1/1000inch（1inch≈2.54cm）的图像区，检测热瞬态的速度高达 5μs。利用这样的技术，设计师就能确定热斑结温在不同工作条件下如何变化，以及如何避免出现这种情况。一种成熟的器件设计就是通过对微波功率晶体管芯片表面上的结温（T_j）分布参数的测试，将那些相对薄弱的设计区分出来并进行修改。设计优良的晶体管放大器应使结温 T_j 的变化保持在最小范围。红外扫描测试需要对没有加封装盖的器件进行，但校准测试很费时间，对微波功率晶体管放大器的设计师来说不是实用的方法。

第二种方法是通过对微波功率晶体管基极-发射极电压（U_{be}）随温度变化的测试，经过计算得出结的平均温度。此方法测试不出热斑的变化，这些热斑在大量多管芯器件中分布是很分散的，对于大量高功率器件来说，这是一种主观成分较大的测试方法。在红外扫描技术不能用的情况下（即对已加盖器件，如果管芯单元区域大小或金属化范围覆盖了有源区），此测试方法能用作测量温度变化的比较基准。在此方法中，结温 T_j 能通过双极微波功率晶体管和发射极电流 I_e 的关系计算得出。发射极电流 I_e 取决于其几何形状、材料常数和其他一些外部参数。

$$T_j = \frac{q_e U_{be}}{k\ln\left(\dfrac{I_e N_B}{A_e q_e n_i^2 D_B}+1\right)} \tag{3.126}$$

式（3.126）中，U_{be} 为基极-发射极电压，q_e 为电荷常数，I_e 为发射极电流，D_B、N_B 和 n_i 为半导体材料常数，A_e 为发射极面积，k 为玻耳兹曼常数。

在近似的条件下，预测结温 T_j 的一个很有实际意义的参数是器件热阻 R_{Tjc}，该值实际上是三个不同项的和，它是对如图 3.43 所示的双极型器件通用结构全面考虑得出的结果。R_{Tjc} 的值取决于几何形状、材料和三维空间热流。依据有关文献，结温由下式决定

$$T_j = T_A + P_D(R_{Tjc}) \tag{3.127}$$

式（3.127）中，T_A 为散热器周围温度，P_D 为峰值耗散功率，且

$$R_{Tjc} = R_{T芯片} + R_{T低熔质} + R_{T封装}$$

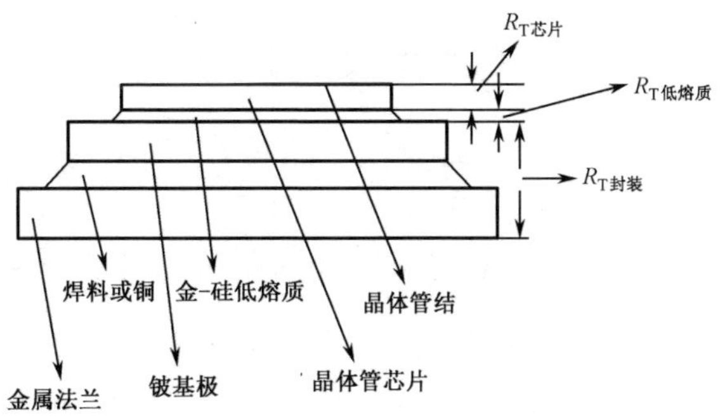

图 3.43　微波功率晶体管热阻构成

实际的半导体 p-n 结位于微波功率晶体管芯片表面约 1μm 的深处，芯片下面的直接环境有巨大热容量，对器件实际的工作而言，这意味着器件热阻 R_{Tjc} 具有热时间常数。当微波功率晶体管仅工作在短脉冲时，其热时间常数可以加以利用。由于热容量大，峰值结温不是瞬态响应的，因而它能经受比标称值更大的耗散功率。

峰值结温与脉冲宽度的关系如图 3.44 所示，它表示了一个微波功率晶体管被输入 250μs 射频脉冲时所测得的温度随时间变化的曲线。一般来说，对于同类半导体材料，随着基片厚度的增加，热时间常数也会增加，而有效 R_{Tjc} 则会下降。例如，工作频率为 3GHz 的器件温升更快，其热时间常数比体积较大的且实际厚度较厚的 UHF 波段器件的时间常数低得多。所测数据表明，工作射频脉冲宽度比器件的热时间常数小的器件，其结温 T_j 值较低；而运用宽脉冲且脉冲宽度为热时间常数的 2～3 倍时，器件温度接近连续波条件。利用热时间常数特性，尤其是在短射频脉冲情况下，器件峰值输出功率可以增加到连续波工作时输出功率的 2 倍，而峰值结温 T_j 则相同。

从上述讨论中可以得出这样的结论，要使微波功率晶体管长期可靠地工作，即在不同脉冲宽度下安全运行，就是要保持器件峰值结温不超过微波功率晶体管所允许的长期工作最高结温。

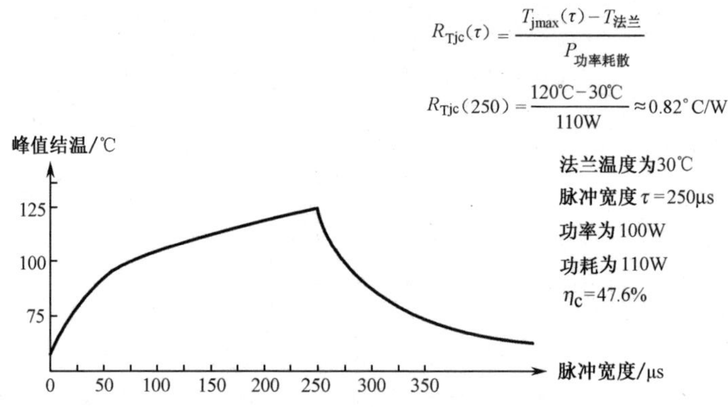

图 3.44　峰值结温与脉冲宽度的关系

3.4.10　集电极负载等值线微波功率晶体管放大器的设计

微波功率晶体管制造厂通常标定该厂器件的最大功率输出能力，但其器件的额定值是可以调整的，只是以降低输出功率为代价。设计原则是为保持可靠的性能，在给出最大输出功率的同时考虑系统和生产的公差。在微波功率晶体管放大器设计阶段，可以用一特定微波功率晶体管的曲线簇真实地达到上述结果，此曲线称为集电极负载等值线。

集电极负载等值线是用图解的方法在极坐标上画出阻抗特性曲线，它表示随集电极负载阻抗的变化而变化的器件特性。对给定的工作频率、集电极电源电压和射频激励电平，微波功率晶体管输出端复数阻抗的变化将引起输出功率、效率和管内结温的变化。这些参数能通过精密校准系统在史密斯圆图上绘出曲线。图 3.45 表示了集电极负载阻抗等值线的史密斯曲线。当给出电压 U_{cc}、激励功率 P_{in} 和频率的标称值时，可以得到对于最大输出功率的唯一阻抗值，也就是说，只要集电极电压、激励功率和工作频率不变，就可得到最大输出功率，而这一点代表一个唯一阻抗值，任何偏离这一点的阻抗值都会导致输出功率低于在 P_{0max} 点所达到的功率。输出功率可降低到任意电平，如低于 P_{0max} 点的 0.5dB，在此功率上可得出无数个阻抗值。这些较低功率点代表了一条围绕 P_{0max} 点的同心轨迹，且轨迹中任何一个都代表了微波功率晶体管给出相同输出功率的一条阻抗等值线。

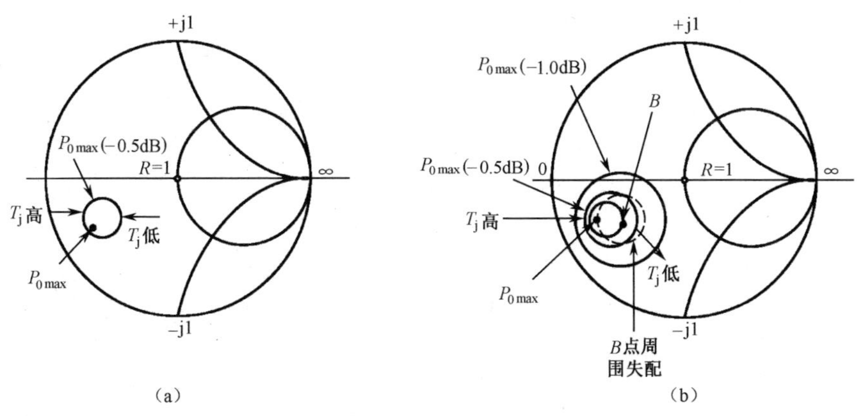

图 3.45　集电极负载阻抗等值线的史密斯曲线

与集电极负载等值线相关的另一重要参数是峰值结温。对于内部集电极没有匹配或器件内有集电极匹配，但超过工作频段就谐振的微波功率晶体管，其结温在低阻抗值时就高一些，在高阻抗值时就低一些。通过观察某些阻抗与结温关系的现象，再参照集电极负载输出功率等值线的方法将 T_j 的等值线在史密斯圆图上绘出，可得出两个重要事实：①器件必须具有比用它做成的放大器更大的输出功率能力；②匹配网络应有所选择，以便在另一阻抗值失配条件下保持较低结温。如图 3.45（b）所示，把匹配点从 P_{0max} 移到 B 点，如图 3.46、图 3.47、图 3.48、图 3.49、图 3.50、图 3.51 所示，分别给出了一个脉冲运用的标准封装器件，在工作频率为 1350MHz 时的六种参数集电极负载等值线，此时的输出功率、效率、峰值结温和插入相移都是在上述工作条件下得出的。改变频率、激励功率和集电极电压将改变这些曲线在图上的不同位置。利用集电极负载等值线技术来观察负载阻抗与微波功率晶体管工作参数之间的相互作用，可以使这些参数达到相对最佳值，并提供建立可测试器件性能指标的实际方法。

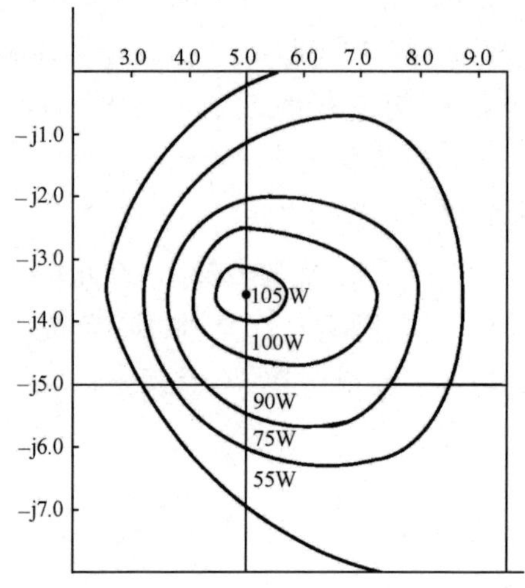

图 3.46　集电极负载峰值功率输出等值线

图 3.47　集电极负载效率等值线

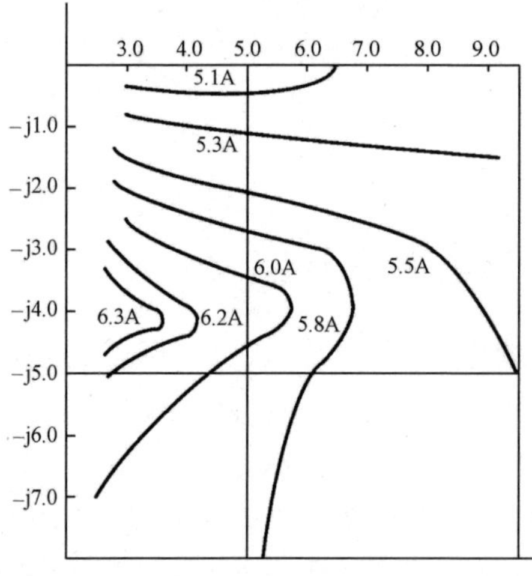

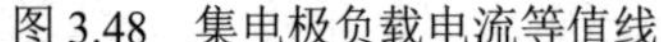
图 3.48　集电极负载电流等值线

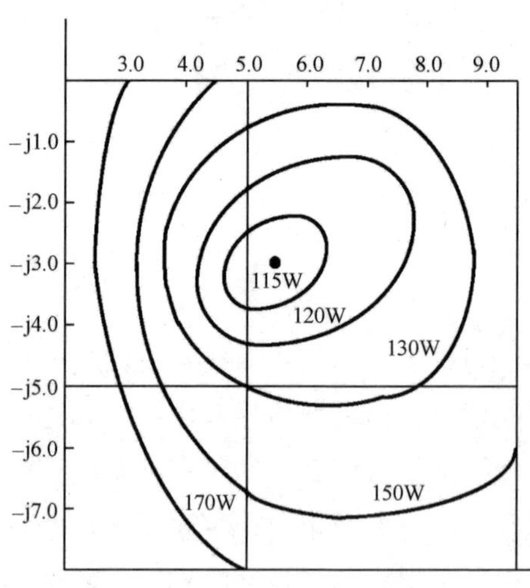

图 3.49　集电极负载峰值耗散功率等值线

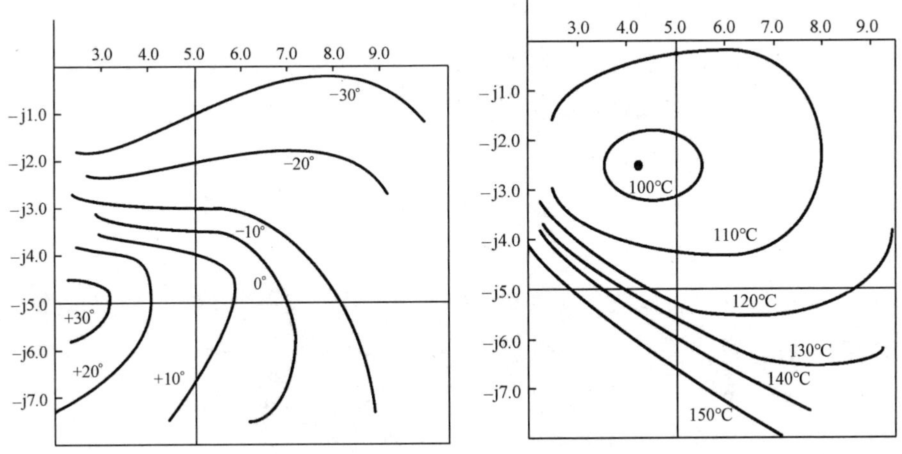

图 3.50　集电极负载相对插入相移等值线　　图 3.51　集电极负载峰值结温等值线

3.5　全固态雷达发射机

自 20 世纪 70 年代以来，固态雷达发射机（简称固态发射机）有了飞速发展，随着新型微波功率晶体管工作频率的不断提高和输出功率的不断增加，在 C 波段、X 波段乃至毫米波波段也可以实现全固态发射机。全固态发射机与电真空管发射机（速调管、行波管、正交场管发射机等）相比具有下列优点：

（1）固态发射机没有热阴极，不存在预热时间，因而节省了灯丝功率，其器件使用寿命几乎是无限的。

（2）固态发射机都工作在低压状态，末级放大管的电源电压一般不会超过 100V。因此，不像真空管发射机那样要求几千伏至几百千伏的高电压，不存在需要浸在变压器油中的高压元器件，从而减小了发射机的体积和质量。

（3）固态发射机与真空管发射机相比，具有更高的可靠性，其微波功率晶体管放大器模块的 MTBF 可达几万或几十万小时。固态发射机可实现模块化，即射频功率放大器模块化、低压直流电源模块化等。其发射机系统具有故障弱化功能（因为固态发射机的输出功率是由大量功率放大器组件并联相加输出或由有源相控阵的 T/R 组件发射支路功率放大器输出，然后在空间合成的），当少数微波功率晶体管放大器组件出现故障时，不会影响发射机系统的正常工作，仅是性能略有变化，若以分贝数表示，则总的输出功率仅降低 20lg r（r 为正常工作的放大器与放大器总数之比值）。同时，直流电源也可以并联运用，再采用冗余设计，即使个别电源出现故障也不影响系统的正常工作。

（4）固态发射机内部的故障监测（BITE）系统可把故障隔离到每个可更换单元，并且可做到现场在线维修更换（用备份件模块）。这样就大大地缩短了维修时间，使固态发射机更可靠和实用。

（5）固态发射机不需要真空管发射机的大功率、高电压脉冲调制器，其功率器件通常工作在C类状态，属简单的放大性质。

（6）固态发射机可以达到比真空管发射机宽得多的瞬时带宽，如高功率真空管发射机瞬时带宽达到10%～20%就算很宽了。

（7）固态功率放大器组件应用在相控阵雷达中具有很大的灵活性。

每个天线辐射单元与单个有源 T/R 组件相连可以构成有源相控阵天线阵面，这样消除了高功率真空管发射机相控阵系统中高功率源与天线阵面之间的射频传输损耗，而且波束控制、移相等均可在低功率上的有源 T/R 组件输入端完成，避免了辐射单元移相器的高功率损耗，提高了整机效率。还可以用关断或降低某些有源 T/R 组件功率放大器输出功率，来实现有源相控阵列发射波瓣的加权。

3.5.1 全固态雷达发射机的类型

固态发射机基本上可分为集中放大式高功率合成发射机和分布式有源相控阵发射机两大类。前者用于要求高功率输出的单一天线发射的雷达系统，这是早期研制固态发射机替换原有真空管发射机的重要目的；后者用于新型的有源相控阵雷达，这类发射机的应用使相控阵雷达的发展迈上了新台阶，获得了长寿命、高可靠性，同时设备维修保养费用也大大降低。

3.5.2 全固态雷达发射机的特殊设计考虑

全固态发射机在设计时需特殊考虑下述两点：

（1）本章前面已经提到用固态发射机替换原有真空管发射机所遇到的一些问题，除了工作频率受限制外，还有发射机系统设计的不同。微波功率晶体管一般是平均功率器件，而高功率真空管是典型的峰值功率器件，由此差别而产生了发射机系统设计的很大差异。微波功率晶体管的工作电压低，峰值功率输出受到一定限制，而其平均功率输出能力取决于微波功率晶体管的热耗散。一般来说，微波功率晶体管工作脉冲宽度可分为窄脉冲（小于10μs）、宽脉冲（10～300μs）

和宽脉冲（大于 300μs）三类，相对应的工作比也从千分之几至百分之百（连续波）。真空管的峰值功率和平均功率之比值可以很高，而微波功率晶体管的窄脉冲、低工作比运用的峰值功率值仅比连续波工作的输出功率高 2～3 倍。所以固态发射机更适合于工作在宽脉冲、大工作比的场合，这样才利于发挥固态发射机的优点。

（2）为了提高固态功率放大器的效率，一般都使它工作在 C 类放大状态，此时微波功率晶体管放大器呈现出对激励电平的特殊关联性。当其为单级放大时，具有窄带线性放大器的特性，只有 1～3dB 的窗口；多级放大器串联应用时情况更为特殊。因此，微波功率晶体管末级放大器一定要驱动到饱和状态，使它对激励电平的变化不敏感。否则，放大器的输出脉冲将产生失真或使功率显著降低。

另外，还要考虑放大器过饱和状态的影响。前级放大器激励幅度变化时，因为末级输出放大器工作在饱和状态，所以其输出幅度变化不大，但此时插入相移会有较大改变，也称幅相转换，如在 S 波段，一般激励功率变化 1dB，插入相移变化约 10°。

参考文献

[1] Edward D Ostroff, Michael Borkowski, Harry Thoms, et al. Solid-State Radar Transmitters[M]. Washington: Artech House Inc, 1985.

[2] 袁孝康，王仕璠，朱俊达. 微带功率晶体管放大器[M]. 北京：人民邮电出版社，1982.

[3] 谢怀彦. 微波场效应晶体管器件[M]. 北京：人民邮电出版社，1982.

[4] 官野卓雄，垂井康夫. MOS 场效应晶体管的应用[M]. 黄振岗，译. 北京：人民邮电出版社，1986.

[5] 文德林 G D. 用 *S* 参数法设计放大器和振荡器[M]. 李永和，译. 北京：科学出版社，1986.

[6] 斯科尔尼克 M I. 雷达手册（第四分册）[M]. 谢卓，译. 北京：国防工业出版社，1974.

[7] Merrill Skolnik. Radar Handbook[M]. Second Edition. New York: McGraw-Hill Publishing Company, 1990.

[8] 情报中心. 世界地面雷达手册[Z]. 2 版. 机械电子工业部第十四研究所，1992.

[9] Steve C Cripps. Advanced Techniques in RF Power Amplifier Design[R]. Artech House Microwave Library, 2002.

[10] Inder Bahl, Prakash Bhartia. Microwave Solid State Circuit Design[M]. Second Edition. Hoboken: John Wiley & Sons Inc, 2003.

[11] 王哲，元宝位，肖波，等. SiGe 异质结微波功率晶体管[J]. 微波学报，2002，18(4)：84-89.

第 4 章
全固态雷达发射机的设计和实践

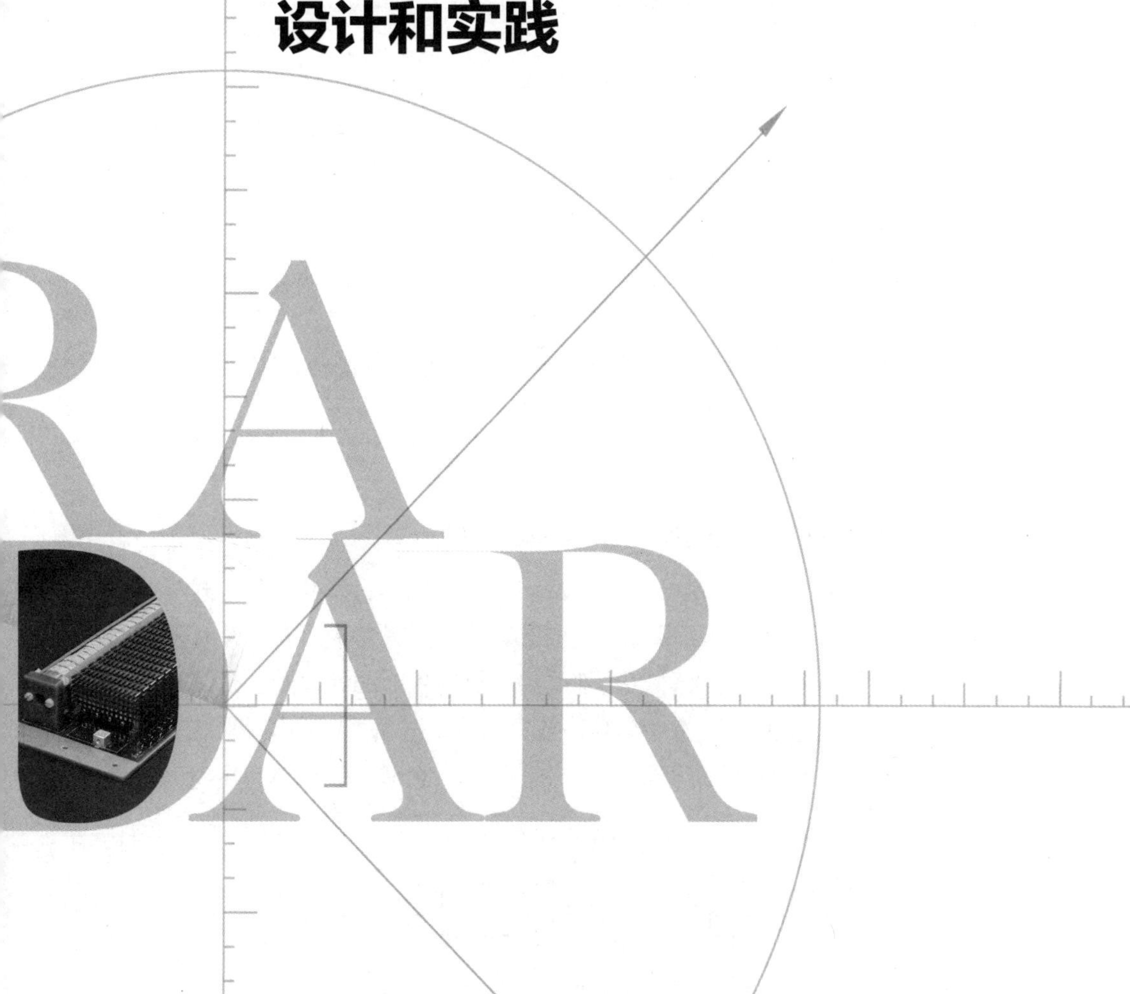

本章主要介绍全固态雷达发射机（简称固态发射机）的历史、现状和发展趋势，阐明固态发射机的工作原理、组成和设计思路，以及对固态发射机的功率合成技术进行介绍和讨论。本章的重点是结合国内外固态发射机的成功范例来介绍集中放大式高功率固态发射机和有源相控阵雷达固态发射机的特点、用途和组成，具体讨论 P 波段、L 波段、S 波段、C 波段和 X 波段固态发射机和 T/R 组件功率放大器的设计方法和特殊考虑。第三代半导体微波功率放大器和固态发射机的相关内容在本书第 11 章中进行具体介绍和详细讨论。

4.1 概述

固态发射机从诞生那一时刻起就以极其强劲的势头迅猛发展，从 20 世纪 70 年代到今天，固态发射机已逐步扩展应用到雷达常用的各个频段，从短波（超视距雷达）至毫米波雷达（毫米波寻的雷达，毫米波仿真雷达）。中国从 20 世纪 70 年代开始研制固态发射机以来，经过新老几代科技人员的努力，已开发研制出多种类型、多个频段的固态雷达发射机，并已广泛应用在各种平台装备上。从地面和舰载的多种功率量级及多个频段的集中式固态发射机和大型有源相控阵分布式固态发射机，到机载预警、机载火控有源相控阵雷达固态发射机，以及星载雷达固态发射机都取得了突破性进展，固态发射机已经进入到广泛使用和批量生产阶段。

中国的第一台固态发射机是从 20 世纪 70 年代开始研制，至 80 年代中期投入使用的。该雷达发射机是一部 P 波段固态发射机，它是介于集中式与分布式有源相控阵之间的一种行馈一维相位扫描发射机，其具有高可靠性、长寿命和模块化的特点。它的微波功率晶体管全部采用了国内生产的晶体管，末级功率放大管为 60W，基本功能模块为 160W 功率放大组件，其基本功能模块如图 4.1 所示。该放大组件是由 7 个微波功率放大器（A_1～A_7）、6 个 3dB 电桥（B_1～B_6）组成的均匀组合结构功率放大器。

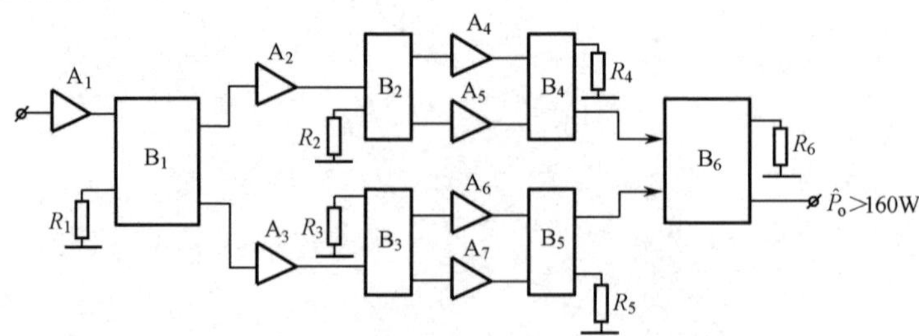

图 4.1 160W 功率放大组件基本功能模块

固态发射机的行馈功率放大器为 1.2kW 的功率放大器组件，此功率放大器组件主要由 1 个 20W 激励放大器（A_1）、8 个 160W 功率放大模块（$A_{2.1}$～$A_{2.8}$）、1/8 行馈功率分配器、8/1 行馈功率合成器和定向耦合器等构成，其组件框图如图 4.2 所示。

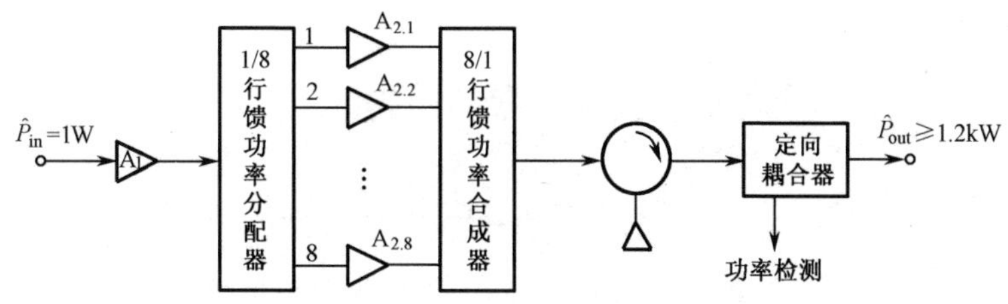

图 4.2　1.2kW 行馈功率放大器组件框图

P 波段行馈固态发射机原理框图如图 4.3 所示。

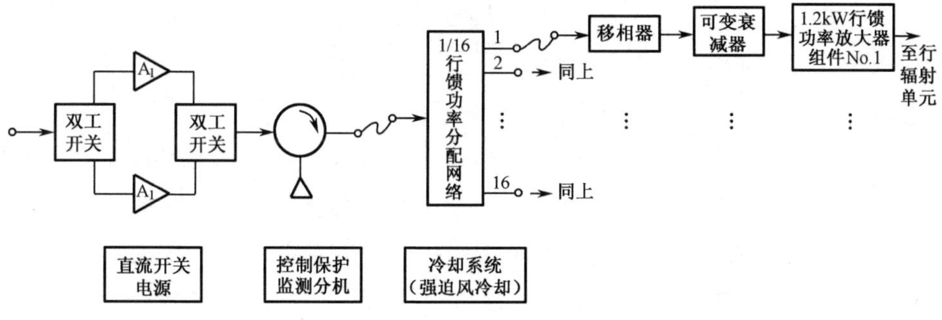

图 4.3　P 波段行馈固态发射机原理框图

固态发射机由前级双工开关、前级放大器 A_1，1/16 行馈功率分配网络、16 个移相器、可变衰减器和 1.2kW 行馈功率放大器组件，直流开关电源、控制保护监测分机和冷却系统组成，其能量经行辐射单元在空间合成为 18kW。

此 P 波段发射机的研制成功开辟了中国雷达发射机技术的新领域，从此以后，中国固态发射机的研制生产进入了一个全面发展的阶段。

4.2　全固态雷达发射机的系统设计

随着微波功率晶体管技术性能和可靠性指标的不断提高，固态发射机的输出功率也在不断提高，工作频率也逐步向更高频段扩展。早期的固态发射机工作频率较低，一般都在 UHF 波段、P 波段和 L 波段，现在 C 波段和 X 波段乃至毫米波波段都可以实现不同功率量级的固态发射机。尤其当雷达采用有源相控阵体制时，固态发射机可以通过分布式的T/R组件功率放大器来实现，发射机系统组成更加灵活，可靠性和效率也可大大提高，充分体现出固态发射机的优越性。

第3章已经介绍了固态发射机的基本类型为集中放大式高功率固态发射机，有源相控阵分布式发射机，行、列馈式有源相控阵分布式发射机，本章将继续分别给予详细叙述。

4.2.1 全固态雷达发射机的功率合成技术

1. 概述

由单个微波功率晶体管构成的放大器的输出功率不可能很高，固态发射机必须由多个单元放大器组合起来（功率合成），以达到足够高的输出功率来满足雷达对发射机的输出功率要求。组合结构放大器是实现上述要求的有效方法。所谓组合结构放大器就是由多个相同的单元放大器标准组件构成的微波功率放大器组件。这种均匀组合结构放大器在早期研制的固态发射机中用得不多，而采用较多的是在不同层次使用不同的单元放大器，前级选用额定功率低而增益高的微波功率晶体管，末级选用额定功率高的微波功率晶体管。

均匀组合结构放大器可以使用比利用几种不同类型的微波功率晶体管放大器组合而成的发射机还要少的有源单元来达到所需要的一定峰值输出功率。均匀组合结构放大器一般选用现有器件中能输出最大额定功率的微波功率晶体管来构成。

均匀组合结构放大器具有下列特点：

（1）当扇出比（扇出比一般指每个单元放大器所驱动的单元放大器个数）等于单元放大器功率增益时，产生所要求的额定输出峰值功率所需要的单元放大器个数为最少。

（2）对具有相同增益而额定输出功率不同的微波功率晶体管来说，选用最高输出功率的晶体管组成放大器来产生所需额定的功率输出时，所需要的微波功率晶体管数目为最少。

（3）当将两个或多个组合结构放大器的输出相加而得到给定的输出功率时，其所用微波功率晶体管的数量与每级输出功率和功率增益都相同的单个组合结构放大器中所用的微波功率晶体管数量相同。

（4）当组合结构放大器由包括一个以上单元放大器的组件组成时，其组件之间扇出比与组件功率增益相等，同时可用最少的组件产生所需的额定功率输出。

对这种模块化组合结构放大器，产生所需额定输出功率所用的微波功率晶体管数目与产生相同输出功率的单元放大器组成的非模块化组合结构放大器所用的微波功率晶体管数目相同。

增益为 6dB 的单元放大器组成的组合结构放大器原理框图如图 4.4 所示，该图中每个单元放大器推动 4 个相同的单元放大器。这里，每个单元放大器的微波功率晶体管增益应大于 6dB，因为设计中需考虑 3dB 电桥耦合器和微带电路的损耗，通过把 16 个单元放大器的输出组合起来，得到总功率，此时总增益为 18dB。放大器的扇出比为 4:1。一般单元放大器通常用在 C 类饱和放大状态，对放大器激励电平的变化是不敏感的。

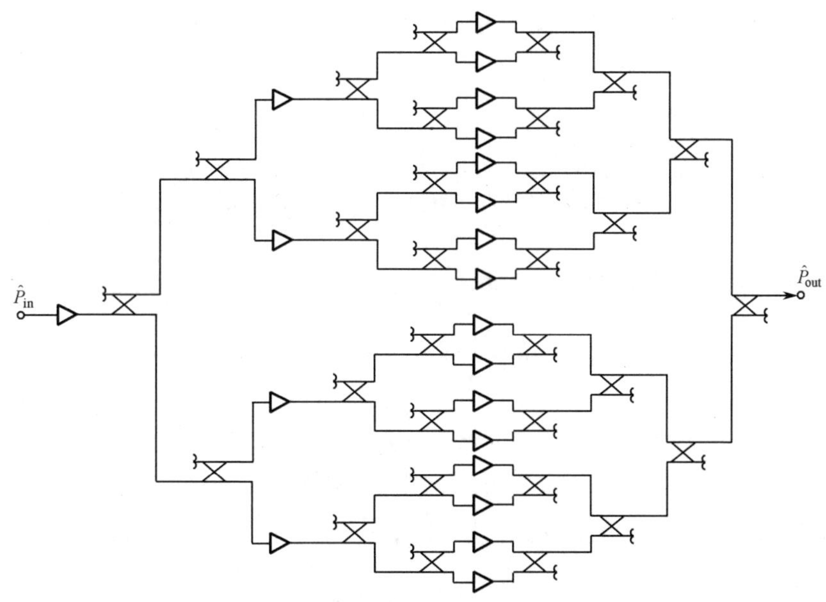

图 4.4　增益为 6dB 的单元放大器组成的组合结构放大器原理框图

如果均匀组合结构放大器的单元放大器的列数可定义为其输入端与均匀组合结构放大器输入结点之间单元放大器的个数，那么扇出比为 G' 的 m 列中单元放大器数目为

$$N_m = G'^m \tag{4.1}$$

图 4.4 中，在输出列上有 $m = 2$， $G' = 4$ 。此均匀组合结构放大器的总增益为 $G'^{(m+1)}$，或以 dB 表示为 $G_{\mathrm{t}}' = (m+1)G'$ 。

具有 K 列输出的均匀组合结构放大器中的单元放大器的数目为

$$N_{\mathrm{t}}=\sum_{m=0}^{k} G'^{m}=\frac{G'^{(k+1)}-1}{G'^{-1}} \tag{4.2}$$

如果每个单元放大器的输出功率为 P_{u}，那么末级功率合成器输入功率为 $G'^{m}P_{\mathrm{u}}$，而均匀组合结构放大器输出功率为 $G'^{m}P_{\mathrm{u}}$ 减去功率合成器损耗的功率。

固态发射机的效率定义为射频输出功率与直流输入功率加射频输入功率之比。提高可靠性并降低微波功率晶体管工作温度及相应冷却系统的造价，需要尽可能地提高固态发射机的效率，根据式（4.1）和式（4.2），均匀组合结构放大器的效率为

$$\eta=\frac{\eta_{\mathrm{u}}L_{\mathrm{c}}(G'^{(k+1)}-G'^{k})}{G'^{(k+1)}-1} \tag{4.3}$$

式（4.3）中，η_{u} 为单元放大器的效率，L_{c} 为组合放大器输出电路的损耗。

一般情况下，$G'^{(k+1)}\gg 1$ 时下式成立，即

$$\eta_{\mathrm{t}}=\eta_{\mathrm{u}}L_{\mathrm{c}}(1-G'^{-1}) \tag{4.4}$$

例如，图 4.4 所示的均匀组合结构放大器，当每个单元放大器的效率为 60%，每级增益为 6dB，k=2，损耗 L_{c} 为 0.2dB 时，固态发射机的总效率约为 42.97%。

2. 基本的功率合成器和分配器

基本的功率合成器和分配器的电路种类多种多样，在这里仅给出常用的几种，如图 4.5 所示。

图中所示电路都属无源微波网络，且是可逆电路，除图 4.5（d）是三端口电路外，其他都是四端口电路。功率合成器/分配器通常可当作具有一定对称性的线性无源四端口微波网络来处理，如图 4.6 所示。

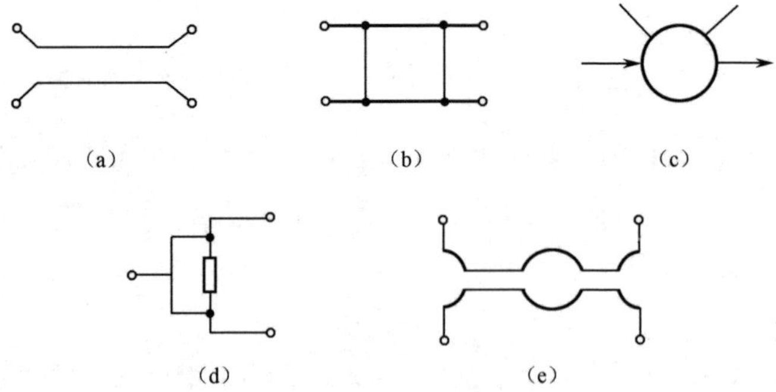

图 4.5　基本的功率合成器/分配器电路

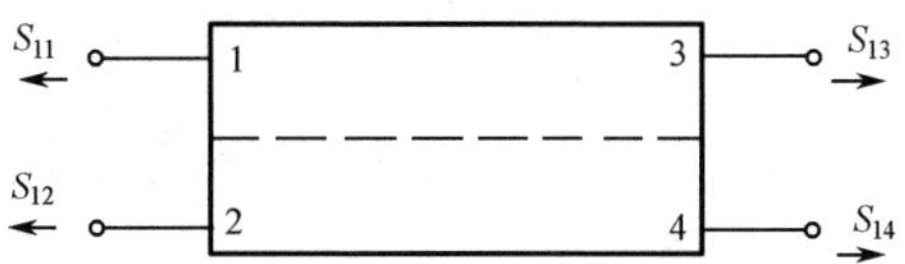

图 4.6　线性无源四端口微波网络

设四端口微波网络的各入射波电压为 a_1，a_2，a_3 和 a_4，反射波电压为 b_1, b_2，b_3 和 b_4，则有

$$\begin{bmatrix} a_1 \\ a_2 \\ a_3 \\ a_4 \end{bmatrix} = \begin{bmatrix} S_{11} & S_{12} & S_{13} & S_{14} \\ S_{21} & S_{22} & S_{23} & S_{24} \\ S_{31} & S_{32} & S_{33} & S_{34} \\ S_{41} & S_{42} & S_{43} & S_{44} \end{bmatrix} \begin{bmatrix} b_1 \\ b_2 \\ b_3 \\ b_4 \end{bmatrix} \tag{4.5}$$

式（4.5）中，S_{ii} 代表第 i 端口的电压反射系数，S_{ij} 代表从第 i 端口到第 j 端口的电压传输系数（i, j=1, 2, 3, 4）。

假设此网络存在一个如图 4.6 中虚线所示的对称平面，那么根据对称和可逆（互易）特性可得出

$$\begin{cases} S_{11} = S_{22} = S_{33} = S_{44} \\ S_{12} = S_{21} = S_{43} = S_{34} \\ S_{13} = S_{31} = S_{24} = S_{42} \\ S_{14} = S_{41} = S_{23} = S_{32} \end{cases} \tag{4.6}$$

在网络端口 1 上加激励电压 U，其激励响应可分解为下列两种，一种称为偶模激励响应，另一种称为奇模激励响应。偶模激励响应是指在端口 1 和端口 2 加上幅度为 $\frac{1}{2}U$ 的同相电压；而奇模激励响应是指在端口 1 和端口 2 加上幅度为 $\frac{1}{2}U$ 的反相电压，分别如图 4.7（a）和图 4.7（b）所示。

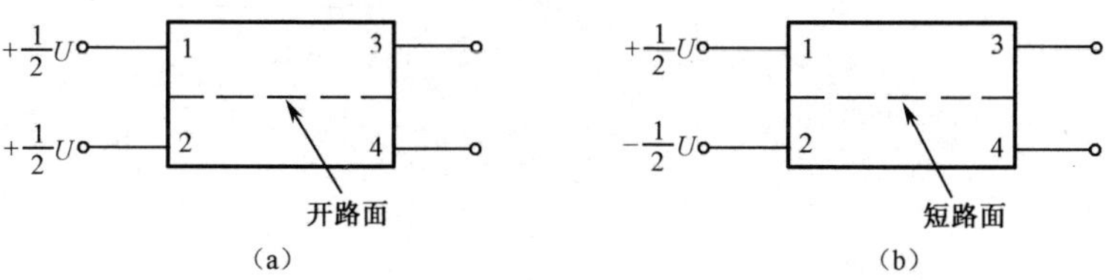

图 4.7　在偶模或奇模激励响应下的对称网络

两种激励响应相互叠加，端口 2 上的电压被抵消掉，端口 1 上的电压则复原为激励电压 U。对于线性网络，其原始激励响应就是偶模和奇模激励响应下的响

应之和。在偶模激励响应下，在端口 1 和端口 2 上加入幅度为$\frac{1}{2}U$的同相电压时，对称面上的电压具有极大值，此时可认为在对称面上的各点阻抗 $Z=\infty$或导纳 $Y=0$，即在此平面上的各点都是开路，因而不影响网络内部场的分布。也可以说，在对称面上可放置一磁壁而不影响内部场的分布。在奇模激励响应下，在端口 1 和端口 2 加上幅度为$\frac{1}{2}U$的反相电压时，对称面上的电压具有最小值，此时可以认为对称面上的各点阻抗 $Z=0$ 或导纳 $Y=\infty$，即在此平面上各点都是短路，因而不影响网络内部场的分布。也可以说，在对称面上放置一电壁是不会影响内部场分布的。由此说明，此时的四端口网络问题可简化成为二端口网络问题。以上论述并结合图 4.7 便说明了偶、奇模法的基本原理。

用偶模和奇模方法来分析对称微波网络是十分有用和简便的方法。

1）定向耦合器作为功率合成器/分配器

图 4.5（a）所示是将一种定向耦合器作为功率合成器/分配器的电路，其具体分析方法可参照图 4.8 所示的分析方法。

利用偶模和奇模分析法可求出此网络的散射参量。在偶模激励响应下，对称面为开路，网络的一半可当作一条长度为 l、特性阻抗为 Z_{0e}（称为偶模阻抗）的传输线，并形成一个两端口网络，其转移矩阵为

$$\boldsymbol{M}_{\mathrm{e}}=\begin{bmatrix}\cos\theta_{\mathrm{e}} & \mathrm{j}Z_{0\mathrm{e}}\sin\theta_{\mathrm{e}}\\ \mathrm{j}\dfrac{\sin\theta_{\mathrm{e}}}{Z_{0\mathrm{e}}} & \cos\theta_{\mathrm{e}}\end{bmatrix} \tag{4.7}$$

式（4.7）中，$\theta_{\mathrm{e}}=\dfrac{2\pi l}{\lambda_{\mathrm{e}}}=\dfrac{\omega}{v_{\mathrm{e}}}$；而 ω 为工作频率，v_{e}和λ_{e}分别为偶模传输相速和导波波长。

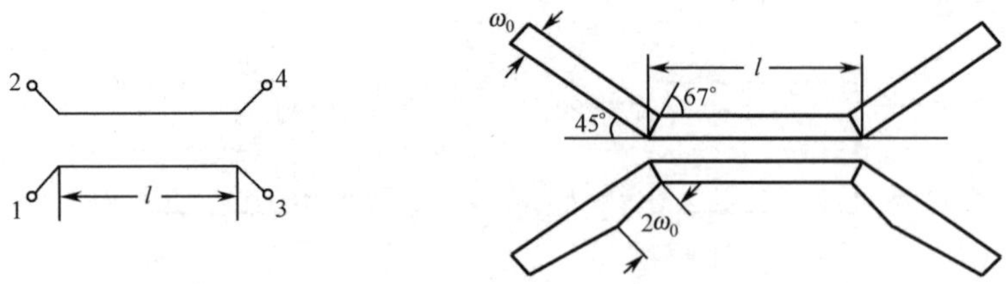

图 4.8　定向耦合器原理和结构示意图

在奇模激励响应下，视对称面为短路，可得到其转移矩阵为

$$\boldsymbol{M}_{\mathrm{o}}=\begin{bmatrix}\cos\theta_{\mathrm{o}} & \mathrm{j}Z_{0\mathrm{o}}\sin\theta_{\mathrm{o}}\\ \mathrm{j}\dfrac{\sin\theta_{\mathrm{o}}}{Z_{0\mathrm{o}}} & \cos\theta_{\mathrm{o}}\end{bmatrix} \tag{4.8}$$

式（4.8）中，$\theta_{o}=\dfrac{2\pi l}{\lambda_{o}}=\dfrac{\omega}{v_{o}}$；$v_{o}$ 和 λ_{o} 分别为奇模传输相速和导波波长，Z_{0o} 为奇模阻抗。

对于带状线定向耦合器，可以认为偶模和奇模相速相等（$v_{e}=v_{o}$），此时 $\theta_{e}=\theta_{o}=\theta$。如果设定 $Z_{0e}Z_{0o}=Z_{0}^{2}$，根据文献[2]中有关的公式，可得出此定向耦合器的 S 参数为

$$\begin{cases}S_{11}=0\\ S_{12}=\dfrac{\mathrm{j}\sin\theta\left(\sqrt{\dfrac{Z_{0e}}{Z_{0o}}}-\sqrt{\dfrac{Z_{0o}}{Z_{0e}}}\right)}{2\cos\theta+\mathrm{j}\sin\theta\left(\sqrt{\dfrac{Z_{0e}}{Z_{0o}}}+\sqrt{\dfrac{Z_{0o}}{Z_{0e}}}\right)}\\ S_{13}=\dfrac{2}{2\cos\theta+\mathrm{j}\sin\theta\left(\sqrt{\dfrac{Z_{0e}}{Z_{0o}}}+\sqrt{\dfrac{Z_{0o}}{Z_{0e}}}\right)}\\ S_{14}=0\end{cases}\tag{4.9}$$

从式（4.9）可知，假定定向耦合器端接阻抗为 Z_{0}，并且满足条件 $\theta_{e}=\theta_{o}=\theta$ 和 $Z_{0e}Z_{0o}=Z_{0}^{2}$ 时，输入端口 1 的输入功率完全被分配给端口 2 和端口 3，但端口 4 没有任何功率，也就是说，端口 4 是完全隔离的，即 $S_{14}=0$；端口 1 是完全匹配的，即 $S_{11}=0$；而端口 2 和端口 3 之间存在 90° 的相位差。

定义定向耦合器的耦合度为 C_{C}，方向性为 D_{C}，隔离度为 I_{I}，其关系如下

$$\begin{cases}C_{C}=-10\lg\dfrac{P_{1}}{P_{2}}=20\lg|S_{12}|\\ D_{C}=10\lg\dfrac{P_{2}}{P_{4}}=20\lg\dfrac{|S_{12}|}{|S_{14}|}\\ I_{I}=10\lg\dfrac{P_{1}}{P_{4}}=20\lg\dfrac{1}{|S_{14}|}\end{cases}\tag{4.10}$$

在满足式（4.9）的理想条件下，根据式（4.10）可知，D_{C}、I_{I} 为无穷大。通过观察 S_{12} 的表达式可以发现，端口 1 和端口 2 之间最大耦合出现在 $\theta=90^{\circ}$ 的情况，在耦合区长度 l 等于 $\dfrac{1}{4}$ 波长时，有

$$|S_{12}|=\frac{Z_{0e}-Z_{0o}}{Z_{0e}+Z_{0o}}=K_{C}\tag{4.11}$$

式（4.11）中，K_{C} 称为电压耦合系数，它与耦合度 C_{C} 的关系为

$$C_C = 20\lg K_C = 20\lg \frac{Z_{0e} - Z_{0o}}{Z_{0e} + Z_{0o}} \tag{4.12}$$

式（4.12）和 $Z_{0e}Z_{0o} = Z_0^2$ 是设计定向耦合器的基本公式。当已知耦合度 C_C 或耦合系数 K_C 和端接阻抗 Z_0 时，可得到式（4.13），即

$$\begin{cases} Z_{0e} = Z_0 \left(\dfrac{1+10^{\frac{C_C}{20}}}{1-10^{\frac{C_C}{20}}} \right)^{\frac{1}{2}} = Z_0 \sqrt{\dfrac{1+K_C}{1-K_C}} \\ Z_{0o} = Z_0 \left(\dfrac{1-10^{\frac{C_C}{20}}}{1+10^{\frac{C_C}{20}}} \right)^{\frac{1}{2}} = Z_0 \sqrt{\dfrac{1-K_C}{1+K_C}} \end{cases} \tag{4.13}$$

根据式（4.13），从理论上就可设计出耦合器的尺寸，从而得到具有一定耦合度的、输入匹配和无限大方向性的定向耦合器。

当 $C_C = 3\text{dB}$，即 $K_C = \dfrac{1}{\sqrt{2}}$ 时，根据以上各式可得到功率从端口 1 输入，平均分配到端口 2 和端口 3，且端口 2 的信号相位导前于端口 3 的信号相位为 90° 的功率分配器。这就是在固态放大器中被广泛应用的定向耦合器式 3dB 功率合成/分配器。实际应用中，微带电路的偶模和奇模的相速不可能完全相等，因此方向性就比较差，同时微带线实现 3dB 紧耦合也是比较困难的，必须采取一定的措施加以弥补。

2）支线耦合器作为功率合成器/分配器

图 4.5（b）所示的支线耦合器在微带电路中被广泛地用作功率合成器/分配器，具体分析可参照图 4.9。

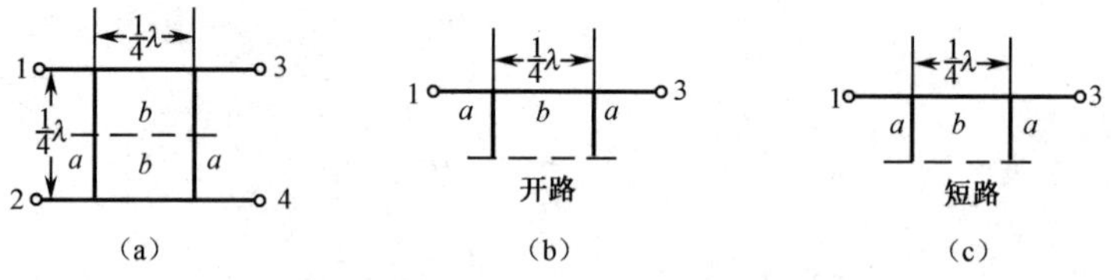

图 4.9　支线耦合器及其偶模和奇模分析

由该图可见，支线耦合器的每一支线的长度都为中心频率对应的导波长的 1/4，其归一化特性导纳分别为 a 和 b。假设各端口主线的特性导纳为 1，并以此作为归一化的基准，当偶模激励时，视对称面为开路，这时网络的一半如图 4.9（b）所示。两条 $\frac{1}{8}\lambda$ 长的开路支线（归一化特性导纳为 a）与 $\frac{1}{4}\lambda$ 的主线（归

一化特性导纳为 b）相连，其转移矩阵为

$$\boldsymbol{M}_{\mathrm{e}}=\begin{bmatrix}1 & 0\\ \mathrm{j}a & 1\end{bmatrix}\begin{bmatrix}0 & \mathrm{j}\frac{1}{b}\\ \mathrm{j}b & 0\end{bmatrix}\begin{bmatrix}1 & 0\\ \mathrm{j}a & 1\end{bmatrix}=\begin{bmatrix}-\frac{a}{b} & \mathrm{j}\frac{1}{b}\\ 1\left(b-\frac{a^2}{b}\right) & -\frac{a}{b}\end{bmatrix} \tag{4.14}$$

当奇模激励时，视对称面为短路，这时网络的一半如图 4.9（c）所示。两条长度为$\frac{1}{8}\lambda$的短路支线（归一化特性导纳为 a）与$\frac{1}{4}\lambda$长的主线（归一化特性导纳为 b）相连，其转移矩阵为

$$\boldsymbol{M}_{\mathrm{o}}=\begin{bmatrix}1 & 0\\ -\mathrm{j}a & 1\end{bmatrix}\begin{bmatrix}0 & \mathrm{j}\frac{1}{b}\\ \mathrm{j}b & 0\end{bmatrix}\begin{bmatrix}1 & 0\\ -\mathrm{j}a & 1\end{bmatrix}=\begin{bmatrix}\frac{a}{b} & \mathrm{j}\frac{1}{b}\\ 1\left(b-\frac{a^2}{b}\right) & \frac{a}{b}\end{bmatrix} \tag{4.15}$$

根据文献[2]中有关公式，可得出此支线耦合器的 S 参数为

$$\begin{cases}S_{11}=0\\ S_{12}=0\\ S_{13}=-\mathrm{j}\frac{1}{b}\\ S_{14}=-\frac{\sqrt{b^2-1}}{b}\end{cases} \tag{4.16}$$

从式（4.16）可知，支线耦合器端口 1 的输入信号将完全分配给端口 3 和端口 4，端口 2 没有任何信号，端口 1 则完全匹配，即 $S_{11}=0$；端口 2 完全隔离，即 $S_{12}=0$；而端口 3 和端口 4 之间相位差为 90°。由此可得到支线耦合器的耦合度为

$$C_{\mathrm{C}}=20\lg\left|S_{14}\right|=20\lg\frac{\sqrt{b^2-1}}{b} \tag{4.17}$$

当$\left|S_{14}\right|=\frac{1}{\sqrt{2}}$时，可得到 3dB 的支线耦合器。

实际工作中，大量使用着微带形式的 3dB 支线耦合器，为此针对其中心频率的特性做一简单归纳：

（1）如果在端口 3 和端口 4 接负载 Z_0，端口 1 的输入阻抗为 Z_0，此时输入功率分配在端口 3 和端口 4 上，而端口 2 没有功率输出，端口 3 和端口 4 上的输出信号相位差为 90°。

（2）如果端口 2 接负载 Z_0，端口 3 和端口 4 接相等的阻抗，则端口 1 的输入阻抗为 Z_0。当端口 3 和端口 4 接纯电抗时，端口 1 的输入功率全部由端口 2 的负载吸收。

（3）如果端口 3 和端口 4 分别接阻抗 Z_3 和 Z_4，并且 $Z_3Z_4 = Z_0^2$，则端口 1 的输入功率将不分配到端口 2 上。这时，如果 Z_3、Z_4 为纯电抗，那么端口 1 的输入阻抗也为纯电抗。

（4）当端口 3 和端口 4 接负载 Z_0，端口 1 和端口 2 的电压大小相等而相位差为 90° 时，如果端口 1 和端口 2 的阻抗都等于 Z_0，则只在端口 3 或端口 4 上输出功率。

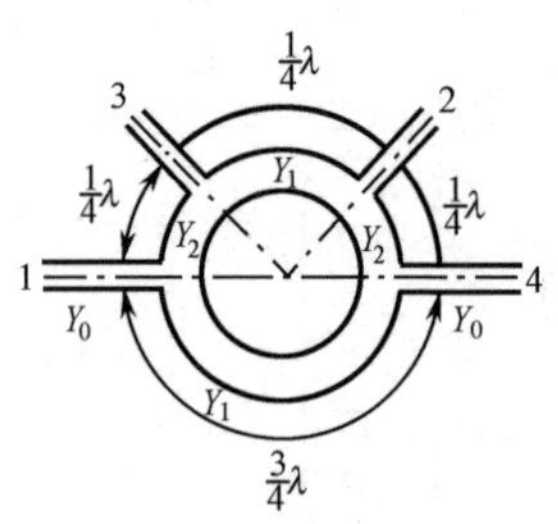

图 4.10　混合环作为功率合成器/分配器的电路

3）混合环作为功率合成器/分配器

混合环作为功率合成器/分配器的原理与支线耦合器作为功率合成器/分配器相似，只是它的两路输出信号不是 90°，而是 0° 或 180°。图 4.10 为图 4.5（c）的具体分析示意电路。

由该图可见，信号从混合环的端口 1 输入，从端口 3 和端口 4 按一定功率分配比反相输出，此时，端口 2 没有功率输出（理论上）。而信号从端口 2 输入，从端口 3 和端口 4 按一定功率分配比同相输出，此时端口 1 没有功率输出。也就是说，端口 1 和端口 2 是相互隔离端，端口 3 和端口 4 是相互隔离端。

混合环电路同样可用奇模和偶模方法进行分析。当信号由端口 1 输入时，如果端口 3 和端口 4 的输出功率之比为 P_3 / P_4，则混合环的各节导纳的相关方程如下

$$\begin{cases} Y_1 = \dfrac{Y_0}{\sqrt{1 + P_3 / P_4}} \\ Y_2 = \dfrac{Y_0}{\sqrt{1 + P_4 / P_3}} \end{cases} \tag{4.18}$$

式（4.18）中，Y_0 为混合环的端接导纳。混合环用做等功率的分配/合成，即当采用 3dB 的混合环时，$Y_1 = Y_2 = \dfrac{Y_0}{\sqrt{2}}$，其各端口之间的传输线段长度等于中心频率对应的 $\dfrac{1}{4}$ 导波长或 $\dfrac{3}{4}$ 导波长。

4）同相功率合成器/分配器

图 4.5（d）所示的混合型两路同相功率合成器/分配器电路仅有一个输入端口和两个输出端口，其具体分析可参照图 4.11。

由该图可见，从端口 1 输入功率，信号均匀地被分配到端口 2 和端口 3，其传输路径相同，端口 2 和端口 3 的信号同相，而薄膜电阻起着改善输出端口匹配状态和对两路输出端口之间隔离的作用。假如没有上述隔离电阻，又因为输出端口

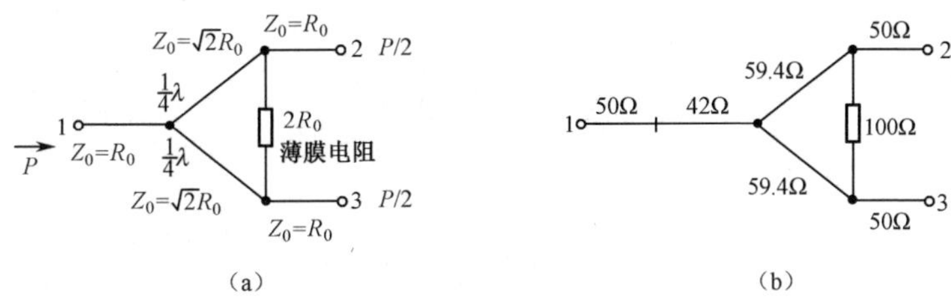

图 4.11　混合型两路同相功率合成器/分配器

负载阻抗 $Z_0 = R_0$，分支线特性阻抗为 $\sqrt{2}R_0$，所以两输出端口将处于失配状态。此时，一个输出端口的反射波不仅要返回输入端口，也会传到另一输出端口，相互之间还会有影响，由此导致输出端口之间无隔离。而加上薄膜隔离电阻后，此电阻不影响功率分配比（决定功率分配比的是两分支线特性阻抗），也不会消耗任何功率。但是，如果有一个输出端口由于某种原因产生反射信号，则此反射信号在隔离电阻支点处被分成两路：一路直接通过隔离电阻，经衰减传到另一个输出端口上；另一路经分支线返回到输入端口，并在支点上再度被分配，一部分回到输入端口，另一部分进入一分支线而传到另一个输出端口。这就是说，任何一个输出端口的反射信号将通过两种途径传送到另一个输出端口，而这两种途径的电长度是不同的。如果隔离电阻尺寸足够小，就可将其视为一集总元件，其电长度近似为 0，而分支线阻抗变换段长度在中心频率时为 $\frac{1}{4}$ 导波长，通过两条分支线之后的电长度为 $\frac{1}{2}$ 导波长，即移相 180°。也就是说，上述两种路径的反射信号差 180°。只要适当选取隔离电阻值和分支线特性阻抗，可使两路反射信号幅度相等，相位差 180° 而相互抵消，从而达到两个输出端口隔离的目的。

图 4.11（b）所示电路是在图 4.11（a）电路中插入了一段阻抗为 42Ω 的 $\frac{1}{4}\lambda$ 匹配变换器的补偿型电路，它可用于扩展频带，适于宽带功率合成器/分配器使用。

图 4.12 为任意功率分配比的混合型两路同相功率分配器的示意图。

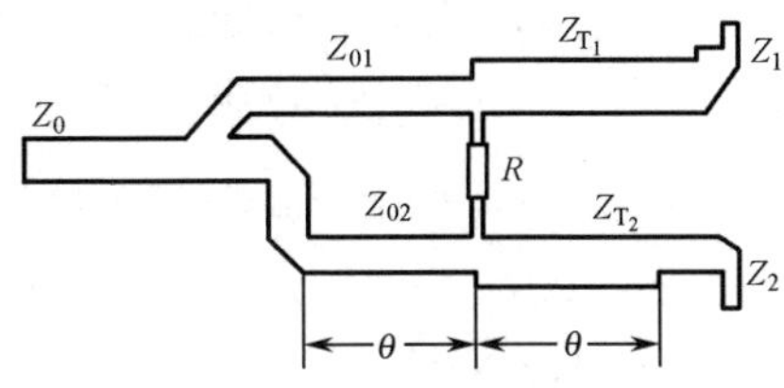

图 4.12　任意功率分配比的混合型两路同相功率分配器的示意图

该同相功率分配器的设计方程为

$$
\begin{cases}
Z_{01} = Z_0\sqrt{K_C(1+K_C^{\ 2})} \\
Z_{02} = Z_0\sqrt{\dfrac{1+K_C^{\ 2}}{K_C^{\ 3}}} \\
Z_{T_1} = \sqrt{K_C Z_0 Z_1} \\
Z_{T_2} = \sqrt{Z_0 Z_2 / K_C} \\
R = Z_0 \dfrac{1+K_C^{\ 2}}{K_C}
\end{cases}
\tag{4.19}
$$

式（4.19）中

$$K_C^2 = \frac{\text{端口2的功率}}{\text{端口1的功率}} = \frac{P_2}{P_1}$$

在使用同相功率分配器/合成器进行功率合成时，如果它的两个输出端口上的两个功率放大器完全相同，反射系数都为 Γ，那么在输入端口中的反射系数必然也为 Γ。这就是说，功率合成器的输入反射系数完全由端接功率放大器决定。为了克服此不足，可以采用 Wilkison 合成法，即在同相功率分配器的一个输出端加入一段 $\frac{1}{4}\lambda$ 传输线，使两个放大器的反射波在输入端口上反相抵消，得到一个良好匹配的功率分配器；相应地，在功率合成器的另一个输入端也接入一段 $\frac{1}{4}\lambda$ 传输线，得到一个良好匹配的功率合成器，使合成器能够良好匹配并达到同相功率合成的目的。

5）两节耦合器作为功率合成器/分配器

图 4.5（e）是具有与图 4.5（a）相同功能的两节耦合器电路结构，而图 4.13 表示适合于奇模和偶模分析法的电路，该图上的两节耦合器由两段耦合短线和两段非耦合短线组成。

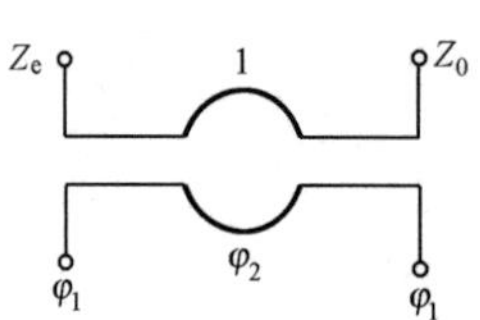

图 4.13　基本两节耦合器电路

具体分析时，可设频率变量相对于中心频率归一化（$\omega=1$ 表示中心频率）；$\omega=1$ 时的耦合线电长度用 φ_1 表示（假定偶模和奇模激励时的电长度相等），非耦合线的电长度用 φ_2 表示。各阻抗都以非耦合线特性阻抗为标准归一化（假定非耦合线的特性阻抗为 1），此电路也可用偶模和奇模法进行分析。

两节耦合器在 $\omega=1$ 时，转移相位为

$$\varphi(1) = -\arctan\left[\frac{\left(Z_e + \frac{1}{Z_e}\right)\sin^2\varphi_1 + \tan\frac{\varphi_2}{2} - \left(Z_e - \frac{1}{Z_e}\right)^2 \sin^2\varphi_1}{2\cos\varphi_1 - \left(Z_e + \frac{1}{Z_e}\right)\tan\varphi_2 \tan^2\varphi_1}\right] \tag{4.20}$$

式（4.20）的值总小于 90°，为了在幅频特性上和相频特性上都与图 4.5（a）中的定向耦合器等效，需要在两节耦合器的每个端口上加入下列移相段，即

$$\varphi = \frac{1}{2}\left[90° - |\varphi(1)|\right] \tag{4.21}$$

此移相段是一段非耦合线，即图 4.5（e）中各端口上的圆弧传输线。

简而言之，两节耦合器的幅频特性与图 4.5（a）中所示定向耦合器相同，而长度可小于 $\frac{1}{4}\lambda$，因而结构更紧凑。如果每个端口上接一段由式（4.20）决定的非耦合传输线，则可获得正交耦合器的特性。

两节耦合器主要通过改变耦合线和非耦合线的长度来达到不同耦合度的要求，而耦合区的形状可以不变，因此整个耦合器没有明显的阻抗突变。

3. 功率合成器/分配器的类型及选择

固态发射机无论是集中式高功率发射机，还是分布式有源相控阵发射机都离不开一种基本微波元件，即功率分配器/合成器，这也是实现固态发射机的基础。一般情况下，功率合成器/分配器的功能和要求基本相同，仅是功率容量要求不同，合成器要求耐高峰值功率和平均功率，分配器则工作在较低功率状态。

从理论上讲，功率合成有两种途径：一种是直接采用两个相同的微波功率晶体管并联工作，另一种是电路并联工作。

微波功率晶体管直接并联工作达到功率合成的方法是一个基本的方法，具有独特的优点，如电路可小型化（尤其是在制管时，就大量地利用了此原理）。在同一芯片上设计多个具有相同性能的管芯，将这些管芯并联运用，再以公共电极输出，最后封装在同一管壳中，这就是按功率合成原理制成的一种多管芯晶体管，现有的大多数大功率微波晶体管都是采用此技术进行生产的。而运用电路并联获得高功率的方法也有许多优点，如只要将单个微波功率晶体管放大器调整好，再通过功率分配器和合成器的有规律连接，就可获得所要求的合成功率输出。此时，各放大器之间相互影响较小，整个合成电路的输入/输出匹配良好。电路并联的缺点是电路较复杂，外形尺寸较大。

功率合成器有电抗型和混合型两种常用类型。混合型合成器在其结点处接有终端负载电阻，正常工作时，功率不会进入终端负载，但当输入功率不平衡时，

一部分功率将进入终端负载，形成合成器输入端的附加反射，使合成器性能变差。而对电抗型合成器来说，输入功率的任何不平衡都会在合成器结点处产生反射，如果小心控制这种反射的相位，使电压驻波比不超过 2:1，一般功率放大器还是可以承受的，但由此产生的对频率敏感的相移和幅度纹波，会对合成信号质量和放大器的寿命产生影响，因此在设计时一定要仔细考虑。

目前，用得较多的是二进制功率合成法和串馈功率合成法。另外，在大功率情况下，也常用径向耦合合成器/分配器。1980 年，Sander 提供的有关径向功率合成器的资料曾报道过一种成功用于 L 波段的 110 路径向功率合成器，其各路之间具有 18dB 的隔离度，输入端的电压驻波比为 1.2:1，带宽为 15%，插入损耗仅为 0.25dB。

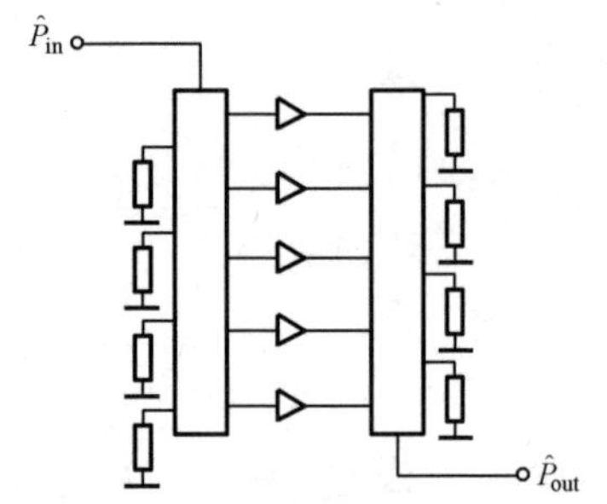

图 4.14　串馈功率合成法的原理框图

串馈功率合成法和 16 路径向功率合成法的原理框图分别如图 4.14 和图 4.15 所示。

图 4.15 所示的 16 路径向功率合成器是为一种 P 波段固态发射机研制的。该合成器的功率容量可大于 20kW，输入端的每路功率放大器组件的输出端都接有隔离器，可提供 20dB 的隔离度；16 路输入接头阻抗都为 50Ω，16 路接点阻抗为 1/16×50Ω；接点至输出端有一阻抗变换器，使合成器输出端阻抗为 50Ω。此合成器具有一定的宽带特性。一般来说，对功率合成器/分配器有如下要求：

（1）具有尽可能低的插入损耗。

（2）功率合成器输入端各路输入信号之间应有足够高的隔离度，以使各路信号之间互不影响。

（3）功率合成器不能改变每路放大器的高频特性，如幅频特性、相位特性、稳定性和可靠性。

（4）功率合成器应具有相同输入/输出阻抗，一般为 50Ω；还应具有足够低的输入/输出电压驻波比，一般小于 1.2:1。

（5）功率合成器应具有“性能适度降低”的特性，且在更换放大器时能保持正常工作。整个合成器的功率容量应能足够适应任一功率放大器发生故障时的状态。

在实际应用中，主要根据上述对功率合成器/分配器的要求，再结合固态发射机的具体电性能指标和结构设计情况来综合考虑和选择、设计功率合成器/分配器。

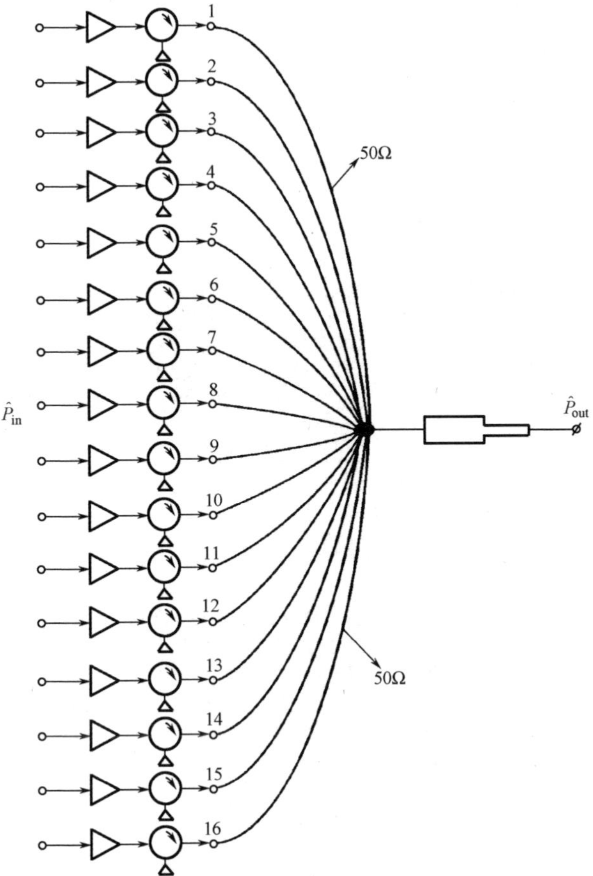

图 4.15　16 路径向功率合成法的原理框图

4. 二进制功率合成法

图 4.16 所示电路是二进制功率合成阵的基本构成单元。

该图中两个放大器输出功率的合成是通过正交 3dB 耦合器来完成并与外部电路相连的。假设两个放大器增益均为 G_a，输入/输出反射系数分别为 $\varGamma_i$、$\varGamma_o$，而输入和输出耦合器的特性相同，则可将此电路作为一个整体来分析，即将图中用虚线框起来的部分看成一等效网络，其 S 参数为

$$\begin{cases} S_{1'1'} = \varGamma_i\left(S_{12}^2 + S_{13}^2\right) \\ S_{1'4'} = \varGamma_i\left(2S_{12}S_{13}\right) \\ S_{1'2'} = G_a\left(S_{12}^2 + S_{13}^2\right) \\ S_{1'3'} = G_a\left(2S_{12}S_{13}\right) \end{cases} \tag{4.22}$$

式（4.22）中，S_{ij} 表示单个正交耦合器的参数。

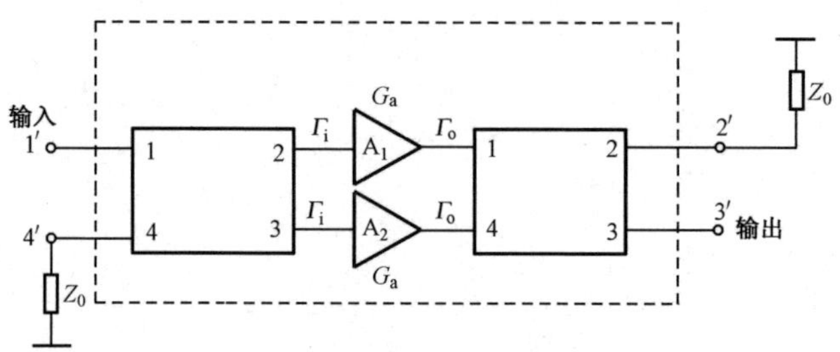

图 4.16　二进制功率合成阵的基本构成单元

在输出端 3′ 上，有

$$\begin{cases} S_{3'3'} = \Gamma_o\left(S_{12}^2 + S_{13}^2\right) \\ S_{3'2'} = \Gamma_o\left(2S_{12}S_{13}\right) \end{cases} \tag{4.23}$$

由于 S_{12} 和 S_{13} 在相位上正交，故有

$$\left|S_{12}^2 + S_{13}^2\right| = \left|S_{12}\right|^2 - \left|S_{13}\right|^2 \tag{4.24}$$

设 δ 表示 S_{12} 和 S_{13} 的幅值差（以 dB 为单位），则有

$$\begin{aligned} \delta &= 20\lg\frac{1}{\left|S_{12}\right|} - 20\lg\frac{1}{\left|S_{13}\right|} \\ &= 20\lg\left|\frac{S_{13}}{S_{12}}\right| = 10\lg\left|\frac{S_{13}^2}{S_{12}^2}\right| \end{aligned} \tag{4.25}$$

根据能量守恒定律，有

$$\left|S_{12}^2\right| + \left|S_{13}^2\right| = 1 \tag{4.26}$$

$\left|S_{12}^2 + S_{13}^2\right|$ 和 $\left|2S_{12}S_{13}\right|$ 随 δ 的变化曲线如图 4.17 所示，它表示了 δ 与 S_{12} 和 S_{13} 之间的函数关系。

由图 4.17 可见，当偏差值 δ 比较小时，$\left|S_{12}^2 + S_{13}^2\right|$ 的值很小。因此，图 4.16 所示的二进制功率合成基本单元的输入/输出口的反射系数都很小，这意味着，在无显著失配情况下，可以将功率放大器直接级联起来构成功率合成阵，并用此基本合成单元组成更大的功率合成阵。

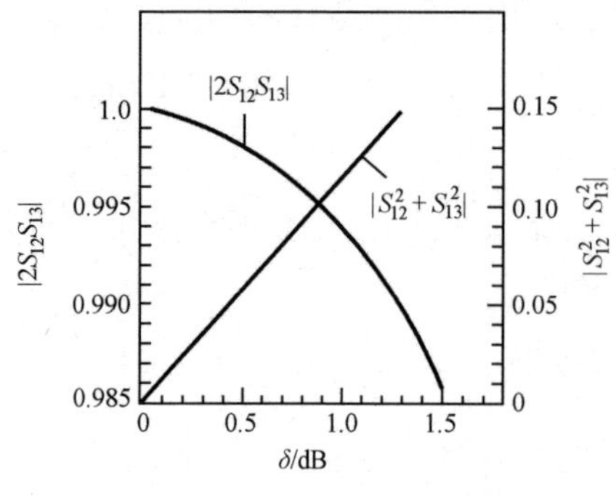

图 4.17　$\left|S_{12}^2 + S_{13}^2\right|$ 和 $\left|2S_{12}S_{13}\right|$ 随 δ 的变化曲线

由于输出功率的变化与功率分配不平衡度 δ(dB) 成函数关系，若要保持两路放大器的特性一致，要求偏差 δ（dB）必须足够小。这就要求在某些情况下需采用更复杂的多元正交耦合器，从而增加了成本。此外，两路放大器的激励电

平不可能完全一致，当正交耦合器功率分配存在失衡 δ(dB)时，在某些频点上，两个放大器的激励电平相差 δ（dB）。假设放大器最大输出功率为 P_{omax}，那么合成阵的最大输出功率不等于 $2P_{\text{omax}}$，而等于 $2P_{\text{omax}}-\delta$，也就是说，还是要求功率分配器的不平衡 δ（dB）要小。

一般来说，可以称图 4.16 所示的二进制功率合成阵为一阶功率合成阵，而称图 4.18 所示的合成阵为二阶功率合成阵。

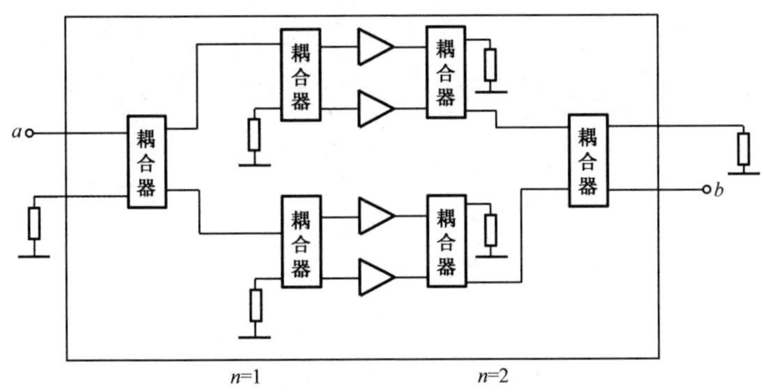

图 4.18　二阶功率合成阵

由图 4.18 可见，二进制的二阶功率合成阵包括 4 个放大器和 6 个正交耦合器，依此原理类推，二进制的 n 阶功率合成阵，将包括 $2n$ 个放大器和 $2\times(2^n-1)$个正交耦合器。因此，从驱动耦合器和相加耦合器的列数可直观地判定功率合成阵的阶数：最靠近放大器的那一列耦合器相当于 n=1，依次为 n=2，n=3，……

n 阶功率合成阵常被看作一个具有输入端口 a 和输出端口 b 的等效两端口网络，根据式（4.22）可得到此网络的输入反射系数为

$$S_{\text{aa}}=\varGamma_{\text{i}}\prod_{m=1}^{n}S(m)_{\text{aa}} \tag{4.27}$$

式（4.27）中，$\varGamma_{\text{i}}$是单个放大器输入反射系数，$S(m)_{\text{aa}}$是第 m 个基本功率合成单元的 S_{aa} ［即图 4.16 对应的式（4.22）中的 $S_{i'i'}$］，“$\prod$”是连乘符号。

同样根据式（4.22），又可得出输入端口至输出端口的传输系数为

$$S_{\text{ab}}=G_{\text{a}}\prod_{m=1}^{n}S(m)_{\text{ab}} \tag{4.28}$$

式（4.28）中，G_{a} 是单个放大器的增益。

同样根据式（4.23），可得出输出端反射系数为

$$S_{\text{bb}}=\varGamma_{\text{o}}\prod_{m=1}^{n}S(m)_{\text{bb}} \tag{4.29}$$

式（4.29）中，Γ_o是单个放大器的输出反射系数。

在功率合成阵中，也需要对各放大器激励电平的变化加以关注，激励电平的最大差值可表示为

$$\Delta U_{\max}=\prod_{m=1}^{n}S(m)_{12}-\prod_{m=1}^{n}S(m)_{13} \tag{4.30}$$

以 dB 值表示为

$$\Delta P_{\max}=20\sum_{m=1}^{n}\left[\lg S(m)_{12}-\lg S(m)_{13}\right]=\sum_{m=1}^{n}\left[S(m)_{12}-S(m)_{13}\right] \tag{4.31}$$

式（4.31）中，$\Delta P_{\max}$ 实际上是由每列耦合器中的幅度变化引起的阵面上的最大功率差。

当功率合成阵中所有耦合器都相同时，上述各式可简化为

$$S_{\text{aa}}=\Gamma_{\text{i}}\left(S_{12}^2+S_{13}^2\right)^n \tag{4.32}$$

$$S_{\text{ab}}=G_{\text{a}}\left(2S_{12}S_{13}\right)^n \tag{4.33}$$

$$S_{\text{bb}}=\Gamma_{\text{o}}\left(S_{12}^2+S_{13}^2\right)^n \tag{4.34}$$

$$\Delta P_{\max}=20n\lg\left|\frac{S_{12}}{S_{13}}\right| \tag{4.35}$$

在实际电路中，经综合考虑功率合成阵的性能和电路的复杂性及成本因素之后可以发现，功率合成阵的各耦合器不需要采用完全相同的电路。一般来说，对功率合成阵最外层的耦合器（即总输入和总输出）的性能要求最高，它对整个功率合成阵的影响最大，而对内层耦合器的要求可以逐一降低，对整个功率合成阵的性能影响也逐一减小。

一般情况下，n 阶功率合成阵由一个 m 阶子阵来驱动。假定两个功率合成阵中的放大器相同，功率增益为 G，总输入功率为 1，则加到两个功率合成阵中的放大器的输入功率分别为：输入驱动放大器的功率 $=\dfrac{1}{2^m}$，输入主阵放大器的功率 $=\dfrac{G}{2^n}$。

若要保持输入到每个放大器的功率相等，则单个放大器的最小增益必须为

$$G_{\min}=\frac{2^n}{2^m}=2^{(n-m)} \tag{4.36}$$

以 dB 值可以表示为

$$G_{\min}=10(n-m)\lg 2=3(n-m)\ \text{(dB)} \tag{4.37}$$

此时推动主阵所需的驱动级数为

$$m = n - \frac{\lg G}{\lg 2} = n - \frac{G}{3} \tag{4.38}$$

式（4.37）和式（4.38）不仅适用于驱动功率合成阵，也适用于单个放大器驱动功率合成阵的情况。

在实际应用中，要清楚单个耦合器的损耗，如由相同耦合器构成的 4 个放大器组成的功率合成阵的损耗是单个耦合器损耗的 4 倍，由 8 个放大器构成的功率合成阵的损耗是单个耦合器损耗的 6 倍。一般情况下，n 阶功率合成阵的损耗是单个耦合器损耗的 $2n$ 倍。假如单个耦合器的损耗为 0.5dB，那么 8 个放大器构成的功率合成阵的损耗可能高达 3dB，也就是说，放大器的一半功率损耗在功率合成阵的电路中了。所以，降低耦合器损耗是一个必须解决的问题。

对于 n 阶功率合成阵，当一个放大器失效时，其功率合成阵的输出功率为

$$P_{\rm of} = \left(\frac{2^n - 1}{2^n}\right)^2 \times P_{\rm o} = \left(1 - \frac{1}{2^n}\right)^2 P_{\rm o} \tag{4.39}$$

式（4.39）中，$P_{\rm of}$ 为功率合成阵中有一个放大器失效时的输出功率，$P_{\rm o}$ 则是功率合成阵的正常输出功率。若 k 个放大器失效（$k \leqslant 2^n$），则功率合成阵输出功率将降低为

$$P_{\rm of} = \left(1 - \frac{k}{2^n}\right)^2 P_{\rm o} \tag{4.40}$$

由此可以得出结论：n 值越大，阶级越多，放大器失效时功率合成阵产生的影响越小。

5. 串馈功率合成法

二进制功率合成法虽有很多优点，但它也有一些不足之处，即它的功率合成必须是按二进制规律增加放大器和耦合器的数目，当要求功率合成阵的功率增加不到 1 倍或更小时，始终都要求放大器数目增加 1 倍，从而使耦合器数目增加到原来的（$2^n - 1$）倍，这显然是不经济的。

现在考虑利用串馈功率合成法来解决此问题。使用串馈功率合成法可以组合成任意数目的放大器（无论奇、偶数）。比如，利用串馈功率合成法将 5 个放大器组合起来，就可比 4 个放大器的二进制功率合成法组成的功率合成阵增加输出功率近 25%，显然这是二进制功率合成法所无法达到的。串馈功率合成法的优点是放大器数目可任意选择，且体积小、电路损耗小，对驱动功率要求较低。串馈功率合成法一般也由分配阵、放大阵和合成阵三大部分组成。串馈功率合成阵的原理框图如图 4.19 所示。

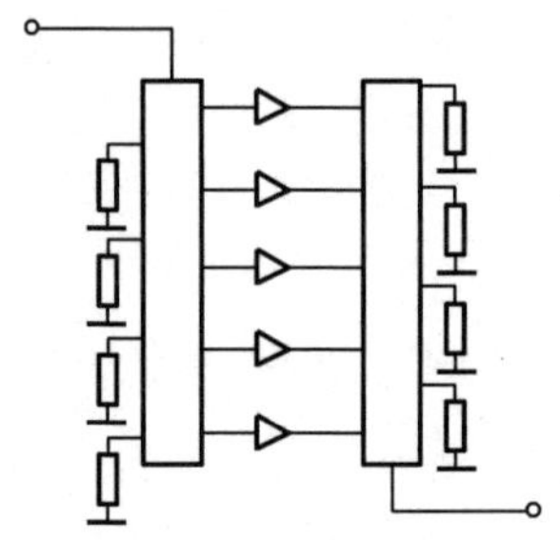

图 4.19　串馈功率合成阵的原理框图

串馈功率合成阵的主要特点之一是可进行非二进制的功率合成。通过一个 4.77dB 的耦合器和一个 3dB 耦合器的串接，就可实现三路等功率分配，其三路端口在中心频率的相对相移分别为 0°、–90°和–180°。若在这个串接耦合器输入端口再加入一个 6dB 的耦合器，就可实现 4 路功率合成阵；在 4 路功率合成阵的输入端口串接一个 7dB 的耦合器就可得到 5 路功率合成阵。但应注意的是，每个耦合器的接入都会增加 90°的插入相移（在中心频率）。

功率分配阵和功率合成阵可由一定数量的普通$\frac{1}{4}\lambda$定向耦合器串接而成，如图 4.20 (a) 所示。虽然它的原理简单，但真正实现起来还是有一些困难的：① 由于要求每个耦合器的耦合度不同，因而每个耦合器的几何形状也不同；② 耦合器之间需要有一定的互连长度，所有输出口都需要加入适当长度的线段以获得正确的相位序列；③ 耦合器隔离电阻大都在输出侧，只有最后一个 3dB 耦合器的隔离电阻在输入侧，因而产生耦合器连线相互跨接的现象；④ 由于引入附加线段导致电路损耗的增加，因此影响了功率合成阵的性能。

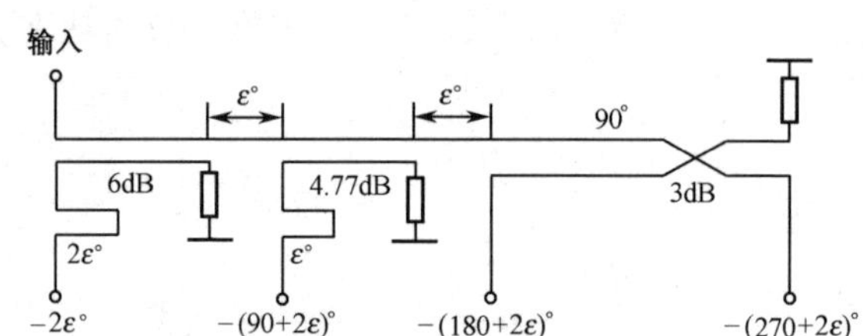

(a) $\frac{1}{4}\lambda$耦合器串接构成4路串馈功率分配/合成阵

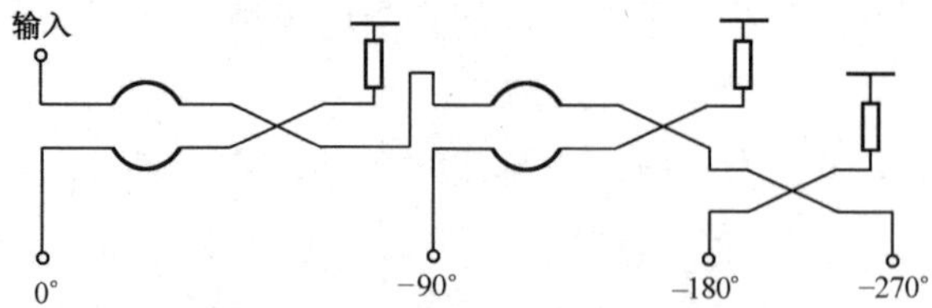

(b) 两节耦合器串接构成4路串馈功率分配/合成阵

图 4.20　耦合器串接构成的串馈功率分配/合成阵

上述问题，可通过采用两节耦合器来加以解决，如图 4.20 (b) 所示。两节耦合器电路是由一段非耦合短线连接两节耦合器来构成的。可以使两节耦合器的幅频特性与$\frac{1}{4}\lambda$耦合器等效，而相位关系也可用附加短线来等效。利用两节耦合器作耦合元件的优点是：① 耦合阻抗Z_e可相同，整个系统具有相同的耦合器结构尺寸；② 两节耦合短线都采用紧耦合方式，更方便实现互相跨接，所有隔离电阻都可在阵列的输入侧；③ 两节耦合短线之间的连线长度可制成等于均衡相位所需要的长度值，从而能将线长度缩到最短。

串馈功率合成阵的问题也是明显的：

（1）它存在着随频率变化的幅度失衡问题，其程度与二进制功率合成阵相似。

（2）串馈功率合成是以各耦合器串联而实现的，所以电路的插入损耗也是相加的，只有调整相关耦合器的耦合度，才能降低这些损耗，使幅度失衡降低至需要的标准。

（3）信号经过各耦合器的延迟各不相等，由此产生了收集误差。此收集误差可能大于二进制功率合成阵的情况。

表 4.1 给出了 3、4、5 路串馈功率合成阵的计算性能；表 4.2 给出了 2、4、8 路二进制功率合成阵的计算性能。由两种功率合成阵的 4 路合成阵的比较可发现，串馈功率合成阵的合成损耗较大，而幅度失衡性能差别不大。

表 4.1　串馈功率合成阵的计算性能

带宽/%	n=3		n=4		n=5	
	合成损耗/dB	分配偏差/dB	合成损耗/dB	分配偏差/dB	合成损耗/dB	分配偏差/dB
10	0.0030	±0.011	0.0045	±0.014	0.0055	±0.016
20	0.0122	±0.044	0.0186	±0.056	0.0223	±0.065
30	0.0285	±0.101	0.0433	±0.128	0.0519	±0.148
40	0.0530	±0.181	0.0805	±0.234	0.0967	±0.268
50	0.0879	±0.287	0.1334	±0.368	0.1555	±0.401
60	0.1361	±0.420	0.2066	±0.540	0.2499	±0.628
70	0.2015	±0.583	0.3065	±0.753	0.3724	±0.876

表 4.2　二进制功率合成阵的计算性能

带宽/%	n=2		n=4		n=8	
	合成损耗/dB	分配偏差/dB	合成损耗/dB	分配偏差/dB	合成损耗/dB	分配偏差/dB
10	0.0001	±0.0067	0.0002	±0.0134	0.0003	±0.0201
20	0.00017	±0.027	0.0003	±0.054	0.0005	±0.081
30	0.00085	±0.061	0.0017	±0.122	0.0026	±0.183
40	0.0027	±0.109	0.0055	±0.218	0.0082	±0.327

续表

带宽/%	n=2		n=4		n=8	
	合成损耗/dB	分配偏差/dB	合成损耗/dB	分配偏差/dB	合成损耗/dB	分配偏差/dB
50	0.0058	±0.172	0.0136	±0.344	0.0204	±0.516
60	0.0145	±0.251	0.0289	±0.501	0.0434	±0.752
70	0.0276	±0.346	0.0551	±0.691	0.0827	±1.039

（4）串馈功率合成阵输入端口的反射特性不及二进制功率合成阵。这是因为二进制功率合成阵可抵消由放大器失配所产生的总输入端口上的反射波，而对串馈功率合成阵而言，偶次分路时，总输入端口上的反射波仍可被抵消；而奇次分路时，反射波就不能完全被抵消。

串馈功率合成阵可降低电路损耗的优点是因为串馈功率合成阵输入端的耦合器具有低耦合度，而每个耦合器的损耗与耦合值成正比。

串馈功率合成阵也可以二进制方式组成新的合成阵，如图 4.21 所示。图 4.21（a）所示的组合放大器是串馈方式，其输入/输出功率分配和合成采用的是二进制方式。图 4.21（b）所示的组合放大器是二进制方式，其输入/输出功率分配和合成采用的是串馈方式。

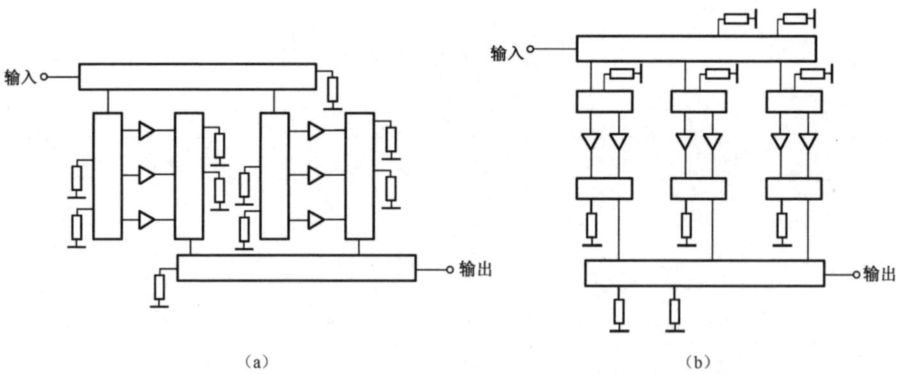

图 4.21　串馈功率合成阵与二进制功率合成阵的混合形式

4.2.2　集中放大式高功率全固态雷达发射机

集中放大式高功率全固态雷达发射机是固态发射机中的一大类，也是固态发射机的早期研制成果。由于固态发射机理论上具有高可靠性和长寿命等显著优点，所以固态发射机的初期研制目的是替代原有的电子管雷达发射机，如美国 20 世纪 70 年代开始研制，1983 年投入使用的高功率固态发射机 AN/SPS-40 就是用来替代原有的真空管雷达发射机的。

从 20 世纪 70 年代到 20 世纪末研制的雷达，其工作频率在 4GHz 以下的，一般首选固态发射机，研制成功的一系列集中放大式高功率固态发射机，主要集中在 P 波段、L 波段和 S 波段。下面按波段分类，简要介绍 P 波段、L 波段和 S 波段集中放大式高功率固态发射机的设计和实例。

1. P 波段高功率固态发射机的设计与实例

最早用集中放大式固态发射机替换掉真空管雷达发射机的雷达，是美国西屋电气公司在 1983 年研制成功并投入使用的 AN/SPS-40，这是一部 P 波段舰载远程两坐标对空搜索警戒雷达。

该发射机的工作频率为 400～500MHz，输出峰值功率大于 250kW，平均功率大于 5kW，脉冲宽度为 60μs，工作比为 2%。基本功率放大器的输出峰值功率大于 400W，增益为 8dB，效率高达 55%。它的功率放大器组件有 10 个微波功率晶体管，以二推八的放大器结构组成，输入峰值功率为 120W，输出峰值功率大于 2500W，其中的微波功率晶体管以平衡推挽电路方式工作。

该发射机由 128 个功率放大器组件组成，分别为预驱动器、驱动器和末级功率放大器组件，同时加上功率合成器、控制电路和电源等三个独立的机柜组成。其中 112 个末级功率放大器组件分成 2 组，每组 56 个，每一个输出机柜的功率合成由 56:1 功率合成器合成，其分别由 7 组 8:1 电抗功率合成器组成。7 组功率合成器的输出由一个 7:1 的带状线功率合成器合成，两个 56:1 功率合成器的输出由一个 2:1 的隔离混合器合成。这种发射机的设计可使发射机在负载全短路情况下也不损坏，它采用液体冷却和强迫风冷却方式，当液体冷却出现故障时，发射机在强迫风冷却条件下仍能输出 80%的功率。此外，该发射机具有显著的“性能适度降低”的特性，如一个组件损坏，发射机输出功率只减小 0.08dB。

中国自 20 世纪 80 年代开始研制、90 年代投入使用的 P 波段固态发射机是用于远程警戒雷达的。国内和国外的经验都表明，成功设计一部固态发射机的关键和首要工作就是正确地选择发射机所用的末级微波功率晶体管。一种微波功率晶体管是否可用，除首先确定工作频率范围外，还要关注其工作状态、信号形式和输出功率等指标，如本章中提到的 P 波段固态发射机。这种发射机在研制阶段选用了国外某公司的硅双极微波功率晶体管，在发射机研制的同时，国内微波功率晶体管的研制单位也抓紧时间开展微波功率晶体管国产化的相关工作，经过研制人员多年的努力，逐步突破了功率放大器组件和功率合成等关键技术，获得了成功。随着固态发射机的研制成功，国产化的微波功率晶体管也取得了突破性进展，经过逐步推进，终于使该 P 波段的固态发射机实现了国产化。图 4.22 是其简要框图。

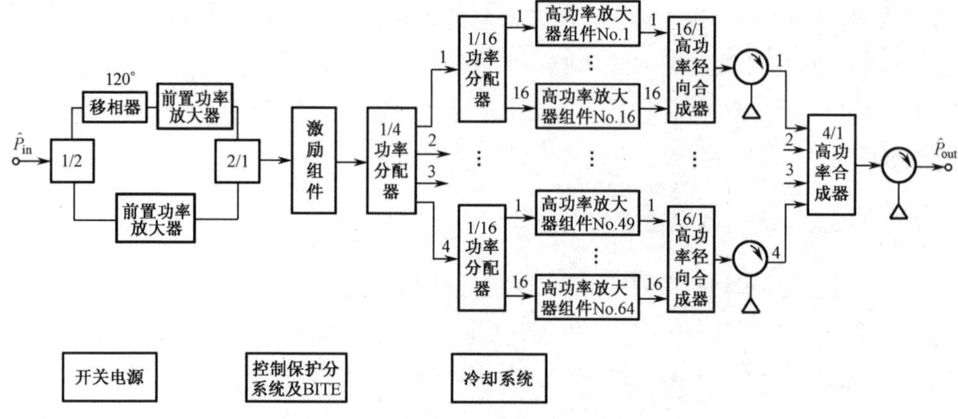

图 4.22　P 波段高功率固态发射机简要框图

图 4.22 所示的 P 波段高功率固态发射机基本上实现了模块化，如发射机的核心模块——高功率放大器组件和开关电源组件。其中，高功率放大器组件是发射机的关键件之一，也是发射机研制的基础；另一个关键件是高功率径向合成器/分配器。由于以上两个关键部件的研制成功，才使该发射机的成功研制得以实现。

高功率放大器组件简要框图如图 4.23 所示。

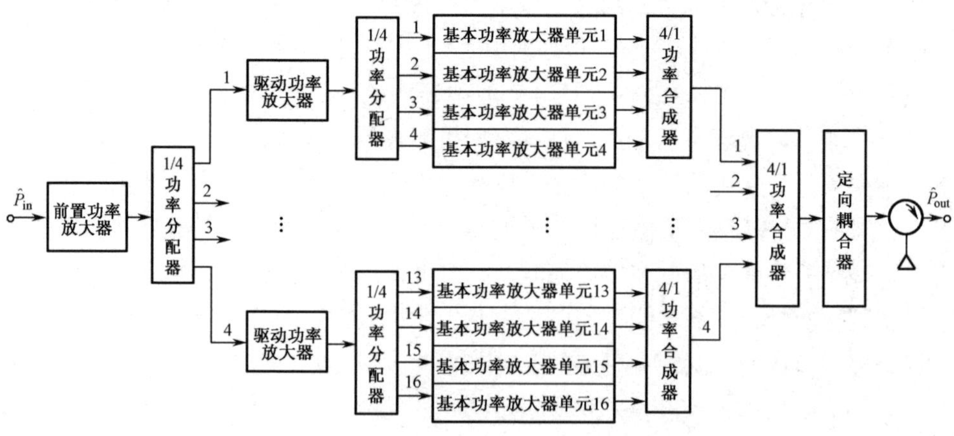

图 4.23　高功率放大器组件简要框图

该集中放大式高功率固态发射机经过长期工作，已证明其性能稳定，达到了预期目的，也充分展示了固态发射机的诸多优越性。

下面以另一部 P 波段高功率集中放大式全固态雷达发射机为例，说明这类发射机的组成和设计思路。

该发射机主要技术指标为：工作频率为 P 波段，瞬时带宽大于 10%，输出峰值功率大于 30kW，平均功率大于 3kW，全机功率增益大于 60dB，脉冲重复频率为 200～1000Hz（可变），脉冲宽度为 1～100μs（可变），最大工作比为 10%。

P 波段 30kW 固态发射机的组成框图如图 4.24 所示。

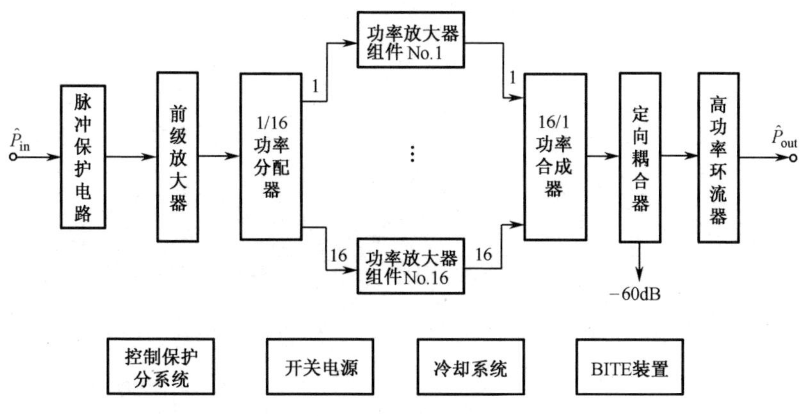

图 4.24　P 波段 30kW 固态发射机组成框图

通过实际使用证明，该发射机具有可靠性高、稳定性好、效率高、结构简便、体积小和质量小等优点。它只有两个小机柜，质量低于 600kg，而效率高于 25%。

该发射机的设计思路是：将来自频率源的输入激励信号通过超脉冲宽度、超工作比的脉冲保护电路输入前级放大器，信号被放大后，输出功率大于 1kW；经 1/16 功率分配器，将信号再分成 16 路，分别输入 16 个功率放大器组件，然后经功率放大器组件进行功率放大；16 路功率放大器组件的输出在 16/1 的功率合成器中相加后，经定向耦合器和高功率环流器，最终得到大于 30kW 的输出功率。

P 波段高功率固态发射机的成功之处在于其实现了模块化设计，其发射机的核心部分主要由监测功能完善的高功率放大器组件和高效的模块化开关电源两部分组成。图 4.25 给出了该发射机高功率放大器组件的组成框图。

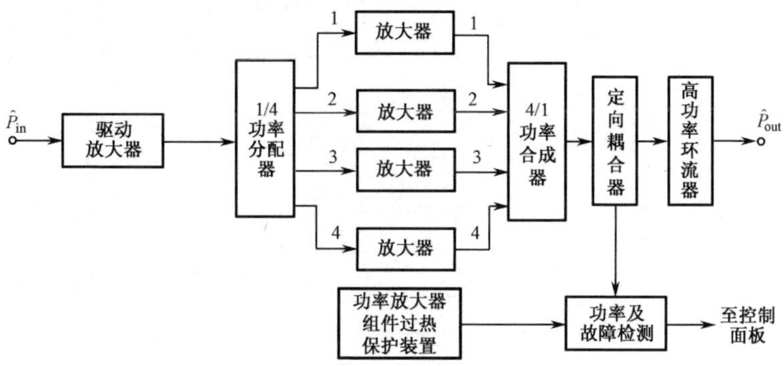

图 4.25　高功率放大器组件的组成框图

该发射机实现了无人值守、远程开机和关机等功能。它的 BITE 装置可把故障检测定位到每个可更换的单元。

2. L 波段高功率固态发射机的设计与实例

1986 年投入使用的 RAMP（雷达现代化计划）雷达是由美国雷声公司研制的一部空中交通管制早期预警雷达，分布于加拿大各主要机场。该雷达是最早的一部 L 波段集中放大式固态发射机的雷达。它的发射机的输出峰值功率大于 25kW，平均功率大于 1.2kW，由 14 个功率放大器组件构成；每个组件具有 2kW 的输出能力，其电路采用 2-8-32 结构形式；微波功率晶体管按照“一推四”组合放大器形式运用，共由 42 个相同的 C 类 100W 双极微波功率晶体管组成。组件效率大于 25%，功率增益大于 16dB。

14 个功率放大器组件以成对的形式合成，形成 7 个发射通道，当允许其中的一个通道进行维护时，其余 6 个通道就满足最低峰值功率 21kW 的需求。14:1 的大功率合成器是采用电抗性和电阻性结合的功率合成技术在空气介质带状线上实现的。功率放大器组件的输出端都加有环行器，以防止反射烧毁微波功率晶体管。

图 4.26 所示的固态发射机是中国研制的一部 L 波段集中放大式高功率固态发射机，它是用来替代原有磁控管雷达发射机的。

该发射机主要由功率放大器组件、双工开关、前级激励放大器、功率分配器和功率合成器构成高频放大系统，再加以完善的控制和检测分机及开关电源、冷却系统等组成。

它的开关电源采用模块化形式，由 10 个开关电源组件并联工作，并留有 20% 的冗余，即允许两个电源同时发生故障，而该发射机仍能正常工作，从而提高了系统的可靠性。

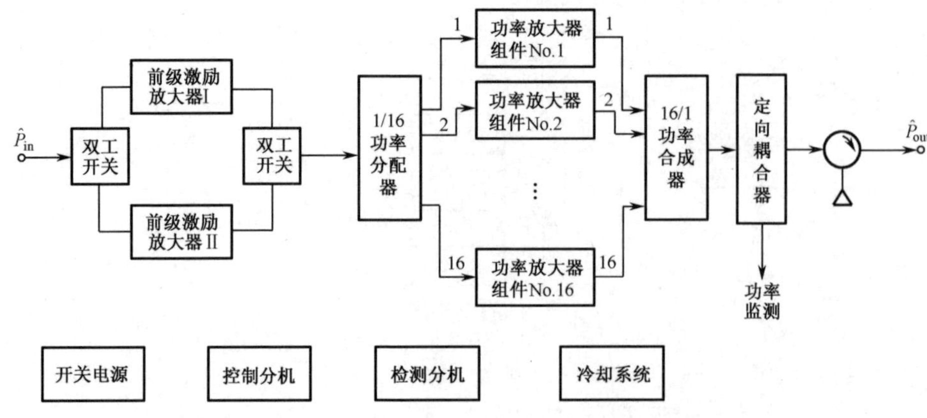

图 4.26 L 波段集中放大式高功率固态发射机原理框图

此发射机的关键技术主要是功率放大器组件的研制，其原理框图如图 4.27 所示。

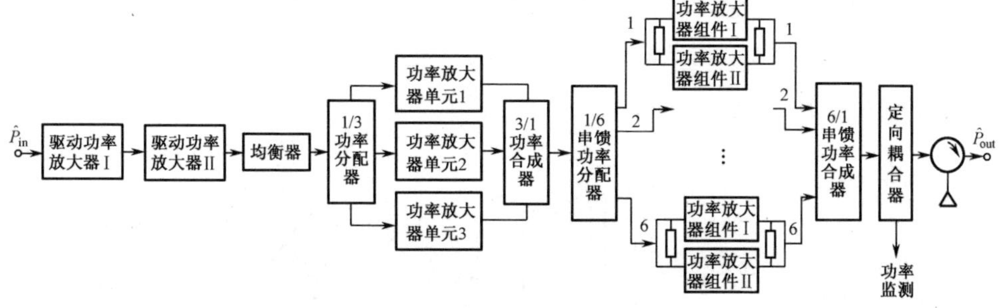

图 4.27　L 波段功率放大器组件的原理框图

该功率放大器组件的末级功率放大器的输出采用了串馈功率合成与二进制功率合成相结合的混合式功率合成技术，这样使功率分配和合成器的体积大大地缩小，结构更紧凑，更便于调试和维护。

为了改善功率放大器组件的幅频特性，使功率放大器组件频带内的输出功率起伏小于 1dB，功率放大器组件内插入了幅度均衡器，从而使频带内低端增益降低，高端增益基本不变，以达到功率放大器组件输出功率的起伏小于 1dB 的要求。

通过长期使用证明，该 L 波段高功率固态发射机达到了体积小、质量小、效率高、模块化、冗余设计、长寿命和高可靠性等设计目标。

3. S 波段高功率固态发射机的设计与实例

早期 S 波段集中放大式高功率固态发射机由于 S 波段的单管输出功率的限制和雷达系统方面的因素，它的应用不像 P 波段和 L 波段的高功率固态发射机那样普遍，但随着微波功率晶体管制作水平的不断提高，以及单管输出功率和脉冲宽度的不断提高，雷达系统对固态发射机的需求也越来越强烈，目前高功率集中放大式的高功率固态发射机业已研制成功。

S 波段高功率固态发射机原理框图如图 4.28 所示，它是中国研制成功的一部远程警戒二坐标雷达的集中放大式固态发射机。

该发射机主要组成部分为：① 前级功率放大器分机（虚线内部分）。② 末级功率放大器高功率合成部分。这部分由 1/24 和 24/1 的功率分配器/合成器和功率放大器组件组成。③ 直流开关电源分机。它由 10 个开关电源组件并联工作，且具有一定冗余。④ 控制保护分机。该固态发射机可自动遥控开机和关机，亦可手动控制开机和关机（该固态发射机具有过脉冲宽度、超工作比保护和过热、过流、过压保护的性能）。⑤ 监测分机。它具有发射机前级功率放大器和功率放大器组件功率指示及故障报警指示功能，以及 10 个电源组件过压、过流保护和相应故障指示功能。监测分机的故障指示可定位到每个可更换单元（功率放大器组件和电源组件）。⑥ 强迫风冷却系统。该系统具有风压器接点故障告警功能。

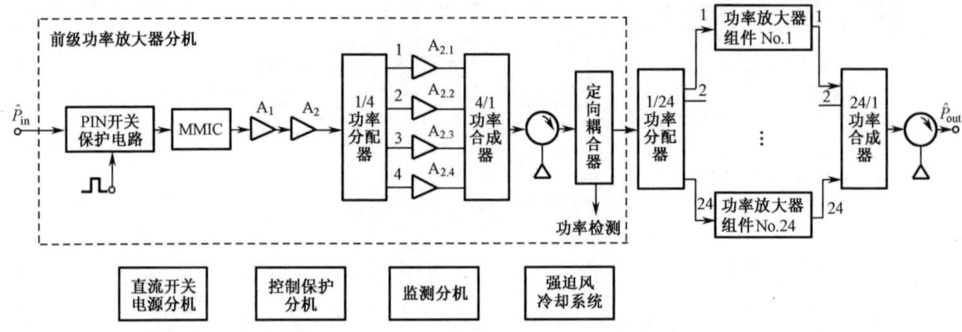

图 4.28　S 波段高功率固态发射机原理框图

该 S 波段高功率固态发射机具有高可靠性、长寿命、高效率等特点，其主要关键技术是功率放大器组件的研制，其构成框图如图 4.29 所示。

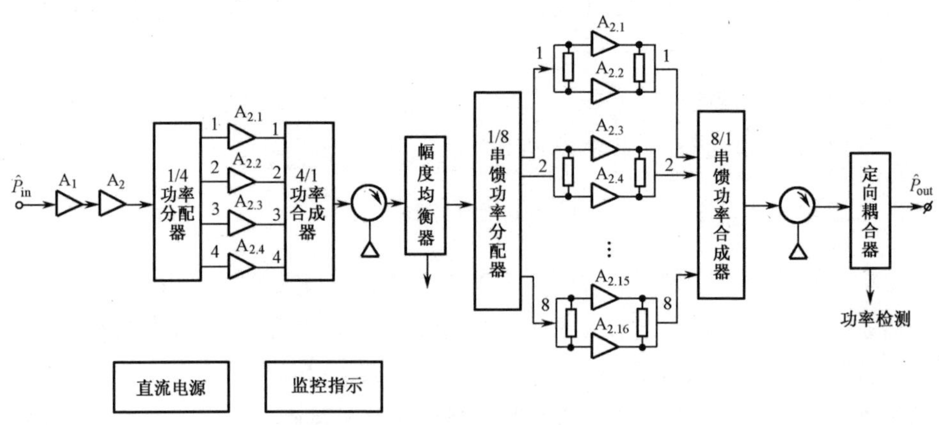

图 4.29　S 波段功率放大器组件构成框图

设计该功率放大器组件时，在 1/8 串馈功率分配器之前加入幅度均衡器以保证组件频带内输出功率的变化小于 1dB。

从上述几种集中放大式高功率固态发射机研制实例中可以得出如下结论：

（1）对于集中放大式固态发射机，设计时可以充分利用前级驱动放大器的作用，将其输出峰值功率控制在几百瓦至几千瓦之间，这既可以有效地减少后面功率放大器组件的级数，又可以改善相位的一致性和组件的稳定性。

（2）末级高功率放大器组件是高功率固态发射机的核心部件，其输出功率一般设定在 1～3kW 之间，若增加功率放大器组件数目，则固态发射机输出功率就可以提高。在有些情况下，可使前级驱放和末级输出功率放大器组件采用同一种功率放大器组件，其区别是仅在驱动放大器前加一个几十瓦量级的前置放大器。如此设计可使该固态发射机高频放大部分简化，易于实现模块化，并有利于大批量生产。

（3）集中放大式固态发射机直流开关电源可实现标准化和系列化。电源的输出电压可根据微波功率晶体管工作电压的不同进行微调，一般可在 30～50V 之间。

（4）发射机控制保护分机和工作状态监测分机及相应开关电源过压、过流、过温保护及微波功率晶体管过热保护等，均可采用统一设计，并定位到每个可更换单元。

（5）冷却系统可按功耗、发热量、工作条件和环境选择强迫风冷却或一次水冷却、二次强迫风冷却等方式。

4.2.3　有源相控阵雷达全固态发射机

相控阵雷达的研制历史可追溯到 20 世纪 50 年代末，当时最著名的超大型相控阵雷达是美国的 AN/FPS-85。它是一部有源相控阵雷达，建成于 1965 年，安装在佛罗里达州的埃格林空军基地，工作在 P 波段，具有 5184 个发射单元，其中有源单元为 4660 个，有源单元的功率放大器件为电子管（真空四极管 4CX250）。该雷达后来因发生火灾被烧毁，1966 年开始重建，1969 年重新投入运行。70 年代后期，美国又开始研制 AN/FPS-115（PAVE PAWS）双面阵大型相控阵雷达。该雷达是第一部工作在 420～450MHz 的全固态有源相控阵雷达，其每个面阵的输出峰值功率达 600kW，平均功率达 150kW，脉冲宽度可达 160μs，工作比可达 25%。它的每个面阵有 5354 个收/发组件，其中有源单元为 1792 个。功率放大器组件输出功率为 340W，它由 7 个 C 类硅双极型微波功率晶体管组成，采用 1-2-4 结构，末级功率放大器的微波功率晶体管输出功率为 110W。

1. 有源相控阵雷达固态发射机的设计与实例

中国从 20 世纪 60 年代开始研制相控阵雷达，到 70 年代生产出第一台大型相控阵雷达并投入运行。该雷达是一部无源相控阵雷达，发射管采用高功率速调管。随着微波功率晶体管制造水平的不断提高和固态发射机技术的不断发展，尤其是相控阵技术与固态发射机技术的结合，有力地推动了有源相控阵雷达的发展和应用，也给用于有源相控阵雷达的固态发射机带来了广阔的发展空间。目前，国际上已研制出 P 波段、L 波段、S 波段、C 波段、X 波段、Ku 波段和 Ka 波段有源相控阵雷达的固态发射机。

有源相控阵雷达固态发射机具有如下一些典型特征：

（1）固态发射机与馈线、天线之间没有明显的界限划分，固态发射机末级功率输出是以 T/R 组件功率放大器的输出功率直接进入天线辐射单元，向空中辐射并进行空间功率合成的。

（2）固态发射机具有分布式放大结构，直接与辐射单元相连，减小了高功率的馈线损耗，极大地提高了发射效率。

（3）固态发射机可完全实现模块化，其模块化主要包括 T/R 组件功率放大器模块化和功率放大器电源模块化。其中，T/R 组件功率放大器模块化的意义非常大，这种模块化既是组成各种规模阵面和不同总辐射功率的基础，也是进行大批量生产和调试的前提。有源相控阵雷达既有由几十个 T/R 组件功率放大器构成的中、小功率固态发射机，也有由几万个 T/R 组件功率放大器构成的大型超大功率固态发射机。

（4）固态发射机的故障指示、状态检测功能齐全，可将故障隔离定位到每个可更换单元，甚至可在线更换，并迅速排除故障。

（5）固态发射机的控制、开机和关机简单并迅速，各种保护措施齐全、到位。

（6）固态发射机具有故障弱化特性，任务可用度高。其发射电源一般采用并联冗余设计，允许功率固态放大器组件出现少量故障而无须立即更换，并仍能保性能地工作。

（7）固态发射机具有寿命长、可靠性高、维修方便和维修迅速等优点。

中国的第一台有源相控阵雷达是从 20 世纪 90 年代开始研制的，该雷达工作在 S 波段，其有源阵面具有数千个辐射单元，分别由数百个 T/R 组件馈送功率，其中的功率放大器组件由 4 个 C 类硅双极型微波功率晶体管组成，采用 1-1-2 结构。图 4.30 给出了该 S 波段有源相控阵雷达固态发射机的原理框图。

由该图可见，该发射机主要由保护电路、前级放大器、阵面放大器、列驱动放大器、T/R 组件功率放大器、功率分配器、控制保护和开关电源等组成。其中，保护电路主要是针对来自频率源不正常的高频信号现象而设计的，如若信号脉冲宽度过宽或工作比过大，就切断高频激励信号，使后面各级功率放大器不进行放大，从而起到保护微波功率晶体管的作用。因为在雷达联调过程中，会出现开机和关机瞬间频率源输出不正常现象（如过宽脉冲、过大工作比），尤其是在联调初期，时序关系和重复频率出现混乱的可能性较大，而脉冲微波功率晶体管都存在着最大工作脉宽和最大工作比的限制，一旦超过限制，微波功率晶体管的结温会迅速上升，由此可能发生微波功率晶体管损坏现象，所以必须具有保护电路。实践证明，保护电路是行之有效的。

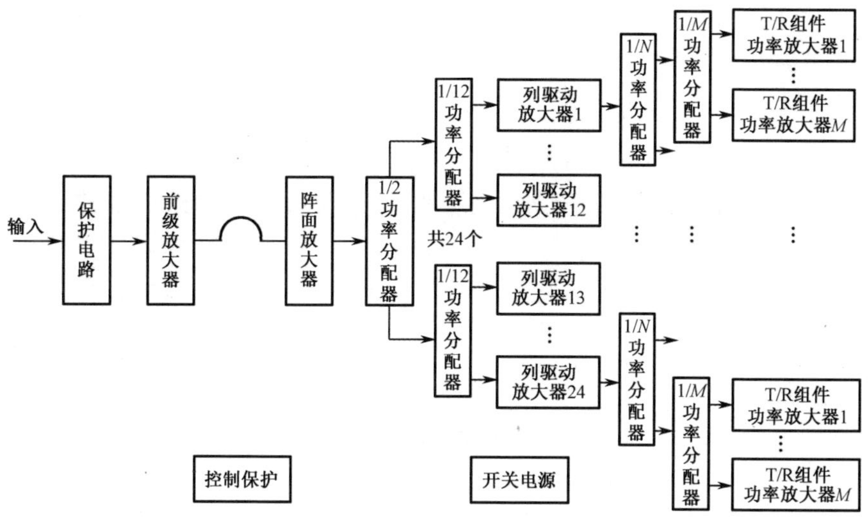

图 4.30　S 波段有源相控阵雷达固态发射机原理框图

该发射机的设计思路是：将来自频率源的输入信号通过保护电路，输入至前级放大器，经前级放大器放大，再经长低损耗电缆送至雷达天线阵面上的阵面放大器进行放大。然后通过 1 分为 2 的功率分配器分成两路，这两路信号分别被送至 1 分为 12 的功率分配器，共得到 24 路信号，再将这 24 路信号分别传送入 24 个列驱动放大器进行放大，每个列驱动放大器的输出又被传送至 1 分为 N 的功率分配器，这样在天线阵面中的射频信号被分成了 $24\times N$ 路。这 $24\times N$ 路射频信号被分别传送至天线阵面的 $24\times N$ 小舱，在此小舱内，信号又被 1 分为 M，分别加到 M 个 T/R 组件功率放大器的输入端，经移相器和收/发开关分别进入 $24\times N\times M$ 个功率放大器被放大，最后经数千个辐射单元向空中辐射出高频信号并在空间进行合成。

此 S 波段发射机具有固态发射机鲜明的特点：模块化、小型化、高效率（发射机总效率大于 20%）、高可靠性和长寿命，当 5%的 T/R 组件功率放大器出现故障时，雷达仍能保性能地工作。发射机内部的故障检测和 BITE 分机，可使固态发射机的故障被隔离到每个可更换单元，即 T/R 组件功率放大器、列驱动放大器、阵面放大器和每个开关电源模块。阵面放大器、列驱动放大器和数百个 T/R 组件功率放大器都采用了同一种电路和结构，为生产和调试阶段的流水线作业打下了技术基础，最终经过努力，在国内首次实现了通过生产线来装配和调试功率放大器组件。

上述 S 波段固态发射机的 T/R 组件功率放大器采用的是同一种组件，输出功率相同，输入功率也相同，因而最大限度地实现了模块化和通用化，提高了调试的效率。这种设计思路已被广泛地用于各种有源相控阵雷达固态发射机的设计之中，效果很好。但有时为了进一步降低天线副瓣电平，提高雷达性能，需要采用幅度加权的方式，尤其是要采用由 T/R 组件功率放大器输出加权的有源相控阵雷达阵面，以满足用户的实际需求。

图 4.31 所示为已经研制成功并投入使用的 S 波段有源加权相控阵雷达固态发射机的原理框图。

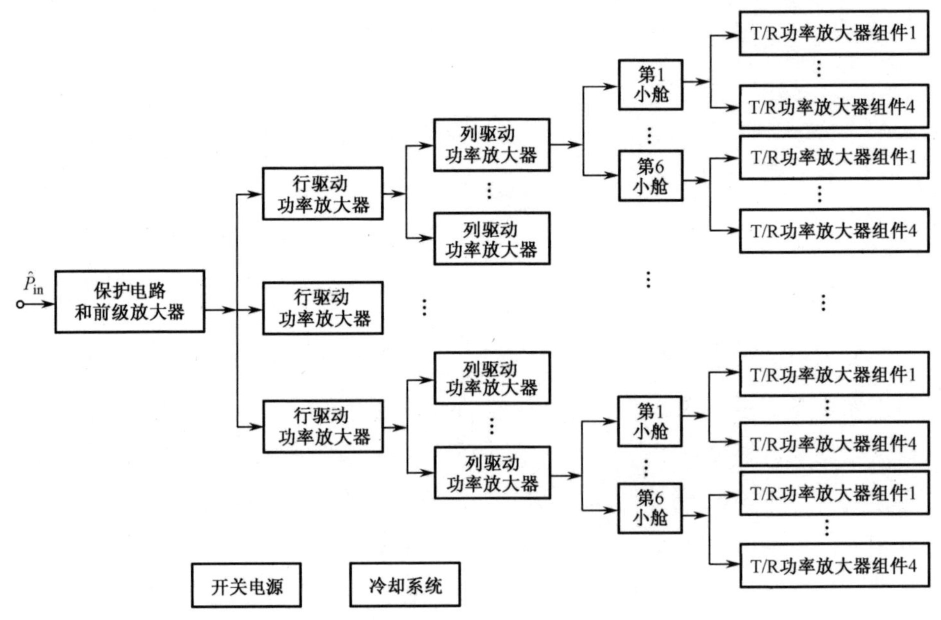

图 4.31　S 波段有源加权相控阵雷达全固态发射机的原理框图

由该图可见，该发射机主要由保护电路和前级放大器、行驱动功率放大器、列驱动功率放大器、T/R 功率放大器组件、开关电源和冷却系统等组成。其设计思路与前面所述的固态发射机基本一致：将来自频率源的射频小信号经保护电路后，由前级放大器放大，通过 1 分为 3 的功率分配器送至 3 个行驱动功率放大器，每个行驱动功率放大器的输出再由功率分配网络送至若干路列驱动功率放大器，而每个列驱动功率放大器组件最多可推动 6 个舱的 24 个 T/R 功率放大器组件，最后经天线单元辐射至空间进行功率合成，形成发射波束。

为了降低天线副瓣电平，形成雷达所需求的发射波束，该雷达天线的各辐射单元的输出功率不完全相同，呈蜂窝状排列的辐射单元的量化幅度有 4 级，位于中心区的功率放大器组件输出功率最大，由中心向外的 3 个环形区的功率放大器组件输出功率逐渐降低，其主要目的是有效地降低天线副瓣电平。经过实际测试证明，采用这种方式降低的天线副瓣电平比一般等幅天线的副瓣电平低 10dB 左右。虽然处于不同区域的功率放大器组件输出的功率不同，但功率放大器组件的外部尺寸和接口及输入功率相同，只是功率放大器组件的功率增益不同，这是通过采用功率放大器组件降压工作的办法来实现的。这样可大大简化功率分配网络的复杂性和阵面结构设计的难度。

另外，此固态发射机与前面叙述的如图 4.30 所示的固态发射机的不同之处还在于具体保护电路的设计更完善和功能更齐全。该保护电路不是单一地对一种最大脉冲宽度和最大工作比进行保护，而是由多组定时选通控制信号控制保护电路，针对雷达不同的脉冲宽度和脉冲重复频率的组合进行选通或截止，以避免雷达系统定时器送来的状态信号受到干扰。当出现乱码或突然断电的情况时，固态发射机可以被有效保护。实践证明，该保护电路使用效果良好，真正地起到了保护固态发射机的作用。

L 波段有源相控阵雷达固态发射机的原理、组成和设计原则大体上与 S 波段有源相控阵雷达固态发射机相同，只是由于该波段的硅功率器件输出功率更大，而天线辐射单元间距也可以更大一些，因此决定了 L 波段有源相控阵雷达固态发射机的功率放大器组件的输出功率和结构尺寸都可以做得更大一些，以满足雷达系统对发射机的技术要求。

进入 21 世纪以来，国际和国内都开展了各种规模、各种功率量级的发射机的研制工作，而且使用范围广泛，既有地面、车载形式，也有机载和星载等多种形式的有源相控阵雷达的固态发射机。在此仅举一例说明其工作原理和设计思路。

图 4.32 所示为 L 波段超大型有源相控阵雷达全固态发射机的原理框图。

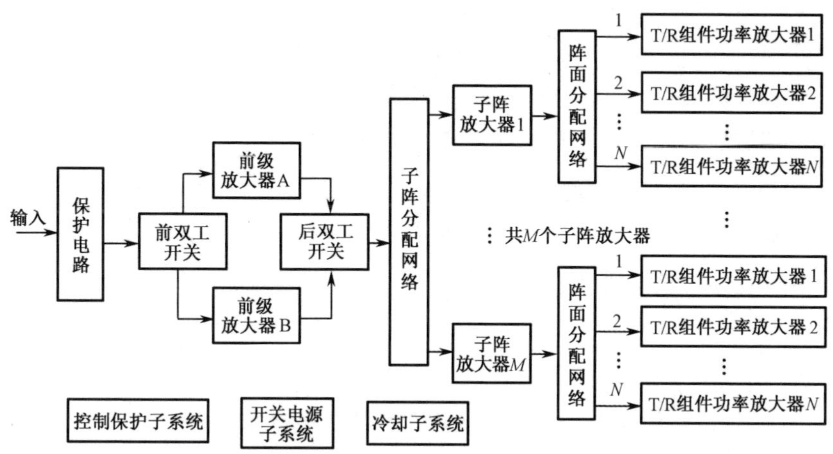

图 4.32　L 波段超大型有源相控阵雷达全固态发射机的原理框图

由该图可见，该发射机主要由保护电路、前双工开关、前级放大器、后双工开关、子阵分配网络、子阵放大器、阵面分配网络、T/R 组件功率放大器、开关电源子系统、控制保护子系统和冷却子系统等组成，是一个庞大的系统，因此其控制供电、检测、保护、冷却和高频放大等部分必须做到协调一致，才能保证整个固态发射机的正常工作。

该固态发射机的设计思路是将来自频率源的射频激励信号通过保护电路送到前双工开关，由前双工开关控制送入其中一路前级放大器进行放大后，经过后双工开关，由子阵分配网络分成M路，每一路信号分别由子阵放大器进行放大后，再由阵面分配网络将每路信号分成N路信号，然后分别送至 T/R 组件功率放大器进行放大，得到所需的输出功率。整个系统共有 $M\times N$ 个 T/R 组件，经由天线辐射单元向空间辐射，并在空间进行合成，形成所需的发射波束。

该固态发射机与前面介绍的两种 S 波段固态发射机的不同之处为：① 采用了双工工作方式，即由前双工开关、后双工开关和两个前级放大器组成，两路互为备份，其中前双工开关的开关器件采用 PIN 开关管，后双工开关选用耐大功率的铁氧体开关，以提高发射机的可靠性和任务可用度；② 采用了一次液体冷却、二次强迫风冷却的方式进行冷却，以保证发射机超大功率的热耗散能有效地被去掉。

早期的固态雷达发射机，包括有源相控阵雷达固态发射机，一般都工作在 S 波段的以下频率，并且大多采用硅双极型微波功率晶体管作为主要功率放大器件，只是在低功率激励级有时使用砷化镓场效应晶体管或 MMIC。近年来，随着砷化镓场效应晶体管制造水平的不断提高和微电子技术的迅猛发展，C 波段单管输出功率已从 20 世纪 80 年代的不到 10W 发展到雷达常用频段的 5.3～5.9GHz 范围内的 45W 和通信常用频段 5.9～6.4GHz 范围内的 60W。与此同时，国际上也相继研制出 C 波段和 X 波段有源相控阵雷达固态发射机。20 世纪 90 年代，由英国、法国和美国等公司参与的欧洲工业技术联合体开始联合研制 C 波段有源相控阵雷达“Cobra”以用于火炮定位。该发射机由 3 000 多个输出功率为 5W 的 T/R 功率放大器组件组成，总功率大于 15kW。

综上所述，对于有源相控阵雷达固态发射机来说，无论频段高低、功率大小和规模大小及应用平台是否相同，其基本原理、组成和设计思路都基本相同。固态发射机一般以采用同一种 T/R 组件功率放大器为主，有时为了满足天线的副瓣要求，也采用一种以上的 T/R 组件功率放大器。固态发射机是否采用前级双工工作方式，主要是要分析其必要性和充分性。一般大型相控阵固态发射机和空中平台的固态发射机必须采用双工工作方式，以提高可靠性和任务可用度；而对于一般中、小型相控阵固态发射机和地面及车载平台的固态发射机，则可以通过优化设计，使前级放大器的可靠性达到足够高，或者也可以不采用双工工作方式，因为双工切换开关的可靠性与简单可靠的固态功率放大器组件相比不见得高，也就是说虽然稍微提高了任务可用度，但 MTBF 却明显下降。

另外，发射机的热设计也很重要，其冷却方式的选择，主要是根据阵面和功率放大器的发热密度及外界的环境和能提供的条件而定。冷却方式主要有强迫风冷却和液体冷却两种。除此之外，固态发射机的电源一般都采用多组开关电源并联工作，并进行冗余设计。还有一点特别值得关注的是，T/R 组件的一致性和相移的一致性，这对于固态发射机工作在较宽频率范围内，尤其是在快速捷变频和宽带扫频工作时更加重要。

2. 有源相控阵雷达 T/R 组件功率放大器的设计与实例

T/R 组件是有源相控阵雷达的核心部件，而 T/R 组件的功率放大器又是 T/R 组件的最关键部件，也是有源相控阵雷达固态发射机的最基本和最重要的部件。它直接决定了固态发射机的性能和可靠性以及造价。

T/R 组件作为有源相控阵雷达的基本单元，其造价少则几十、几百元，多则成千上万元，它的设计对一部雷达的成功起着决定性的作用。可以说，一个成功的 T/R 组件的设计，尤其是 T/R 组件功率放大器的设计，历来得到国际上有源相控阵雷达研制者的极大重视，并已进行了大量的研究和开发工作，发表了大量的论文，这里只是进行简要的论述并结合实际给出一些设计原则和具体实现方法。对于愿意深入研究、探讨 T/R 组件功率放大器及相关问题的读者可参阅相关资料。图 4.33 所示为一种典型 T/R 组件的原理框图。

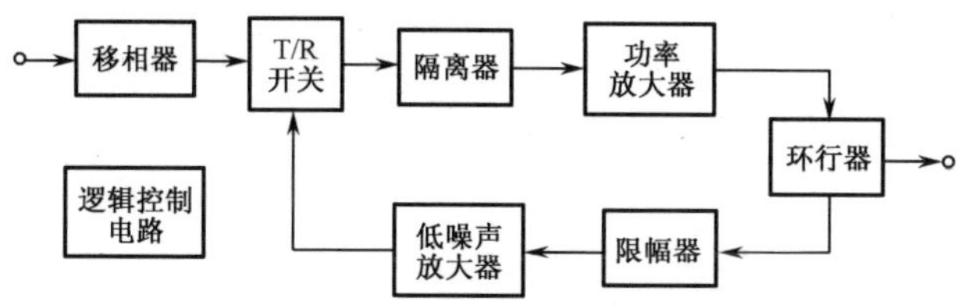

图 4.33　典型 T/R 组件的原理框图

由该图可见，T/R 组件主要由移相器、T/R 开关、隔离器、功率放大器、限幅器、低噪声放大器、环行器和逻辑控制电路组成。

T/R 组件的主要功能如下：

（1）提供发射状态下的功率增益和输出功率；

（2）提供接收状态下的信号增益和低噪声系数；

（3）进行收/发状态的切换；

（4）实现收/发状态的移相功能。

在发射周期内，激励信号经过移相器和 T/R 开关后输入功率放大器进行放大，再经环行器送至天线单元；在接收周期内，接收到的信号经环行器至限幅器、低噪声放大器、T/R 开关和移相器至接收机。其中，T/R 开关是为了利用共用移相器和收/发隔离而设置的，而环行器是作为输出开关用来进行收/发通道转换用的，有时也采用其他开关来代替环行器。

功率放大器一般都采用 C 类放大器，但在中、小功率的情况下，也有采用 A 类放大器的。A 类放大器可利用 *S* 参数设计法进行设计，而 C 类放大器一般采用阻抗匹配设计法，即先测出微波功率晶体管在工作条件下的动态阻抗，再确定电路模型，将该模型用计算机优化，得到满足要求的匹配电路，并通过试验和修正，最终完成整个设计过程。

简单地说，T/R 组件功率放大器的设计原则就是根据有源相控阵雷达对 T/R 组件的要求和对固态发射机的要求，结合现有的可实现条件，如微波功率晶体管的性能指标和热设计考虑等进行论证。

图 4.34 所示为中国研制的第一个成功用于 S 波段有源相控阵雷达固态发射机的 T/R 组件功率放大器的原理框图。

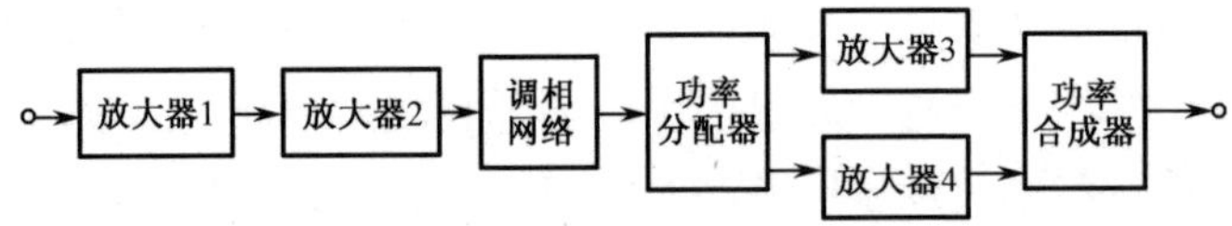

图 4.34　S 波段有源相控阵雷达固态发射机的 T/R 组件功率放大器的原理框图

由该图可见，该功率放大器主要由三级放大器组成，采取 1-1-2 结构。其功率分配器和功率合成器采用带有 1/4 λ 的 Wilkinson 电路组成，在放大器 2、放大器 3 和放大器 4 之间、功率分配器之前加入了调相网络，三级放大器全部工作在 C 类饱和放大状态。

该功率放大器的具体设计主要是围绕满足功率、增益、效率、体积、质量和可靠性等指标要求而进行的。

（1）首先根据大功率非线性放大器的设计原理，利用功率器件厂家提供的功率器件测试架阻抗数据推导出功率器件的输入/输出阻抗，再利用低通变阻滤波器网络理论，结合计算机辅助设计方法，设计每一级放大器的匹配电路，最后结合输入/输出、级间匹配和电源供电，以及散热等因素而进行设计和研制。

（2）设计最重要的一点是需要从系统可靠性出发，采取功率器件降额使用的措施，包括主要的结温降额、功率降额、电压降额、脉冲宽度降额和工作比降额等。

（3）在具体的功率放大器匹配电路的设计中，为了减少体积和质量，经过论证，在国内首次使用了一种 h=1mm，ε_r=9.2 的复合介质基板，这种高性能的复合介质基板具有附着力强、均匀性好、介电常数高、稳定性和一致性好，以及环境适应性强等特点，经实践证明，适合于大批量的生产和调试。

（4）设计中另一需要着重考虑的是控制 T/R 组件功率放大器的幅相一致性问题，其中既包括同一功率放大器的带内各频点的幅相特性，也包括不同组件间的幅相一致性。设计中各级匹配电路采用宽带低纹波匹配的设计方法，同时 T/R 组件中加入的移相网络和使各级放大器工作在稳定的 C 类饱和放大状态等措施，都是行之有效的方法。

在设计中除以上一些基本设计考虑外，还要注意到以下问题并采取相应的措施：

（1）腔体效应问题。在初步确定功率放大器的盒体后，需根据工作频率计算有关模式下的腔体振荡频率，如果存在谐振条件，需采取措施消除，否则，一旦腔体尺寸不合适或接地不好，极易产生或存在腔体效应，从而影响信号的正常传输。本书列举的设计是在初始的设计盒体尺寸确定后，通过计算，发现存在腔体效应的隐患，因此在正式设计中，采取了在末级放大器和前级放大器之间加上屏蔽墙的措施，从而有效地消除了腔体效应。

（2）电磁兼容问题。由于本 T/R 组件属分立器件与集成电路组成的混合体，极易出现相互干扰的现象，因此在设计中加强了各自电路本身的抗干扰能力，并尽量避免组件内部电路之间、模块和收/发通道之间的辐射干扰，从而保证了足够的屏蔽和隔离效果。

（3）热设计问题。由于功率放大器属高发热集合体，微波功率晶体管工作温度受到严格的条件限制，因此需要优良的散热条件来保证 T/R 组件长期、稳定和可靠地工作。

（4）大批量生产性问题。一个有源相控阵雷达 T/R 组件功率放大器的设计成功与否，一个很重要的衡量标准是在满足各项性能指标的基础上，可以批量生产和调试。因此，研制人员在设计、研制出满足电气性能和结构各项指标的高性能功率放大器的基础上，还要考虑开发、研制出满足各项性能指标且适于大批量生产和调试的功率放大器。

本节前面概述了有源相控阵雷达 T/R 组件功率放大器的设计原则，并以 S 波段 T/R 组件功率放大器为例介绍了具体的实现方法。而 P 波段、L 波段有源相控阵雷达 T/R 组件功率放大器的设计原则和具体设计方法与本部分叙述的设计原则和设计方法基本相似，只是与频率有关的一些微波实现方式在功率量级和结构形式上有所不同，并且需要考虑腔体效应和电磁兼容问题，根据频率、输出功率、输出信号形式等不同来考虑选用不同种类的微波功率晶体管和工作状态，其幅相一致性都是需要注意的。

C 波段、X 波段 T/R 组件功率放大器的原理框图如图 4.35 所示。

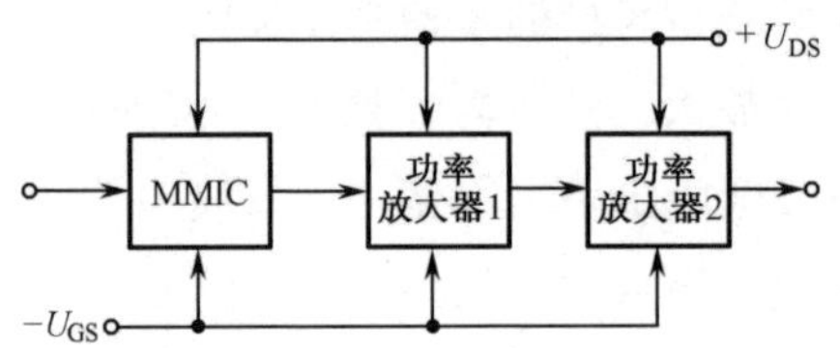

图 4.35　C 波段、X 波段 T/R 组件功率放大器的原理框图

由该图可见，C 波段、X 波段 T/R 组件功率放大器主要由三级放大器组成，第一级放大器一般都采用 MMIC 作为小功率的高增益放大器使用，第二级和第三级功率放大器一般选用具有内匹配的微波功率晶体管来实现功率放大，并依据所要求的输出功率大小而选择为 2 级放大或 3 级放大。MMIC、功率放大器 1 和功率放大器 2 都需要施加 U_{DS}（漏-源电压）和 U_{GS}（栅-源电压）两种电压，并且都必须采取 U_{GS} 控制 U_{DS} 的电路进行控制加电顺序，以保证功率放大器安全、可靠地工作。

从近年来国际上有源相控阵雷达 T/R 组件功率放大器的研制情况和未来发展情况的展望可以看到，T/R 组件功率放大器的设计方法、发展方向和应用基本上和早先一些专家所预料的相一致，即随着微电子技术和微波功率晶体管制造工艺的发展而不断发展。可以预计：这种以研究 P 波段、L 波段、S 波段、C 波段和 X 波段有源相控阵 T/R 组件功率放大器的设计方法和应用为主的局面还会继续下去，并将逐渐推广和应用到更广泛的各种雷达平台上，如机载、星载、弹载和飞艇载等领域。同时，将加速发展 Ku 波段和 Ka 波段的有源相控阵雷达 T/R 组件功率放大器，并将在传统的设计方法和选用新器件的基础上取得新的突破。

3. 行、列馈式有源相控阵雷达固态发射机

本书前面已多次指出固态雷达发射机基本上可分为两大类型：集中放大式高功率雷达固态发射机和分布式有源相控阵雷达固态发射机，而实际上还有相当数量的、介于上述两种类型之间的行、列馈式有源相控阵雷达固态发射机（也有将其划为分布式有源相控阵雷达固态发射机中的一种）。国际上，最早投入使用的

AN/TPS-59 雷达的固态发射机就属于此种。AN/TPS-59 雷达是由美国 GE 公司（现为洛克希德 • 马丁公司）为美国海军研制的空中防御和拦截雷达。该雷达是一部 L 波段远程三坐标雷达，其工作频率为 1 200～1 400MHz，总输出峰值功率大于 54kW，平均功率大于 9.7kW，工作比为 18%。它的功率发射机由 54 个行发射组件组成，每个发射组件分别将功率传送至每行的 24 个偶极子天线辐射单元并辐射至空间，形成总的发射波束。每个发射组件由 10 个放大单元组成，而每个放大单元含有 2 个 55W 和 1 个 25W 的硅双极型微波功率晶体管。

中国研制的第一台固态雷达发射机——L 波段行馈式有源相控阵雷达固态发射机就是属于此种类型。L 波段行馈式有源相控阵雷达固态发射机原理框图如图 4.36 所示。

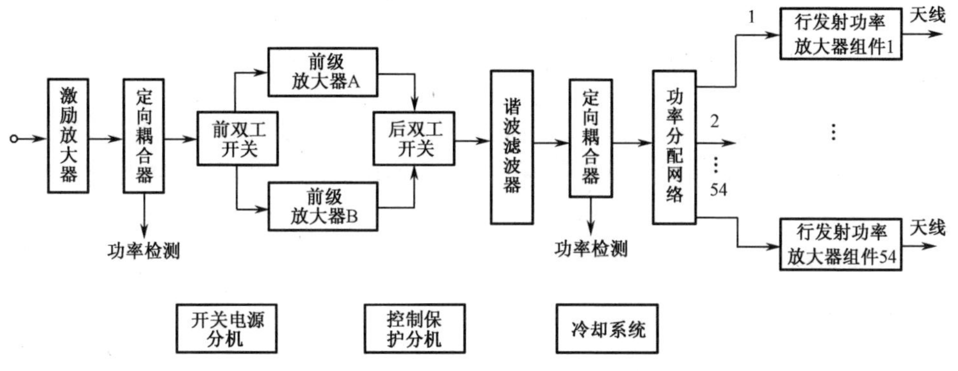

图 4.36　L 波段行馈式有源相控阵雷达固态发射机原理框图

由该图可见，该发射机主要由激励放大器、定向耦合器、前双工开关、后双工开关、前级放大器 A、前级放大器 B、谐波滤波器、功率分配网络、行发射功率放大器组件、开关电源分机、控制保护分机和冷却系统等组成。

研制 L 波段行馈式有源相控阵雷达固态发射机的设计思路是：将来自频率源的高频输入信号经激励放大器放大后，传送给前双工开关，由控制电路选定通路 A 或通路 B 后，再经过前级放大器 A 或前级放大器 B 放大后通过后双工开关，之后通过谐波滤波器和定向耦合器，由功率分配网络分成 54 路信号，分别传送至 54 个行发射功率放大器组件进行放大，达到所要求的输出功率，最后传送入天线辐射单元，向空间辐射形成发射波束。

该 L 波段行馈式有源相控阵雷达固态发射机与本章已经介绍的其他固态发射机一样，具有鲜明的固态发射机的特点，在此不再过多介绍。与一般 T/R 组件功率放大器不同的是，它的前级放大器和行发射功率放大器组件的输出功率比一般的 T/R 组件功率放大器要大得多；而与一般集中放大式高功率固态发射机的末级功率放大器组件不同的是，其结构形式和所处位置的差别，此处的行发射功率放大器组件的输出端与天线辐射单元就近相连。

L 波段行发射组件的原理框图如图 4.37 所示。

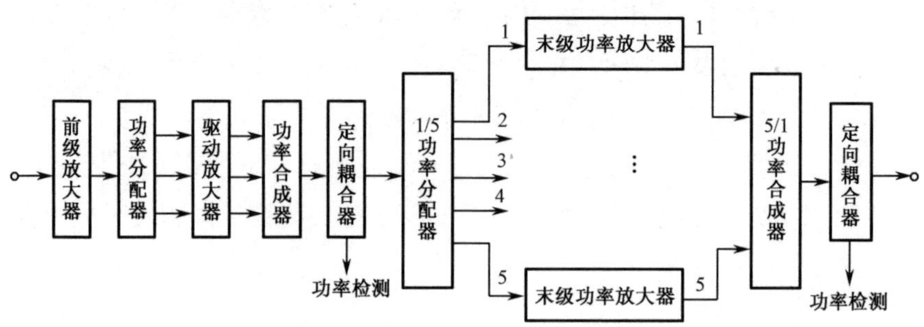

图 4.37 L 波段行发射组件的原理框图

该图中的 L 波段行发射组件是由前级放大器、驱动放大器和末级功率放大器等组成的一种比较复杂的功率放大器组件，它的前级放大器是由两个微波功率晶体管组成的一个级联放大器，功率分配器和功率合成器分别为 1/3 串馈功率分配器和 3/1 串馈功率合成器，定向耦合器是进行功率检测用的，1/5 功率分配器和 5/1 功率合成器也是串馈形式。末级驱动放大器实际上是三路单级晶体管放大器，而末级功率放大器是由 5 对共 10 个微波功率晶体管组成的放大器，其输出由 5/1 串馈功率合成器进行最终合成并得到行发射组件的输出功率。

S 波段列馈式有源相控阵雷达固态发射机的原理框图如图 4.38 所示。

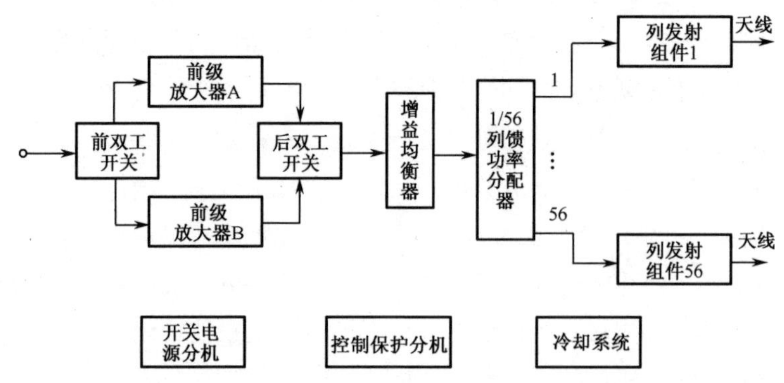

图 4.38 S 波段列馈式有源相控阵雷达固态发射机的原理框图

由该图可见，该发射机主要由前双工开关、后双工开关、前级放大器、增益均衡器、1/56 列馈功率分配器、列发射组件、开关电源分机、控制保护分机和冷却系统组成。其工作原理和设计思路与图 4.36 所示的 L 波段行馈式有源相控阵雷达固态发射机的原理和设计思路基本相同，所不同的只是由于 S 波段的硅双极型微波功率晶体管的输出功率只有 L 波段硅双极型微波功率晶体管输出功率的 1/2，所以其各级功率放大器，尤其是末级的列发射组件的输出功率都要比 L 波段的功率放大器组件的输出功率低，并且使用的器件还要多于前者，其发热密度要高得多，因此它的热设计和冷却系统都很重要。

S 波段列发射组件的原理框图如图 4.39 所示。

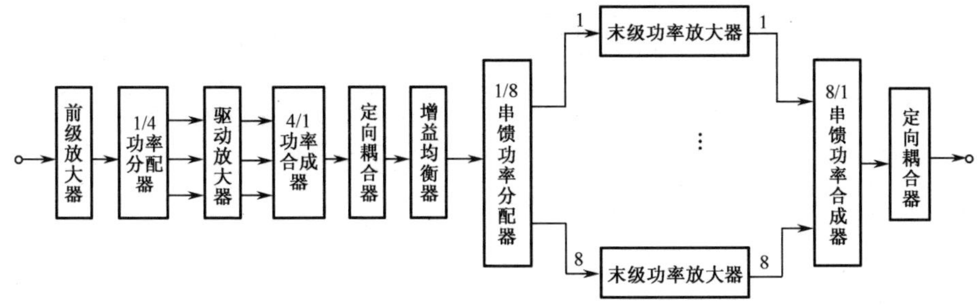

图 4.39　S 波段列发射组件的原理框图

由图 4.39 所示的 S 波段列发射组件主要由前级放大器、驱动放大器和末级功率放大器等组成，其前级放大器由 1 个功率单片和 3 个微波功率晶体管级联组成；驱动放大器是四路单级晶体管放大器；末级功率放大器是由 8 对共 16 个微波功率晶体管组成的放大器。增益均衡器在这里发挥了重要作用，它保证了这种复杂发射组件的带内幅度特性，使放大器稳定、高效、正常地工作。1/4 功率分配器和 4/1 功率合成器、1/8 串馈功率分配器和 8/1 串馈功率合成器使发射组件有机地组合起来，从而满足了输出功率及其他指标的要求。

综上所述，行、列馈式有源相控阵雷达固态发射机作为固态发射机的一种典型代表，在已研制成功的全固态雷达中发挥了重要的作用，并正被广泛地应用在各种高机动雷达中。

参考文献

[1] Edward D Ostroff, Michael Borkowski, Harry Thomas, et al. Solid-State Radar Transmitters[M]. Washington: Artech House Inc, 1985.

[2] 袁孝康，王仕璠，朱俊达. 微带功率晶体管放大器[M]. 北京：人民邮电出版社，1982.

[3] 谢怀彦. 微波场效应晶体管器件[M]. 北京：人民邮电出版社，1982.
[4] 官野卓雄，垂井康夫. MOS 场效应晶体管的应用[M]. 黄振岗，译. 北京：人民邮电出版社，1986.
[5] 文德林 G D. 用 *S* 参数法设计放大器和振荡器[M]. 李永和，译. 北京：科学出版社，1986.
[6] 斯科尔尼克 M I. 雷达手册（第四分册）[M]. 谢卓，译. 北京：国防工业出版社，1974.
[7] Merrill Skolnik. Radar Handbook[M]. Second Edition. New York: McGraw-Hill Publishing Company, 1990.
[8] 情报中心. 世界地面雷达手册[Z]. 2 版. 机械电子工业部第十四研究所，1992.
[9] Inder Bahl, Prakash Bhartia. Microwave Solid State Circuit Design[M]. Second Edition. Hoboken: John Wiely & Sons, Inc.2003.
[10] Zheng Xin, Liu Yongning. Full Solid-State Transmitter System for S Band Active Phased Array Radar[C]. 2001 CIE International Conference on Radar Proceedings, Beijing: 2001.

第 5 章

脉冲调制器

本章主要介绍雷达发射机脉冲调制器的几种常用形式、用途、工作原理和设计过程，并给出设计过程中一些常用的计算公式，其中对线型脉冲调制器的设计方案、放电回路、反峰电路及充电回路进行了讨论与介绍；在栅极脉冲调制器设计一节中，介绍了几种栅极调制器及其偏置电源保护电路；在固态刚管脉冲调制器设计一节中，主要介绍了 MOSFET、IGBT 等固态刚性调制开关及其组合，以及几种较为新颖的刚管脉冲调制器的拓扑电路。全固态高压高功率模块化脉冲、高压模块化长脉冲和高速高集成脉冲调制器将单独在本书第 12 章进行介绍和讨论。

5.1 概述

脉冲调制器主要用于以脉冲方式工作的雷达发射机或电子加速器的微波源上，其主要形式有线型脉冲调制器、刚管脉冲调制器和栅极脉冲调制器。栅极脉冲调制器也称浮动板脉冲调制器，它包括栅极调制、阳极调制、聚焦电极调制和控制电极调制等几种。每种形式的脉冲调制器都有其各自的特性和适用范围。

脉冲调制器的工程设计是真空微波管发射机研制的一个重要部分，需要先根据发射机系统的需要并结合几种调制器的特性、适用范围和技术的发展等进行折中，选取最佳者，然后用计算、仿真等方法来模拟调制器的主要性能。当然，理论上的最佳方案并不是都能实现的，一般需通过试验验证，除要达到所需的性能指标外，还必须对其可行性和经济指标进行考证。考证的过程并不一定都是同等规模的试验，有时是方案性验证，有时是成熟技术的继承，有时是通过成功方案的类比。也就是说，通过引用已有技术和经验数据，来构建能满足技术要求的脉冲调制器电路模型，并提出其实现的方法和途径，等等。

本章通过对几种基本脉冲调制器设计过程的分析，来阐明脉冲调制器的具体设计方法。

5.2 方案考虑

脉冲调制器的方案论证主要在发射机研制的初始阶段进行。方案论证的依据是来自任务书（用户）的要求，一般情况下是对发射机的“要求”，同时也是保证真空微波管正常工作的“要求”；真空微波管确定后，对脉冲调制器的主要技术要求也就随之而定。通常对脉冲调制器提出的技术要求应包含以下 4 项内容。

1. 输出脉冲参数的要求

（1）脉冲电压，用 U_L 表示，单位为 V。

（2）脉冲电流，用 I_L 表示，单位为 A。

（3）脉冲重复频率指每秒的脉冲个数，用 F_r 表示，单位为 Hz。国外的资料中习惯用 pps（每秒重复脉冲数）作为单位的符号，比较切合实义。

（4）脉冲宽度，未加特殊说明时，该宽度通常指的是一半脉冲幅度（0.5 电平）时的宽度，用 $\tau_{0.5}$ 表示，单位一般用μs。也有以其他电平处的宽度作为脉冲宽度指标要求的，但在计算和设计时需转化为脉冲幅度的一半的宽度 $\tau_{0.5}$。

（5）脉冲前沿，指脉冲上升沿中脉冲电压幅度的 0.1 电平至 0.9 电平的时间间隔，用 τ_r 表示，单位为μs。

（6）脉冲后沿，指脉冲下降沿中脉冲电压幅度的 0.9 电平至 0.1 电平的时间间隔，用 τ_f 表示，单位为μs。

（7）脉冲顶降，用 $\Delta A/A$ 表示，它指顶部降落的实际值与脉冲幅值 A 的比值。

（8）脉冲顶部波动，用 $\Delta u/A$ 表示，它指脉冲波动的单峰值 Δu 与脉冲幅值 A 的比值（以上后 5 个关于波形的指标在图 5.1 中有进一步的说明）。

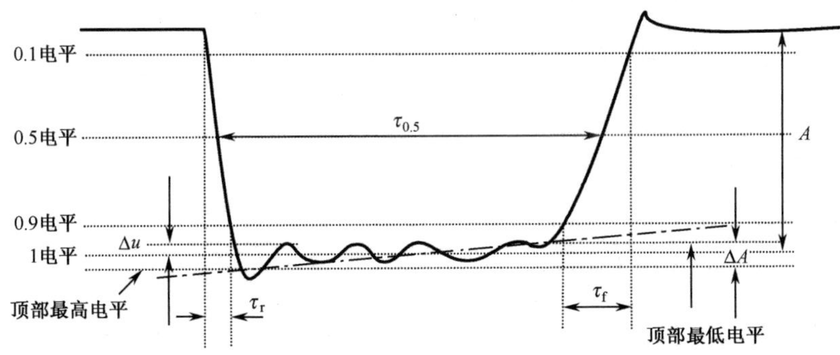

图 5.1　脉冲调制器输出的脉冲波形

（9）脉间幅度稳定度，指若干个脉冲幅度差值的平均值与脉冲幅度平均值的比值。

（10）时间稳定度，包括前沿抖动、脉冲宽度抖动和重复周期的不稳定度。

（11）负载阻抗。

2. 工作环境的要求

（1）储存环境——温度、湿度、气压、空气质量。

（2）工作环境——温度、湿度、气压、空气质量。

（3）工作时间——开机时间和连续工作时间。

（4）运载条件——振动、冲击和谐振点。

3. 可靠性指标

（1）平均故障间隔时间（MTBF）。

（2）平均维修时间（MTTR）。

4. 其他要求

其他要求包括体积、质量、效率（或能耗）等的要求。

5.2.1 脉冲调制器的基本电路形式及其特点

一般来说，常用的脉冲调制器有线型脉冲调制器、刚管脉冲调制器和栅极调制器 3 种。下面简单介绍一下各种形式的脉冲调制器的基本电路及其特点。

1. 线型脉冲调制器

1）线型脉冲调制器的组成及简单的工作原理

线型脉冲调制器主要由高压电源、充电电路（一般包括充电电感 L、充电隔离元件 VD_1）、脉冲形成网络（PFN，有时也叫人工线或仿真线，本书中统一用人工线）、放电开关 VT_1 等部分组成，其基本电路如图 5.2 所示。但在实际应用中通常还包括脉冲变压器、触发器和匹配电路等。

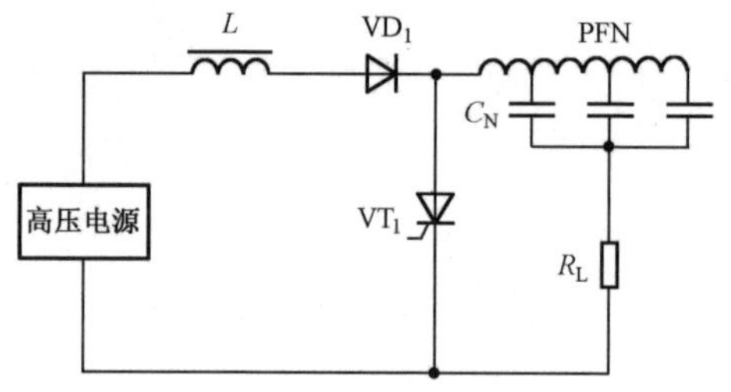

图 5.2　基本线型调制器电路图

在这类脉冲调制器中，高压电源通过充电电感 L、隔离元件 VD_1 向人工线 PFN 充电，在充电结束时，人工线被充上大约两倍于电源的电压值；放电时，在触发脉冲的激励下，放电开关管导通，人工线通过放电回路将能量传给负载。在匹配的情况下，放电结束时，人工线上的能量将全部传给负载。在负载上得到的脉冲电压幅值近似于电源电压，其脉冲波形由人工线决定。在使用脉冲变压器来传输脉冲能量时，脉冲变压器及其放电回路参数也会对输出波形产生影响。

2）线型脉冲调制器的特点

线型脉冲调制器的特点如下：

（1）线型脉冲调制器的放电开关是软关断式开关，只有当放电电流小于放电开关的维持电流之后，放电开关才逐步恢复其阻断状态。能够作为这类开关的器件主要有电真空类的充气闸流管、引燃管和真空火花隙；固态器件类的有可控硅（SCR）和反向阻断双端固态闸流管（RBDT）等。

（2）软性开关的特点决定了人工线几乎每次都完全放电，尤其是在阻抗匹配的情况下，人工线的储能将全部交给负载。

（3）人工线与负载的失配情况将影响线型脉冲调制器的可靠工作，正失配时（负载阻抗大于人工线特性阻抗），将会延长放电开关的导通时间，严重时容易使放电开关不能恢复阻断状态而连通，使线型脉冲调制器不能正常工作；负失配时（负载阻抗小于人工线特性阻抗），容易使人工线在放电结束时被反向充电，该反向电压在下一次充电时，将与高压电源叠加在一起向人工线充电，使人工线的充电电压高于电源电压两倍，如此反复，严重时容易使人工线被充上数倍于电源的电压值，造成人工线电容过压而击穿。唯有匹配状态是线型脉冲调制器较佳的工作状态。实际工作状态常定在轻微负失配的情况下，这有利于放电开关的关断和调制器可靠地工作。为了避免在负载打火短路时，人工线上产生过大反向电压从而使开关管反向击穿，必须用反峰电路来限制开关管上的反向电压值。

（4）由于放电开关是软性关断，触发脉冲只起激励放电开关导通的作用，因此触发脉冲信号需具有如下特点：

① 具有足够的前沿幅度和能量，确保放电开关能够在较短的时间内开通；

② 具有一定的脉冲宽度和幅度，以保证放电开关一直维持导通，直到达到擎柱电流；

③ 尽量减小触发脉冲的前沿，以减小调制脉冲的时间抖动。

（5）高压电源电压相对较低，电路较简单。

（6）输出脉冲宽度由人工线决定，因此随意改变脉冲宽度较困难，不适用于多种改变脉冲宽度的场合。

2. 刚管脉冲调制器

1）刚管脉冲调制器的组成及简单的工作过程

刚管脉冲调制器的基本电路图与图 5.2 相似，区别是用储能电容代替人工线，放电开关则由刚性开关代替软开关，它主要由高压电源、充电隔离元件（一般为充电电感或电阻）、储能电容、放电开关等组成。这类脉冲调制器的工作过程是：高压电源通过充电隔离元件向储能电容充电，能量储存在储能电容中。理想情况下，储能电容被充上近似于电源的电压值，在预调器脉冲的激励下，放电开关管导通，储能电容通过放电回路将部分能量传给负载，在负载上得到的脉冲幅值是电源电压与开关管压降之差，其脉冲宽度主要由激励脉冲决定。

2）刚管脉冲调制器的特点

刚管脉冲调制器的特点如下：

（1）刚管脉冲调制器的放电开关受激励脉冲的控制来导通或关断，储能电容向负载部分放电是这类脉冲调制器的一个显著特点。这类脉冲调制器的放电开关具有硬性关断的能力，即所谓的“刚管（刚性开关管）”。常用的刚管主要有真空三极管、四极管，固态硅双极晶体管、场效应晶体管和绝缘栅双极晶体管（IGBT）等半导体器件。

（2）激励脉冲波形决定了输出脉冲波形。由于激励脉冲功率小，易于改变脉冲宽度（简称脉宽）和形状，因此这类脉冲调制器可输出不同宽度的脉冲，非常适用于改变脉冲宽度的要求。

（3）对激励脉冲的顶部平坦度要求较高。

（4）为消除过大的脉冲顶降，要求储能电容具有较大的容量，一方面增大了体积、质量；另一方面电容上储存的能量较大，在负载出现打火等异常情况时，过多的能量容易对薄弱环节造成损伤。

（5）对阻抗的匹配要求不严，可允许在失配状态下工作。

（6）波形易受分布参数的影响，尤其是使用了输出脉冲变压器之后，其脉冲顶降会更大，且储能电容不能像 PFN 那样产生顶升来补偿脉冲变压器的顶降，同时它的分布参数还会使脉冲前、后沿变差。

（7）电路较复杂，体积大且笨重。

3. 栅极脉冲调制器

栅极脉冲调制器主要由悬浮在高电位（数千伏以上）的正偏置电源、正偏置开关（VT_1）、负偏置电源、负偏置开关（VT_2）、隔离驱动电路等部分组成，其基本电路框图如图 5.3 所示。

图 5.3 中，VT_1 为开启管，VT_2 为切尾管。VT_1、VT_2 平时截止，负偏压由 R_2 加到 TWT 的栅极。在调制脉冲后沿开始时，让 VT_2 导通，给分布电容放电。有 VT_2 时 R_2 的值可取大一些，没有 VT_2 时 R_2 的值宜小，以控制后沿的大小。

能够作为正偏置开关、负偏置开关的器件主要有真空三极管、真空四极管、半导体开关三极管、IGBT 和 MOSFET 等，尤其是采用半导体器件时，为了使开关具有较高的电压阻断能力，往往需要将多个器件进行串联使用。

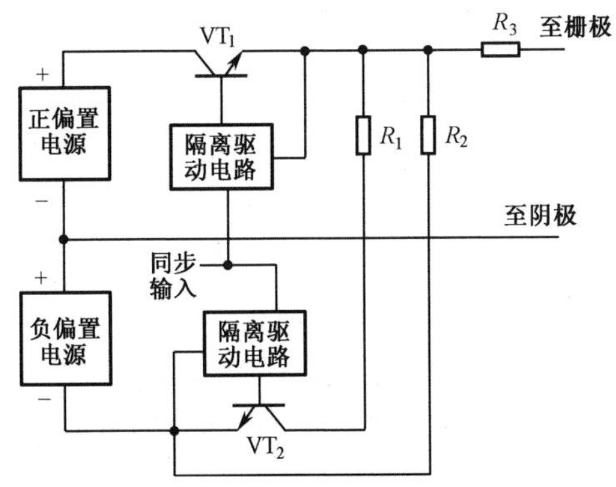

图 5.3　栅极脉冲调制器基本电路框图

5.2.2　脉冲调制器的方案选择

在方案论证时，需综合各有关因素，进行折中选择，以得到一个较为理想的方案。一般来讲，以下一些特殊情况是必须考虑的。

栅极脉冲调制器具有输出波形好、功率小、电压较低、波形变化灵活的优点。而大功率刚管脉冲调制器和线型脉冲调制器虽然在阴极调制器中都可以用，但是线型脉冲调制器主要用于电压高、功率大、波形要求不太严格且脉冲宽度基本固定的线性电子注阴极调制器中。为了选择方便，将这几种主要脉冲调制器的性能分别列于表 5.1 中。

表 5.1　几种主要脉冲调制器的性能对比

特性	类型		
	栅极脉冲调制器	刚管脉冲调制器	线型脉冲调制器
脉冲波形	好	较好，波形易受分布参数影响	取决于 PFN 与脉冲变压器的联合设计
脉冲宽度变化	容易、灵活	容易	较难，取决于 PFN
脉冲宽度	易实现大脉冲宽度	不宜太宽，否则顶降难做小	较宽，由 PFN 和脉冲变压器决定
时间抖动	小，1～5ns	较小，1～10ns	较大，5～50ns
失配要求	无匹配要求	对匹配要求不严，允许失配	对匹配有要求，失配不能超过±30%
所需高压电源	较低、功率小，须浮在高电位上	电压较高，体积大，质量大	较低
线路复杂性	较简单	较复杂	简单
效率	较高	较低	较高
功率容量	小	较小，数百瓦至数兆瓦	较大，数十千瓦至数十兆瓦
成本	低	较高	较低

脉冲调制器的方案论证就是根据要求对调制器方案进行综合对比分析和折中选择，因此它也是设计思想正确体现的过程，是工程设计的指南。方案选择好了，就有了脉冲调制器研制的整体规划，接下来的工作就是进行工程实施方案的制定和工程化设计。

5.3 线型脉冲调制器的设计

线型脉冲调制器是大功率速调管发射机的重要组成部分，其性能和可靠性直接影响雷达发射机的性能和可靠性。

5.3.1 线型脉冲调制器的设计考虑

图 5.2 给出的是最基本的线型脉冲调制器电路，它在理论上可以实现脉冲调制器的功能，但在工程设计中，为了追求调制器的可靠性和工作的稳定性，还必须对下面一些特殊因素进行仔细考虑：

（1）为了降低高压电源的电压，往往用升压脉冲变压器来耦合调制脉冲，并进行阻抗变换，实现调制器与微波管间的阻抗匹配。

（2）为了增加线型脉冲调制器的工作稳定性，通常将人工线的特性阻抗 ρ 设计得略大于负载阻抗（即轻负失配状态），负失配程度一般为 10%左右；为消除负失配带来的过电压，在设计中一般使用“反峰电路”，在放电结束、放电开关恢复阻断状态之后，下一次充电开始之前的一段时间内，将人工线上的反向电荷泄掉，以确保每次充电开始时，人工线上的反向电压都为零。

（3）对于磁控管负载，还必须增加阻尼和 RC 匹配电路等。

实用的线型脉冲调制器电路简图如图 5.4 所示。

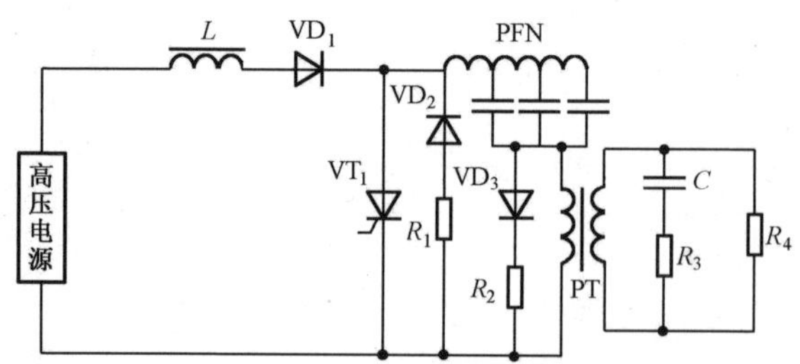

图 5.4 实用的线型脉冲调制器电路简图

图 5.4 中的 VD_1 是充电隔离二极管，反峰电路由 VD_2 和 R_1 组成，阻尼电路由 VD_3 和 R_2 组成，匹配电路由 C 和 R_3 组成；脉冲变压器（PT）用来传输脉冲功率

和进行阻抗变换；放电开关 VT_1 根据要求既可选用氢闸流管，也可选用可控硅（Silicon Controlled Rectifier，SCR）。当选用 SCR 作为放电开关时，一般根据需要适当进行多管的串、并联运用，以提高其功率容量和耐压值。

5.3.2　对已知参数及技术要求的确认

已知参数和技术要求来源于其发射机所选用的真空微波管和发射机对调制器的技术要求，在进行线型脉冲调制器的电路设计时，必须知道以下这些基本参数和指标：

（1）输出脉冲电压 U_L；

（2）输出脉冲电流 I_L；

（3）脉冲重复频率 F_r；

（4）脉冲宽度 $\tau_{0.5}$；

（5）脉冲前沿 τ_r；

（6）脉冲后沿 τ_f；

（7）脉冲顶降 $\Delta A/A$。

5.3.3　放电回路的工程设计

线型脉冲调制器的放电回路包括人工线、脉冲变压器、放电开关、反峰电路、阻尼电路等，本节重点介绍人工线和放电开关。

1. 人工线充电电压的确定

人工线充电电压的确定，需要根据输出脉冲电压 U_L、输出脉冲电流 I_L、脉冲宽度 $\tau_{0.5}$ 及脉冲前、后沿大小综合考虑，然后确定选用何种类型的放电开关和是否使用脉冲变压器。在窄脉冲（小于 2μs）、高峰值功率（大于 500kW）的情况下，一般采用变比较低的脉冲变压器升压或不用脉冲变压器，以降低人工线和脉冲变压器的设计难度（窄脉冲低阻抗人工线设计难度较大、波形较差）。在人工线的充电电压较高（一般在数千伏至数十千伏）的情况下，其放电开关管常选用氢闸流管而很少选用固态开关。当人工线阻抗和脉冲宽度确定之后，脉冲变压器变比也即确定，进而就可确定脉冲变压器的输入电压和人工线的充电电压，此时就能确定氢闸流管的工作参数和选用型号。

在脉冲宽度大于 10μs、功率大于 500kW 和脉冲宽度为 2～5μs、功率小于 500kW 的情况下，人工线和脉冲变压器的设计难度较小，脉冲变压器的变比可以适度取大，因而人工线充电电压可以较低，此时的放电开关管可以选用较低电压和较长寿命的固态开关管。

当选用氢闸流管作为放电开关时，一旦型号确定，人工线的工作电压 U_N 也即确定。然后根据输出脉冲电压 U_L 的高低和 U_N 来确定是否使用脉冲变压器：当 U_L 较高而 U_N 较低时，通常采用脉冲变压器来传输脉冲功率，并进行升压和阻抗变换；由于氢闸流管的工作电压较高，因此人工线的充电电压可以设计得较高，脉冲变压器的变比可以设计得较低，人工线的等效阻抗可以较高，以减小人工线及脉冲变压器的设计难度。

当选用 SCR 作为放电开关时，不像氢闸流管那样存在着较突出的寿命问题（理论上固态开关具有很长的寿命），但是由于这些半导体器件的阻断电压较低，作为放电开关使用时，常常需要用多个器件串联使用来提高电压的阻断能力，其串联数量的多少决定了人工线工作电压的高低。串联的数量越多，工作电压越高，实现的难度就越大，串联组件的可靠性也就越差。为了获得较高的可靠性，串联器件的数量不宜太多，一般应适当提高脉冲变压器的升压比。在大功率的应用场合，除多个器件串联外，还需考虑用多个串联组件并联使用的问题，以提高其输出功率能力。但是 SCR 等半导体器件的并联，通常不是将半导体器件直接并联，而是采用多个线型脉冲调制器单元同时工作，在脉冲变压器的多个初级上实现并联合成。

在组合式的线型脉冲调制器中，为了使并联的单元数不要太多，每个单元的放电开关一般要采用多个 SCR 等半导体器件串联，以提高单元的功率和电压。因此，相对于由多个串联放电开关组件并联的单元线型脉冲调制器来说，采用组合式线型脉冲调制器单元并联时，每一个人工线应配一个串联放电开关组件，以获得均流效果好、相互影响小的效果。

SCR 等半导体器件串、并联的数量需要经过综合分析、比较后确定，原则上使用的数量越少越好，同时要留有降额运用的余量，以提高可靠性。随着半导体器件耐压水平的不断提高，半导体开关在线型脉冲调制器中使用得越来越多，但在窄脉冲运用的特殊领域里仍然需要采用开关速度快的氢闸流管。

2. 确定 PFN 的等效特性阻抗 ρ_r 和脉冲变压器的变比 n

1）PFN 的等效特性阻抗 ρ_r

已知一台含脉冲变压器的线型脉冲调制器，其输出脉冲电压和电流分别为 U_L 和 I_L，可算出调制器输出的峰值功率 $\hat{P}_L$ 为

$$\hat{P}_L = U_L \times I_L \tag{5.1}$$

根据能量守恒定律，$\hat{P}_{\mathrm{L}}$ 与人工线的工作电压 U_{N}、等效特性阻抗 ρ_{r} 和负载阻抗 $R_{\mathrm{L_1}}$ 有下列关系

$$\hat{P}_{\mathrm{L}} = \left(\frac{U_{\mathrm{N}}}{\rho_{\mathrm{r}} + R_{\mathrm{L_1}}}\right)^2 \times R_{\mathrm{L_1}} \times \eta_{放} \tag{5.2}$$

式（5.2）中，$R_{\mathrm{L_1}}$ 为负载在脉冲变压器初级的等效阻抗；$\eta_{放}$ 为放电回路的效率（包括人工线、开关管、脉冲变压器及回路电缆的损耗等），$\eta_{放}$ 的值通常在 75%～85%之间；U_{N} 为人工线的最高工作电压；ρ_{r} 为人工线的等效特性阻抗。

在负载阻抗与人工线阻抗匹配时，有 $\rho_{\mathrm{r}} = R_{\mathrm{L_1}}$，则式（5.2）可写成

$$\hat{P}_{\mathrm{L}} = \frac{U_{\mathrm{N}}^2 \times \eta_{放}}{4\rho_{\mathrm{r}}} \tag{5.3}$$

人工线的等效特性阻抗 ρ_{r} 可由式（5.4）求出，即

$$\rho_{\mathrm{r}} = \frac{U_{\mathrm{N}}^2 \times \eta_{放}}{4\hat{P}_{\mathrm{L}}} \tag{5.4}$$

2）脉冲变压器的变比 n

根据工作点附近负载上的脉冲电压 U_{L}、电流 I_{L} 算出的负载阻抗 R_{L}（$R_{\mathrm{L}} = U_{\mathrm{L}} / I_{\mathrm{L}}$）和由式（5.4）算出的人工线等效特性阻抗 ρ_{r}，可算出脉冲变压器的变比 n 为

$$n = \sqrt{\frac{R_{\mathrm{L}}}{\rho_{\mathrm{r}}}} \tag{5.5}$$

3. 人工线电容和电感的计算

按式（5.4）进行人工线特性阻抗的计算时，为了使线型脉冲调制器工作得更可靠，工程上往往将脉冲调制器设计在真空微波管工作点的附近，大约为 10%的负失配状态。在放电结束时，人工线电容上能够得到少量的负电压，以便使放电开关处于反向偏置，使得有助于放电开关管阻断后的恢复。因此，在工程设计中，PFN 的特性阻抗应按 1.1 ρ_{r} 设计。

若已知脉冲宽度（若技术要求或设计任务书是按其他电平值的脉冲宽度提出的，则在设计、计算时应转化为脉冲宽度 $\tau_{0.5}$），PFN 的电容量 C_{N} 和总电感量 L_{N} 应分别按下列两式进行计算，即

$$C_{\mathrm{N}} = \frac{\tau_{0.5}}{2 \times 1.1 \times \rho_{\mathrm{r}}} \tag{5.6}$$

$$L_{\mathrm{N}} = \frac{\tau_{0.5} \times 1.1 \times \rho_{\mathrm{r}}}{2} \tag{5.7}$$

4. 放电开关的选择及设计

能作为线型脉冲调制器放电开关的开关管包括氢闸流管、氘闸流管、汞闸流管、SCR、RBDT、反向导通二极管、门极关断晶闸管（GTO）、场控晶闸管（CMT）、火花隙等数种。线型脉冲调制器中最常用的开关管是氢（或氘）闸流管、SCR和RBDT。它们的特性列于表5.2中。

表5.2　常用“软”性开关管的特性

参数	器件名称		
	氢（或氘）闸流管	SCR	RBDT
阻断电压/V	5000～50000	＜1400	＜1200
导通脉冲电流/A	500～10000	10～500	500～3000
通态饱和压降/V	＜500	＜3	＜3
触发电压/V	高达2000	7（3A）	＞1200
触发电极电容/pF	50	1000	100
开关功率容量/W	100000	1	2
开通时间/ns	15～40	100～1000	50～500
时间抖动/ns	2	100	50
关断或恢复时间/μs	5～25	2.5～25	1～10
寿命/h	$1×10^3$	$1×10^6$	$1×10^6$
加热功率/W	数十至数百	0	0
预热时间/min	3～15	0	0

在选定氢闸流管作为放电开关之后，由于在决定人工线工作电压时已经充分考虑了氢闸流管的工作电压和电流能力，一般不存在对氢闸流管进行串、并联应用的情况（在特大功率的应用场合也有采用氢闸流管并联的情况），因此在氢闸流管放电开关的电路设计中主要包括其灯丝电源和触发电路的设计；而在选用SCR等固态开关器件作为放电开关时，则首先要根据选定的人工线工作电压U_N和对SCR降额度确定SCR的串联个数，然后设计串联开关组件的均压、触发等电路。由于均压和触发电路直接关系到串联开关组件工作的寿命和可靠性，因此需要仔细设计。在设计好串联开关组件之后，根据此电压下的电流要求再确定需要并联的调制器单元数。

下面就氢闸流管放电开关和SCR类型放电开关的设计分别进行介绍。

1）氢闸流管放电开关的设计

（1）氢闸流管的灯丝供电。在使用氢闸流管作为线型脉冲调制器的放电开关时，其阴极电位一般都处于地电位，这样其灯丝供电电路和触发电路不必考虑高电位隔离，设计相对容易一些。但也存在着要求阴极处于高电位的特殊运用场合，这时就必须考虑高电位的隔离设计问题，以保证浮在高电位上的灯丝供电电路和触发电路能够安全、可靠地工作。氢闸流管的灯丝和氢发生器的供电一般采用交流供电，典型的氢闸流管灯丝馈电及触发电路如图 5.5 所示。

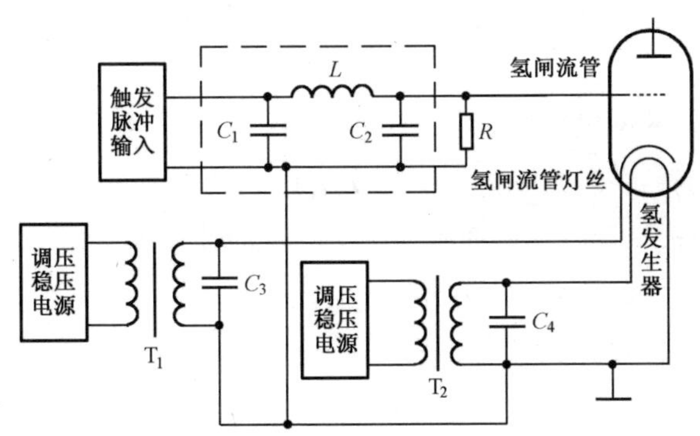

图 5.5　典型的氢闸流管灯丝馈电及触发电路

图 5.5 所示的氢闸流管灯丝和氢发生器的馈电可以是分别馈电，也可以是统一馈电，这主要根据氢闸流管灯丝和氢发生器的馈电要求而定。该电路只是分别给灯丝和氢发生器馈电的电路形式。氢发生器采用稳压电源的目的是确保闸流管内部的氢气压力稳定，从而使脉冲调制器电路工作稳定可靠。而在某些氢闸流管中，其发生器的馈电是直接通过一个降压电阻与灯丝引线相连的，其供电电路则只需用一路电源就可完成。图 5.5 中的脉冲变压器 T_1 和 T_2 是处于低电位上的常规变压器，仅起变压和变流的作用，因此将调压稳压电源按照氢闸流管灯丝和氢发生器的预热所需电压和电流输出即可。当其阴极处于高电位时，该变压器还要起电位隔离作用，以满足处于高电位上的所有电路对地绝缘、漏电和耐压等隔离的要求。

由于氢闸流管灯丝和氢发生器热丝的冷/热态阻值差别很大，对其加电过程应予以仔细控制，以确保氢闸流管灯丝和氢发生器热丝上的初始电流不能过大（一般应小于其额定值的 2 倍），否则将使氢闸流管灯丝或氢发生器热丝烧断或缩短寿命。当氢闸流管灯丝电源加到额定值（额定电压或额定电流）之后，终止控制而进入自动稳压（或稳流）工作状态。为了使氢闸流管灯丝和氢发生器电压值适应使用时间长短的不同要求，该稳压电源的稳定工作点应能在一定范围内可调。

在图 5.5 中，与供电变压器 T_1 和 T_2 次级并联的电容 C_3 和 C_4 是氢闸流管灯丝和氢发生器的保护电容，它们的作用是将脉冲放电期间耦合到氢闸流管灯丝或氢发生器上的高压脉冲旁路到地，以防止损坏氢闸流管灯丝和氢发生器或污染电源。在要求加电容的情况下，电容 C_3 和 C_4 通常分别由两个电容并联组合而成，其中一个电容是容量为 1μF 左右的普通电容，另一个电容是容量为数千皮法的高频无感电容，其耐压均需大于 500V。各个氢闸流管对保护电容的要求不尽相同，有的要求容量大一些，有的要求小一些，有的甚至不需要加保护电容，要视具体情况而定。

（2）氢闸流管的栅极触发电路。栅极触发脉冲的作用是使氢闸流管的栅-阴极间的氢气发生电离，在触发脉冲期间，电离后的氢离子向阳极扩散，在阳极高压的作用下，阳-栅极间形成强烈的辉光放电，从而使氢闸流管呈低阻导通状态。

① 氢闸流管对栅极触发脉冲的要求：

为了在触发脉冲到来时确保栅-阴极间的氢气能够快速发生电离，要求触发脉冲的前沿有足够高的电压；当栅-阴极间击穿之后，要求触发脉冲能够提供足够的脉冲电流，以维持栅-阴极间的电离状态，直至氢闸流管超过擎柱电流到完全导通为止，其维持的时间即是触发脉冲的宽度 τ，一般约在 1～10μs 之间；为减小氢闸流管点火时间的跳动，要求触发脉冲的前沿尽可能陡峭，同时采用多间隙闸流管也可减小其点火时间的跳动。在图 5.5 中，低通滤波器 L 用来泄放 C_1 和 C_2 上的电荷，以防止电荷在 C_1 和 C_2 上产生积累。

触发电路较为常用的电路形式是线型脉冲调制器或刚管脉冲调制器，其预调制器与主调制器开关管栅—阴极间的耦合，可直接采用如图 5.5 所示的由低通滤波器向氢闸流管的栅极提供触发脉冲的方式，也可采用脉冲变压器进行电压变换、阻抗匹配和电位隔离后，再经图 5.5 中所示的低通滤波器向氢闸流管的栅极提供触发脉冲。

关于触发电路所用的线型脉冲调制器或刚管脉冲调制器的原理和设计方法，与本章讨论的线型脉冲调制器或刚管脉冲调制器相似，只是在功率、电压和波形上有差异而已，在设计中加以注意即可。

② 低通滤波器电路：

在氢闸流管的击穿过程中，阳-栅极之间先开始辉光放电，当阳-栅极间击穿之后至栅-阴极间尚未完全击穿导电之前的短暂时间里，栅极上将产生一个瞬时的高压尖峰脉冲，其脉冲宽度与击穿至辉光放电的延迟时间有关，大约为 0.05～0.1μs，其幅度与氢闸流管各电极间的分布电容有关，大约为数百伏到数千伏。为防止这一高压尖峰脉冲传输到触发电路中，使触发电路中的器件损坏，必须在氢闸流管的栅极与触发电路之间增加一个如图 5.5 所示的低通滤波器，它由 C_1、

L 和 C_2 组成，其作用是让来自触发电路的脉冲宽度较宽的触发信号能够传输到氢闸流管的栅极，而阻止阳-栅极间击穿时产生的高压窄脉冲（等效频率较高）由氢闸流管的栅极向触发电路传输，从而对触发电路起到保护作用。同时，由于栅-阴极间的电容量增大，因而也减少了栅极自触发的可能性。

设计低通滤波器的原则是：让脉冲宽度较宽（相对频率较低）的触发脉冲通过低通滤波器，且失真越小越好；同时使阳-栅极间击穿时产生的高压窄脉冲（等效频率较高）由氢闸流管的栅极经低通滤波器向触发电路的传输被衰减掉，且衰减度越大越好。

在设计中取 $C_1 = C_2 = C/2$ ，设低通滤波器的特性阻抗为 ρ_{f} ，截止频率为 f_{s} ，则 C 和 L 分别计算如下

$$C = \frac{1}{\pi f_{\mathrm{s}} \rho_{\mathrm{f}}} \tag{5.8}$$

$$L = \frac{\rho_{\mathrm{f}}}{\pi f_{\mathrm{s}}} \tag{5.9}$$

低通滤波器特性阻抗 ρ_{f} 的取值应与氢闸流管点火导通时的栅-阴极间的阻抗 R_{G} 相匹配，即取 $\rho_{\mathrm{f}} = R_{\mathrm{G}}$ ；设触发信号的脉冲宽度为 τ_{T} ，则 τ_{T} 的等效频率为 $f_{\mathrm{T}} = 1/\tau_{\mathrm{T}}$ ，为确保触发脉冲不失真地通过低通滤波器，通常选截止频率 f_{s} 等于 2～4 倍的 f_{T} 。在确定特性阻抗 ρ_{f} 和截止频率 f_{s} 之后，由式（5.8）可计算出 C，由此便得到 C_1 和 C_2，同时 C_1 和 C_2 的耐压应超过氢闸流管阳极电压的 1/3；根据式（5.9）再计算出 L 的值。

在图 5.5 中，氢闸流管栅-阴极间的并联电阻 R 一方面是为了减小氢闸流管阳-栅极击穿时，在栅极产生的尖峰高压；另一方面也给电容 C_1 和 C_2 提供了放电回路。R 的取值一般取与氢闸流管点火导通时的栅-阴极间的阻抗 R_{G} 值相当。

2）SCR 放电开关的设计

如前所述，用 SCR 作为放电开关时，为降低人工线、脉冲变压器等元件的工程实现难度，不宜将人工线的工作电压设计得太低，但人工线的工作电压太高，也会增加 SCR 的串联个数，降低 SCR 串联开关组件的可靠性。因此，用 SCR 作为放电开关时，应根据发射机的要求，折中地考虑各方面的因素，确定合适的人工线工作电压。一般将人工线工作电压确定在 2500～5000V 之间，SCR 串联的数量取 10 个为宜。

（1）SCR 串联数量的确定。在人工线的最高工作电压确定之后，SCR 放电开关串联的个数也可随之确定。若每个 SCR 的阻断电压用 U_{DRM} 表示，在均压效果良好的情况下，n 个 SCR 串联放电开关组件应能阻断的最高阻断电压为 nU_{DRM} 。

通常将放电开关组件的实际工作电压（即人工线的充电电压U_N）设置在最高阻断电压nU_{DRM}的 50%～80%之间，则放电开关组件中串联 SCR 的个数由下式计算得出

$$n = \frac{U_N}{(0.5 \sim 0.8)U_{DRM}} \tag{5.10}$$

在实际工作中，因为均压、反峰电路的偶尔失效，以及线型脉冲调制器中分布参数造成的尖峰电压等异常情况的出现是难免的，这些异常的尖峰电压很容易使 SCR 的阻断能力失效，进而造成损坏，因此工程设计应留有适当的电压余量，以改善串联开关组件的可靠性。

（2）串联放电开关组件的均压。对于 SCR 的串联应用，其最突出的要求是解决好 SCR 的均压和同时开通问题。工作在脉冲状态的串联 SCR，由于流过 SCR 的电流及加在 SCR 两端的电压均具有快速变化的特点，容易在 SCR 两端的分布参数上形成瞬时的不均压，因此对均压和同时开通的要求极为重要。

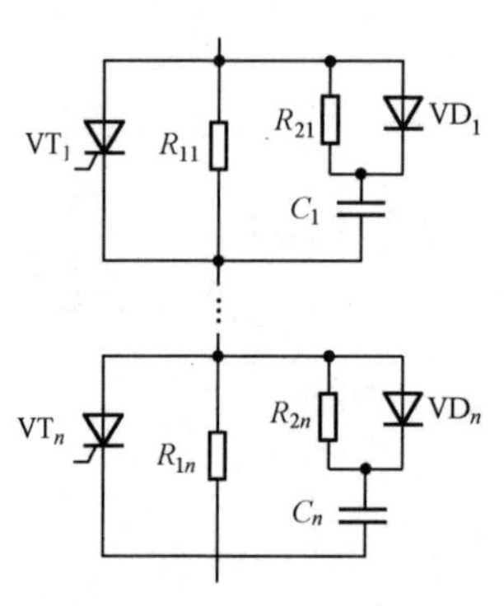

图 5.6　串联 SCR 的均压电路

SCR 在串联应用时，必须对其进行均压，以确保各个 SCR 分担的电压相同，以避免个别 SCR 因过压而击穿，并造成连锁反应，最终使串联组件失效。为确保 SCR 在脉冲状态下的可靠使用，应同时采用如图 5.6 所示的动态均压与静态均压两种均压措施。

图 5.6 中，R_{11}～R_{1n}为静态均压电阻，主要在 dv/dt 较小时起均压作用；R_{21}～R_{2n}、VD_1～VD_n与C_1～C_n为动态均压电路，在 dv/dt 值较大时起均压作用。

实际上动态均压主要是由其中的电容C_1来实现的，而R_{21}和 VD_1与C_1的串联，主要目的是限制 SCR 导通时C_1的放电电流。

（3）静态均压电阻R_{11}～R_{1n}的选取。静态均压电阻R_{11}～R_{1n}的选择主要从两个方面来考虑，一个是均压效果，另一个是并联电阻R_{11}～R_{1n}对稳定度的影响。

为了获得良好的均压效果，希望R_{11}～R_{1n}选得小一些；但R_{11}～R_{1n}太小，又将会增大人工线在充电后的电荷泄漏，尤其是在变 T（重复周期）工作的情况下，会增大输出脉冲在脉冲间的抖动，严重时会影响系统改善因子指标。对于放电开关来说，这两个方面的因素都要考虑。仅从均压效果来考虑，R_{11}～R_{1n}应满足下式要求

$$R_{11}\leqslant\frac{nU_{\mathrm{DRM}}-U_{\mathrm{SM}}}{(n-1)\Delta I_{\mathrm{SCR}}}$$

式中，U_{DRM} 是 SCR 的最高阻断电压，U_{SM} 是 SCR 串联开关的最高阻断电压，ΔI_{SCR} 是 SCR 最大漏电流 $I_{\mathrm{SCR}_{\max}}$ 与最小漏电流 $I_{\mathrm{SCR}_{\min}}$ 的差值（$\Delta I_{\mathrm{SCR}}=I_{\mathrm{SCR}_{\max}}-I_{\mathrm{SCR}_{\min}}$）。一般取 $\Delta I_{\mathrm{SCR}}=I_{\mathrm{SCR}_{\max}}$，以便获得较小的 R_{11}，从而取得较好的均压效果。因而

$$R_{11_{\min}}\leqslant\frac{nU_{\mathrm{DRM}}-U_{\mathrm{SM}}}{(n-1)I_{\mathrm{SCR}_{\max}}}\tag{5.11}$$

根据改变 T 时最大的时间差 ΔT 值和允许脉间幅度变化不超过 ΔU_{N} 的条件，可求得容量为 C_{N} 的人工线因时间变化造成的最大漏电流为

$$I_{\mathrm{R}}=\frac{C_{\mathrm{N}}\Delta U_{\mathrm{N}}}{\Delta T}$$

减去 SCR 本身的泄漏 I_{SCR}，则允许均压电阻造成的最大泄漏电流为 $I_{R_{11}}=I_{\mathrm{R}}-I_{\mathrm{SCR}}$，则

$$R_{11_{\min}}=\frac{U_{\mathrm{N}}/n}{I_{R_{11}}}=\frac{U_{\mathrm{N}}}{nI_{R_{11}}}\tag{5.12}$$

式（5.12）中，U_{N} 是人工线的充电电压，n 是 SCR 的串联数量。

R_{11} 在 $R_{11_{\max}}$ 和 $R_{11_{\min}}$ 之间取值，兼顾均压和稳定度的要求。

（4）动态均压电容 C 的选取。动态均压网络是用来解决由较大的 $\mathrm{d}v/\mathrm{d}t$ 值在串联 SCR 上产生的不均压问题而设置的。对于放电 SCR 开关来说，动态不均压最为严重的情况是由于放电时刻各 SCR 导通延迟时间的差异引起的；在动态均压效果良好的情况下，SCR 上的电压变化将受到电容 C_1 的限制。设每个 SCR 能够承担的额外电压能力为 ΔU_{SCR}，在串联SCR未完全导通时刻，回路中的放电电流（可用 SCR 完全导通时刻回路中的放电电流代替）为 I_{dr}，设该 SCR 相对于其他 SCR 导通的滞后时间是 Δt，则均压电容 C_1 应满足下式要求

$$C_1=\frac{I_{\mathrm{dr}}\Delta t}{\Delta U_{\mathrm{SCR}}}$$

$$\Delta U_{\mathrm{SCR}}=U_{\mathrm{DRM}}-\frac{U_{\mathrm{N}}}{n}\tag{5.13}$$

根据式（5.13）可求出均压电容 C_1。对 R_{21} 的取值既要保证 $3R_{21}C_1\leqslant\tau$（脉冲宽度），同时还要使其起到限流的作用，即尽量取得大一些，以便在脉冲持续时间内使电容 C_1 上的电荷通过 R_{21} 放完。

（5）放电开关组件的触发。对于串联 SCR 放电开关组件来说，为了使每个 SCR 能够同时受触发导通，其触发信号应满足下列要求：

① 必须把触发信号同时加到串联组件中每个 SCR 的控制极上。传递触发信号最常用的方式是采用有多个相同次级绕组的脉冲变压器，经电位隔离后，每个次级绕组分别把触发信号接到串联组件中每个 SCR 的控制极触发电路上。

② 尽量减少触发信号的前沿上升时间，以减少 SCR 因导通时间和导通延迟时间的不一致而对串联组件中 SCR 导通延迟时间的影响。

③ 将触发信号的幅度设计得足够大，对各 SCR 进行强触发，以减少各 SCR 因导通性能上的差异所造成的导通时间的不一致性。

为了得到理想的触发信号，通常将触发脉冲变压器的变比按降压比设计，同时在各个 SCR 的控制极上串入小电阻，加以限流并起平衡触发作用，以便使触发电流能够尽快上升到最大值，使 SCR 尽快导通。

5.3.4 反峰电路的设计

1. 反峰电路的作用

对于线型脉冲调制器来说，为提高其工作的可靠性，通常（在工作点附近）将线型脉冲调制器设计成轻微负失配状态，以便在放电结束时人工线电容上有一定的反向电压来加速放电开关管的恢复。但是为了不至于因人工线的反向电压与高压电源叠加后再给人工线充电，造成如前所述的人工线过压而损坏，又必须采用反峰电路在下一充电周期起始之前，将人工线上的反向电压消除掉，以确保每次充电开始时人工线上的电荷近似为零。

2. 反峰电路的组成与实现

反峰电路一般由硅堆、电阻和反峰电流检测电路组成，该电路通常并联于放电开关管的两端，也可并联于人工线的两端。当反峰电路并联于放电开关管两端时，其一端位于零电位上（接地），以便用电阻和继电器来采样反峰电流。但是在组合式线型脉冲调制器中，反峰电路并联于放电开关管两端时，却存在着可能损坏反峰电路的弊端。因为当某一调制器单元出现故障（尤其是当单元中某人工线电容短路）而断开电源时，该单元的反峰电路就成为其他调制器单元的负载之一，其他单元的放电电流将会倒灌到未工作单元的反峰硅堆和电阻上，因功率较大，将造成反峰电路损坏。因此，在组合式线型脉冲调制器中，反峰电路应避免并联于放电开关管两端，而应并联于人工线两端。由于反峰电路并联在人工线两端，其倒灌电流与反峰电路未形成通路，所以当该单元人工线短路时，反峰电路也不会损坏。但是由于反峰电路是浮在高电位上的，不能直接进行反峰电流采样，因而必须采用电流互感器进行高压隔离和反峰电流采样。综上所述，可以看出，单个线型脉冲调制器的反峰电路应并联在放电开关的两端；在组合式线型脉冲调制器中，每个调制器单元的反峰电路应并联在人工线两端。

虽然两种接法有不同的特点，但其消除反峰能量的作用和反峰电路的取值是相同的。反峰电路的总阻抗 R 一般取为人工线特性阻抗的 2～5 倍（若是组合式线型脉冲调制器，则 R 应取调制器单元人工线特性阻抗的 2～5 倍），即 R 是反峰电阻与反峰硅堆内阻的和。

设脉冲调制器正常工作时允许的最大负失配为$-m$，即$(R_L-\rho_r)/\rho_r=-m$，R_L为负载在脉冲变压器初级的等效阻抗，则其起始端的电压反射系数Γ为

$$\Gamma=\frac{R_L-\rho_r}{R_L+\rho_r}=-\frac{m}{2-m}$$

当$R_L\approx 0$、$\Gamma=-1$时，人工线上的最大反向电压U_{Nr}为

$$U_{Nr}=\Gamma\times U_N=-\frac{mU_N}{2-m}$$

当$\Gamma=-1$、$U_{Nr}=-U_N$时，反峰电路设计一定要考虑负载打火$R_L=0$时的情况，经过反峰电路的最大电流为

$$i_{fmax}=\frac{U_{Nr}}{R}$$

在$-m$的情况下，反峰电阻 R 承受的最大功率P_R为

$$P_R=\frac{C_N U_{Nr}^2 F_{rmax}}{2} \tag{5.14}$$

式（5.14）中，F_{rmax}为最大脉冲重复频率。流过反峰电路的有效电流为

$$i_{frms}=\sqrt{\frac{P_R}{R}}=\sqrt{\frac{C_N U_{Nr}^2 F_{rmax}}{2R}} \tag{5.15}$$

按上面各式计算的数据是极限情况下的反峰电路参数，为可靠起见，设计反峰电路时，可参照上述参数进行选择。例如，反峰硅堆的耐压至少按人工线工作电压的 2 倍来进行选取，反峰硅堆的电流平均值则应大于式（5.15）的有效电流i_{frms}，反峰电阻的功率容量不应小于式（5.14）的计算值P_R。

5.3.5　线型脉冲调制器的充电电路

1. 线型脉冲调制器的充电电路形式

线型脉冲调制器的充电电路形式主要包括直流电阻充电、振荡充电、等待充电、逆变充电和回扫充电。

（1）直流电阻充电形式。由于充电过程中在电阻上要消耗大量的能量，因此这种形式效率较低且很少采用。

（2）振荡充电方式又可分为谐振充电、线性充电和过充电 3 种形式，虽然振荡充电方式的电路很简单，但适应性很差，故很少使用。

（3）等待充电是谐振充电的一种特殊形式，它是在充电电感和人工线之间串接一个隔离硅堆或充电开关，使重复周期大于谐振充电时间 T_c 以适应变周期的工作，这种形式运用较广。

在等待充电方式中，可根据不同需要，设计成用高压硅堆隔离的常用等待充电方式和用开关隔离的可控充电方式。利用开关隔离的可控充电方式既可实现充电，又可实现稳幅控制，如可控延迟等周期充电和可控 de-Q（降低电路品质因数）谐振充电（又分能量回收型 de-Q 和能量消耗型 de-Q 充电）等多种稳幅充电形式。

可控延迟等周期充电就是利用控制充电的起始时刻，来实现等时间间隔的一种充电方式。使用这种方式可使每次从滤波电容上提取能量的时间间隔相同。如果每次从电源中提取的能量相同且电源又较稳定的话，就可保证滤波电容上的悸动电压最小，因此在人工线上便可得到较稳定的充电电压，这是效率最高的稳幅充电电路。

可控 de-Q 谐振充电形式是利用控制充电截尾时间而实现稳压功能的一种充电方式。它的原理是利用谐振电路在谐振过程中引入一个辅助的加载可控电路，使振荡回路的 Q 值突然降低而终止振荡，从而结束人工线充电过程的。

（4）逆变充电是使用高频逆变电源向人工线电容充电的一种方式。它具有体积小、效率高等特点，当逆变频率很高时，可以实现对人工线电压的精确充电控制。为了获得较高稳定度的人工线充电电压，其逆变电路必须具有粗控和精控两种充电状态，这使电路变得复杂且可靠性较差。

（5）回扫充电电路是一种控制电感储能的并联电感充电形式。它的作用原理是，当电感电流达到预定值时突然阻断对电感的储能，按照能量守恒原理，储存于电感中的磁能便感应产生一反电动势通过隔离二极管（或硅堆）向人工线充电，即通过精确控制电感中的储能电流，就可以完成对人工线充电电压的精确控制。该电路比较简单，而且没有共同导通的弊端，因而被广泛运用。

等待充电和回扫充电形式是线型脉冲调制器中最常用的充电电路的形式。

2. 线型脉冲调制器充电电路的特性与比较

如前所述，在现代雷达中，由于重复周期变化较大，真空微波管发射机线型脉冲调制器的充电形式主要采用等待充电（包括可控延迟等周期充电、可控 de-Q 谐振充电）和回扫充电两种形式。下面就两种充电电路的特点和运用作一介绍。

1）线型脉冲调制器的等待充电电路

等待充电其实是在一个重复周期内包括了半个谐振充电周期和一定的等待时间，其充电等效电路由充电电感、充电隔离二极管和人工线电容等组成，如图 5.7 所示。通常在等待充电形式中，充电电感 L_c 与人工线电容串联谐振的条件是谐振阻抗远大于回路损耗电阻 r，等待的条件是由 L_c 和人工线电容 C_N 确定的谐振充电时间 T_c 小于最小重复周期。由于充电隔离二极管的存在，在充电结束时，人工线中的能量不能通过充电电感返回电源，而是维持在最高电压状态，一直到放电时刻，若等待时间过长，会造成人工线中能量的泄漏而有所损失，故通常设计 L_c 时尽量使得充电时间 T_c 接近于最小的重复周期 T_{min}，让等待时间尽可能短。若用 SCR 等受控导通的开关代替充电隔离二极管，则可对充电的开始时间进行控制，从而实现延迟等待充电。此时对充电时间 T_c 的设计除考虑等待时间外，还应考虑充电延迟时间。

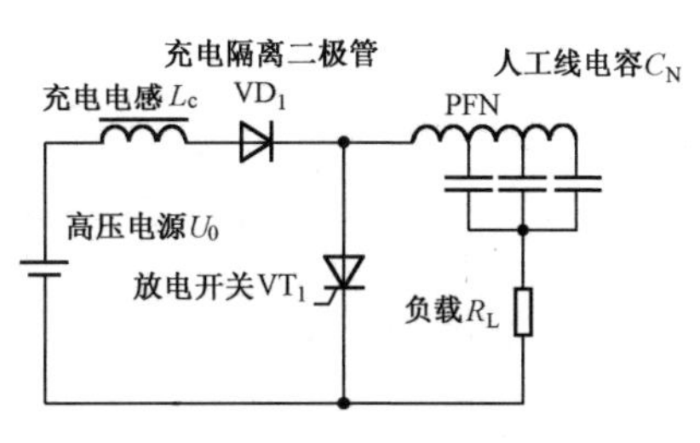

图 5.7　充电等效电路

由于充电隔离二极管的存在，等待充电是谐振充电的一种特殊形式，即有等待过程的谐振充电。有关等待充电的设计计算如下所示。

（1）充电回路有关参数的设定。

① 谐振充电时间 T_c 和充电电感的设定。

在最小重复周期 T_r 确定之后，首先确定延迟充电时间 ΔT_1 和等待时间 ΔT_2，则有

$$T_c = T_r - \Delta T_1 - \Delta T_2 \tag{5.16}$$

确定了 T_c 之后，由式（5.17）求出充电电感 L_c 值，即

$$L_c = \frac{T_c^2}{\pi^2 C_N} \tag{5.17}$$

式（5.17）中，C_N 是 PFN 的总电容量，单位为法拉（F）；T_c 的单位为秒（s）；充电电感 L_c 的单位为亨利（H）。

② 充电电路的特性阻抗 ρ_c 的设定。

充电电路的特性阻抗按式（5.18）进行计算，即

$$\rho_c = \sqrt{\frac{L_c}{C_N}} \tag{5.18}$$

③ 充电电路中的最大电流I_{cmax}、平均电流I_{cav}和有效电流I_{crms}的设定。

在每次充电开始且人工线的起始充电电压$U_N(0)$均为零的情况下，充电电路中的最大电流可由下式进行计算，即

$$I_{cmax}=\frac{U_0}{\rho_c} \tag{5.19}$$

式（5.19）中，U_0为线型脉冲调制器高压电源的直流电压。

充电平均电流I_{cav}和有效电流I_{crms}可分别按式（5.20）和式（5.21）进行计算

$$I_{cav}=\frac{T_c}{T_r}\times\frac{2}{\pi}I_{cmax} \tag{5.20}$$

$$I_{crms}=\sqrt{\frac{T_c}{2T_r}}I_{cmax} \tag{5.21}$$

④ 充电电路的充电效率η_c的设定。

线型脉冲调制器的充电效率η_c是指人工线每次充电后所得到的能量W_N与高压电源U_0在每次充电过程中给出的能量W_0的比值，即$\eta_c=W_N/W_0$。在充电电路的品质因数Q值较大（一般指$Q\geqslant 10$）时，充电电路的效率η_c可近似地表示为

$$\eta_c\approx 1-\frac{\pi}{4Q}+\frac{\pi U_N(0)}{4QU_0} \tag{5.22}$$

从式(5.22)可见，负载的匹配状况对充电效率是有影响的，当在正失配时，由于$U_N(0)>0$，所以式（5.22）中右边第三项大于零；而在负失配时，由于$U_N(0)<0$，所以式（5.22）中右边第三项小于零。由此可见，线型脉冲调制器正失配时的充电效率要高于负失配时的充电效率，即使反峰电路将反向电荷消除，也可确保每次充电开始都能满足$U_N(0)=0$。因此，在计算效率时也应按$U_N(0)<0$考虑，因为这一部分能量没有被传输给负载而是消耗在反峰电路中。而在调制器匹配放电的情况下，由于$U_N(0)=0$，η_c方可近似地用下式表示

$$\eta_c=1-\frac{\pi}{4Q} \tag{5.23}$$

在工程设计中，常用式（5.23）对充电效率进行估算。

⑤ 充电隔离二极管的选择。

对充电隔离二极管的选择基本上从3个方面进行考虑：(a) 耐压；(b) 电流；(c) 尽量选用高频、高速器件（反向漏电流要小，恢复时间要短），以减少充电隔离二极管在高频尖峰振荡下的损耗。

充电隔离二极管在充电结束时似乎仅承担电压值为U_0的反向电压，而在实际工作过程中，由于分布电容的存在，容易与回路中的电感储能产生尖峰振荡，瞬态尖峰电压往往大于U_0，因此至少要考虑能够承担$2U_0$的反向电压。此

外，隔离二极管还必须具有由式（5.19）和式（5.21）计算的最大电流和有效电流的能力。

（2）谐振充电电路的 Q 值及 de-Q 谐振充电电路的设定。

① Q 值的定义及 de-Q 谐振充电电路原理。

对于谐振充电电路来说，其谐振回路的品质因数 Q 值被定义为：谐振电路的特性阻抗 ρ_c 与接入回路损耗电阻 r 的比值。线型脉冲调制器的谐振充电电路是串联谐振电路，因而完全适用这一定义，其 Q 值为

$$Q = \frac{\rho_c}{r} = \frac{1}{r}\sqrt{\frac{L_c}{C_N}} \tag{5.24}$$

式（5.24）中，ρ_c 是充电回路的特性阻抗，r 是串联接入回路中的损耗电阻，L_c 是充电电感，C_N 是人工线的电容。

由式（5.23）可以知道，Q 值越高，串联接入谐振充电回路的效率越高，充电电压就越高；相反，Q 值越低，谐振充电回路的效率越低，充电电压就越低。如果在充电过程中突然降低充电回路的 Q 值到一定的程度，谐振充电电路的谐振条件就会改变，充电过程就会因不能谐振而突然终止，人工线的充电电压 U_N 就不再继续升高，如果从 U_N 采样，让“降低谐振充电回路的 Q 值”这种事情每次都发生在 U_N 达到某一设定电压值的时刻，就会实现对 U_N 的稳压控制，这就是可控 de-Q 谐振充电电路稳压的原理。

由式（5.24）可见，降低谐振充电回路的 Q 值的途径有 3 种，即减小充电电感 L_c、增大谐振充电回路中的人工线电容 C_N 和增大串联回路中的损耗电阻 r，但实际运用中仅有增大串联接入回路损耗电阻 r 的方法最常用。

由于通过增大串联接入回路中的损耗电阻 r 而降低 Q 值的方法，通常是通过受控的电子开关在适当的时刻将设定的电阻接入充电回路中，以达到降低 Q 值的目的，因此将其称为串联 de-Q 谐振充电电路；而在 L_c 两端并联接入小电阻来降低 Q 值的电路，称为并联 dc-Q 谐振充电电路，这种电路是最常用的。

② de-Q 谐振充电电路的形式。

de-Q 谐振充电电路的形式主要有能量回收型和能量消耗型之分。

能量回收型 de-Q 谐振充电电路，就是在 de-Q 开关动作时，de-Q 谐振充电电路将充电电感 L_c 中剩余的能量反馈回电源的储能电容器中，供下次充电时再用，因此充电效率较高。

能量消耗型 de-Q 谐振充电电路就是在 de-Q 开关动作时，将充电电感 L_c 中剩余的能量消耗掉，而不是返回到电源的储能电容器中，因此效率相对较低。

能量消耗型 de-Q 谐振充电电路又可细分为电阻型 de-Q 和阻容型 de-Q 两种充电电路。在电阻型 de-Q 谐振充电电路中，de-Q 开关动作时，将大功率电阻并联接入谐振充电回路，然后用该大功率电阻来消耗充电电感 L_c 中剩余的能量；而阻容型 de-Q 谐振充电电路则是在 de-Q 开关动作时，将大功率电阻与电容并联，使充电电感 L_c 中剩余的能量快速转移到电容器中，然后再由并联的大功率电阻消耗掉，使其有利于快速截止充电，实现充电电压的精确控制。

有关 de-Q 谐振充电电路的详细介绍可参阅文献[1]，这里不做详细的介绍。需要说明的是，无论是何种 de-Q 谐振充电电路，其工作过程都是通过对人工线充电电压进行采样，然后与设定的门限进行比较，当采样值高于设定门限值时，输出一控制信号使 de-Q 谐振充电电路执行开关动作，从而降低谐振充电回路的 Q 值，停止向人工线的电容充电。因此，de-Q 谐振充电电路具有稳压能力，其精度在 0.1%量级，在小范围地改变设定门限值的情况下，还可小范围地改变人工线的充电电压值，所以 de-Q 谐振充电电路还具有小范围的充电电压调整功能。

2）线型脉冲调制器的回扫充电电路

线型脉冲调制器回扫充电电路充电的原理类似于单端反激式开关电源，其电路拓扑结构如图 5.8 所示。

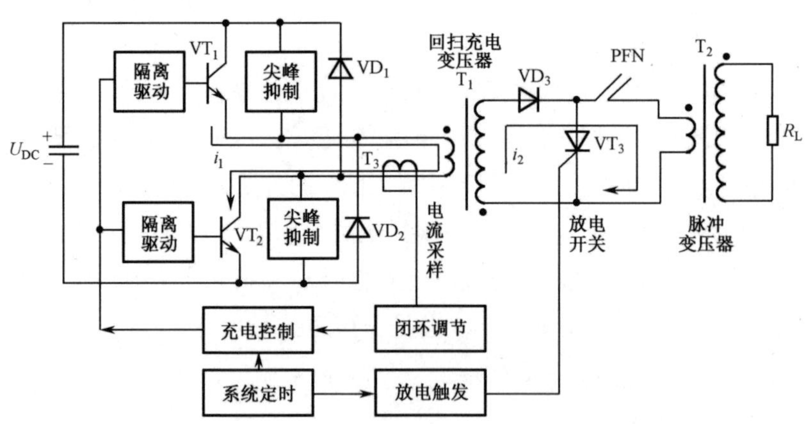

图 5.8　线型脉冲调制器回扫充电电路的拓扑结构

回扫充电电路的充电过程如下：回扫开关 VT_1、VT_2 在控制脉冲的激励下导通，此时直流电源电压 U_{DC} 通过回扫开关 VT_1、回扫充电变压器 T_1 的初级绕组与回扫开关 VT_2 构成回路。回扫充电变压器 T_1 的初级励磁电感为 L_1，次级电感为 L_2。储能期间，充电隔离二极管 VD_1 处于反偏状态，能量储存在回扫变压器中，其能量的大小与流过 T_1 的初级电感电流 i_1 的平方成正比；在激励脉冲结束的瞬间，VT_1 和 VT_2 截止，i_1 将突然减小（迅速减小到零），T_1 初级的励磁电感 L_1 为阻止这一电流突变，立即在初级励磁电感 L_1 中产生一反电动势，该反电动势在 T_1 的次级使 VD_1 正向导通，储存在 T_1 初级励磁电感 L_1 中的能量通过由 T_1 的次级线圈、VD_3 和脉冲变压器 T_2 的初级线圈组成的回路向 PFN 充电，直到 L_1 中的能量完全转移到 PFN（Pulse Forming Network，脉冲形成网络，也称为人工线）中为止。因此，整个充电过程可分为两个阶段。

第一阶段是给回扫充电变压器的初级励磁电感 L_1 储能。该阶段起始于控制脉冲的到来，结束于控制脉冲的终止，即 VT_1 和 VT_2 处于导通状态时，直流电源电压 U_{DC} 向 L_1 储能。

第二阶段是给 PFN 充电。该阶段起始于控制脉冲的终止时刻（VT_1 和 VT_2 的截止），终止于 L_1 的储能被完全转变为 PFN 储能的时刻。

由于充电过程在时间上分两个阶段，即在 VT_1 和 VT_2 导通，L_1 储能阶段，放电开关 VT_3 处于阻断状态。当人工线已充满电，且 VT_3 受放电触发激励导通时，VT_1 和 VT_2 早已处于截止状态，同时又由于回扫变压器 T_1 的初级和次级是直流隔离开的两个回路，因此采用回扫充电电路不存在充电开关和放电开关同时导通的“连通”现象，这对提高线型脉冲调制器的工作稳定性和使线型脉冲调制器具有抗正失配能力，以及展宽线型脉冲调制器的失配工作范围等都十分有利。

（1）回扫充电过程中各部分的波形。

在正常回扫充电的过程中，回扫充电各部分的波形如图 5.9 所示。

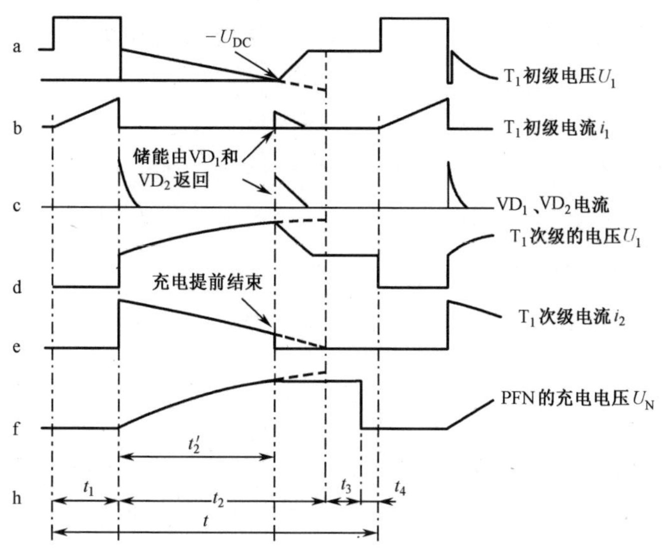

图 5.9　回扫充电各部分的波形图

该图中含有从 a 到 h 的 7 个波形，并示于 7 个横轴上。其中，波形 a 为 T_1 初级电压波形。VT_1 和 VT_2 在控制脉冲宽度 t_1 内导通，t_1 也是直流电源向 L_1 储能的时间。

波形 b 是 T_1 初级电流 i_1 的波形，该电流在励磁电感 L_1 中产生储能，在储能期间 i_1 呈线性上升变化，在控制脉冲宽度 t_1 结束时，电流 $i_1(t_1)$ 的大小由式（5.25）决定，即

$$i_1(t_1)=\frac{U_{DC}\times t_1}{L_1} \tag{5.25}$$

由于正常工作时 U_{DC}、L_1 不变化，所以 $i_1(t_1)$ 的大小由控制脉冲宽度 t_1 决定。在图 5.8 中，电流互感器 T_3 将检测到的储能电流信号 i_1 传送到闭环控制电路中，与设定电流门限 I_m 值进行比较，以实现对控制脉冲宽度 t_1 的控制。由于 I_m 恒定，工作时 $i_1(t_1)$ 也能达到稳定的目的，其稳定精度可达 0.1%量级，也就是人工线的充电电压 U_N 的稳定度（即调制脉冲幅度稳定度）可达 0.1%量级。这是回扫充电技术的一个十分显著的优点。

波形 c 是在储能结束的瞬间，由回扫充电变压器 T_1 的漏感产生的幅度大于 U_{DC} 的反向电压使 VD_1 和 VD_2 导通，将漏感的储能返回电源时的电流波形。

波形 d 是储能结束后 T_1 次级的电压波形。

波形 e 是 T_1 次级电流波形。

波形 f 是 PFN 的充电电压波形。

波形 h 是放电同步信号的时间关系图。

这里需要注意的是，图 5.9 中的 t_1 是直流电源向 L_1 储能的时间；t_2 是人工线的充电时间；t_3 是充电结束后到放电时的等待时间；t_4 是放电到储能开始的延迟时间；t 是重复周期，它为 t_1、t_2、t_3 与 t_4 之和。

（2）回扫充电电路正常工作的必要条件及 t_1 和 t_2 的关系。

前面已经介绍过，用图 5.8 中的电流互感器 T_3 将检测到的储能电流信号 i_1 传送到闭环控制电路中，然后与设定的门限电流 I_m 值进行比较，以控制储能时间 t_1 的大小，进而确保 $i_1(t_1)$ 稳定，即 L_1 中的每次储能值相同。

将 L_1 中的储能完全转移到人工线电容中是充电电路正常工作的标志。为了确保回扫充电电路的正常工作，在向人工线电容 C_N 充电的过程中，必须保证回扫充电变压器 T_1 初级的反向电压幅值不大于直流电源电压 U_{DC}（这里所说的"反向电压幅值不大于直流电源电压 U_{DC}"不包括漏感的储能引起的反向电压）。因为反向电压幅值大于直流电源电压 U_{DC} 时，VD_1 和 VD_2 将导通，因而 L_1 中的能量将通过 VD_1 和 VD_2 返回到直流电源里，即不能完全转移到 C_N 上，充电过程将被

提前在 t_2' 时刻结束，此时 T_1 向人工线充电的次级电流将突然减小为零，于是人工线的充电电压将不再升高，如图 5.9 中的 a、d、e 和 f 轴的波形所示。图 5.9 中的虚线（不是点画线）为正常工作时的波形。

因此，回扫充电电路正常工作的必要条件一般需要满足式（5.26），即

$$\frac{t_2}{t_1} > \frac{\pi\sqrt{\eta}}{2} \tag{5.26}$$

式（5.26）中，t_1 是 L_1 的储能时间；t_2 是 C_N 的充电时间；η 是回扫充电变压器 T_1 的效率，通常可达到 90%～95%。

需要注意的是，设计时不能为了满足式（5.26）正常工作的必要条件，而一味地增大 t_2 与 t_1 的比值，那样会增大 $i_1(t_1)$ 的值，且不仅增加了对 VT_1 和 VT_2 的选择与使用难度，也增大了回扫电源硬开关所带来的电磁干扰。

设计 t_1 和 t_2 参数时，通常按下列两式来进行反复计算并折中取值

$$\frac{t_2}{t_1} = \frac{\pi\sqrt{\eta}}{1.5 \sim 1.7} \tag{5.27}$$

$$t_1 + t_2 + t_3 + t_4 \leqslant t \tag{5.28}$$

通常式（5.28）中的 t 是系统给出的能够正常工作的最小重复周期，t_3 和 t_4 可根据脉冲调制器工作的需要进行预留设置。

（3）回扫充电电路主要参数的设定和计算。

① 回扫充电变压器 T_1 的初级励磁电感 L_1 及次级电感 L_2 的计算。

按照式（5.27）和式（5.28）计算出 t_1 和 t_2 之后，根据系统的整体设计可得到直流电源电压 U_{DC}、人工线电容 C_N，以及人工线的充电电压 U_N，此时 L_1 和 L_2 可分别计算如下

$$L_1 = \frac{\eta U_{DC}^2 t_1^2}{C_N U_N^2} \tag{5.29}$$

$$L_2 = \frac{4t_2^2}{\pi^2 C_N} \tag{5.30}$$

② T_1 的变比 n 为

$$n = \sqrt{\frac{L_2}{L_1}} = \frac{2}{\pi\sqrt{\eta}} \times \frac{U_N}{U_{DC}} \times \frac{t_2}{t_1} = \frac{2U_N}{(1.5 \sim 1.7)U_{DC}} \tag{5.31}$$

式（5.31）中，系数 1.5～1.7 的选取与式（5.27）中的所选值要一致。当该系数选得较小时，变比 n 相对较大；当 U_{DC} 发生变化时，回扫充电电路能够进行稳幅的范围也相对较大，反之则较小。

③ T_1 初级电流。

在 L_1 储能的过程中，VT1、VT2 与 T_1 初级的线包是串联的，因此流过这些器件电流的最大值就是由式（5.25）决定的 $i_1(t_1)$。由于 $i_1(t)$ 是线性上升的，且下降很快，可等效为三角波。在 t_1 时间内其电流可等效为幅度为 $i_1(t_1)/2$ 的脉冲，则其有效电流 $i_{1\text{rms}}$ 和平均电流 $i_{1\text{av}}$ 可分别按以下两式进行计算

$$i_{1\text{rms}} = i_1(t_1)\sqrt{\frac{t_1}{3t}} = \frac{U_{\text{DC}}}{L_1}\sqrt{\frac{t_1^3}{3t}} \tag{5.32}$$

$$i_{1\text{av}} = \frac{i_1(t_1)}{2} \times \frac{t_1}{t} = \frac{U_{\text{DC}} t_1^2}{2L_1 t} \tag{5.33}$$

式中，时间 t_1 和 t 的单位为秒（s），电感 L_1 的单位为亨利（H）。需要指出的是，在设计回扫充电变压器时，初级线包的线径要按式（5.32）表征的有效电流的大小来选取，不能按式（5.33）计算的平均电流来选取，否则回扫充电变压器损耗太大，发热严重。

④ T_1 次级电流 i_2 的计算。

T_1 次级的电流波形为 1/4 正弦波，其最大值 $i_{2\text{max}}$、有效值 $i_{2\text{rms}}$ 和平均值 $i_{2\text{av}}$ 分别由式（5.34）、式（5.35）和式（5.36）给出，其最大值和有效值将作为 PFN 充电回路参数选择的设计依据之一，而最大值和充电时间 t_2 将作为脉冲变压器去磁设计的依据，有效值将作为 T_2 次级绕组线径选择的依据。

$$i_{2\text{max}} = \frac{i_1(t_1)}{n} = \frac{U_{\text{DC}} t_1}{nL_1} \tag{5.34}$$

$$i_{2\text{rms}} = \frac{U_{\text{DC}} t_1}{nL_1}\sqrt{\frac{t_2}{2t}} \tag{5.35}$$

$$i_{2\text{av}} = \frac{2}{\pi} \times \frac{t_2}{t} \times i_{2\text{max}} = \frac{2U_{\text{DC}} t_1 t_2}{n\pi t L_1} \tag{5.36}$$

5.4 栅极脉冲调制器的设计

要想避免出现大功率脉冲调制器的高电压、大功率与输出脉冲波形好、脉冲宽度变化要灵活的矛盾，就必须研制能调制出功率小、电压较低、波形好和变化灵活的各种调制电极真空微波管，表 5.3 列出了 6 种调制电极真空微波管控制电极的性能及工作参数的比较。

表 5.3　各种控制电极的性能及工作参数的比较

工作参数	阳极调制	聚焦电极调制	控制栅极调制	截获栅极调制	阴影栅极调制	熄灭电极调制
电子注导通电压/V	0	0	0	60～400	200～500	0
电子注截止电压/V	$-1U_k$～$-0.33U_k$	$-0.5U_k$～$-0.1U_k$	$-0.4U_k$～$-0.3U_k$	−500～−60	−500～−200	$+0.3U_k$～$+0.5U_k$ 注
总的通态放大系数	1～3	2～10	2～5	30～75	30～75	
截止放大系数	1～3	2～10	2～5	30～150	30～250	
极电容范围/pF	30	50～100	50～100	10～20	30～50	20～40
截获注电流的截获比	0	0	0	10%～20%	0.1%～1%	30%
对注电流的影响	不明显	不明显	不明显	较明显	较明显	超前时影响大
寿命	不影响寿命	不影响寿命	易打火，有影响	受阴极蒸发的限制	受阴极蒸发的限制	受冷却液腐蚀限制
运用	行波管、速调管	行波管	多注速调管	行波管	行波管	正交场放大管

注：U_k 为微波管阴极电压。

在真空微波管和真空三、四极管中，各种调制电极的调制脉冲仅对电子注起导通和关断的作用，属电场控制器件，所需电流极小。关断电子注时，在控制极加相对于阴极为负的截止偏压；导通电子注时，加相对于阴极为正的电压；因此，控制电极调制器的作用就是利用开关管按照规定的时间将这两种电压分别接通到控制电极上。

从表 5.3 中的数据可以看出：不同的控制电极所需调制脉冲的幅值是不相同的，因而所用的调制器形式、开关管类型和数量也就各异。常用的控制电极调制器的形式主要有浮动板栅极脉冲调制器、脉冲变压器耦合的栅极脉冲调制器和高频变压器耦合的栅极脉冲调制器三种。不同调制器类型的特性和用途也不相同，如表 5.4 所示。

表 5.4　三种栅极脉冲调制器特性的比较

参数	栅极脉冲调制器种类		
	浮动板	脉冲变压器耦合	高频变压器耦合
最大脉冲重复频率	1MHz	300kHz	2.5MHz
最大脉冲宽度	DC	脉冲上升时间的 300 倍	DC
最小脉冲宽度/s	0.2	0.5	0.3
最小上升或下降时间/ns	50	50	20
在低压侧的元件数/个	14	87	85
在高压侧的元件数/个	65	17	25

续表

参数	栅极脉冲调制器种类		
	浮动板	脉冲变压器耦合	高频变压器耦合
元件总数/个	79	104	110
在低压侧需要的电源数/个	1	2	3
在高压侧需要的电源数/个	4	0	0
中重频（15kHz，D=0.2）损耗/W	25	140	40
高重频（300kHz，D=0.5）损耗/W	70	210	80
极高重频（1MHz，D=0.5）损耗/W	220	390	120

脉冲变压器耦合的栅极脉冲调制器框图如图 5.10 所示。它的调制脉冲是在低压下产生的，其幅度变化范围较大、所需电源的品种最少，具有控制保护方便、电路简单、可靠性较高等优点。但是其脉冲波形的好坏受高电位隔离脉冲变压器分布参数的影响较大，需要有消除脉冲前、后沿振铃的电路，且存在获得更宽脉冲的困难较大、高重复频率、大工作比下开关管的损耗大等缺点，因此仅适用于在脉冲宽度变化不大的场合。

在图 5.10 中，低压侧形成栅极调制脉冲的过程为：在发射机门套脉冲到来期间，VT_1 保持导通，脉冲变压器次级将栅极调制脉冲加到真空微波管栅极上；脉冲后沿期间 VT_2 导通，给脉冲变压器磁路复位；当 VT_1 和 VT_2 都截止时，VT_3 导通，以消除脉冲变压器漏感和分布电容中的储能、衰减和由分布参数形成的振荡尖脉冲。

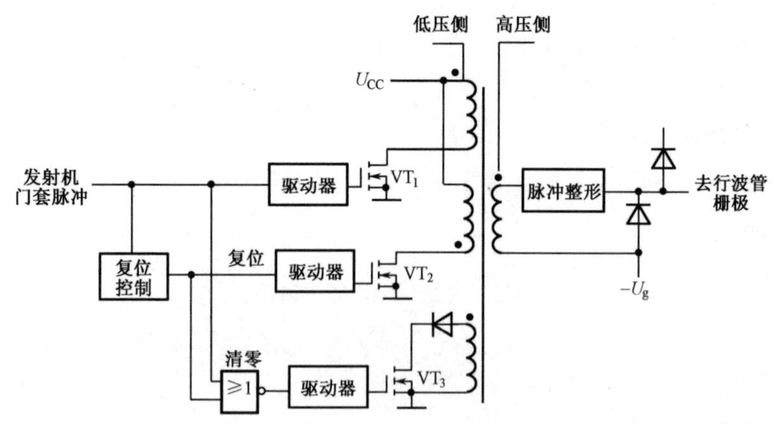

图 5.10　脉冲变压器耦合的栅极脉冲调制器框图

高频变压器耦合的栅极脉冲调制器是在低压下产生的由脉冲控制信号调制的射频信号，它通过高频变压器耦合到微波管阴极电位的浮动板上，用检波器将其调制包络检测出来，并经放大后去调制真空微波管控制极。虽然这种电路的脉冲宽度可以任意变化（只需改变射频调制脉冲信号的宽度），但在浮动板上仍然有包络放大和前、后沿整形电路，其电路较复杂，可靠性不高，而且高频变压器效率较低，设计制作的难度较大。

浮动板栅极脉冲调制器是浮在真空微波管阴极高电位上的主动开关调制器，它的放置点离真空微波管调制电极最近，直接用电子开关将正/负偏置电源以很快的速度、最短的传输路径分别与真空微波管的控制电极接通即可。这样可以获得很好的脉冲波形，能很容易实现变脉冲宽度、变工作比的要求；其前、后沿很小，分布参数引起的振荡也小，因此对真空微波管电子注的影响较小，有利于降低输出噪声。这类脉冲调制器在现代雷达发射机中已经得到广泛运用。

5.4.1　常用浮动板栅极脉冲调制器的主要类型

常用浮动板栅极脉冲调制器的主要类型有单开关型、双开关型和多开关管组合型浮动板调制器三种。

1. 单开关型浮动板栅极脉冲调制器

单开关型浮动板栅极脉冲调制器需要在真空微波管注电流导通期间，用一个或一组串联开关将正偏电压脉冲加到真空微波管栅极上；在注电流截止期间将开关管关断即可。注电流的截止是通过如图 5.11 所示的一个下拉电阻 R 使栅极与负电源接通，以自动恢复其注流截止状态。此种调制器的优点是开关少、电路简单、可靠性较高，但是因为靠电阻自动下拉到负偏置电源，其后沿时间较长。

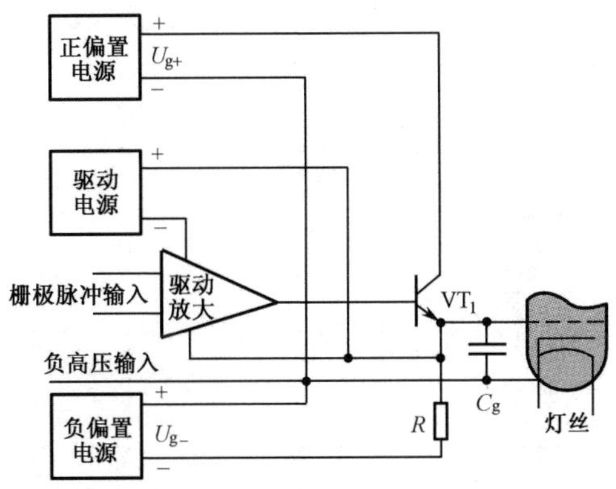

图 5.11　被动下拉的单开关型浮动板栅极脉冲调制器电路框图

另一种单开关型浮动板栅极脉冲调制器的电路框图如图 5.12 所示，它是将开关管串联在被调制真空微波管的阴极上，直接控制注电流的通断。这也是一种简单的单开关型浮动板栅极脉冲调制器的形式。相对于前一种电路而言，它可以缩短后沿时间，并靠开关断开时其集射极间的分布电容 C_g 充电形成的负偏压（必须大于真空微波管的注流截止偏压）自动关断注电流，因此它不需要负偏置电源。但该开关管的耐压应大于真空微波管的截止负偏压，因为注流导通时通过开关管的电流较大（真空微波管的总注流），损耗较多，且前沿会略大于图 5.11 所示电路的值。同时，在真空微波管加高压的过程中，由于调制开关管两端的电压尚未形成，真空微波管无截止偏压会产生注流，且当电压较低时注电流散焦较严重，因此应注意缩短高压形成时间。

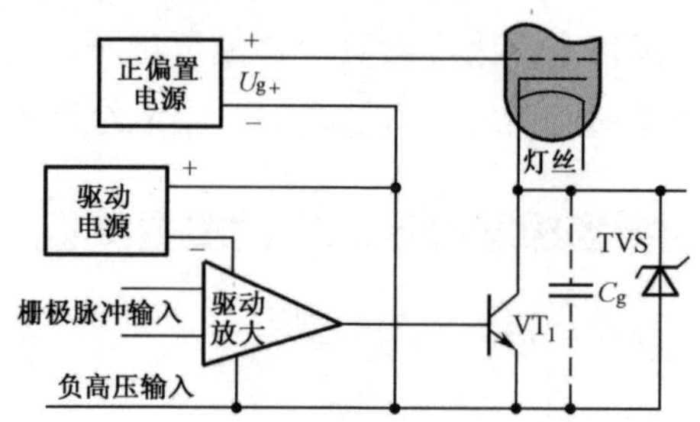

图 5.12　串联在阴极回路的单开关型浮动板栅极脉冲调制器电路框图

2. 双开关型浮动板栅极脉冲调制器

双开关（或开关组件）型浮动板栅极脉冲调制器可以克服单开关型浮动板栅极脉冲调制器所带来的脉冲前、后沿较差的问题，且是最常用的一种浮动板栅极脉冲调制器，其调制脉冲的前、后沿分别由两组开关进行控制，因而可获得较小的脉冲前、后沿，它的电路框图如图 5.13 所示。但是它的缺点是需要两组驱动电源和驱动放大电路，而且它们之间还要考虑电位隔离和保护问题。

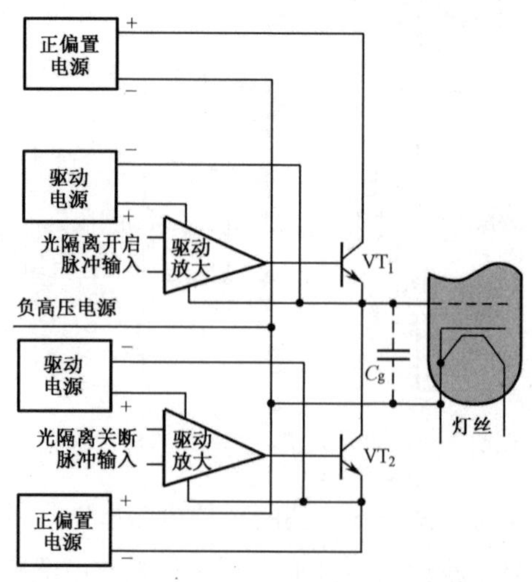

图 5.13　双开关型浮动板栅极脉冲调制器电路框图

3. 多开关管组合型浮动板栅极脉冲调制器

多个（或多组）开关管的组合型浮动板栅极脉冲调制器含多个（或多组）开关管，分别形成脉冲前沿、脉冲顶部、脉冲后沿和下拉到负偏压等各区段的电压波形，组合成一个完整的脉冲周期。由于每个（或每组）开关管只完成一个区段的控制，其导通电流较小，损耗较低，因此可以高重复频率（400kHz）地工作，其电路框图如图 5.14 所示。

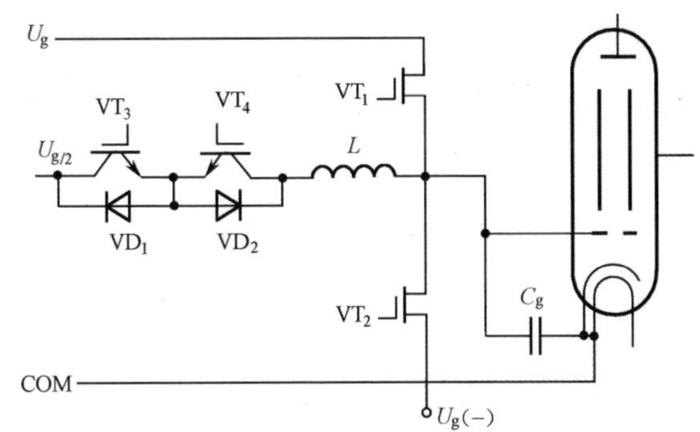

图 5.14　多开关管组合型浮动板栅极脉冲调制器电路框图

由该图可见，在脉冲前沿期间，$U_{g/2}$ 电源通过转换开关“VT_3”、二极管“VD_2”和电感 L 与微波管栅-阴极间电容 C_g 串联谐振充电至 U_g 时，转换开关“VT_3”关断，形成脉冲前沿；当给 C_g 充电至 U_g 的瞬间，接通电源 U_g 的维持开关 VT_1 导通，使真空微波管栅极维持在 U_g 上，形成脉冲的平顶；当脉冲结束时，维持开关“VT_1”截止，转换开关“VT_4”导通，C_g 通过电感 L 和二极管“VD_1”放电至 $U_{g/2}$ 时，转换开关“VT_4”截止，开关“VT_2”导通，负偏压 U_g 给 C_g 充电至 U_g（−），使真空微波管截止，从而完成真空微波管注电流通/断的控制过程。

该电路虽然有利于高重复频率工作，但是因为开关管较多，控制驱动复杂，时间关系要求很严，因此在高压浮动板栅极脉冲调制器中应慎用，以免影响其可靠性。

从以上几种浮动板栅极脉冲调制器电路中可以看出，双开关型浮动板栅极脉冲调制器相对简单、波形好，较适合于工程化使用。下面以双开关型浮动板栅极脉冲调制器的实用电路设计介绍开关管的选择。

5.4.2 开关管的选择

浮动板栅极脉冲调制器属刚管脉冲调制器，其开关管与刚管脉冲调制器的开关管相同，只是所需的工作电压和脉冲电流要小得多，因此较多采用固态开关（晶体开关三极管、场效应开关管）及IGBT，以降低电路的复杂性和提高电路的可靠性。

正、负偏置电压之和在1000V以内的低压浮动板栅极脉冲调制器，其开关管可选用单管耐压在1000V以上的晶体开关三极管和场效应开关管；而正、负偏置电压之和超过1000V的中压浮动板栅极脉冲调制器，其开关管需要采用多个固态开关管串联，也可选用IGBT或真空三极（四极）管。当多个固态开关管串联时，在要求每个开关管的开关特性尽量一致的前提下，还要做好串联开关管的均压（静态、动态均压）和驱动电路的设计，这是确保浮动板栅极脉冲调制器稳定工作的关键所在。

为了满足串联开关的均压和驱动要求，可采用下列两种驱动形式的开关器件。

1. 采用集成开关模块

集成开关模块是半导体厂家将均压电路和驱动电路与开关管集成在一起的一种混合集成模块。该模块在使用时，只要分别配备隔离的电源和光输入信号即可正常工作。这种开关模块集成度高，保护完善，使用方便。采用集成开关模块的双开关型浮动板栅极脉冲调制器电路框图如图5.15所示。该电路是由两个串联开关模块所组成的双开关型浮动板栅极脉冲调制器。

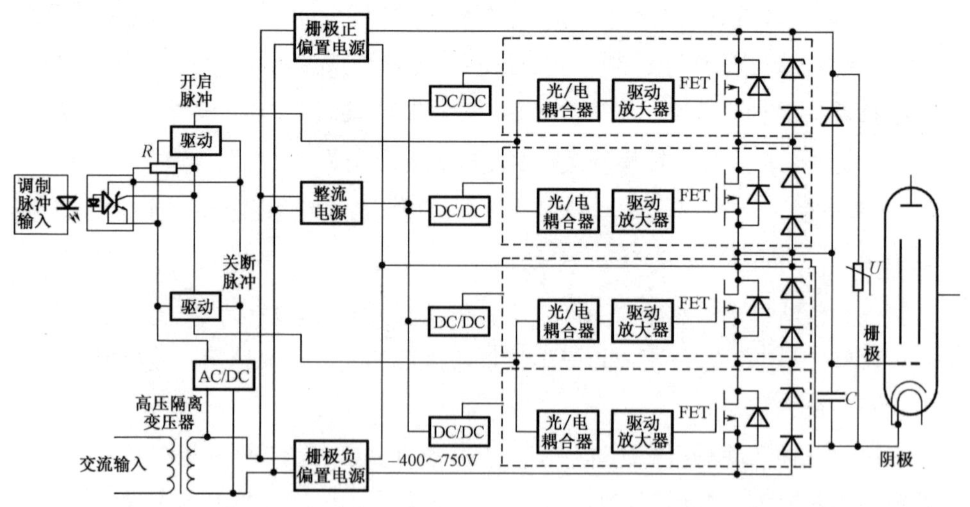

图5.15　采用集成开关模块的双开关型浮动板栅极脉冲调制器电路框图

由图5.15可见，场效应开关管与驱动放大器和光/电耦合器已经集成在一起（虚线框内），且每个场效应开关管两端已与反向二极管和保护二极管（TVS）并联，这给运用带来很大方便。当需要更多串联运用的场效应开关管时，只需配置相应的隔离驱动电源和光信号，而不必再去设计均压器。

从理论上说，串联的场效应开关管数可以是无限多个，曾有报道说，某实验室内有数十个场效应开关管串联运用，但是在工程实践中，串联场效应开关管的数量应控制在 10 个以内较为恰当。因为串联场效应开关管数越多，隔离逆变器的隔离电位就越高，其电路也越复杂，可靠性也越差。所以，在高压浮动板栅极脉冲调制器中，采用真空三、四极管做浮动板栅极脉冲调制器仍是一种较好的选择，如多注速调管的控制电极浮动板栅极脉冲调制器，其负偏压高达 9kV，采用真空三极管的电路仍较简单。

采用工作电压较高的智能化开关模块，其工作电压可高达 3000V 以上，串联运用时可以减少串联的组件数，因而也是一种很好的选择。但因其开关特性比场效应开关管要差，所以仅适合于要求脉冲前沿在 100ns 以上、脉冲宽度在 1μs 以上、脉冲重复频率在 50kHz 以下的场合运用。

2. 采用脉冲变压器多次级绕组直接驱动的分立元器件开关管

采用脉冲变压器多次级绕组直接驱动的分立元器件开关管的电路框图如图 5.16 所示。

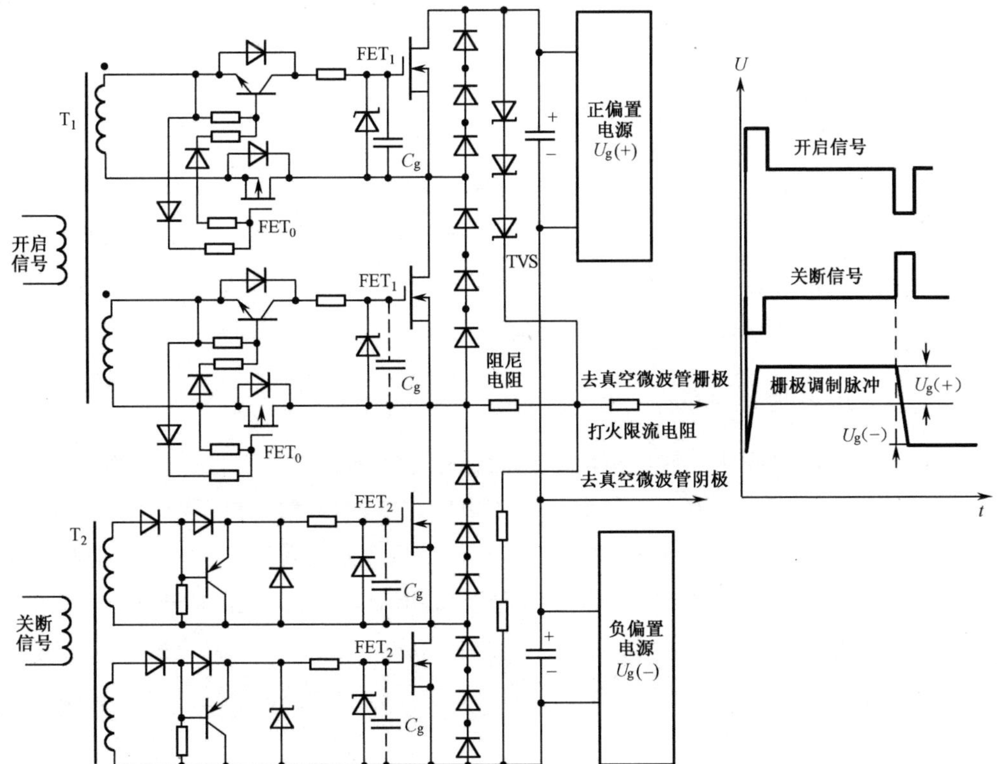

图 5.16　采用脉冲变压器多次级绕组直接驱动的分立元器件开关管的电路框图

当开启信号到达时，放大后的开启信号通过脉冲变压器次级电路，使场效应开关管 FET_1 的栅漏极间的极间电容 C_g 充电并保持在稳压管设定的电平上，其作用类似于采样保持电路，使正偏置调制场效应开关管 FET_1 维持在导通状态，输出 $U_g(+)$ 的栅极调制正脉冲。

当关断信号到达时，开启脉冲变压器 T_1 输出一负脉冲，使接通电源 $U_g(+)$ 的场效应开关管 FET_1 的栅漏极间的极间电容 C_g 迅速放电至关断状态；关断脉冲变压器 T_2 次级输出一正脉冲，给接通负偏置电源 $U_g(-)$ 场效应开关管 FET_2 的栅极，使其栅漏极间的极间电容迅速充电至导通电平，将负偏置电源 $U_g(-)$ 迅速接通到真空微波管栅极上，以便将真空微波管注电流关断。

这种驱动电路可以节省多个互相隔离的驱动电源和驱动放大器，有利于提高可靠性，很适合于用在脉冲宽度变化不是十分大的场合。但是由于正向导通管采样保持电路的最大保持时间不仅受反向阻断二极管、稳压管和场效应开关管栅漏极间漏电流的限制，而且也受温度、潮湿度和清洁度的影响，因此可用的最大脉冲宽度不大（最大脉冲宽度＜500μs），且还会产生输出脉冲顶降的问题。此外，由于 FET_2 没有长时间保持导通的条件，所以与其并联的电阻是必不可少的，不然 $U_g(-)$ 加不到真空微波管的栅极上。

5.4.3 栅极调制电源

栅极调制电源主要有栅极正偏置电源、栅极负偏置电源、开关管驱动电源及控制保护电源等数种。各电源的电路拓扑分析和设计将在第 6 章中详细介绍，下面仅对栅极正偏置电源、栅极负偏置电源、开关管驱动电源以及脉冲调制信号和总电源与浮动板间的隔离的设计要求进行介绍。

1. 栅极正偏置电源

不同调制电极所需注电流的导通电压是不相同的，但是为了确保输出射频信号的相位稳定度，要求正偏置电源的电压、脉间幅度稳定度和功率应满足系统设计的要求。微波管的栅极调制电压相位灵敏度一般为2～7°/V，若要求栅极引起的相位差不大于 0.07°，则要求栅极脉冲间电压幅差或纹波不大于 0.01～0.035V。为了满足其稳定度和纹波的要求，500V 以下的正偏置电源通常采用串联线性稳压电源，超过 500V 的正偏置电源则要采用闭环调节精度较高、有纹波抑制功能的逆变电源。

电源所需功率主要由微波管栅-阴极间电容 C_s 充放电消耗功率、栅极截获消耗功率和回路损耗三部分组成，其中微波管栅-阴极间电容 C_s 是主要消耗功率的地方，尤其在高重复频率的情况下更为明显，其损耗功率 P_{gc} 应根据式（5.37）计算，即

$$P_{gc} = \frac{1}{2}C_s(\Delta U_g)^2 F_r \tag{5.37}$$

式（5.37）中，ΔU_g 为栅极调制电压增量（从负偏压到正偏压），F_r 为脉冲重复频率。

当调制电压增量很大、重复频率很高时，损耗功率值就很大。例如，当 $C_s = 100\text{pF}$，$\Delta U_g = 1000\text{V}$，$F_r = 10000\text{Hz}$ 时，$P_{gc} = 0.5\text{W}$；而当 $\Delta U_g = 2000\text{V}$，$F_r = 100\text{kHz}$ 时，其 $P_{gc} = 20\text{W}$。多注管由于截止偏压可高达 9kV，当重复频率为 40kHz 时，其损耗功率 $P_{gc} = 162\text{W}$。

栅极截获注电流的截获比如表 5.3 所示，不同的调制电极，其截获注电流的截获比不一样，阳极调制、聚焦电极调制和控制栅极调制的截获注电流的截获比可以忽略不计，因此其调制脉冲期间也不消耗功率；只有截获栅极调制的截获注电流的截获比较大，为 10%～20%，阴影栅极调制只有 0.1%～1%时，其消耗功率 P_{gk} 为

$$P_{gk} = (1\%\sim20\%)U_g \times I_b \times D$$

式中，U_g 为加在真空微波管调制电极上的正偏置电压，I_b 为电子注电流，D 为工作比。

当 $I_b = 100\text{A}$，$U_g = 500\text{V}$，$D = 2\%$ 时，P_{gk} 取值在 10～200W。在截止期间负偏置电源是不消耗功率的，但若栅极绝缘不好，则有漏电流存在。

回路损耗是指调制脉冲使真空微波管导通过程中栅极回路脉冲电流在回路电阻上产生的损耗。栅极回路脉冲电流包括两个部分——栅-阴极电容的充电电流 I_{gc} 和脉冲截获电流 I_{gb}，其中 I_{gc} 可按式（5.38）计算，即

$$I_{gc} = \frac{\Delta U_{gc} \times C_s}{\tau_r} \tag{5.38}$$

式（5.38）中，τ_r 为脉冲上升时间。

当 $\Delta U_{gc} = 500\text{V}$，$C_s = 100\text{pF}$，$\tau_r = 10\text{ns}$ 时，$I_{gc} = 5\text{A}$；当 $I_b = 100\text{A}$，截获注电流的截获比为 20%时，其最大脉冲截获电流 I_{gb} 为 20A，此种情况下的回路损耗也包括两部分，其中一部分为脉冲前沿的损耗 $P_{\tau\varphi}$，另一部分为脉内损耗 P_{pc}。其计算公式为

$$P_{\tau\varphi} = I_{gc}^2 \times r$$

$$P_{pc} = I_{gb}^2 \times r$$

式中，r 为回路损耗电阻（包括阻尼电阻、引线电阻和场效应开关管内阻），一般较小，约为 5～10Ω。

通过以上计算后方可确定正偏置电源的功率、电压和电流。其中，功率按最大损耗功率取值并留 20%的余量，电压应为栅极所需电压和回路压降之和，电流按其最大平均值取值。

2. 栅极负偏置电源

栅极负偏置电源是专为截断真空微波管电子注而提供的偏置电源。该电源的作用是确保电子注有效截止，因此对其稳定度和纹波要求不是太高，一般采用变换后的电压经整流滤波和简单稳压即可获得。由于在注电流截止期间的理想情况下栅-阴极间电流为零，考虑到栅-阴极间电容 C_s 从正调制电压下拉到负偏置电压时，电容上的电压增量为正/负偏置电压绝对值之和（ΔU_{gc}），则其电源给电容 C_{gc} 充电至 ΔU_{gc} 所需的电流 I_{g-} 可用式（5.39）计算，即

$$I_{g-} = \frac{\Delta U_{gc} \times C_s}{\tau_f} \tag{5.39}$$

式（5.39）中，τ_f 为脉冲后沿。

其平均电流为 $I_{G-} = I_{g-} \times \tau_f / T_r = I_{g-} \times D$。此外，还要考虑从栅极到阴极间允许的正常漏电流和电容器的漏电流之和 I_G（一般在 1mA 以内），最后便可求出负偏置电源的总电流 I_{-E} 和功率 P_{-E} 分别为

$$I_{-E} = I_{G-} + I_G$$

$$P_{-E} = U_{-E} \times I_{-E}$$

3. 开关管驱动电源

图 5.15 所示的场效应开关管驱动放大器是与场效应开关管集成在一起的，由于电路中每个场效应开关管都分别处于不同的电位上，因此要求每个场效应开关驱动放大器有一组具有电位隔离功能的专用驱动电源。该开关驱动放大器的一组专用驱动电源之间和它们与脉冲调制器公共端之间应满足不同隔离电位的要求，以确保其安全、可靠和稳定地工作。特别是在多场效应开关管串联的高压浮动板栅极脉冲调制器中，为了安全和可靠，每个驱动电源的输入与输出端间的隔离电压应大于正/负偏置电源电压绝对值之和的两倍以上。

4. 脉冲调制信号和总电源与浮动板间的隔离

在脉冲宽度和重复频率变化较大的运用场合，其脉冲调制信号常用光纤进行

传输与隔离；在脉冲宽度变化不大的运用场合，其脉冲调制信号也可利用脉冲变压器进行耦合与隔离。在用脉冲变压器耦合的情况下，为了省去高电位上的驱动电路和电源隔离装置，可在低电位上形成强的驱动信号，通过脉冲变压器的多次级绕组分别接于各场效应开关管的控制电极，以实现对各场效应开关管的直接驱动和隔离，如图 5.16 所示。

总电源的隔离可以采用对工频电源变压器的初/次级绝缘来实现，各次级电压经整流和滤波后再供给各驱动电源和控制保护电源变换器，也可采用逆变电源的高频变压器实现变压与隔离。

采用逆变电源时，可以通过多个次级绕组分别产生灯丝电源、正偏置电源、负偏置电源和控制保护电源，按功率最大的电源进行闭环调节，从而实现稳压的效果，使之有利于减小电源的体积和减小电源的质量。

5.4.4　浮动板栅极脉冲调制器的控制与保护

浮动板栅极脉冲调制器的控制一般在低电位进行，但其工作状态的监视、信号采样和关键元器件的保护却需在高电位上完成。为了有效地保护浮动板栅极脉冲调制器，应采取状态监视与检测、打火保护两种措施。

1. 状态监视与检测

浮动板上除栅极脉冲调制器及其相关电源外，一般还有灯丝电源，有时还有阳极电源。对浮动板上所有电源的电压、电流应进行采样和监测，并且对一些关键的参数还要将采样值与设定的基准值进行比较，当发现其超过设定范围时就给出故障信号，并通过光纤传送到处于低电位的控制保护电路上，以便实施保护。

信息的检测、处理、传输和保护的方式有两种，一种方式是将关键的参数通过电/光转换电路采样后直接传送到低电位端，在低电位端进行处理、提取故障信号并进行保护。这种方式的高电位端电路简单，有利于稳定工作，但需要多条光纤传输信号，成本较高，限制了可检测信号的数量。另一种方式是将采样的各种参数先在高电位上进行处理，再将故障信号经编码和电/光转换后，通过光纤传送至低电位端实施控制和保护。这种方式成本较低，同时可检测较多的参数，但是其高电位端的电路复杂，且必须认真考虑电磁兼容设计，方能确保电路稳定和可靠地工作。

2. 打火保护

当真空微波管打火时，栅极电位会突然降低，使浮动板对地的分布电容储能释放出来，并与回路电感形成振荡，其过高的尖峰电压作用在栅极脉冲调制器的开关管上时，开关管便会在瞬间被击穿从而失效。为了保护栅极脉冲调制器及其相关电路的元器件，需要采取下列保护措施。

（1）在栅极脉冲调制器正偏开关管两端并联压敏电阻器和钳位二极管，以吸收栅极脉冲调制器正偏开关管两端的高压尖峰脉冲，保护开关管。

（2）在栅极脉冲调制器与微波管栅极间串联一个浪涌电流限制器（如电阻或电感），当浮动板对地电晕或打火时，衰减馈入栅极脉冲调制器中的阴极高压以免损坏元器件。

（3）将浮动板上的所有电路和元器件装入一个与周围电路和结构保持足够绝缘距离和足够耐压强度的“法拉第”笼子里，以避免浮动板对地打火。

（4）将浮动板上的小信号电路置于良好的电磁屏蔽盒内，以提高小信号电路工作的稳定性。

（5）仔细设计高电位隔离变压器，使初级绕组与次级绕组间满足两倍以上真空微波管阴极电压的要求，而且其漏电流应远小于安全值，同时还要求初/次级线包间采用静电屏蔽措施和低电容设计，以减小其干扰和噪声。

（6）注意通风散热和防尘、防潮的设计，以改善其工作环境。

5.5 刚管脉冲调制器的设计

5.2.1 节已对基本刚管脉冲调制器的基本电路形式和特点进行了描述，本节将通过对刚管脉冲调制器的主要电路分析，来进一步介绍刚管脉冲调制器的充电电路的设计，并重点介绍固态刚管脉冲调制器的相关内容。对于用真空管作为调制管的电路设计，由于介绍它们的资料和书籍较多且内容详细，在此不再进行介绍。在本节的后半部分将向读者介绍近年来发展较快的固态刚管脉冲调制器的几种电路形式，以供读者在设计时进行参考。

5.5.1 刚管脉冲调制器的充电电路

1. 刚管脉冲调制器的充电电路的组成及作用

刚管脉冲调制器的充电电路由高压电源、充电隔离元件、储能电容、旁通电路等部分组成，如图 5.17 所示。

图 5.17 中，高压电源可以是常规高压电源（由电网电压经高压变压器升压、整流滤波得到），也可由逆变电源来实现。无论用何种形式的电源，都需要该高

压电源能提供所需的功率、电压和电流。

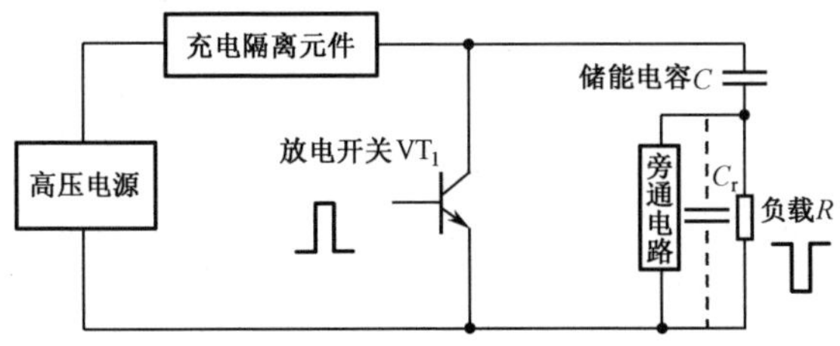

图 5.17　刚管脉冲调制器的充电电路

充电隔离元件的作用是在充电时提供低阻抗通路，在开关管导通放电时能够阻断放电电路对高压电源的影响，避免高压电源通过开关管直接短路而损坏。常用的隔离元件有高压大功率电阻或充电电感等。

旁通电路的作用是给无脉冲变压器耦合的负载电路提供旁通直流充电通路，避免充电期间在负载上产生过高的反向电压，使负载（微波管）受到损伤；同时在放电结束时，旁通电路还会给分布电容 C_r 提供放电通路，从而改善调制脉冲的后沿。通常用做旁通电路的元器件主要有大功率高压电阻或峰化电感等。

储能电容的作用是给负载（微波管）提供足够能量的关键部件，它必须具有足够的耐压能力和电容容量，同时其损耗也要足够低，以保证刚管脉冲调制器的正常工作。

2. 充电电路参数的设计与选择

充电电路参数的设计与选择主要包括确定储能电容 C 的工作电压，考虑对脉冲顶降的要求及储能电容的选取，对隔离元件及旁通电路的选择与设计，以及计算充电电感。

1）确定储能电容 C 的工作电压 U_C

对刚管脉冲调制器来说，其储能电容上的工作电压 U_C 应不低于刚管脉冲调制器的导通压降 U_M 与负载电压 U_L 之和。通常刚管脉冲调制器在所需的工作电流下，其导通压降 U_M 可通过试验或查阅刚管脉冲调制器制造厂家提供的参数获得。在不用脉冲变压器的情况下，刚管脉冲调制器的负载电压 U_L 即为真空微波管的工作电压；在使用脉冲变压器的情况下，负载电压 U_L 可由式（5.40）进行计算，即

$$U_L = \sqrt{\frac{\hat{P}_L \times R_L}{n^2 \eta}} \tag{5.40}$$

式（5.40）中，$\hat{P}_L$ 为刚管脉冲调制器提供给真空微波管需要的输入功率，R_L 为真

空微波管的等效阻抗，n 为脉冲变压器的变比，η 为脉冲变压器的效率。

在确定了刚管脉冲调制器的导通压降 U_M 和负载电压 U_L 之后，储能电容上的工作电压也就随之而定。

2）对脉冲顶降的要求及储能电容的选取

在脉冲期间，电源几乎不能对储能电容补充能量，随着脉冲能量的不断减少，储能电容上的电荷将越来越少，电压越来越低，从而使输出调制脉冲的后沿幅度低于前沿的幅度，而其幅度差就是通常所说的脉冲顶降。它在储能电容上的电压变化通常用 ΔU_C 来表示。在工程设计中，常常对相对值提出要求，而不是对顶部变化的绝对值提出要求，且习惯于用百分数或分贝数来表示相对值。如果调制器的研制任务书已经明确提出调制电压的顶降要求，如小于 $A\%$，则储能电容上的电压变化应满足 $\Delta U_C / U_C \leqslant A\%$ 的要求；若任务书要求的不是调制电压的顶降，而是电流或功率在脉冲期内的顶降，则应根据负载（真空微波管）的伏安特性，转化为对电压顶降的要求。通常在刚管脉冲调制器的任务书中都习惯提出电压顶降小于 $A\%$ 的要求。下面对电压顶降的要求进行分析。

由于 $\Delta U_C = \dfrac{I_L \tau}{C}$，且 $\Delta U_C \leqslant A\% U_C$，为满足电压顶降小于 $A\%$ 的要求，其储能电容器的容量必须满足下式的要求，即

$$C \geqslant \frac{I_L \tau}{A\% U_C} \tag{5.41}$$

式（5.41）中，C 为储能电容的容量，I_L 为储能电容的放电电流，τ 为调制脉冲的宽度，U_C 为储能电容的电压，$A\%$为允许达到的调制电压的最大顶降。

储能电容通常在满足式（5.41）的情况下，尽量选择小容量的脉冲电容器以减小脉冲前、后沿期间的振铃和脉冲顶部波动。为了防止真空微波管打火时被损坏，在选择电容器的电容量时余量不能留得太大。

3）隔离元件及旁通电路的选择与设计

在刚管脉冲调制器中常用大功率高压电阻和充电电感作为充电隔离元件，也经常用大功率高压电阻和峰化电感作为旁通元件。当用高压电阻作为充电隔离元件和旁通元件时，由于刚管脉冲调制器工作在高压状态下，所以充电电阻和旁通电阻的值都必须取得较大，这样在放电时充电电阻 R_C 才能起到对电源的隔离作用，才不至于对放电脉冲产生较大的分流，引起大的顶降。另外，随着充电电阻和旁路电阻阻值的增大，其压降和损耗也将增大，从而导致电源电压和功率的增加。为了使刚管脉冲调制器能够稳定地工作，储能电容在脉内输出的脉冲能量必须在脉冲期间由高压电源来补充，以维护储能电容上电荷的平衡。因此，充电电

流的平均值$\overline{I}_C$为

$$\overline{I}_C = \frac{C \times \Delta U_C}{T_C} \tag{5.42}$$

式（5.42）中，C是储能电容的容量；ΔU_C是储能电容C在脉冲期间的压降；T_C是电源向储能电容充电的时间，近似为刚管脉冲调制器脉冲的重复周期。

从式（5.42）可以看出：$C \times \Delta U_C$的积越大或T_C越小，则$\overline{I}_C$越大；而$C \times \Delta U_C$的积越大，表明脉冲期内从储能电容所取得的能量越多，脉冲功率越大；T_C越小，则脉冲重复频率越高，平均功率越大。也就是说，在高功率的情况下，高压电源在脉冲期间向储能电容充电的平均电流会大，而在充电时，充电电流必然在充电电阻R_C和旁通电阻R_S上产生压降，因而充电电流越大则压降越大。为使在储能电容上获得既定的电压值和克服较大的压降，只好提高高压电源的输出电压。这样不仅增大了电源的电压和功率，而且降低了效率，这是用电阻作为隔离元件不利的一个方面。所以在高功率的场合下一般不用电阻作为充电隔离元件和旁通元件，而用充电电感作为充电隔离元件，用峰化电感作为旁通电感。

4）充电电感的计算

用电感充电的刚管脉冲调制器的充电电路如图 5.18 所示。在该充电回路中除了使用充电电感来实现隔离之外，还用一个较小的电阻R来阻尼充电过程中储能电容C上的过高电压，以免击穿调制开关。

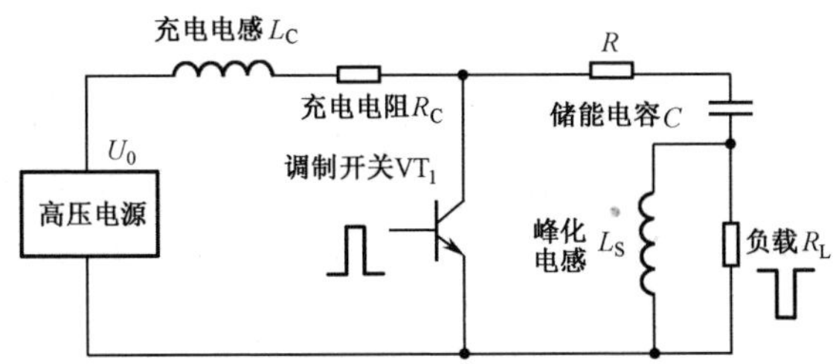

图 5.18　用电感充电的刚管脉冲调制器的充电电路

这种充电电路一般工作在稍微欠阻尼的状态，此时的阻尼电阻应满足$R \leqslant 2\sqrt{\frac{L_C}{C}}$的要求，这样一方面可使储能电容的能量得到快速补充，电压迅速补偿到平衡点；另一方面因R的阻尼作用使得储能电容的电压在充电过程中不至于有较大的过冲和振铃现象。由于R比隔离充电电阻R_C小得多，因此用电感作为隔离充电元件时，其调制器的效率较高，而且充电时在电阻R上的压降也小，几乎可以忽略。同样，在调制开关导通时忽略电阻R的阻断作用。

在调制开关导通的脉冲期间，高压电源通过充电电感L_C和调制开关放电，

此时可认为流过充电电感的电流近似于线性上升，且可由下式近似表征为

$$i_{L_C}(t) \approx \frac{U_0}{L_C}t, \qquad t = 0 \sim \tau \tag{5.43}$$

式（5.43）中，τ是脉冲宽度。

脉冲结束时电感L_C中的电流值为

$$i_{L_C}(\tau) \approx \frac{U_0}{L_C}\tau \tag{5.44}$$

需要说明的是，式（5.44）所表示的脉冲结束时电感中的电流值，实际上也就是充电开始时电感L_C中电流的起始值，即$i_C(0) = i_{L_C}(\tau) \approx \frac{U_0}{L_C}\tau$，这个起始电流导致在充电的一开始电感$L_C$中就有储能，其储能的大小$P_{L_C}$为

$$P_{L_C}(0) = \frac{L_C i_C(0)^2}{2} \approx \frac{(U_0\tau)^2}{2L_C} \tag{5.45}$$

式（5.45）中，$P_{L_C}(0)$是下次充电时充电电感L_C中的起始储能，该储能将在电感L_C和储能电容 C 之间来回转换。尽管在充电结束时又基本上返回高压电源，但在转换过程中，这一能量容易在电容C中产生不希望的电压增量，从而造成对电容C和调制开关过高的绝缘要求。因此，为减小电容C上过高的电压增量，设计时通常将起始充电电流值限制在刚管脉冲调制器放电电流（即负载电流I_L）的$\frac{1}{20} \sim \frac{1}{10}$之间，且在超大功率刚管脉冲调制器中该值还应更小$\left(\frac{1}{50}\right)$。这样做的目的，一方面是减小了充电过程中储能电容$C$上的过冲电压，有利于绝缘性能的满足；另一方面是使刚管脉冲调制器在开通时（脉冲期间），其高压电源通过刚管脉冲调制器放电的电流不大，从而有利于高压电源的稳定工作和减小刚管脉冲调制器不必要的损耗。

根据设定的充电电流起始值$i_C(0)$的要求，隔离充电电感L_C必须满足

$$L_C \geqslant \frac{U_0}{i_C(0)}\tau \tag{5.46}$$

5.5.2 固态刚管脉冲调制器

固态刚管脉冲调制器通常采用 MOSFET 或 IGBT 作为固态刚性开关，使其具有输出调制脉冲宽度、重复频率可灵活组合的特点，广泛应用于高功率雷达发射机。

1. 用于刚管脉冲调制器的固态刚性开关器件

在刚管脉冲调制器中最常用的固态刚性开关器件有 MOSFET 和 IGBT 两种，通常 MOSFET 具有更快的开关速度，而 IGBT 具有更高的电压和功率容量，它们

的性能差异是由其各自的结构形式和工作机理所决定的。

1）MOSFET 的电路形式和工作机理

MOSFET 是一个具有漏极 D（Drain）、栅极 G（Gate）、源极 S（Source）的三端器件，是一种依靠多数载流子工作的增强型器件，其电路简图如图 5.19 所示。在构造上，MOSFET 栅-源极之间存在一个较大的结电容，当栅-源极电压为零时，沟道（漏-源极之间的区域）呈现高阻状态；当栅-源极电压增加时，由电压产生的电场拉动电子进入沟道，并增加电子的流动。也就是说，栅-源极电压增强了漏-源电流的流动，这种器件是一种压控器件。在触发电路的激励下，一旦栅-源极电容被充电到门限值后，就无须再继续增加栅-源极电压，器件也能维持其导通状况。

使用该器件做刚管脉冲调制器时，要求器件能够快速地完成开关功能，即要求触发电路必须实现对栅-源极电容快速的充放电控制，由此决定了 MOSFET 的开通和关断速度。即在导通的初期，触发电路要能非常迅速地向栅-源极电容充电；在完全导通期间，无须继续增加触发信号；而在 MOSFET 关断时，要求触发电路能够非常迅速地将栅-源极电容的储能释放掉。

2）IGBT 的电路形式和工作机理

IGBT 的电路简图如图 5.20 所示，显然 IGBT 也是一个三端器件，它既具有 MOSFET 的驱动特征，又具有双极晶体管低饱和压降的输出特征。与 MOSFET 一样，IGBT 也是一种压控器件，在栅极和发射极（相当于场效应管中的源极）之间同样存在结电容，当加在栅极和发射极间的触发电压对结电容充电到门限电平以上时，MOSFET 部分的栅极会导通，给 PNP 型双极晶体管的基极（相当于场效应管中的栅极）注入电流而导通。IGBT 的关断过程同样受控于触发信号和结电容上的放电过程。当撤去触发信号并使结电容的电压几乎为零时，具有 MOSFET 特征的栅极方关断，此时开始进入双极晶体管的关断过程，关断过程的持续时间将取决于载流子的恢复时间和其他因素。因此，IGBT 的开关速度通常比 MOSFET 慢，而流过器件的电流密度和器件功率容量比 MOSFET 要大得多。两者的性能对比如表 5.5 所示。

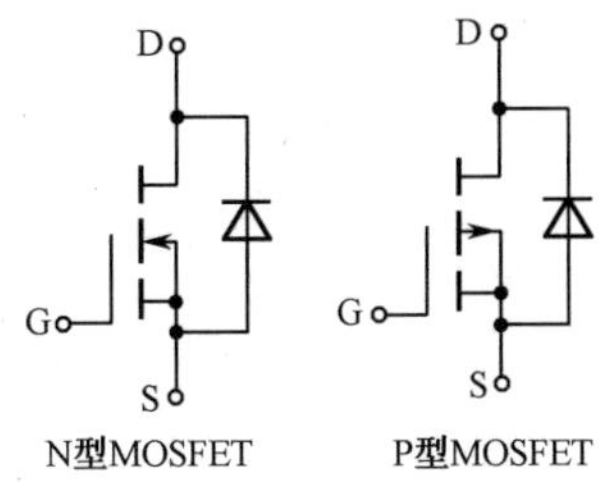

图 5.19　MOSFET 的电路简图

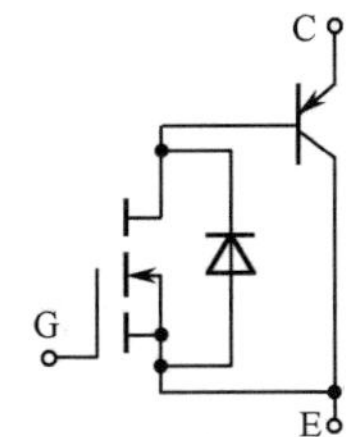

图 5.20　IGBT 的电路简图

表 5.5　MOSFET 和 IGBT 的性能对比

性 能 参 数	MOSFET	IGBT
峰值工作电压 U_P/V	1200	3300
峰值脉冲电流额定值 I_P/A	100	3000
降额后的峰值功率/（kW/器件）①	＞80	＞7000
开关速度/ns	＜20	＜100
栅极控制脉冲宽度	20ns～DC	600ns～DC
控制功率（μJ/脉冲）	＜5	＜30

① 降额取值：MOSFET 的工作电压为 U_P 的 80%，IGBT 的工作电压为 U_P 的 60%。

2. 固态刚管脉冲调制器电路的拓扑结构

无论是在加速器领域还是高功率雷达发射机领域，用做刚管脉冲调制器开关的固态开关组件，都需要工作在几十千伏甚至几百千伏的高压下，功率量级也远非个别固态开关器件甚至几个固态开关器件所能承担的。不管是用 MOSFET，还是用 IGBT 作为固态调制开关，都需要大量的器件进行串、并组合应用，才能达到使用目的。目前最常用的组合应用形式主要有两种，一种是开关直接串联的形式，另一种是加法器叠加的形式。下面就这两种形式分别进行介绍。

1）串联开关的拓扑结构

典型的串联调制开关通用电路拓扑结构如图 5.21 所示。在这种电路形式中，已经打破了前面所介绍的高压电源的滤波电容向储能电容补充能量的常规形式，而将储能电容和高压滤波电容合二为一，成为脉冲电容。高压电源直接向储能电容充电，以串联形式组合的调制开关串接在储能电容和负载之间，栅极驱动和控制电路在触发电路的激励下，控制所有的开关以预置的脉冲宽度和重复频率同时导通和关断，从而在负载上得到已设定脉冲宽度和重复频率的调制脉冲。由于开关本身导通压降很小，调制脉冲的幅度近似为储能电容上的电压值，流过调制开关、高压电源储能电容的电流就是负载要求的电流。调制脉冲的上升和下降时间完全取决于串联调制开关中所用的固态开关器件的开关特性和放电回路的分布参数。

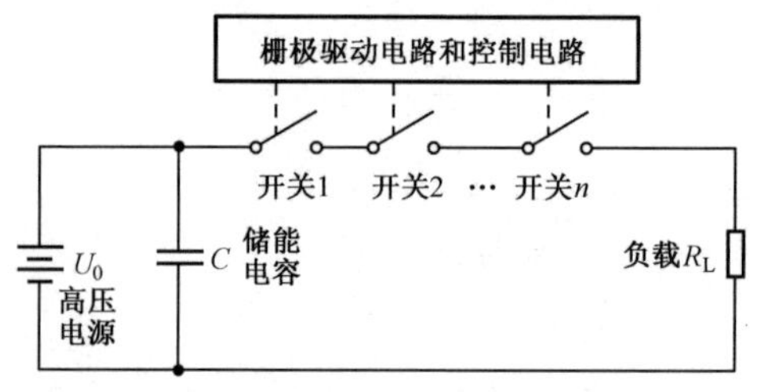

图 5.21　典型的串联调制开关通用电路拓扑结构

采用这种串联开关组件的刚管脉冲调制器，一个显著特点就是能够获得从由器件开关能力决定的最小脉冲宽度到由储能电容所决定的最大脉冲宽度范围内的任意变化。

（1）串联开关组件可靠工作的条件。

对这种拓扑结构的刚管脉冲调制器来说，为确保其安全、可靠地工作，必须满足如下要求：

① 必须认真分析和确认所用的开关器件有合适的工作电压等级，确保在所有工作条件下，加在所有串联开关器件两端的电压能均衡分配，且都在各个器件允许的安全工作电压范围以内。

② 必须同时给所有串联开关器件同时施加和撤离触发信号，以确保所有器件同时导通和关断。

③ 做好触发信号与驱动信号和驱动电源间的高电位隔离设计，并注意分布电容的影响，以确保能够安全、可靠地工作。

④ 认真做好串联开关组件的控制保护设计，检测负载和串联开关的工作状况，以确保在负载打火或串联开关组件本身有故障时，能够迅速检测到故障信息，给出控制信号，控制串联开关组件在允许的时间内迅速、有效地关断。IGBT 承受短路状态的时间通常为 10μs 左右，故有故障发生时，控制电路必须在此时间内使串联开关组件有效关断。

（2）串联开关组件的均压。

串联开关组件的均压与线型脉冲调制器串联开关的均压一样，通常是用 RC 均压网络来实现的，图 5.22 所示为一个典型的串联开关组件的 RC 均压网络示意图。图中的均压电阻 R_S 主要起静态均压作用。R_S 的取值既要保证均压电阻具有最低的漏电流，又要保证避免串联开关组件因承担直流电压不均衡而进入雪崩状态，其取值通常按式（5.47）进行计算，即

$$R_S = \frac{nU_{Smax} - U_{DC}}{(n-1)I_S} \tag{5.47}$$

式（5.47）中，n 为串联开关组件的数量；U_{Smax} 为单个串联开关组件上允许的最大电压，该电压通常取最大额定电压的 60%～80%；I_S 为串联开关组件的最大漏电流。

在开关导通过程中，也要求有动态均压电容 C_S，只要动态均压电容 C_S 能够限制最后导通的开关组件两端的电压上升速率，确保在其导通前、组件两端的电压不至于超过其雪崩电压即可。由于刚性固态开关的开关时间短（＜200ns），其均压电容较小，因此可以不使用如 SCR 动态均压网络那样的串联放电限流电阻。

动态均压电容 C_S 用来限制最后一个串联开关组件在导通前，其两端的电压在其雪崩电压以下，从而降低导通过程中器件的损坏。通常 C_S 按下式取值，即

$$C_S \geqslant \frac{I_L \Delta t_{on}}{\Delta U} \tag{5.48}$$

式（5.48）中，$I_L = \dfrac{U_{DC} - U_{Smax}}{R_L}$，它表示最后一个开关组件导通之前回路中的电流，$U_{Smax}$ 表示单个组件存在的极限电压；ΔU 为组件的雪崩电压；Δt_{on} 表示最后导通的组件与其他组件在导通时间上的差值。

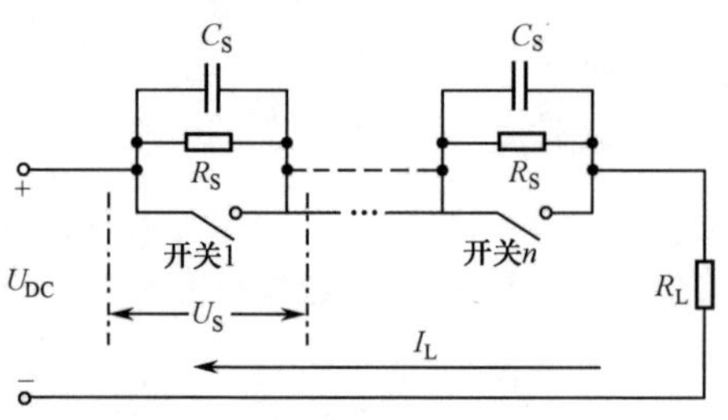

图 5.22　串联开关组件的 RC 均压网络示意图

2）加法器叠加形式的刚管脉冲调制器的拓扑结构

加法器叠加形式的刚管脉冲调制器拓扑电路图如图 5.23 所示。该调制器输出的脉冲由脉冲变压器耦合和叠加。脉冲变压器的初级处于低电位上，每一个脉冲变压器的初级电路都是一个基本的固态刚管脉冲调制器，各初级的所有刚管脉冲调制器及调制开关的触发电路都相同，均工作在低电位上，调制开关及其触发电

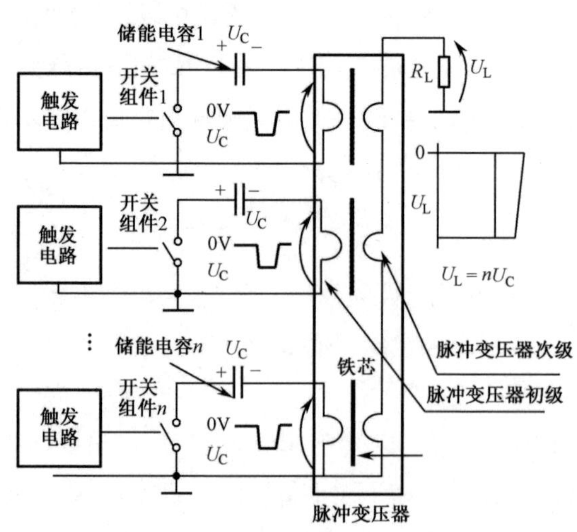

图 5.23　加法器叠加形式的刚管脉冲调制器拓扑电路图

路的参考电位均为零电平，因此不需要考虑复杂的绝缘要求，其绝缘由脉冲变压器实现。初级所有的电路可以统一设计，以有利于模块化生产。调制脉冲由所有脉冲变压器的次级电压叠加得到，就像加法器一样。

这种结构形式的刚管脉冲调制器的显著特点就是初级电路简单，便于组件化设计，且电磁干扰小，其开关器件的电压等级不是设计中关注的焦点。但是这种结构要求每个脉冲变压器的初级必须流过较大的电流，若脉冲变压器为升压比的则电流更大，若为降压比的则要增加叠加的数量，这显然是一对矛盾。在设计中，通常根据输出电压的高低、功率的大小、脉冲参数的要求和开关管的工作能力进行权衡折中后再确定脉冲变压器的变比。

值得注意的是：回路的分布电感和变压器的漏感对输出调制脉冲的前、后沿有明显的影响，因此在窄脉冲或对前、后沿有较高要求的情况时，应设法减小脉冲变压器的漏感。由于脉冲变压器的初/次级线包常常设计成单匝，所以储能电容的自感和回路的分布电感也是不容忽视的因素之一。特别是当负载电流的上升率达到每微秒千安的量级时，往往应将脉冲变压器设计成同轴结构形式，以减小漏感和分布电感的影响。当某一单元不工作时，该单元脉冲变压器次级绕组相当于负载回路的串联电感，也会影响输出脉冲的波形，为了消除其影响，每个脉冲变压器次级两端应反向并联一个脉冲硅堆，由此为输出脉冲提供电流通路。

此处，由于加法器叠加形式的刚管脉冲调制器采用了脉冲变压器，所以其输出的最大脉冲宽度受到脉冲变压器磁芯可利用伏秒特性的限制，为了增大脉冲宽度的使用范围，在脉冲期间通常需要增加去磁电路，以使磁芯复位。

为了克服脉冲变压器受伏秒特性限制的缺点，可以采用如图 5.24 所示的多组输出脉冲在负载上直接相加的两种电路拓扑结构。

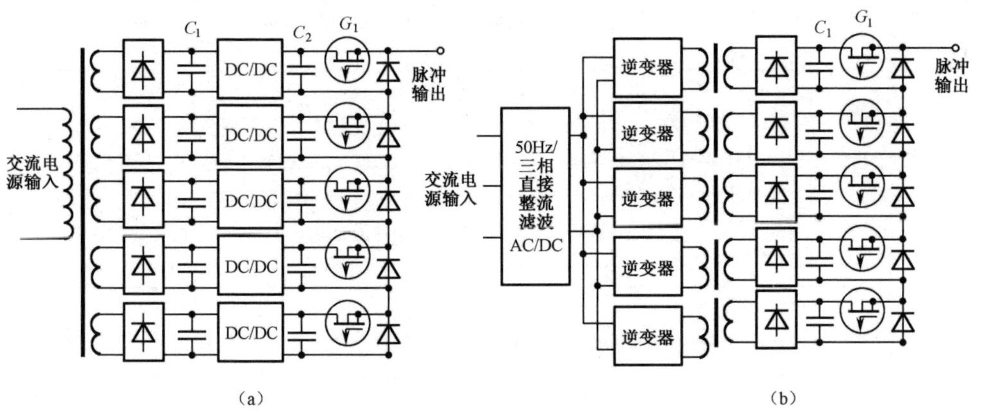

图 5.24　多组输出脉冲在负载上直接相加的两种电路拓扑结构

图 5.24（a）所示为采用工频或 400Hz 变压器变压和隔离后，多组输出的交流电源经整流滤波所获得的直流电源，再经一级 DC/DC 逆变器以实现稳压或调整，最后经各组电源的固态调制开关控制脉冲输出，在负载上实现脉冲叠加；图 5.24（b）所示则是不用笨重的工频或 400Hz 变压器，而是直接将工频或 400Hz 电源整流滤波成直流电源，供多组逆变器调压和稳压控制变成多组高频交流电压输出，最后经调制开关控制其脉冲输出，在负载上实现脉冲每次在次级整流及到直流电压叠加的过程。这种方案的设备体积小、质量小，可适合于高机动设备的要求。

3. 几种固态刚管脉冲调制器的性能比较

几种不同形式的固态刚管脉冲调制器在性能上存在一些差异，列于表5.6 中，以便于设计人员设计时根据需要选用相应的方案。

表 5.6　两种拓扑结构形式的固态刚管脉冲调制器的性能对比

对比性能	串联调制开关的拓扑结构（见图 5.21）	加法器叠加形式的拓扑结构 1（见图 5.23）	加法器叠加形式的拓扑结构 2［见图 5.24（a）］	加法器叠加形式的拓扑结构 3［见图 5.24（b）］
组合形式	采用固态调制开关串联	变压器次级串联叠加可提高输出电压	采用工频变压器的多电源叠加方式	无工频变压器的多电源叠加方式
绝缘要求及实现的难度	要求对所有的触发电路及其电源和控制电路进行绝缘设计，实现难度较大	绝缘要求由脉冲变压器实现，无须对其调制器考虑绝缘问题，因而容易实现	其绝缘要求由工频变压器初/次级和驱动信号的脉冲变压器或光纤实现	其绝缘由高频变压器初/次级和驱动信号的脉冲变压器或光纤实现
均压要求	需要对串联开关器件均压	无须考虑均压问题	无须考虑均压问题	无须考虑均压问题
对开关器件导通一致性的要求	要求各个串联开关器件的“开”“关”动作做到一致	无严格要求	无太严格要求	无太严格要求
脉冲宽度范围	脉冲宽度范围宽，从开关器件导通性能决定的最小脉冲宽度直到直流	脉冲宽度范围窄，最小脉冲宽度受限于器件的导通性能和回路分布参数，最大脉冲宽度受限于脉冲变压器磁芯可利用的伏秒特性	窄脉冲受开关器件速度、回路电感和负载电容的影响，脉冲宽度范围受限不太大	窄脉冲受开关器件速度、回路电感和负载电容的影响，脉冲宽度范围受限不太大
脉冲前、后沿	脉冲前、后沿小，它取决于开关器件的开关特性	脉冲前、后沿大，它受限于开关特性、回路分布参数和变压器的性能	脉冲前、后沿小，它仅取决于开关特性和回路分布参数	脉冲前、后沿小，它仅取决于开关特性和回路分布参数
电路中的电磁干扰	相对较大	相对较小	相对较大	相对较大

续表

对比性能	串联调制开关的拓扑结构（见图 5.21）	加法器叠加形式的拓扑结构 1（见图 5.23）	加法器叠加形式的拓扑结构 2［见图 5.24（a）］	加法器叠加形式的拓扑结构 3［见图 5.24（b）］
模块化设计	只能对串联开关组件进行模块化设计	每一个调制器、调制开关、触发电路甚至储能电容等都易实现模块化	除工频变压器外，其余单元都易实现模块化	易实现模块化
工程难度和体积、质量	实现均压和激励较难，体积小而质量小	难度较小但体积大且质量大，且脉冲宽度范围变化较窄	难度较小且脉冲宽度变化大但质量大	难度较小且脉冲宽度变化大，体积虽大但质量较小

参考文献

[1] 强伯涵，魏智. 现代雷达发射机的理论设计与实践[M]. 北京：国防工业出版社，1985.

[2] 东冲. 线型脉冲调制器理论基础与专用电路[M]. 北京：国防工业出版社，1978.

[3] Cook E G. Rview of Solid-State Modulators[R]. Lawrence Livermore National Laboratory, USA. 2000.

[4] Zhang J H, Sun F L, Yuan T S, et al. The Design of Combined High Power Line Type Solid-state Modulator[C]. Beijing: 2001 CIE International Conference on Radar Proceedings, 2001: 903-906.

[5] 张建华. 可控硅在脉冲工作状态下的串联应用[C]. 第八届全国雷达学术年会论文集. 合肥：中国科学技术大学出版社，2002: 317-320.

[6] Marcel P J, Gaudreau P E, Acasey J, et al. Solid-State PRF Radar Modulators[C]. Alexandria: 2000 IEEE International Radar Conference, 2000: 183-186.

第 6 章
发射机电源

本章概述了雷达发射机常用电源的特点和作用，简述了组合式大功率高压开关电源、行波管放大器的开关电源和组合式大功率低压开关电源的指标要求、电路形式和设计考虑。此外，本章对进一步提高电源性能和可靠性，以及控制和保护方法、功率因数补偿等优化设计方法进行了介绍和讨论。

6.1　概述

同一般电子设备一样，雷达发射机的放大器通常不能直接利用电网配电电源，电网配电必须经过变换装置后才能为放大器提供合适的电压、电流，这些变换装置称为电子功率高压电源变换器或电子电源，简称电源。电源是发射机中不可缺少的组成部分，而发射机是雷达设备中能量消耗量最大的部分，尤其是真空管发射机，其所需要的电源品种繁多，且电压高、电流大、负载变化范围宽。

随着现代雷达技术的发展，雷达系统对发射机技术指标的要求也越来越高，对发射机电源的要求也随之提高。早期雷达发射机的电源一般都采用工频变压器升压（或降压）经整流滤波而得，而对要求较高的电源则再通过线性稳压器进行稳压。但对于中、高功率容量的电源采用此方法，将使电源的效率降低、体积和质量增大，制约雷达的机动性。为了减小电源的体积和质量，在一些雷达中不得不采用 400Hz 的发电机组供电，或配备 400Hz 的变频机组。即使这样仍无法满足现代雷达发射机对电源的宽动态响应和小型化等方面的要求。

6.2　发射机电源的特点

开关电源技术在 20 世纪 80 年代初已在雷达发射机中得到了广泛的应用，其优点如下：

（1）可明显提高发射机输出脉冲的频谱纯度；

（2）与传统的高压电源变换器相比取消了与雷达配套的变流机组或 400Hz 发电机组，明显地减小了雷达系统的体积和质量；

（3）开关电源提高了电能的利用率，减小了发射机的热耗，有利于发射机稳定地工作和提高效率；

（4）与传统电源相比，开关电源减小了高压滤波电感、电容的容量和体积，有利于减小瞬变电压和能量；

（5）开关电源实现稳压措施方便，使得加在放大管上的电压或电流幅度更加稳定，发射机适应电网变化的能力增强；

（6）开关电源过载时动作速度快，有利于保护放大管等重要元器件，并延长其寿命；

（7）经优化设计的模块化电源有利于功率扩展、提高发射机的可靠性和可维护性。

下面主要介绍几种典型的现代雷达发射机开关电源的设计方法。

6.2.1 发射机常用的电源

发射机常用的电源主要包括以下 9 种。

1. 钛泵电源

钛泵电源主要供微波管内钛泵用，以保持管内高真空度并监视其真空度。该电源一般为小功率直流高压电源，其输出电压范围为 3～5kV，输出电流一般小于 1mA。

2. 灯丝电源

灯丝电源是为真空电子管的阴极加热用的，它可以是交流电源，也可以是直流电源。该电源的电压一般在 10V 以内，其输出功率在几瓦到几百瓦之间，但它常浮在几十千伏的阴极高电位上。

3. 电磁聚焦电源

电磁聚焦电源是真空微波管使用的聚焦线圈的直流电源。其输出电流常在几安培到几十安培之间，电压在几十伏到几百伏之间。

4. 控制极电源

控制极电源为真空微波管控制极提供调制电压。它一般由正偏置电源和负偏置电源组成，负偏置电源使真空微波管注流截止，其输出电压在几百伏到几千伏的范围内，但电流小至可以忽略；正偏置电源供调制器形成正脉冲，使真空微波管形成电子注电流，其脉冲电压相对于阴极为零到数百伏范围内，其脉冲电流在数十毫安以内。它们都浮动在阴极高电位上，其绝缘和保护问题很重要。

5. 高压电源

高压电源是真空微波管发射机的主要组成部分。在采用阴极调制器真空微波管发射机中，其高压电源是专为脉冲调制器提供电能的直流电源。在控制电极调制器真空微波管发射机中，高压电源是一个直接加到微波管上的大功率直流高压电源。在多级降压收集极的行波管发射机中，需要多组直流高压电源。不同的微波管所需要的电压和功率差别比较大。

6. 阳极电源

在低噪声的行波管中，需要使用阳极直流电源，其电压和功率都比较小。

7. 充电电源

充电电源是供大功率线型调制器中的脉冲形成网络充电用的专用电源。它主要分为直流充电、串联谐振逆变器阶梯充电和回扫充电三种形式。其输出端对地为高压，输出电压及功率视调制器而定。

8. 大功率低压电源

大功率低压电源是专供固态发射机用的大功率直流电源，其输出电压在几伏至几十伏之间，电流可达数百安培，常常需要并联运用。

9. 辅助电源

辅助电源是为发射机各种低压电路，如监控、检测和驱动等提供低压的直流电源。

6.2.2　发射机电源的技术指标

根据发射机工作状态和改善因子的要求及电源性能对放大器工作特性的影响，系统对发射机电源的输入供电参数、输出参数（输出电压、输出电流及其输出稳定度和输出电压纹波与噪声等）等指标提出了具体的要求。这些指标是设计和评估电源性能的依据。

1. 输入供电参数

电源输入供电参数是和雷达设备的使用环境相关的，不同的雷达系统，其供电的电源类型是不同的。

1）地面设备供电电源

地面设备供电通常采用 50Hz、输出电压为 220V（或 380V）的三相四线制电源，它一般与市电电网相匹配。

2）舰载或机载平台电源

舰载或机载平台的供电多采用 400Hz、输出电压为 115V 单相或 200V 三相的供电系统，也有 28V 的直流供电系统。

3）车载雷达电源

车载雷达电源的供电系统一般采用 28V 的蓄电池供电，也有采用 50Hz、380V 或 400Hz、115V 的三相供电系统。

4）星载发射机电源

星载发射机电源的能量来源通常由太阳能电池板供给，其电压范围一般在几十伏至百伏。

2. 输出参数

1）输出电压

输出电压是指电源在正常的输入电压范围内和正常的工作环境条件下所得到的输出电压值。电压值在数十伏以内的电源称为低压电源，电压值在数千伏以上的电源称为高压电源。

2）输出电流

输出电流是指电源变换器在正常的输入电压范围内和正常的工作环境条件下，所能输出的电流值，它随负载而变化（稳流源除外）。

3）电压源的输出稳定度

电压源的输出稳定度是指输出电压的稳定度，电流源的输出稳定度是指输出电流的稳定度。

电压源的输出稳定度是电源的基本技术指标之一，无论是低压电源还是高压电源，其输出稳定度都包括两种情况：一种是输入电压从规定的最低值变化到最高值时，其输出稳定度称为电源对电网电压的调整率；另一种是输出负载电流在额定范围内变化时，其输出稳定度称为电源对负载的调整率。这两个参数在工程上可以通过合理的电路设计得到实现。同时，电源还有长期稳定度的指标，该指标指的是在所有其他因素保持不变的条件下，电源设备输出稳定度随时间变化的指标，并且它与元器件的老化程度有关。针对这些电压稳定度的指标，会因不同产品的适应性而提出不同侧重面的要求。

高性能雷达发射机的电源稳定度要求优于万分之一。大多数脉冲雷达发射机由于工作比是变化的，对电源而言即相当于负载在变，设计时应予以注意。

4）输出电压纹波和噪声

对于直流电源而言，除电源的输出电压及其稳定度指标外，输出电压的纹波和噪声也是衡量电源性能优劣的另一个主要指标。电源的纹波和噪声是指电源直流输出端的交流分量的幅值，一般用峰-峰值表示或用有效值表示。在常规电源中，电源的输出直流中仅含有与输入频率相同的交流成分，而开关电源的输出直流中，不仅含有与输入频率相同的交流成分，同时含有与高压电源变换器开关管工作频率相同的交流成分，以及因开关管开通、关断时产生的更高频率的噪声成分。根据噪声幅度随频率升高而下降的特点，发射机仅对一定带宽以内（如 20MHz）传导的噪声和纹波提出了指标要求。在工程上，设计人员更喜欢使用百分比来表示这个参数，即输出交流成分占输出直流成分的百分比。

通常电子设备的直流电源的纹波在 0.1%就可满足需求了，但在雷达发射机的直流电源中往往要求电源的纹波小于 0.01%或更低。为了进一步减少纹波和噪声对发射机的影响，有时需要在发射管脉冲工作期间，采用电源禁闭的工作模式，以避开电源输出的纹波和噪声对发射机改善因子的影响。

3. 输出调节范围

电源作为配电电网和发射机微波管之间的能量变换器和匹配器，应根据负载和输入的变化具有自动调整的功能，以保证发射机的正常工作。对于发射机而言，一般需要适应电网变化的±10%和负载变化从空载到满载的能力。

在常规电源中，电源的调整是通过改变输入和输出端之间有源器件的等效电阻来实现的。有源器件的等效电阻变化范围有限，因此电源的调节范围较窄，功耗较大。而开关电源一般是通过调节高压电源变换器中功率开关器件的工作比来适应电网和负载变化的。由于功率开关器件的工作比可以大范围变化，控制电路也可以逐个控制开关器件的驱动脉冲，所以开关电源允许输入电网电压和负载阻抗的变化范围宽，动态响应快，且功耗小。

4. 负载适应能力

脉冲雷达发射机因微波管一般在未加调制脉冲或射频之前无电流，电源的负载相当于开路。为防止过压或打火，要求电源电压要稳定到微波管所要求的电压范围。因此，开关电源需要具有良好的负载开路适应性。

当微波管出现打火故障时，电源应能快速地终止高压电源变换器的工作，以保护微波管和高压电源变换器不损坏。

在脉冲雷达中，为了保证脉冲持续期内电源能为放大管提供大的脉冲能量，通常的做法是在电源的输出端并联一个大容量的输出电容。固态发射机的输出电容量可以高达几十万微法拉。由于这些电容在电源开启时，常等效为输出端短路，因此电源设计必须考虑到负载的这些特性，增加必要的控制、保护电路，以确保电源安全可靠地工作。

5. 绝缘特性

由于真空管雷达发射机电源本身大多是高压电源，足够的耐压和绝缘设计尤为重要。一些电源虽然自身输出电压不高，但浮动在高电位上，也需要有较高的绝缘耐压要求。

6. 环境条件

1）温度

电源应能在发射机的工作环境温度范围内稳定工作，以及能够在存放温度范围内长期存放。

2）湿度

电源应能在发射机的工作环境湿度中稳定地工作和长期地存放，且不出现结露和绝缘性能下降的情况。

3）高度

由于发射机工作平台或地域海拔的不同，因此应明确提出电源的气压适应性，以避免因气压的差异造成电源冷却效果和绝缘耐压特性的下降。

4）耐振动、冲击性

电源是发射机的重要组成部分，考虑到产品的使用平台和运输情况，电源应满足系统提出的振动频率、幅值和冲击加速度的要求。

5）其他环境条件

电源除满足以上环境条件外，还应满足系统提出的防风沙、防腐蚀和防辐射等要求。

7. 电源结构指标

电源作为电子设备装入发射机中，应具有明确的结构指标：

（1）确定的外形尺寸和尺寸公差；

（2）安装条件指标，包括安装位置、安装方式和装拆时间；

（3）电气接口位置和连接形式；

（4）操作零部件指标，如输出电压可变调节器件、开关、指示器件等；

（5）冷却方式指标，包括空调强迫风冷却、自然冷却和液体冷却等。

8. 电源的可靠性

早期开关电源的可靠性较低，但随着功率器件和开关电源技术的进步，集成化的大功率开关模块、智能化专用控制芯片和专用驱动电路的出现，极大地提升了开关电源的性能与品质，也使得开关电源的可靠性有了很大提高。

9. 电源的干扰发射及其限制

由于开关电源的功率管工作在开关状态，在开关的转换瞬间会产生很强的谐波干扰信号，这些谐波干扰信号通过传导和辐射两种路径对电网和发射机中的敏感电路产生干扰，为了限制其干扰，在国家标准（简称国标）及国家军用标准中对干扰限值作了明确规定。表 6.1 给出了辐射噪声的极限值（A 级和 B 级干扰电场强度的极限值）。

表 6.1　辐射噪声的极限值（A 级和 B 级干扰电场强度的极限值）

频率范围/MHz	A 级极限值		B 级极限值	
	测定距离/m	极限值/（dB・μV/m）	测定距离/m	极限值/（dB・μV/m）
33～88	30	30	3	100
88～216	30	50	3	150
216～1 000	30	70	3	200

要减少高次谐波，主要需采用插入电抗器和有源滤波器，以及改善功率开关管工作状态等措施，使输入电流波形尽可能地接近正弦波。从电源角度来看，采用谐波抑制措施后，不可避免地将使电源成本、外形尺寸及质量增加，效率下降。

10. 效率及体积和质量

电源的效率是指总的输出功率与输入功率之比（用百分比表示）。通常规定是在额定输入电压和额定输出功率下，电源所能达到的最大效率。

由于发射机微波管的效率较低，使得大功率发射机的电源功率容量很大。因此，提高发射机效率的重要环节之一是提高电源的效率，从而可以降低能量损耗，减小体积和质量，减少发热量，提高系统的可靠性。用于星载平台的发射机，因载荷的限制，对电源的体积、质量及效率提出了更加苛刻的要求。

早期带稳压的常规电源，其效率在 50%左右，不能满足机动式大功率发射机对电源效率的需求。而开关电源的效率可达 80%以上，若采用软开关技术的开关电源，其效率高达 90%以上。如果再加上电源开关频率的提高，则将极大地减小电源的体积和质量。电源体积和质量的减小，也为发射机的小型化奠定了必要的基础。

11. 附加功能要求

为了确保发射机和电源稳定而可靠地工作，电源还应具有过流保护、过压保护、过热保护、输出欠压保护、遥控/本控开机和关机、开机和关机时序、状态检测、指示和通信、防雷、噪声限制等功能。

6.3 组合式大功率高压开关电源

高压电源是真空微波管雷达发射机中最常用的一种电源。为了获得大功率的高压电源，在工程设计上常采用多单元组合的方式来实现，以避免产生单机工作容量过大造成电源器件的电压、电流应力过大及散热困难等问题，同时，这种多单元并联工作还可以起到冗余的作用。下面就组合式大功率高压开关电源的设计要求和组合形式、高压电源变换器的电路形式、串联谐振高压电源变换器的设计和计算、设计的主要难点和解决方法、提高可靠性和减小干扰的方法，以及功率合成方面做简要论述。

6.3.1 设计要求和组合形式

假设组合式大功率高压开关电源的主要技术指标如下：

（1）输入电压 U_{in} 为 380V±10%/50Hz 三相四线；

（2）输出电压 U_{out} 为 22kV（18～23kV 可调）；

（3）输出功率 P_o 大于 10kW；

（4）输出电压稳定度为1×10^{-3}；

（5）输出电压纹波为1×10^{-4}；

（6）采用组合式结构以提高其可使用性。

根据上述指标，所需的电源总功率在 10kW 以上，因此选用两单元组合式结构方案较好，其单台电源的功率容量在 5kW 以上即可。这对逆变电路所用功率元器件的电压、电流来说，应力适中，其设备量也不太多，同时单个电源分机的质量也便于维修。组合式电源系统在发射机中的应用框图如图 6.1 所示。单个直流高压电源分机的实物照片如图 6.2 所示。

6.3.2 高压电源变换器的电路形式

高压电源变换器电路的拓扑结构很多，但大功率高压电源变换器宜采用桥式电路。串联谐振电路具有较好的抗短路特性，它的抗微波管“打火”能力强，其整流器输出无须加滤波电感，且可以降低高压整流硅堆的耐压要求。串联谐振高压电源变换器的最大优点是效率高、噪声低。因此，串联谐振高压电源变换器比较适用于大功率高压开关电源。但是由于串联谐振高压电源变换器空载时不具备调整性，限制了它的许多应用场合。为了适应负载变化的需求，串联谐振高压电源变换器应该适应宽的频率变化范围。图 6.3 所示为两种典型桥式串联谐振高压电源变换器的电路拓扑结构。

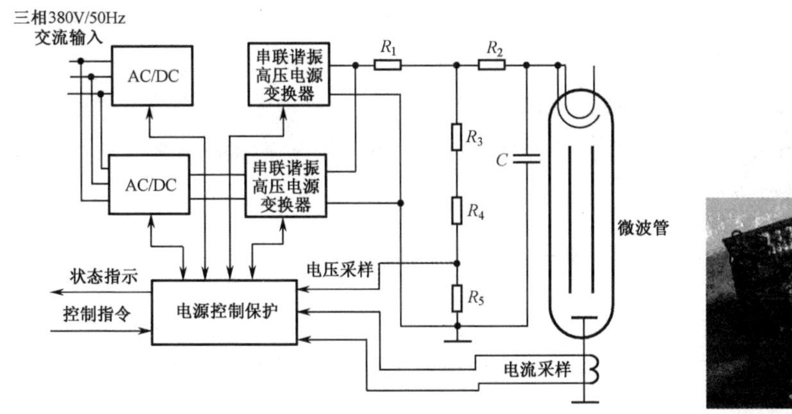

图 6.1　组合式电源系统在发射机中的应用框图

图 6.2　单个直流高压电源分机的实物照片

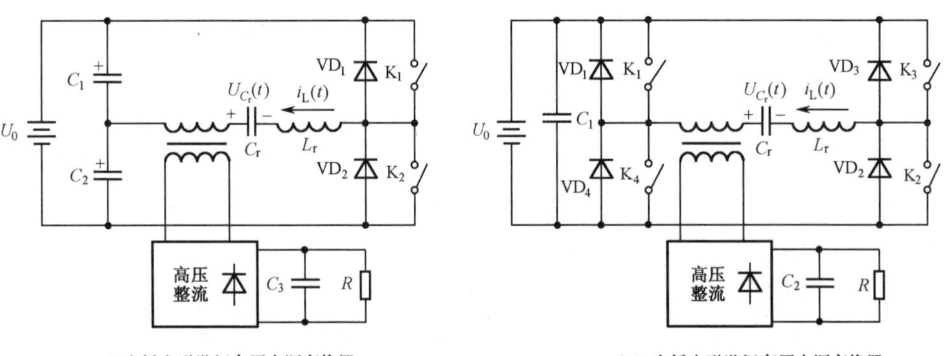

（a）半桥串联谐振高压电源变换器

（b）全桥串联谐振高压电源变换器

图 6.3　两种典型桥式串联谐振高压电源变换器的电路拓扑结构

1. 两种串联谐振高压电源变换器的主要优、缺点

（1）两种串联谐振高压电源变换器的主变压器都只需要一个具有正反向磁通的初级绕组，次级可采用全桥或倍压整流方式输出，其变压器铁芯和绕组可获最佳利用，效率和功率密度较高。

（2）由于开关管两端的最大电压不会超过电源电压，即使在输入高电压的情况下（如三相整流电压），开关管也会在非常安全的情况下运行。

（3）由于并联在开关管两端的续流二极管能够给变压器漏感中的储能提供续流通路，因而既可以消除其瞬变电压，又无须给变压器设置偏磁绕组，还可以利用其反向激磁能量。

两种串联谐振高压电源变换器的不同点是：半桥串联谐振高压电源变换器的输出电压为全桥串联谐振高压电源变换器的一半。在相同的功率容量的情况下，其开关管的电流比全桥串联谐振高压电源变换器的开关管电流大了一倍。因此，半桥串联谐振高压电源变换器开关管的电流应力和变压器的变比都应比全桥串联谐振高压电源变换器的高一倍。但是半桥串联谐振高压电源变换器的开关管较全桥串联谐振高压电源变换器的开关管数量少了 1/2，其直通的概率也小了 1/2，所以可靠性和经济性较好。

2. 高压电源变换器的工作原理

1）半桥串联谐振高压电源变换器的工作原理

图 6.3（a）中的 L_r 和 C_r 与变压器构成谐振回路，在稳定的开关周期内，开关管 K_1 导通时，电流流过 K_1，在 L_r 和 C_r 及变压器回路中产生谐振。在 t_0 时刻，回路电流为零（或二极管 VD_2 处于续流状态），K_1 处于零电流开通状态；在 t_1 时刻，谐振电流 $i_L(t)$ 再次过零，开关 K_1 关断。在此之后，电路中的谐振电流继续向着与 K_1 并联的反向二极管 VD_1 流通，给 K_1 提供反向电压偏置，以加快其恢复。

随着工作周期的变化，谐振电流有两种工作模式：

（1）如果在反向谐振没有结束时，开关管 K_2 即开通，该工作状态称为连续电流模式；

（2）如果在反方向谐振电流到零以后，开关管 K_2 才导通，则此工作状态称为不连续电流模式。

开关管 K_2 开通以后，进入下半个谐振周期，流过变压器的谐振电流 $i_L(t)$ 与前半个周期的波形相同但方向相反，在 T_2～T_4 期间完成反向半个谐振工作周期。其两种不同电流工作模式的波形如图 6.4 所示，图中的 U_{K_1}、U_{K_2} 分别为开关管 K_1、K_2 的控制信号。

2）全桥串联谐振高压电源变换器的工作原理

全桥串联谐振高压电源变换器的工作原理与半桥串联谐振高压电源变换器的工作原理相同。只是全桥串联谐振高压电源变换器中的开关管 K_1 和 K_2、K_3 和 K_4 分别与 L_r、C_r 和变压器构成谐振回路。在驱动信号的控制下，K_1 和 K_2 同时导通，电流 $i_L(t)$ 在 K_1、K_2、L_r、C_r 和变压器的串联回路中谐振。在谐振电流达到零时，K_1 和 K_2 关断，其反向电流经 K_1 和 K_2 的反向并联二极管 VD_1 和 VD_2，继续完成后半个周期的谐振。当开关管 K_3 和 K_4 同时导通时，电路开始反向半个变换周期的谐振工作。同样，全桥串联谐振高压电源变换器也有连续电流模式和不连续电流模式两种工作模式。

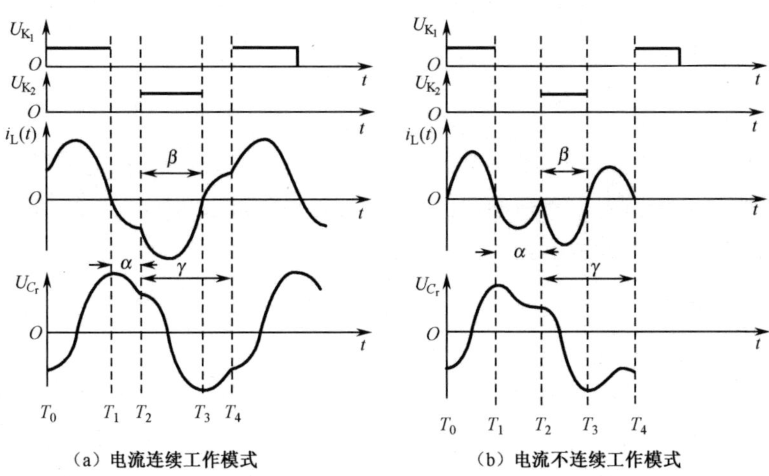

（a）电流连续工作模式　（b）电流不连续工作模式

图 6.4　半桥串联谐振高压电源变换器的两种不同电流工作模式波形图

3）高压输出电路

作为大功率高压电源的输出级，选取全桥整流器输出可以保证较低的输出阻抗，以减小空/满载电压的变化和降低次级整流损耗。

但在许多中、小功率的高压电源中，为了既可采用半桥串联谐振高压电源变换器，又可降低高频变压器的变比，常在变压器次级输出端采用如图 6.5 所示的倍压电路形式。

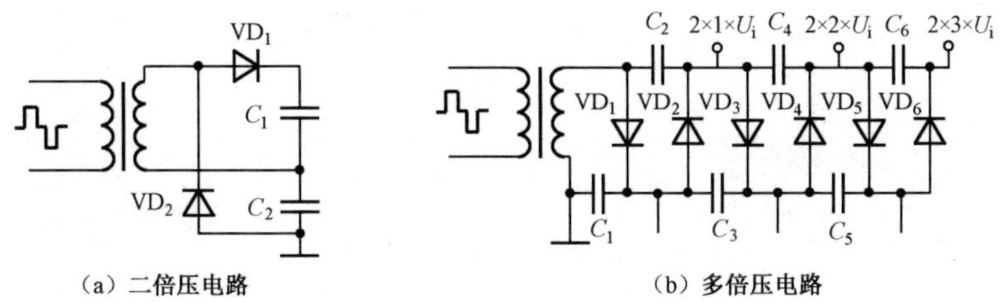

（a）二倍压电路　（b）多倍压电路

图 6.5　常用倍压电路形式

图 6.5（b）所示的多倍压电路是典型的科克罗夫特（Cokroft Watlon）电路。当空载时，输出电压值 $U_o = 2NU_i$，U_i 是输入电压，N 是倍压级数，即整流器的个数。这种倍压电路的输出阻抗非常高，它随倍压电容的容量增大而减小。电路的阻抗 Z_0 为

$$Z_0 = \left(\frac{2N^3}{3} + \frac{3N^2}{4} + \frac{N}{12}\right)\frac{1}{CF_s} \tag{6.1}$$

式（6.1）中，C 为倍压电路中电容的容量，F_s 是输入脉冲频率。当负载有电流时，即使倍压电路内无损耗，稳态的输出电压与空载时相比其输出电压仍要下降，其降落电压为

$$\Delta U_o \approx \frac{I_0}{CF_s}\left(\frac{2N^3}{3} + \frac{N^2}{2} - \frac{N}{6}\right) \tag{6.2}$$

从式（6.2）可以看出，多倍压整流方式仅适用于小功率或负载电流较小的场合。

图 6.5（a）所示的二倍压电路，其次级正、反向脉冲电压经过不同的整流回路，相当于两个半波整流电路的串联，从而得到输出电压为输入电压的两倍。由于各元器件的电应力相同、倍压级数不多，因而输出阻抗不是很高，也可用作中功率高压电源的输出级。

串联谐振作为一种成熟的技术，在行波管发射机的收集极电源和线型调制器的逆变充电电源中得到了广泛应用。为了改善负载特性，可采用串/并联谐振、辅助谐振支路等电路形式。

6.3.3　串联谐振高压电源变换器的设计和计算

串联谐振高压电源变换器的设计和计算包括对串联谐振电路的电参数计算及对谐振回路元器件设计的选择。

1. 串联谐振电路的电参数计算

设计串联谐振高压电源变换器，主要是通过对电路元器件参数的计算来确定其电路的工作状态。为了便于计算，将电路元器件参数的计算符号列于表 6.2 中。

表 6.2　电路参数计算符号

符号	名称及单位	符号	名称及单位
F_o	谐振频率/Hz	I_s	功率管的平均电流/A
F_s	开关频率/Hz	U_{C_i}	电容 C 两端的电压/V
I_A	$I_L(t)$电流半周的平均值/A	U_{CP}	电容 C 两端的峰值电压/V
U_s	输入电压/V	Z_0	特征阻抗 $Z_0=\sqrt{L/C}$ /Ω
I_D	通过二极管的电流平均值/A	α	延迟角/°
I_0	t=0 时的 $i(t)$值/A	β	功率管的导通角/°
I_P	电流 $i(t)$的峰值电流/A	γ	$\gamma=\alpha+\beta$/°
q	输出电压与初级电压的比 $q=U_o/U_i$	ω_0	谐振频率$\omega_0=1/\sqrt{LC}$ /（rad/s）
I_R	$I_L(t)$的有效值/A	$I_L(t)$	谐振电流/A

对于连续电流模式（$\arccos q < \alpha \leqslant \pi$），其电路各元器件参数的计算公式如下

$$\beta = \pi + \text{atctan}\left[\frac{-(1-q^2)\sin\alpha}{2q-(1+q^2)\cos\alpha}\right] \tag{6.3}$$

$$I_0 = \frac{U_s}{Z_0}\left[\frac{(1-q^2)\sin\alpha}{q-\cos\alpha}\right] \tag{6.4}$$

$$U_{C_0} = U_s\left[\frac{q(1+q)(1-\cos\alpha)}{q-\cos\alpha}\right] \tag{6.5}$$

$$U_{C_1} = U_s\left[\frac{-(1+q)(1-\cos\alpha)}{q-\cos\alpha}\right] \tag{6.6}$$

$$I_A = \frac{U_s}{Z_0}\left[\frac{2(1+q)(1-\cos\alpha)}{(q-\cos\alpha)(\alpha+\beta)}\right] \tag{6.7}$$

$$I_P = \frac{U_s}{Z_0}\left(\frac{1+q^2-2q\cos\alpha}{q-\cos\alpha}\right) \tag{6.8}$$

$$I_s = \left(\frac{1+q}{4}\right)I_A \tag{6.9}$$

$$U_{CP} = U_s\left[\pm\frac{(1+q)(1-\cos\alpha)}{q-\cos\alpha}\right] \tag{6.10}$$

对于非连续电流模式（$\alpha \geqslant \pi$，$\beta = \pi$，$I_0 = 0$），其电路各元器件参数的计算公式如下

$$U_{C_0} = 2qU_s \tag{6.11}$$

$$I_A = (U_s / Z_0)\left[4/(\alpha+\pi)\right] \tag{6.12}$$

$$I_P = (U_s / Z_0)(1+q) \tag{6.13}$$

$$I_R = (U_s / Z_0)\left[(1+q^2)\pi/(\alpha+\pi)\right]^{1/2} \tag{6.14}$$

$$I_s = \left(\frac{1+q}{4}\right)I_A \tag{6.15}$$

$$I_D = \left(\frac{1-q}{4}\right)I_A \tag{6.16}$$

$$U_{CP} = \pm 2U_s \tag{6.17}$$

对于半桥串联谐振高压电源变换器来说，由于半桥电路中变压器两端的电压是输入电压的一半，其电路各参数的计算用 $U_s = (1/2)U_i$ 代入上面各相关公式即可。

2. 谐振回路元器件的设计选择

1）谐振频率和开关频率的选择

在连续电源模式的工作情况下，谐振频率越高，开关频率也越高。但开关频率 F_s 一般低于谐振频率 F_o，取 $F_s = (0.7 \sim 0.8) F_o$。开关频率的选择可根据功率器件的开通和恢复时间而定。

2）输出电压与初级电压之比 q 和延迟角 α 的选择

在额定负载的稳压状态下，随输入电网的变化，α 和 q 的取值也应相应地变化。通常按电网输入电压最低时取 α 和 q 的值，以确保电源能可靠地工作。

3）谐振回路 Q 值的选择

按额定负载确定谐振回路的 Q 值为

$$Q = \frac{Z_0}{R_L} = \frac{\alpha(1+q)(1-\cos\alpha)}{q(q-\cos\alpha)\gamma} \tag{6.18}$$

4）谐振回路 L_r 和 C_r 的选择

$$\begin{cases} L_r = \dfrac{Q\eta(qU_s)^2}{2\pi F_o P_o} \\ C_r = \dfrac{1}{\omega_0^2 L_r} \end{cases} \tag{6.19}$$

式（6.19）中，P_o 为电源输出功率，η 为高压电源变换器效率。

6.3.4 设计的主要难点和解决方法

高压电源在设计和工程实践中，需要处理好以下六个方面的技术难点。

1. 负载开路的适应性

前面已经讲到了串联谐振电路具有良好的抗短路特性，但其负载开路特性并不好。对于 CFA 而言，在未加射频激励之前或 TWT 未加栅极脉冲之前，它相当于开路状态。为了适应这种情况，除闭环控制回路必须具有较大的动态增益外，控制电路中还应采用必要的间断工作模式。

2. 高效大功率、高变比、高频变压器的设计

发射机电源的输出电压高、功率大，当输入为半桥串联谐振、输出为全桥整流滤波时，其变压器的变比较高。此时，提高回路效率，减小变压器的分布电容和漏感，便成为该电路设计的关键。而由于高压变压器的次级匝数多，使得次级分布电容及漏感大。大的分布电容会造成电源初级无功电流增加，引起功率管和变压器的损耗加大；大的漏感则在次级整流管关断时，在整流管两端产生尖峰电压，使得元器件过压而损坏。因此，高效大功率、高变化、高频变压器设计时常

选用磁感应强度增量（ΔB）高的铁芯材料并采用优化的线包结构形式来降低其漏感和分布电容。

3. 高频、高压整流硅堆的选择

由于二极管的反向恢复时间 t_{rr} 和漏电流的大小直接关系到硅堆的损耗。因此，应选择恢复时间快、漏电流小的高频、高压整流硅堆。

4. 谐振电容的设计

由于高压电源变换器谐振电容处于正、反向高频充、放电的工作状态，其脉冲电流比脉冲宽度调制（Pulse Width Modulation，PWM）高压电源变换器的高出许多，因此要求谐振电容采用损耗小、分布电感低的脉冲电容器。除选用优良的脉冲电容器外，也可在电路中采用多个电容并联的方法来降低每个电容器的脉冲电流和损耗。

5. 防止功率管直通的快速保护措施

由于电源处在发射机的强电磁环境中，因此发射机的脉冲会引起电源控制电路或驱动电路的误动作，造成电路桥臂直通。在功率管输出级可采用如图 6.6 所示的多级驱动信号互锁电路，以减小电路桥臂的直通概率。

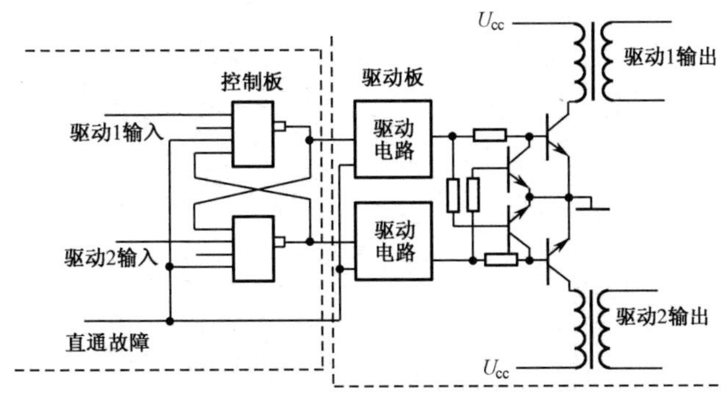

图 6.6　多级驱动信号互锁电路图

从图 6.6 可以看出，当驱动 1 输出和驱动 2 输出中有一路输出为高电平时，电路将强制另一路输出为低电平，由此避免了干扰时两路信号电路同时出现驱动信号的情况。同时，当检测到两路开关管直接被干扰的直通故障时，除控制电路直接将最后一级输出信号封锁外，还应以最快速度切断输入电源。

6. 输出端高压绝缘处理

设计高压电源时应针对设备的工作环境，如海拔高度、潮湿度等因素，综合考虑方案，将高压部件进行绝缘密封处理，以利于电路在恶劣环境下工作，但也应处理好可维修性和散热性等方面的问题。

6.3.5 提高可靠性和减小干扰的方法

电源在实际应用中除采用降额使用的措施外，单元电路的设计还应采用以下四种措施来提高可靠性和减小干扰。

1. 选择高压 COMS 控制电路以提高干扰的门限电平

不同类型的数字电路和模拟电路芯片由于工作电压的不同具有不同的抗噪声容限，工作电压高的电路要求的触发门限电平也高，相应的抗噪声容限也高。

2. 工作状态参数的准确检测与快速保护

合理设置电源电路的工作参数、上限和下限参数及故障点参数，有利于对电路采用快速而有效的保护措施。为了降低直通故障出现时损坏元器件的数量，谐振电感 L_r 可以设计成两个相同的电感（如图 6.7 所示），分别串联在直流母线的正、负端上，这样虽然使电路的元器件数目增多，但在开关管直通时，可以抑制电流的快速变化，给保护电路提供宝贵的响应时间，以确保开关管的安全。

3. 分机中的元器件应合理布局

由于高压开关电源的电压高、功率大，其谐振回路中的电流峰值较高，在谐振电感和高频变压器周围漏磁较多，因此高频变压器和谐振电感应远离低压电路和信号线，并将控制电路加装屏蔽设施。同时，应将高电位上的元器件灌封起来，以防止电晕对电路的影响。

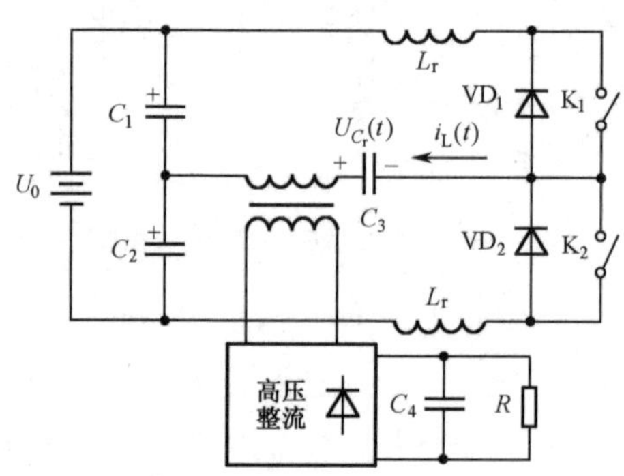

图 6.7 抑制直通电流措施

4. 合理选线和布线

电源控制分机装配走线时应注意强弱信号线之间的间距，尽量避免平行走线，如对驱动和采样等关键的信号应采用屏蔽双绞线传输。

6.3.6　功率合成

虽然通过多个电源的功率合成可以提高电源的功率容量，但是由于各个单元电源的工作状态不尽相同，因而会引起各单元电源电流不均匀的问题。不采用任何措施的简单并联，一旦发生不平衡状态，会造成个别单元负载过重而损坏。图 6.1 所示的高压电源在并联工作时，每一个单元电源的驱动信号都来自同一个控制板，并用同一采样信号来调整驱动信号，以达到调节电源输出电压的目的。这样就保证了每个单元电源开关管的占空比相同、单元的输出电压的一致，避免了每个单元输出电流的不均匀性。

如果将控制板传送给每一个逆变单元的信号，在时间上等分并相互错开 $\frac{1}{n}$ 周期，那么 n 个电源单元的整流输出电压在输出电容上叠加，其电压纹波频率将为 $2nF_{\mathrm{s}}$，这对减小滤波电容和纹波电压十分有利。随着并联模块数量的增加，纹波频率也在提高，输出电压纹波幅度将进一步下降。因此，这是一种在低工作频率下获得低输出电压纹波的方法之一。

另外，这种控制方式虽然保证了数个单元占空比相同，但器件的差异也会使得输出略有不同。为了消除这些差异，在每个单元的输出端可接两个小电阻，用以实现下垂均流法。虽然在小电流时，这种方法均流特性较差，但重载时效果较好，且电路简单可靠，适合作为在高压电路中补充的均流措施。

最后需对整个电源系统考虑冗余设计，适当增加合成单元的个数，当个别单元出现故障时，控制电路还可自动提高其他单元的工作频率，保证电源的总输出功率不变。

6.4　带降压收集极的行波管放大器的开关电源系统

为了提高行波管的效率，常采用多级降压收集极，有些小功率行波管放大器的降压级数多达 4～5 级。行波管放大器降压方式的供电可以并联或串联。这里主要介绍串联（叠加）供电方式。为了适应行波管放大器的这种工作方式，需要多路高压电源串联输出或一个电源实现多路高压输出。下面介绍一种带降压收集极行波管放大器的开关电源系统，该系统框图如图 6.8 所示。

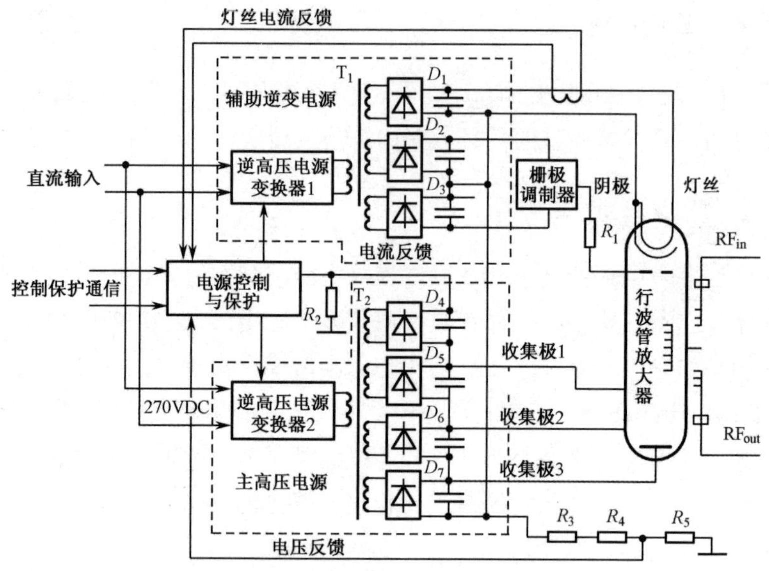

图 6.8　带降压收集极行波管放大器的开关电源系统框图

带降压收集极行波管放大器的开关电源系统的电路主要由主高压电源、辅助逆变电源及控制保护电路构成。

主高压电源系统包括一个逆高压电源变换器、一个具有多输出绕组的高频变压器 T_2 和多组整流滤波器 D_4～D_7，经适当分组引出，为行波管提供一组螺旋线电压和三组收集极电压。

辅助逆变电源也由一个逆高压电源变换器、一个具有多输出绕组的高频变压器 T_1 和多组整流滤波器 D_1～D_3 组成，D_1 为行波管提供灯丝电源，D_2 和 D_3 分别为栅极调制器提供正、负偏置电源，这些都是浮在阴极高电位上的。

控制保护电路一方面产生两组高压电源变换器的控制、驱动信号，另一方面控制逆高压电源变换器和行波管的工作状态，使之对电源和行波管实施快速而有效的保护。

6.4.1　浮在高电位上的电源

在栅极调制行波管放大器的工作系统中，无论收集极是否采用降压方式，其行波管的灯丝电源、负偏置电源和调制电源均是浮在高电位上的。虽然这些电源的功率不大，但为实现控制、检测、保护等功能，还是给电源设计提出了相当高的要求。因此，在工程设计中必须认真解决好高压隔离和控制保护的问题。

1. 灯丝电源

灯丝电源是为行波管（TWT）阴极加热用的，该电源可以是交流电源，也可以是直流电源。为了确保 TWT 工作的稳定性、可靠性和长期性，要求灯丝电源具有以下三种功能。

1）缓加恒流功能

由于灯丝为冷态时，等效负载电阻很小，这时灯丝电源应具有限制过流的能力，将冲击电流限制在正常值的两倍以下，以防止灯丝因电流过大而烧毁（需要快速预热的特殊应用不在此列）。当灯丝发热以后，其阻抗将上升，这时为了保证正常灯丝的热量，需要灯丝工作在恒流状态。因此，灯丝电源应是一个电流源。

2）过压、欠压保护功能

灯丝是确保 TWT 阴极工作温度的重要部件，必须准确检测和有效保护，以防止灯丝过压和欠压。

3）高电位隔离功能

虽然灯丝电源的电压不高，一般在 6～7V，属于低压电源，且高频变压器的次级绕组也不多，但它属于高电位隔离变压器，其初/次级间的距离较大，变压器的漏感远大于相同形式的普通高频变压器，因此必须考虑高电位的隔离功能。

2. 负偏置电源

为了保证 TWT 在脉冲间隔期间的电子注完全截止，需要在 TWT 的栅极加上相对于阴极为负的偏置电源。该电源同样是浮在 TWT 的阴极高电位上的。对其稳定度要求虽不高，但必须具有足够的电压幅值以保证 TWT 在脉冲期间可靠截止。它同灯丝电源一样需要实施有效的检测和保护措施。

3. 调制电源

调制电源是在 TWT 的脉冲工作期间，为 TWT 提供相对于阴极为正的脉冲电压，以保证 TWT 的注电流处于正常导通状态。由于该电源是在 TWT 工作期间加入的，其特性将直接影响 TWT 的性能，因此一般对该电源纹波和稳定度也提出了较高的要求。

4. 辅助电源的基本形式

高电位电源实际应用电路如图 6.9 所示。

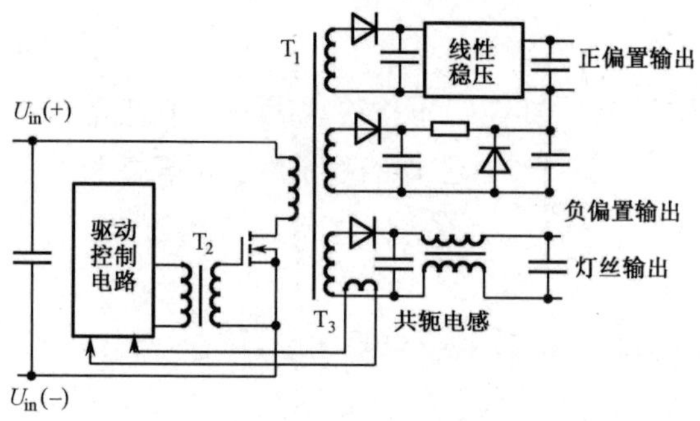

图 6.9　高电位电源实际应用电路

由图 6.9 可见，T_1 为高频变压器，T_2 为电流互感器，其初/次级间的隔离电位均是整个 TWT 的阴极电压。

该辅助电源变换器一般采用简单的小功率单极性开关电源（单端反激式拓扑电路），它将输入电源 U_{in}（一般为 300VDC）经单端反激变换后，加到高频变压器初级，其次级输出三组电压。由于灯丝电源功率较大，一般用灯丝电流采样反馈给控制变换电路，以实现限流、恒流和闭环调整的工作模式。刚开机时，灯丝处于冷态，输出电流较大，电流采样和控制板的定时电路共同作用，因而电源工作在限流状态；随着灯丝发热，其阻抗逐渐上升，控制定时电路自动转到由电流采样控制高压电源变换器的输出，使高压电源变换器工作在恒流状态；而灯丝热态电阻一定，维持一定的电流即可维持输出电压的相对稳定。

调制电源经整流后增加了一级线性稳压器，从而可获得较好的电压稳定度及较低的纹波，有利于行波管放大器达到较高的脉间稳定度。

负偏置电源对稳定度的要求不高，可以采用简单的稳压方式，以使电路简化。

灯丝电源、调制电源和负偏置电源的工作状态会直接影响到系统工作的好坏，因此应监测它们的参数、正常工作范围和故障门限，并通过光电隔离电路与调整电路和故障保护电路相连接的方式及时进行控制保护。

6.4.2　高压电源

在具有降压收集极的栅极调制 TWT 发射机中，需要螺旋线高压电源和各级降压收集极的高压电源，其中要求螺旋线高压电源稳定度最好，但功率可以较小；而对各级降压收集极的高压电源的稳定度要求不高，但要求电流大且不接地。在大功率的 TWT 发射机中，常采用多路电源串联供电，其电源系统复杂，使得各电源难以实现协调变化。

在中、小功率行波管放大器的高压电源系统中，可以采用如图 6.10 所示的单电源多路输出串联合成方式实现高压电源变换器（PWM 推挽高压电源变换器）。

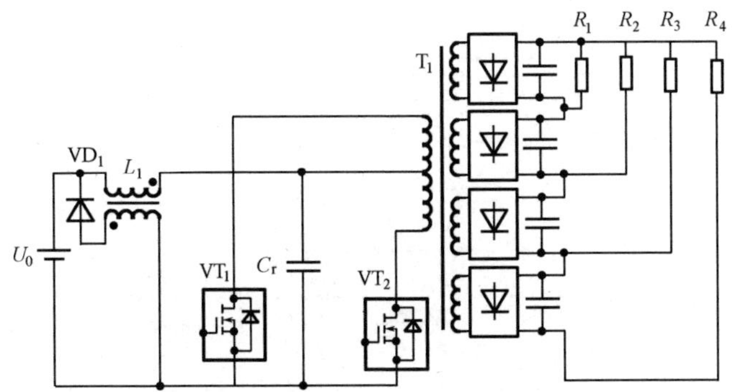

图 6.10　单电源多路输出串联合成方式实现的高压电源变换器的框图

1. 高压电源变换器的工作原理

图 6.10 所示的高压电源变换器的电路由两个开关管（VT_1 和 VT_2）、一个输入电感 L_1、一个电流反馈二极管 VD_1、一个谐振电容 C_r、一个高频变压器 T_1 和次级的全桥整流及电容滤波器组成。当输入电感值 $L_1 \geqslant \dfrac{D \times U_C^2}{2 \times F_s \times P_o}$，并考虑变压器的分布参数后，图 6.11 所示为图 6.10 的高压电源等效电路。上式中 F_s 为开关频率，P_o 为输出功率，U_C 为电容 C_r 上的电压，D 为调制占空比。

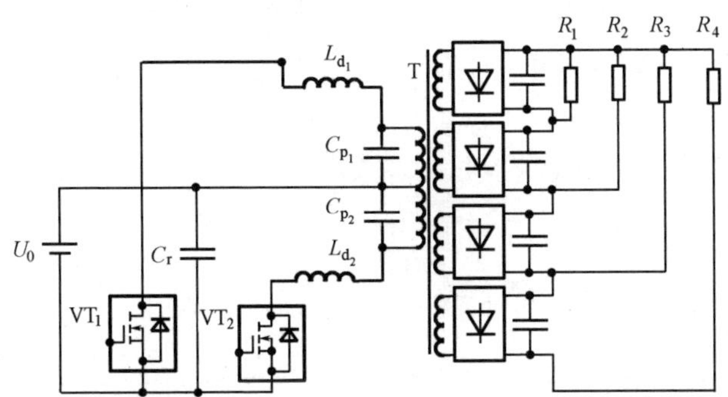

图 6.11　考虑到变压器分布参数的高压电源变换器的等效电路

图 6.11 中的 L_{d_1}、L_{d_2}、C_{p_1}、C_{p_2} 分别为变压器的漏电感和分布电容。

该高压电源变换器采用了零电流开关（Zero Current Switch，ZCS）和零电压开关（Zero Voltage Switch，ZVS）的技术，其软开关的实现不是依赖于负载电流，而是靠励磁电感中的储能在电路电容上产生的瞬态电压过零来实现的。

2. 高压电源变换器的工作过程

高压电源变换器工作过程的主要原理波形如图 6.12 所示。

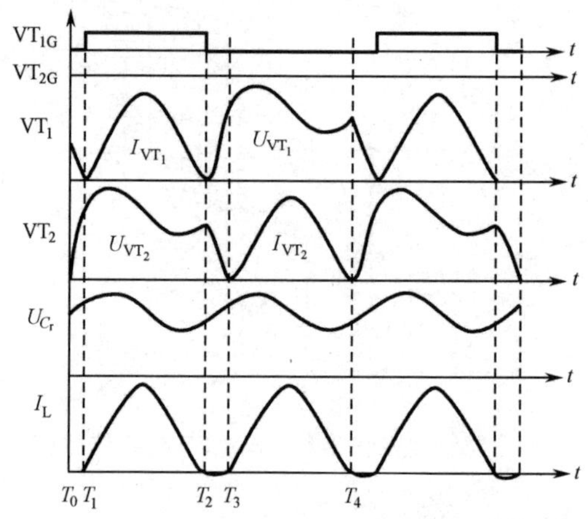

图 6.12　高压电源变换器工作过程的主要原理波形

1）$T_1 \leqslant t < T_2$ 时

当 $T_1 \leqslant t < T_2$ 时，功率开关 VT_1 导通，电容 C_r 和变压器的漏感 L_{d_1} 发生谐振，开关电流从零开始上升，实现零电流开通。当电流谐振到零时（T_2），VT_1 关断。

2）$T_2 \leqslant t < T_3$ 时

当 $T_2 \leqslant t < T_3$ 时，VT_1 关断，励磁电感储能和电路分布电容（功率开关和变压器的等效电容 C_{p_1}、C_{p_2}）之间发生谐振，给分布电容充电，从而使开关两端电压逐渐上升，因此 VT_1 实现零电压关断。

3）$T_3 \leqslant t \leqslant T_4$ 时

当 $T_3 \leqslant t \leqslant T_4$ 时，功率开关 VT_2 导通，电容 C_r 和变压器的漏感 L_{d_2} 发生谐振，重复 1）的过程。

3. 高压电源变换器的参数计算

为使高压电源变换器稳定、可靠地工作，在导通期结束时开关管中的电流应达到零（图 6.12 所示的 T_1 时刻，I_L=0），且在一个周期结束时，导通开关两端的电压必须达到零（图 6.12 所示的 T_2 时刻，I_L=0）。

假设开关导通时间用相对参数 T_K 表示，相对频率用 F_{K_1} 表示，则随着开关导通时间 T_K 的减少，电流、电压的应力会增加，相对频率 F_{K_1} 表示了漏感和中心抽头电容的谐振频率（该谐振发生在开关导通期）与开关频率之间的关系。

F_{K_2} 表示励磁电感 L_m 和电路等效电容 C_{eq} 之间的谐振频率（这个谐振是发生在两个开关都关断的时候）与开关频率 F_s 的关系。电路参数与 F_{K_2} 的关系为

$$F_{K_2} = \frac{1}{2\pi\sqrt{2L_m C_{eq}}} \times \frac{1}{F_s} \tag{6.20}$$

由图6.13可见，为了获得软开关换相，相对频率 F_{K_2} 的计算结果必须远大于1.1。而存储在励磁电感中的能量在电路电容中所产生的瞬态电压与变压器的励磁电感有关，因此需要适当设计变压器的励磁电感，以便选择最佳工作点。通过图6.13所示曲线中相对频率 F_{K_2} 的值可以计算出开关导通时间 T_K 的对应值。

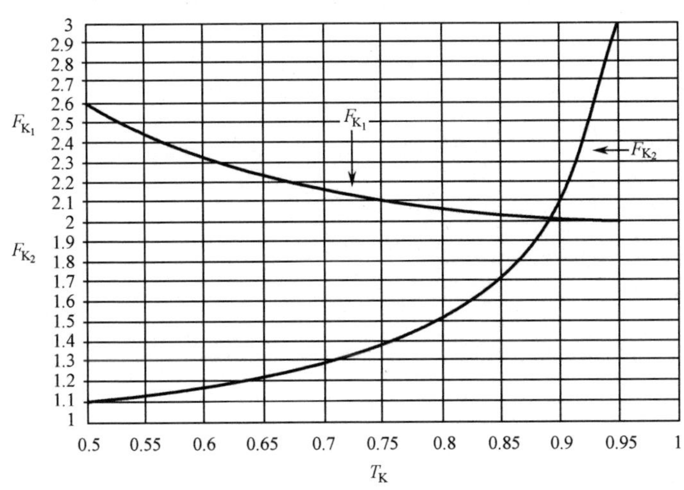

图6.13　高压电源变换器的优化工作点

开关的开启时间 T_{on} 和关断时间 T_{off} 由下式计算

$$T_{on} = \frac{T_K}{2F_s} \tag{6.21}$$

$$T_{off} = \frac{T}{2} - T_{on} \tag{6.22}$$

通过图6.13确定相对频率 F_K，计算谐振频率 F_0 为

$$F_0 = F_s F_K \tag{6.23}$$

$$\omega_0 = 2\pi F_0 \tag{6.24}$$

求得中心抽头谐振电容 C_r 为

$$C_r = \frac{1}{L_d \omega_0^2} \tag{6.25}$$

对于开关管的电流和电压应力，可根据高压电源变换器的总输出功率 P_o 和

变换效率η来计算。输入电感的电流I可表示为

$$I = \frac{P_o}{U_o \eta} \tag{6.26}$$

开关管的峰值电流I_{PK}由下式计算，即

$$I_{PK} = I\left(1 + \frac{1}{\cos\varphi}\right) \tag{6.27}$$

式（6.27）中

$$\varphi = \alpha \tan g\left[\frac{\pi F_K (1 - T_K)}{2}\right] \tag{6.28}$$

开关的有效电流i_{srms}为

$$i_{srms} = \sqrt{\frac{I_{PK} T_K}{4}} \tag{6.29}$$

开关两端的最大关断电压U_{SPK}为

$$U_{SPK} = \frac{I Z_n}{\cos\varphi} + 2U_2 \tag{6.30}$$

式（6.30）中

$$Z_n = \sqrt{\frac{L_d}{C_r}} \tag{6.31}$$

由于变压器初级和次级间隔离电位较高，其漏感$L_d = L_{d_1} + L_{d_2}$较大，因此谐振电容C_r必须小于由式(6.23)～式(6.25)计算出的谐振频率F_0所需电容的值，由式（6.31）和式（6.30）计算出的参数Z_n和电压应力将随变压器漏感的增加而增加。

6.4.3 提高稳定性指标的方法

前面已经介绍了灯丝电源、负偏置电源、调制电源及高压电源的实际电路，为了提高 TWT 发射机的改善因子值，开关电源的工作频率可以采用与射频脉冲同步的方式，或是采用在射频脉冲期间将开关电源禁闭以消除电源的影响等方法来实现。

为了弥补输出脉冲功率给输出电压带来的下降影响，可以采用如图 6.14 所示的具有后置调节器的快速补偿电路，即串联一个动态响应迅速的小功率稳定电源在高压电源中，或采用后置调节器的方法实现补偿。后置调节器就是使用一个串联的线性电流调节器件（MOSFET、小真空四极管或 IGBT 等），它由阴极电压驱动。当阴极电压变化时，缓冲放大器给出变化量，经误差放大后去调节串联器件

的压降以实现补偿。

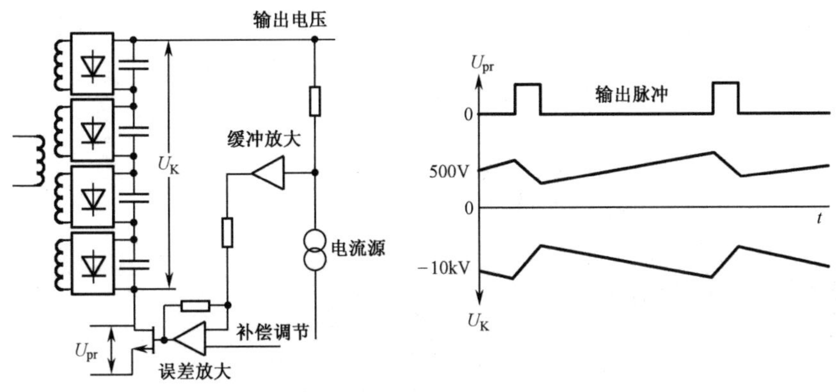

图 6.14　具有后置调节器的快速补偿电路及波形图

6.5　组合式大功率低压开关电源

随着固态功率放大技术的发展，固态发射机所能输出的射频脉冲功率越来越大，需要电源的功率也随之增大。固态发射机的射频放大器通常工作在数十伏的直流电压下，虽然固态射频放大器组件输出的射频脉冲功率不是很大，但经功率合成以后的输出可达几十到几百千瓦的峰值功率，为其提供能量的低压电源系统不但需要大的功率容量，而且在雷达脉冲工作期间，还必须提供极高的峰值电流和具有较高的电压稳定度。目前供给集中式固态发射机用的大功率电源系统，大多采用多模块组合的方式构成。

6.5.1　设计的特点及难点

固态发射机所用的低压电源，具有电压低、电流大的特点，其电源的稳定性和纹波等指标是影响发射机性能的重要指标。一般电源负载多为恒定负载，而固态发射机低压电源的负载一般等效为容性负载。在雷达脉冲工作期间，电容放电向负载提供能量；在雷达发射脉冲的间隔期间，该电源给负载电容充电以补充能量，其脉冲负载电压波形如图 6.15 所示。如何保证电源的充电精度和提高效率、降低纹波，是电源设计的难点之一。

在并联组合的电源系统中，如何保证组合单元之间的均流也是组合电源中关键的技术。为了在提供大脉冲电流时，不至于引起储能电容上的电压降落太大，在工程设计上需要在输出端增加电容的容量。这些电容在电源启动时会呈现瞬间短路状态，故电源也必须具有良好的限流慢启动特性。

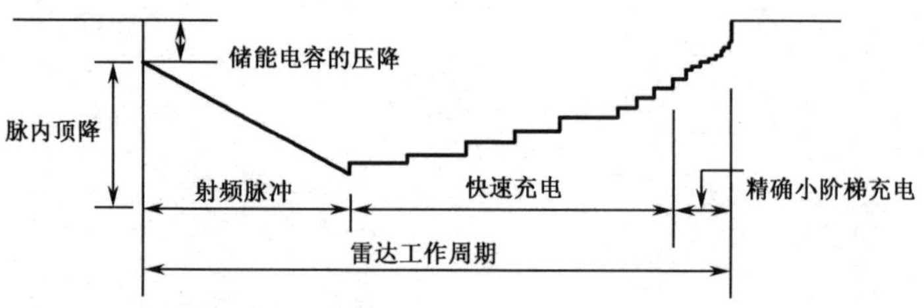

图 6.15　低压电源脉冲负载电压波形

6.5.2　设计与计算

在组合式的低压大功率开关电源系统中，单组件功率的容量会因与散热条件和输入电压的不同而有所差异。一般采用液体冷却的单个组件功率容量可达10～20kW，空调强迫风冷却的单个组件功率容量可达 5～7kW。下面以常见的强迫风冷却单相 220V/50Hz 输入的单个功率 4kW 左右的低压电源为例，介绍低压组合式开关电源的工程设计方法。多单元组合式固态发射机开关电源系统框图如图 6.16 所示。

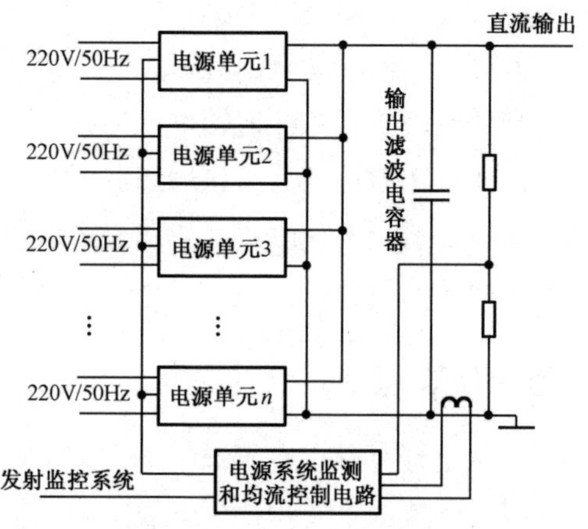

图 6.16　多单元组合式固态发射机开关电源系统框图

该图所示的电源系统根据固态发射机的功率需求及冗余的要求，可以将多个电源单元进行并联工作。电源系统监测及均流控制电路承担电源系统的故障检测、与各单元电源监控间的通信及均流控制等功能。

构成电源系统的单个电源模块的主要指标如下：

- 输入电压为 220V/50Hz；
- 输出电压为 40V（36～42V 可调）；

- 输出电流为 100A（平均值）；
- 电压稳定度为 0.1%；
- 负载电容为 100000μF（包括固态组件中的电容）；
- 冷却方式为强迫风冷却；
- 故障保护方式为短路限流、过压保护和过热保护。

多单元组合式固态发射机开关电源系统的单个电源模块采用具有软开关特性的双端正激高压电源变换器电路，它的主要优点是不存在桥臂的直通问题，功率开关的电压应力较低（为电源电压），且以控制简单的 PWM 方式工作。开关电源单元高压电源变换器的具体电路如图 6.17 所示。

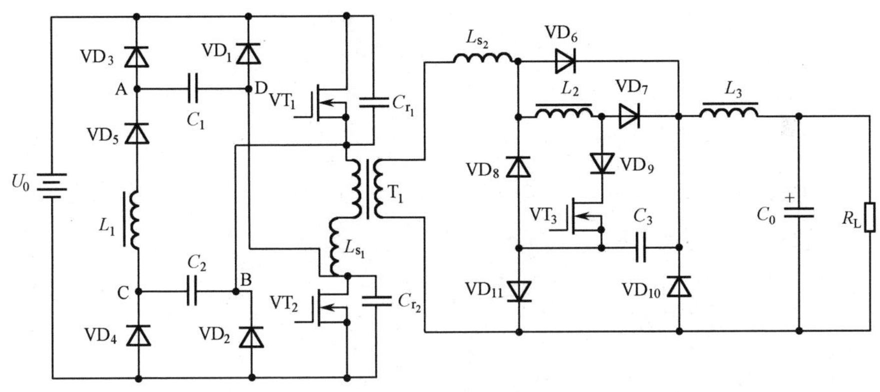

图 6.17　开关电源单元高压电源变换器电路图

该图中 VT_1、VT_2 为主功率开关管，C_{r_1}、C_{r_2} 为开关管的输出电容，T_1 为高频变压器，L_{s_1} 和 L_{s_2} 为变压器的初、次级漏感；VD_1 和 VD_2 为去磁二极管，VD_6 和 VD_{11} 为整流、续流二极管；C_1、C_2、VD_3、VD_4、VD_5 和 L_1 为高压电源变换器初级软关断网络（C_1=C_2）。由于整流二极管的反向恢复特性和变压器次极漏感的存在，使得次级整流电路产生很高的尖峰电压和明显的电磁干扰，通常需要采用 RC 电路来加以抑制，但在高频时损耗会比较大。因此，次级缓冲电路的好坏在高频和大功率应用中是一个非常重要的问题。由图 6.17 可见，L_2、VD_7、VD_8、VD_9、VD_{10}、VT_3 和 C_3 组成了高压电源变换器的次级有源钳位网络。

1. 开关电源变换器的工作过程

开关电源单元高压电源变换器主要工作波形如图 6.18 所示，其开关电源变换器的工作原理如下所述。

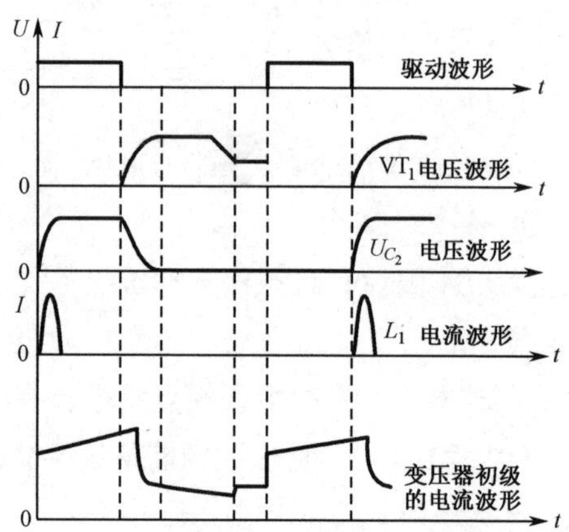

图 6.18　开关电源单元高压电源变换器主要工作波形

假设开关电源的开关处于关断状态时，C_1 和 C_2 均处于放电状态，左端电位为 $U_0/2$。当主功率开关 VT_1、VT_2 同时导通时，一方面，电路通过开关电源变压器的耦合向次级传输能量；另一方面，二极管 VD_5 导通，电源电压 U_0 通过 C_1 和 C_2 加到电感 L_1 上，同时对 C_1 和 C_2 充电，充电电流由 L_1、C_1 和 C_2 确定（是由零开始的正弦电流），由于开关电源变压器励磁电感和初、次级的漏感（L_{s_1} 和 L_{s_2}）的作用，使得初级的电流因励磁电感的存在而线性增加。通过开关的电流是电容充电电流和励磁电流之和，即初级电流从零逐渐增加的，因而可以说实现了零电流开通，且开通损耗很小。开关管开通以后，L_1 的电流使 C_1 充电到电源电压 U_0，随后 VD_3 导通，把电容 C_1 左端 A 钳位在 U_0 上，VD_4 导通把 C_2 左端 C 钳位到零电位上，C_1 的电压极性为左正右负，C_2 的电压极性为左负右正。

同时，高压电源变换器的次级整流管 VD_6 导通，但 VD_{11} 由于反向恢复特性而不会立即关断。当 VD_{11} 恢复时，VD_{11} 的反向恢复电流在漏感 L_{s_2} 中的储能，会在 VD_{11} 两端产生尖峰电压，这个尖峰电压通过 VD_{10} 对 C_3 充电，从而限制了 VD_{11} 的电压峰值。

当开关关断时，变压器漏感 L_{s_1} 上的储能通过 C_1 和 C_2 向电源放电，从而将能量转移到电源中，同时给 VT_1 和 VT_2 的结电容 C_{r_1} 和 C_{r_2} 充电，使开关两端电压由零开始线性上升（选择 $C_1 > C_{r_1}$ 以限制关断时开关管电压的上升速度）。当 C_{r_1} 和 C_{r_2} 充到电源电压 U_0 时，VD_1 和 VD_2 导通，限制了开关两端电压的进一步增加，并且使变压器初级的磁化能量也通过 C_1 和 C_2 返回到电源。因此，通过缓冲电路的作用实现了零电压关断，减小了关断损耗，还使变压器漏感和初级励磁电感的能量都能返回到电源中，提高了效率。

与此同时，在高压电源变换器的次级中，当 VT_1 和 VT_2 关断时，VT_3 导通，整流二极管 VD_6 的反向恢复电流使 L_{s_2} 储能，并在 VD_6 反向恢复时产生过压尖峰，使 C_3 通过 VD_8 充电，从而限制了 VD_6 的尖峰电压，使二极管在反向恢复时 L_{s_2} 储存的附加能量转移到 C_3 中。此时，VT_3 处于导通状态。因此 C_3 中储存的能量通过 L_2 和变压器返回到初级电源中，完成了钳位吸收过程。

2. 参数计算

电源单元高压电源变换器谐振参数包括功率开关管的最小导通时间和谐振电感，它们的选取与计算如下所述。

1）确定功率开关管的最小导通时间

由以上描述可知，只有当 $U_{C_1}=U_{C_2}=U_0$，即 C_1 和 C_2 上的电压谐振充电到 U_0 时，开关才可以实现零电压关断。因此，开关的最小导通期为半个谐振周期，即 $t_{\text{on min}}=\pi\sqrt{L_1C_r}$。当开关关断时，开关两端的电压上升速度由谐振电容确定，即

$$\frac{\mathrm{d}U_{C_r}(t)}{\mathrm{d}t}=\frac{I_o}{n(C_1+C_{r_1})} \tag{6.32}$$

式（6.32）中，n 为变压器的变比，I_o 为输出电流。

2）谐振电感的选取和计算

为了保证在小占空比情况下实现软开关的谐振，建议谐振电感不宜取得过大，但也不宜过小，因若取得太小会使开关在开通时冲击电流较大。因此，谐振电感应根据开关器件的峰值电流折中选择，即

$$I_{VT_{\max}}=\frac{I_o}{n}+U_0\sqrt{\frac{C_r}{L_1}} \tag{6.33}$$

3. 功率合成技术

在大功率集中式固态发射机开关电源中，其功率合成大多采用多电源模块并联运用，为此，各模块之间必须具有良好的均流特性。

常用的均流技术有输出阻抗法、主从控制法、按平均电流值自动平均法、最大电流自动均流法、热应力自动均流法和外加均流控制器均流法等。本节所述的多单元组合式固态发射机开关电源系统采用的是外加均流控制器均流法。

从理论上讲，只要模块的输出电压一致，模块的输出电流就可以保持一致，从这一点出发，可以考虑采用较为简单实用的外加均流控制板的均流技术，参见

图 6.16。控制板的设置电压应比模块输出电压低一点（如果系统输出电压与均流控制板的设置电压为 40V 的话，每个模块的输出电压则应在 40.5V 左右）。在均流控制板中，将系统输出电压采样值与设置的电压值进行比较，产生跟随输出电压变化的电压信号，该电压信号被传送到各电源模块，各电源模块的控制电路根据这一电压信号及模块输出电压的信号生成逆变电路开关管的 PWM 驱动信号。当然，如果是单个模块工作时，PWM 信号的生成仅与模块本身输出的电压有关。同时，当系统由于固态放大器的要求对电源进行微调时，只需对均流板进行调整即可，而无须对每一个模块重新进行调整，因此这种方式也便于雷达系统的调试。

在实现工程设计的时候，考虑到模拟信号抗干扰性能差的缺点，将均流控制板输出的均流信号全部采用脉冲信号传输，即在系统输出电压与控制板的设置比较之后，控制低频 PWM 信号发生器，使其输出信号通过光耦电路传送到各并联模块，避免了并联模块之间接地的干扰，有利于电源系统的稳定工作。PWM 信号发生器可采用电源专用芯片，这样做一方面是因为电路简单，另一方面是因为专用控制芯片的驱动能力强，可以驱动多个模块。模块接收到低频的 PWM 信号之后，将 PWM 信号转换为模拟信号，参与电路的调整。

应该指出的是，虽然外加均流控制器的均流方法比较简单，均流效果也在5%以内，但由于引入了均流板，使均流板成了电源系统冗余工作的瓶颈，当均流板出现故障时，模块将难以正常工作。

6.5.3 组合式大功率低压开关电源与组合式大功率高压开关电源的差异

无论是在真空管发射机中还是在固态发射机中，为了获得大的电源功率，常常都会采用组合式开关电源。但在工程实现上，组合式大功率低压开关电源和组合式大功率高压开关电源将采用不同的设计方法。

1. 开关电源次级整流方式不同

在组合式大功率高压开关电源（简称高压电源）中由于输出电压高，次级整流常采用倍压整流或直接整流方式，其输出端为了尽可能降低整流管的耐压，一般不用电感滤波，因此将它等效到高频变压器的初级，视为电压源；而组合式大功率低压开关电源（简称低压电源）的次级具有较大的滤波电感，对输出电流具有续流作用，因此等效为电流源。

2. 高频变压器的分布参数对电路的影响程度不同

高压电源的高频变压器由于升压比高，次级绕组匝数多、漏感大，因而分布电容较大；而低压电源的高频变压器为降压方式，次级绕组匝数少，分布参数较高压变压器小，因此高频变压器的分布参数对电路的影响程度不同。

3. 整流回路的损耗不同

两种开关电源整流回路的损耗不同，高压电源次级输出电流小，次级电路简单，功率损耗小；而低压电源的输出电流大，次级整流元件功率损耗较大。

4. 负载阻抗的影响程度不同

高压电源的输出阻抗高，当负载空载向满载变化时，输出电压变化较大，需要特别考虑空载或满载条件下的控制措施；而低压电源的输出阻抗低，在空载向满载变化时输出电压变化小，一般不需要特别考虑空载向满载的控制措施。因此说两者的负载影响程度不同。

6.5.4　提高效率、降低纹波的方法

提高组合式大功率低压电源的效率，首先需要提高单个电源模块的效率，上述的软开关是有效方法之一。其次，需要合理地选择大电流的元器件，如整流二极管应选择正向压降小、反向恢复时间短、反向漏电流小的肖特基二极管（Schottky Barrier Diode，SBD）。由于 SBD 的正向导通压降小（0.4～0.6V）、正向导通和反向恢复时间短（由于是按漂移现象产生电流的，因而不会积累电荷，无须移去多余的载流子，故具有正向导通和反向恢复时间短的特性），因此在高频开关电源中，应用 SBD 可以明显地减少次级功率的损耗。随着同步整流技术的完善，在大功率低压开关电源中采用低电压功率 MOSFET 等功率管作为次级同步整流器件，可以进一步提高整流效率，且软开关的应用可以较好地改善电源输出端的纹波情况。合理设计输出端的滤波器件，或使用将所需电容容量由多个小电容并联实现等方法，也有利于减小输出电容引起的纹波。

对于组合式大功率低压电源系统，降低整个电源系统的输出纹波也可以考虑采用高压电源的小功率精密补偿法。

在一些雷达电源系统中，为了改善电源系统的输出特性以适应脉冲雷达的工作状态，常采用小功率串联调整电源的方法进行快速补偿，其构成的补偿电路如图 6.19 所示。

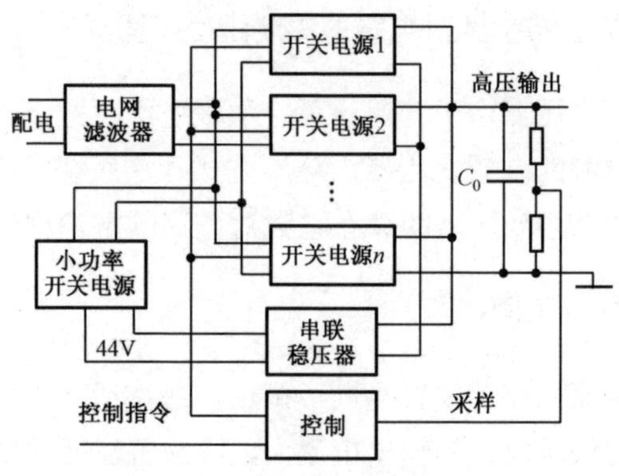

图 6.19　小功率串联调整电源补偿电路

在大功率雷达发射机中，电源输出端到固态放大器的连接器应注意采用大的汇流条，由此可以降低电源馈线的损耗，提高电源的效率。

6.6　电源的控制和保护电路

开关电源控制和保护电路的作用，一是为逆变主回路开关管提供具有一定脉冲宽度或频率的控制信号，二是对电源的工作状态进行检测和保护。

早期的控制和保护电路采用分立元件构成，其功能弱，可靠性差。随着功率电子技术的发展，控制和保护电路进入了集成化、智能化阶段，集成电路不仅具有电源控制方案的公共功能，还具有更为广泛的适应性。集成度的提高减少了电路元件数量，使开关电源的可靠性得以继续提高。

6.6.1　开关电源的控制方式

开关电源的控制方式可分为PWM、脉冲频率调制（PFM）和混合调制三种控制方式。在桥式电路中，还有移相控制方式，但实质上依然是控制开关电源的共同导通脉冲宽度，仍属于PWM的控制方式。本节仅介绍PWM和PFM两种控制方式。

1. PWM 控制方式

PWM 控制方式电路框图如图 6.20 所示。

PWM 控制方式电路（简称控制电路）的时钟振荡器的频率是由外电路振荡参数确定的，它产生频率恒定的脉冲信号，为“电压/脉冲宽度变换（U/W）调制器”电路提供时间比较基准。采样电压信号和电压基准信号在误差放大器中进行比较并将其误差信号放大后，输入“电压/脉冲宽度变换调制器”电路。当采样信号 U 发生变化时，将导致脉冲宽度发生变化。该脉冲信号经分频器生成两列彼此交错的脉冲，再经驱动电路放大输出至激励变换回路的开关管。

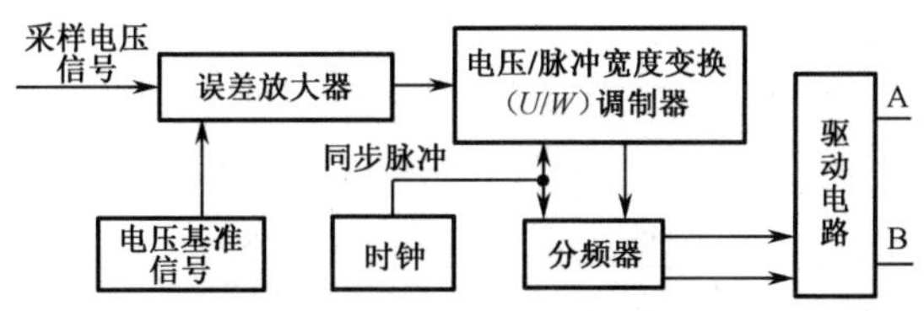

图 6.20　PWM 控制方式电路框图

PWM 控制方式由于其开关器件的工作频率确定，因而有利于逆变回路元件的设计，对输出端滤波器的设计可以达到最佳状态。PWM 电路的检测、控制简单，因此在 DC/DC 高压电源变换器中被普遍采用。从电路采样反馈电量类型来看，目前有电压反馈控制型和电流反馈控制型两种 PWM 控制器。

1）电压反馈控制型 PWM 控制器

电压反馈控制型 PWM 控制器在工程上运用最为广泛，品种也最多。其中，早期以 TL494、SG1524/3524 为代表的产品已经具有较为完整的功能，但在输出驱动能力上最大驱动电流为 200mA，工作频率低于 200kHz。为了适应开关电源的高频化的需求，推出了功能更加完善、驱动电流更大的控制器。选择电压反馈控制型 PWM 控制器时应考虑以下主要电气特性：

（1）具有输入欠压滞后锁定功能；

（2）可以进行内部软启动；

（3）具有 5.1V 基准电压输出（芯片内部控制基准电压的精度在±1%，避免了反馈放大器中的电位器的调节）功能；

（4）逐个脉冲切断功能；

（5）具有死区时间控制可调的振荡器；

（6）具有可防止多脉冲的锁存脉冲宽度调制器；

（7）具有单/双路图腾柱输出驱动器（在芯片的末级采用了图腾柱电路以适应驱动快速的需求，同时保证了输出电平要么是高电平，要么是低电平的一种电平状态）。

2）电流反馈控制型 PWM 控制器

电流反馈控制型 PWM 控制器是在脉冲宽度比较器的输入端接入流过输出电感的电流采样信号，将该信号和误差放大器输出信号进行比较，从而调节控制器输出的 PWM 信号的占空比，使输出电感的峰值电流跟随误差电压变化。由于在电路构成上具有电压环和电流环的双环闭环系统，因此这种电路具有自动校正、最大电流限制、回路补偿简单等特点，使得开关电源在电压调整率、负载调整率和动态响应等方面的指标都有所提高。

2. PFM 控制方式

PFM 与 PWM 控制方式电路的区别仅在于 PWM 电路振荡器的振荡频率恒定，其 U/W 电路由误差放大器控制；而 PFM 控制电路中振荡器的振荡频率受误差放大器控制，其脉冲宽度发生电路恒定。PFM 控制方式电路框图如图 6.21 所示。

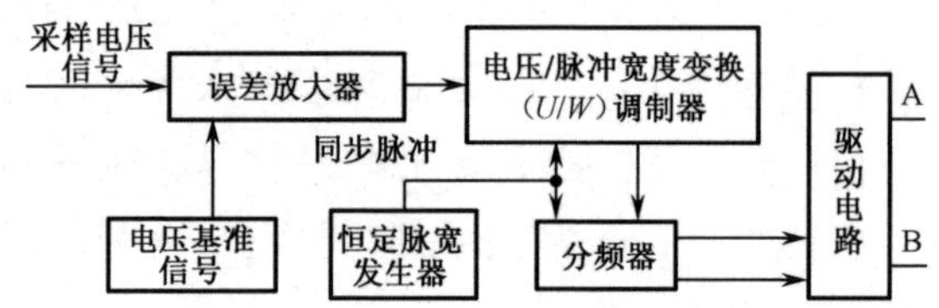

图 6.21　PFM 控制方式电路框图

同样，对于 PFM 控制方式电路而言，当输出采样发生变化时，误差放大器的输出导致电压频率调制器的输出频率变化，而脉冲宽度或截止期保持恒定。它的输出级电路同 PWM 一样采用分频电路，由此生成互补系列脉冲，经驱动电路激励逆变回路开关管。

6.6.2　开关电源的闭环调节

开关电源的闭环调节是为了消除因输入电源或负载的变化引起输出量的变化而预先设定电量稳定的过程。闭环调节电路的性能直接影响电源系统的稳定工作。在雷达发射机中，根据负载的需要，通过不同采样信号的闭环控制，可以获得稳定的电压源或电流源。

1. 单闭环调节回路

对于开关电压源而言，其闭环调节可以采用如图 6.22 所示的单闭环调节回路电路。

当电网电压升高时，输出电压升高，采样后的电压 U_{out} 也升高，经误差放大器后，其输出电压却降低，使 PWM 或 PFM 控制器的占空比变小，结果使输出电压下降，稳定了输出电压。

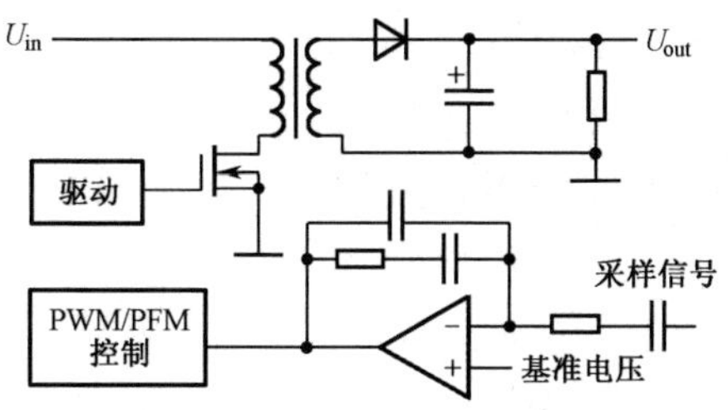

图 6.22 单闭环调节回路电路图

单闭环调节回路具有电路简单，对噪声不敏感，输出阻抗较低和调节方便等特点。它适用于电源负载变化不大，且逆变回路工作模式无跳变的场合。

2. 双闭环调节回路

由于负载及电网的变化，导致高压电源变换器的工作模式发生变化，在高压电源变换器处于连续和不连续工作模式的边界时，单闭环电路参数难以选取。要保证在连续模式工作下的输出稳定度，那么在不连续模式工作时，环路的输出阻抗变高，由此导致电源的动态响应变差；如果环路参数保证满足不连续模式工作的需要，则在连续工作模式时就会出现系统的不稳定。为了解决这个矛盾，在双闭环调节回路中加入了高压电源变换器回路的电流采样控制功能，形成了如图 6.23 所示的双闭环调节回路电路。

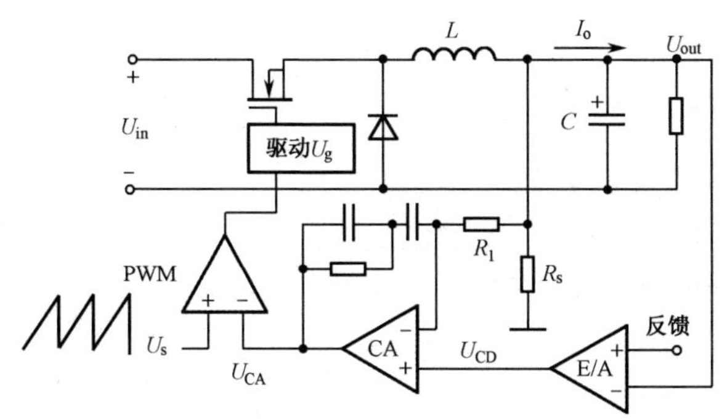

图 6.23 双闭环调节回路电路图

当输入电源电压上升，输出电压上升，同时流经输出电感的电流也上升时，采用电压反馈控制可以起到快速调节的作用。由于电感电流的变化速度快于输出电压的变化，因此电感电流斜率 $\frac{\mathrm{d}i}{\mathrm{d}t}$ 的上升导致斜面电压提前达到比较基准，使得输出脉冲的占空比快速减小，从而起到了稳压作用。

在实际应用中，为了提高电流控制的稳定度，应合理地选择外部加入的斜面电压，同时将误差放大器的环路极点置于较高频率上，以改善动态响应的特性。

3. 误差放大器的补偿

误差放大器的外围 RC 网络称为误差放大器的补偿电路。误差放大器补偿电路的零/极点及放大增益直接影响着电源闭环的稳定性。因此，要根据系统的稳定裕度，设计系统所需的增益和相位，以补偿某些频率下的增益和相位损失。当环路增益为 1 时，其相位稳定裕度应为 45°，通常称环路增益为 1 的频率为交越频率 F_c。

1）最佳补偿电路应遵循的原则

最佳补偿电路应遵循的原则如下所述：

（1）在交越频率 F_c 上的相移必须小于 360°，且在设计时必须留有至少 45°的裕量。

（2）交越频率 F_c 的选择范围应在 $0.25f_s > F_c > 0.2f_s$ 以内。

（3）交越频率 F_c 附近的增益曲线必须为-20dB/10 倍频。

（4）环路增益在低频端的增益应大，以减小 100Hz 的纹波电压；环路增益在高频端的增益要小，以抑制开关电源自身的开关噪声。

（5）根据 D. Venable 的 K. Factor 准则来选择补偿电路的极点 F_p 与零点 F_z，使得 $F_c/F_z = F_p/F_c = K$。

2）补偿电路的设计步骤

补偿电路的设计步骤如下：

（1）决定交越频率 F_c；

（2）计算交越频率时的开环相移；

（3）计算补偿电路所需的相移；

（4）选择补偿电路的形式和 K 值；

（5）计算开路增益和交越频率 F_c 时的增益损失；

（6）设计补偿电路的增益并求出 RC 网络的电阻值；

（7）根据 RC 网络的电阻值求出电容值。

3）开关电源常用的几种补偿电路

开关电源常用的几种补偿电路如下：

（1）单零/极点的超前/滞后补偿电路和波形如图 6.24 所示。

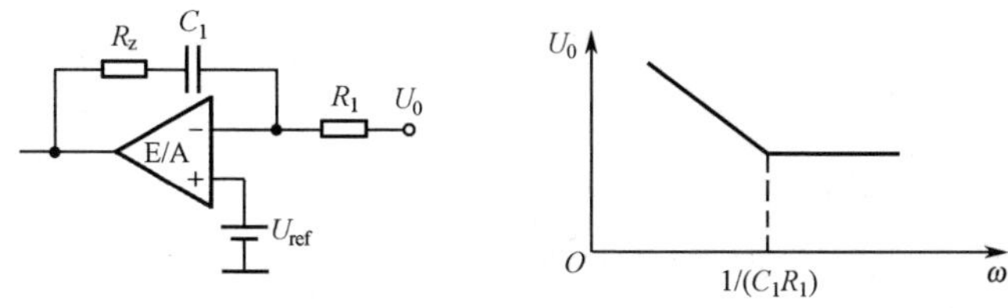

图 6.24　单零/极点的超前/滞后补偿电路和波形

（2）双零/极点的超前/滞后补偿电路和波形如图 6.25 所示。

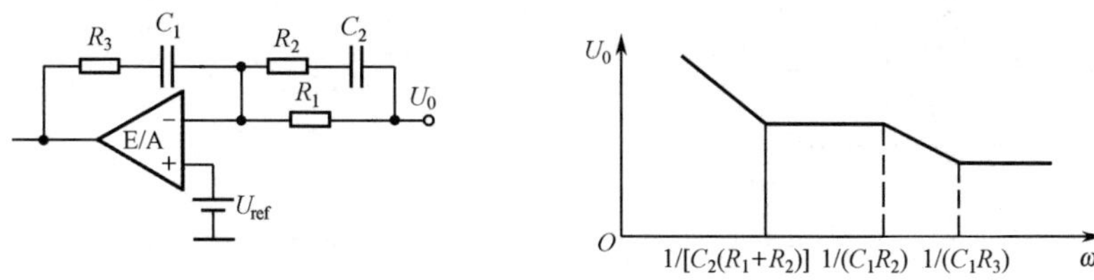

图 6.25　双零/极点的超前/滞后补偿电路和波形

（3）积分型零/极点的超前/滞后补偿电路和波形如图 6.26 所示。

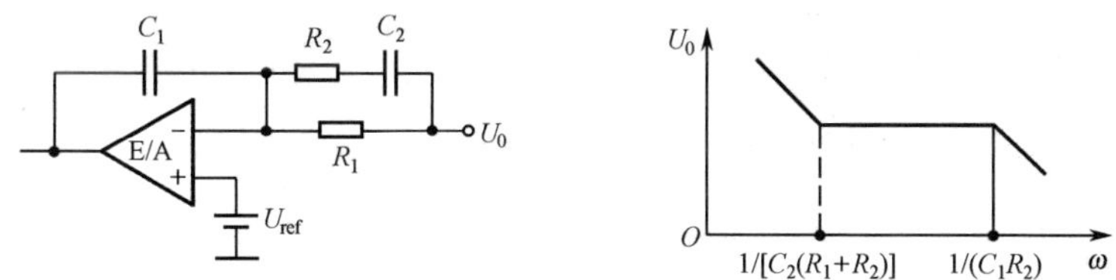

图 6.26　积分型零/极点的超前/滞后补偿电路和波形

6.6.3　检测与保护

脉冲雷达发射机的开关电源需要设置较完备的检测保护电路。当负载发生故障、逆变器自身失控或因其他原因出现输出高于额定电压值时，电源应能对负载或电源本身实施快速、有效的保护。

1. 电流的检测及过流保护

脉冲雷达发射机开关电源应对逆变器回路的电流、开关管电流、负载电流进行检测与保护。逆变器回路和开关管电流通常是高频脉冲电流，电流的频率为逆变器的工作频率；而脉冲雷达发射机开关电源的负载电流则是低频脉冲电流。

1）脉冲电流的检测

常用的脉冲电流检测可以采用如图 6.27 所示的三种电流检测法，其中电阻读出电流采样检测法［见图 6.27（a）］和电阻不读出电流采样检测法［见图 6.27（b）］具有简单、频率响应快的优点，但在大电流检测时，电阻损耗较大，且被检测电路和控制电路不能实现隔离。

电流互感器电流采样检测法［见图 6.27（c）］的检测损耗小，具有较好的电气隔离措施，但其频率响应特性较差，设计时应注意选取与电路工作状态相适应的电流互感器，以减小采样信号的失真。

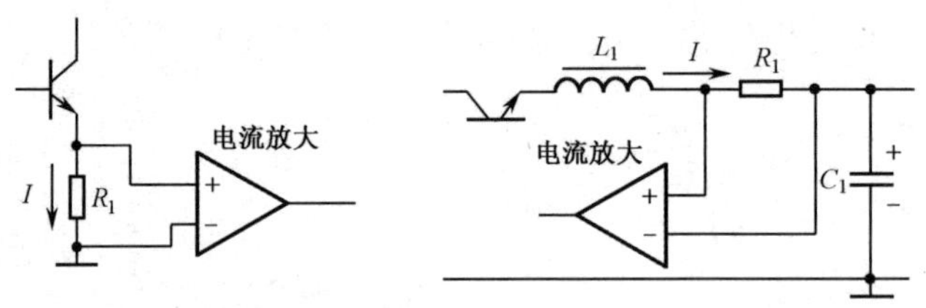

（a）电阻读出电流采样检测法电路　　（b）电阻不读出电流采样检测法电路

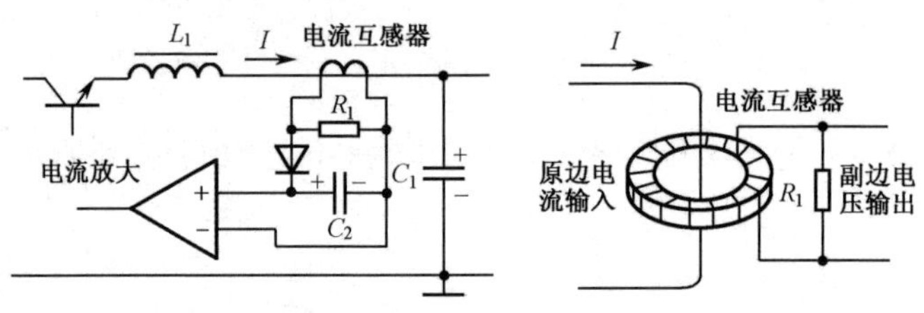

（c）电流互感器电流采样检测法电路及结构示意图

图 6.27　三种电流检测法

对于检测到的电流经电流/电压转化电路转换成电压信号后，再经比较器进行比较判定，当采样值超过设置值时，判为故障，并实施故障保护。针对不同的过流模式，有以下两种过流保护方式：

（1）危险过流时立即关断电源的输出。

当电流检测器检测到危险过流并判为故障时，应迅速切断逆变器的驱动信号，以使输出停止，同时启动故障记忆和指示电路，以维持故障状态，待电路修复后再进行复位，才能重新启动电源工作。开关管过流，桥式逆变器电路直通均属危险过流。

（2）轻度过流应使电源工作在限流状态。

在限流状态下，电压比较器的输出不是切断整个驱动信号，而是控制误差放大器，使输出驱动信号的占空比变小，降低输出电压，以维持输出电流在某一设定范围内。限流保护可用于抑制电源在启动时的输出浪涌电流，当无法限流而达到危险过流时，保护电路应能自动进入故障状态而关闭电源。

2）直流电流的检测

对真空管雷达发射机中如磁场电源、灯丝电源等直流输出电流的检测，可以采用电阻采样或霍尔器件采样方式，其采样信号的处理和用途与脉冲电流的检测相同。

2. 电压的检测及过、欠压保护

为了确保真空管处于正常的工作状态，防止因过压而引起真空管“打火”损坏器件，需要对真空管的各个电极电压（如阴极电压、收集极电压、阳极电压、灯丝电压和偏置电压）进行检测，并有效地实施调节或保护措施。

处于低电位上电压的检测，一般采用电阻分压方式进行采样；对浮在高电位上的电压（如灯丝及偏置电压）的检测，其难度较大，因为浮在高电位上的采样器件必须具有足够的高电位隔离能力。虽然可以采用光纤电路，但光纤采样电路复杂，且精度不高。如何进行高电位上电压的精确采样仍然是设计师面临的技术难点之一。

采用高压电阻分压器采样时，采样电阻的功率损耗不能太大，为不改变分压比，通常要求分压电阻的阻值较大，运算放大器的输入阻抗较高。由于发射机的强电磁干扰信号容易进入高输入阻抗的运算放大器而造成干扰，所以在设计电路时，需要在控制板上增加阻容滤波器，以消除尖峰或高频干扰，但此举也会使电源的动态响应速度受到影响。

实际高压电源电压检测保护电路框图如图 6.28 所示。

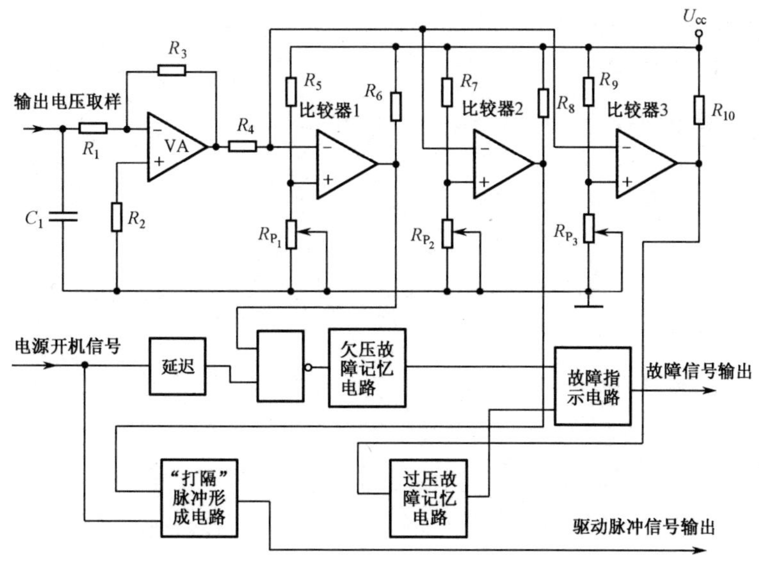

图 6.28　实际高压电源电压检测保护电路框图

该图中输出电压采样经放大后，传送至比较器与设定的电压进行比较判定。在电源开机的短暂时刻，欠压检测电路应由定时信号封锁（封锁时间根据开机后电源输出充电的速率设置），待延迟一定时间后才响应比较器的判断结果，否则开机就会报欠压故障。如果在开机后的规定时间内，输出电压还没有达到比较器 1 的设定电压值时，电路应立即判为欠压故障，并关断电源，给出欠压故障信号。

当比较器 2 判断为轻度过压时，则认为是负载较轻，可实现断续工作；当采样电压持续上升至比较器 3 翻转时，则判为危险过压，此时封锁驱动信号，将电源输出切断，并实现故障保护和记忆功能。

另外，电源部分还应具有如过温、欠/过压输入保护，这里不再论述。

6.7　电源稳定、可靠工作的措施

脉冲雷达发射机开关电源功率较大，工作条件苛刻，故障率高。在电源设计过程中应充分考虑开、关电源工作瞬态的应力，采取必要的措施，以确保开关电源稳定、可靠地工作。

6.7.1　软启动

脉冲雷达发射机开关电源的输出滤波电容较大，输出电压的突然建立会形成非常大的电容充电电流，突然的开机合闸会使开关管出现过载。如果这种情况持续时间过长，往往会引起过流电路的误动作。但是为了避免这种情况下的误动作，而将保护电路设计得较“迟钝”，又会给系统的保护带来安全隐患。同时，反复大电流对电容的快速充电，不仅对电容器本身不利，其快速的 $\frac{\mathrm{d}i}{\mathrm{d}t}$ 变化对电源控制及其他设备也会产生干扰。为了消除这些不良影响，开关电源应有开机软启动功能。

前面已经讲过，开关电源在开启时，可以通过改变逆变器驱动信号的脉冲宽度或频率来实现软启动，从而使电源输出缓慢上升。

为限制电源接通瞬间的浪涌电流，工程实践中通常在电源的整流滤波电路中增加如图 6.29 所示的三种常用的浪涌电流限制电路。

图 6.29 (a) 所示电路是将整流输出电压分段启动，当开机合闸继电器 K_1 未动作时，输入电流流经限流电阻 R，将合闸浪涌电流限制在设定的范围内。待整流滤波电容充满电后，开机合闸继电器 K_1 动作短接该电阻 R 时，不会再引起大

的浪涌电流。R 上的耐功率应根据电容的充电电流和 K_1 的动作时间来确定，通常选用绕线电阻。

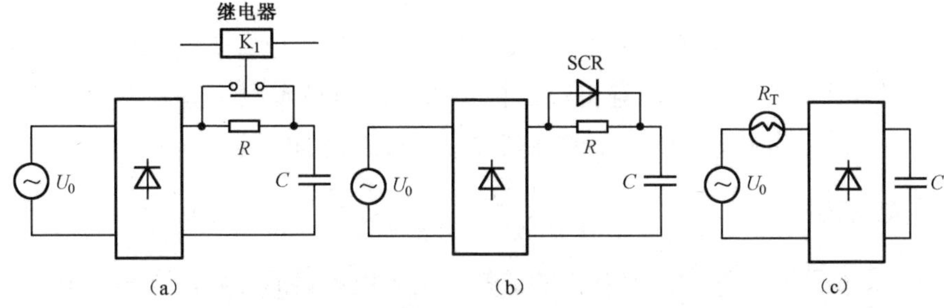

图 6.29　常用浪涌电流限制电路

在中、小功率电源中，继电器 K_1 可以采用 SCR 作为短接器件，如图 6.29（b）所示，这样可以消除继电器触点引起的电弧，有利于减小干扰。但 SCR 导通时存在压降，会有一定的损耗，因此需要考虑必要的散热装置。

在图 6.29（c）中，利用热敏电阻 R_T 的电流-电阻特性，在开机时可以起到限流的作用，但这种方式主要在小功率电路中应用。

6.7.2　正确选择、设计功率开关及关键元器件

高质量的元器件是电源可靠工作的保证，除设计选型的因素外，所选用的元器件首先应通过必要的可靠性筛选，只有在高质量元器件的基础上才有可能制造出高可靠的电源设备。

设计开关电源时，除应注意开关管及元器件（如整流二极管、电容器、集成电路等）的工作电压、电流、安全区、安全系数、耗散功率等问题外，还应注意电源开通时间、关断时间、工作频率及工作温度等对元器件参数的影响。

1. 开关管

一般来说，开关管的数据手册给出的额定电参数是有条件的，设计时一定要认真研究额定参数的测试条件。比如，有的生产厂家给出的电流参数是在 25℃的条件下测试的，而有的生产厂家给出的电流参数则是在 85℃条件下测试的，两种不同的测试条件使开关管在实际应用时会出现很大的差别。如果按照 25℃的额定参数选用开关管，开关电源工作在温度变化较大的场合，会出现降额不够而损坏的现象。由于开关器件的额定参数是在一定的工作频率下测得的，输出电流会随频率增加迅速下降，所以设计师必须充分考虑开关器件的开通时间、关断

时间及工作频率等参数。

2. 整流二极管

整流二极管是实现直流输出的关键器件。对于低压电源来说，可供选择的快速开关二极管的型号较多，且整流二极管的散热容易实现；但对于高压电源来说，必须保证在同一电路中所用的高频硅堆具有一致的特性。

3. 电容器

电容器是开关电源中不可缺少的器件。由于电容器的介质、电极与引出线在高频工作时都存在一个串联等效电阻（ESR），这个等效电阻对电源的输出纹波和效率有很大影响，同时会引起电容器发热。

图 6.30 所示是几种常用电容的串联等效电阻的温度特性曲线。

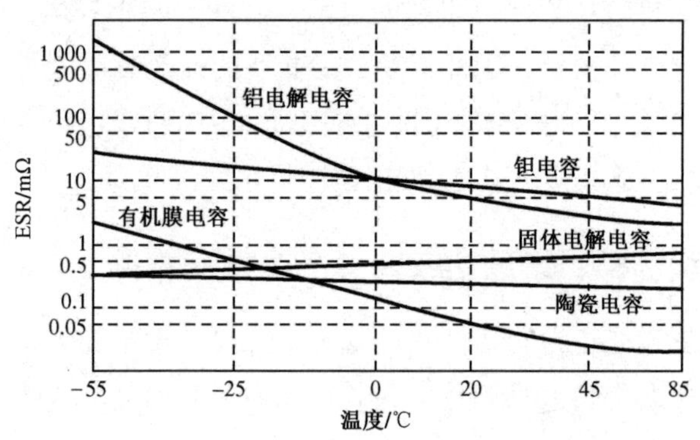

图 6.30 常用电容的串联等效电阻的温度特性曲线

这里举个例子：如果整流输出脉动电流为 1A 的电源，电容的串联等效电阻为 100mΩ，那么在 ESR 上引起的电压跌落为 100mV，可见在选择电容时不能忽略电容器的 ESR。为了减小 ESR 的影响，通常选择多个小容量的电解电容进行并联来达到所需的大容量，并且并联一部分具有良好高频特性的电容器，以旁路掉电解电容的电感部分。另外，随着温度的降低，电容串联等效电阻将加大，而电容容量会降低。

4. 集成电路

在控制、驱动等低压电路的设计中应尽可能多地选用集成电路，以减少分立元件的数量。

6.8 电源的功率因数补偿

发射机用开关电源是雷达配电设备的主要功率负载，它产生的电流谐波将直接影响电网的功率因数。为了提高系统的可靠性，必须对开关电源进行必要的功率因数补偿。

6.8.1 功率因数补偿的必要性

由于开关电源的交流-直流部分一般是采用全桥整流后接大电容的方式，因而这种整流器和滤波电容对于输入配电而言是一个非线性元件和储能元件的组合。虽然输入电压是个正弦波，但输出电流为脉冲，这些脉冲电流含有大量谐波成分，由此造成电网的输入伏安数较大而负载功率较小的情况，即功率因数低。如果不采取任何措施的话，这些脉冲电流所含的大量谐波一方面使噪声电平提高，另一方面使大量电流谐波分量倒流入输入电网，造成线路发热、谐振的后果。当高次谐波电流流过配电设备的高压电容时，会使之过热或过流而损坏，同时干扰其他电子设备的正常工作；各相的谐波电流将在三相四线制的中线里叠加，使中线电流过大、电位抬高，从而形成安全隐患；过大的谐波电流通过较细的中线（中线一般远比相线细），将造成中线过热，引发火灾事故。而功率因素低还会增加配电设备的功率容量，造成浪费。

6.8.2 功率因数补偿的方法

功率因数补偿（PFC）的方法主要包括多脉冲整流法、无源滤波器法和有源滤波器法三种。

1. 多脉冲整流法

在传统的雷达发射机开关电源中，为了得到所需的电压，在配电和负载之间接有变压器。利用变压器对各次不同谐波电流移相，使其谐波在变压器次级相互叠加而抵消，如 6 脉冲整流、12 脉冲整流等的功率因数，如表 6.3 所示。这些方法在变压器输出平衡的情况下，对减小输入端的谐波分量是有效的，但它的体积大，比较笨重，只适合于在非移动设备中应用。

表 6.3　多脉冲整流特性表

参数名称	电压纹波	电流 THD（总谐波失真）	PFC（理想值）	PFC（实际值）
6 脉冲整流	13%	30%	0.955	0.9
12 脉冲整流	3.5%	17%	0.986	0.95

2. 无源滤波器法

在整流电路和滤波电容之间串联一个滤波电感，或在交流电路侧接入谐振滤波器，可以提高电源的功率因数。这种方法简单、成本低、可靠性高且电磁干扰小。但这种电路由于滤波电感的电感量大，会增大电路的体积和质量。同时，电感的选取只能针对特定的工作状态，当负载、输入电压、电感与电容之间的充、放电电流等发生变化时，补偿效果会有较大变化，难以得到大的功率因数。随着开关电源功率密度的提高，这种方法已不再使用。

3. 有源滤波器法

有源滤波器法也称为有源功率因数校正（Active Power Factor Correction，APFC）法，在整流电路和负载之间插入一个电流反馈型的DC-DC变换器，使输入的电流波形跟踪输入的电压变化。这种方法可以将输入的谐波分量减小到5%以下，从而获得高达0.99或更高的功率因数。该方法的特点是可使开关电源的体积小、质量小，输出的电压稳定。虽然这种方式因引入有源电路而使得电路复杂、成本高、可靠性下降，以及整个开关电源的效率有所下降，但远比不补偿时的功率损耗要小。因此，APFC法已在目前的开关电源中广泛使用。

有源功率因数校正电路的基本形式如图6.31所示，该图中列出了常用的四种APFC电路。四种电路中，无论哪种电路都是由储能电感和高频开关组成的。这些电路利用了电感中电流不能突变的特性，当接通开关时，流经储能电感的输入电流呈线性增大；当关断开关时，储存在电感中的电流向滤波电容 C 充电。只要控制开关的驱动脉冲宽度或频率，便可使流经电感的电流平均值与其对应的输入电压成正比，并接近于正弦波，因此可达到提高功率因数的目的。

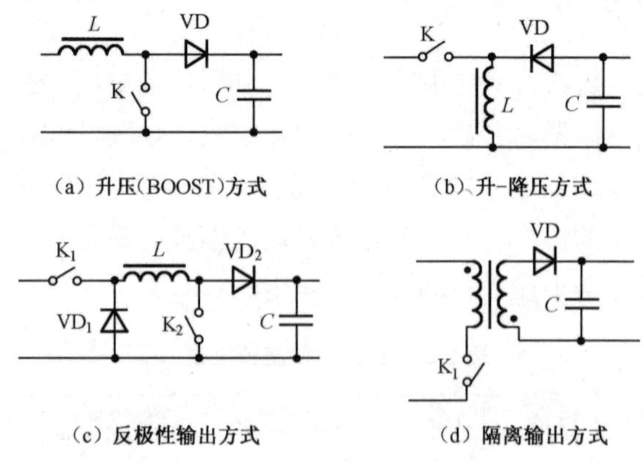

图6.31　有源功率因数校正电路的基本形式

图 6.31（a）中升压（BOOST）方式的电感既适合于电流型模式，也可以起到滤波器的作用，且有抑制开关噪声的作用。它因具有电流波形失真小，电容体积小，储能大，输出功率大，输出直流电压高于输入直流电压等优点而被实际应用，其 BOOST PFC 电路功能框图如图 6.32 所示。下面根据 BOOST PFC 电路的功能框图说明其工作原理。

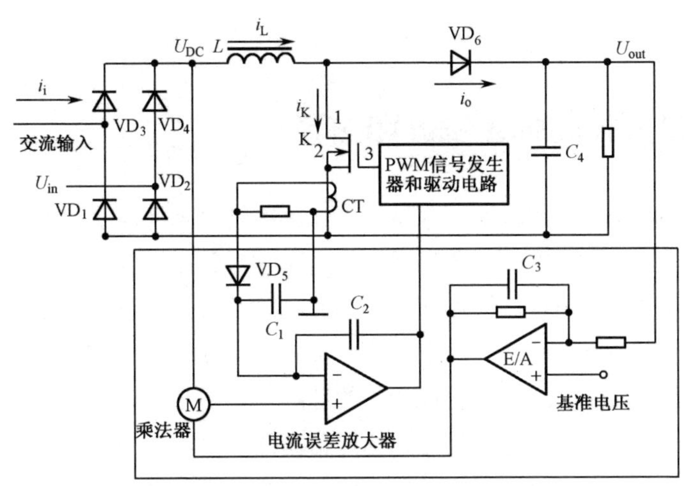

图 6.32　BOOST PFC 电路的功能框图

主电路的输出电压U_{out}和基准电压比较后，经电压误差放大器 E/A 放大后与整流电压U_{DC}一起加到乘法器 M 的输入端。乘法器 M 的输出则作为电流误差放大器的基准信号，与电流互感器所取的开关电流i_K值比较后，经电流误差放大器放大并加到 PWM 信号发生器及驱动电路上，以控制开关 K 的通/断。在一个开关周期内，当开关 K 导通时，$i_K=0$，i_K为流过开关 K 的电流，$i_L=i_K$；当开关关断时，$i_K=0$，$i_L=i_o$。当开关 K 导通时，输入的电压全部加在电感 L 上，随着输入电压的升高，通过电感的电流i_L也随着上升，电感储能增加；当开关 K 关断时，电感 L 产生感应电压U_L，这时整流二极管的正端电压是$U+U_L$，整流二极管导通后将电感能量传输给电容。这样一来就使输入电流（即电感电流）i_L的波形与输入电压的波形基本一致，而电流谐波大为减少，于是提高了输入端的功率因数。由于功率因数补偿器同时可以保持输出电压的恒定，因此它有电压预调器的作用，从而使下一级电路的设计更方便。

经过校正后的输入电流和输入电压波形如图 6.33 所示，该图给出了输入电压波形U_{DC}、U_{in}和经过补偿后的输入电流i_L、i_i的波形，使得原来呈脉冲状的输入电流波形，被调制成接近正弦波（含高频纹波）的波形。

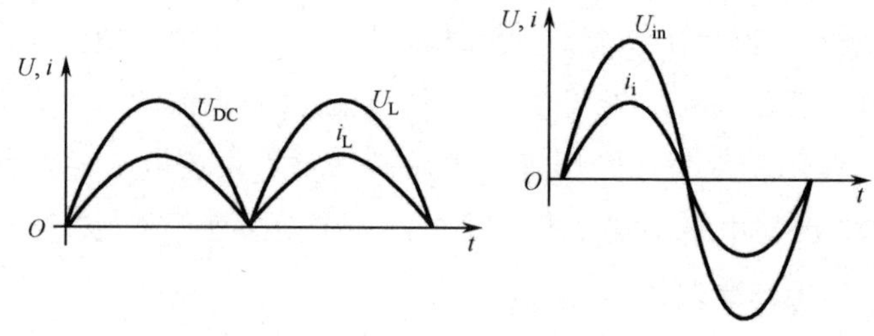

图 6.33　经过校正后的输入电流和输入电压波形

6.9　电路拓扑的优化设计和仿真

随着功率电子技术的发展，电路的工作频率越来越高，电路形式越来越多，开关电源在雷达发射机中的应用也越来越多，且对其指标要求也越来越高。为了适应发展的需求，利用计算机对开关电源的电路及其系统进行电路分析、优化设计和仿真，已成为提高开关电源工作稳定性和可靠性的重要手段。它可以加深设计人员对电路及系统的原理和工作状态的理解，有利于设计人员在设计初期，对设计希望达到的技术指标进行验证。通过仿真的手段，对即将实施的电路进行必要的优化，由此减少实验过程或减少实验的反复和盲目性，大大缩短开关电源的设计和实验周期。因此，将计算机辅助设计应用在雷达发射机的电源设计中，有利于提高对发射机电源的研究、开发水平，改善开关电源的性能和缩短整机产品的研制周期。

根据应用需求，电源的电路仿真可以分为原理性仿真和器件级电路仿真，其中原理性仿真主要关注电路系统的稳态指标、动态指标、稳定性和电路时序等特性，常用的系统级仿真软件有 MATLAB/Simulink，它提供了电力电子、流体、磁场、力学和热学专业的模型库，为多物理域建模和仿真提供了良好环境，为控制器开发和系统级性能测试提供了帮助，特别是针对电力电子专业，提供了各种源、负载、变压器、传输电缆、电力电子器件和测量工具，便于根据电路原理图建立系统级仿真模型，对电路的稳定性和电性能进行快速仿真。结合 Simulink 的控制工具箱和优化工具箱，可以便于实现电路中关键参数和控制器的快速优化。

器件级电路仿真软件众多，Spice 是最为普遍的通用模拟电路仿真软件，可进行非线性直流分析、非线性瞬态分析和线性交流分析，各软件厂家提供了 Vspice、Hspice、Pspice 等不同版本，其核心都是采用了 Spice 模拟算法，但是仿真速度、精度和收敛性各有不同，其中以 Hspice 和 Pspice 最为著名。Hspice 是事实上的 Spice 工业标准仿真软件，应用最为广泛，具有精度高、功能强大的特点。Pspice 是个人用户的良好选择，具有图形化输入环境，主要用于 PCB 板和系统设计，但是 Pspice 的电源仿真模型较少，在复杂的开关电源仿真中精度不高，常用于电源原理性仿真分析。

与通用仿真软件相反，Saber 软件是电力电子领域的专业仿真工具，被誉为全球最先进的系统仿真软件，可以实现多技术、多领域的系统建模和仿真，可用于电子电力、机电一体化、机械、光电、光学、控制等不同类型系统构成的混合系统仿真，为复杂的混合信号设计与验证提供了一个功能强大的混合信号仿真环境，兼容模拟、数字、控制的混合仿真，可以解决从系统开发到详细设计验证等一系列问题。Saber 是一种基于 MAST 语言的全新仿真器，不仅具有 Pspice 的功能，可以仿真电力电子元件、电路和系统性能，而且具有更精致的模型描述能力，它提供了多种功能强大的算法，并对精确系统方程提出了分段式线性评估理论，仿真精度更高。Saber 软件的最大特点是拥有非常丰富的模型库，不仅包含简化的行为级模型，而且包含具有详细参数的器件级模型，还具有电力电子器件建模工具，非常适合电源的详细设计电路仿真。Saber 也是一个系统级仿真软件，可以构建电源系统仿真模型，并且可以与 Simulink 进行联合仿真，充分发挥仿真效率和控制系统设计的优势。另外，Saber 拥有强大的 CosmosScope 数据处理工具，便于测量各项指标，并进行频域分析和函数计算。

Multisim 适用于板级的模拟/数字电路板的设计，它包含电路原理图的图形输入、电路硬件描述语言输入方式，并提炼了 Spice 仿真的复杂内容，便于设计师使用。PSIM 是专门用于电力电子和电机控制领域的专业仿真软件，仿真效率高，在各个不同系统的仿真领域、控制环路设计和电机驱动系统设计领域得到了广泛应用。LTspice 高性能电路仿真软件包括一个庞大的宏模型库，利用专有建模技术实现宏模型，仿真效率极高，特别适用于开关电源设计的仿真。

上述电路仿真软件只是为电路特性分析提供了建模工具和仿真环境，在工程实践中，最重要的是根据产品仿真需求，对建模对象进行合理的简化和等效，采取合适的仿真软件进行建模和仿真，根据仿真需求，选择合理的仿真算法、仿真步长和数据结果，在仿真效率和准确性两方面进行权衡，实现仿真的目的。

参考文献

[1] 叶慧贞，杨兴洲. 新颖开关稳压电源[M]. 北京：国防工业出版社，1999.

[2] 张占松，蔡宣三. 开关电源的原理与设计[M]. 北京：电子工业出版社，2002.

[3] Sivan L. Microwave Tube Transmitters[M]. New York: Chapman and Hall, 1994.

第 7 章

雷达发射机特种元件

本章针对雷达发射机中充电电感、充电变压器、脉冲形成网络、脉冲变压器和开关电源变压器常用特种元件的工作原理、参数计算和设计方法进行介绍与讨论，并给出相关的等效电路、设计公式、参考曲线和数据表格，以充电电感为设计实例，具体说明雷达发射机特种元件的具体设计方法。

7.1 概述

雷达发射机的主要功能是为雷达系统提供满足技术要求的大功率微波脉冲信号。雷达发射机既有连续波雷达发射机，又有脉冲雷达发射机，而应用最为广泛的还是脉冲雷达发射机。无论连续波雷达发射机，还是脉冲雷达发射机，都需要电感、电容、变压器等各类特种元件，尤其是脉冲雷达发射机还需要脉冲变压器和脉冲形成网络等元件。除雷达发射机外，应用于医疗、工业和科学研究等领域的特种电源、高压电源、脉冲调制器也都需要大量的各类特种元件。特种元件的设计、制造和应用技术越来越受到重视。

从事发射机设计和研究的工程技术人员都应知道，发射机特种元件在发射机中起着关键作用，尤其是在高功率真空管发射机中更是起着举足轻重的关键作用。如将低压交流电压升高并整流为直流高压，就需要大功率升压变压器、整流高压硅堆和滤波电感组合成的直流电源组件；线型调制器需要充电电感或充电变压器对 PFN（人工线）进行充电，将直流电源的能量储存到 PFN 的电容器中，再由 PFN 向匹配负载放电，形成满足雷达发射机要求的具有特定脉冲宽度、脉冲幅度和重复频率的调制脉冲，然后经过大功率脉冲变压器升压、阻抗与极性变换，传输到高频发射管，最终形成可供发射的微波脉冲信号。特种元件在发射机中所起的作用可参见图 7.1，该图所示的是一种采用线型调制器的脉冲雷达发射机的典型原理电路。

图 7.1 中的充电电感 L_C、PFN 和脉冲变压器 B_1（本章 B 为脉冲变压器物理符号，不同于一般变压器 T）分别在发射机的充电回路、放电回路和输出回路中起着决定性的作用。由此可见，掌握发射机特种元件的工作原理和设计方法是进行雷达发射机系统设计的基础技术之一。

随着新技术、新工艺和新材料的发展，发射机特种元件的设计和制造技术也在不断发展和进步，计算机辅助设计技术的应用，使得优化设计方案得以实施。新型磁性材料，尤其是优质薄带晶粒取向硅钢带、非晶和超微晶软磁材料、高频低损耗铁氧体材料的应用，使开关变压器、脉冲变压器和充电变压器等特种元件的性能进一步提高。

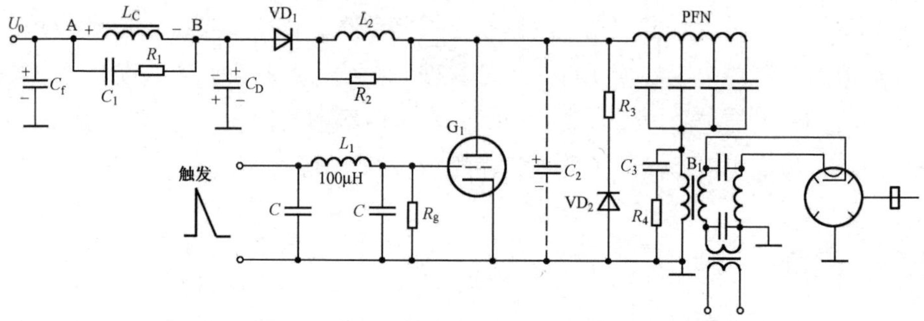

图 7.1　采用线型调制器的脉冲雷达发射机的典型原理电路

7.2　充电电感及充电变压器

充电电感是发射机的主要元件之一，充电电感的类型和电感参数的选择，主要依据发射机采用的调制器类型而定。充电变压器应用于线型调制器中，实现了回扫充电技术，使充电变压器既有充电电感的功能，又可以起到升压变压器的作用，同时还可以起到高隔离、低电压的作用。

7.2.1　充电电感的工作原理

图 7.1 中包括一种典型的线型调制器电路，而图 7.2 是其充电的等效电路，其等效条件如下所述。

（1）忽略 PFN 的电感，将 PFN 等效成一个电容 C_N。

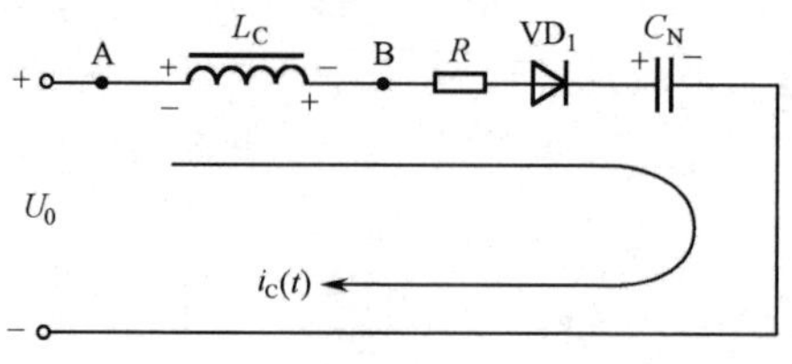

图 7.2　充电等效电路

（2）脉冲变压器的初级电感与充电电感 L_C 相比很小，可忽略不计，并认为 L_C 是线性的。

（3）反尖峰网络 L_2R_2 在充电过程中呈现的感抗很小，可忽略不计。

（4）高压电源的滤波电容 C_f 一般比 C_N 数值大 10 倍以上，因此可认为 C_f 上的电压 U_0 为常数。

充电电路中有隔离二极管 VD_1，其电路可工作在等待状态，因此脉冲重复频

率 F_r 可在一定范围内变化，$T_r=\dfrac{1}{F_r}$。实际中用得最多的是谐振状态和等待状态。

在谐振充电状态下，$\omega T_r=\pi$，$i_C(0)=0$。对图 7.2 所示的等效电路进行分析，可得出充电电流 $i_C(t)$ 和充电电压 $u_N(t)$ 的表达式为

$$i_C(t)=e^{-\alpha t}\frac{U_0-U_N(0)}{\omega L_C}\sin\omega t \tag{7.1}$$

$$U_N(t)=U_0+e^{-\alpha t}\left[U_N(0)-U_0\right]\left(\cos\omega t+\frac{\alpha}{\omega}\sin\omega t\right) \tag{7.2}$$

式中，U_N 为 PFN 电压。充电结束时（$t=T_r$），脉冲形成网络上的电压为

$$U_N(T_r)=U_0+\left[U_0-U_N(0)\right]e^{-\alpha T_r} \tag{7.3}$$

式（7.3）中，T_r 为脉冲重复周期，$\alpha=R/(2L_C)$，R 为回路电阻，充电电路的品质因数 $Q=\omega L_C/R$，$T_r=\dfrac{\pi}{\omega}$，由此可得到 $\alpha T_r=\pi/(2Q)$。所以有

$$U_N(T_r)=U_0+\left[U_0-U_N(0)\right]e^{-\frac{\pi}{2Q}} \tag{7.4}$$

7.2.2　充电电感参数的计算

在通常情况下，对于线型调制器来说，充电电路的 Q 值比较高，在 10～20 范围内，此时 $e^{-\pi/(2Q)}\approx 1$。在脉冲形成网络匹配放电的情况下，$U_N(0)=0$，所以，充电电压为

$$U_N(T_r)=2U_0 \tag{7.5}$$

当电路处于等待状态时，其脉冲重复周期 T_r 大于充电周期 T_C 的一半，但是由于电路中含有隔离二极管，所以不会出现新的瞬态，脉冲形成网络上的充电电压一直保持在 $2U_0$，直到开关管放电为止。

由式（7.1）可得到充电电流最大值 I_{CM} 为

$$I_{CM}=\frac{U_0-U_N(0)}{\omega L_C}=\frac{U_0-U_N(0)}{\rho_C} \tag{7.6}$$

式中

$$\rho_C=\sqrt{\frac{L_C}{C_N}}$$

ρ_C 为充电回路的特性阻抗。在脉冲形成网络进行匹配放电时有

$$I_{CM}=\frac{U_0}{\rho_C} \tag{7.7}$$

在谐振充电状态下，充电回路的平均电流和有效电流分别为

$$I_{\mathrm{cav}}=\frac{2}{\pi}I_{\mathrm{CM}} \tag{7.8}$$

$$I_{\mathrm{crms}}=\frac{1}{\sqrt{2}}I_{\mathrm{CM}} \tag{7.9}$$

在等待充电情况下，平均电流和有效电流分别为

$$I_{\mathrm{cav}}=\frac{T_{\mathrm{C}}}{T_{\mathrm{r}}}\times\frac{2}{\pi}I_{\mathrm{CM}} \tag{7.10}$$

$$I_{\mathrm{crms}}=\sqrt{\frac{T_{\mathrm{C}}}{2T_{\mathrm{r}}}}I_{\mathrm{CM}} \tag{7.11}$$

由于在谐振充电时，脉冲重复周期等于充电电路自然谐振周期的一半，即 $T_{\mathrm{r}}=T_{\mathrm{C}}$；而等待充电时，$T_{\mathrm{r}}>T_{\mathrm{C}}$，充电电感的电感量应保证满足

$$T_{\mathrm{r}}>T_{\mathrm{C}}=\pi\sqrt{L_{\mathrm{C}}C_{\mathrm{N}}} \tag{7.12}$$

即充电电感量为

$$L_{\mathrm{C}}<\frac{T_{\mathrm{r}}^{2}}{\pi^{2}C_{\mathrm{N}}} \tag{7.13}$$

7.2.3 充电电感的设计

充电电感的设计首先应根据技术要求确定其结构形式。高压大功率充电电感必须考虑高压绝缘和散热问题，一般采用油浸结构；高压小功率充电电感一般采用线圈环氧灌注结构；低压小功率充电电感一般采用标准的 C 形铁芯系列。

充电电感的主要技术指标包括：

（1）充电电感量 L_{C}；

（2）充电电流最大值 I_{CM}；

（3）脉冲重复周期 T_{r}；

（4）充电电路自然谐振周期 T_{C}；

（5）充电电压 U_{N}。

1. 充电电感参数的确定

确定充电电感铁芯体积的准则是：首先要满足充电电感的电感量要求，然后必须控制铁芯的损耗，以确保温升不超过绝缘允许的正常温度范围。

根据电磁感应定律，可确定铁芯体积为

$$V_{\mathrm{C}}=\frac{0.8L_{\mathrm{C}}I_{\mathrm{CM}}^{2}}{\Delta B\left(\dfrac{NI_{\mathrm{CM}}}{l}\right)k_{\mathrm{C}}} \tag{7.14}$$

式（7.14）中，I_{CM} 为充电电感中充电电流的最大值，L_C 为充电电感的电感量，N 为绕组匝数，l 为充电电感铁芯有效磁路长度，ΔB 为磁感应强度增量，k_C 为充电电感铁芯占空系数，$\dfrac{NI_{CM}}{l}$ 为磁场强度。

充电电感铁芯气隙中的磁场强度为

$$H_g = \frac{NI_{CM}}{l_g}$$

式中，l_g 为气隙总长度。充电电感铁芯气隙中的磁感应强度增量 ΔB_g 为

$$\Delta B_g = \mu_0 H_g$$

式中，μ_0 为空气的磁导率，其值为 $4\pi\times10^{-7}(\text{T}\cdot\text{m/A})$。

根据磁通连续性原则公式 $\Delta B_C S_C = \Delta B_g S_g'$，可得充电电感铁芯中的磁感应强度增量 ΔB_C 为

$$\Delta B_C = \Delta B_g \frac{S_g'}{S_C} \tag{7.15}$$

式（7.15）中，S_C 为充电电感铁芯的有效截面积，S_g' 为考虑气隙磁通扩散后的气隙导磁面积。

由于电感呈线性，因此带充电电感铁芯的线圈电感量不随流过的电流而变化。为此，充电电感采用带气隙铁芯。在大气隙条件下，充电电感量计算公式为

$$L_C = \frac{0.4\pi N^2 S_g'}{l_g'}\times10^{-8} \tag{7.16}$$

式（7.16）中，L_C 为充电电感量，N 为线圈绕组匝数，S_g' 为考虑气隙磁通扩散后的气隙导磁面积，l_g' 为考虑气隙磁通扩散后的有效气隙长度。求解充电电感线圈匝数的公式为

$$N = \sqrt{\frac{L_C l_g' 10^8}{0.4\pi S_g'}} \tag{7.17}$$

2. 充电电感设计举例

（1）明确技术要求如下：

充电状态为等待充电状态，脉冲重复周期 $T_r = 2780\mu s$，要求的充电时间 $T_C = 2470\mu s$，充电电压 $U_N = 32kV$，充电电流最大值 $I_{CM} = 3.6A$，充电电感量 $L_C = 3.9H$。

（2）进行导线选择，首先计算充电电流平均值为

$$I_{cav} = \frac{T_C}{T_r}\times\frac{2}{\pi}I_{CM} = \frac{2\,470}{2\,780}\times\frac{2}{\pi}\times3.6 \approx 2.04(\text{A})$$

然后计算充电电流有效值为

$$I_{\text{crms}}=\sqrt{\frac{T_{\text{C}}}{2T_{\text{r}}}}I_{\text{CM}}=\sqrt{\frac{2\,470}{2\times2\,780}}\times3.6\approx2.40(\text{A})$$

其电流密度取 $j=2\ \text{A/mm}^2$，则导线直径为

$$d=2\sqrt{\frac{I_{\text{crms}}}{\pi j}}=2\sqrt{\frac{2.4}{2\pi}}\approx1.24(\text{mm})$$

经以上计算，决定选择 QZ-2 的ϕ1.25 导线（导线规格为ϕ1.25mm）。

（3）进行充电电感铁芯体积的确定。

充电电感铁芯材料选择冷轧取向硅钢带 DQ151，其带厚为 0.35mm，充电电感铁芯磁感应强度增量ΔB取为 0.7T，充电电感铁芯磁场强度则取经验数据为

$$\frac{NI_{\text{CM}}}{l}=12\times10^3(\text{A/m})$$

此时充电电感铁芯气隙总长度与磁路长度之比 l_{g}/l 取为 0.02，充电电感铁芯占空系数 k_{C} 取为 0.95，则铁芯体积 V_{C} 为

$$V_{\text{C}}=\frac{0.8L_{\text{C}}I_{\text{CM}}^2}{\Delta Bk_{\text{C}}\left(\dfrac{NI_{\text{CM}}}{l}\right)}=\frac{0.8\times3.9\times3.6^2}{0.7\times0.95\times12\times10^3}\approx5.07\times10^{-3}(\text{m}^3)$$

根据以上计算结果，充电电感铁芯结构设计的结果如下：

- 充电电感铁芯带的宽度 $a=10$（cm）；
- 充电电感铁芯叠片叠厚 $b=13$（cm）；
- 充电电感铁芯窗口宽度 $W_{\text{C}}=10$（cm）；
- 充电电感铁芯窗口高度 $h_{\text{C}}=10$（cm）。

（4）计算绕组匝数。

充电电感铁芯有效磁路长度为

$$l=72(\text{cm})$$

气隙总长度

$$l_{\text{g}}=0.02l\approx1.44(\text{cm})$$

气隙导磁面积为

$$S'_{\text{g}}=(a+l_{\text{g}}/2)(b+l_{\text{g}}/2)=10.72\times13.72\approx147.08(\text{cm}^2)$$

充电电感铁芯占空系数取为 0.95，充电电感铁芯有效截面积则为

$$S_{\text{C}}=k_{\text{C}}ab=0.95\times10\times13=123.50(\text{cm}^2)$$

考虑扩散磁通后的有效气隙长度为

$$l'_{\text{g}}=l_{\text{g}}\frac{S_{\text{C}}}{S'_{\text{g}}}=1.44\times\frac{123.50}{147.08}\approx1.21(\text{cm})$$

则线圈绕组匝数为

$$N = \sqrt{\frac{L_C l'_g \times 10^8}{0.4\pi S'_g}} = \sqrt{\frac{3.9 \times 1.21 \times 10^8}{0.4\pi \times 147.08}} \approx 1\,598.28$$

根据上述计算结果，线圈绕组匝数选择 1 600 匝。

（5）计算充电电感铁芯中的磁感应强度增量。

首先计算充电电感铁芯气隙中的磁场强度为

$$H_g = NI_{CM} / l_g = 1600 \times 3.6 / 1.21 \times 10^2 \approx 4.76 \times 10^5 \text{(A/m)}$$

接着计算气隙中的磁感应强度增量为

$$\Delta B_g = \mu_0 H_g = 4\pi \times 10^{-7} H_g = 4\pi \times 4.76 \times 10^5 \times 10^{-7} \approx 0.60\text{(T)}$$

最后计算充电电感铁芯磁感应强度增量为

$$\Delta B_C = \Delta B_g \frac{S'_g}{S_C} = 0.6 \times \frac{147.08}{123.50} \approx 0.71\text{(T)}$$

由此可知，充电电感铁芯磁感应强度增量 ΔB_C 的值在允许的范围之内，这样就可以保证充电电感量的线性。

7.2.4　充电变压器

在线型调制器中采用回扫充电技术，可以有效提高调制脉冲的幅度稳定性，从而提高发射机高频幅度的稳定性和高频相位稳定性。而在回扫充电技术的实现过程中，充电变压器起到了关键的作用。从如图 7.3 所示的回扫充电线型调制器的原理电路可以看出，充电变压器具有充电电感和升压变压器的双重功能。

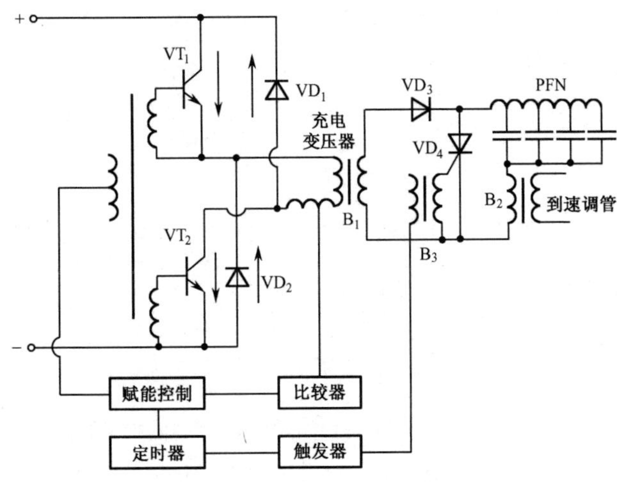

图 7.3　回扫充电线型调制器的基本原理电路

在线型调制器中，应用回扫充电变压器，具有下列优点：

（1）充电变压器具有高升压比特性，且初级处于低电位，电网电压可被直接整流成直流电压加到充电变压器的初级，省去了大功率高压整流电源变压器。

（2）充电变压器具有隔离作用，调制器组件的开关管与直流电源之间没有直接的电连接，调制器不容易“连通”，因而具有很强的承受正失配的能力。

（3）通过对充电变压器的初级电流采样，就可调整线型调制器的脉冲输出幅度，省去了大功率调压器。

1. 充电变压器的工作原理

回扫充电变压器的基本原理可以参照图 7.3。当定时器输出赋能控制信号时，三极管 VT_1 和 VT_2 导通，直流电压被加到充电变压器初级绕组两端。此时，由于充电变压器初、次级为反极性，次级电路中二极管 VD_3 处于反偏而截止，次级绕组呈开路，无电流流过。流经初级绕组的电流为磁化电流，该电流呈线性上升，当赋能控制脉冲结束时，该电流达最大值 I_{1m}。此时充电变压器中储存的磁能 W_m 为

$$W_m = \frac{1}{2} L_1 I_{1m}^2 \tag{7.18}$$

式（7.18）中，L_1 为充电变压器 B_1 初级绕组磁化电感。

赋能结束后，三极管 VT_1 和 VT_2 关断，初级电流降为零，次级绕组上的电压极性反向，使二极管 VD_3 处于正偏，次级导通，次级电流由零跳升至 I_{2m}。当次级对初级的匝数比为 n 时，次级电流最大值为

$$I_{2m} = I_{1m} / n \tag{7.19}$$

次级电流通过充电二极管 VD_3 向 PFN 充电。次级绕组的磁化电感 L_2 与 PFN 储能电容 C_N 组成谐振充电电路。PFN 电压充电至最大值 U_N 时，次级电流降为零，由此完成了充电变压器中的磁能向 PFN 中电容器的电能 W_e 的转化，W_e 为

$$W_e = \frac{1}{2} C_N U_N^2 \tag{7.20}$$

充电变压器次级形成的谐振充电电流由最大值降为零的时间为电容 C_N 的充电周期 T_2，它与充电电感的充电周期不同，T_2 只有自然谐振周期的 $\frac{1}{4}$，即

$$T_2 = \frac{\pi}{2} \sqrt{L_2 C_N} \tag{7.21}$$

式（7.21）中，L_2 为充电变压器 B_1 次级绕组电感。当初级赋能时，加在初级上的电压为持续时间 T_1 的脉冲电压，其幅值为 U_1。当赋能时间 $t = T_1$ 时，初级电流 I_{1m} 为

$$I_{1m} = \frac{U_1 T_1}{L_1} \tag{7.22}$$

2. 充电变压器的设计

在充电变压器的设计中，首先确定充电变压器的初级电感 L_1 和变比 n 等参数与电路参数及工作状态的关系，然后确定变压器参数与充电电感铁芯及绕组参数的关系。

1）变压器参数与电路参数和工作状态的关系

考虑充电效率后电容器的储能 $W_e = \eta W_m$，由式（7.18）和式（7.20）可得

$$C_N U_N^2 = \eta L_1 I_{1m}^2 \tag{7.23}$$

将式（7.22）代入式（7.23），经整理后可得初级电感关系式为

$$L_1 = \eta U_1^2 T_1^2 / (C_N U_N^2) \tag{7.24}$$

由式（7.21）可得次级电感关系式为

$$L_2 = 4T_2^2 / (\pi^2 C_N) \tag{7.25}$$

充电变压器的变比为

$$n = \sqrt{\frac{L_2}{L_1}} \tag{7.26}$$

将式（7.24）和式（7.25）代入式（7.26）经整理后，可得变比 n 的表达式为

$$n = \frac{2T_2 U_N}{\pi\sqrt{\eta} T_1 U_1} \tag{7.27}$$

2）充电变压器参数与铁芯及绕组参数的关系

为了保持充电变压器初、次级电感呈线性和充电变压器铁芯带气隙，其工作状态为无偏置单极性脉冲磁化，这点与充电电感是相同的。从前面对充电变压器工作原理的分析可以看出，其工作状态与单端反激式开关变压器相似。所以这几种元件的设计方法和参数选择是基本相同的。

铁芯工作磁感应强度增量 ΔB 为

$$\Delta B = B_C - B_r \tag{7.28}$$

式（7.28）中，$B_C = 0.7B_s$，B_s 为饱和磁感应强度，B_r 为剩余磁感应强度。

因初级电压持续时间为 T_1，脉冲电压为 U_1，故初级匝数为

$$N_1 = \frac{U_1 T_1}{\Delta B \cdot S_C} \times 10^4 = \frac{I_{1m} L_1}{\Delta B \cdot S_C} \times 10^4 \tag{7.29}$$

充电变压器铁芯有效截面积 S_C 可以先通过式（7.14）计算充电变压器铁芯体积 V_C，再选择充电变压器铁芯规格或自行设计充电变压器铁芯结构尺寸得到；也可通过计算充电变压器铁芯面积的乘积 A_P 来确定充电变压器铁芯尺寸，即

$$A_P = \frac{392 L_1 I_{1m} D_1^2}{\Delta B} \tag{7.30}$$

式（7.30）中，D_1 为初级绕组导线直径。

由式（7.16）可得有效气隙长度 l'_g 为

$$l'_g = \frac{0.4\pi N_1^2 S'_g}{L_1} \times 10^{-8} \tag{7.31}$$

有效气隙面积 S'_g 为

$$S'_g = \frac{\varphi}{\Delta B} = \frac{L_1 I_{1m}}{N_1 \Delta B} \times 10^4 \tag{7.32}$$

将式（7.29）和式（7.32）代入式（7.31）可得 l'_g 为

$$l'_g = \frac{0.4\pi L_1 I_{1m}^2}{S_C \Delta B^2} \tag{7.33}$$

了解和掌握充电变压器参数与充电变压器铁芯及绕组参数的关系后，就可顺利完成充电变压器的设计。

7.3 脉冲形成网络

脉冲形成网络是线型调制器的关键元件之一，其主要功能是将电源的直流功率转换为脉冲功率，从而形成满足雷达发射机特定要求的脉冲波形。

直流电源通过充电电感或充电变压器向脉冲形成网络谐振充电，将能量储存在脉冲形成网络内。脉冲形成网络通过脉冲变压器初级的等效负载放电，并在放电过程中形成特定的脉冲波形。

7.3.1 脉冲形成网络的放电原理

如图 7.1 所示电路在下列条件下，可以简化为如图 7.4 所示的放电等效电路。

（1）射频放大管的阻抗可等效成线性负载 R_L，并可以按脉冲变压器变比折算成为放电回路负载 R'_L。

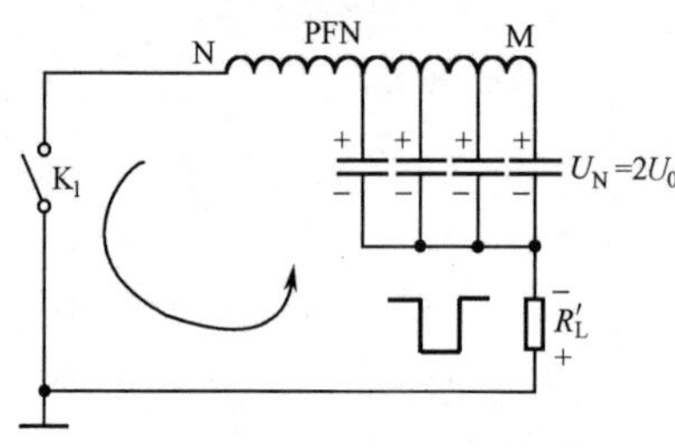

图 7.4 放电等效电路

（2）脉冲变压器初级电感值较大，漏感很小，在等效电路中可忽略，其次级分布电容及负载电容也可忽略。

（3）闸流管导通时，内阻 R_i 很小，可以忽略。

（4）PFN 的特性阻抗为 ρ_r。

电路的放电过程是：当 $t=0$ 时，K1 闭合，PFN 向负载 R'_L 放电，在 R'_L 上产生电压 $U'_L = I'_L R'_L$，其方向如图 7.4 所示。同时，有一个入射波电压 U_{in} 向 PFN 的终端

传送，也有一个入射波电流 I_{in} 向 PFN 终端传送

$$I_{in}=I'_L=U_{in}/\rho_r=U'_L/R'_L \tag{7.34}$$

于是

$$U_{in}=\frac{\rho_r}{R'_L}U'_L \tag{7.35}$$

U_{in} 到达 PFN 上的各点时，电压为 U_N-U_{in}，而在放电的瞬间 R'_L 上的电压为

$$U'_L=U_N-U_{in}=U_N-\frac{\rho_r}{R'_L}U'_L \tag{7.36}$$

$$U'_L=\frac{R'_L}{R'_i+\rho_r}U_N=\frac{1}{2}(K_U+1)U_N \tag{7.37}$$

式（7.37）中，K_U 为 PFN 始端的电压反射系数，即

$$K_U=\frac{R'_L-\rho_r}{R'_L+\rho_r} \tag{7.38}$$

将式（7.37）代入式（7.34），得出

$$I_{in}=I'_L=\frac{U_N}{R'_L+\rho_r}=\frac{1}{2}(K_U+1)\frac{U_N}{R'_L} \tag{7.39}$$

将式（7.37）代入式（7.35），得出

$$U_{in}=\frac{R'_L}{R'_L+\rho_r}U'_N\frac{\rho_r}{R'_L}=\frac{1}{2}(1-K_U)U_N \tag{7.40}$$

入射波电压 U_{in} 和入射波电流 I_{in} 向 PFN 终端传送，当 $\tau_d=\frac{\tau}{2}$ 时，到达终端 M 点，终端呈开路，电压反射系数为 1，此时 U_{in} 以同号等值反射回来，即 U_{in} 相对于 U_N 为负值，则反射波仍为负值，再经过 $\frac{\tau}{2}$ 的时间，终端反射回来的电压波又到达始端。由于 U_{in} 两次通过 PFN，所以此时 PFN 上的剩余电压为

$$U'_N=U_N-2\frac{\rho_r U_N}{R'_L+\rho_r}=K_U U_N \tag{7.41}$$

由于实际设计的放电回路处于匹配状态，特性阻抗 $\rho_r=R'_L$，反射系数 $K_U=0$，放电时间达到 τ 时，脉冲形成网络上的剩余电压为零，处于完全放电状态。所以，整个放电过程在脉冲持续时间为 τ 时，负载 R'_L 的电压 U'_L 为

$$U'_L=\frac{U_N}{2} \tag{7.42}$$

综上所述，PFN 的功能就是在负载上产生脉冲持续时间为 τ、脉冲电压幅值为 $U_N/2$ 的脉冲电压，并将储存的能量全部传输到负载上。

前面的分析是一种理想的放电过程。实际上，PFN 的负载为脉冲变压器，其放电过程受脉冲变压器参数的影响，形成的放电波形肯定存在上升时间、顶降、

下降时间和反摆的情况。

7.3.2 脉冲形成网络的设计

PFN的设计是线型调制器设计技术的基础设计之一，在设计时，首先应根据技术要求，确定结构形式，进而确定其基本参数：特性阻抗ρ_r、总电感量L_N、总电容量C_N和节数n'。

1）PFN的基本参数

PFN的基本参数——特性阻抗ρ_r为

$$\rho_r = \sqrt{\frac{L_N}{C_N}} \tag{7.43}$$

式（7.43）中，L_N为PFN的总电感量，C_N为PFN的总电容量。PFN的总电容量C_N为

$$C_N = \frac{\tau}{2\rho_r} \tag{7.44}$$

式（7.44）中，τ为脉冲持续时间，$C_N = nC_i$为各节电容之和，则PFN总电感量为

$$L_N = \frac{1}{2}\rho_r\tau \tag{7.45}$$

PFN的节数为

$$n' \geqslant 0.4\frac{\tau}{\tau_r} \tag{7.46}$$

式（7.46）中，τ_r为PFN放电时形成的脉冲上升时间。

2）PFN的技术要求

对PFN的技术要求，即指下述指标：

（1）充电电压U_N；（2）脉冲持续时间τ；

（3）特性阻抗ρ_r；（4）重复频率F；

（5）脉冲上升时间τ_f；（6）脉冲顶部降落（简称脉冲顶降）$\Delta A/A$；

（7）顶部波动$\Delta u/A$；（8）脉冲下降时间τ_f。

3）PFN的设计

在雷达发射机中，PFN通常采用等电容互感式结构，其特点是每节电容器的充电电压U_N、电容量C_i都相等，便于设计制造和选择通用标准产品。电感线圈是互感式结构，通过调整各节的电感和互感，能使顶部波动和顶降小于0.5%。

根据上升时间的技术要求，PFN的节数取为

$$n' \geqslant 0.4\frac{\tau}{\tau_r}$$

式中，n' 取为整数，每个电容器的电容量为

$$C_i = \frac{C_N}{n'} = \frac{\tau}{2n'\rho_r} \tag{7.47}$$

PFN 的电容器应选择无感式、低损耗、高比容的电容器。高压、大功率 PFN 电容器的介质多采用聚丙烯复合薄膜或云母纸，结构上采用浸油密封式，尽量选择标准值的定型产品，也可向专业化电容器厂家订购非标准产品，但电容器的耐压要比 U_N 高一倍，以避免电击穿，同时要注意电容完全放电的特点。

电感线圈可通过在一根开槽绝缘管上绕导线制成，导线电流密度取 $j = 4$ ～ $5(A/mm^2)$，当电感线圈浸于绝缘油中时，电流密度可适当增加。当电感量较小而节数又不太多时，可以采用直棒式结构，此时

$$l = (1.25n' + 0.4)D \tag{7.48}$$

式（7.48）中，D 为线圈外径（cm），l 为线圈有效总长度（cm）。线圈电感量 L_N 与线圈匝数 N 及结构尺寸的关系式为

$$L_N = \frac{N^2 D^2}{100l + 44D} \tag{7.49}$$

PFN 的线圈结构比较简单，但是每节电感的电感量和节与节之间的互感量与形成的脉冲电压波形的顶降和顶部波动密切相关；同时又受调制器实际电路的工作状态、元件参数及引线的分布参数的影响，其中有些参数的变化是不可预见的，这就给计算机模拟带来一些困难。所以，为获得最佳脉冲电压波形，一方面需要在结构上采取易于调整的措施，将电感线圈的各节制成分立结构，使每节电感能独立调整，而节与节之间的互感也可通过错位进行调整；另一方面，最终的调整需要在发射机整机的联调中进行。

7.3.3　多线并联脉冲形成网络的应用

多线并联脉冲形成网络也叫多线调制器，它是指用多个脉冲形成网络组成组件式的合成调制器，它与 Blumlein 电路不同。可以说，前者是并联放电的调制器，后者是串联放电的调制器，两者有本质的区别。

像在固态调制器中，由于开关管工作电压有限，PFN 的充电电压较低，升压脉冲变压器变比高，脉冲变压器的初级阻抗低，尤其在大功率高压调制器中，阻抗有时甚至低于 1Ω，对这种情况，就需要在进行线圈结构设计时，采用多线并联的调制器方案。若线数为 M 个，则每个 PFN 的阻抗 R_i 为

$$R_i = MR_L'(\Omega) \tag{7.50}$$

式（7.50）中，R_L' 为大功率高压脉冲变压器折合到初级的匹配阻抗。

使用 PFN 的个数越多，脉冲变压器的变比就越高，固态调制器的电压也就越低，这有利于固态调制器的小型化和提高可靠性。PFN 的个数越多，PFN 的特性阻抗的值就越大，电感线圈的电感量也就越大，对电感线圈的设计及调整也更加方便，从而使形成的脉冲电压波形上升时间和顶部波动也更容易达到技术要求。

7.3.4 Blumlein 脉冲形成网络

Blumlein 电路可以使脉冲变压器初级电压达到 PFN 的充电电压，也就是单线 PFN 放电电压的两倍，同时脉冲变压器的变比也可减小一半，由此大大改善了脉冲上升的时间。Blumlein 调制器的原理电路如图 7.5 所示。

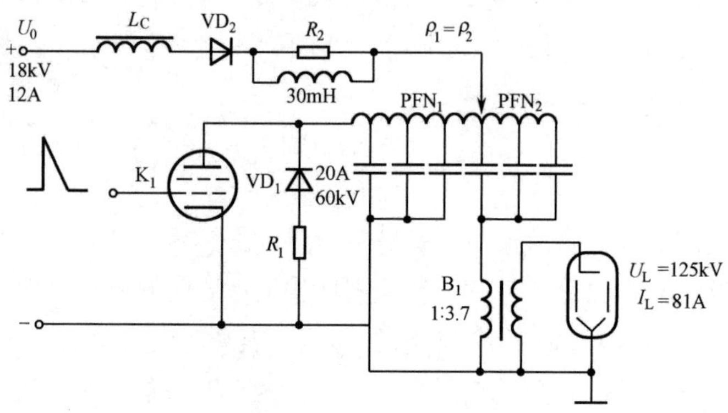

图 7.5 Blumlein 调制器的原理电路

7.4 脉冲变压器

脉冲变压器是脉冲电路中的关键元件，它广泛应用于雷达发射机、激光电源和电子加速器等脉冲设备中。其主要用途包括：

（1）进行阻抗匹配。例如，对雷达脉冲调制器中低阻抗的 PFN 与高阻抗的高频功率管之间的阻抗匹配。

（2）升高或降低脉冲电压。例如，在雷达发射机中，末级高频振荡管及末级高频功率放大管都需要较高的脉冲电压。而在一般情况下，脉冲都是在低压形成，然后用升压脉冲变压器进行升压。

（3）改变脉冲电压的极性（高压脉冲是正的或负的单一种极性）。在三极管发射机中，加在阳极上的脉冲电压是正极性；在磁控管或速调管发射机中，加在阴极上的脉冲电压是负极性。因此，需要脉冲变压器来改变脉冲电压的极性。

（4）起隔离作用。例如，将初级电路与次级电路隔离开来，以满足电路应用的需要。

在脉冲电路中，脉冲变压器用来变换具有一定脉冲宽度的周期性电压的脉冲。所以在电气性能上对脉冲变压器的要求是在变换电压脉冲时，脉冲波形的失真应最小。实际上，因为脉冲变压器本身是一种有损耗、非线性的动态网络，所以失真是不可避免的。设计脉冲变压器的基本要求是使被变换的脉冲波形失真最小，同时还必须满足对脉冲变压器的效率、温升和体积、质量及结构等的要求。

7.4.1　脉冲变压器的脉冲波形参数

在对脉冲变压器的技术要求中，最为重要的就是对脉冲波形的要求。对脉冲变压器工作原理的分析，就是从理论上确定脉冲波形与脉冲变压器结构参数及应用电路状态的关系，而脉冲变压器的技术设计，则是确定满足脉冲波形要求的变压器结构。

典型的脉冲波形及其参数如图 7.6 所示。

如图 7.6 所示的脉冲波形的相关参数定义如下：

（1）峰值脉冲幅度为 A，它是指通过脉冲顶部的平滑曲线外推线的最大值，且除去起始的尖峰或过冲。

（2）脉冲持续时间为 τ，它是指脉冲幅度等于峰值脉冲幅度 50%的最初瞬间和最后瞬间的相隔时间。

（3）脉冲上升时间为 τ_r，它是指脉冲幅度最初达到峰值脉冲幅度 10%的瞬间与 90%的瞬间的相隔时间。

（4）脉冲下降时间为 τ_f，它是指脉冲幅度降到峰值脉冲幅度 90%的瞬间与脉冲幅度继续降到峰值脉冲幅度 10%的瞬间的相隔时间。

（5）脉冲顶降为 $\Delta A/A$，它是指峰值脉冲幅度最高点（除去起始尖峰或过冲）与曲线下降开始时刻的垂直线上的交点之间的差值，称作脉冲顶降（也叫脉冲线性降落），用脉冲幅度之差的百分比表示。

（6）脉冲过冲为 θ，它是指脉冲顶峰超过峰值脉冲幅度的数值。脉冲过冲用峰值脉冲幅度的百分比来表示。

（7）反摆是指反向脉冲的最大幅度，即越过零电平以下的部分。反摆用峰值脉冲幅度的百分比来表示。

（8）恢复时间是指脉冲下降到峰值脉冲幅度 10%的时刻与脉冲反摆幅度最后达到峰值幅度 10%的瞬间相隔的时间。

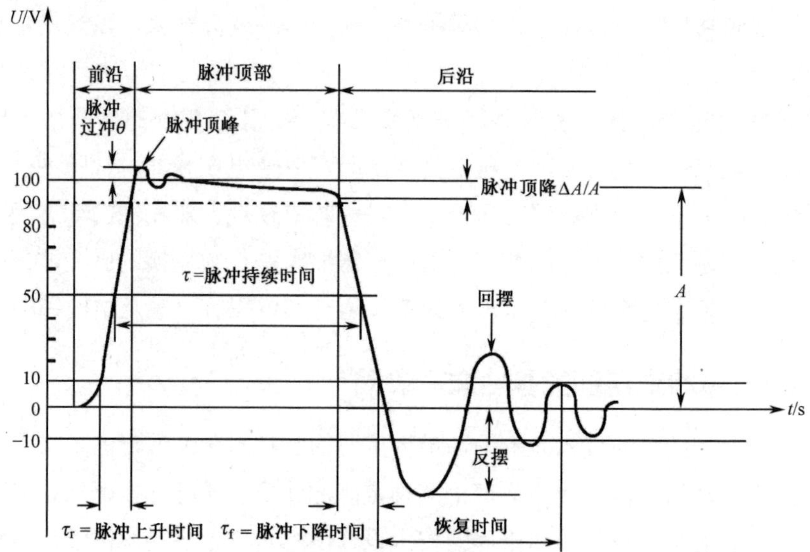

图 7.6 典型的脉冲波形及其参数

7.4.2 脉冲变压器的等效电路分析及波形参数计算

脉冲变压器性能的好坏，直接影响雷达发射机的性能指标。准确设计合乎要求的脉冲变压器是至关重要的，确定和利用正确的等效电路，并据此计算相关波形参数是设计成功的基础。

1. 脉冲变压器的等效电路

脉冲变压器的基本等效电路如图 7.7 所示。

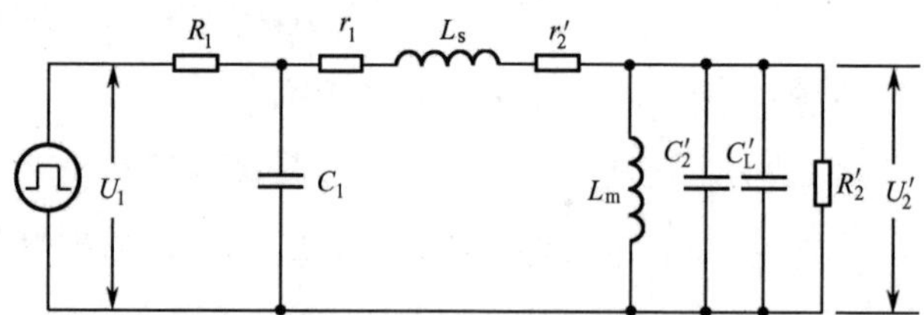

图 7.7 脉冲变压器的基本等效电路

该图中，U_1 为脉冲源的脉冲电压（输入电压）；U_2' 为换算到初级回路的负载输出脉冲电压，$U_2' = U_2 / n^2$，其中 U_2 为变压器次级输出脉冲电压；R_1 为脉冲源内阻；r_1 为变压器初级损耗电阻；r_2' 为变压器次级的损耗电阻 r_2 换算到变压器初级的损耗电阻，$r_2' = r_2 / n^2$，其中 r_2 为变压器次级损耗电阻；R_2' 为换算到初级回路的次级负载电阻，$R_2' = R_2 / n^2$，其中 R_2 为次级负载电阻；C_1 为变压器初级分布电容；C_2' 为换算到初级回路的变压器次级分布电容，$C_2' = C_2 n^2$，其中 C_2 为变压器次级分布电容；C_L' 为换算到初级回路的负载电容，$C_L' = C_L n^2$，其中 C_L 为负载电容；L_s 为变压器等效漏感；L_m 为变压器的有效磁化电感（简称有效磁化电感）；n 为变比，$n = N_2 / N_1$；N_1 和 N_2 分别为初、次级匝数。

在多数情况下，变压器初级损耗电阻 r_1 与脉冲源内阻 R_1 相比可以忽略；变压器次级损耗电阻 r_2 与次级负载电阻 R_2（R_2 折算到初级负载电阻 R_2'）相比可以忽略；将所有次级回路的电容用 C_s 表示，C_s' 为换算到初级回路的分布电容数值，$C_s' = C_2' + C_L'$；初级回路的电容用 C_p 表示，则如图 7.7 所示的等效电路可简化为如图 7.8 所示的等效电路。

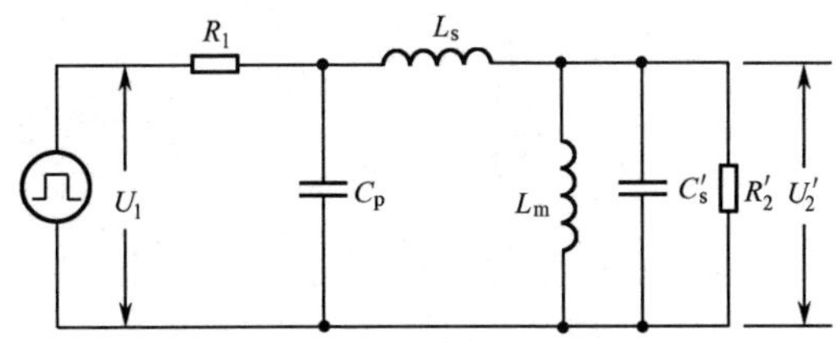

图 7.8　脉冲变压器的简化等效电路

在如图 7.8 所示的脉冲变压器的简化等效电路中，等效漏感 L_s、有效磁化电感 L_m 和换算到初级回路的分布电容 C_s' 是脉冲变压器的基本参数。脉冲源输入的脉冲电压经过脉冲变压器引起的失真主要是受这些参数的影响。通过对等效电路工作状态的分析，便可在理论上确定脉冲变压器基本参数与脉冲波形参数的关系，为设计提供依据。完成脉冲变压器的结构设计后，脉冲变压器的基本参数也可通过计算获得。

为了便于分析，下面将按脉冲波形的上升、顶部和下降三个阶段来进行分析。

2. 脉冲上升时间的参数计算

在脉冲上升期间，电压和电流迅速变化，等效频率较高，此时存在 $\omega L_m \gg \dfrac{1}{\omega C_s'}$，有效磁化电感 L_m 的影响可以忽略。如图 7.8 所示的脉冲变压器简化等效电路又可简化为如图 7.9 所示的脉冲变压器上升时间的简化等效电路。

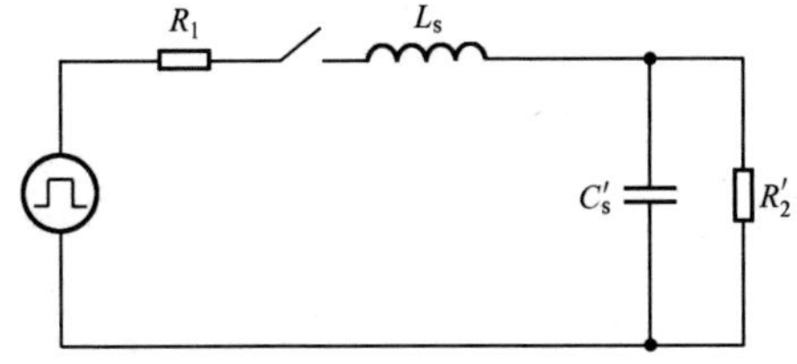

图 7.9　脉冲变压器上升时间的简化等效电路

电路分析和计算可以从图 7.9 所示的电路出发，这里不作详述。分析结果得出的脉冲上升时间特性如图 7.10 所示，该图中脉冲上冲特性系数 k 的计算公式为

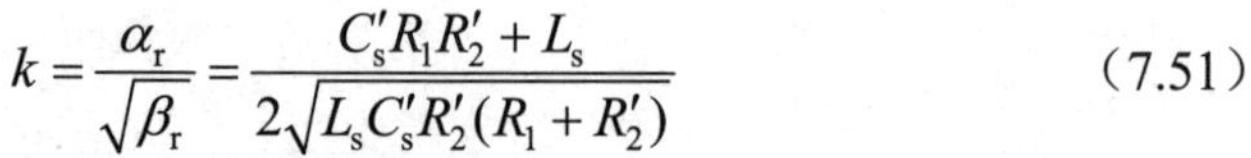

$$k=\frac{\alpha_{\mathrm{r}}}{\sqrt{\beta_{\mathrm{r}}}}=\frac{C_{\mathrm{s}}'R_1R_2'+L_{\mathrm{s}}}{2\sqrt{L_{\mathrm{s}}C_{\mathrm{s}}'R_2'(R_1+R_2')}} \tag{7.51}$$

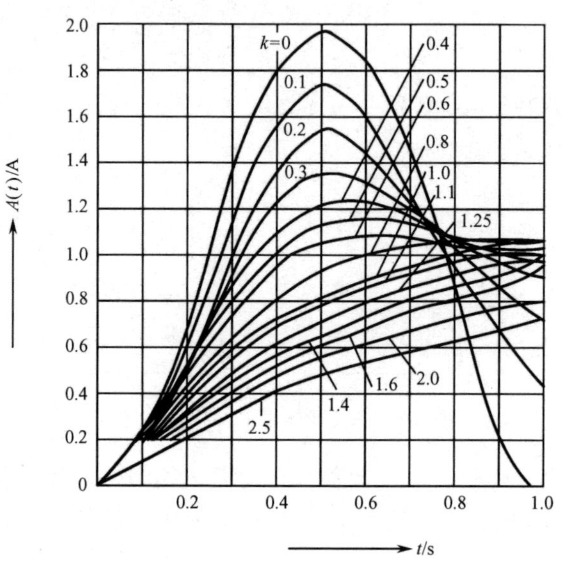

图 7.10　脉冲上升时间特性

式（7.51）中

$$\alpha_{\mathrm{r}}=\frac{1}{2}\left(\frac{R_1}{L_{\mathrm{s}}}+\frac{1}{C_{\mathrm{s}}'R_2'}\right) \tag{7.52}$$

$$\beta_{\mathrm{r}}=\frac{1}{L_{\mathrm{s}}C_{\mathrm{s}}'}\left(1+\frac{R_1}{R_2'}\right) \tag{7.53}$$

上升时间系数为

$$\sigma_{\mathrm{r}}=\frac{t}{T}=\frac{t\sqrt{\beta_{\mathrm{r}}}}{2\pi} \tag{7.54}$$

式（7.54）中，t 表示时间。

由图 7.10 可以看出，当 $k<1$ 时，电路呈振荡状态；当 $k=1$ 时，电路呈临界状态；当 $k>1$ 时，电路呈阻尼状态；且 k 值越小，脉冲过冲越大，上升时间越短。为兼顾上升时间和脉冲过冲等要求，k 通常在 0.5～0.7 范围内取值。

若已知参数 R_1，R_2' 和 C_{s}'，L_{s}，便可由式（7.51）计算出 k 值。图 7.11 所示为系数 σ_{r} 与 k 值的关系曲线，图 7.12 所示为脉冲过冲 θ 与 k 的关系曲线。

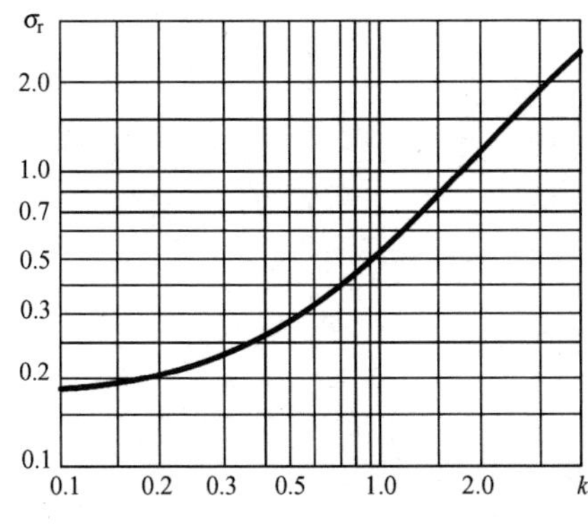

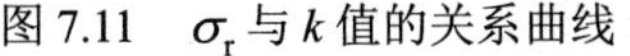
图 7.11　σ_r 与 k 值的关系曲线

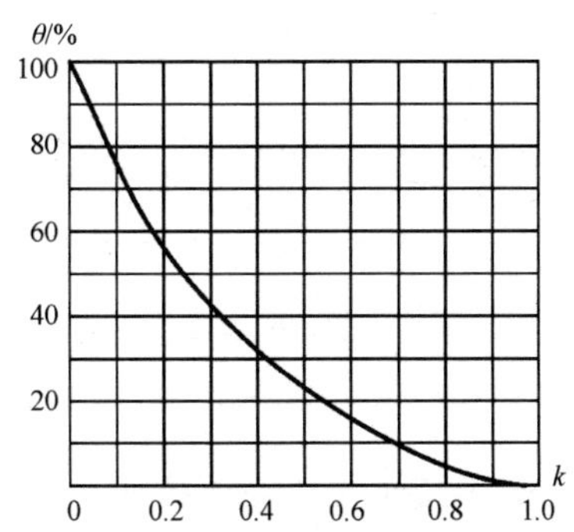

图 7.12　脉冲过冲 θ 与 k 的关系曲线

脉冲变压器简化等效电路参数 R_1, R_2' 和脉冲上升时间 τ_r 与参数 L_s 和 C_s' 的关系如下

$$L_s C_s' = \frac{1}{4\pi^2}\left(1+\frac{R_1}{R_2'}\right)\left(\frac{\tau_r}{\sigma_r}\right)^2 \tag{7.55}$$

3. 脉冲顶降的计算

在脉冲顶部期间，负载电流和电压基本是恒定的，漏感和分布电容的影响可以忽略。引起顶降的主要原因是脉冲变压器磁化电流的增长。也就是说，并联磁化电感 L_m 的分流作用是引起输出脉冲电压顶降的主要因素。脉冲变压器顶降 $\Delta A/A$ 的简化等效电路如图 7.13 所示。

由分析结果得出的脉冲变压器顶降的计算公式为

$$\Delta A / A = \frac{R_1 R_2' \tau}{L_m (R_1 + R_2')} \tag{7.56}$$

当刚管调制器工作在过压状态时，因 R_1 很小可视为恒压源，其顶降很小；当刚管调制器工作于欠压状态时，因 R_1 较大可视为恒流源，其顶降较大。对于线型调制器来说，由于 $R_1 = R_2'$ 近似为恒流源，脉冲顶降较小，因此输出脉冲的顶降为

$$\Delta A / A = \frac{R_1 \tau}{2L_m} \tag{7.57}$$

4. 脉冲下降时间的计算

当脉冲源截止时，磁化电感 L_m 中的电流达到最大值，并联初级回路的分布电容 C_s' 上的电压维持在 $U_2'(1-\Delta A/A)$。脉冲电压的下降过程就是储存在磁化电感中的磁场能量和储存在并联分布电容中的电场能量的释放过程。这期间的简化等效电路如图 7.14 所示。

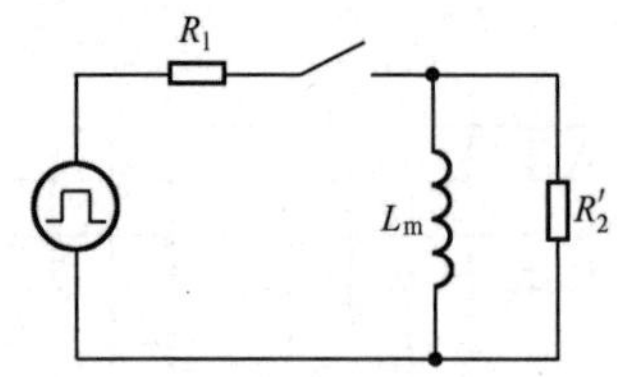

图 7.13　脉冲变压器顶降 $\Delta A/A$ 的简化等效电路

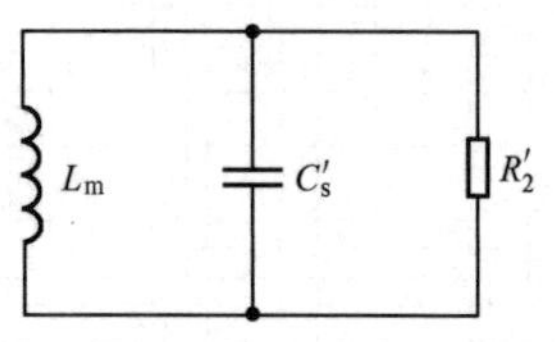

图 7.14　脉冲变压器下降过程的简化等效电路

由分析结果可以得出脉冲下降时间 τ_f 的计算公式为

$$\tau_f = R_2' C_s' \ln\left(1 + \frac{L_m}{R_2' \tau}\right) \tag{7.58}$$

7.4.3　脉冲变压器的铁芯

脉冲变压器的参数与铁芯材料的性能、绕组形式和绝缘材料的性能有关，其中最关键的是铁芯材料的性能。如果脉冲变压器铁芯的磁感应强度增量 ΔB 的值越高，脉冲磁导率 μ_P 越大，且铁芯损耗又小，则所设计的脉冲变压器脉冲波形失真就越小，效率就越高，温升也越低。

铁芯材料是根据脉冲变压器的功率、脉冲持续时间、重复频率和工作环境进行选择的。脉冲变压器常用的铁芯材料有冷轧取向硅钢薄带、坡莫合金、非晶合金、超微晶合金和铁氧体等。铁芯类型有矩形铁芯、环形铁芯、C 形铁芯（带气隙）和定型铁氧体磁芯等。铁芯的磁化工作状态分为无偏置脉冲磁化、充电电流偏置脉冲磁化和直流偏置脉冲磁化三种工作状态。

1. 无偏置脉冲磁化工作状态下的脉冲变压器铁芯

脉冲变压器铁芯无偏置脉冲磁化工作状态的脉冲磁化过程如图 7.15 所示。

当脉冲持续时间为 τ、幅值为 U_m 的单极性脉冲电压加到匝数为 N 的脉冲变压器绕组上后，依据电磁感应定律，铁芯中磁感应强度增量 ΔB 为

$$\Delta B = \frac{U_m \tau}{N S_C} \tag{7.59}$$

式（7.59）中，U_m 为峰值脉冲电压，τ 为脉冲持续时间，N 为绕组匝数，S_C 为铁芯有效截面积。

由图 7.15 可以看出，在无偏置磁化工作状态下，最大磁感应强度增量 ΔB_{max} 为

$$\Delta B_{max} = B_s - B_r \tag{7.60}$$

式（7.60）中，B_s 为铁芯饱和磁感应强度（T），B_r 为铁芯剩余磁感应强度（T）。

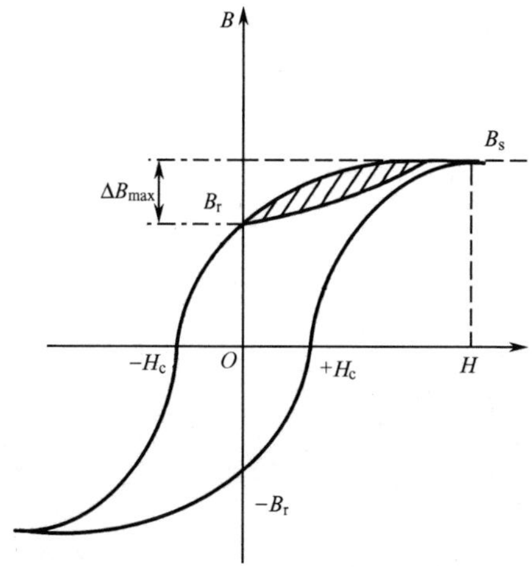

图 7.15　无偏置脉冲磁化过程

当无偏置单极性脉冲变压器工作时，其磁感应强度增量 ΔB 一定不能大于最大值 ΔB_{max}，否则铁芯将产生饱和，使输出脉冲电压降低，或者使脉冲持续时间变短。

为了减小脉冲变压器的体积，脉冲变压器的铁芯材料需要具有较高的饱和磁感应强度和较低的剩余磁感，以获得最大的磁感应强度增量。高饱和、低剩余磁的坡莫合金 1J512、1J67h，非晶和超微晶等环形铁芯，铁氧体磁芯，磁路中插入非磁性间隙的冷轧取向硅钢铁芯等都是适合这种工作状态的脉冲变压器铁芯材料。

图 7.16、图 7.17 和图 7.18 分别给出了不同钢带厚度的切开无偏置带气隙冷轧取向硅钢薄带铁芯的脉冲磁特性（简称切开铁芯的脉冲磁特性）。

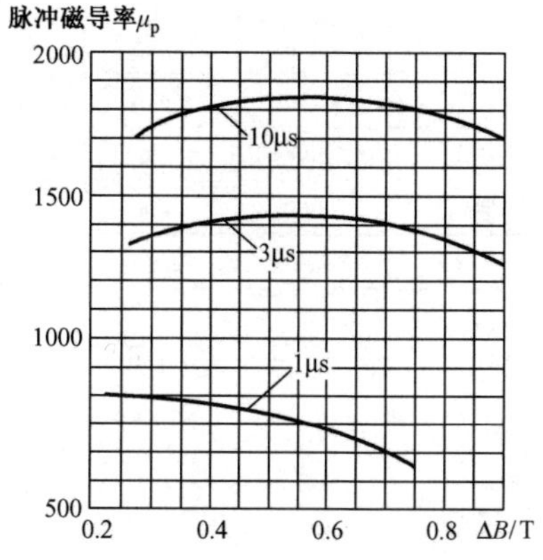

图 7.16　切开铁芯的脉冲磁特性（钢带厚度为 0.03mm）

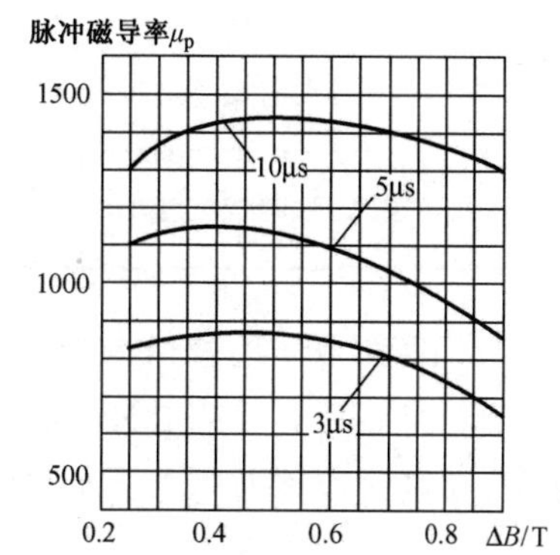

图 7.17　切开铁芯的脉冲磁特性（钢带厚度为 0.05mm）

图 7.19 给出两种低 B_r 坡莫合金铁芯的脉冲磁特性（图中的 1J512 和 1J67 为两种坡莫合金代号）。

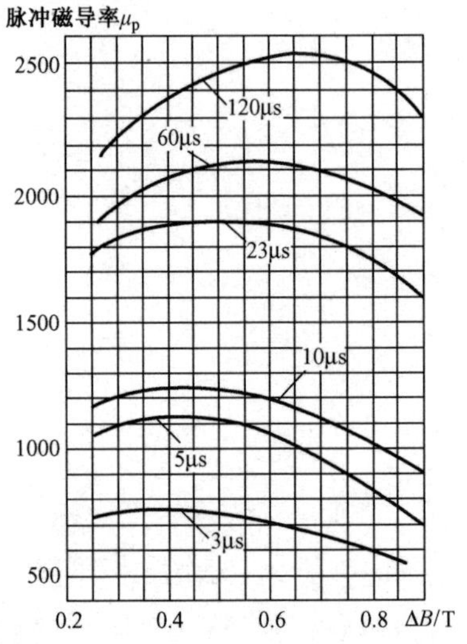

图 7.18　切开铁芯的脉冲磁特性
（钢带厚度为 0.08mm）

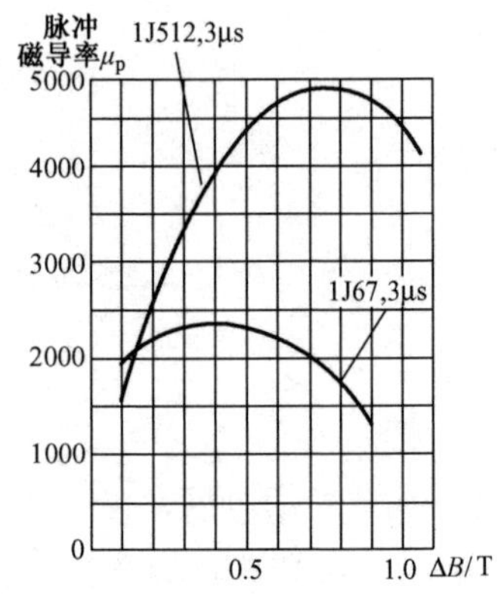

图 7.19　低 B_r 坡莫合金铁芯的脉冲磁特性

非晶和微晶铁芯的脉冲磁特性如表 7.1 所示。

表 7.1　非晶和微晶铁芯的脉冲磁特性

脉冲持续时间	铁 芯 材 料	脉冲磁特性				
1μs	超微晶合金	$\Delta B/10^{-4}$T	1 380	2 760	3 440	5 520
		$\mu_p/10^{-4}$T	12 400	11 700	10 680	7 820
	钴基非晶合金	$\Delta B/10^{-4}$T	960	2 880	3 840	4 800
		$\mu_p/10^{-4}$T	9 230	10 000	9 260	6 300
40μs	超微晶合金	$\Delta B/10^{-4}$T	1 730	3 450	8 620	10 350
		$\mu_p/10^{-4}$T	57 400	57 400	51 300	29 200
	钴基非晶合金	$\Delta B/10^{-4}$T	1 530	3 060	4 600	6 130
		$\mu_p/10^{-4}$T	12 700	12 680	12 500	11 800

这些曲线和表中的数据，为中、小功率脉冲变压器的设计提供了重要数据。

在脉冲状态下，动态脉冲磁滞回线的磁感应强度增量 ΔB 与相对应的磁场强度增量 ΔH 之比，称为动态脉冲磁导率 μ_p，即

$$\mu_p = \frac{\Delta B}{\Delta H} \tag{7.61}$$

2. 磁化偏置工作状态下的脉冲变压器铁芯

磁化偏置工作状态分为充电电流偏置和直流偏置两种。在具有 PFN 的线型调制器中，充电电流在脉冲间隔期间流经脉冲变压器初级绕组，而且其流向与脉冲电流方向相反，因此，能在脉冲变压器铁芯中产生偏置磁场。为了达到最佳偏置效果，通常对偏置磁场 H_S 的要求为

$$H_S \geqslant (1.5 \sim 2)H_c \tag{7.62}$$

式（7.62）中，H_c 为铁芯材料的矫顽力。

流经脉冲变压器初级绕组 N_1 的充电电流产生的偏置磁场 H_{Sc} 为

$$H_{Sc} = \frac{0.4\pi I_{cm} N_1}{l_C} \tag{7.63}$$

式（7.63）中，I_{cm} 为充电电流幅值（A），l_C 为铁芯磁路长度（cm）。

当 $H_{Sc} \geqslant (1.5 \sim 2)H_c$ 时，充电电流产生的偏置磁场最佳。充电偏置工作状态的脉冲磁化过程如图 7.20 所示，脉冲磁感应增量 ΔB 为

$$\Delta B = B_C - (-B_{rc}) = B_C + B_{rc} \tag{7.64}$$

式（7.64）中，B_C 为偏置状态铁芯磁感应强度，B_{rc} 为偏置状态铁芯剩余磁感应强度，在充电偏置工作状态下，脉冲磁感应增量通常比无偏置状态大 2～3 倍，脉冲磁导率也相应地增加。

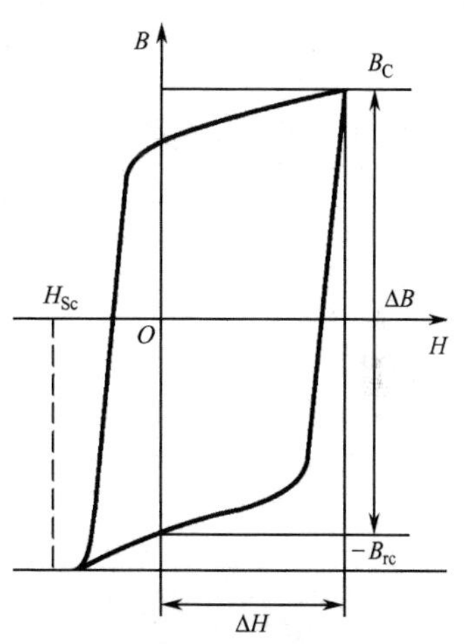

图 7.20　充电偏置工作状态的脉冲磁化过程

在刚管调制器或充电电流较小的软管调制器中，为了获得失真小的脉冲波形，通常在脉冲变压器中采用直流偏置方式，且在电路中增加直流偏置电源，以提供偏置所需的直流电流。

直流偏置绕组可以直接利用脉冲变压器的初级绕组，也可以在铁芯中单独绕一个偏置绕组。其直流偏置磁场强度 H_{Sd} 为

$$H_{Sd} = \frac{0.4\pi I_d N_d}{l_C} \tag{7.65}$$

式（7.65）中，I_d 为直流偏置电流，N_d 为偏置绕组匝数。

直流偏置工作状态与充电电流偏置工作状态类似。因为铁芯材料的矫顽力 H_c 比脉冲磁场强度小得多，当直流偏置磁场强度 $H_{Sd} \geqslant (1.5 \sim 2)H_c$ 时，直流偏置与充电电流偏置的脉冲磁导率比较接近。

图 7.21、图 7.22 和图 7.23 分别为不同钢带厚度的不切开冷轧取向硅钢薄带铁芯在直流偏置状态下的脉冲磁特性（简称不切开铁芯在直流偏置状态下的脉冲磁特性）。

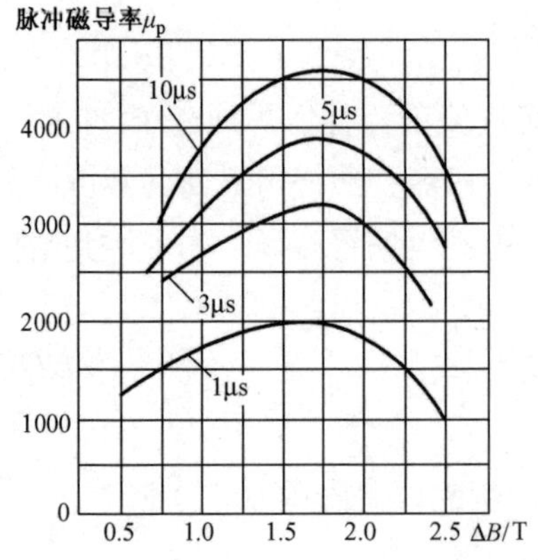

图 7.21　不切开铁芯在直流偏置状态下的脉冲磁特性（钢带厚度 0.03mm）

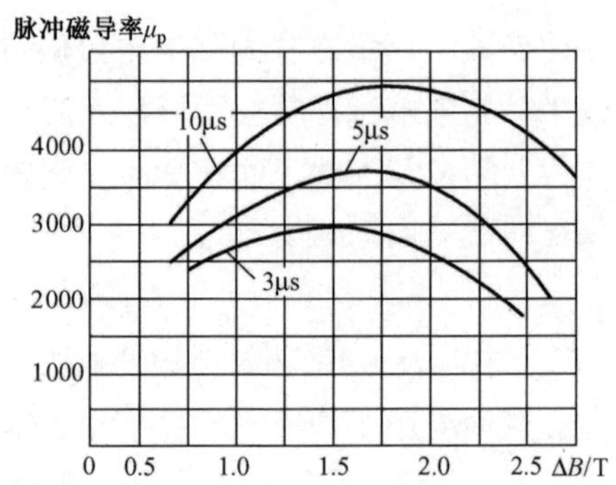

图 7.22　不切开铁芯在直流偏置状态下的脉冲磁特性（钢带厚度 0.05mm）

将偏置状态与无偏置状态的脉冲磁特性进行比较，可以发现，在相同材料带厚和相同脉冲持续时间的条件下，冷轧取向硅钢薄带铁芯偏置状态比无偏置状态的最佳磁感应强度增量高 3 倍，脉冲磁导率高 1 倍。偏置状态优越的脉冲磁特性，可以使脉冲变压器的体积小、质量小，且脉冲波形失真小。所以，大功率高压脉冲变压器都采用偏置工作状态。

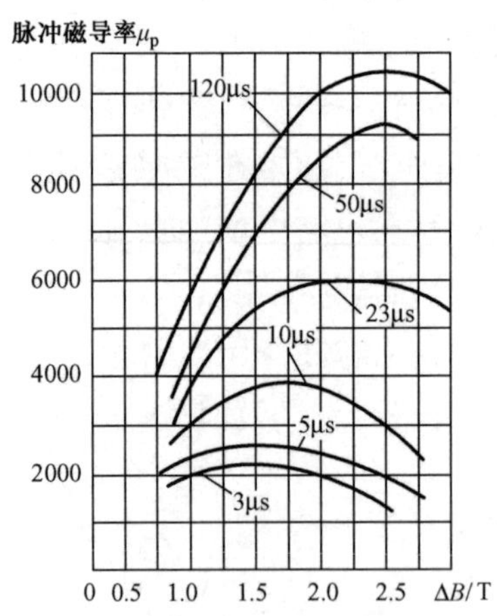

图 7.23　不切开铁芯在直流偏置状态下的脉冲磁特性（钢带厚度 0.08mm）

3. 脉冲变压器的铁芯损耗

脉冲变压器的损耗包括铁芯中的铁芯损耗（简称铁损）和绕组导线中的铜损耗（简称铜损）。脉冲变压器不同于一般变压器的是对传输的脉冲波形不失真的要求很高，其工作比又要求比较低，因此设计中为了保证脉冲波形顶降小，一般会使脉冲变压器的铁芯截面积尽量增大，以加大磁化电感，同时又能使漏感尽量小，还可使上升时间缩短。这样就使得脉冲变压器铁芯质量达到绕组铜质量数的 10 倍。所以，脉冲变压器的损耗主要取决于铁芯损耗（简称铁损）。只有在脉冲持续时间很长，工作比值较大时，绕组导线的铜损才起重要作用。

脉冲变压器的铁芯的铁损包括磁滞损耗、涡流损耗和剩余损耗三种，其中涡流损耗的作用最明显。在脉冲持续期间，涡流损耗 P_B 为

$$P_B = \frac{\Delta B^2 \delta_C S_C l_C}{12\rho_{RC}\tau^2} \tag{7.66}$$

式（7.66）中，ΔB 为脉冲磁感应强度增量，δ_C 为铁芯钢带厚度，S_C 为铁芯截面积，l_C 为铁芯平均磁路长度，ρ_{RC} 为铁芯材料的电阻率，τ 为脉冲持续时间。

由式(7.66)可知，当铁芯工作状态和绕组结构确定后，主要影响涡流损耗因素的是铁芯钢带厚度 δ_C。为了减少涡流损耗，必须根据不同的脉冲持续时间合理地选择铁芯钢带厚度。表 7.2 为不同脉冲持续时间所允许的铁芯钢带厚度。

表 7.2　不同脉冲持续时间所允许的铁芯钢带厚度

脉冲持续时间 τ/μs	<5	5～10	10～50	>50
铁芯钢带厚度 δ_C/mm	0.03	0.05	0.08	0.20

脉冲变压器铁芯的铁损 P_C 计算公式为

$$P_C = G_C P_{ch} \frac{\tau}{T} \tag{7.67}$$

式(7.67)中，G_C 为脉冲变压器铁芯质量，P_{ch} 为单位质量的脉冲损耗，T 为脉冲重复周期。

图 7.24、图 7.25 和图 7.26 分别给出了不同钢带厚度的硅钢铁芯的脉冲损耗曲线。

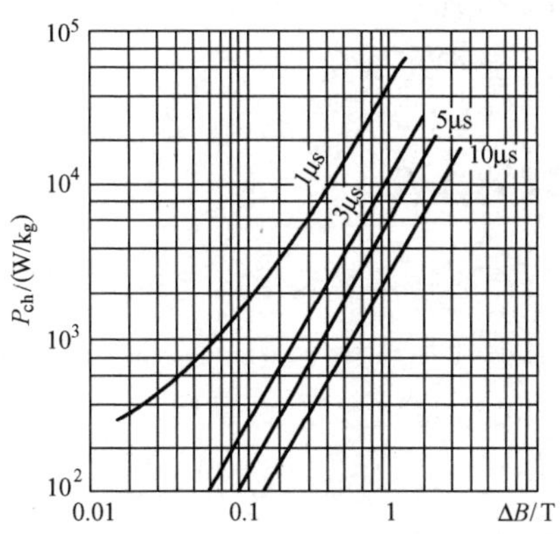

图 7.24　0.03mm 厚的硅钢铁芯的脉冲损耗曲线

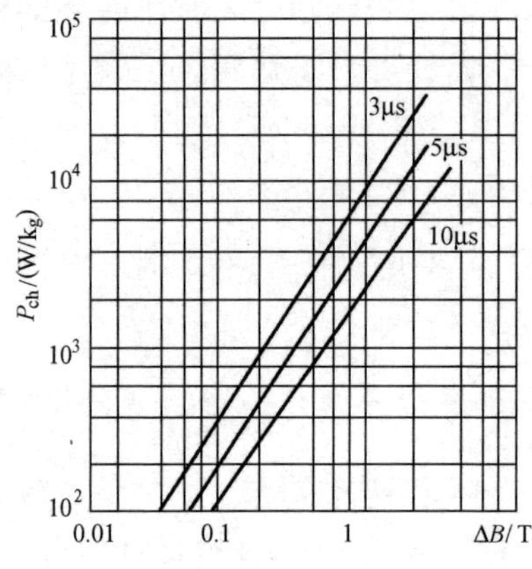

图 7.25 70.05mm 厚的硅钢铁芯的脉冲损耗曲线

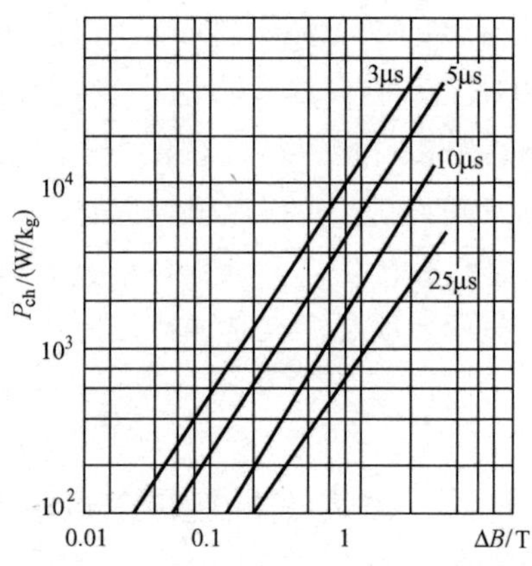

图 7.26 80.08mm 厚的硅钢铁芯的脉冲损耗曲线

4. 磁感应强度增量的选择

磁感应强度增量是设计脉冲变压器的重要参数之一，需根据不同的工作状态合理地确定磁感应强度增量 ΔB 。

（1） ΔB 的值不能超过最大磁感应强度增量 ΔB_{max} 。

（2）无偏置工作时，有

$$\Delta B = B_C - B_r \tag{7.68}$$

（3）偏置工作时，有

$$\Delta B = B_C + B_{rc} \tag{7.69}$$

一般允许最大的磁感应强度值的上限 B_C 取为 $0.7B_s$ （ B_s 为饱和磁感应强度）。

（4）为了使脉冲上升时间缩短，可取较高的 ΔB 值。

（5）对于重复频率高的变压器，为了控制温升， ΔB 值不宜取得很高；同样，窄脉冲变压器的 ΔB 值也不宜取得很高。

7.4.4 脉冲变压器的绕组

脉冲变压器绕组的设计原则是要满足规定的绝缘要求，保证有足够的散热能力和散热通道，尽可能地缩短绕组长度，以降低绕组导线的铜损，使脉冲变压器的体积达到最小，同时满足允许的漏感和分布电容值，以获得最低的 $\sqrt{L_s C_s'}$ 值。

脉冲变压器的绕组主要有圆柱形绕组、圆盘形绕组和环形绕组三种基本类型。低压小功率状态的脉冲变压器绕组全部采用圆盘形绕组和环形绕组，高压大功率脉冲变压器绕组主要采用圆柱形绕组。

1. 漏感的计算

脉冲变压器的绕组多数采用单层结构，这样可以减小其寄生参量。由于篇幅所限，此处不做漏感公式的推导，有兴趣的读者可以参看相关书籍。漏感 L_s 的计算公式为

$$L_s = \frac{0.4\pi N_1^2 l_m \times 10^{-8}}{M h_m} k_s \tag{7.70}$$

式（7.70）中，N_1 为初级匝数，l_m 为线圈平均匝长，h_m 为初、次级平均绕组高度，M 为漏磁势组数，k_s 为漏感系数。

在漏感计算公式中，漏磁势组数 M 与初、次级绕组的配置有关，脉冲变压器常用的绕组配置方式与漏磁势组数 M 如表 7.3 所示。漏磁势组数 M=1 或 M=2 时，漏感系数 k_s 与绕组配置、绝缘厚度 δ_z 和绕组导线总厚度 $\sum d_{mi}$ 有关，表 7.4 为脉冲变压器通用绕组配置的漏感系数 k_s 的计算公式。

表 7.3　脉冲变压器常用的绕组配置方式与漏磁势组数 *M*

漏磁势组数	间绕方式（每一铁芯柱上）
M=1	h_m　I　II　δ_1　δ_1　δ_z　δ
M=2	h_m　1/2　II　1/2　δ_1　δ_1　δ_1　$\delta_z/2$　$\delta_z/2$　δ

表 7.4 脉冲变压器通用绕组配置的漏感系数 k_s 的计算公式

序号	绕组配置图	漏感系数 k_s
1	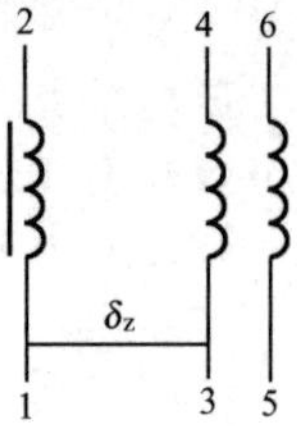 2 4 6 δ_z 1 3 5	$k_s = \delta_z + \dfrac{\sum d_{mi}}{3}$
2	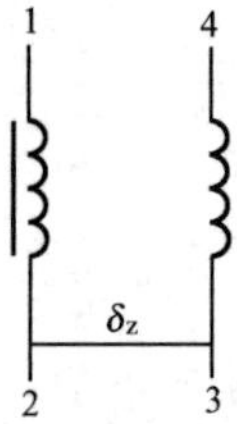 1 4 δ_z 2 3	$k_s = \delta_z + \dfrac{\sum d_{mi}}{3}$
3	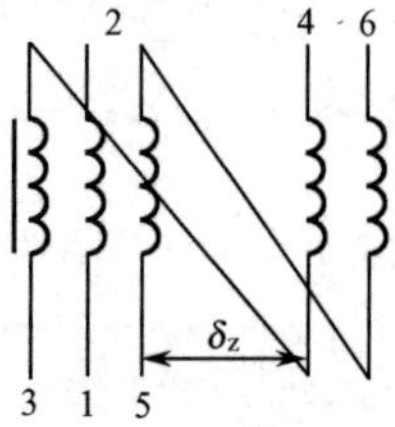 2 4 6 δ_z 3 1 5	$k_s = \left(\dfrac{n-1}{n}\right)^2 \left(\delta_z + \dfrac{\sum d_{mi}}{3}\right)$
4	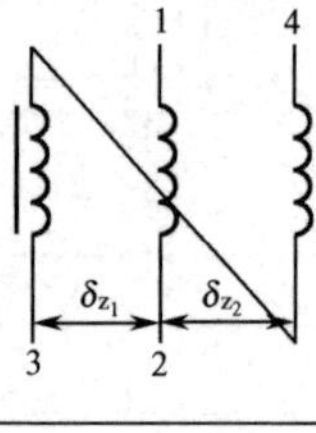 1 4 δ_{z_1} δ_{z_2} 3 2	$k_s = \delta_{z_1} + \delta_{z_2} + \dfrac{\sum d_{mi}}{3}$
5	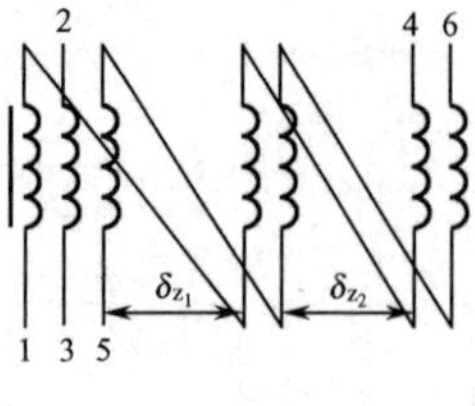 2 4 6 δ_{z_1} δ_{z_2} 1 3 5	$k_s = \left(\dfrac{n-1}{n}\right)^2 \left(\delta_{z_1} + \dfrac{\delta_{z_2}}{4} + \dfrac{\sum d_{mi}}{3}\right)$
6	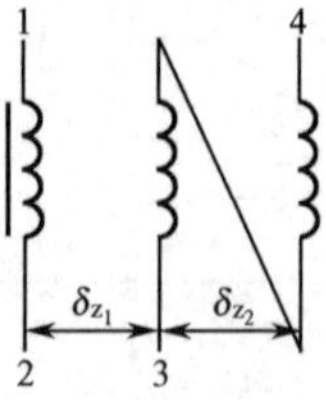 1 4 δ_{z_1} δ_{z_2} 2 3	$k_s = \delta_{z_1} + \dfrac{\delta_{z_2}}{4} + \dfrac{\sum d_{mi}}{3}$

续表

序号	绕组配置图	漏感系数 k_s
7	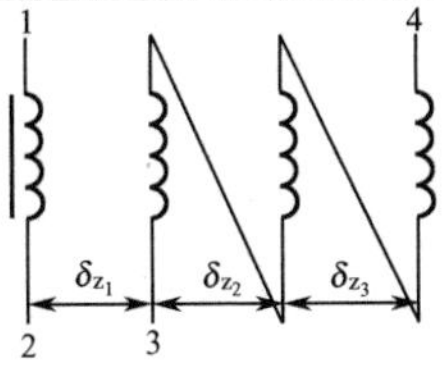	$k_s = \delta_{z_1} + \frac{4\delta_{z_2}}{9} + \frac{4\delta_{z_3}}{9} + \frac{\sum d_{mi}}{3}$
8	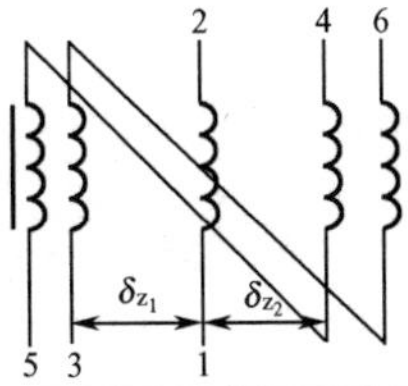	$k_s = \delta_{z_1} + \delta_{z_2} + \frac{\sum d_{mi}}{3}$
9	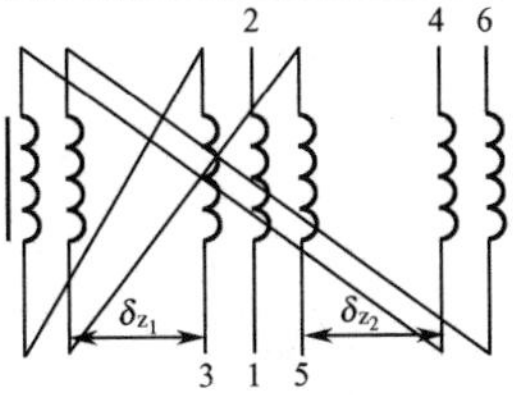	$k_s = \left(\frac{n-1}{n}\right)^2 \left(\delta_{z_1} + \delta_{z_2} + \frac{\sum d_{mi}}{3}\right)$
10	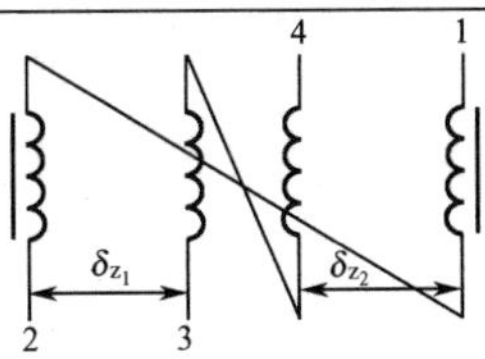	$k_s = \frac{1}{2}\left(\delta_{z_1} + \delta_{z_2} + \frac{\sum d_{mi}}{3}\right)$
11	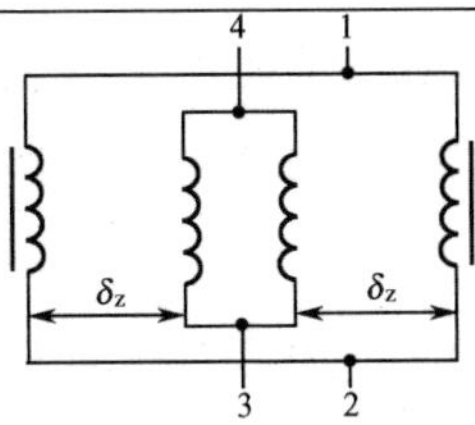	$k_s = \delta_z + \frac{\sum d_{mi}}{3}$
12	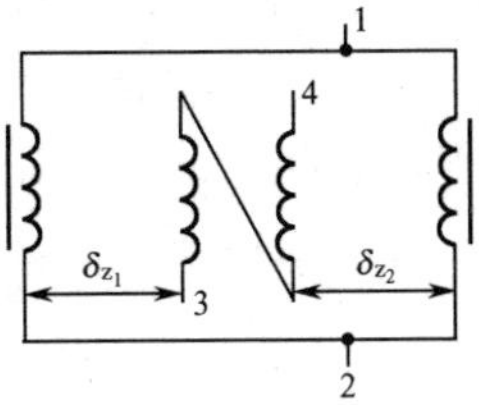	$k_s = \frac{1}{2}\left(\delta_{z_1} + \delta_{z_2} + \frac{\sum d_{mi}}{3}\right)$
13	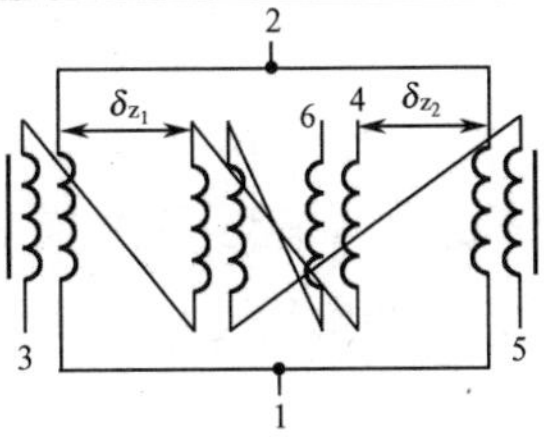	$k_s = \frac{1}{2}\left(\frac{n-1}{n}\right)^2 \left(\delta_{z_1} + \delta_{z_2} + \frac{\sum d_{mi}}{3}\right)$

续表

序号	绕组配置图	漏感系数 k_s
14	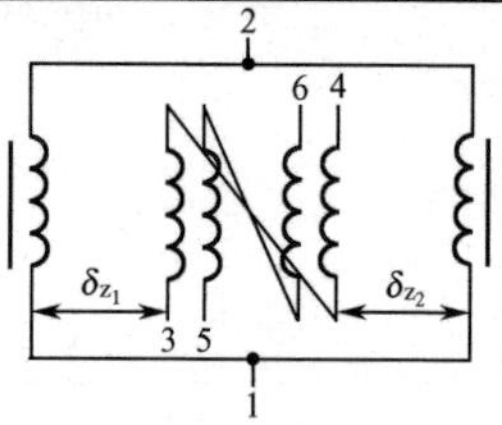	$k_s=\frac{1}{2}\left(\delta_{z_1}+\delta_{z_2}+\frac{\sum d_{mi}}{3}\right)$
15	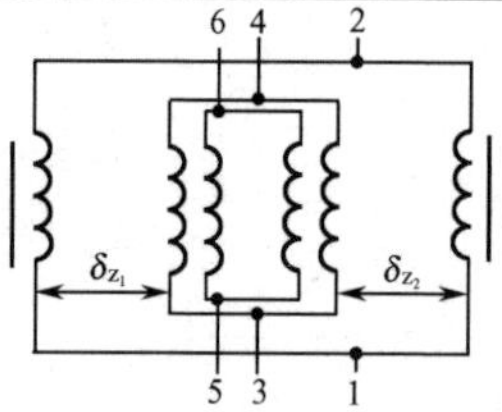	$k_s=\frac{1}{2}\left(\delta_{z_1}+\delta_{z_2}+\frac{\sum d_{mi}}{3}\right)$
16	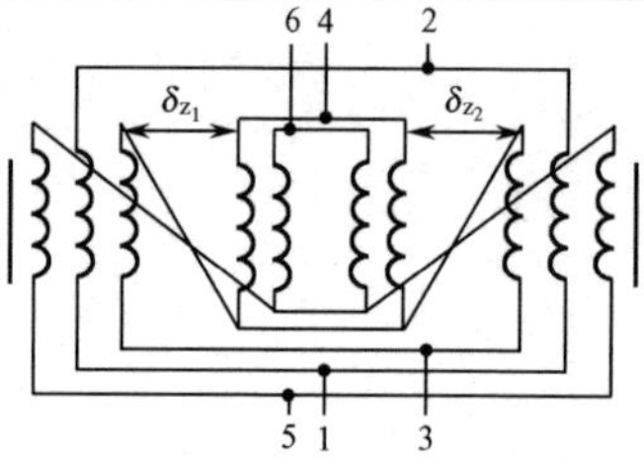	$k_s=\frac{1}{2}\left(\frac{n-1}{n}\right)^2\left(\delta_{z_1}+\delta_{z_2}+\frac{\sum d_{mi}}{3}\right)$

通过漏感的计算和工程实践，总结出减小漏感的主要方法如下：

（1）采用自耦式绕组结构，可大幅度降低脉冲变压器的漏感。其方法是将双绕组升压变压器次级绕组中与初级匝数相同的一部分绕在同一层，其余部分作为次级绕组外层绕在另一层。

（2）减小绕组之间的绝缘厚度，由于减小绝缘厚度即减小了漏磁面积，故可减小漏感，但此时分布电容增大，因而也要同时考虑耐压的要求。

（3）增加绕组高度，改变绕组配置，增加漏磁势组数 M。由于减小漏感与减小分布电容两者之间是相互矛盾的，当增加绕组高度和漏势组数 M、改变绕组配置时，分布电容会增大，所以必须折中考虑，以达到尽可能低的 $\sqrt{L_s C_s'}$ 值。

（4）减少初级绕组的匝数和平均匝长。

2. 分布电容的计算

脉冲变压器绕组与绕组、绕组与铁芯、绕组与屏蔽层以及绕组与外壳之间，由于存在电位差，所以形成电容。如果它们之间的电位差处处相等，则所形成的电容称为静态电容 C_{ox}，即

$$C_{ox} = \frac{0.0886 S_x \varepsilon}{\delta_x} \tag{7.71}$$

式（7.71）中，S_x 为形成电容的极板相对面积，δ_x 为极板之间的距离；ε 为绝缘材料的介电常数。

在大功率脉冲变压器中，绕组多为单层，极板相对面积就是绕组平均高度 h_m 和绕组平均匝长 l_m 的乘积。通常，绕组的绝缘是由固体绝缘（如环氧板骨架）和液体绝缘（如变压器油）组成的复合绝缘，其复合介电常数为

$$\varepsilon_i = \frac{\varepsilon_e \varepsilon_o (S_e + S_o)}{\varepsilon_e S_o + \varepsilon_o S_e} \tag{7.72}$$

式（7.72）中，ε_e 为环氧板的介电常数，ε_o 为变压器油的介电常数，S_e 为环氧板骨架的厚度，S_o 为变压器油道的厚度。

在变压器绕组中，电位分布是沿绕组高度呈梯形变化的，这样形成的电容就称为分布电容。脉冲变压器换算到初级的总分布电容 C_2' 为

$$C_2' = \frac{0.0886 l_m H_m}{3U_1^2} \sum \frac{\varepsilon_i}{\delta_{z_i}} (U_{a_i}^2 + U_{a_i} U_{b_i} + U_{b_i}^2) \tag{7.73}$$

式（7.73）中，i 为绕组的层间序号，U_1 为初级电压，l_m 为绕组平均匝长，H_m 为绕组平均高度，ε_i 为各绕组的复合介电常数，δ_{z_i} 为各绕组间绝缘厚度，U_{a_i} 为被计算的各绕组电容两电极间一端的电压，U_{b_i} 为被计算的各绕组电容两电极间另一端的电压。

减小分布电容的有效方法包括：

（1）为减小静态电容 C_{ox}，要选用介电常数低的绝缘材料，并适当增加绝缘厚度，以及减小电极面积，尤其注意减小高压绕组的静态电容。

（2）采用分段绕制的方式，以降低绕组间、层间的静态电容及电位差。当分段数为 m 时，分布电容可被降至不分段的 $1/m^2$。

（3）正确安排绕组极性和绕组间的连接。

可以将分布电容的计算公式（7.73）简化为

$$C_2' = 0.0886 l_m H_m k_d \tag{7.74}$$

式（7.74）中，k_d 为分布电容系数，即

$$k_d = \frac{1}{3U_1^2} \sum \frac{\varepsilon_i}{\delta_{z_i}} (U_{a_i}^2 + U_{a_i} U_{b_i} + U_{b_i}^2) \tag{7.75}$$

3. 绕组高频电阻的计算

当高频电流在导线中流过时，在导体中产生交变同轴磁通，越靠近导线中心，磁通量越大，且产生与高频电流方向相反的涡流越大，这使得靠近导线中心

的电流密度越小。由于高频电流就集中于导线表面层，所以相当于导线有效截面积被减小，这种现象称为趋肤效应。

根据脉冲变压器的频谱特性，可以认为脉冲变压器相当于宽带高频变压器。由于变压器绕组导线在高频时的趋肤效应和邻近效应的影响，其高频电阻 r_f 比其直流电阻 r_0 要大。脉冲持续时间 τ 的周期性脉冲电流可用正弦波高频电流来等效，该脉冲等效频率 f_e 为

$$f_e = \frac{4}{\pi\tau} \tag{7.76}$$

高频电流由于趋肤效应，沿导线表面开始能达到的径向深度称为趋肤深度。当导线为圆铜导线时，其趋肤深度为

$$\Delta = \frac{66.1}{\sqrt{f_e}} \tag{7.77}$$

在设计中，为了避免趋肤效应的影响，允许最大导线直径 d_y 为

$$d_y = \frac{132.2}{\sqrt{f_e}} \tag{7.78}$$

当导线直径超过式（7.78）的计算值时，可采用多根导线并绕或选用多股绞线。如果在脉冲变压器设计中，导线直径选择符合式（7.78）的条件，则趋肤效应的影响可以忽略。当导线的直径大于 d_y 时，考虑趋肤效应和邻近效应的影响，绕组高频电阻可按下面的方法计算：

对单根导线有

$$r_f = \left[Y + \left(\frac{NK_x d}{2gD}\right)X\right]r_0 \tag{7.79}$$

对多股绞线有

$$R_f = \left\{Y + \left[\left(\frac{K_x N}{2gD}\right)^2 + \frac{C}{d_0^2}\right]m^2 d^2 X\right\}r_0 \tag{7.80}$$

式中，Y 为考虑趋肤效应时，电阻增加的系数；X 为考虑邻近效应时，电阻增加的系数；D 为绕组外直径；N 为绕组匝数；d 为裸线直径或绞线中一根芯线的直径；d_0 为不包括外部绝缘材料的多股绞线外径；g 为匝的疏密度，等于 a/d，其中 a 为相邻两导线间距离；C 为

$$C = \frac{4(m-1)}{2m-1} \tag{7.81}$$

式（7.80）和式（7.81）中，m 为多股绞线的芯线数；K_x 为考虑线圈几何形状对邻近效应影响的系数，K_x 按下式计算，即

$$K_x = 6.5\left[\left(\frac{h}{d}\right)^{0.85} + \frac{\delta}{D}\right]^{-1} \tag{7.82}$$

式（7.82）中，δ 为绕组厚度，h 为绕组高度。系数 X 和 Y 与自变量 Z 的关系如表 7.5 所示。Z 的计算公式为

$$Z = 0.107d\sqrt{f_e} \tag{7.83}$$

表 7.5　系数 X 和 Y 与自变量 Z 的关系

系数	$Z \leqslant 1$	$1 < Z \leqslant 2$	$2 < Z \leqslant 3$
Y	1	1	$0.352Z+0.28$
X	$Z^4/64$	$0.185Z-0.17$	$0.185Z-0.17$

7.4.5　铁芯截面积的确定

在脉冲变压器的设计中，最核心的问题是确定最佳铁芯截面积的尺寸。铁芯截面积可按下式计算

$$S_C = \frac{1.11k_s k_d (F_m U_1 \tau / \Delta B)^2}{L_s C_2'} \tag{7.84}$$

式（7.84）中，S_C 为铁芯截面积，U_1 为初级峰值脉冲电压，τ 为脉冲持续时间，ΔB 为磁感应强度增量，F_m 为平均匝长因子，L_s 为脉冲变压器允许的漏感，C_2' 为脉冲变压器允许的分布电容，k_s 为漏感系数；k_d 为分布电容系数。

7.4.6　脉冲变压器的设计步骤

脉冲变压器的设计方法较多，本节通过举例说明目前国内常用的方法，在实际工程中，还是要针对具体的技术要求，对脉冲变压器的各种参数进行优化，以选择最合适的设计方案。

脉冲变压器的具体设计步骤如下：

（1）根据脉冲变压器对脉冲上升时间 τ_r、脉冲过冲 θ 提出的技术要求，由图 7.11 和图 7.12 查得满足要求的特性系数 k 和上升时间系数 σ_r。

（2）将 σ_r 和已知的应用电路参数 R_2' 和 R_1 代入式（7.55），便可求得满足脉冲上升时间的脉冲变压器 $L_s C_s'$ 的乘积。

（3）根据初、次级脉冲电流选择初、次级导线的直径和股数。根据具体电路对初、次级绕组的极性和电压的要求，选择绕组配置和绝缘材料，由表 7.4 中的相应绕组配置公式计算 k_s 值，再由式（7.75）计算 k_d 值。

（4）选择合适的铁芯材料和铁芯工作状态，确定工作磁感应强度增量 ΔB，

并从相关的特性曲线和数据表中查得相应的脉冲磁导率。

（5）对应于高压大功率宽脉冲油浸变压器，平均匝长因子 F_m 可取 5～7；对应于窄脉冲油浸变压器，平均匝长因子 F_m 则取 7～9。将上述有关参数代入式（7.84）便可计算出满足波形要求的最佳铁芯截面积。确定铁芯截面积后，就可计算脉冲变压器初、次级匝数，即

$$N_1 = \frac{U_1 \tau}{\Delta B S_C} \tag{7.85}$$

$$N_2 = n N_1 \tag{7.86}$$

式（7.85）中，U_1 为初级峰值脉冲电压，τ 为脉冲持续时间，ΔB 为磁感应强度增量，S_C 为铁芯截面积；式（7.86）中，n 为变压比。

7.5　开关电源变压器

用高频变压器取代工频变压器，通过脉冲调制技术实现直流—直流变换的稳压电源，一般称为开关电源。开关电源具有体积小、质量小、效率高和变换频率高等特点，被广泛地应用于计算机、电子测试仪器、通信设备及雷达等军用电子设备中。开关电源基本电路如图 7.27 所示。由开关管和开关电源变压器等组成的高频变换器电路是实现变压、变频及完成输出电压调整的执行部件，是开关电源的主要组成部分。开关电源变压器主要有三方面的作用：电磁能转换、电压变换和绝缘隔离。不同的开关电源的电路形式所要求的开关电源变压器的工作状态不同，设计要求也不同。

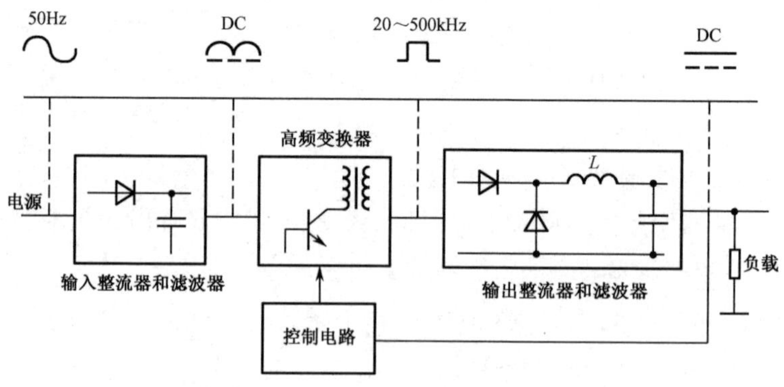

图 7.27　开关电源基本电路

如图 7.28 所示为开关电源的两种控制方式对应的工作波形。脉冲宽度调制（PWM）方式是指开关工作频率固定不变，通过改变开关的导通时间，从而控制

输出的方式。脉冲频率调制（PFM）方式是指开关管导通或截止时间固定不变，通过改变工作频率，从而控制输出的方式。

在电路形式确定的情况下，要减小开关电源的体积和质量就需要提高电源的开关频率。随着大功率、高反压和高速开关晶体管、快恢复开关二极管和开关电源变压器的高频、低损耗磁芯材料的不断发展，开关电源的开关频率也从数十千赫发展到数百千赫乃至更高。

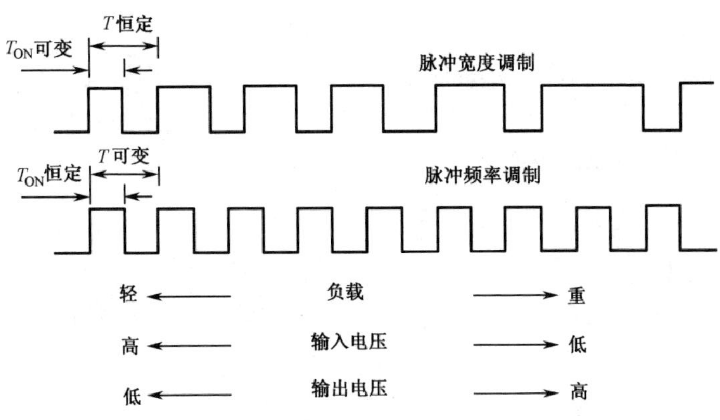

图 7.28　开关电源的两种控制方式对应的工作波形

7.5.1　开关电源变压器的分类

不同的高频变换器电路输入到开关电源变压器的波形不相同。通常开关电源变压器按工作状态分，主要有以下两大类。

1）双极性开关电源变压器

双极性开关电源主要有全桥、半桥、推挽等电路形式。变压器初级绕组在一个周期的正半周和负半周中，加上一个幅值和导通脉冲宽度都相同而方向相反的脉冲方波电压；变压器初级绕组在正负半周的激磁电流大小相等、方向相反。因此，变压器磁芯中产生的磁通沿交流磁滞回线对称地上、下移动（如图 7.29 所示），磁芯工作于整个磁滞回线。在一个周期中，磁感应强度从正的最大值变化到负的最大值，磁芯中的直流磁化分量基本抵消。

2）单极性开关电源变压器

单极性开关电源主要有单端正激式、单端反激式等电路形式。变压器初级绕组在一个周期内加上一个单向的脉冲方波电压。因此，变压器磁芯中磁通沿着交流磁滞回线的第一象限部分上、下移动，变压器磁芯单向激磁，磁感应强度在最大值 B_m 至剩余磁感应强度 B_r 之间变化，如图 7.30 所示。

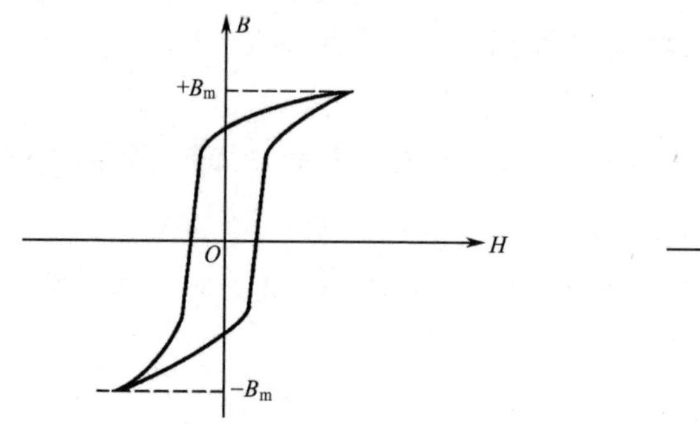

图 7.29　双极性开关电源变压器的磁滞回线

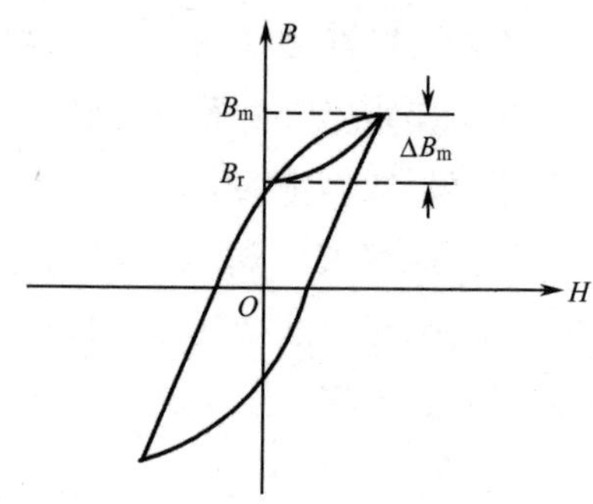

图 7.30　单极性开关电源变压器的磁滞回线

7.5.2　漏感和分布电容

开关电源变压器是功率变换器中的重要部件，其主要作用是将输入功率传递到负载并输出所需的电压和电流。由于开关电源变压器工作于高频状态，所以分布参数的影响就不能忽略，这些分布参数主要是漏感、分布电容和电流在导体中的趋肤效应。

1）减小漏感的措施

（1）适当减少绕组匝数，采用具有高饱和磁感应强度和低损耗性能的磁性材料。

（2）减小绕组厚度，增加绕组高度。

（3）适当减小绕组间的绝缘厚度。

（4）初、次级绕组采用双线并绕和分层交叉的绕制方式。

（5）对于环形变压器，初、次级匝数应沿环形圆周均匀分布，次级匝数很少时，采用多个绕组并联的方法。

2）减小分布电容的措施

（1）努力降低静态电容，使用介电常数小的绝缘材料，适当增加绝缘材料的厚度，减小对应面积，尤其要减小高压绕组的静态电容。

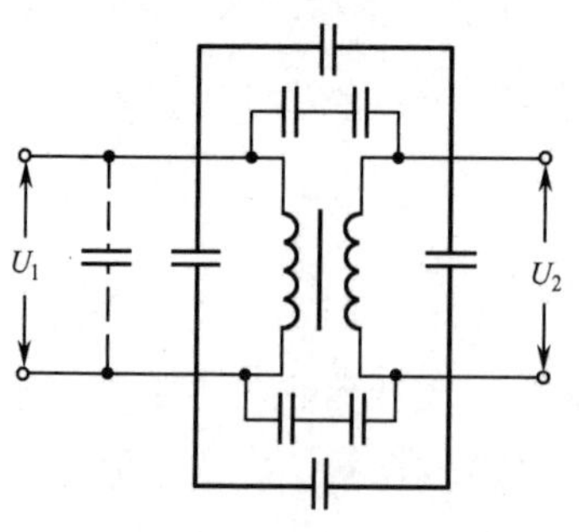

图 7.31　变压器各部分的分布电容

（2）尽量采取绕组分段绕制的方法。

（3）妥善安排绕组极性，以减小其之间的电位差。

（4）充分利用静电屏蔽。

变压器各部分的分布电容如图 7.31 所示。

分布电容、漏感和趋肤效应的计算可参照 7.4 节的相关内容。

7.5.3　开关电源变压器的材料

开关电源变压器常用的磁芯材料包括铁氧体材料、坡莫合金和非晶态合金软磁材料三种。合理地选择磁芯材料是设计开关电源变压器的关键，开关电源变压器的性能在很大程度上由磁芯材料的性能决定。应用不同的开关电源变压器，应选用不同的磁芯材料。用于开关电源变压器磁芯材料性能的主要参数包括最大磁感应强度 B_m 、剩余磁感应强度 B_r 、比损耗 P_b 和增量磁导率 μ_Δ 等。

1）铁氧体材料

铁氧体材料是由铁的氧化物和其他几种金属氧化物在高温烧结中产生的一种复合氧化物。用于开关电源变压器的铁氧体材料应具有适中的磁感应强度，一般约为 350～500mT；剩余磁感应强度约为 50～200mT。

常用铁氧体磁芯的外形如图 7.32 所示。

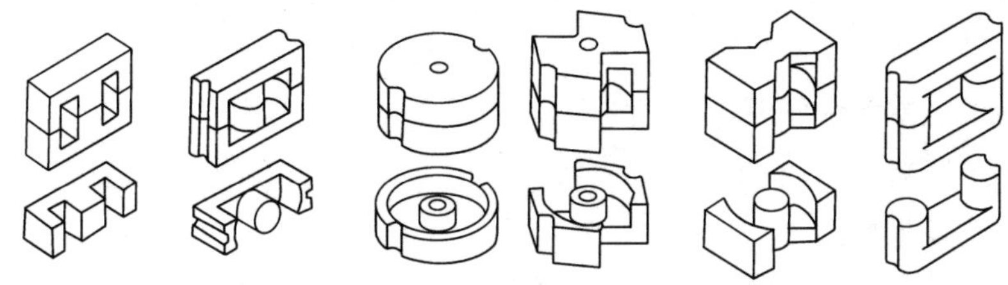

图 7.32　常用铁氧体磁芯的外形

2）坡莫合金和非晶态合金软磁材料

坡莫合金和非晶态合金软磁材料的特点是温度特性好，磁性能稳定，饱和磁感应强度高，特别适合制作双极性开关的电源变压器。各种磁性材料的主要磁性能如表 7.6 所示。

表 7.6　各种磁性材料的主要磁性能

材料	饱和磁感应强度/T	剩余磁感应强度/T	矫顽力/（A/m）	居里温度/℃	在 20kHz/0.5T 条件下测试的损耗/（W/kg）	工作频率/kHz	工作温度/℃
Co 基非晶态合金	0.7	0.47	0.5	350	22	～100	～120
1J85-1 坡莫合金	0.7	0.6	1.99	480	30	～50	～200
Mn-Zn 铁氧体	0.4	0.14	24	150	—	～300	～100

在选用开关电源变压器的磁芯材料时，应根据不同的工作频率选取合金带的厚度。表 7.7 为按工作频率选择的合金带厚度，不同厚度的合金带的占空系数如表 7.8 所示。

表 7.7　按工作频率选择的合金带厚度

频率/kHz	4.0	10.0	20.0	40.0	70.0	100.0
合金带厚度/mm	0.1	0.05	0.025	0.013	0.006	0.003

表 7.8　不同厚度合金带的占空系数

合金带厚度/mm	0.1	0.05	0.025	0.013	0.006	0.003
占空系数	0.9	0.85	0.70	0.5	0.37	0.25

7.5.4　双极性开关电源变压器的设计

双极性开关电源变压器的电路主要对应全桥、半桥和推挽式等电路形式的功率变换器，其具体设计是在仔细计算、分析下列给定的基本条件的基础上进行的。

给定的基本条件如下：

（1）电路形式；

（2）工作频率；

（3）开关电源变压器的输入电压幅值；

（4）开关管导通时间；

（5）开关电源变压器的输出电压和电流；

（6）整流电路形式；

（7）隔离电位；

（8）漏感和分布电容的要求；

（9）环境条件。

双极性开关电源变压器的设计步骤如下。

1）确定开关电源变压器的计算功率

开关电源变压器工作时，磁芯所需的功率容量为开关电源变压器的计算功率。计算功率的大小取决于输出功率及整流电路的形式。根据变压器对应的工作电路的不同类型，计算功率可在 2～2.8 倍的输出功率范围内变化。

不同电路的计算功率的计算可参见表 7.9，表中 U_{P_1} 为输入电压幅值，U_o 为输出直流电压，I_o 为输出直流电流，η 为开关电源变压器的效率，P_t 为变压器的计算功率，P_o 为直流输出功率。

表 7.9　各种变压器的计算功率的计算

电路图	功率计算公式
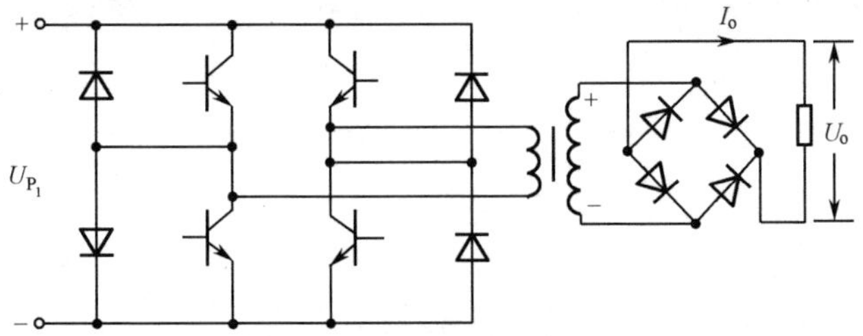	$P_o = U_o \cdot I_o$ $P_t = P_o\left(\frac{1}{\eta}+1\right)$
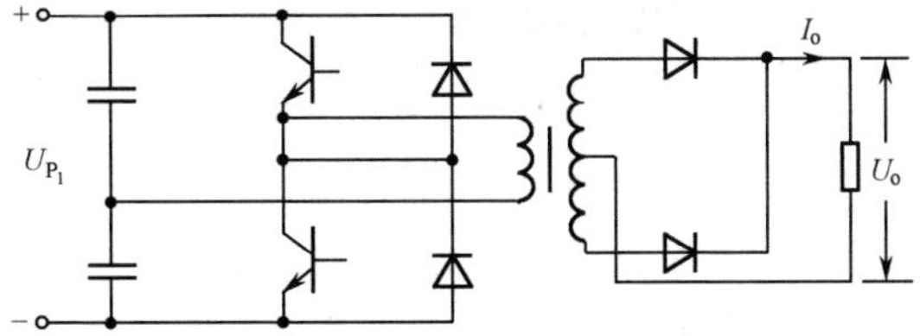	$P_o = U_o \cdot I_o$ $P_t = P_o\left(\frac{1}{\eta}+\sqrt{2}\right)$
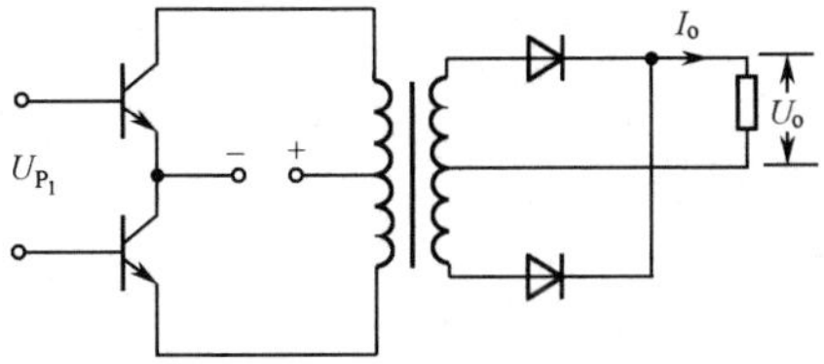	$P_o = U_o \cdot I_o$ $P_t = P_o\left(\frac{\sqrt{2}}{\eta}+\sqrt{2}\right)$

2）确定工作磁感应强度

工作磁感应强度是开关电源变压器设计中的一个重要磁性参数，它与磁芯结构形式、材料性能、工作频率、功率大小等因素有关。确定工作磁感应强度时，应满足温升对损耗的限制及保证磁芯不饱和。工作磁感应强度太低，将使变压器的体积和质量增加，且匝数增多，同时会使漏感增加。

工作频率为 20kHz 时，常用磁性材料的工作磁感应强度可按表 7.10 选取。

表 7.10　常用磁性材料的工作磁感应强度

磁性材料	铁氧体	1J85-1 合金	Co 基非晶态合金
工作磁感应强度/T	0.12～0.25	0.4～0.5	0.5～0.6

3）确定电流密度系数

电流密度的选择取决于铁芯的形式、表面积和温升的要求。

在开始设计开关电源变压器时，由于磁芯体积还没有确定，所以电流密度的选取存在一定的困难，可先确定电流密度系数。不同磁芯形式的电流密度系数 k_j 如表 7.11 所示。

表 7.11　不同磁芯形式的电流密度系数 k_j

温升/℃	磁芯形式			
	罐形磁芯	E 形磁芯	C 形磁芯	环形磁芯
25	433	366	322	250
50	632	534	468	365

4）确定窗口占空系数

初、次级绕组铜线截面在磁芯窗口面积中所占的比值称为窗口占空系数。窗口占空系数取决于开关电源变压器的工作电压、隔离电位、导线粗细、加工工艺，以及漏感和分布电容的要求。计算时应根据不同的情况选取适当值。一般低压开关电源变压器的窗口占空系数为 0.2～0.4。

当采用环形磁芯，并且磁芯外径和内径比为 6:1 时，窗口占空系数为

$$k_w = 0.569\left[0.75 - \frac{17.1(M_0+1)\delta_t}{d_0}\right]\left(\frac{d}{d_z}\right)^2 \tag{7.87}$$

当采用环形磁芯，磁芯外径和内径比为 2:1 时，窗口占空系数为

$$k_w = 0.569\left[0.75 - \frac{20.9(M_0+1)\delta_t}{d_0}\right]\left(\frac{d}{d_z}\right)^2 \tag{7.88}$$

式中，M_0 为变压器绕组个数，d_0 为环形磁芯内径，d 为导线直径，d_z 为带绝缘的导线直径，δ_t 为绕组间半叠包绝缘材料的厚度。

5）计算磁芯面积乘积和确定磁芯尺寸

开关电源变压器的输出功率与如下因素有关：

（1）磁性材料及截面积。它们影响磁芯损耗、工作磁感应强度及绕组匝数。

（2）导线截面积。它影响电流密度及其绕组导线的铜损。

（3）变压器表面积。它影响变压器的温升。

也就是说，开关电源变压器的输出功率与磁芯材料和几何尺寸有关，因而可用磁芯面积乘积 A_P 反映开关电源变压器输出功率的能力，即

$$A_P = A_C A_m (\text{cm}^2 \cdot \text{cm}^2) \tag{7.89}$$

式（7.89）中，A_C 为磁芯截面积，A_m 为磁芯窗口截面积，也即

$$A_P = 1.16 \times \frac{10^4 P_t}{4B_m f k_w k_j} \tag{7.90}$$

式（7.90）中，B_m 为最大磁感应强度，f 为工作频率，k_j 为电流密度系数。

总之，要根据开关电源变压器的工作要求决定磁性材料和磁芯结构形式，选择和 A_P 值相接近的标准磁芯，或自行设计与 A_P 值相当的磁芯尺寸。

6）计算绕组匝数

计算绕组匝数包括初级绕组匝数和次级绕组匝数两种。

（1）初级绕组匝数为

$$N_1 = \frac{U_{\mathrm{P}_1} \tau_1}{2B_{\mathrm{m}} A_{\mathrm{C}}} 10^{-2} \tag{7.91}$$

式（7.91）中，U_{P_1} 为初级输入电压幅值，B_{m} 为最大可用磁感应强度，A_{C} 为磁芯截面积，τ_1 为初级输入脉冲电压宽度。

在进行磁芯截面积计算时，应考虑磁芯占空系数的影响，不同厚度合金带的占空系数参见表 7.9。

（2）次级绕组匝数

$$\begin{aligned} N_2 &= \frac{U_{\mathrm{P}_2}}{U_{\mathrm{P}_1}} N_1 \\ N_3 &= \frac{U_{\mathrm{P}_3}}{U_{\mathrm{P}_1}} N_1 \\ &\vdots \\ N_i &= \frac{U_{\mathrm{P}_i}}{U_{\mathrm{P}_1}} N_1 \end{aligned} \tag{7.92}$$

式中，N_1 为初级绕组匝数；$N_2, N_3, \cdots, N_i$ 为次级绕组匝数；U_{P_1} 为初级输入电压幅值；$U_{\mathrm{P}_2}, U_{\mathrm{P}_3}, \cdots, U_{\mathrm{P}_i}$ 为次级输出电压幅值。

7）确定电流密度

电流密度为

$$J = k_{\mathrm{j}} A_{\mathrm{P}}^{-0.14} \tag{7.93}$$

式（7.93）中，J 为电流密度，k_{j} 为电流密度系数（见表 7.11）。

8）选择导线

根据变压器各绕组工作电流和确定的电流密度来选择导线规格，其中各绕组导线所需截面积为

$$S_{\mathrm{m}i} = \frac{I_i}{J} \tag{7.94}$$

式（7.94）中，I_i 为各绕组电流有效值，J 为电流密度。各绕组导线直径为

$$d_i = 1.13\sqrt{S_{\mathrm{m}i}} \tag{7.95}$$

按计算的所需截面积选择导线时，应考虑趋肤效应的影响（参照 7.4.4 节相关内容）。当截面积直径大于两倍穿透厚度时，应采用多股导线并绕。

9）分布参数的核算

当有漏感及分布电容要求时，按 7.4.4 节介绍的相关方法进行核算。

10）核算磁芯窗口尺寸

首先根据开关电源变压器的耐压等级、环境条件和安全要求来设计变压器的绝缘结构，然后根据绕组结构来校核磁芯窗口的尺寸。

11）损耗计算

开关电源变压器的损耗由绕组导线铜损和磁芯损耗两部分组成。

（1）绕组导线铜损。绕组导线铜损取决于绕组电流的有效值和导线的交流电阻，各绕组导线铜损为

$$P_{mi} = I_i^2 \cdot R_{ai} \tag{7.96}$$

式（7.96）中，I_i 为各绕组电流有效值，R_{ai} 为各绕组交流电阻。

当变压器为多绕组时，变压器总铜损为

$$P_m = \sum I_i^2 \cdot R_{ai} \tag{7.97}$$

（2）磁芯损耗。磁芯损耗取决于工作频率、工作磁感应强度和材料性能。磁芯损耗为

$$P_C = P_{CO} \cdot G_C \tag{7.98}$$

式（7.98）中，P_{CO} 为在工作频率和工作磁感应强度下单位质量的磁芯损耗，G_C 为磁芯质量。

（3）变压器总损耗为

$$P_z = P_m + P_C \tag{7.99}$$

式（7.99）中，P_m 为变压器总铜损。

12）温升计算

当开关电源变压器的损耗转换成热能时，可使变压器温度上升，并且通过辐射和对流的共同作用，从变压器外表面散发。也就是说，变压器温升取决于开关电源变压器的损耗和表面积的大小。

温升计算既可参照相应变压器结构形式提供的方法进行，也可按下列方法进行计算，即

$$S_T = k_S \cdot A_P^{0.5} \tag{7.100}$$

式（7.100）中，S_T 为变压器表面积，A_P 为磁芯面积乘积，k_S 为表面积系数。

磁芯形式与表面积系数值如表 7.12 所示。

表 7.12　磁芯形式与表面积系数值

磁 芯 形 式	罐 形 磁 芯	E 形 磁 芯	C 形 磁 芯	环 形 磁 芯
k_S 值	33.8	41.3	30.2	50.9

变压器表面单位面积所耗散的平均功率 P_{TS} 为

$$P_{TS}=\frac{P_z}{S_T} \tag{7.101}$$

式（7.101）中，P_z 为变压器总损耗，S_T 为变压器表面积。

按 P_{TS} 值的大小查图 7.33 所示的曲线可得到变压器的温升，如 $P_{TS}=0.03\text{W/cm}^2$ 时，温升为 25℃；$P_{TS}=0.07\text{W/cm}^2$ 时，温升为 50℃。

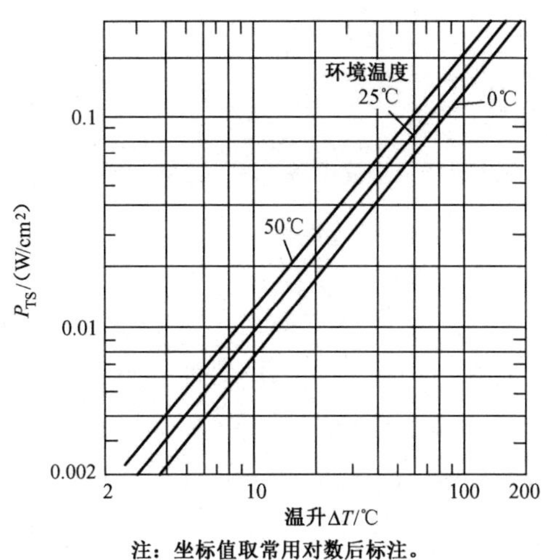

注：坐标值取常用对数后标注。

图 7.33　温升和 P_{TS} 值关系

7.5.5　单极性反激式开关电源变压器的设计

单极性反激式开关电源变压器与单极性正激式开关电源变压器的初级绕组在一个周期内都是加上一个单向的脉冲方波电压，变压器的磁芯都是单向激磁，两者的设计步骤基本相似。

1. 基本电路与等效电路

单极性反激式开关稳压电源的基本电路如图 7.34 所示。当加入激励电压并使开关管导通时，输入电压被加到变压器的初级绕组，电流流过初级绕组。由该图可知，此时次级绕组无电流流过，能量被储存在变压器的电感中。而开关管由导通

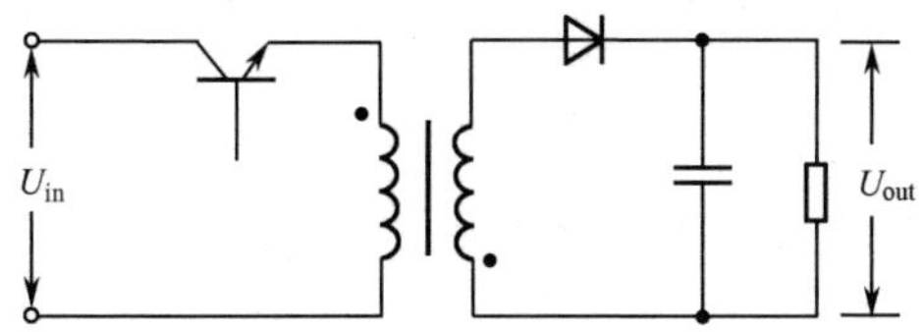

图 7.34　单极性反激式开关稳压电源的基本电路

转为截止时，变压器产生的感应电压与输入电压反向，此时二极管开始导通，将储存在变压器中的能量释放出来，并给负载及电容器充电。

忽略变压器漏感的单极性反激式变换器的等效电路如图 7.35 所示。

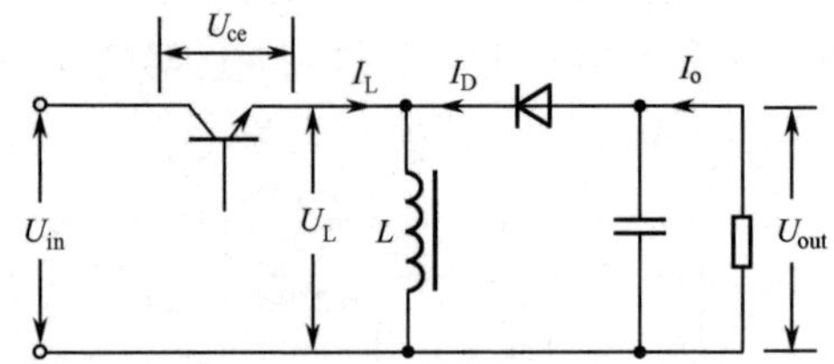

图 7.35　单极性反激式变换器的等效电路

2. 临界电感

在开关管导通时，储存在单极性反激式开关电源变压器初级电感中的能量，刚好在开关管截止结束时（下一周期导通开始时）释放完毕。这种状态变压器的初级绕组所具有的电感被称为单极性反激式开关电源变压器的临界电感 L_{min} 。

若单极性反激式开关电源变压器的初级电感大于临界电感，则在开关管截止期间储存在电感中的能量不会完全被释放掉。此时虽然峰值电流小，纹波也小，可是电感过大，将造成变压器的体积增大、漏感变大和成本上升。实际工作中，应根据负载的不同要求来选择合适的变压器初级电感。

3. 单极性反激式开关电源变压器的设计

设计单极性反激式开关电源变压器的基本条件如下：

（1）电路形式；

（2）工作频率（或周期）；

（3）开关电源变压器的输入电压幅值；

（4）开关电源变压器的输出电压、电流；

（5）开关管最大导通时间；

（6）隔离电位；

（7）对漏感、分布电容的要求；

（8）环境条件。

1）计算输入/输出电压

（1）变压器初级输入额定电压幅值为

$$U_{P_1} = U_{in} - \Delta U_1 \tag{7.102}$$

式（7.102）中，U_{in} 为变压器输入直流电压，ΔU_1 为开关管及线路压降。

（2）变压器次级输出电压

$$\begin{aligned} U_{P_2} &= U_{o2} + \Delta U_2 \\ U_{P_3} &= U_{o3} + \Delta U_3 \\ &\vdots \\ U_{P_i} &= U_{oi} + \Delta U_i \end{aligned} \tag{7.103}$$

式中，$U_{P_2}, U_{P_3}, \cdots, U_{P_i}$ 为变压器次级输出电压幅值；$U_{o2}, U_{o3}, \cdots, U_{oi}$ 为变压器次级负载直流电压；$\Delta U_2, \Delta U_3, \cdots, \Delta U_i$ 为整流管及线路压降。

2）计算变压器的工作比

开关管导通时间与工作周期的比值为工作比，额定工作状态时的工作比 D 为

$$D = \frac{T_{on}}{T} \tag{7.104}$$

式（7.104）中，T_{on} 为额定输入电压时的开关管导通时间，T 为工作周期。其最大工作比为

$$D_{max} = \frac{T_{on\,max}}{T} \tag{7.105}$$

式（7.105）中，$T_{on\,max}$ 为开关管最大导通时间。

3）计算匝数比

单极性反激式开关电源变压器的匝数比，既与输入/输出的电压有关，又与工作比有关。单极性反激式开关电源变压器匝数比为

$$n = \frac{D}{1-D} \times \frac{U_{P_1}}{U_{P_2}} \tag{7.106}$$

或

$$n = \frac{T_{on}}{T_{off}} \times \frac{U_{P_1}}{U_{P_2}} \tag{7.107}$$

式中，U_{P_1} 为变压器初级输入额定电压幅值，U_{P_2} 为变压器次级输出电压幅值，T_{off} 为开关管截止时间。

单极性反激式开关电源变压器的初级输入电压与初级导通时间的乘积是一个常数，在计算匝数比时，要使输入电压和导通时间（或工作比）相对应。

4）计算初级电感

单极性反激式开关电源变压器的临界电感为

$$L_{min} = \left(\frac{U_{P_1} n U_{P_2}}{U_{P_1} + n U_{P_2}} \right)^2 \times \frac{T}{2P_o} \tag{7.108}$$

式（7.108）中，P_o 为变压器输出直流功率。

若变压器初级电感大于临界电感，那么在开关管截止期间，变压器储存的能量不可能完全释放；若变压器初级电感小于临界电感，那么在开关管截止期间，变压器储存的能量将完全释放。

在一般情况下，单极性反激式开关电源变压器的初级电感为

$$L_{P_1} \geqslant L_{min} \tag{7.109}$$

式（7.109）中，L_{min} 为单极性反激式开关电源变压器的临界电感。

5）计算初级峰值电流

（1）当开关管截止期间变压器储存能量被完全释放时，有

$$I_{P_1} = \frac{2P_o}{U_{P_1 min} D_{max}} \tag{7.110}$$

式（7.110）中，I_{P_1} 为变压器初级峰值电流，$U_{P_1 min}$ 为变压器输入最低电压幅值。

（2）当开关管截止期间变压器储存能量不能完全释放时，有

$$I_{P_1} = \frac{\left(U_{P_1} + nU_{P_2}\right)P_o}{U_{P_1} nU_{P_2}} + \frac{T}{2L_{P_1}} \times \frac{U_{P_1} \cdot nU_{P_2}}{U_{P_1} + nU_{P_2}} \tag{7.111}$$

6）确定绕组有效电流和选择导线

确定绕组有效电流和选择导线同 7.5.4 节所述。

7）确定工作磁感应强度

单极性反激式开关电源变压器的工作磁感应强度取决于所用磁性材料的脉冲磁感应强度增量值。通常在变压器磁路中加气隙来降低剩余磁感应强度和提高磁芯工作的直流磁场强度。铁氧体磁芯加气隙后剩余磁感应强度很小，其脉冲磁感应强度增量一般取饱和磁感应强度的 1/2。脉冲磁感应强度增量 ΔB 为

$$\Delta B = \frac{1}{2} B_s \tag{7.112}$$

式（7.112）中，B_s 为饱和磁感应强度。

8）计算磁芯面积乘积，确定磁芯尺寸

计算磁芯面积乘积是为了确定磁芯尺寸，即

$$A_P = \frac{392 L_{P_1} I_{P_1} d_1^2}{\Delta B} \tag{7.113}$$

式（7.113）中，A_P 为磁芯面积乘积，d_1 为初级绕组导线直径。

根据磁芯面积乘积 A_P 的值，再选择标准磁芯或自行设计磁芯尺寸。

9）计算空气隙

磁芯中气隙长度为

$$l_{\mathrm{g}}=\frac{0.4\pi L_{\mathrm{P_1}}I_{\mathrm{P_1}}^{2}}{A_{\mathrm{C}}\cdot\Delta B^{2}} \tag{7.114}$$

式（7.114）中，A_{C} 为磁芯截面积。

10）绕组匝数的计算

绕组匝数的计算分为初级绕组匝数和次级绕组匝数计算两种。

（1）初级绕组匝数为

$$N_1=\frac{\Delta B_{\mathrm{m}}l_{\mathrm{g}}}{0.4\pi I_{\mathrm{P_1}}} \tag{7.115}$$

（2）次级绕组匝数为

$$\begin{aligned}N_2&=\frac{N_1U_{\mathrm{P_2}}\left(1-D_{\max}\right)}{U_{\mathrm{P_1min}}D_{\max}}\\N_3&=\frac{N_1U_{\mathrm{P_3}}\left(1-D_{\max}\right)}{U_{\mathrm{P_1min}}D_{\max}}\\&\vdots\\N_i&=\frac{N_1U_{\mathrm{P}_i}\left(1-D_{\max}\right)}{U_{\mathrm{P_1min}}D_{\max}}\end{aligned} \tag{7.116}$$

式中，$N_2,N_3,\cdots,N_i$ 为次级绕组匝数。

11）分布参数的计算、核算窗口尺寸、损耗和温升

单极性反激式开关电源变压器由于磁芯单向磁化，磁芯损耗约为双向激励式功率损耗的一半。具体计算与 7.5.4 节叙述的方法相同。

7.5.6　单极性正激式开关电源变压器的设计

单极性正激式开关电源变压器与反激式开关电源变压器的磁芯都为单向激磁，并要求磁芯具有较大的脉冲磁感应强度增量，特别是变压器的初级、次级同时都处于工作时。

设计单极性正激式开关电源变压器给定的基本条件如下：

（1）电路形式；

（2）工作频率（或周期）；

（3）开关电源变压器的输入电压幅值；

（4）开关电源变压器的输出电压和电流；

（5）开关管最大导通时间；

（6）隔离电位；

（7）漏感、分布电容的要求；

（8）环境条件。

1）计算单极性正激式开关电源变压器的次级绕组峰值电流

单极性正激式开关电源变压器次级绕组的峰值电流等于开关电源的直流输出电流。单极性正激式开关电源变压器次级峰值电流为

$$I_{P_2} = I_o \tag{7.117}$$

式（7.117）中，I_o 为输出直流电流。

2）计算单极性正激式开关电源变压器次级绕组的电压幅值

单极性正激式开关电源变压器次级绕组输出电压幅值为

$$U_{P_2} = \frac{U_o + \Delta U_2}{D} \tag{7.118}$$

式（7.118）中，U_o 为输出直流电压，ΔU_2 为电源变压器次级绕组输出电压波动。

3）单极性正激式开关电源变压器输出功率的计算

单极性正激式开关电源变压器输出功率为

$$P_2 = \sum \left(U_{P_2} \cdot I_{P_2} \cdot D \right) \tag{7.119}$$

4）确定磁芯尺寸

确定磁芯尺寸即先计算磁芯体积为

$$V_e = \frac{12.5 \times 10^3 \beta' P_2}{f} \tag{7.120}$$

式（7.120）中，P_2 为变压器输出功率；f 为工作频率；β' 为计算系数，它的工作频率在 25kHz 时为 0.2，工作频率在 30～50kHz 时为 0.3。

根据计算出的 V_e 值再选取相应型号的磁芯。

5）绕组匝数的计算

绕组匝数的计算包括初级绕组匝数、次级绕组匝数和去磁绕组匝数的计算。

（1）初级绕组匝数的计算为

$$N_1 = \frac{U_{P_1} T_{on}}{\Delta B_m A_C} \tag{7.121}$$

（2）次级绕组匝数的计算为

$$\begin{aligned} N_2 &= \frac{U_{P_2}}{U_{P_1}} N_1 \\ N_3 &= \frac{U_{P_3}}{U_{P_1}} N_1 \\ &\vdots \\ N_i &= \frac{U_{P_i}}{U_{P_1}} N_1 \end{aligned} \tag{7.122}$$

（3）去磁绕组匝数的计算为

$$N_{\mathrm{H}} = N_1 \tag{7.123}$$

去磁绕组的功能是保证变压器工作点不移向饱和区，且使磁化电流返回到电源，保持开关管在导通周期开始时，磁场强度为零。初级绕组和去磁绕组采取紧耦合绕制方式。

6）确定绕组电流

应该忽略激磁电流等影响因素，按单向脉冲方法的波形来计算单极性正激式开关电源变压器的初、次级电流的有效值。

（1）单极性正激式开关电源变压器的次级电流有效值计算为

$$I_2 = \sqrt{D} \cdot I_{\mathrm{P}_2} \tag{7.124}$$

式（7.124）中，I_{P_2} 为单极性正激式开关电源变压器次级峰值电流。

（2）单极性正激式开关电源变压器的初级电流有效值计算为

$$I_1 = \frac{I_2 U_{\mathrm{P}_2}}{U_{\mathrm{P}_1}} \tag{7.125}$$

（3）确定去磁绕组电流的有效值。去磁绕组电流与磁化电流大致相同，它只有初级电流有效值的 5%～10%，即

$$I_{\mathrm{H}} \approx (5\%\sim10\%) \cdot I_1 \tag{7.126}$$

式（7.126）中，I_{H} 为去磁绕组电流的有效值。

7）选择导线、核算分布参数和窗口尺寸

选择导线、核算分布参数和窗口尺寸与 7.5.4 节叙述相同。

8）损耗和温升的计算

损耗和温升的计算与 7.5.4 节叙述相同。

参考文献

[1] 王瑞华. 电子变压器手册[M]. 沈阳：辽宁科学技术出版社，1993.

[2] 《电力变压器手册》编委会. 电力变压器手册[M]. 沈阳：辽宁科学技术出版社，1998.

[3] 张占松，蔡宣三. 开关电源的原理与设计[M]. 北京：电子工业出版社. 2002.

[4] 强伯涵，魏智. 现代雷达发射机的理论设计和实践[M]. 北京：国防工业出版社，1985.

[5] 西北电讯工程学院 202 教研室发射组. 雷达发射设备[Z]. 西安：西北电讯工程学院，1975.

第 8 章
发射机系统监控与可靠性设计

本章主要对雷达发射机常用监控电路的模式、组成、功能和特点，以及设计方法进行了分析与说明，对常用发射机的开机和关机程序设置、工作状态监测、参数检测、故障判定与保护功能进行了阐述，对发射机的可靠性模型、可靠性指标分配、可靠性设计、可靠性预计及提高系统可靠性的方法进行了简要的介绍。

8.1　概述

雷达发射机监控与可靠性是发射机设计过程中的一个重要环节，它对提高发射机的可靠性具有十分重要的意义。发射机监控系统担负着发射机工作状态和技术参数的监视、调节、控制和保护等任务。发射机监控系统的设计必须从具体使用和要求出发，除对电路拓扑、元器件选择要慎重考虑外，还必须对参数设置、电磁兼容性设计、可靠性设计、结构设计和热设计给予足够的重视，以确保发射机监控电路自身工作的绝对准确和可靠。

由于发射机具有功率大、电压高、电流大和热耗大等特点，又多以脉冲形式工作，所以说，发射机是雷达中可靠性较低的系统。如何提高发射机的可靠性，是发射机设计师应着重考虑的一个问题。为了做好发射机的可靠性设计，对发射机的可靠性模型、可靠性指标分配、元器件的选择与使用都必须慎之又慎，保证其正确性。

8.2　监控设计

发射机系统监控的主要任务是完成对发射机的开机和关机控制、工作状态监测与指示、故障判定与隔离，并实现与雷达主控台的通信。不同类型及不同工作任务的发射机，其监控的内容有所不同。

8.2.1　发射机的开机和关机程序

不同发射机的开机和关机程序并不相同，下面就五种基本类型的发射机的工作程序分别予以介绍。

1. 磁控管发射机的开机和关机程序

磁控管发射机是单级自激振荡式发射机，是最简单的一类发射机，其监控系统框图如图 8.1 所示。

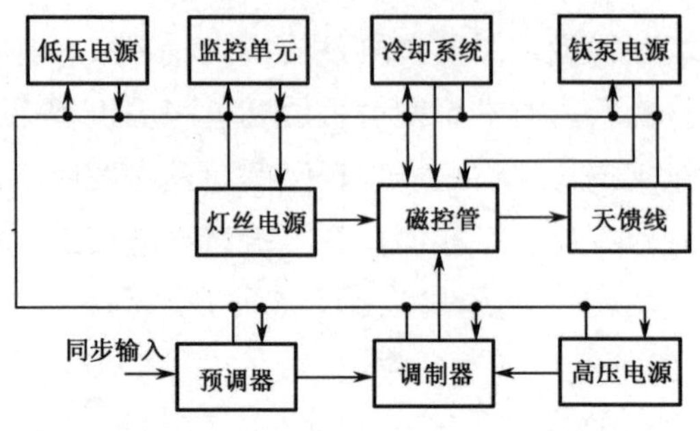

图 8.1　磁控管发射机监控系统框图

磁控管发射机的开机程序如下：

（1）冷却系统开机。接通磁控管的水冷或强迫风冷却系统、机柜的强迫风冷却系统的电源及钛泵电源（若有钛泵电源）。

（2）启动灯丝电源，给磁控管和调制开关管的阴极加热。为了限制灯丝冷态的浪涌电流，应有限流启动过程。

（3）加高压。当预热时间已到，且无故障信号时，自动送出高压准加信号后即可加高压。

磁控管发射机的关机程序（与开机程序相反）如下：

（1）关高压电源。

（2）关灯丝电源及低压电源。

（3）延迟几分钟后自动关冷却系统及钛泵电源，以保证磁控管及发射机的充分冷却。

2. 正交场放大器（CFA）发射机的开机和关机程序

CFA 为主振放大式发射机。CFA 又分为阴极调制型和直流运用型两种，其开机和关机时序略有不同。阴极调制型 CFA 发射机与磁控管发射机类似，都是采用一个大功率阴极脉冲调制器，不同的是 CFA 发射机为放大式，而磁控管发射机为自激振荡式。直流运用型 CFA 发射机阴极一直加有直流高压，它是靠射频输入信号激励启动，靠控制电极熄灭脉冲消除射频脉冲后的剩余电子来进行工作的。直流运用型 CFA 发射机监控系统框图如图 8.2 所示。

CFA 发射机的开机程序如下：

（1）冷却系统开机。

（2）启动灯丝电源（当 CFA 为冷阴极或调制开关为固态开关时，此步骤可以省略；但当 CFA 为热阴极或调制器开关管为真空管时，则需要此步骤）和接通低压电源。

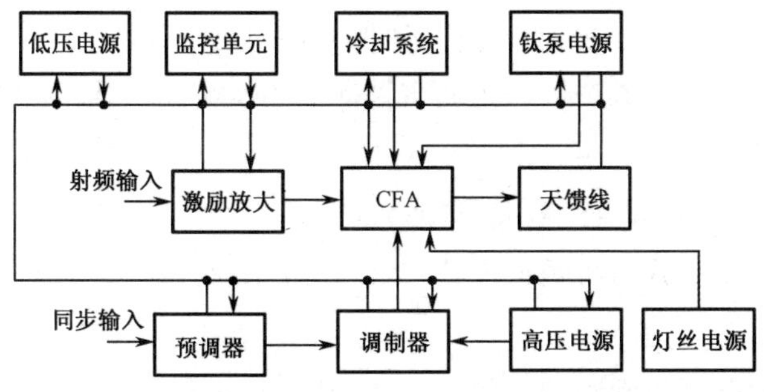

图 8.2　直流运用型 CFA 发射机监控系统框图

（3）加射频输入信号，当预热时间已到并送出准加信号后，可加射频输入信号。

（4）当激励信号放大正常、无任何故障时，可加直流高压电源（阴极调制时直接加阴极调制脉冲）。

CFA 发射机的关机程序（与开机程序相反）如下：

（1）关阴极直流高压（采用阴极调制器方式时关阴极调制脉冲）电源。

（2）延迟一定时间后，关射频输入信号。

（3）延迟几分钟后，自动关冷却系统电源，以保证微波管及发射机充分冷却。

3. 栅控“O”型管发射机的开机和关机程序

栅控“O”型管包括栅控行波管和栅控多注速调管等，栅控行波管发射机监控系统框图如图 8.3 所示。

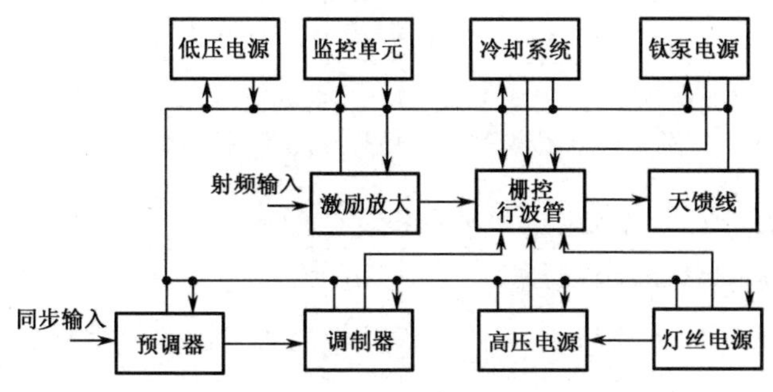

图 8.3　栅控行波管发射机监控系统框图

栅控“O”型管发射机的开机程序如下：

（1）开冷却系统电源及钛泵电源（如果有钛泵的话）。

（2）开低压电源及调制器中栅极电源和灯丝电源。

（3）当预热时间已到和无故障信号时，可送出高压准加信号。

（4）高压准加信号到了以后，即可接通高压电源。当高压逐渐加到额定电压后可加栅极触发脉冲。

（5）TWT 工作正常后，接通射频输入信号。

栅控“O”型管发射机的关机程序（与开机程序相反）如下：

（1）关射频输入信号。

（2）关直流高压及同步输入信号。

（3）关低压电源和灯丝电源。

（4）延迟几分钟后，自动关冷却系统电源，以保证微波管及发射机的充分冷却。

4. 阴极调制器“O”型管发射机的开机和关机程序

阴极调制器“O”型管包括高功率速调管和行波管。由于单注速调管和大功率行波管的工作电压较高，一般都采用阴极调制方式。阴极调制速调管发射机的监控系统框图如图 8.4 所示。

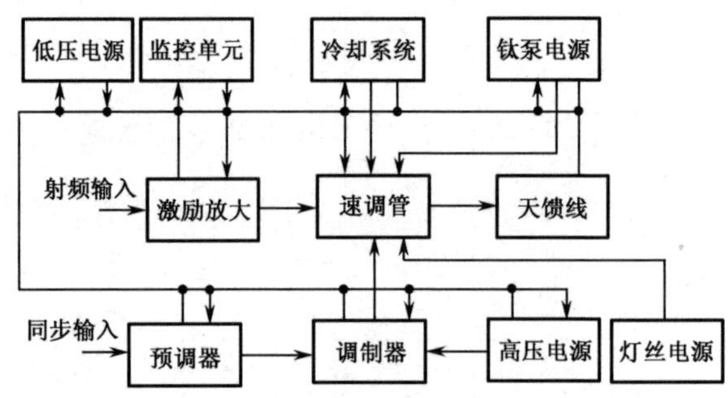

图 8.4 阴极调制速调管发射机的监控系统框图

阴极调制器“O”型管发射机的开机程序如下：

（1）开冷却系统和钛泵电源。

（2）开灯丝电源（应限制灯丝冷态浪涌电流），进行微波管和调制开关管阴极加热。

（3）当预热时间已到并且无故障信号后，即可送出高压准加信号，加上预调器、调制器电压及触发脉冲。

（4）用调压方式或高压电源进行软启动，加上调制器高压。

（5）接通射频输入信号。

阴极调制器“O”型管发射机的关机程序（与开机程序相反）如下：

（1）关射频输入信号。

（2）降低调制电压（速调管），切断调制器高压。

（3）关灯丝、钛泵电源及低压电源。

（4）延迟几分钟后，自动关闭冷却系统电源，以保证发射机的充分冷却。

5. 固态发射机的开机和关机程序

固态发射机的开机和关机程序相对简单些，其发射机监控系统框图如图 8.5 所示。

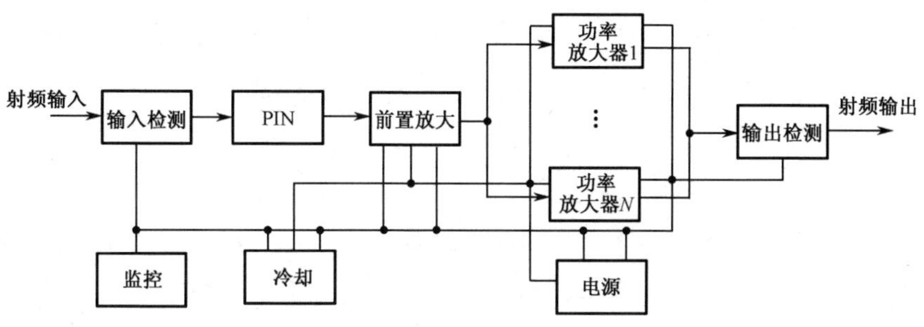

图 8.5　固态发射机监控系统框图

将射频输入检测信号传送至监控模块，作为输入功率和过/欠激励故障检测使用；输出检测信号传送至监控模块，作为输出功率、欠输出和驻波故障检测使用，并同时传送至监控过脉冲宽度和过工作比检测电路，当出现过脉冲宽度、过工作比故障时，通过 PIN 开关关断放大器的射频输入。监控模块同时对电源电压、组件温度、组件功率进行监控，并传送出电源过压、欠压、组件过热和组件功率低等故障信号。

固态发射机的开机程序如下：

（1）开冷却系统电源。

（2）加电源至额定值。

（3）接通射频输入信号。

固态发射机的关机程序如下：

（1）关射频输入信号。

（2）关直流电源。

（3）一定时间后关闭冷却系统电源，以保证发射机的充分冷却。

8.2.2 发射机的工作状态指示

对微波管发射机工作状态的指示主要包括：

（1）本机控制（简称本控）和遥控指示。

（2）冷却通/断指示，冷却液温度、压力和流量的指示。

（3）低压通/断指示，低压电压和电流（包括灯丝电压和电流，偏压电压和电流，磁场线包电压和电流，固态电源电压和电流及其他低压电压和电流指示），以及阴极预热时间的指示。

（4）高压准加指示，高压通/断指示，高压电压和电流（包括调制器电压和电流、反峰电流、微波管收集极电流和管体电流）指示。

（5）发射机输出峰值功率或平均功率指示，调制波形监测端口、检波波形监测端口（包括脉冲宽度、前沿和后沿、重复频率和工作比）和频谱监测端口。

（6）故障状态指示，包括冷却过温、压力过/欠压、流量过/欠流；各种低压过/欠压和过/欠流；各种高压过/欠压、过/欠流；反峰过流、管体过流、收集极过流；馈线过反射（驻波过大）；波导打火和微波管打火；波导气压过/欠压、钛泵电流过大、钛泵电压欠压，以及温度过温等指示。

为调机方便，一般在发射机本控操作台上采用指示灯及表头等方式进行指示，并同时将发射机工作状态信息传送至雷达主控制台。

8.2.3 发射机参数检测及故障保护

在发射机的工作过程中，需要对各种参数进行检测，以便系统操作员及时了解发射机的工作状况。一旦发现故障，需自动或人工干预，并及时进行保护。参数监测一般通过发射机监控台上的各种电压表或电流表、指示灯或示波器等仪表显示。现代发射机大多采用遥控方式操作，为便于雷达主控制台操作员及时了解发射机的工作状况，需将被监测参数通过RS422通信接口传送至雷达主控制台。下面对发射机一些主要参数和工作状况的具体检测方法进行介绍。

1. 阴极电压的检测

阴极直流电压可采用电阻分压器检测，阴极脉冲电压可采用脉冲变压器或电容分压器来检测。阴极电压脉冲检测电路示意图如图 8.6 所示。

如图 8.6（a）所示的微波管为栅极或控制极调制的工作方式，它采用高压分压器检测方式，检测到的直流电压可直接用高内阻的三用表指示电压或者用微安表间接指示电压。图 8.6（b）、图 8.6（c）和图 8.6（d）的微波管为阴极调制工作方式，分别采用脉冲变压器绕组采样、高压电阻分压器采样、高压电容分压器采样的检测方式，检测到的脉冲电压幅度既可用示波器直接显示，也可用转换电路将脉冲幅度转换为直流电平显示。阴极脉冲峰值采样保持电路如图 8.7 所示。

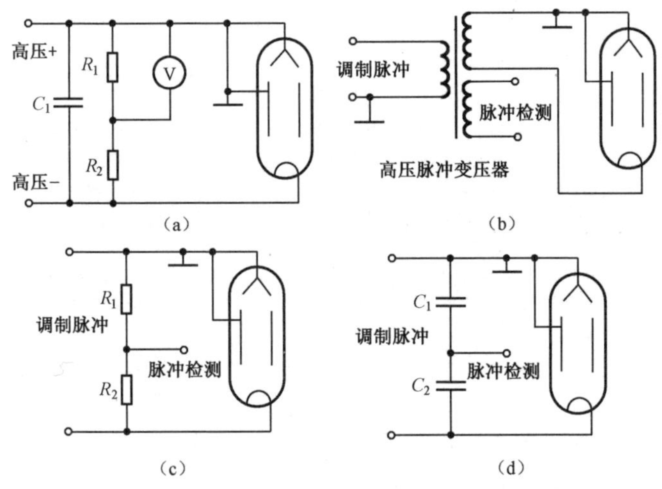

图 8.6　阴极电压脉冲检测电路示意图

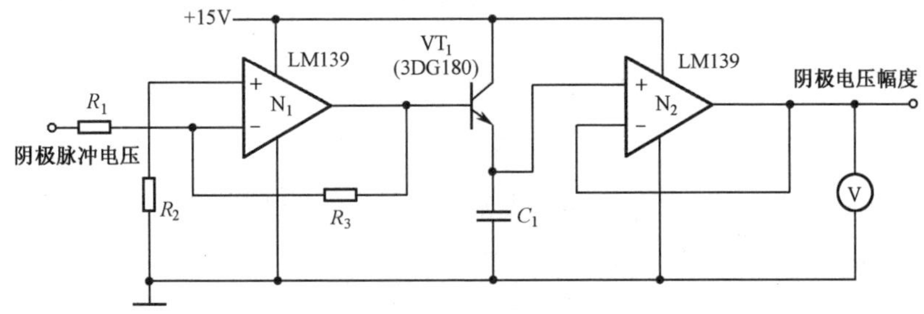

图 8.7　阴极脉冲峰值采样保持电路

将负极性的阴极脉冲信号送至运算放大器 N_1 的负端，经倒相放大后变换为正极性的信号，由于 R_1 与 R_3 的阻值相等，因此该电路放大倍数为 1，与阴极脉冲相等的正极性脉冲信号经过三极管 VT_1 向电容器 C_1 充电，并转换为直流信号，经运算放大器 N_2 隔离输出供电压表指示。

2. 电子注总流、管体电流和收集极电流的检测

对于“O”型器件，电子注总流一部分流向管体或慢波线，一部分流向收集极，而管体或慢波线耐功率能力有限，过流会烧毁慢波线，因此对管体电流及收集极电流有必要进行分别检测。如图 8.8 所示为线性注管各极电流的检测示意

图，其中图 8.8（a）为收集极电流、管体电流、电子注总流和脉冲电流的检测示意图，图 8.8（b）为将脉冲电流平滑成直流的检测示意图。

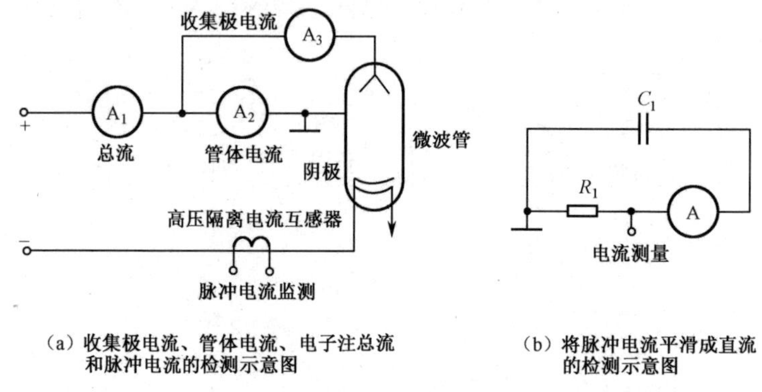

（a）收集极电流、管体电流、电子注总流和脉冲电流的检测示意图

（b）将脉冲电流平滑成直流的检测示意图

图 8.8　线性注管各极电流的检测示意图

电子注总流可通过测试电源输出电流或脉冲输出总流的方法进行测试，也可通过电流互感器测试阴极电流的方法进行测试。采用电流互感器测试阴极电流的好处是可在低压端同时监测其阴极电流的波形，因而没有高电位隔离的问题，但对于某些电源或脉冲调制器正端必须接地的系统，则需采用高电位隔离的电流互感器。如图 8.8（b）所示的串联电阻可将电流信号转换为电压信号传送至保护电路，以便出现过流情况时，能及时切断微波管的高压；也可直接串联电流继电器或在电阻上并联电压继电器传送故障保护信号。

对于“M”型器件，由于全部电流流向阳极，因此不需要测试管体电流和收集极电流。“M”型器件电子注总流的测试与“O”型器件的电流检测基本相同。

3. 钛泵电流或钛泵电压的检测

对于大功率真空微波管，为保持管内的真空度，微波管工作时需加钛泵电源。钛泵电源输出电压一般为 3～5kV。可通过测试钛泵电流的大小来判断微波管真空度的指标。真空度良好的微波管，其钛泵电流应很小。如图 8.9 所示为钛泵电流或钛泵电压的检测电路图。

由于钛泵电极负端一般接地，因此为测试钛泵电流，其电源负端应通过一个测试电阻接地，将钛泵电流转换为电压信号进行测试与保护，也可在回路中的低压端直接串接微安表进行测试。钛泵高压可通过高压分压器转换为低压信号进行检测。

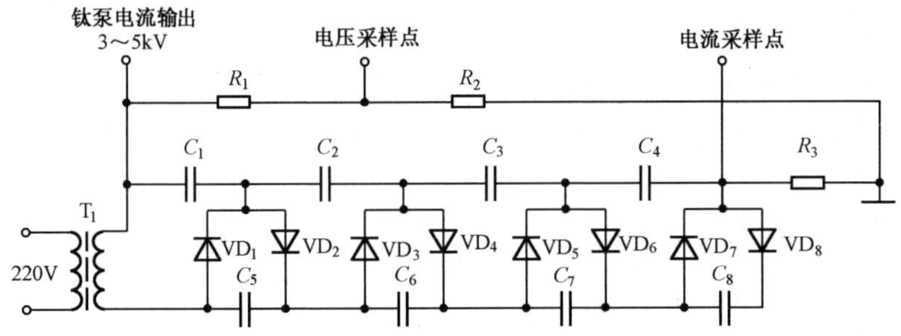

图 8.9　钛泵电流或钛泵电压的检测电路图

4. 灯丝电流、电压的检测

电真空器件除微波管有灯丝外，调制管等也有灯丝。当发射管工作时，若灯丝电流欠流，则易造成管内打火；若灯丝电流过流，则易使阴极寿命缩短。所以，灯丝电流的检测保护很重要。稳态时，灯丝电流不变，其电压和阴极温度也保持不变，因此只需测试灯丝电流即可。

灯丝供电形式多种多样，如交流灯丝、直流灯丝、间断灯丝、同步灯丝等形式，但对其检测来说，主要分为交流灯丝和直流灯丝两种形式。

对交流灯丝，可测试灯丝变压器初级的电压和电流，然后再与次级电压与电流进行校准。这种测试一般使用电流表或电压表，若有的系统要求更直观测试，可在次级接电压表或电流表，但需浮在高电位上，如图 8.10 所示。电流互感器采样的交流灯丝电流信号经整流滤波后变换为直流信号输出供测试。

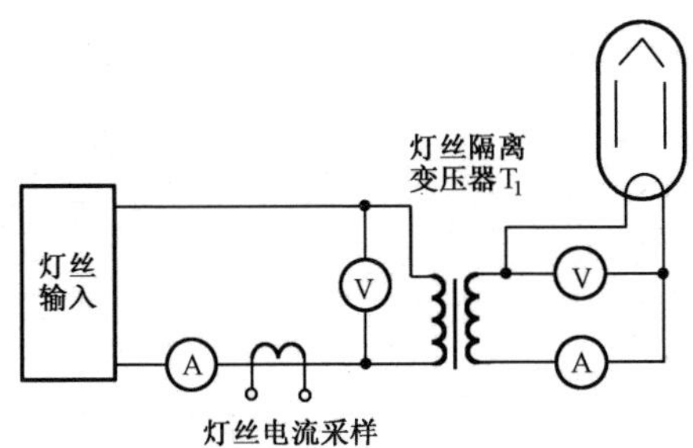

图 8.10　采用测试变压器低压边的电压电流来间接测试灯丝电压和电流

直流灯丝电流检测电路图如图 8.11 所示。直流灯丝电流的检测当然也可通过与交流灯丝一样的方法进行，其故障保护也可通过检测初级电流的方法，但由于它包括整流部分的损耗，虽然在整流部分损耗一定的情况下，也可基本反映电流变化的趋势，但不能准确地测试灯丝的电流。直流灯丝由于浮动在高压端，因此，可以通过直流电流传感器进行采样，霍耳传感器就是一种较好的选择。电流传感器将电流信号变换为电压信号，通过一种线性光纤传感器进行高压隔离，并将电流信号传送至低压端，与基准电平进行比较，当灯丝电流欠流或过流时，传送故障信号并进行保护。

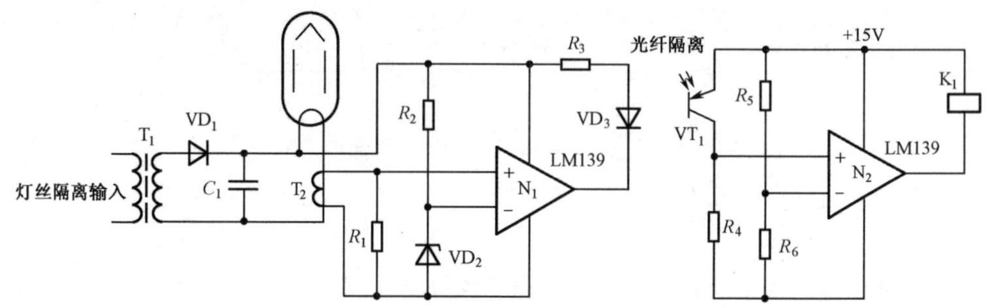

图 8.11　直流灯丝电流检测电路图

5. 聚焦线圈电流、电压检测

在某些真空微波管特别是大功率的微波管中，往往需要采用电磁聚焦线圈，利用通电的线圈来产生聚焦磁场。在微波管工作过程中，线圈电流过大或过小均会造成电子注的散焦，引起微波管工作失常，严重时还会损坏微波管。在工作过程中需对线圈电流进行监测。不同微波管要求的线圈电源功率不同，一般线圈电源的电压为 100～200V，电流为 5～30A，属于低压大电流电源。聚焦线圈电流检测电路如图 8.12 所示。

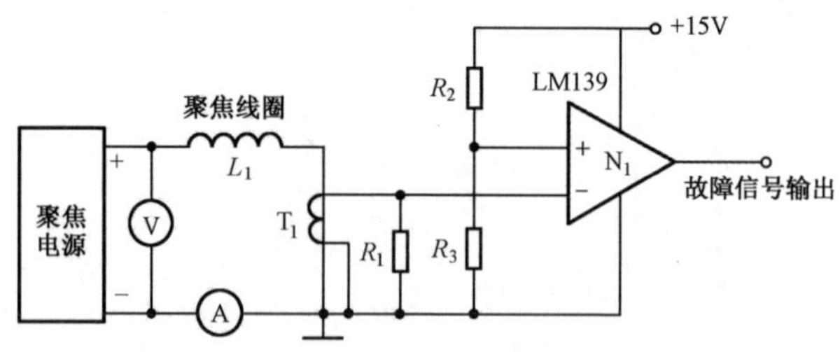

图 8.12　聚焦线圈电流检测电路

聚焦线圈电压及电流的测试可直接通过电压表和电流表进行。图中为实现故障保护，通过电流互感器 T_1 将电流信号转换为电压信号与基准电平进行比较，当超差传送故障信号时，切断微波管的高压。

6. 功率及射频包络的检测

发射机最重要的指标就是输出功率，工作过程中必须实时监测发射机的输出功率，有时为调试及检测的需要也需检测输入功率。

1）平均功率的检测

发射机平均功率可采用高频功率探头进行检测。目前有许多种平均功率计可供选择。平均功率的测试也可通过测试峰值功率，然后乘以工作比来计算确定。

2）峰值功率的检测

发射机一般为脉冲工作方式，可以选择脉冲功率计加入适当的标准衰减器进行测试。

3）故障检测

在控制保护电路中，不需要准确测试功率的大小，只需判断其电路是否工作正常。例如，在正交场放大器中，如果出现无激励功率或激励功率过低的情况，均会造成正交场管的工作失常；在多注速调管中，激励功率超差也会造成多注速调管输出功率的起伏或引起打火。在固态发射机激励功率过低时，除功率低外，也影响固态发射机的合成效率和工作稳定性；而激励功率过高时，会使脉冲顶降加大、结温升高，抗匹配能力下降，严重时还会损坏器件。因此，应对激励功率采用门限检波器的方法实现功率超差的故障检测，射频故障检测器电路如图 8.13 所示。

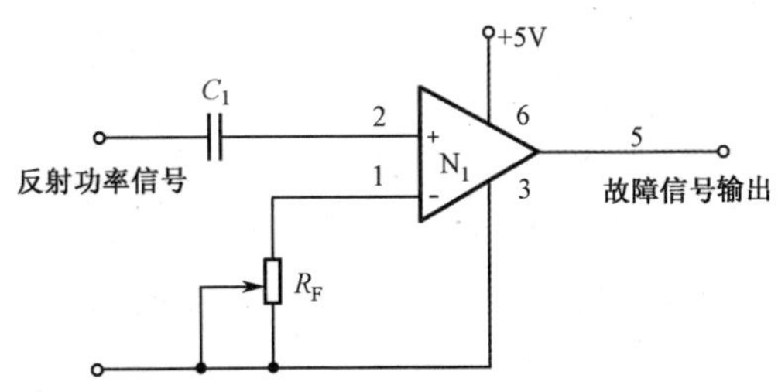

图 8.13　射频故障检测器电路

7. 波导打火的检测

从理论上说，波导的耐功率能力是很高的，其击穿场强约为自由空间击穿场强的 1/3。实际上，波导内可允许的工作场强远远低于理论值，且随其工作环境变化而变化。为了确保发射机稳定、可靠地工作，对高峰值功率和大平均功率发射机必须设置波导打火检测与保护装置。

波导馈线系统不匹配、波导内有潮气或灰尘等都将引起驻波增大，使波导能承受的功率降低，容易引起波导打火。当微波管有大的寄生输出时，也容易引起波导打火。

波导打火使波导内的空气电离，产生大量的导电等离子体，进一步增大了驻波，形成更严重的打火现象和短路面，且反射功率增大，当反射功率到达微波管输出窗时，将极易导致输出窗陶瓷的电击穿现象或热击穿现象。

由于波导内介质主要是含有 O_2、CO_2、CO 和 N_2 的干燥空气，根据气体放电学原理可知，波导打火电弧的光谱不是太宽，其主光谱的峰值波长分布在 380～492nm 之间，属蓝紫光。

该光谱可用光敏二极管或光敏三极管等光电转换器件将光信号转换为电信号。光敏三极管的优点是光电流较大，缺点是响应时间较长；而光敏二极管的优点是响应时间短，缺点是光电流较小。

为了使光电转换器靠拢控制保护电路以缩短电信号的传输路径，可采用石英玻璃光缆采集和传输波导里的打火光。石英玻璃光缆具有损耗低，频带宽，不受电磁干扰，绝缘性好，体积小，可弯曲，对蓝紫光较敏感，以及便于实现远距离传输等优点。波导打火的检测电路框图如图 8.14 所示。

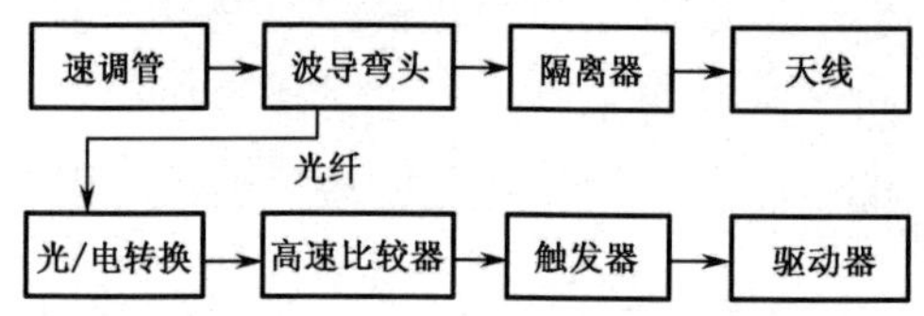

图 8.14　波导打火的检测电路框图

打火检测点应设置在速调管与隔离器之间能采集每个部位打火光的地方。当输出波导打火时，火光经石英玻璃光缆耦合到如图 8.15 所示的打火检测电路的光敏三极管 3DU4 上变为电信号，经高速比较器 LM139 与基准电平比较后，将高电平的脉冲信号传送至单稳态触发器 CD4098A。单稳态触发器将展宽的脉冲传送至驱动器，然后输出保护信号至发射机控制保护电路，以便快速切断微波管激励功率或高压（CFA 的激励功率在有高压的情况下不能切断），实现对微波管的保护。

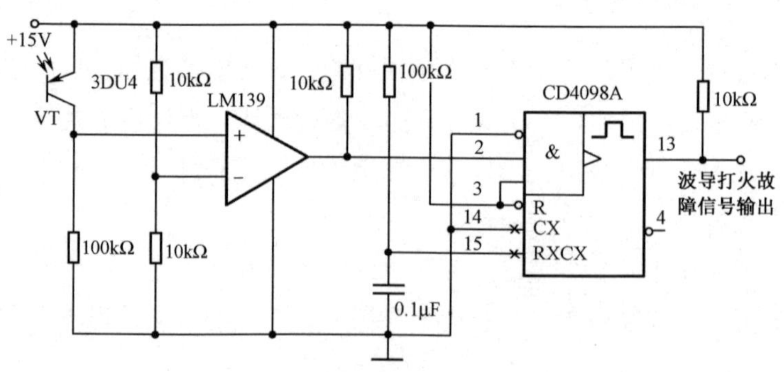

图 8.15　打火检测电路

8. 驻波检测

雷达发射机微波管输出窗为金属陶瓷结构，当驻波过大时，会造成输出陶瓷窗因场强太高而损坏。为了减小负载驻波对输出窗的影响，常在输出窗附近插入一个隔离度为 20dB 左右的环流器（或隔离器）进行隔离。在正常情况下，经环流器作用之后，到速调管输出端的驻波已很小，但当波导出现打火并形成等离子体时，其等离子体将通过无气体隔离的隔离器向微波管输出窗传递，环流器输入端将形成反射功率，当反射过大时，虽然有 20dB 的隔离，但到微波管输出窗的反射功率仍然很大，也可能造成输出窗的损坏，因此必须采取措施进行保护。为了有效地保护微波管，用于驻波检测的定向耦合器一般应放置在隔离器之前。

当负载驻波比 $\rho = 2$ 时，隔离器输出端的反射系数为

$$K_R = (\rho - 1)/(\rho + 1) = (2 - 1)/(2 + 1) \approx 0.33 \tag{8.1}$$

经 20dB（即隔离比 $= K_{R_1}^2 \Big/ K_{R_2}^2 = 100$）隔离器隔离后，隔离器输入端的反射系数为 $K_{R_2} = 0.033$，其电压驻波比为

$$\rho = (1 + K_{R_2})/(1 - K_{R_2}) \approx 1.07 \tag{8.2}$$

一般微波管应能承受 1.5 的负载驻波比。馈线系统驻波比一般在 1.5～2 之间，当负载驻波比为 2 时（允许波导的最大驻波比通常为 2），经隔离器之后的反射系数为

$$P / P_0 = K_R^2 = \frac{1}{3}^2 \approx \frac{1}{9} \tag{8.3}$$

即负载驻波比为 2 时，入射功率与反射功率之比为 9.54dB。

实现驻波保护的方法之一，是通过检测反射功率的峰值，用它与设定的门限进行比较，当反射功率达到或超过设定的门限值时，即判为输出负载驻波过大故障，应在 50μs 内切断微波管的射频激励信号（CFA 只能先切断高压脉冲信号，并同时切断激励信号），进而切断高压电源。电压驻波比检测电路如图 8.16 所示。

图 8.16 所示的驻波比检测电路是利用反射功率与入射功率进行比较来实现的，其过程是入射的峰值功率检测信号经放大器 AD840JN 放大输出至比较器 LM139 作为基准。反射的峰值功率检测信号也经放大器 AD840JN 放大输出至比较器 LM139 输入端，与入射信号（基准）进行比较。当驻波增大时，其反射系数也增加，当反射的包络信号增大到一定值时，比较器 LM139 翻转输出高电平，使单稳态触发器 CD4098A 翻转，输出故障信号。

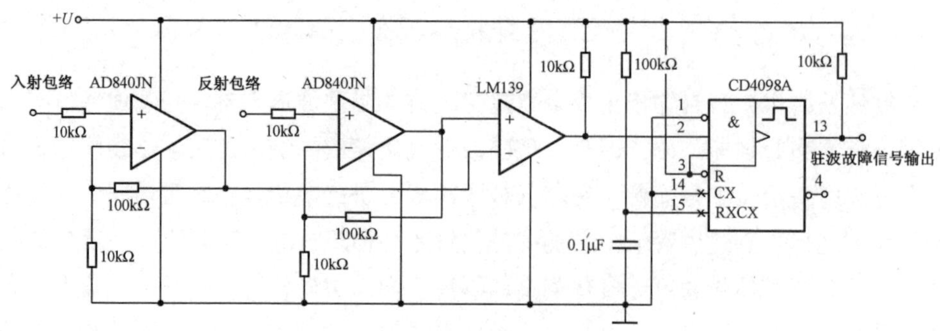

图 8.16　电压驻波比检测电路

9. 冷却系统监测

冷却系统的工作状态必须进行监测。监测的内容应包括冷却液的压力、温度、流量和纯净度等指标。

液体冷却系统的水压可采用装入水路中的水压继电器来检测。水压继电器为一机电开关，当水压低于一定值时，开关导通传送出故障信号。

水流量可采用流量计来检测，流量计中的流量检测电路如图 8.17 所示。

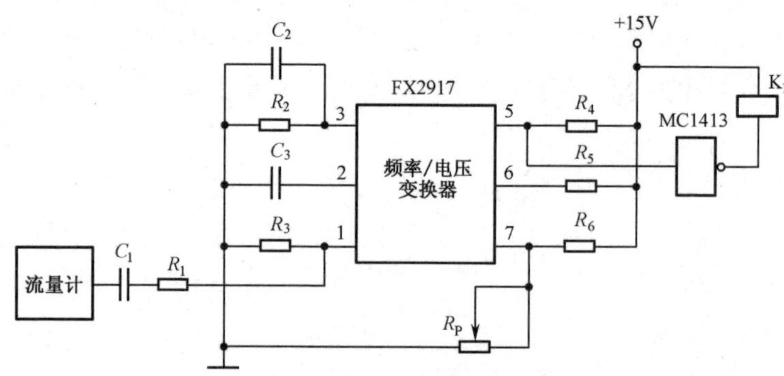

图 8.17　流量检测电路

流量计输出脉冲信号的频率随着流量的变化而变化，之后的频率/电压变换器（FX2917）再将频率信号转换为电平信号，当流量减小时，脉冲信号频率降低，其输出电压也降低。通过电位器 R_P 调节比较器的门限电平，便可使继电器传送出“流量低”的故障信号。

在高功率微波管发射机中，为了提高冷却效率，需要采用蒸发冷却系统。它是将微波管收集极置于水的蒸发锅里，使水变成约 100℃的水蒸气，通过热交换器再还原为水。水在蒸发过程中因密封不好流失太多，将造成微波管收集极过热而损坏，因此需要监测其水位。蒸发锅水位采样示意图如图 8.18 所示，水位检测电路如图 8.19 所示。

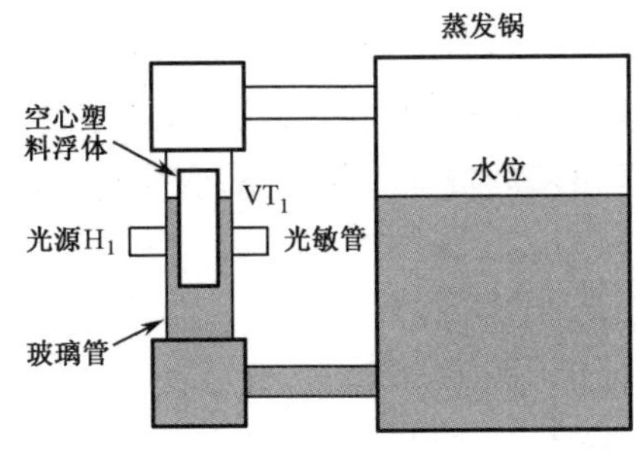

图 8.18　蒸发锅水位采样示意图

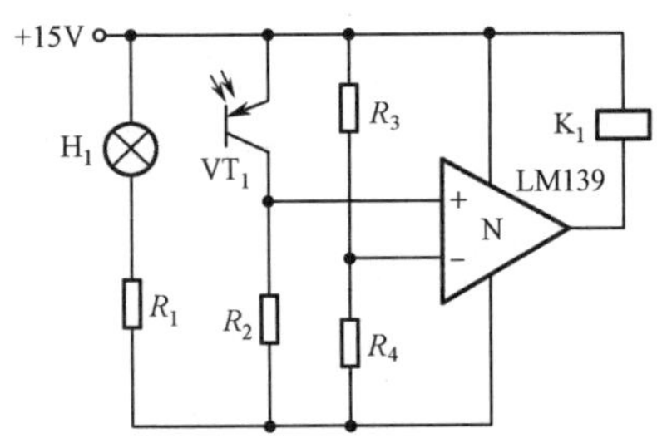

图 8.19　水位检测电路

图 8.18 右边为蒸发锅，其水位与微波管收集极水位相同，蒸发冷却的水经过一个玻璃管从水箱流进蒸发锅，左边的玻璃管中间有一空心塑料浮体。正常工作时，空心塑料浮体挡住光源 H_1 的光，使光敏管 VT_1 无光信号输入；当水位低时，光敏管便可接收到光源 H_1 的光线并转换为电信号。用它与比较器 LM139 中的信号进行比较，当 LM139 翻转时，继电器 K_1 即传送出故障信号。

温度检测比较简单，通常采用温度继电器（或温度传感器）分别测试输入口和输出口的介质温度即可。当温度超过某一危险值时，节点闭合传送出故障信号。

10. 调制器故障的检测

微波管的调制形式主要有阴极调制和栅极调制两种。阴极调制一般需要大功率调制器，常用的阴极调制器主要包括线型调制器及刚管调制器。线型调制器通常取反峰电流过流、充电过流、人工线过压等几种故障进行检测，其故障检测图如图 8.20 所示。继电器 K_1 和 K_2 可采用电流继电器进行检测，然后直接传送充电过流和反峰过流信号；刚管调制器则常取高压电源的过压、过流信号进行检测。

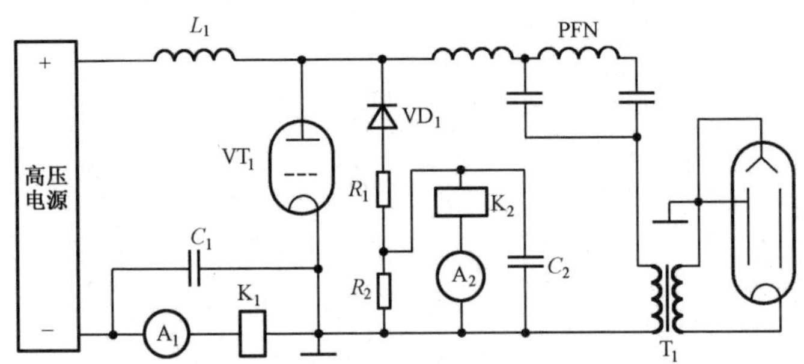

图 8.20　线型调制器故障检测图

浮动板调制器主要用于栅控或控制电极调制的微波管中。由于浮动板调制器浮动在高电位上，直接检测其调制波形、负偏压和正偏压等比较困难。为简化起见，正偏压和负偏压可直接采用浮动在高压上的表头检测，但如果出现负偏故障（过压易引起管内打火，欠压造成栅极截止期不能截止），则会造成微波管过流，并损坏栅极。为保护微波管应采用如图 8.21 所示的特殊浮动板调制器检测电路。

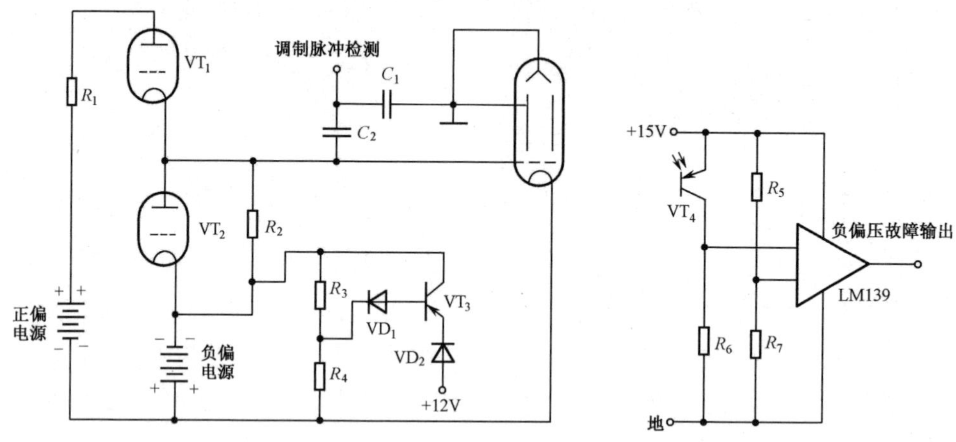

图 8.21　特殊浮动板调制器检测电路

调制脉冲为从栅极到阴极的脉冲，如通过脉冲变压器等检测，一方面波形有失真，另一方面由于变压器的漏感及分布电容将影响波形。这种情况可通过电容 C_1 和 C_2 分压检测管体到栅极之间的电位，其中 C_2 可利用线路分布电容。实际上由于管体到阴极电压在脉冲期间有一定顶降和纹波，因此测试的结果是叠加了管体到阴极电压变化的栅极到阴极的波形，但在工程上可基本反映栅极到阴极波形的变化。负偏电压通过 R_3 和 R_4 分压检测，正常工作时，负偏电压超过门限电压，经高压隔离使 VT_4 导通，然后由比较器输出高电平。当负偏电压故障，输出电压低于门限电压或无输出电压时，VT_4 不导通，比较器输出低电平，且输出负偏压故障。

11. 波导气压

由于高功率的波导必须充气，因而波导接头的泄漏也不可避免。当波导气压不够时，易造成波导打火。为此，工作过程中需对波导气压进行监测。该监测过程可采用压力继电器保护，当采样的波导气压低于设定的保护门限时，压力继电器及时切断高压并进行补充充气，以确保系统的正常工作。

12. 触发或调制脉冲故障

触发或调制脉冲故障主要包括无触发、漏脉冲、过脉冲宽度、过工作比等故障。对这些故障的检测还包括调制器预调信号和调制器输出波形、固态放大器输入/输出脉冲的故障检测。当雷达发射机工作过程中突然出现无触发、漏脉冲或高压电源空载时，易造成高压过压。由于微波管阴极发射能力是一定的，当调制脉冲出现过脉冲宽度或过工作比现象时会造成阴极过流，极易损伤阴极。而对于固态发射机来说，输入或输出微波信号出现过脉冲宽度或过工作比时易造成微波功率晶体管损坏。无触发或漏脉冲检测电路如图 8.22 所示。

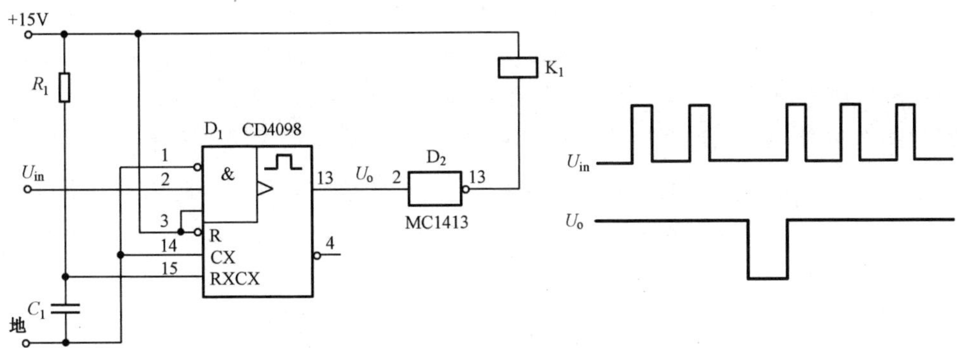

图 8.22　无触发或漏脉冲检测电路

调节单稳态触发器输出脉冲宽度时应使式（8.4）成立，即

$$T \leqslant \tau \leqslant 2T \tag{8.4}$$

式（8.4）中，τ 为单稳态触发器的输出脉冲宽度，T 为输入脉冲的重复周期。该电路按可重复触发方式连接，如果没有触发脉冲漏失，由于$\tau \geqslant T$，所以输出为“1”；但当触发脉冲有漏失时，单稳态输出一个负脉冲，通过一个触发器转换为电平信号驱动继电器；无脉冲为漏脉冲的极端情况，此时输出为低电平。

脉冲宽度或工作比检测电路如图 8.23 所示，其工作过程为被检测脉冲信号经比较器检测，通过 VT_1 放大后给 C_1 充电，适当选取 R_3、C_1 和 R_5 的值，使当脉冲过宽或工作比过大时，C_1 上的充电电平将会增大并超过比较门限，比较器输出过脉冲宽度或过工作比故障高电平或脉冲信号。

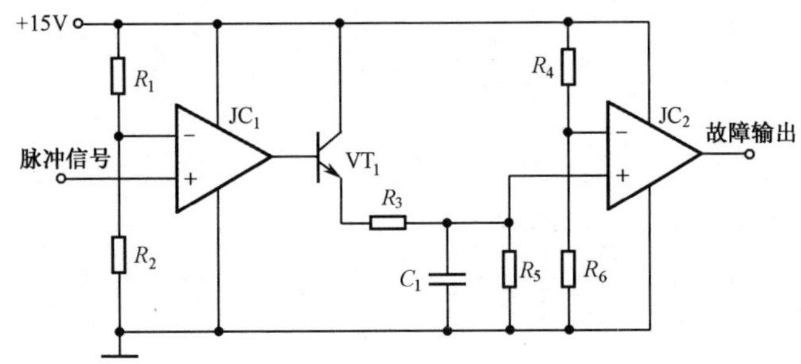

图 8.23　脉冲宽度或工作比检测电路

对于固态发射机来说，当放大器出现自激振荡时也会产生过脉冲宽度、过工作比的情况，因此可通过其输出包络来进行检测；对于真空管发射机来说，有调制波形才会产生微波输出，因此可检测其调制器波形。

13. 断相保护

发射机中的冷却系统常采用三相电动机，如冷却水泵、鼓风机等。同时，在发射机高压电源中也大多采用三相电源。由于某种原因引起缺相会造成电动机过热损坏、高压电源故障等。因此，设置断相保护电路是非常必要的。断相检测电路如图 8.24 所示，其电路中的三相电源中任一相断相时，交流接触器 K_{3-i} 都将断开负载。对于电动机的保护来说，当各相严重不平衡时，还可同时采用热继电器（如 K_4 ）来防止由于各种原因引起的电动机过热。

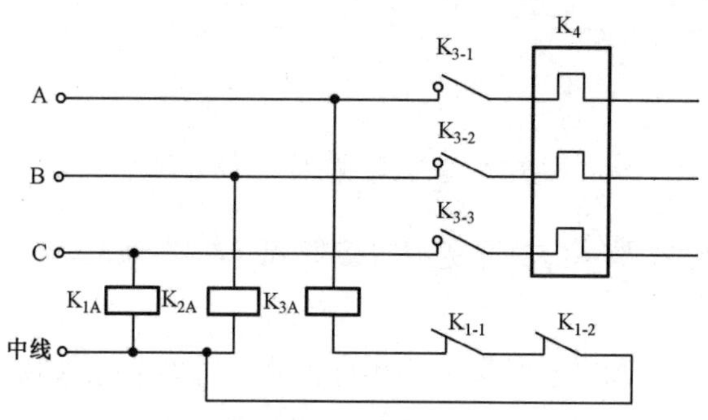

图 8.24　断相检测电路

发射机需检测和保护的内容还有很多，这里不再一一加以描述。具体设计时可根据需要确定检测与保护的项目来设置被监测点、检测参数、保护门限和保护动作时间等。

发射机典型的状态监测和保护功能可参照表 8.1 所列数据。

表 8.1　发射机典型的状态监测和保护功能

项　　目	工 作 范 围	保 护 门 限	保护响应时间
阴极电压	±0.5%	±0.8%	＜500μs
慢波结构或管体电流	±20%	＋30%	＜200μs
灯丝电压或灯丝电流	±2%	±3%	＜2ms
聚焦线圈电压或电流	±0.55%	±0.8%	＜200μs
电子注电流	±2%	±4%	＜200μs
栅极驱动电压	±1%	±1.5%	＜1ms
栅极负偏电压	＋10%，−1%	＋10%，−1.5%	＜1ms

续表

项　　目	工 作 范 围	保 护 门 限	保护响应时间
收集极电压	±3%	±5%	＜200μs
驻波比	0～2	2	＜50μs
脉冲宽度	0μs～最大脉宽	+10%	＜200μs
工作比	0%～最大工作比	+10%	＜200μs
激励功率	±10%	±15%	＜50μs
水压	±10%	±15%	＜100ms
水温	0℃～设计的最高温度	设计的最高温度	＜100ms
流量	80%～100%	≤70%	＜100ms
水位	80%～100%	≤70%	＜100ms
波导气压	80%～100%	≤80%	＜5ms
电源电压	±10%	±15%	＜2ms
高压电源电压	0V～设计最大值	设计最大值	＜200μs
高压电源电流	0A～设计最大值	设计最大值	＜200μs
调制器充电电流	0A～设计最大值	设计最大值	＜2ms
调制器反峰电流	0A～设计最大值	设计最大值	＜2ms
输出功率	±10%	±15%	＜2ms
波导打火	—	—	＜50μs
断相	—	—	＜2ms
触发故障	—	—	＜200μs
门开关	—	—	＜100ms

8.2.4　发射机监控系统的电路设计

发射机监控电路主要用于完成对雷达发射机的开机和关机控制、工作状态监测和指示、故障监测并定位，各种故障的处理、重要参数的测试，并实现同雷达主控台的通信。可靠的发射机监控电路是发射机长期稳定工作的保证。发射机监控电路一般分为以下四种。

1. 继电器连锁电路

在早期的发射机监控电路中，经常采用继电器连锁电路作为监控主电路，该电路具有结构简单、电路可靠等特点。该监控电路通过按键控制各个分机的供电来控制发射机各部分的工作，其执行元件为交流接触器，中间驱动元件为继电器，故障判定是通过分机内输出一对常开的触点（故障时闭合）来接通监控电路中的一个继电器，用继电器的触点去进行连锁和指示的。对慢变化的故障，如冷却介质流量、温度等可采用不记忆接法，即故障时继电器吸合，故障消失后继电器自动释放，无须手动干预；对于快变化的故障，如过流信号、过压信号等需要采用自保记忆接法，即发生故障时继电器吸合，同时用继电器本身的一对触点锁住该故障，故障消失后继电器仍处于吸合状态，需要由人工复位开关进行故障复位，否则会发生捕捉不到故障的现象。某速调管发射机简化控制电路如图 8.25 所示。

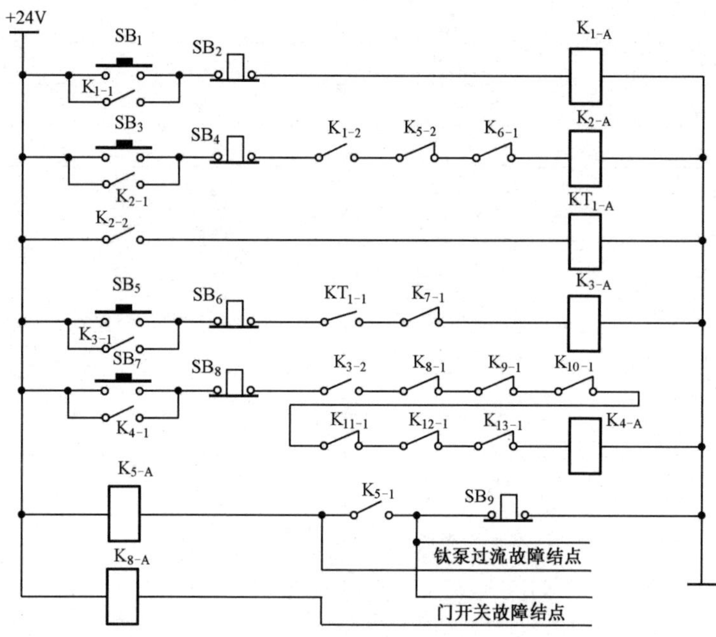

图 8.25　速调管发射机简化控制电路

该图中，发射机分为四步开机，即冷却、低压、中压、高压；K_{1-i} 至 K_{4-i} 为继电器，用来接通交流接触器；KT_{1-i} 为延迟继电器，用于灯丝预热时间的控制；其他继电器为故障记忆继电器。图 8.25 中的故障处理可以简化为两类，其中 K_{5-i} 为钛泵过流故障记忆继电器，用 K_{5-i} 本身的常开触点与故障结点并联，即使故障消失后，K_{5-i} 仍处于接通状态，需通过复位开关 SB_9 复位；而 K_{8-i} 为门开关故障继电器，因门开关故障为慢变化过程，所以无须记忆。每一步开机之间都有连锁装置，即不开低压，中压和高压就不可能加上，从而防止误操作。所有故障都与高压装置进行连锁，出现任何故障都立即切断高压，同时根据故障的级别（若需切断低压）来判断是否切断低压。

如图 8.26 所示为行波管发射机简化控制电路。

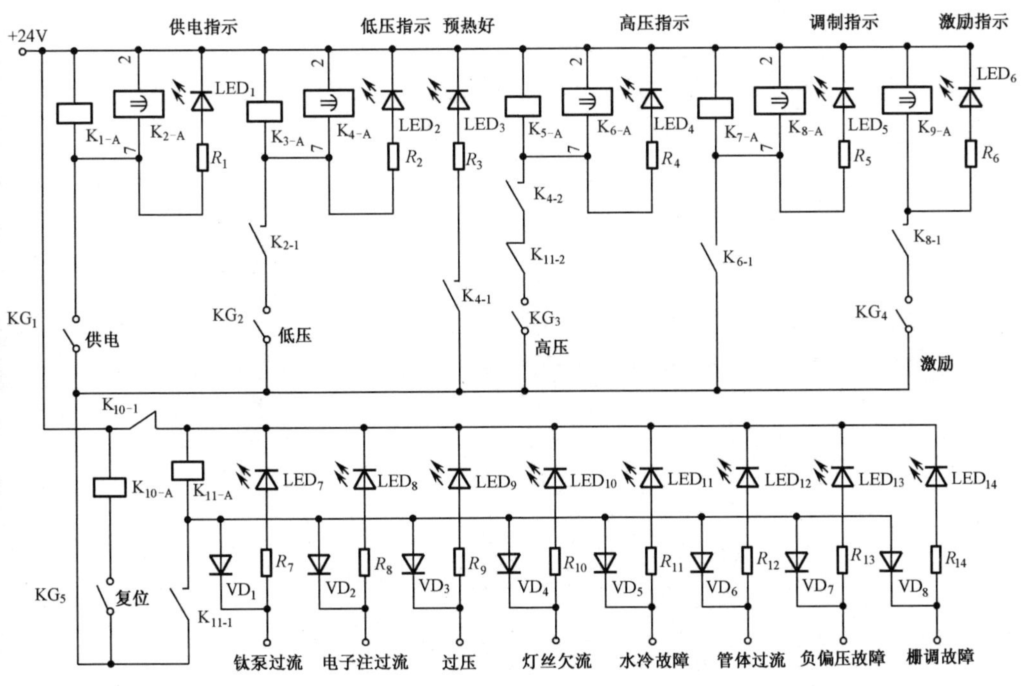

图 8.26　行波管发射机简化控制电路

图 8.26 中，当 KG_1 供电开关接通后，开始给系统供电，同时接通行波管钛泵电源、冷却系统电源和低压辅助电源。经延迟继电器 K_{2-i} 延迟 1min 之后，接通低压开关 KG_2，接通行波管灯丝电源和偏压电源。延迟 5～15min 给 TWT 阴极预热后，预热好则输出高压准加信号，可以加高压。高压开关 KG_3 接通后，接通行波管高压电源。经延迟继电器 K_{6-i} 延迟 1s 左右（延迟 1s 加调制的目的，是适应行波管慢波线电压不允许偏离额定值太多的要求，以达到高压接近满压时，避免加压过程中损伤行波管慢波线），高压电源上升到预定值后，自动输出接通调制信号，栅极调制器开始正常工作。调制器正常工作后即可加射频激励。KG_4 控制继电器接通行波管的射频激励。当发射机产生故障时，由故障连锁电路控制继电器 K_{11-i} 将高压切断。故障的检测由另外的检测电路完成，当故障消失后，可由人工复位开关 KG_5 控制 K_{10-i} 进行故障复位，以便重新加高压。

这里需要指出的是，继电器线圈为感性元件，在断开时会产生高压，因此需在继电器线圈两端并联续流二极管，在交流接触器线圈两端并联电阻、电容（RC）吸收网络，以吸收其干扰尖峰脉冲的能量。

2. 由单片机构成的监控电路

由于继电器连锁电路存在体积大，控制方式不灵活，硬件接线较多，远程控制不方便，故障保护响应速度慢等缺点，因此其应用范围受到了一定的限制。随着微处理器的发展，发射机监控电路逐渐向智能化、集成化方向发展，单片机开始广泛应用于监控电路。采用单片机来控制发射机，具有适应范围广，响应速度快，能处理各种模拟及数字信息，有通信接口，能把采集到的发射机的状态、故障、参数等信息通过标准通信接口传送到雷达主控台等优点。

例如，某速调管发射机，采用 8031 单片机控制，其控制电路如图 8.27 所示。

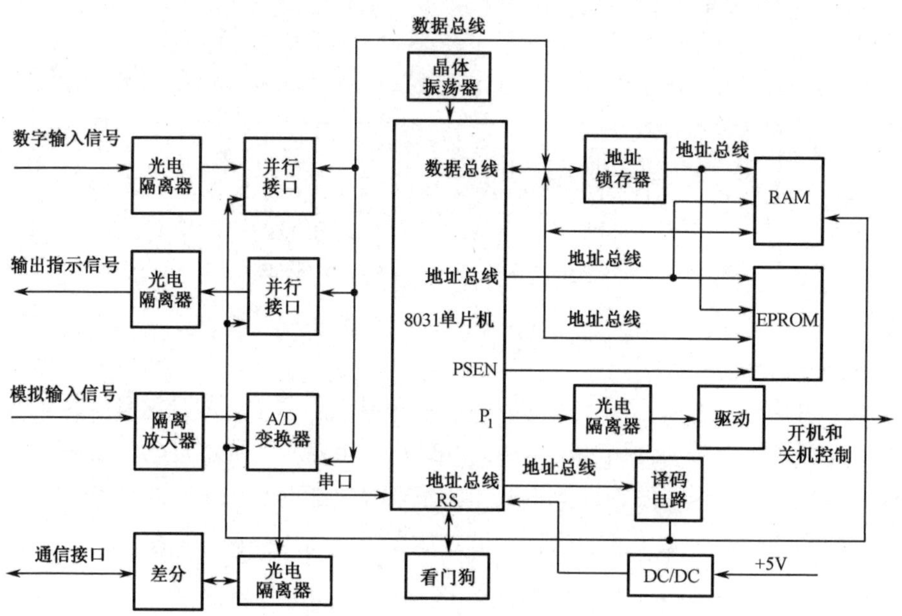

图 8.27　8031 单片机控制电路

该监控电路的主要技术特性如下：

- 处理器为 8031 单片机；
- 时钟频率为 12MHz；
- RAM 为 8KB；
- EPROM 为 8KB；
- 并行接口芯片两片，提供 6 个 8 位（共 48 路）的 I/O 通道；
- A/D 变换器一个，可以提供 8 通道模拟量输入通道，其转换时间为 2.5μs；
- 具有全双工异步通信接口；

- 具有电源管理和硬件看门狗电路，防止程序跑飞（程序偏离正常路径）或发生死锁。

该电路中的开机和关机控制信号、故障信号、状态信号通过光电隔离后经并行接口输入口传送至数据总线；模拟信号经过隔离放大后传送至 A/D 变换器，在 CPU 控制下进行 A/D 变换；开机和关机命令由单片机 P_1 口直接控制，而状态指示则由 CPU 通过并行接口输出口控制。CPU 根据采集到的命令、状态、故障、数据信息，按照设计好的程序对发射机进行开机和关机控制，以及故障保护、故障状态指示和远程通信。单片机电源则采用隔离电源供电，从而实现了单片机与发射机系统所有接口信号的完全隔离。

需要注意的是，发射机为强电磁干扰环境，单片机监控电路要可靠地工作，需要在硬件和软件上采取各种抗干扰措施，如采用隔离电源供电、用光电隔离输入/输出信号、设置硬件看门狗等措施是在硬件上采取的抗干扰措施；软件上则可采取数字滤波技术、延迟采样技术及周期刷新等技术来抑制软件对干扰的敏感性，以提高监控电路的可靠性。

3. 由嵌入式工控机构成的监控电路

采用单片机技术提高了监控电路的灵活性，但单片机也存在着抗干扰性差，显示能力差，对较大的系统不能较好地适应等问题，而嵌入式工业控制机（简称工控机）（如 PC104 总线工控机）能很好地解决这些问题。采用工控机来设计监控电路还有以下好处：

（1）兼容性好，易于升级；

（2）软件资源丰富，所有在 PC 上能运行的软件都可在工控机上运行；

（3）人-机界面较为友好；

（4）通信组网功能强大，工控机提供的各种网络适配器，支持各种通信方式，因而可以构成较大的分布式控制系统；

（5）模块化结构，维修方便；

（6）可靠性高，电磁兼容性好。

嵌入式工控机控制框图如图 8.28 所示。它采用模块化结构，需监测的信号多达 100 点以上，并可根据需要扩展相应的模块。

该控制电路中，主板为监控电路的核心，它由 PC104 工控机和可擦除、可编程逻辑器件（EPLD）组成，EPLD 用来产生发射机所需的定时信号，并对雷达总体传送来的同步脉冲信号进行过脉冲宽度和过工作比检查，如果脉冲宽度或工作比超限，则立即切断定时输出信号，以保护发射管的安全。PC104 工控机管理和控制其他 I/O 模块，提供液晶显示接口和各种通信接口，以实现发射机的无人值守。其主板框图如图 8.29 所示。

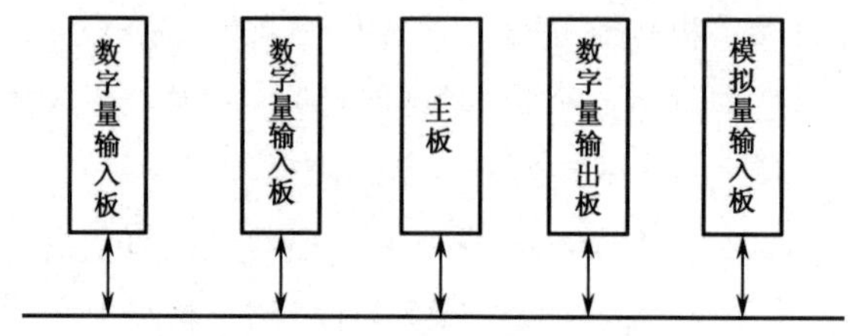

图 8.28　嵌入式工控机控制框图

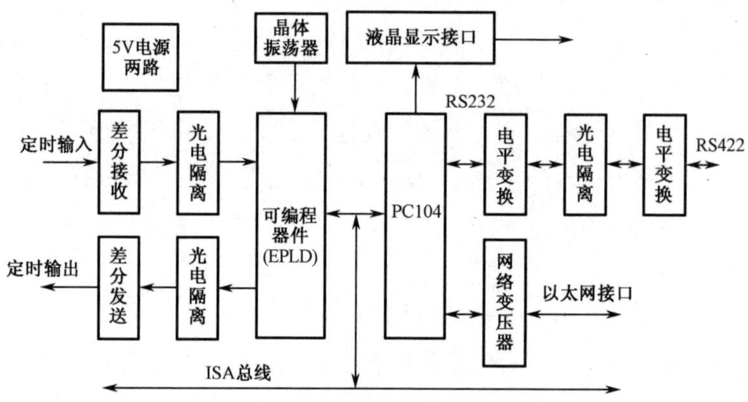

图 8.29　PC104 工控机主板框图

数字量输入板采集各种控制命令、全机的故障和状态输入信号经光电隔离和接口电路传送至 ISA 总线，由 PC104 工控机读取并进行处理。同时，数字量输入板上留有快速保护通道，用于处理需响应速度很快的故障保护信息。数字量输入板框图如图 8.30 所示。

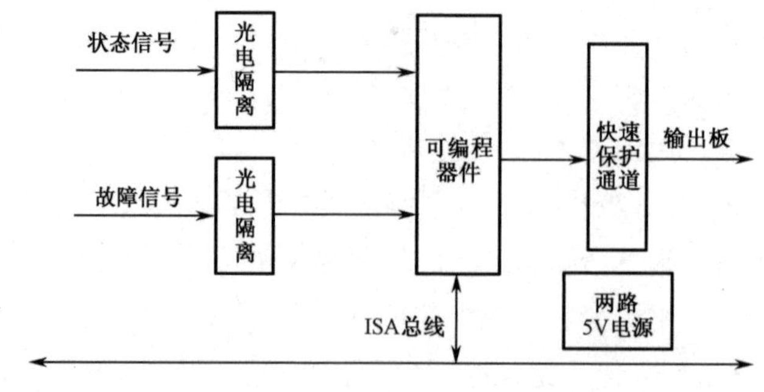

图 8.30　数字量输入板框图

数字量输出板为全机控制信号的输出通道。随着发射机性能的不断提高，对控制和保护的响应速度要求越来越快，靠继电器连锁来切断供电的方法，由于接触器动作时间较长，响应速度较慢，已不常使用。现多使用小信号控制方式，当故障发生时，先通过封锁使能信号（激活信号），再切断供电的方法来实现快速保护。对于速度要求更高的场合，可用快速保护通道进行硬件直接连锁保护。数字量输出板框图如图 8.31 所示。

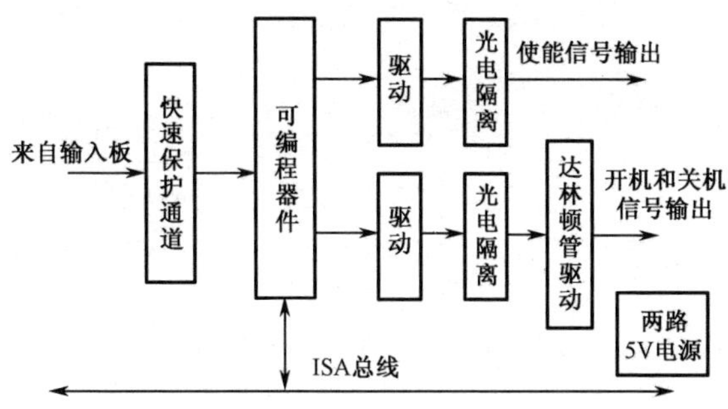

图 8.31　数字量输出板框图

模拟量输入板用于发射机重要参数的测试，如钛泵电压、灯丝电流、高压电压、发射功率等。由于发射机的强电磁干扰环境，每路信号的参考电位会有差异，造成测试的不准确，采用隔离放大器可以很好地解决这个问题。隔离放大器是通过先对信号斩波，再通过变压器耦合、积分解调的方法来实现隔离的。同时，每个隔离放大器还输出一组电源供前置放大器使用。这样就可实现信号通道之间的隔离，对提高测试精度有较大的帮助。模拟量输入板框图如图 8.32 所示。

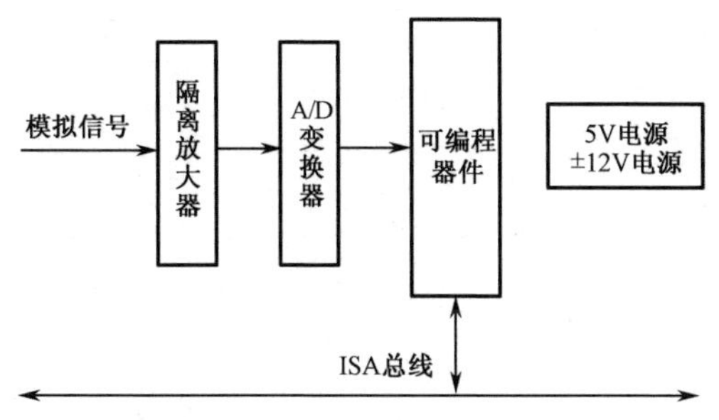

图 8.32　模拟量输入板框图

4. 由可编程逻辑控制器（PLC）构成的监控电路

PLC 实质上也是单片机系统，但 PLC 经过规范化设计和工业控制中的大量使用，以及严格的电磁兼容实验，目前已发展成为最可靠的控制器之一。PLC 起源于继电器控制系统，使用集成电路和内部逻辑替代了分立继电器、定时器、计数器和其他设备，具有较大的容量和精度，因此具有更大的灵活性。由于PLC采取了有效的电位隔离、瞬态抑制及滤波等抗干扰技术，其内部电路能可靠、稳定地运行，因此它更适合于在强电磁干扰环境中使用。同时，PLC 具有开放的通信协议，可比较容易地实现远程精确控制。以下介绍 PLC 在一个回旋管发射机中的应用。

PLC 采用 C200HE 产品，其 CPU 为 C200HE-CPU42，该 PLC 的框图如图 8.33 所示。

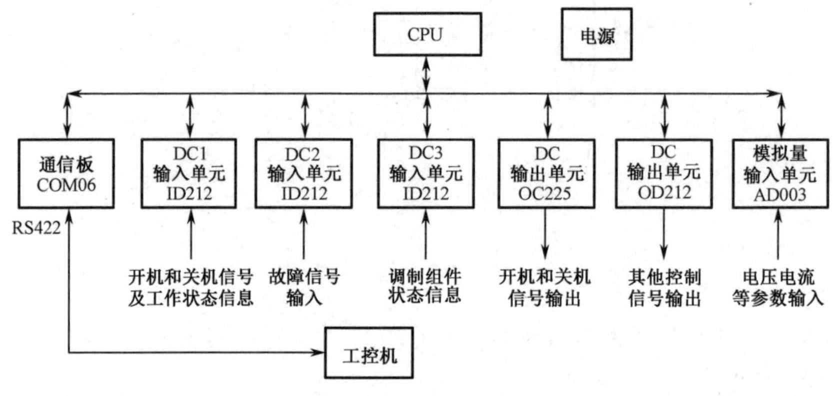

图 8.33　PLC 的框图

开机、关机信号和系统工作状态信息由 DC1 输入单元（ID212）输入，故障信号如灯丝过欠流故障、磁场过欠流故障、钛泵故障等由 DC2 输入单元（ID212）输入，调制组件状态信息由 DC3 输入单元（ID212）输入，开机和关机控制信号如低压开机命令、高压开机命令等由 DC 输出单元（OC225）输出，其他控制信号由 DC 输出单元（OD212）输出，电压电流等参数由模拟量输入单元（AD003）输入，发射机的控制、保护和参数测试均通过软件编程进行。远程工控机用 RS422 通过 PLC 内置的上机通信连接协议进行通信。

发射机的监控电路正在向高度智能化、自动化、人-机界面友好的方向发展。在发射机监控电路的设计中，一定要保证监控电路的可靠性，才能提高整机的安全性和可靠性。由于发射机功率很大，其微波峰值功率达数兆瓦，平均功率达数十千瓦，其调制脉冲电压可高达上百千伏，脉冲电流达数千安，且有许多强功率开关和非线性元器件，是一个强大的干扰源，而发射机监控电路又是一个敏感度很高的小信号电路，因此在设计过程中一定要考虑各种抗干扰的措施，才能保证其本身稳定、可靠地工作。

8.3　可靠性设计

发射机是雷达的核心部分，常比作雷达的“心脏”。发射机的可靠性在很大程度上决定了雷达的可靠性，因此，重视发射机的可靠性设计是至关重要的。

8.3.1　发射机可靠性的数学模型与分析

由于发射机采用了很多高功率转换电路，其功率大、电压高、电流大和发热量大，多以脉冲形式工作，且其频率高、频带宽和干扰强，电磁环境非常恶劣，因而发射机是雷达中可靠性最低的系统。如何提高发射机的可靠性，是发射机设计师应着重考虑的一个重要问题。

发射机系统的可靠性模型，是定性与定量分析可靠性的依据，不同的可靠性模型可获得不同的可靠性指标。对发射机而言，常用的系统可靠性模型有以下六种。

1. 串联系统

串联系统是指组成系统中任一单元的失效均导致系统失效。反之，系统正常工作的条件是系统内所有单元均正常工作。磁控管发射机的可靠性模型如图 8.34 所示。

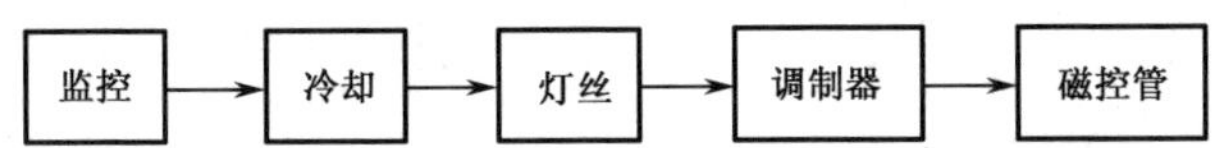

图 8.34　磁控管发射机的可靠性模型

设监控、冷却、灯丝、调制器、磁控管各单元失效率分别为λ_1、λ_2、λ_3、λ_4、λ_5，则发射机 MTBF 为

$$\text{MTBF}=\frac{1}{\sum\lambda_i}=\frac{1}{\lambda_1+\lambda_2+\lambda_3+\lambda_4+\lambda_5} \tag{8.5}$$

2. 并联系统

并联系统是指只要有一个单元正常工作，系统就能保持正常工作的冗余系统。速调管发射机可靠性模型如图 8.35 所示。图中高压电源为n个高压单元并联，只要一个单元正常工作，系统即能正常工作，这个高压电源即为并联系统。

高压电源的 MTBF 应为

$$\text{MTBF}=\frac{1}{\lambda_0}\sum_{i=0}^{n-1}\frac{1}{n-i} \tag{8.6}$$

式（8.6）中，λ_0为高压单元失效率，i 为单元数。当电源为两个单元的双工系统时，其 $MTBF_2$ 可按下式计算

$$MTBF_2 = 1.5MTBF \tag{8.7}$$

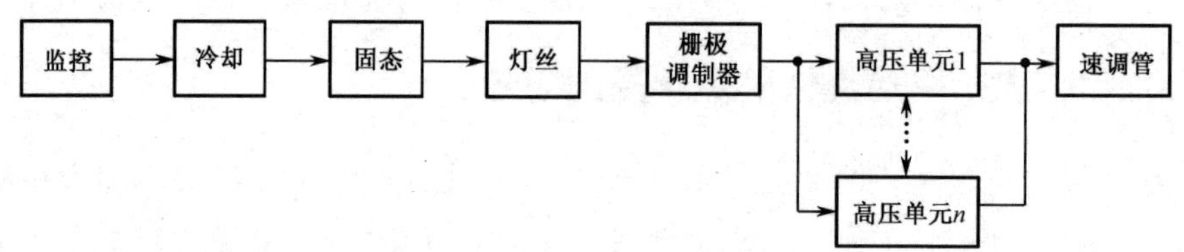

图 8.35　速调管发射机可靠性模型

3. 复合系统

复合系统是由若干串联系统和并联结构串联起来的系统，图 8.35 实际上是一个复合系统。这种系统的失效率，可把两个并联高压单元系统作为一个单元，完全可按串联系统处理；而并联系统单独计算其失效率。

4. 表决冗余系统

表决冗余系统是指在组成系统的 n 个可靠性相同的单元中，有 k 个以上单元工作，就能保持系统的正常工作状态；反之，系统就失效。如图 8.36 所示为另一种速调管发射机的可靠性模型，该发射机有 20 个调制单元，只要有 16 个单元工作，系统就正常工作。

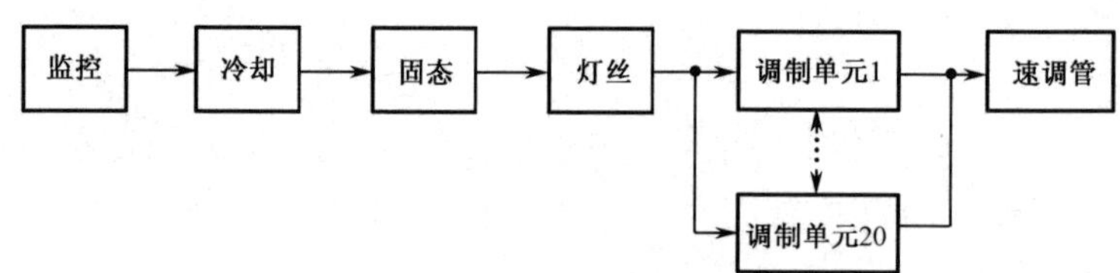

图 8.36　另一种速调管发射机的可靠性模型

表决冗余系统的 MTBF 为

$$MTBF = \frac{1}{\lambda_0}\sum_{i=0}^{n-k}\frac{1}{n-i} \tag{8.8}$$

在本系统中，$n = 20$，$k = 16$，故调制器的 MTBF 为

$$MTBF = \frac{1}{\lambda_0}\sum_{i=0}^{20-16}\frac{1}{20-i} = 0.28\frac{1}{\lambda_0} \tag{8.9}$$

5. 旁待冗余系统

旁待冗余系统是指工作单元和冗余单元互相分开，仅有工作单元在线工作，其他冗余单元处于备份状态的系统。由于热备份旁待系统的可靠性与并联冗余系统没有差别，因此在这里仅分析冷备份旁待系统。具有 n 个冷备份旁待单元的系统 MTBF 为

$$\text{MTBF} = \frac{n}{\lambda_i} \tag{8.10}$$

在有一个冷备份单元的常用情况下，其 MTBF 的表达式为

$$\text{MTBF} = \frac{2}{\lambda_i} \tag{8.11}$$

6. 非独立冗余系统

在前面的并联或表决冗余系统中，工作单元与冗余单元的工作与失效是相互独立的。但在某些情况下，一个单元的失效会使其他单元的工作状态发生变化，从而引起单元失效率突然改变（这种影响不能忽略），像非独立并联系统和非独立表决冗余系统的 MTBF 就有所不同。

对于非独立并联系统，其 MTBF 为

$$\text{MTBF} = \sum_{i=1}^{n} \frac{1}{i\lambda_i} \tag{8.12}$$

如果发射机高压电源采用两个高压电源并联工作，当单个单元失效时，会引起另一部高压电源工作电流增大，其失效率改变。设两个单元工作时，高压单元失效率为 λ_2；单个单元工作时，高压单元失效率为 λ_1，则高压电源总 MTBF 为

$$\text{MTBF} = \sum_{i=1}^{n} \frac{1}{i\lambda_i} = \frac{1}{\lambda_1} + \frac{1}{2\lambda_2} \tag{8.13}$$

对于非独立表决冗余系统，其 MTBF 为

$$\text{MTBF} = \sum_{i=k}^{n} \frac{1}{i\lambda_i} \tag{8.14}$$

例如，一台发射机有一个 15kV 高压电源，它用高压硅堆整流，单个硅堆额定电压为 5kV，采用 6 个硅堆串联。由于硅堆工作中的失效主要是短路失效，在单个硅堆短路失效后，其他硅堆承受的电压要升高，因此这是一个非独立的 6 中取 3 的表决冗余系统。设 6、5、4、3 个硅堆工作时的失效率分别为 λ_6、λ_5、λ_4、λ_3，则

$$\text{MTBF}=\sum_{i=k}^{n}\frac{1}{i\lambda_i}=\frac{1}{3\lambda_3}+\frac{1}{4\lambda_4}+\frac{1}{5\lambda_5}+\frac{1}{6\lambda_6} \tag{8.15}$$

8.3.2 可靠性指标的分配

雷达发射机系统较为复杂，为保证系统的可靠性指标，在确定发射机的可靠性模型之后，应将可靠性指标进行分配，其目的是将系统的可靠性要求转换为各分机的可靠性要求。发射机可靠性指标的分配，可根据比例组合可靠性指标分配的方法，按可靠性结构模型进行分配。这种方法来源于美国航空无线电公司，它的优点是在工程上便于操作。考虑到设计都有继承性或相似性的情况，根据新的设计要求可在老产品上进行改进、改型，其分配公式为

$$\lambda_i=\lambda_{\text{s}}\times k_i \tag{8.16}$$

式（8.16）中，λ_i 为新分配给第 i 个分机的失效率；λ_{s} 为原第 i 个分机的失效率，k_i 为新系统失效率与原系统失效率的比值。

如果原来研制的磁控管发射机的 MTBF 为 150h，新研制的发射机的 MTBF 要求在电路改进的基础上达到 300h，则该系统各分机可靠性指标分配的新旧值如表 8.2 所示。

表 8.2 可靠性指标分配的新旧值

名称	原失效率 $\lambda_{\text{s}}(10^{-3})$	k_i	新分配失效率 $\lambda_i(10^{-3})$	新分配 MTBF/h
灯丝	0.4	0.5	0.2	5000
调制器	1	0.5	0.5	2000
监控	0.5	0.5	0.25	4000
冷却	0.6	0.5	0.3	3300
磁控管	4	0.5	2	500
发射机	6.5	0.5	3.25	308

在实际分配中，各分机的折算比不一定完全按上面的系数进行，可根据各分机的可靠性水平进行工程加权修正。可靠性指标经初步分配后，应与经验数据进行比较和权衡，并反复多次进行这个步骤。随着设计的不断深入，可靠性模型被逐步细化，其可靠性指标分配亦应随之反复进行。

8.3.3 发射机系统的可靠性设计

由于微波管的可靠性和工作稳定性对发射机系统工作的可靠性和稳定性影响很大，也是影响发射机可靠性的主要因素，因此根据微波管失效的原因需要采取有效措施进行控制。

1. 根据微波管的失效原因采取有效的控制方法

1）影响正交场放大器（CFA）寿命的原因及控制方法

CFA 是一个很结实的器件，在合理使用的情况下，决定 CFA 寿命的主要部分是阴极。氧化物阴极的发射材料耗尽大约为 10000h，工作中由于打火的原因，氧化物消耗会较快。

由于阴极中除灯丝有寿命外，阴极温度的过高过低，也会使阴极寿命缩短，因此可采用磁控管中控制阴极温度的办法来提高阴极的使用寿命。

在冷阴极管中，其阴极工作温度的控制是靠外加冷却措施来实现的，必须要尽量防止打火而损坏阴极。为此，CFA 的稳定工作区域应确保在如图 2.10 所示的 B 区中。若工作于不稳定的 C 区，当激励起高压模式时，会使慢波结构与波导间产生不匹配，从而在输出波导中引起二次电子倍增型放电，其结果是会损坏正交场放大器的输出窗。

在水冷阳极的 CFA 管中，一般将冷却水直接注入细小的慢波线的螺旋管中，如果水中有杂质或可沉积的矿物质，则可能将细小的慢波管堵塞，被堵塞的慢波管会发生过热变形或熔化现象。因此，冷却液必须是高度纯洁的去离子水，并确保冷却液具有适当的流量和温度，尤其是要避免缺水运行。如果阴极的冷却也用液体冷却方法的话，其冷却液还应有较高的电阻率，以防止冷却液漏电。

CFA 的输入与输出间的隔离作用很小，如果负载不匹配或馈线连接不好，其反射功率反馈到输入端（也称“倒馈”），引起输入元件或驱动放大器失常，严重时可能引起放大链自激或损坏薄弱器件。为防止“倒馈”的能量进入激励放大器中，两个放大器之间应串接隔离度较高的隔离器或环流器。

2）影响行波管使用寿命的原因及控制方法

导致行波管失效的原因可概括为机械原因，慢波电路和管体（螺旋线）过流（包括射频负载失配等多种）原因，栅极过流原因，管内或局部电弧造成的打火原因，射频负载打火损害的原因，灯丝、阴极寿命及故障机理损害原因六方面，下面分别予以说明。

（1）机械原因。

某些机械故障的发生可能与行波管的高压引线或射频输入/输出连接有关。从电子枪引出的高压线（灯丝、阴极、控制极）和收集极引线，一般是采用硅橡胶高压线，并用硅橡胶或其他固化材料固定在行波管上。若不适当地拉扯该线，可能损坏固定胶或破坏绝缘硅橡胶，从而引起电击穿或损坏。

对于射频接头，装连时不能用力过大，以免其应力传递到陶瓷窗上而引起损坏。如果连接不好，接触不良，可使驻波增大。输出端的反射功率过大时，也会损坏输出陶瓷窗。

对于高功率、同轴输出、200W 级联续波，且频率在 X 至 Ku 波段的行波管，由于接头中心插针很细，不方便冷却，它的过热也易使输出窗破裂或使行波管因真空度变差而损坏。

在一个具有 TNC 标准接头的行波管里，其中心针与外壳间的绝缘材料是聚四氟乙烯，在恶劣环境下，它会因过热而变形。为克服这一缺点人们往往使用陶瓷，但驻波比会变得较差。

用波导输出（或输入）的高功率行波管中，在波导连接时应避免机械受力。特别是螺旋线行波管的输入/输出同轴波导转换器，其直接与外部射频电路相连时波导法兰上的机械力很容易转移到输出窗上，导致输出窗破裂或变形，变形的输出窗还会产生寄生的射频振荡造成高频击穿。

避免机械受力的最好方法是在行波管输出波导法兰与外接波导法兰之间，使用一段软波导来进行机械去耦。

（2）慢波电路和管体（螺旋线）过流原因。

在电子散焦的情况下，会产生过大的管体或螺旋线电流，使慢波结构的部分或整体损坏。管体过流的原因有以下六种：

① 干扰磁场。行波管附近的大变压器或强铁磁材料，会引起电子注散焦，尤其是电子枪对外部磁场最敏感。在较弱的干扰磁场下，行波管的聚焦磁场所受的影响尚可恢复；但在强干扰磁场的作用下，铝镍钴磁铁比稳定的钐钴磁铁受不可逆性的影响更大。

② 负载驻波差。与行波管输出端相连的馈线系统（包括天线、隔离器、波导开关、转动铰链、假负载）的驻波较大时，其反射能量到达慢波结构的输出端时，会导致螺旋线的过热或损坏。

高功率管在高海拔地区时，因驻波大所引起的常见故障是输出窗或输出接头的失效。在高海拔地区，会导致输出窗出现电弧，且声冲击波容易使窗体破裂。若是接头的话，聚四氟乙烯的绝缘材料会烧焦，其结果是导致输出窗因中心针过热而开裂或损坏。

③ 磁场强度下降或不准确的线包电流。在周期永磁聚焦的行波管中，像收集极过热、电子注散焦或冷却故障均会使行波管过热，进而使聚焦磁铁因受强热而磁场强度下降，导致电子注进一步散焦，如此恶性循环致使出现热击穿。

线包电流不准确，同样也会引起电子注散焦。

当电子注导通时，不准确的阴极或栅极（阳极或聚焦电极）电压将产生不准确的电子注电流。当偏离准确的注电流时，管体或螺旋线电流将迅速增加，而易碎的螺旋线对其特别敏感。

④ 回流。当降压收集极电压低于准确值时，会产生“回流”，严重时将导致慢波线过流或损坏。

⑤ 射频过激励。射频过激励将导致电子注的直径增加，使其螺旋线或管体因电流增大而过热或损坏。

⑥ 振荡。阴极电压远离同步电压时，可能引起返波振荡。由于反射功率或过热对慢波结构的任何损坏，也可能引起振荡。所以无论哪一种振荡都可使行波管损坏。

为了防止上述故障对行波管造成损坏，螺旋线或管体的过流跳闸电路必须与高压电源或调制器进行连锁，其跳闸动作时间值应小于 200μs。

（3）栅极过流原因。

当控制电子注导通的栅极电压明显增加时，不但增加其电子注电流，同时栅极截获电子也将增加。由于栅极是用极细的金属丝网制成的，因而很容易因过流而过热。过热效应将导致栅极的二次发射（也称栅放），这将使栅极失去控制电子注的功能，以致烧毁栅极。

阴影栅的敏感性要小些，因为它截获电子注的电子比截获栅小得多。然而，它在大电子注电流的行波管中，问题也不少，特别是当阴影栅极上的钝化层被破坏时，阴影栅也将发射电子，导致阴影功能失效，直至把栅极烧毁。

栅极二次发射是危险的，因为它抵消了栅极电压对电子注的开关功能。当栅极二次发射现象严重时，电子注将维持导通。在脉冲管里，这将引起收集极过热、栅极烧毁和慢波线过热或烧毁的现象。

来自栅极少量的二次发射，在电子注截止条件下也将产生严重的脉内噪声。由于此噪声会阻塞雷达接收机，因此必须更换行波管才能使雷达正常运行。

在未加阴极、收集极高压的情况下，接通栅极正电压时，栅极也会因过流而被烧毁。

阴极材料的蒸发，将使栅极对阴极间的绝缘性能下降，漏电流增大，从而导致栅极驱动能力的下降，结果电子注电流减小，电子注散焦。

（4）管内或局部电弧造成的打火原因。

在行波管寿命期内，管内各电极与管体间出现部分或全部打火放电都是不正常的。当行波管长期未工作或未加直流老炼的情况下，管内由于有残留气体而较易打火。行波管正常工作 1h 后，便可吸收储存期间积累的残余气体，打火就会减少。

防止和预测行波管打火是比较困难的，当设计高压电源时，不仅要使它能承受打火的冲击，而且要限制打火时通过行波管的能量。每个行波管都注明了允许打火能量的最大值，高压电源设计必须满足这个要求。

打火产生的气体会使阴极中毒，也会使材料在高温下蒸发到某些电极上而造成行波管的损坏。栅极和螺旋线是最敏感的部件，极易受到打火而损坏。一般螺旋线仅能耐几焦耳的放电能量，阴极及其相关的部件是其次易受损坏的部件。

（5）射频负载打火损害的原因。

射频输出打火可能发生在波导电缆接头的地方。在高功率、高海拔（或潮湿）地区、波导气压不足等情况下，馈线极易发生打火。波导密封不好，易进潮气或气压降低，也是引起打火的原因。波导打火的冲击波可能破坏输出窗，反射功率也会使输出窗变形或出现热击穿现象。

（6）灯丝、阴极寿命及故障机理损害原因。

灯丝、阴极寿命及故障机理损害的原因有如下 3 种：

① 阴极、灯丝的结构与工作环境。阴极的寿命与阴极的种类、工作电流密度、工作温度、制造质量和使用环境等因素有关。一般来说，地面固定站的条件最好，战斗机的高强度振动冲击和频繁地突然开机和关机动作，使得其条件最差。

灯丝的冷态电流比热态电流大许多倍，起始开机时要限制大灯丝电流的冲击，一般冲击电流不得大于热态电流的 1.5～2 倍（要求快速开机的除外）。

灯丝电压的变化对阴极寿命的影响也十分显著，如一个钨储备式阴极，若灯丝电压变化±5%，阴极电流变化±7.5%，则阴极温度将变化约±3.8%，灯丝电压从 6V 变到 6.6V，阴极寿命将缩短 1/10。因此，电路设计上应确保灯丝电压具有较好的稳定度。

② 阴极蒸发物在栅极上的沉积。高温工作的阴极会蒸发出一些可发射的物质，由于栅极离阴极很近，这些物质沉积在栅极上，可能造成阴极与栅极间的绝缘电阻下降，从而产生漏电流，降低栅极的驱动能力；同时，这些沉积在栅极上的阴极材料还可能引起栅极的二次发射。

③ 阴极中毒。管内打火会使氧化物阴极中毒。阴极中毒后，会使阴极发射电流密度迅速下降，电子注电流变小，射频增益和输出功率也降低，并且产生散焦。

为了防止阴极中毒，一般大功率管中均设置离子泵（钛泵）用以辅助排气。钛泵内电子在正交电、磁场的作用下，沿着阳极轴线做螺旋运动。当气体分子存在时，会与高速旋转的电子相互碰撞，使气体分子电离，其离子在电场的作用下，以极大的能量轰击阴极钛板。被轰击钛板的活性钛溅射到阳极板上，形成新鲜钛膜。该钛膜有吸附和淹没气体分子的能力，从而起到了排气的作用，其钛泵电流还可以用来监视行波管内气体的浓度。

3）影响速调管使用寿命的原因及控制方法

对行波管可靠性问题的讨论也适用于速调管。但是由于速调管比螺旋线行波管乃至大多数耦合腔行波管更坚固，且可以很方便地实施有效冷却，故障条件下的散热损耗不致使速调管过热，因此寿命一般较同等功率的行波管长。

当速调管正常工作时，影响其寿命的主要因素应该是其阴极的寿命，这与行波管或其他类型的电子管一样。

4）影响磁控管工作寿命的原因及其控制方法

磁控管结构很坚固，它的薄弱环节是调频机构和阴极。特别是机械调谐装置经常往复运动，除磨损外，伸缩环还易疲劳，这是影响使用寿命的关键。解决该问题的方法是精心设计，避免其间的摩擦，选用较好的材料以提高抗疲劳强度；使用中尽量减小调频速率，限制调频范围。但这些解决方法显然都与使用要求相矛盾，因而这也是现今磁控管使用较少的原因之一。

阴极本身的寿命是较长的，但是在磁控管中由于其温度的监测和控制比较麻烦，因此易出现过热或欠热的不良状态。过热时，阴极材料易喷溅到阳极上，使磁控管的射频性能变差，且使阴极发射材料减少；欠热时，由于发射电流密度下降，会导致磁控管打火跳模，产生气体，使真空度下降，从而使氧化物阴极中毒而失去活性，所有这些都是影响磁控管使用寿命的重要因素。解决的办法是设法使磁控管阴极温度工作在可控的范围内，并在工作中仔细控制磁控管的灯丝电流，其办法是按照磁控管的阳极平均电流或用热敏管采集阴极温度来闭环调节灯丝功率的大小，并设置过流或过温保护装置。

2. 电路优化设计

优化电路的目的之一是减少元器件数量，特别是在发射机中采用分立器件较多的情况下，要大量减少元器件，除尽量去掉电路中那些作用不大的元器件外，还可不拘泥于原来的电路形式，从如下一些方面着手优化。

1）电路集成化

（1）用集成电路取代分立器件电路；

（2）用中、大规模集成电路取代小规模集成电路；

（3）微波电路集成化；

（4）采用单片机、单板机、嵌入式计算机、工业控制器、可编程控制器等。

2）模拟电路的优化

如图 8.37 所示为发射机经常采用的桥式整流电路与全波整流电路。它们的性能基本一致，但桥式整流电路需四个整流二极管，而全波整流电路只需两个整流二极管，不过变压器多一个抽头而已。再考虑到桥式整流二极管承受的电压比全波整流管低一半，其失效率将下降为全波整流管的 70%左右，但就电路中整流二极管部分失效率而言，全波整流管仅为桥式整流二极管的 71%。因此，通过这两种电路的比较，可以确认采用全波整流电路将会使模拟电路得到一定程度的简化。

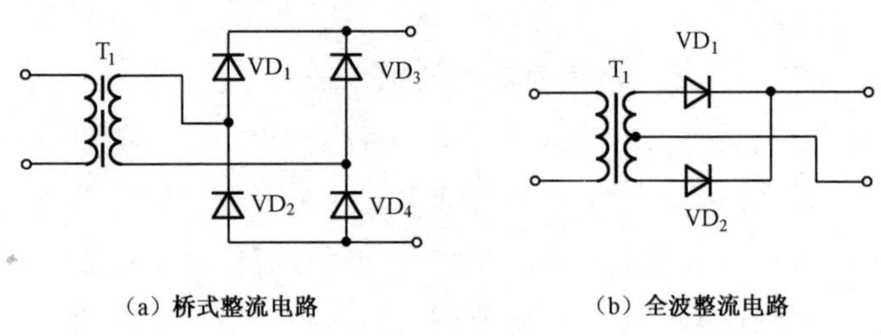

（a）桥式整流电路　　（b）全波整流电路

图 8.37　整流电路

3）采用标准及成熟部件和电路

大量经验表明，从按有关规范生产的、已知可靠性指标的优选元器件中选取零部件和电路，对提高产品的可靠性是非常有用的。所以，目前很多雷达研制单位均致力于模块化的工作。雷达发射机工作在大功率、高压、高频的场合，模块化工作较难开展，但还是有不少分机和零部件可进行模块化设计，如监控单元、定时器单元、调制器单元、高压电源单元、灯丝电源、浮动调制单元、各种检测模块、固态发射组件等。国内外也有很多模块化的成熟产品可采用，如各种系列的低压电源模块等。

3. 瞬态抑制和过应力保护

雷达发射机中采用很多感性器件，如调制器充电电感、滤波电感、变压器、扼流圈、人工线等。这些器件在接通和断开的瞬间，由于电容上的电压不能突变和电感线圈中的电流不能突变，于是产生高电平脉冲电压或电流，结果使元器件因瞬态过载而失效；又由于发射机宽脉冲电流很大，在公共地及相邻的电路或导线上产生很高的尖峰干扰，造成半导体或集成电路等低压元器件失效。

电路中的这些现象可以造成多种故障，如双稳态触发器和施密特触发器可能偶然被触发，瞬变信号可能被当作检测信号而放大；开关可能改变状态，半导体可能被闩锁，因而要求重新复位等。

瞬态过载是发射机设计中的一个突出的问题，很多发射机的故障并非是由于元器件的质量引起的。因此，必须合理地采用浪涌吸收及瞬态抑制电路来减小尖峰干扰。

4. 不要片面选择高性能元器件

电路设计应适中地选用元器件的性能参数，不要盲目地以“高”代“低”。滥用高性能元器件，不但增加了费用，而且也不一定能提高电路的性能。例如，电路中的关键部位存在低速电路时，即使其他部位使用高速电路也发挥不了作用，而且高速低电平电路的抗瞬态干扰性能要差一些。在不少情况下，性能较高的元器件，其失效率水平也相应增高。例如，使用一般半导体分立器件时，要避免盲目选择低噪声器件，可用高频器件的就不要选用微波器件，可用低频器件的就不要选用高频器件，高频器件比低频器件的失效率一般要高几倍。这是因为晶体管的二次击穿电流与器件截止频率的平方根成反比，器件的截止频率越高，二次击穿的临界电流就越低，器件也越容易被击穿。对线性集成电路来说，能用低速的就不要选用高速的。

5. 降额设计

施加在电子元器件上的电应力、热应力的大小将直接影响着电子元器件的失效率。通过降额设计可大大降低元器件的失效率，但是，降额过多，会造成体积、质量和费用的增加，因此，必须折中考虑。各种元器件的详细降额标准及应用指南按 GJB/Z 35—93《中华人民共和国国家军用标准　元器件降额准则》(简称国家军用标准 GJB/Z35）执行。表 8.3 为发射机常用元器件的降额推荐值。

表 8.3　发射机常用元器件的降额推荐值

元器件种类	参数名称	最大应力系数
功率线绕电阻器	功率	0.5
高压电容器	电压	0.8
低压电容	电压	0.5
开关管	功率	0.5
	电流	0.5
	电压	0.6
变压器、电感器	温度	温升不能超过绝缘材料的额度值
继电器	电阻、电容性电流	均按 0.75
	电感性电流	0.4
	电动机电流	0.2
	灯丝电流	0.1
晶体管	功率	0.75
	电压、电流、结温	均按 0.8
微波功率晶体管	结温	0.8
可控硅	电压、结温	均按 0.8
	电流	0.7

需要指出的是，发射机中有些器件及其参数是不能降额工作的，如行波管必须工作在额定工作电压，电真空器件的灯丝必须工作在额定电流下。某些元器件降额太大，易产生低电平失效现象，如聚苯乙烯电容器、云母电容器、涤纶电容器、纸介电容器等，其中以聚苯乙烯电容器最为严重。电阻器降额值低于 10%后，将得不到预期的效果，甚至失效率还会有所增加。

6. 热设计

环境是影响电子元器件可靠性的重要因素之一。因此，热设计在发射机可靠性设计中是非常重要的，具体的热设计与冷却设计可参见第 10 章的内容。发射机各种常用元器件允许温度参考值如表 8.4 所示。

表 8.4　发射机各种常用元器件允许温度参考值

元器件名称	表面允许温度	元器件名称	表面允许温度
碳膜电阻	120℃	陶瓷电容	80～85℃
金属膜电阻	100℃	玻璃陶瓷电容	200℃
压制线绕电阻	150℃	锗晶体管	100℃
涂釉线绕电阻	225℃	硅晶体管	150℃
纸介电容器	75～85℃	整流器	75～85℃
电介电容器	60～85℃	变压器、扼流圈	95℃
薄膜电容器	60～130℃		

8.3.4　发射机的可靠性预计

在发射机的方案论证和工程设计阶段，应及时地预计系统、分系统或设备的基本可靠性和任务可靠性，并实施“预计—改进设计”的循环，以使产品达到规定的可靠性要求。主要方法可采用元器件应力分析法。

元器件应力分析法是通过分析设备上各元器件工作时所承受的电/热应力及了解元器件的质量等级、承受电/热应力的额定值、工艺结构参数和应用环境等信息，利用 GJB/Z 299C—2006 或 MIL-HDBK-217C 中所给出的元器件失效率模型及相关的数据表、图表来计算各元器件的工作失效率，并由产品可靠性模型预计电子设备和系统的可靠性指标。各种元器件的失效率模型详见 GJB/Z 299C—2006。发射机常用元器件的失效率模型如表 8.5 所示。

表 8.5　发射机常用元器件的失效率模型

元器件名称	失效率模型
电阻器	$\lambda_p = \lambda_b \pi_e \pi_q \pi_r$
电容器	$\lambda_p = \lambda_b \pi_e \pi_q \pi_{cv} \pi_{sr} \pi_k$
晶体管	$\lambda_p = \lambda_b \pi_e \pi_q \pi_a \pi_{s_2} \pi_r \pi_c$
继电器	$\lambda_p = \lambda_b \pi_e \pi_q \pi_{c_1} \pi_{cyc} \pi_f$
变压器	$\lambda_p = \lambda_b \pi_e \pi_q \pi_k$
线圈	$\lambda_p = \lambda_b \pi_e \pi_q \pi_k \pi_c$
电动机	$\lambda_p = \lambda_b \pi_e$
普通电子管	$\lambda_p = \lambda_b \pi_e \pi_q \pi_1$
行波管	$\lambda_p = \lambda_b \pi_e \pi_q$
磁控管	$\lambda_p = \lambda_b \pi_e \pi_q \pi_u \pi_c$

表 8.5 中，λ_p 为工作失效率，λ_b 为基本失效率，π_e 为环境系数，π_q 为质量系数，π_1 为成熟系数，π_a 为应用系数，π_{s_2} 为电压应力系数，π_r 为额定功率或额定电流系数，π_{sr} 为电阻系数，π_u 为利用率系数，π_c 为结构系数，π_k 为种类系数，π_{c_1} 为触点形式系数，π_{cyc} 为动作速率系数，π_f 为应用结构系数，π_{cv} 为电容量系数。

【例 8.1】 已知某一按国家标准生产的固体钽电解电容器，其额定工作电压为 40V，额定电容量为 15μF，用于机载雷达中，工作电压为 16V，工作环境温度最高为 70℃。电容器和电源之间的回路电阻是 80Ω，计算其失效率。

根据其额定电压和工作电压计算其电应力为

$$S = \frac{16}{40} = 0.4$$

从相关国家军用标准中查出电容器的基本失效率为 $\lambda_b = 0.0973$（$10^{-6}/\mathrm{h}$），下面计算串联电阻，并确定串联电阻系数 π_{sr}：

串联电阻为 $\frac{80}{16} = 5$（Ω/V）；

从相关国家军用标准中查出串联电阻系数 $\pi_{sr} = 0.07$。

从相关国家军用标准中查出，$\pi_e = 15$，$\pi_q = 1$，$\pi_{cv} = 1$，$\pi_k = 1$，则其工作失效率为

$$\begin{aligned} \lambda_p &= \lambda_b \pi_e \pi_q \pi_{cv} \pi_{sr} \pi_k \\ &= 0.0973 \times 15 \times 1 \times 1 \times 0.07 \times 1 \\ &\approx 0.102\,(10^{-6}/\mathrm{h}) \end{aligned}$$

系统、分机、整件的失效率可通过元器件的失效率进行计算，对于串联模型，其总失效率为各元器件的失效率的和。某检测电路失效率统计表如表 8.6 所示。

表 8.6　某检测电路失效率统计表

名称、型号和规格	数量	额定值	实用值	元器件失效率（10^{-6}/h）	总失效率（10^{-6}/h）
电阻 RJ-2W-1kΩ	10	2W	0.5W	0.07	0.7
电阻 RJ-0.25W-10kΩ	8	0.25W	0.05W	0.07	0.56
电容器 CA30-63V-330μF±10%	4	63V	24V	0.3	1.2
电容器 CC41-CG-100V-3300pF5±5%	10	100V	24V	0.3	3
三极管 3DK104D	3	700mW	100mW	0.2	0.6
二极管 2CZ85S	4	1A	300mA	0.2	0.8
光耦 H11L1	2	300mA	10mA	4.12	8.24
集成电路 LM111	1			1.3	1.3
集成电路 MC1413	1			1.3	1.3
半导体稳压器 W7824	1	1A	300mA	0.65	0.65
插座 TJ6B-2.54-10Z	1			0.44	0.44
焊点	250			0.0045	1.125
总失效率 $\sum\lambda$					19.915

8.3.5　故障模式影响及危害性分析

由于发射机工作在高压大电流状态下，当系统中某个元器件失效时，可能会引起连锁反应，造成更多的器件损坏，严重的能烧毁整个发射机。因此，在发射机中进行故障模式影响及危害性分析（FMECA）是十分必要的。其分析方法主要有两种：一种是用表格列出各单元的失效模式，通过失效模式分析找出由此产生的后果；另一种是失效树分析法，即通过系统的具体失效后果去寻找造成这种失效现象的一切可能的原因。表 8.7 为发射机常用元器件的失效模式。

表 8.7　发射机常用元器件的失效模式

元器件	失 效 模 式	百分比/%
真空微波管	阴极发射降低	31
	灯丝断	16
	放电打火	11
	自然老化	9
	收集极击穿	7
	真空度下降、自激振荡或螺旋线电流大	各占 4
	其他	14
真空开关管	开路	28
	短路	25
	性能退化	38
	接触不良	9

续表

元器件	失效模式	百分比/%
电阻器	开路	91.9
	参数漂移	8.1
电位器	接触不良	60
	短路	10
	开路	30
电感线圈	短路	18.3
	开路	39.4
	参数漂移	25.4
	其他	16.9
变压器	短路	28
	开路	40.2
	参数漂移	8
	其他	23.4
晶体管	开路	40
	短路或性能退化	各占 30
继电器	触点断开	50
	触点粘连	40
	线圈短路或开路	10
电解电容器	开路	40
	短路	30
	漏电流过大	15
	电容降低	5
连接器	短路	30
	焊点机械失效	25
连接器	绝缘电阻率低	20
	接触电阻不良	10
	其他机械失效	15

对于各种元器件失效模式引起的各种结果应进行详细的分析，分析方法在这里不做详细介绍，有兴趣的读者可参阅文献[7-8]。对于危害程度较高，如造成贵重元器件损坏或引起事故等重大损失的情况，应采取故障保护措施，避免故障的扩大。这一点在发射机中是非常重要的。

发射机由于采用了很多电真空器件和机电元器件，并同时存在高压大电流的强干扰，因此其 MTBF 在雷达整机中往往是最低的。近年来，随着元器件质量及可靠性设计水平的提高，发射机的可靠性已经得到了较大的提高。

参考文献

[1] Sivan L. Microwave Tube Transmitters[M]. London: Chapman and Hall, 1994.

[2] William North. High-Power Microwave Tube Transmitters[R]. New Mexico Los Alamos National Laboratory, 1994.

[3] 陈小华，黎有勇. 现代控制继电器实用技术手册[M]. 北京：人民邮电出版社，1998.

[4] 航空航天工业部. 电子测试技术[M]. 北京：宇航出版社，1992.

[5] 毛楠，孙瑛. 电子电路抗干扰实用技术[M]. 北京：国防工业出版社，1996.

[6] 中国人民解放军总装备部电子信息基础部. 电子设备可靠性预计手册：GJB/Z 299C—2006 [S]. 北京：中国人民解放军总装备部出版发行部，2006.

[7] 徐维新，秦英孝. 可靠性工程[M]. 北京：电子工业出版社，1988.

[8] 丁定浩. 可靠性与维修性工程[M]. 北京：电子工业出版社，1986.

[9] 机械电子工业部标准化研究所. 电子设备可靠性预计手册：MIL-HDBK-217C[S]. 北京：机械电子工业部，1979.

第 9 章

雷达发射机技术参数的测试

雷达发射机技术参数的测试是检验发射机性能指标是否满足设计要求和评价其质量优劣的唯一方法，而雷达发射机在雷达系统中的实际使用是进一步验证其性能指标和可靠性的重要过程。本章着重讨论雷达发射机主要技术参数和一些关键技术参数的测试方法，给出了目前实际工作中所使用的测试方法，其中包括测试框图、测试步骤和测试仪表，同时阐明了测试方法应随技术的发展和进步而不断完善的道理，力求更准确和更真实地反映出雷达发射机的实际性能和质量。

9.1 概述

雷达发射机性能好坏的判别依据是发射机各项技术指标鉴定测试的结果，测试结果也是发射机技术水平的主要标志，因此雷达发射机技术参数的测试是发射机研制生产过程中最后的也是最重要的一环。测试方法应随技术的发展而不断进步和完善。先进的、高精度的仪表、设备的使用使测试方法不断更新和测试结果更准确，应尽可能多地采用数字化仪表，更客观地读取测试数据，减少人为因素，提高测试精确度，降低测试读数误差，更重要的是可以利用计算机实现发射机技术参数的自动化测试。

要使测试结果可信，需要两个基本保证条件：首先，测试方法要正确，选用仪表要合适，且必须满足测试精度要求；其次，测试仪表必须经过专业计量部门的技术鉴定，且测试时间必须在仪表鉴定有效期内。

9.2 雷达发射机技术参数的通用测试方法

雷达发射机技术参数的测试按如图 9.1 所示的系统框图进行。

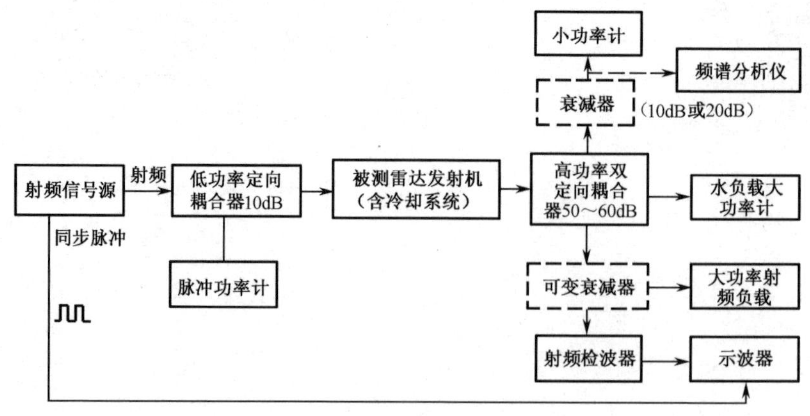

图 9.1 雷达发射机技术参数的测试系统框图

图中所示的被测雷达发射机主要指各类真空管发射机和固态高功率发射机。对有源相控阵雷达发射机需要另行考虑，因为其发射机是分布式的，一般只对前级驱动放大器、T/R 组件功率放大器进行测试，而其他测试需要与有源天线面阵和雷达总体一并进行。

测试系统的主要仪表、设备如下：

（1）射频信号源，优选具有内脉冲调制和输出同步脉冲的高品质合成信号源。

（2）低功率定向耦合器，用来对发射机输入功率进行采样。

（3）脉冲功率计，用作输入功率监测。

（4）频谱分析仪，用来对发射机输出信号的频谱分布、频谱纯度（相位噪声）和杂散（含谐波和杂波）分量进行测试。

（5）示波器，用来观测和测试射频脉冲的检波包络。

（6）高功率双定向耦合器，这是测试雷达发射机输出功率和观测射频脉冲波形的必要元件，其耦合度可根据发射机的输出功率进行选择，对耦合臂信号可根据实际测试要求适当地串接固定衰减器。

（7）小功率计，用作间接测试雷达发射机的输出功率。可选用脉冲功率计，同时观测射频脉冲检波波形。

（8）水负载大功率计或大功率射频负载，用于测试发射机的输出功率。它的选择主要根据发射机输出功率的高低。用水负载大功率计测试输出功率时，其读数为平均功率，再根据工作比换算成脉冲功率。水负载大功率计一定要有功率读数校准装置，一般现有的水负载大功率计测试误差为 7%左右，这是目前常用的一种直接测试高功率发射机输出功率的方法；而大功率射频负载则是一种间接测试输出功率的方法，它从高功率定向耦合器耦合支路上的小功率计读取数据，以定向耦合器耦合度及耦合支路串接的固定衰减器的数值之和进行补偿，此种方法中的耦合度的准确性、衰减量的准确性都会对测试结果产生较大的影响。

除上述专用测试仪表外，还需要万用表和卡钳电流表等常用仪表，以测试交流、直流电压和电流。

9.3　雷达发射机主要技术参数的测试

雷达发射机主要技术参数的测试是一项很重要的工作，一方面，它是发射机设计师的最后一项工作；另一方面，它是用户和专家衡量发射机性能指标的主要手段。如何准确测试发射机主要技术参数，一直以来，就是雷达发射机设计师和测试专家十分重视的工作，本节力求通过介绍一些国际上普遍采用的方法，来说明雷达发射机主要技术参数的测试。

9.3.1 雷达发射机所用微波管的参数测试

从事雷达发射机技术研究的人员都知道，雷达发射机按产生大功率射频能量所采用器件的不同，可分为微波真空管发射机和固态发射机两种。微波真空管发射机常用的微波功率真空管主要有速调管、行波管、回旋管和正交场放大管等电真空器件；固态发射机常用的微波功率晶体管主要有硅双极晶体管、MOS 场效应晶体管、GaAs 场效应晶体管、SiC 和 GaN 宽禁带微波功率晶体管等。微波功率真空管和微波功率晶体管是雷达发射机的核心部件。一部雷达发射机能否研制成功，关键是正确选择合适的微波功率管。因此，对微波功率管性能参数的测试是雷达发射机主要技术参数测试的首项任务，只有微波功率管的主要性能参数满足了指标要求，雷达发射机的主要技术指标才能满足设计要求。

微波功率管性能参数的测试可分为两类：对各种真空管的测试，如速调管、行波管、回旋管和正交场放大管等高峰值功率、大平均功率的微波功率真空管性能的测试；各种晶体管的测试，如硅双极晶体管、MOS 场效应晶体管、GaAs 场效应晶体管、SiC 和 GaN 等宽禁带微波功率晶体管性能参数的测试。

1. 高功率微波功率真空管性能参数的测试

速调管、行波管、回旋管和正交场放大管等高功率微波功率真空管性能参数的测试系统框图如图 9.2 所示。

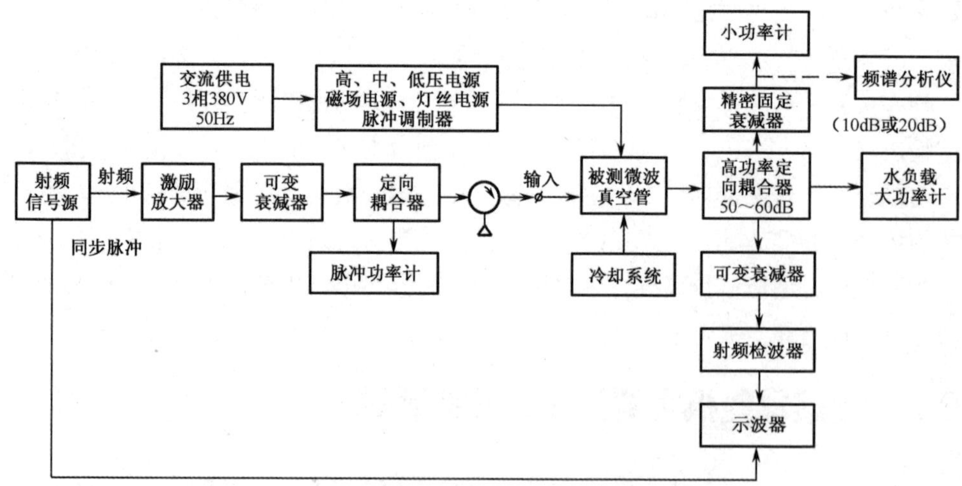

图 9.2 高功率微波功率真空管性能参数的测试系统框图

该测试系统应在被测微波功率真空管的输入端口校准加到被测试管的输入功率。方法是接入精密固定衰减器(其衰减量与定向耦合器的耦合度相同)，再接上精确（经校准）的脉冲功率计，在各个频率点上校准定向耦合器耦合支路上的脉冲功率计读数。

微波功率真空管的性能参数测试至少要包括以下四项。

1）被测微波功率真空管的幅频特性

保持加到被测微波功率真空管的输入功率恒定（加上所要求的激励功率值），使微波功率真空管处于额定工作状态，加上所要求的灯丝电源、磁场电源、脉冲调制器等，然后逐点改变射频信号源的频率，测得各工作频率的射频输出功率，并在示波器（或频谱分析仪）上观测检波包络，脉冲前、后沿和顶降等各项参数（在频谱仪上观测频谱能量分布），由此幅频特性可确定被测微波功率真空管的瞬时带宽、增益特性等参数。

2）被测微波功率真空管的输入/输出特性

选定被测微波功率真空管的常用工作频率，在被测微波功率真空管额定工作状态下，将输入激励功率逐步增加，测得被测微波功率真空管的输出功率值并观测其脉冲波形的各项参数及其频谱，直至输出功率进入饱和状态，以此测定最佳激励功率值。

3）确定微波功率真空管的最佳工作状态

改变脉冲调制器电压（或同步电压）、磁场和灯丝电源功率等，使微波功率真空管输出功率最大，效率最高，以此确定微波功率真空管的最佳工作状态。

4）最佳工作状态下的微波功率真空管的电子效率

在最佳工作状态下测出微波功率真空管的电子效率 η_e 为

$$\eta_e = \frac{\hat{P}_o - \hat{P}_{in}}{\hat{U}_k \hat{I}_k} \tag{9.1}$$

式（9.1）中，$\hat{P}_o$ 为被测微波功率真空管的脉冲输出功率，$\hat{P}_{in}$ 为被测微波功率真空管的脉冲输入功率，$\hat{U}_k$ 为加在被测微波功率真空管两端（阴极与收集极之间）的脉冲电压，$\hat{I}_k$ 为被测微波功率真空管的阴极发射脉冲电流。

电子效率 η_e 也可以按平均功率来计算，此时 $\hat{U}_k$ 为脉冲电压，$\overline{I}_k$ 为平均电流。

高功率微波功率真空管的测试设备一定要具有妥善保护微波功率真空管安全工作的控制保护措施，因为微波功率真空管是非常昂贵的器件，一旦损坏将造成重大损失，所以控制保护措施如过压、过流、冷却流量、高频打火和磁场欠流等保护一定要精确和可靠。

同时，由于高功率微波功率真空管的测试是在高电压、大功率条件下进行的，测试设备一定要具有防 X 射线、高电压保护和防微波功率泄漏等安全设施，以确保测试人员的人身安全。

2. 微波功率晶体管性能参数的测试

微波功率晶体管性能参数的测试系统框图如图 9.3 所示。

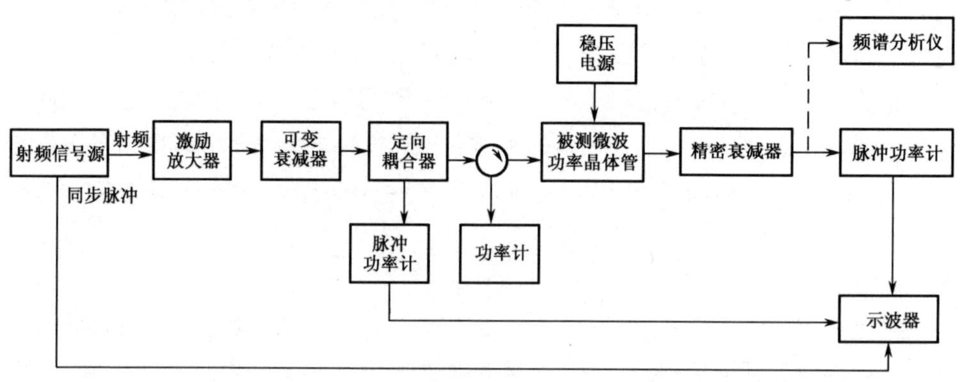

图 9.3 微波功率晶体管性能参数的测试系统框图

在进行正式测试前先进行输入功率校准，使定向耦合器副臂上的功率计正确指示被测输入端的功率值，微波功率晶体管性能参数测试至少要包括以下七项：

（1）在保持输入功率恒定的条件下（额定输入功率），逐一测出被测微波功率晶体管的幅频特性。由此确定微波功率晶体管的瞬时带宽和增益特性。

（2）在所要求的工作频率点上测试微波功率晶体管的输入/输出特性，即输入功率由小到大直至微波功率晶体管输出功率进入饱和区，由此确定微波功率晶体管的最佳激励功率，此时它的输出功率最大，效率最高，脉冲波形失真最小。再用频谱分析仪观测能量分布，以及杂波和谐波电平等频谱特性。

（3）在被测微波功率晶体管的输入/输出功率达到额定值后，再将激励功率增加 1dB，观测其输出功率及其他参数的变化和工作是否稳定。

（4）对被测微波功率晶体管进行承受所规定的电压驻波比条件下的全相位抗失配测试，即在被测微波功率晶体管的输出端与精密衰减器之间接入一个失配器，使微波功率晶体管在额定工作状态下承受 360° 相位变化区间的驻波比失配状态，此时微波功率晶体管工作应正常。

（5）测试微波功率晶体管的输入端回波损耗，即在输入端输入功率校准的情况下，使微波功率晶体管工作在额定输出功率状态，在各个工作频率上，从输入端环流器上读取反向功率读数，再与定向耦合器副臂上的输入功率值相比，即得到微波功率晶体管的回波损耗，此值需满足指标要求。

（6）在有些情况下，还需要对微波功率晶体管的相位一致性进行测试。

（7）微波功率晶体管有时也需要进行高温、低温和潮湿等各种环境条件下的性能测试。这些测试都应满足技术指标要求。

9.3.2　雷达发射机的输出功率测试

目前研制的绝大多数雷达都是脉冲雷达，发射机大都工作在脉冲状态。因此，雷达发射机的输出功率测试是指对脉冲功率和平均功率这两项指标进行测试。在脉冲工作比一定的情况下，脉冲功率和平均功率存在着确定关系，即

$$\hat{P}_{\mathrm{o}} = \frac{\overline{P}_{\mathrm{o}}}{D} \tag{9.2}$$

式（9.2）中，$\hat{P}_{\mathrm{o}}$为发射机脉冲输出功率，$\overline{P}_{\mathrm{o}}$为平均输出功率，$D$为工作比，即

$$D = F_{\mathrm{r}}\tau = \frac{\tau}{T} \tag{9.3}$$

式（9.3）中，τ为射频脉冲宽度，F_{r}为脉冲重复频率，T为脉冲重复周期。

对发射机的输出功率进行直接测试时，脉冲功率的测试准确度在很大程度上取决于工作比的测试准确度。因此，τ和F_{r}的测试最好采用宽带数字式示波器来进行，具体测试可参照图 9.1 进行，先从水负载大功率计上读取平均功率，再除以工作比即得到脉冲功率。

在用间接测试法进行测试时，首先要校准定向耦合器的耦合度和串接衰减器的衰减值，尤其要保证定向耦合器具有足够的方向性，否则发射机输出端所接馈线系统的过大驻波会影响发射机输出功率读数的准确性。具体测试时，要注意正确设置脉冲功率计的量程，同时观测脉冲波形，以保证测试的准确性。

9.3.3　雷达发射机的放大器功率增益测试

主振放大式发射机的一个重要技术指标是放大器功率增益的测试。具体测试可参照图 9.1 进行，首先要对发射机的放大器的输入功率读数进行校准，具体校准方法如图 9.4 所示。

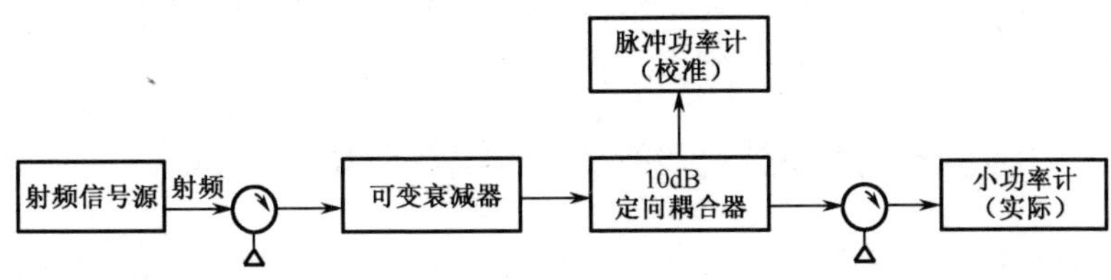

图 9.4　发射机放大器输入功率读数校准框图

根据发射机放大器工作频率范围的要求，在频带内取高、中、低几个频率点或取与要求一一对应的每个频率点，调节信号源或可变衰减器，使 $\hat{P}_{in}$ 值达到额定值，以小功率计（实际）上的读数为准，此时记下脉冲功率计（校准）上的读数：$\hat{P}_{in_1},\hat{P}_{in_2},\cdots,\hat{P}_{in_m}$，如表 9.1 所示。

表 9.1　输入功率校准读数表

工作频率 f/GHz	f_1	f_2	f_3	…	f_m
脉冲功率计读数	$\hat{P}_{in_1}$	$\hat{P}_{in_2}$	$\hat{P}_{in_3}$	…	$\hat{P}_{in_m}$

注：表中 $\hat{P}_{in}$ 为固定的额定输入功率值。

校准完成后，按图 9.1 接好线路，发射机加上正常工作电压后，在各工作频率点上将输入功率加至额定值，当发射机放大器工作正常后，再在脉冲功率计上读取输入功率读数和功率放大器输出功率读数，然后利用式（9.4），即可求出增益值

$$G_P = 10\lg\frac{\hat{P}_o}{\hat{P}_{in}} \tag{9.4}$$

一般来说，不同的工作频率对应的放大器的增益会有所波动。一般在整个工作频带内，增益变化值应小于 1dB。

9.3.4　雷达发射机的瞬时带宽测试

雷达发射机瞬时带宽的定义在本书第 1 章中已明确给出，即在输入功率等激励条件下，改变输入信号频率的同时，发射机不做任何调整，且发射机输出功率变化小于 1dB 所对应的信号频率范围，称作瞬时带宽。雷达发射机的瞬时带宽的具体测试如图 9.1 所示，逐点变化输入信号的频率，同时保持输入功率不变，观察发射机放大器工作是否正常；读取输出功率的数值，以中心频率的输出功率值为基准，读取功率下降至 1dB 处时对应的频率点 f_1 和 f_2，而 $f_2 - f_1 = \Delta f$ 即为瞬时带宽。

雷达发射机的输出功率、发射机放大器功率增益和瞬时带宽的测试可同时进行，一次完成。

9.3.5　雷达发射机射频脉冲检波包络的测试

雷达发射机射频脉冲检波包络的测试是衡量发射机性能指标的一种直观、准确和重要的方法，同时，其波形质量还在一定程度上反映了发射机的工作状态、稳定性和频谱特性等。对雷达发射机射频脉冲检波包络的具体测试可参照图 9.1

进行，其主要测试指标如下：

- 脉冲宽度 τ；
- 脉冲重复频率 F_r；
- 脉冲上升时间 τ_r；
- 脉冲下降时间 τ_f；
- 脉冲顶部降落 $\Delta A/A$；
- 脉冲顶部波动 $\Delta u/A$。

9.3.6　雷达发射机频谱分布的测试

雷达发射机频谱分布的测试主要包括两方面的内容：

（1）观测发射信号能量分布特性。这时应根据射频脉冲宽度选择合适的视频带宽、分辨率带宽、扫描时间和扫频范围，在频谱仪上读出发射信号频谱的主、副瓣比值和观测能量分布。

（2）观测发射信号的谐波分量和杂波成分。这时应根据射频频率、脉冲宽度和发射机瞬时带宽，选择合适的视频带宽、分辨率带宽、匹配的扫描时间和扫描频率范围，观测输出射频信号的谐波及杂波分量的电平和频率。

9.3.7　雷达发射机频谱纯度的测试

现代高性能雷达对发射机提出了更高的要求，尤其是动目标显示雷达和脉冲多普勒雷达，对发射信号的频谱纯度——单边带相位噪声都提出了很高的指标要求。

对发射信号的频谱纯度——单边带相位噪声指标的测试，已经突破了测试设备复杂、测试过程烦琐、测试不准确的难关，而且已经有很多型号的高质量、高分辨率和大动态范围的频谱分析仪，可以用来测试发射信号频谱纯度——单边带相位噪声。具体测试可参照图 9.1 进行。需要说明的是，被测信号的激励信号的频谱纯度——单边带相位噪声指标要优于指标要求值。另外，频谱仪相位噪声的读数具有一定的起伏和随机性，测试中可以取 N 次读数的平均值（N 一般大于 10 即可）作为测试值，以降低测试读数的误差。

9.3.8　雷达发射机效率的测试

在本书第 1 章已经明确发射机的效率是指发射机的输出射频功率与输入发射机的交流功率（即供电功率）之比，即

$$\eta = \frac{\bar{P}_o}{P_\sim} \tag{9.5}$$

式（9.5）中，$P_{\sim}=\sqrt{3}U_{\phi}I_{\sim}\cos\phi$为三相供电交流功率，$U_{\phi}$为线电压，$I_{\sim}$为线电流，$\cos\phi$为功率因数。

如果存在三相供电不平衡的情况，可用下式计算，即

$$P_{\sim}=U_{\mathrm{N}}I_{\mathrm{L1}}+U_{\mathrm{N}}I_{\mathrm{L2}}+U_{\mathrm{N}}I_{\mathrm{L3}} \tag{9.6}$$

式（9.6）中，U_{N}为相电压，I_{L1}，I_{L2}和I_{L3}为三相交流电流。

可以用三用表测试U_{N}值，然后用卡钳电流表测出三相交流电流I_{L1}，I_{L2}和I_{L3}的值。

对于大型相控阵雷达、超远程精密跟踪测量雷达和机载脉冲多普勒雷达，发射机效率是极其重要的指标，如何提高发射机全机效率是发射机设计师必须重视和要解决好的问题。

9.4 雷达发射机一些关键技术参数的测试

本章前面几节已经简单介绍了雷达发射机主要技术指标的测试。显然，对于不同用途的雷达，对发射机的指标要求不同，自然测试内容和方法也不同，像对真空管雷达发射机和固态雷达发射机的测试内容和方法肯定不同。另外，一些特殊用途的雷达发射机还有一些特殊技术指标需要进行测试。

9.4.1 真空管雷达发射机高压电源的测试

一般来说，真空管雷达发射机高压电源的特点是功率大、电压高，其功率可从几千瓦至几百千瓦甚至兆瓦；电压可从几千伏至几百千伏。高压电源对雷达发射机射频输出信号的影响主要由电源纹波引起。有时，一些高质量雷达发射机对高压电源纹波的要求为达到$10^{-4}\sim10^{-5}$量级。例如，机载火控雷达发射机栅控行波管阴极电源的纹波要达到10^{-5}量级，因此高压电源纹波的测试是真空管雷达发射机技术参数测试中的一项重要内容，其测试框图如图 9.5 所示。

进行高压电源纹波测试时，当电源电压在 40kV 以下时，一般采用高压探头（主要由电阻分压器组成）直接测试。根据电压高低合理选择分压比就可测试不同电平的高压电源的纹波，如 40kV 高压电源可取分压比为 1000:1，测试应在额定电压和满载电流下进行。

脉冲多普勒雷达的发射机，对高压电源稳定度的要求一般在10^{-3}量级左右或更高。高压电源稳定度的测试可依据其基本定义进行：①高压电源的输入交流电压的变化引起输出电压的变化；②高压电源负载的变化（电流改变）引起输出电压的变化。其测试框图与图 9.5 所示的类同。如果输入电压变化±10%，可通过

数字电压表测出输出电压的变化值；而高压电源负载电流的变化引起输出电压的变化，可通过在工作条件下从最小负载电流变到最大额定工作电流时，从数字电压表上读出输出电压的相对变化值。这两个代表稳定度的数值应满足雷达发射机对高压电源稳定度的指标要求。

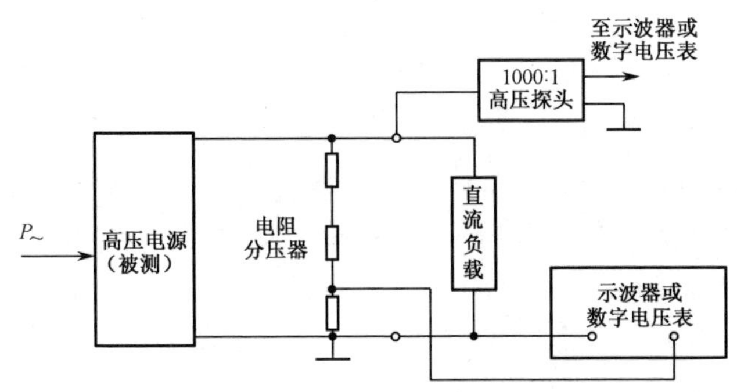

图 9.5　高压电源纹波的测试框图

9.4.2　真空管雷达发射机高压脉冲调制器的测试

在真空管雷达发射机中，大功率高压脉冲调制器主要用来产生大功率、高电压的负极性脉冲并加到射频功率放大管（或振荡管）的阴极上，因此大功率高压脉冲调制器有时候也称作阴极脉冲发生器。阴极脉冲波形的质量直接影响发射机射频输出信号的质量，即雷达发射信号的质量。因此，在真空管雷达发射机的研制中，测试阴极脉冲波形的技术指标是保证发射机质量的重要环节。

测试大功率、高压脉冲调制器输出波形，即阴极脉冲波形的主要技术指标有下列几项：

（1）输出脉冲电压 U_o；

（2）输出脉冲电流 I_o；

（3）脉冲上升时间（前沿）τ_r，脉冲下降时间（后沿）τ_f；

（4）脉冲宽度 τ；

（5）脉冲顶部降落（简称顶降）；

（6）脉冲顶部波动；

（7）前沿抖动。

阴极脉冲波形的质量由两个基本因素决定：

（1）产生阴极脉冲波形的调制器类型。在本书第 5 章介绍调制器时已介绍了调制器常用的两种基本类型，即刚管调制器和软管调制器。

刚管调制器的特点是产生的脉冲波形好。在一般情况下，脉冲波形在低电平形成，由定时器形成规定脉冲宽度的脉冲波形，预调器和脉冲调制器仅是对脉冲波形进行放大。因此，刚管调制器的脉冲波形变化灵活，脉冲宽度、重复频率和编码脉冲均可灵活设计和变化。刚管调制器的缺点是级数多，组成复杂，所需电源品种多，且效率低，体积大，质量大，成本也高。一般在技术指标要求高、发射脉冲波形复杂的（变脉冲宽度、变重复频率、脉冲编码）发射机中才采用。

软管调制器的特点是脉冲波形的顶部波动不易做好。它的脉冲波形在高功率上形成，波形质量主要取决于人工线（亦称脉冲形成网络）和输出脉冲变压器的设计和调整。软管调制器的预调器称触发器，仅起触发开关管导通的作用，输出脉冲由人工线电容器完全放电形成，因此可得到所要求的单一脉冲宽度的等周期脉冲波形，而无法产生更复杂的脉冲波形（如变脉冲宽度、变周期和脉冲编码）。软管调制器结构简单，级数少，效率高，体积小，质量也较小。

总的来说，两种类型的调制器各有所长，适合于不同用途的雷达发射机。

（2）作为阴极脉冲发生器负载的射频功率器件的类型，即发射机末级功率放大管的类型。目前常用的发射机末级功率放大管主要有两大类：一类为O型器件（线型电子注管），如速调管、行波管等；另一类为M型器件（正交场管），如磁控管、前向波放大管等。这两类器件作为调制器的输出脉冲负载，性能上略有不同：O型器件是对电压变化较敏感的器件，而M型器件是对电流变化较敏感的器件，在调制器输出脉冲测试时需要注意到这些特点。

除此之外，还要注意大功率、高压脉冲调制器中的脉冲变压器的影响。一般调制器开关管的工作电压受开关管内部极间距离的限制，耐压不可能做到很高。例如，常用开关器件的真空四极管的耐压一般在50kV以下，但脉冲电流可做得较大，如钍钨阴极管。因此，对采用高峰值功率的O型器件必须采用升压脉冲变压器。

而常用软管调制器的开关管的耐压一般在30kV左右，脉冲峰值电流很大（几千安培至上万安培），对高峰值功率的O型器件及M型器件也必须采用升压脉冲变压器。

脉冲变压器的使用对调制器的脉冲波形会带来一些不利的影响，如上升时间变长、脉冲顶部上冲加重和顶降变大等，同时改变脉冲宽度和脉冲编码波形的产生都受到一定的限制。

在组件式（模块化）的固态调制器中，不管是用反向耐高压双极晶体管、MOSFET和绝缘栅双极晶体管（IGBT）等器件作为开关管的刚管调制组件，还是用SCR和反向阻断二极管等作为开关管的软管调制器组件，一般都要用脉冲变压器升压来达到微波功率真空管所要求的脉冲电压。

发射机高压调制器输出波形的测试框图如图 9.6 所示。

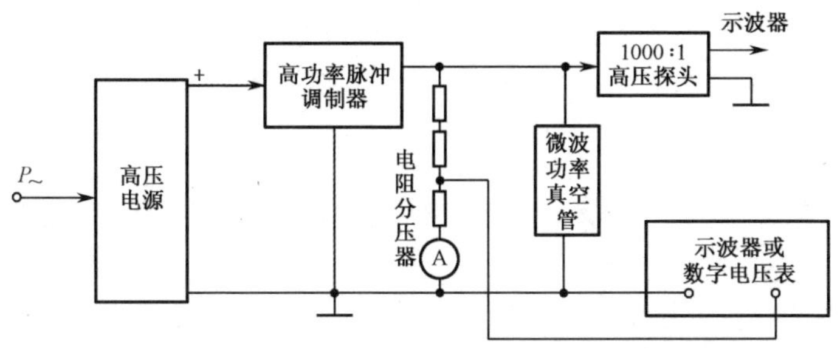

图 9.6　发射机高压调制器输出波形的测试框图

测试时可用 1000:1 的高压探头或 1000:1 的电容分压器直接测试，也可用电阻分压器进行测试，在示波器上读出脉冲电压幅值，乘以分压比即为输出脉冲电压值。其他输出脉冲波形的各项指标也可在示波器上一并读取。

这里要指出的是，对采用升压脉冲变压器的高压调制器输出脉冲的测试，实际在升压脉冲变压器的次级进行测试是较普遍的。但因为一般次级电压很高，变压器浸于油中，同时高频管也装入变压器油箱内，测试不太方便，所以也有人在脉冲变压器的初级输入端子上进行测试，所测得脉冲变压器的初级波形比次级波形前后沿要小得多。在有升压脉冲变压器的调制器中，次级波形是真正加到射频管阴极上的波形，为方便调整射频激励信号，使之位于调制脉冲平顶部分，必须在双线示波器上观测阴极上的脉冲波形和射频激励信号的检波包络。因此，必须在脉冲变压器次级或功率放大管阴极上取出波形才行。这通常是在变压器油箱中安放一个边长为 4～8cm 的正方形或相近面积的长方形铜片来耦合引出。根据电压等级确定铜片与阴极或变压器次级高压端的耐压距离（一般为 5～10cm）。铜片引出端与一个视频插座的芯线相连装在油箱盖上，用视频电缆接到示波器上，测试出真正加到高频管上的高压脉冲波形。作为一种粗略的监测方法这是实用可行的。实际上这种用铜片作为耦合引出的方法就是一种电容分压器的工作原理。为消除可能产生的振荡，可在铜片与插座之间串接一个无感电阻（约 50Ω）。有时初级测试也可以用铜片耦合，铜片可以绝缘地安放在油箱外面的开关管阳极附近。任何形式的负载上的脉冲高压都可以用这种方法采样监测，从示波器上看，波形很稳定。这种方法的信号强度可在示波器输入端增加电容器进行调节。经过校准，此种方法也可用做比较精确的测试。好在一般 O 型器件虽然电压高，需采用升压脉冲变压器，但其高频脉冲是由射频放大器前级或频率源定宽的，且其高压脉冲调制器的输出脉冲宽于高频脉冲，脉冲变压器次级输出脉冲的前、后沿不会影响射频输出脉冲的质量，仅是浪费一部分电子注的能量，只要输出脉冲的顶部平坦、顶降小、无振铃纹波，输出射频信号就不会过分失真。而对于 M 型器件来说，其工作电压不是很高，一般不需要采用升压脉冲变压器，调制器开关可直接放电产生阴极脉冲，此时射频输出脉冲信号的质量主要由调制脉冲波形决定。

9.4.3 雷达发射机噪声功率、噪声系数、相位灵敏度和相位噪声的测试

1. 发射机噪声功率和噪声系数的测试

对连续波雷达发射机来说，可以采用频谱分析仪测试热噪声功率密度（TNPD），即设置一平均电平，以带宽 1MHz 的扫频方式，读出其热噪声功率密度。

对脉冲雷达发射机来说，在使用频谱分析仪测试噪声功率密度时，必须进行工作比校准。从频谱分布原理可以知道，连续波信号的频谱是一根单一谱线，而脉冲信号的频谱是一系列离散的多根谱线，其谱线包络为(sin$X$)/X，谱线之间间隔为脉冲重复频率。它的函数的第一个零值出现在相对于载频为 $\pm\dfrac{1}{\tau}$ 的频率上（τ 为脉冲宽度），载波能量分布在各个频谱分量上，且随工作比增加；载波谱线幅度（功率）下降，低于连续波载波谱线 αdB，如图 9.7 所示。

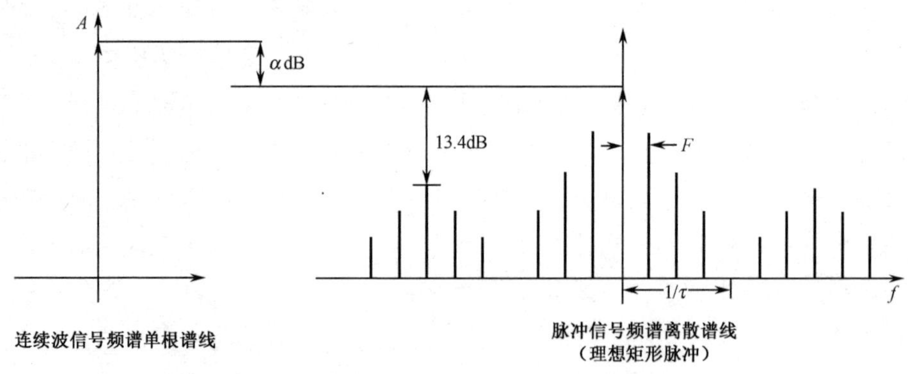

图 9.7 脉冲工作时频谱分析仪灵敏度的降低

$$\alpha = 20\lg(\tau F_{\mathrm{r}}) = 20\lg D$$

式中，τ 为射频脉冲宽度，F_{r} 为脉冲重复频率，D 为工作比。

当脉冲工作比为 D，脉冲载波谱线功率为 P_{L} 时，有

$$P_{\mathrm{L}} = D^2 \times P_{\mathrm{c}} \tag{9.7}$$

式（9.7）中，P_{c} 为连续波载波功率。

频谱分析仪测试连续波功率时，动态范围可达 90～120dB，而当脉冲工作

时，若工作比为0.01%，则载波谱线的幅度将下降80dB，因此频谱分析仪灵敏度将损失80dB。

上面分析了脉冲工作时，需要对工作比进行校准的原因。

另外，检波器校准系数为2.5dB，带宽校准系数为0.8dB。因为频谱仪是对正弦信号校准，而不是对噪声信号校准，因此噪声带宽超过了频谱仪分辨率带宽。

在脉冲工作状态下，“截止”期内噪声电平很低，约为-100～-70dBc/MHz或更低（此值与截止偏压有关）。因此，一般频谱仪的灵敏度满足不了测试精度要求。在这种情况下，可以用低噪声固态放大器对被测放大器输出噪声进行放大后，再进行测试，也可以用校准噪声源和功率计来测试噪声系数。

还有一种替代法，即在给定工作频率时，在发射状态下，测出热噪声功率密度（TNPD）后，求得噪声系数为

$$噪声系数 = TNPD+114-被测放大器的小信号增益（dB）$$

式中，114是放大器输入热噪声的电平（-114dBc/MHz）。

2. 发射机相位灵敏度的测试

对于主振放大式多级放大链发射机来说，相位灵敏度分别由各级放大器的各个电极电压变化所引起，其主要部分由注电压(管体或收集极对阴极)变化产生。

对于单级放大的发射机来说，输出级的相位灵敏度就是发射机的相位灵敏度，具体测试可以利用网络分析仪进行，也可参照图9.8进行。

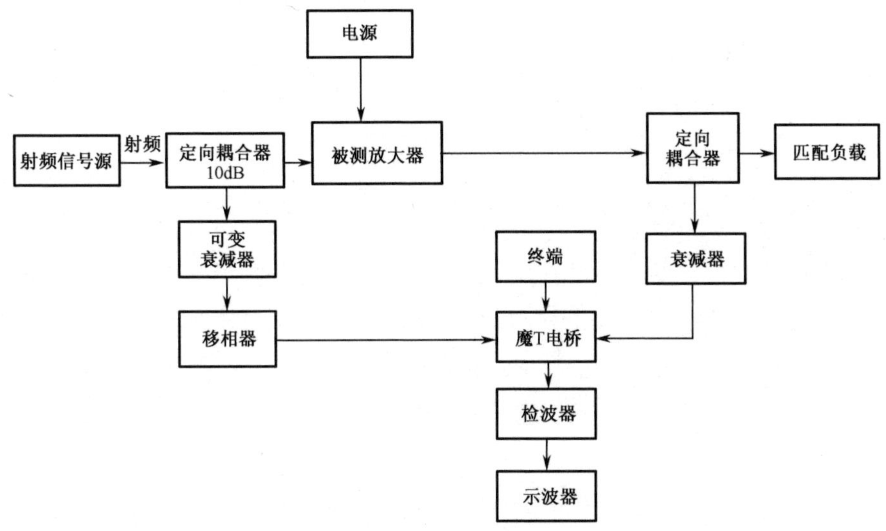

图 9.8 相位灵敏度的测试框图

3. 发射机相位噪声的测试

发射机相位噪声的测试是指对发射机末级放大器的输出相位噪声进行测试，此相位噪声包括了末级放大管的相位噪声。相位噪声的测试也可以转化为测试绝对输出噪声电平，但要注意的是这由两部分噪声组成，即末级放大管的噪声和高压电源（纹波）/调制器不稳定引起的噪声。

对于脉冲多普勒雷达系统来说，低的相位噪声是有效地扼制静止地面杂波中强信号的重要手段，可以通过采用相邻的多普勒滤波器降低杂波信号，从模糊的弱信号中提取慢速移动目标的信号。

相位噪声的测试既可以转化为绝对噪声输出电平的测试，也可以通过在输入端加入噪声进行测试。在 9.3 节已经介绍了可以用高灵敏度、高分辨率的频谱仪来测试单边带相位噪声，这是一种有效和快速的方法。但有时候，如脉冲发射机工作比很低时，测试数据起伏较大，精度会受到影响。另一种常用的发射机绝对相位噪声电平的测试，是用鉴频器和交换器把 FM 噪声转换成相位噪声。典型的测试发射机附加相位噪声的系统框图如图 9.9 所示。

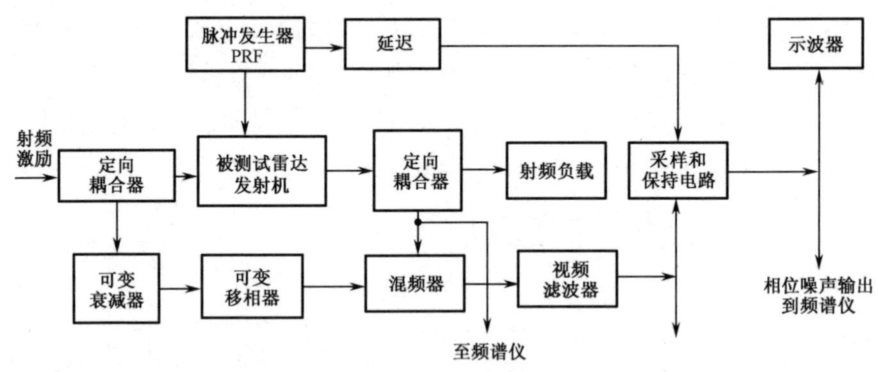

图 9.9　典型的测试发射机附加相位噪声的系统框图

系统中的测试设备必须具有大动态范围测试的能力，因为当测试偏离载波频率几千赫兹，相位噪声为-120dBc/MHz 量级时，测试设备本身噪声必须相当低，尤其是在脉冲工作比很低的情况下，要求更为苛刻。在进行测试时，需要做附加相位噪声测试，以便从激励放大器的稳定射频信号的相位噪声电平中分离出发射机的噪声成分。

测试设备应该有一定的可调元件，以便于加到混频器输入信号的幅度和相位可调，使输入信号幅度噪声被抵消，从而只需测出附加相位噪声。这里应指出的是，测试设备既能测幅度噪声，也能测相位噪声。若把混频器输出端直接接在示波器上，调节可变移相器以获得最大脉冲幅度，这时可测试叠加在被测脉冲顶部的幅度噪声；测试相位噪声时把移相器调整 90°，示波器上就显示出被测脉冲宽度内的相位噪声。

9.4.4 全固态雷达发射机电源纹波的测试

全固态雷达发射机的组成与高功率真空管雷达发射机相比要简单得多，它主要由两大部分组成：一是由多个低压大电流开关电源组件并联而成的集电极电源（或漏极电源），二是由多级微波功率晶体管放大器构成的射频功率放大器组件部分。这两部分基本上决定了全固态雷达发射机的主要性能指标，因此对全固态雷达发射机电源纹波有必要进行专门测试。

全固态雷达发射机电源纹波的测试必须在额定电压和满负载条件下进行，其测试框图如图 9.10 所示。

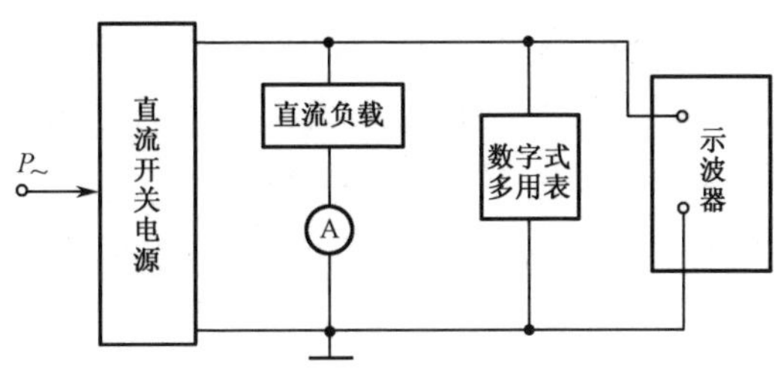

图 9.10　低压大电流开关电源纹波的测试框图

9.4.5 全固态雷达发射机功率放大器组件的扫频测试

全固态雷达发射机功率放大器组件数量较多，调试和测试的工作量较大，尤其是大型全固态有源相控阵雷达的 T/R 组件调试和测试工作量非常惊人。以往功率放大器组件的调试测试，一般是在放大器瞬时带宽内的点频上逐一调试和测试，这样不仅工作量大，而且要多次反复，有时还会出现“杠杆”现象，高端功率上去，低端又下来，来回反复。鉴于此，在实际测试中特别开展了脉冲功率放大器组件扫频测试研究，脉冲功率放大器组件的扫频测试框图如图 9.11 所示。

该测试框图中，示波器为带宽 100MHz 的数字示波器或模拟示波器，控制器为具有三路输出脉冲的脉冲发生器，其中一路分频脉冲作为扫频触发信号。

测试中为了能在示波器上获得稳定的射频扫频输出脉冲检波包络波形，扫频触发信号要比调制脉冲信号低很多，并和调制脉冲信号同步。因此，要根据被测放大器瞬时带宽来选定频率点数（N 点），再用调制脉冲信号进行 N 次分频后作为扫频触发信号。

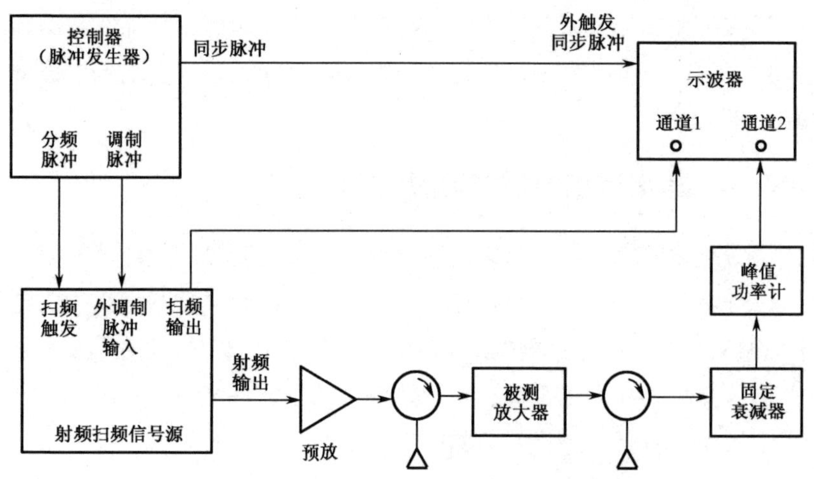

图 9.11　脉冲功率放大器组件的扫频测试框图

为了能实时地观察到示波器上被测放大器稳定的幅频特性，消除示波器的闪烁现象，扫频速度要尽可能地快。根据扫频信号源的性能指标，若它在每个步进扫频频率点上停留最少时间为t_1，回扫的最少时间为t_2（一般$t_2 \leqslant t_1$），那么可以设定调制脉冲信号的周期为t_1，然后再根据被测脉冲功率放大器所允许的工作比设定脉冲宽度和工作比。

有关脉冲功率放大器组件扫频测试的详细内容请参阅文献[7]。

9.4.6　有源相控阵雷达全固态发射机幅相特性的测试

有源相控阵雷达全固态发射机的一项关键技术指标是各发射支路的相位一致性。在本书第 4 章中已经介绍的有源相控阵雷达的设计原则是：一是需要对发射机各功率放大器组件提出严格要求，保证其幅相的一致性（这一原则给发射机功率放大器设计、调试及成品率会带来困难）；二是允许发射机各功率放大器组件存在一定的插入相移离散性。而通过对功率放大器组件和发射支路进行幅相特性的测试，可以在波束控制系统中对各路插入相移进行修正补偿。这样做可使得功率放大器组件调试工作量大大降低，功率放大器组件合格率大幅提高，对降低雷达成本极为有利，这也是目前常用的方法。具体的幅相特性测试方法主要有以下三种：

（1）使用配备有大功率脉冲功率放大器插件的矢量网络分析仪来测试射频功率放大器组件的幅相特性，其精度较高，但是设备成本较高，体积较大，不适于生产线和雷达联试现场使用，一般只用于实验室中。

（2）使用专用幅相测试仪（简称幅相仪）。使用中国开发研制成功的专用幅相仪，测试射频功率放大器组件的幅相特性框图如图 9.12 所示。

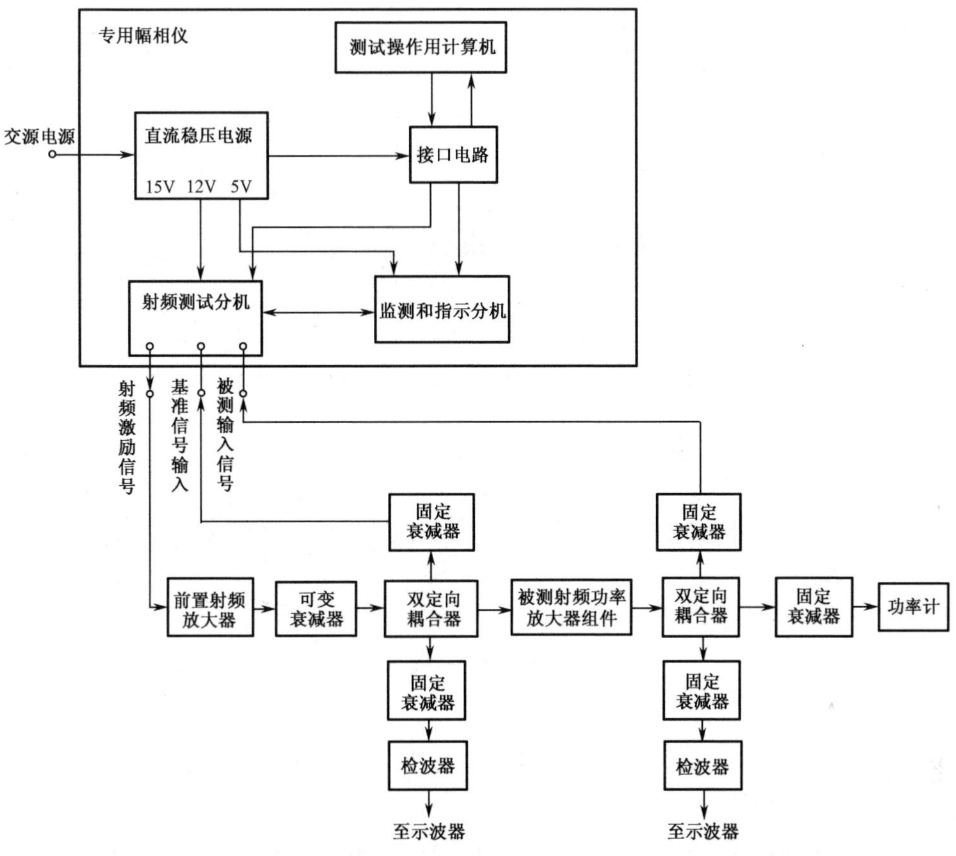

图 9.12　使用专用幅相仪测试射频功率放大器组件的幅相特性框图

利用专用幅相仪来测试有源相控阵雷达发射机幅相特性，既可以进行点频测试，也可以实施扫频测试。具体测试时，可根据发射机的瞬时带宽设置 15～20 个频率点进行扫频测试，既可以测出各被测放大器组件的插入相移，又可以测出各发射支路之间的相对相移差值。这些数据的取得为各发射支路的相位补偿提供了依据，在此基础上，通过补偿就可保证有源相控阵雷达发射机的发射支路的相移基本一致。

实践证明，使用专用幅相仪测试发射支路幅相特性的方法是行之有效的，也是值得推广使用的。

（3）使用标准矢量网络分析仪（简称矢网仪）进行射频功率放大器组件的幅相特性测试，其测试框图如图 9.13 所示。

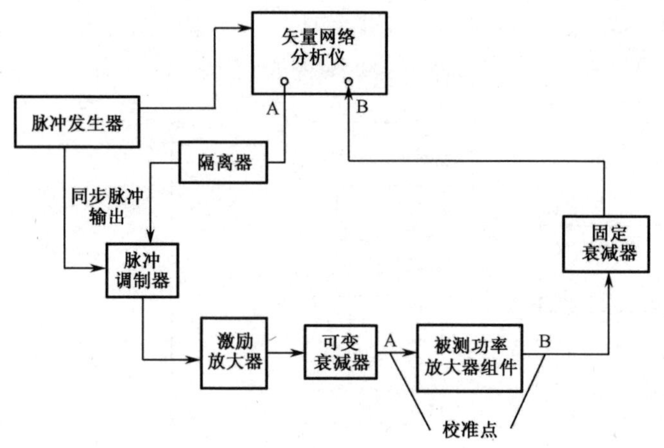

图 9.13　使用标准矢网仪测试射频功率放大器组件幅相特性的框图

测试框图中的矢网仪为一般标准矢网仪，只是需要工作在外触发扫描状态。在进行幅相特性测试时，既可以点频测试，也可扫频测试。详细测试方法请参阅文献[6]。此测试方法所用仪表设备少，操作简便，且通过实践证明，测试结果真实可信，可以推广使用。

参考文献

[1] 强伯涵，魏智. 现代雷达发射机的理论设计和实践[M]. 北京：国防工业出版社，1985.

[2] Sivan L. Microwave Tube Transmitters[M]. London: Chapman and Hall, 1994.

[3] Edward Ostroff, Michael Borkowski, Harry Thoms, et al. Solid-State Radar Transmitters[M]. Washington: Artech House Inc, 1985.

[4] Merrill Skolnik. Radar Handbook[M]. Second Edition. New York: McGraw-Hill Companies Inc, 1990.

[5] 郑新，熊晓楠，蒋拥军. 脉冲雷达发射机频谱控制的研究[J]. 现代雷达，2000，22(1)：1-77.

[6] 余振坤，郑新. 一种微波脉冲大功率器件的幅相测试方法[J]. 现代雷达，2002，24(3)：60-62.

[7] 周斌. 脉冲功放的扫频测试方法[C]. 中国电子学会雷达分会天线与微波专委会. 相控阵天线技术研讨会论文集，2003.

[8] 郑新. S 波段雷达中功率功放组件[J]. 雷达与对抗，1996(4)：17-20.

第 10 章
发射机冷却及电磁兼容的设计

本章对发射机的热设计和冷却方法及电磁兼容设计进行简单介绍，阐明了根据发射机的类型、功耗和使用环境的不同，如何正确选用不同的冷却方式。对自然冷却、强迫风冷却、强迫液体冷却和蒸发冷却几种方式的特点、组成和运用场合的设计做了具体介绍。

本章还对发射机中的电磁干扰类型、耦合途径和抑制方法等电磁兼容设计问题进行了简单介绍，其目的是突出电磁兼容设计在发射机设计中的重要性，将有关电磁兼容设计的要求和规范融入发射机的设计中，以提高发射机工作的稳定性。

10.1 发射机的热设计与冷却

发射机热设计与冷却的目的是降低发热元器件的热点温度，控制和调节发射机设备内的温度，给发射机提供一个适宜的工作环境，以提高发射机工作的稳定性和可靠性，提高适应恶劣环境的能力，并延长贵重元器件的寿命。

10.1.1 概述

雷达发射机的热设计，就是通过不同的冷却方式，对不同类型发射机的功率管、发热元器件进行冷却，保证发射机及其元器件工作在允许的温度范围内。随着电子技术的不断发展，雷达发射机热流密度越来越大，如热设计不合理，将导致电子设备性能下降乃至损坏，因此发射机的热设计和冷却系统的优化设计相当重要。

根据选用的末级微波管，其发射机类型可分为速调管发射机、磁控管发射机、行波管发射机、多注速调管发射机和固态发射机等数种。

发射机的热源分布随不同的发射机类型而不同。

（1）固态发射机的热源主要集中在大功率晶体管、隔离器、合成器和电源上，集中式大功率固态发射机基本上是由多个末级功率放大器组件合成的，每个末级组件又是由多个功率晶体管组成的，因此其热源分布比较广泛。

（2）真空管发射机的热源主要集中在真空微波管、高压电源和调制器上，最大热源来自末级真空微波管的收集极或阳极。由于真空管的效率不同，其热耗也不一样，效率低的真空管其耗散功率可能占到发射机总耗散功率的 80%。线性注管的热量主要集中在收集极上，而 CFA 的热量则集中在阳极块上。

（3）高压电源的热量主要集中在晶体管模块、电源变压器、电感和整流桥上，高压电源的效率一般为 85%～90%。

（4）调制器的热量主要集中在充/放电回路的各元器件上，如充电元件、脉冲形成网络、SCR、脉冲变压器、灯丝变压器等。

10.1.2　发射机冷却方式的选择

电子设备冷却设计的宗旨是使所有功率器件的工作温度低于允许的极限温度，以保证器件稳定、可靠地工作。

冷却设计的关键在于冷却方式的选择，它包括冷却方式的有效性、冷却系统的合理性和良好的经济性三种含义。

1）冷却方式的有效性

在电子设备冷却设计中所选择的冷却方式应能将器件耗散的热量有效地散发出去。

2）冷却系统的合理性

一个好的冷却系统设计，必须综合考虑各方面的因素，使其在满足冷却要求和电气性能指标的条件下，所用冷却方式的代价小、系统结构紧凑并且工作可靠。

因此，热设计必须遵循以下原则：

（1）保证冷却系统具有良好的冷却功能，即保证设备内的元器件均能在规定的环境中正常工作。

（2）对密封设备，必须同时考虑内部和外部的两种热设计方案，使其从内部向外部传热的热阻减至最小。

（3）不管环境如何变化，冷却系统必须能以重复的和预定的方式完成所规定的功能，并保证冷却系统工作的可靠性。

（4）冷却系统要便于检测和维修。

3）良好的经济性

发射机冷却系统设计首先要了解工作环境的各种条件，包括环境温度、湿度、气压。其次是关键功率器件的热耗、热流密度、允许的极限温度和高压隔离等要求。根据这些条件和要求，结合电磁兼容和结构空间，确定基本的冷却方式。

最为常见的冷却方式有以下四种：

（1）自然冷却；

（2）强迫风冷却；

（3）强迫液体冷却；

（4）蒸发冷却。

以上冷却方式的热传递能力是按上列顺序递增排列的。对于一定耗散功率和同等热流密度的设备来说，自然冷却的热传递能力最小，蒸发冷却的热传递能力最大。

自然冷却不消耗能源，只需要根据不同的工作环境选择合适的散热器，并进行热阻控制和增强热辐射设计即可。

强迫风冷却系统由于增加了冷却风机、空气过滤器、风压及流量测试接点，通常需要进行风道设计。在设计风道系统时，要注意风量分配的控制，以及振动和噪声的控制。对于要求工作温度在 70℃以下的大功率发射机，强迫风冷却还应采用空调来对环境进行调节与控制。带空调的强迫风冷却系统的设计中，还应考虑密封和防止结露等问题。

强迫液体冷却的效率较高，但设备较复杂。它涉及对泵、流量接点、温度接点、压力接点、控制保护方式、冷却介质等的选择问题，也要考虑管道、阀门、管接头、冷却液的泄漏、防冻、金属防腐蚀及系统费用和维修等问题。前向波管的阴极和行波管的降压收集极由于带有几万伏的高压，除以上要求外还应对冷却液的耐高压性能提出严格的要求，因此常采用高纯水冷却系统。高纯水冷却系统除要配备过滤器外，还应配备离子净化器，且还应使冷却液与空气完全隔离，以避免氧离子渗入。

蒸发冷却的换热效率高，抗过载能力强，特别适合于高热流密度、大功耗微波管的冷却。蒸发冷却只消耗较少的能源，冷却效率却很高，设备经济性和维修性优于强迫液体冷却，但被冷却器件的温度可高达 100℃，管路和热交换器的热胀冷缩严重，因此应注意防疲劳设计。

电子设备的热设计，首先要确定采用何种冷却方式。设计前，应按热流密度和温升并结合如图 10.1 所示曲线来粗略地选择所需的冷却方法。从理论上说，器件的允许温升和热流密度是确定冷却方式的最重要的依据，但在工程实际应用中，特别是雷达发射机的热设计中，其冷却方式的选择还要考虑发射机不同的用途和使用环境、电磁兼容性设计、密封性设计、高压隔离设计和结构设计等特殊要求。随着发射机技术的发展、器件水平的提高和热流密度的增大，冷却方式的选择与电路设计、元器件的布置、工艺水平（如组装、焊接）等的关系越来越密不可分。

下面对图 10.1 做一简要说明。

（1）图中各种冷却方式的冷却能力是在环境温度为 20℃，器件表面温度为 100℃条件下得到的。

（2）几种冷却方式之间的冷却能力有较大的差异，其相对效果存在着数量级的差异。

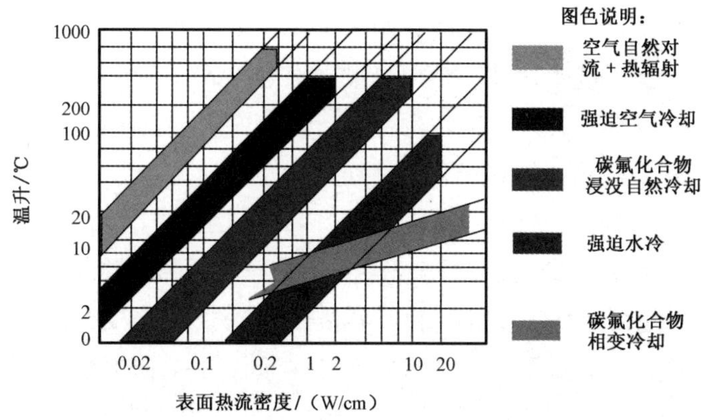

图 10.1　按热流密度、温升选择冷却方式

（3）每一种冷却方式传递热量的数值都有一定范围，其数值的大小取决于该冷却方式的具体设计，如散热器的选择、冷却媒体流量的大小、管道设计，以及是否采取强化热传递措施等。

（4）随着热设计水平的提高，工艺技术的进步和风机产品的改进，同时根据实际经验和对国外技术的跟踪，图中自然冷却和强迫风冷却的数值是有较大余量的。

（5）同一热流密度的器件可以选择不同的散热方式，其选择方法应遵循热设计的基本原则。

综上所述，在实际的热设计工程应用中，应该追求在满足发射机散热性能条件下，与雷达系统配合的“最合适”的冷却方式。

10.1.3　自然冷却

自然冷却主要应用于一般的仪器仪表，在发射机的热设计中应用不多。它只适合在发热密度较小的器件或设备中使用，如发射机的前级激励器。

自然冷却主要通过热的传导、对流、辐射三种途径将热量散发到环境中去。设计的任务就是尽可能地减小热阻和确保足够的散热面积。

1. 传导冷却

传导冷却设计中，传导热阻 R_T 的表达式为

$$R_T = \frac{\delta_s}{\lambda_T \cdot S} \tag{10.1}$$

由式（10.1）可知，尽量减小传导热阻 R_T 的办法是减小传导距离 δ_s，增加传热系数 λ_T 的值和散热面积 S。在工程应用时，减小传导距离和增大散热面积虽然

有效，但要适度，因为过分减小传导距离，不利于热流扩散；过分增大散热面积可增大热容量，但不能“快速”地把热量导出来，故应折中考虑。导热材料应尽量选择高传热系数的铝合金或铜。

传热系数是表征物体导热能力的物理量。固态金属的传热系数主要与温度有关。一般来说，纯金属的传热系数随温度升高而减小，但合金则正好相反，合金的成分不同，其传热系数也变化较大。综合考虑了材料的机械性能、防腐性能后，发射机散热器常选用 LD31 锻铝材料，其传热系数约为 177W/(m・K)。大多数液体的传热系数随温度升高而减小，水则例外，而且在常见的冷却液中，水的传热系数最大，因此水是最常用的液体冷却介质。气体的传热系数随温度升高而增大，水蒸气则例外。

热量传导的另一个重要因素是接触热阻，它是由于两个接触安装面之间存在的随它们之间的粗糙度、不平度、接触压力变化而变化的空气隙而引起的，它受接触面的氧化、油污的影响，热设计时必须将其减至最小。工程设计中，减小接触热阻最有效的方法如下：

（1）元件和底座接触面应进行防护涂敷或清洁处理（如镀金），安装前用超声波清洗。

（2）合理安排紧固件的位置，以确保热接触处的足够压力。

（3）为了控制加工成本，一般应允许有一定的粗糙度和不平度，其粗糙度取 1.6，不平度取 0.05mm 为宜。安装时应将接触表面涂上导热胶或导热脂，以填充其空气隙。一些高品质的导热胶，其热阻极低，且不会完全固化，受热后它还会软化，呈现半流体状态。

（4）在可能的情况下，应尽量采用低温焊接，以大幅度地减小其接触热阻。

2. 自然对流冷却

所谓自然对流，是当流体与温度不同的两固体表面接触时，因交换热量使热流密度发生变化所形成的热量流动。

自然对流的换热公式为

$$\Phi = \alpha' \cdot A_{\rm H}(t_{\rm w} - t_{\rm f}) \tag{10.2}$$

式（10.2）中，Φ 为自然对流传递的热量，α' 为对流传热系数，$A_{\rm H}$ 为对流换热面积，$t_{\rm w}$ 为固体壁表面温度，$t_{\rm f}$ 为流体温度。

对流传热系数 α' 与努塞尔准则方程有关，其努塞尔数可表示为

$$Nu = C'(Gr \cdot Pr) \tag{10.3}$$

式（10.3）中，Pr 为普朗特数，它可根据定性温度查表获得，自然对流的强度，

取决于 Gr 与 Pr 的乘积。C' 为辐射系数，Gr 为格拉晓夫数，它可用下式表示：

$$Gr = \frac{g \cdot \beta_{\mathrm{v}} \cdot \Delta t \cdot l^3}{V_{\mathrm{a}}} \tag{10.4}$$

式（10.4）中，g 为重力加速度，β_{v} 为流体体积膨胀系数，Δt 为流体与壁表面温度差，l 为定形尺寸，V_{a} 为体运动黏性系数。

对空气而言，其体积膨胀系数为

$$\beta_{\mathrm{v}} = \frac{1}{273 + t}$$

式中，t 为定性温度（摄氏温标），即流体与壁表面的平均温度。

常温下的自然对流，属于层流状态，因此常用对流换热公式中的努塞尔数，即为

$$Nu = 1.45(Gr \cdot Pr)^{0.23} \tag{10.5}$$

按努塞尔准则，Nu 又可表示为

$$Nu = \frac{\alpha' \cdot l}{\lambda_{\mathrm{T}}} \tag{10.6}$$

式（10.6）中，α' 为对流传热系数，l 为定形尺寸，λ_{T} 为流体传热系数。

将式（10.6）代入式（10.5），即可求出对流传热系数 α'，从而求出自然对流传递的热量 Φ。

在工程设计中，为了加强自然对流换热效果，可采取以下措施：

（1）充分利用所谓的烟囱效应。由于空气进出口高度差越大，冷热空气的压力差越大，空气的流量也越大，因此要求百叶窗离雷达发射机的距离应尽可能远，且进风口应靠近机壳的底部，出风口应靠近其顶部。

（2）热敏元件应尽量靠近进风口，耐热元件和发热量大的元件应靠近出风口，且其元器件的排列既要考虑气流的通畅，以形成气流通道，减小阻力，也要增强换热的效果。元器件交叉排列则有利于换热。

（3）发热量大的元器件应加装散热器，以增大换热面积。

3．辐射换热

1）辐射的概念

辐射换热方式是指在温差的作用下，物体中电子振动或激励所引起的能量辐射。它是以电磁波的形式传播的，这种传播能在真空中进行，也能在介质中进行。

热辐射是电磁波辐射的一部分，是波长在 0.8～40μm 之间的红外线。所有的物体都具有发射和吸收辐射能的能力。当两辐射体间的温度相同时，它们之间所

辐射和吸收的能量相同，因而没有能量交换；当两辐射体间的温度不同时，将会发生辐射换热。

辐射热投射到任何一个物体表面上时，一部分被吸收，一部分被反射，一部分将透过物体进行传播。设物体的吸收率为 A_r，反射率为 R_r，透射率为 D_r，它们的和应符合下面的准则

$$A_r + R_r + D_r = 1 \tag{10.7}$$

对于大多数的工程材料来说，是不能透过物体传播热量的，其透射率 $D_r = 0$，因此有

$$A_r + R_r = 1 \tag{10.8}$$

2）辐射的基本定律

辐射的基本定律包括如下两个定律。

（1）基尔霍夫定律。

任何物体的辐射力 E_r 与吸收率 A_r 之比，恒等于同温度下黑体的辐射力 E_0'，即

$$\frac{E_r}{A_r} = E_0' \tag{10.9}$$

（2）斯苔藩—玻尔兹曼定律（四次方定律）。

黑体的辐射力 E_0' 与其绝对温度的四次方成正比，即

$$E_0' = C_0'\left(\frac{T}{100}\right)^4 \tag{10.10}$$

式（10.10）中，$C_0' = 5.7\left(\mathrm{W/(m^2 \cdot K^4)}\right)$，叫作黑体的辐射系数。

3）书中所涉及的名词术语解释

（1）黑体：热吸收率 A 为 1 的物体称为黑体。

（2）黑度：实际物体的辐射力与同温度下黑体的辐射力之比。它恒等于同温度下该物体的吸收率。黑度 ε' 的大小取决于物体的材料、温度及表面状态，通常由实验方法确定。

（3）角系数：一个表面发出的辐射能落到另一表面上的百分数，叫作一个表面对另一个表面的角系数。辐射换热的角系数，仅取决于物体表面的形状和相对位置，与物体表面的温度和黑度无关。

（4）灰体：吸收率与波长无关的理想物体。绝大多数工程材料可近似地作为灰体处理。

（5）系统黑度：在其他条件相同的情况下，当两表面为灰体时的换热量与两表面为黑体时的换热量之比。两表面的系统黑度与物体的形状、尺寸和相互位置有关。

4）辐射换热计算

表面积为 F_1 的表面向表面积为 F_2 的表面或周围介质辐射换热时，其流量为

$$\Phi = \alpha_{\mathrm{r}} \cdot F_1 \cdot (t_1 - t_2) \tag{10.11}$$

式（10.11）中，α_{r} 为从表面 1 向表面 2 的辐射传热系数，t_1 和 t_2 分别为两表面的温度。而

$$\alpha_{\mathrm{r}} = \varepsilon_{\mathrm{s}} \cdot \varphi_{12} \cdot f(t_1, t_2) \tag{10.12}$$

式（10.12）中，φ_{12} 为表面 1 对表面 2 的角系数，ε_{s} 为表面 1 与表面 2 之间的系统黑度。

$$f(t_1, t_2) = 5.7 \times \frac{\left(\dfrac{t_1 + 273}{100}\right)^4 - \dfrac{t_2 + 273}{100}}{t_1 - t_2}$$

由式（10.11）和式（10.12）可知，两物体表面的辐射换热计算，实际上就是确定两物体表面之间的系统黑度和角系数，这与两物体的形状、尺寸和相互位置有关。几种典型辐射换热系统的系统黑度和角系数可由下列公式计算：

（1）表面积为 F_1 的物体与周围空间进行辐射换热时，式（10.12）中的 $\varphi_{12} = 1$，$\varepsilon_{\mathrm{s}} = \varepsilon_1$，$t_2$ 为环境温度。

（2）当存在两个平行平面，其几何尺寸远大于它们之间的距离时，式（10.12）中的 $\varphi_{12} = \varphi_{21} = 1$，$\varepsilon_{\mathrm{s}} = \dfrac{1}{\dfrac{1}{\varepsilon_1} + \dfrac{1}{\varepsilon_2} - 1}$。

（3）闭合空间内形成闭合系统的两表面之间的辐射换热时，式（10.12）中的 $\varphi_{12} = 1$，$\varphi_{21} = \dfrac{F_1}{F_2}$，$\varepsilon_{\mathrm{s}} = \dfrac{1}{\dfrac{1}{\varepsilon_1} + \left(\dfrac{1}{\varepsilon_2} - 1\right)\varphi_{21}}$。

5）加强或减弱辐射换热的措施

（1）电子设备内部元件，尤其是密封设备的内部元件，为了提高辐射换热的强度，应尽量提高其黑度。而物体黑度与材料、温度和表面状态有关，最容易改变的是物体的表面状态，在机壳的内外表面涂漆是加强辐射换热的有效方法。由于此时热辐射不在可见光谱内，因此与油漆的颜色没有关系。

（2）发热元件应尽量加强向外热辐射的能力，电子设备内部的热源应尽量避免向热敏感元件（简称热敏元件）的辐射。为了防止热源向热敏元件辐射，通常在它们之间加隔热板，以减弱其辐射换热量。隔热板的黑度越低，辐射阻力就越大，辐射换热就越少。在工程设计中，常用黑度低、表面光洁度高的材料作为隔热板。

4. 太阳辐射换热

太阳辐射对发射机的冷却设计有着重要的影响。太阳辐射的波长在0.3～0.4μm之间，它包含紫外线、可见光和红外线三个光谱区。太阳辐射通过大气时，其射线会被空气和空气中的粒子吸收和散射。

太阳辐射强度是指单位时间内通过单位面积的辐射能量，是衡量辐射强弱的重要指标。

1）降低太阳辐射影响的措施

降低太阳辐射影响的措施如下：

（1）暴露在阳光下的发射机机箱部分应尽量采用浅色，以减小太阳辐射吸收系数。

（2）机箱表面结构上应增加散热筋。在无风条件下，太阳辐射在光滑表面的附加温升为30℃～40℃，而有散热筋的表面，其温升仅为5℃～10℃。

（3）当对太阳辐射表面采取空气流速大于2m/s的强迫风冷却时，太阳辐射产生的附加温升将降为5℃～10℃。

（4）采用机箱罩或隔热箱体可降低太阳辐射的影响。

（5）其他常规的防高温措施，大多也适用于防太阳热辐射。

2）太阳辐射换热的计算

由于太阳的辐射，发射机机柜表面的温度升高，其热量以传热方式传入机柜内部。这部分热量的大小，与机柜断热结构设计的好坏及机柜与隔热罩之间的断热程度有关。其辐射热为

$$P = \alpha'(t_{\mathrm{m}} - t_0)F' - K_{\mathrm{H}}(t_{\mathrm{m}} - t_{\mathrm{i}})F' \tag{10.13}$$

式（10.13）中，α'为箱外空气与日照表面对流传热系数，$\alpha' = 1.163$（$4+12\sqrt{w_{\mathrm{c}}}$）；$t_{\mathrm{m}}$为日照表面的综合温度，$t_{\mathrm{m}} = (\varepsilon' I)/(\alpha' + K_{\mathrm{H}}) + t_0$；$t_0$为箱外温度；$F'$为日照表面的面积；$t_{\mathrm{i}}$为机箱内温度；$K_{\mathrm{H}}$为机箱结构对箱内的传热系数，$K_{\mathrm{H}}$又可表示为

$$K_{\mathrm{H}} = \frac{1}{\dfrac{1}{\alpha'} + \sum \dfrac{\delta_i}{\lambda_i}}$$

式中，δ_i为组成一个面的各层材料厚度，λ_i为组成一个面的各层材料的传热系数。

根据以上公式可知，人们可以控制的因素为K_{H}值，而K_{H}值越小，辐射热越低。因此，可以在机柜上下顶板间和侧板间填充泡沫聚氨酯密封带，以增强材料层的厚度，减小传热系数，从而减小辐射热。

隔热罩是一个巨大的接收辐射热的物体，在机柜与隔热罩之间，可以加上绝

热减振材料，一方面隔振，另一方面绝热。

10.1.4　强迫风冷却

强迫风冷却与自然冷却相比，热转换能力可增加一个数量级。尽管强迫风冷却增加了风机、通风管道、滤尘器及流量和压力检测装置等，带来了一定的噪声和振动，但由于冷却空气容易获得，而且没有液体冷却的结冰、沸腾和冷却液泄漏等问题，因此，强迫风冷却是发射机中最为常用的一种冷却方式。

强迫风冷却要解决的主要问题有两个：一是设计、选择合适的强迫风冷却散热器；二是选择合适的风机和合理设计风道。这两个问题是相互关联的，风机所能提供的风量和风压是动态的，它们取决于散热器的结构和几何形状，从而决定了带走热量的大小。

1. 强迫风冷却的基本形式

1）单个元件的强迫风冷却

发射机中发热密度比较高的元件有时会采用强迫风冷却方式，如大功率磁控管、行波管、固态大功率管、IGBT 模块和 SCR 等。

2）整个机柜的强迫风冷却

整个发射机柜的强迫风冷却除风机和散热器的选用外，为了达到较合理的散热要求，还要认真设计风道，以确保各热点所需的风量和风压。

2. 强迫风冷却的条件

在进行强迫风冷却计算时，需确定以下两个条件：

（1）确定工作环境，即确定冷却空气的进气温度。

（2）确定每一器件的允许温度。

3. 功率管及其他发热圆柱体器件的强迫风冷却设计

为了提高冷却效果，通常需要设计一个专门的风道，将发热器件装入风道内，使气流沿发热器件的轴线流动。

1）由牛顿传热公式求出所需的传热系数

根据牛顿传热公式，可以计算传热系数为

$$\alpha' = \frac{\Phi}{A'(t - t_{\alpha})} \tag{10.14}$$

式（10.14）中，Φ 为器件传给空气的热流量，A' 为器件表面积，t 为器件表面允许的最高温度，t_{α} 为气流进口温度。

2）由准则方程求风速

气流沿轴线流过圆柱形器件时，其努塞尔数 Nu 的准则方程应为

$$Nu = 0.313(Re)^{0.6} \tag{10.15}$$

式（10.15）中，Re 为雷诺数。因 $Nu = \frac{\alpha' D_{eq}}{\lambda_T}$，而 $Re = \frac{V_v D_{eq}}{V_a}$，所以

$$\frac{\alpha' D_{eq}}{\lambda_T} = 0.313\left(\frac{V_v D_{eq}}{V_a}\right)^{0.6} \tag{10.16}$$

式（10.16）中，α' 为空气与壁面间的对流传热系数，λ_T 为空气传热系数，V_a 为空气运动黏度，V_v 为气流速度，D_{eq} 为环形通道的当量直径，它可表示为

$$D_{eq} = D' - d = 2\delta \tag{10.17}$$

式（10.17）中，D' 为风道内径，d 为器件外径，δ 为环形间隙。

3）风量

环形风道内的风量可按下式计算：

$$Q_w = V_v \times \frac{\pi(D^2 - d^2)}{4}$$

在设计过程中为了使气体处于紊流状态，雷诺数 Re 应符合下式要求：

$$Re = \frac{V_v D_{eq}}{V_a} > 4000$$

如果不能满足这一要求，可适当加大风量 Q_w 或减小间隙 δ。

4. 大功率半导体器件的强迫风冷却

在雷达发射机中，对微波功率晶体管、IGBT 模块和 SCR 等大功率半导体器件的冷却，通常用加装肋片散热器的方法，并由强迫风冷却实现。

在全固态发射机中，使用的微波功率晶体管的数量多、热耗大、热流密度高，且允许温升小，因此热设计更为重要，这里着重介绍全固态发射机的热设计。

1）散热器的优化设计

散热器的优化设计首先要对其肋片散热器的散热机理进行分析，找出技术难点，通过设计计算和热试验提出具体的解决办法。

根据牛顿传热公式有

$$\Phi = \alpha' \cdot A' \cdot \Delta t \tag{10.18}$$

式（10.18）中，Φ 为热量，α' 为对流传热系数，A' 为散热面积，Δt 为温差。

由于环境温度和最高壳温的限制，Δt 的数值是确定的，因此对于散热器需

要确定的参数则是如何有效地增大对流传热系数 α' 和散热面积 A'。这就需要对散热器进行下列两方面的优化设计：

（1）对肋高、肋间距、肋厚进行优化设计和试验验证；

（2）在肋片上刻槽，以改变系统气流的扰动状态。由于在理论上确定边界太复杂，试验验证是一种行之有效的方法。

此外，微波功率晶体管附近热源集中，造成了温度场的分布不均匀，因而需要采用“热扩展”技术尽可能拉伸其温度场。当使用铜板做“热扩展”时，其热的传递系数是由铜板的厚度、边界和热阻决定的。而热源的位置、边界长度和热沉的有效性都将影响热的分布。

一个好的热设计是使热量沿最小的热阻途径传递到散热器上。因此，设计的目的就是要减小传热途径中的接触热阻。减小接触热阻的最好办法是采用焊接技术，使得微波功率晶体管与基板间紧密、无间隙地连接。在焊接的过程中应在接触面之间加焊料，并施加 25kg 以上的压力，以防止出现空隙。

2）使温度场均匀

微波功率晶体管肋片散热器的热设计成功与否，主要取决于如何解决集中热源温度场的均匀分布问题，所以应处理好以下问题：

（1）铜基板的厚度、形状和热阻对换热性能的影响；

（2）在散热器能够满足要求的前提下，进行优化设计；

（3）合成组件中各微波功率晶体管间的热耦合情况。

3）确定参数

微波功率晶体管是组件的主要发热源，与散热有关的设计参数包括：

（1）微波功率晶体管耗散功率的最大值 P_d；

（2）设计工作情况下的最大结温 T_{jmax}；

（3）微波功率晶体管外形尺寸；

（4）散热器允许的外形尺寸；

（5）散热器材料［常用铝合金 LD31、铝合金的传热系数 $\lambda_T = 209W/(m \cdot ℃)$］；

（6）环境温度。

4）合理设置微波功率晶体管的管壳温度

合理设置微波功率晶体管的管壳温度的设计目标是：在保证发射机性能的同时使微波功率晶体管结温最低，并具有最佳的性能价格比。

过热是微波功率晶体管性能下降或损坏的主要原因，为降低结温，散热器和外界必须有一条低热阻通路。硅晶体管的最高允许结温为 200℃，此结温是厂家允许器件工作时的最大极限结温，高于此值工作时，微波功率晶体管会损坏。

工作结温的确定主要由可靠性设计制约，结温每降低 10℃，微波功率晶体管的寿命延长一倍，地面雷达发射机中允许微波功率晶体管的典型结温值为80℃～120℃。根据厂家提供的微波功率晶体管热特性参数，微波功率晶体管的p-n 结与管壳之间的热阻（简称微波功率晶体管的热阻）是由内部结构确定的，其值为0.2℃/W～2.5℃/W，此热阻是表征微波功率晶体管的特性参数的，且是在25℃温度下的测试值。实际上它受温度的影响，对于脉冲运用的微波功率晶体管来说，还随脉冲宽度与工作比而改变，因此微波功率晶体管最大结温随时间变化的表达式应为

$$T_{jm} = T_{fm} + P_d \times R_T \times K_T \quad (0 \leqslant K_T \leqslant 1)$$

式中，T_{jm} 为最大工作结温，T_{fm} 为最高工作壳温，P_d 为最大耗散功率，R_T 为微波功率晶体管结壳热阻（当温度为 25℃时，$R_T = 0.24$℃/W），K_T 为热时间常数。

在地面雷达发射机中，当微波功率晶体管结温为 80℃～120℃时，其结壳热阻 $R_T = 0.24$℃/W。为了保证所设计电路的性能稳定，在计算时通常将微波功率晶体管的结温 T_j 取为(0.5～0.8) T_{jmax}。

当 T_{jm} 及 R_T 确定之后，则可以按下式计算出微波功率晶体管的壳温 T_f，即

$$T_f = T_j - R_T \cdot P_d \tag{10.19}$$

5）传热模型

如图 10.2 所示为微波功率晶体管装于散热器上的等效热阻图。

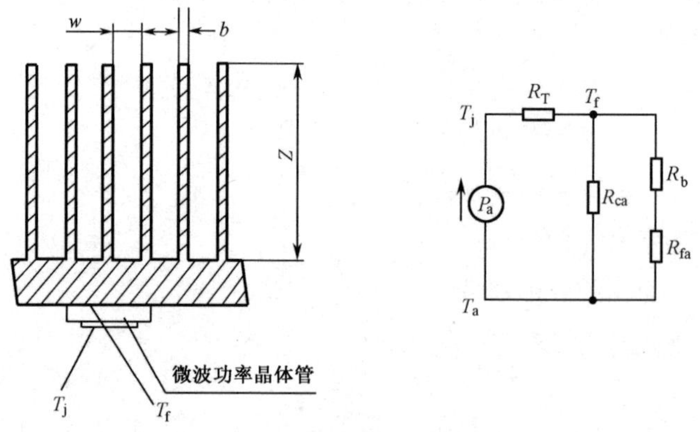

图 10.2　微波功率晶体管装于散热器上的等效热阻图

功率模块热设计的一个重要内容是计算热阻，并设法尽量降低热通路上的热阻。由于功率管与散热器底板紧密固定在一起，为了使两者的接触热阻降低到最低，中间可涂导热硅脂以减小加工误差形成的空气间隙，试验证明，这比传统的铟合金有更小的热阻。

减小传播热阻的方法一般是增加散热器的散热面积和增快气流的速度，以及降低吸入温度。当一个热源被放置在散热器的边缘或角落时，该位置比热源被放置在散热器的中心处的传播热阻大，因此微波功率晶体管应尽量摆放在散热器的中心处。

在图 10.2 中，T_{j} 为微波功率晶体管工作结温，T_{f} 为微波功率晶体管工作壳温，T_{a} 为环境温度，R_{T} 为微波功率晶体管结壳热阻，R_{b} 为界面热阻，R_{fa} 为散热器散热热阻，R_{ca} 为微波功率晶体管表面直接向空间散热的热阻。

从热阻图可知，其热源的总热阻 R 可由下式算出

$$R = R_{\mathrm{T}} + \frac{R_{\mathrm{ca}} \times (R_{\mathrm{b}} + R_{\mathrm{fa}})}{R_{\mathrm{ca}} + R_{\mathrm{b}} + R_{\mathrm{fa}}} \tag{10.20}$$

一般情况下

$$R_{\mathrm{ca}} \gg R_{\mathrm{b}} + R_{\mathrm{fa}}$$

所以

$$R \approx R_{\mathrm{T}} + R_{\mathrm{b}} + R_{\mathrm{fa}}$$

即

$$\frac{T_{\mathrm{j}} - T_{\mathrm{a}}}{P_{\mathrm{d}}} = R_{\mathrm{T}} + R_{\mathrm{b}} + R_{\mathrm{fa}} \tag{10.21}$$

又因为

$$T_{\mathrm{a}} = T_{\mathrm{j}} - R \times P_{\mathrm{d}}$$

所以有

$$T_{\mathrm{j}} = P_{\mathrm{d}} \times R + T_{\mathrm{a}} \tag{10.22}$$

式中，界面热阻 R_{b} 包括接触热阻 $R_{\mathrm{c}i}$ 和导热材料的传导热阻 $R_{\mathrm{s}i}$， R_{b} 为

$$R_{\mathrm{b}} = \sum_{i=1}^{n} R_{\mathrm{c}i} + \sum_{i=1}^{m} R_{\mathrm{s}i} \tag{10.23}$$

式（10.23）中，n 为接触面数，m 为导热材料层数。

散热器散热热阻为

$$R_{\mathrm{fa}} = \frac{1}{\alpha' S \eta} \tag{10.24}$$

式（10.24）中，S 为散热器的总散热面积，η 为散热器效率，α' 为对流传热系数。

6）试验

（1）试验目的。

试验的目的是检验组件的热设计指标是否满足设计要求，寻求降低组件温度的途径，以最终优化设计方案。

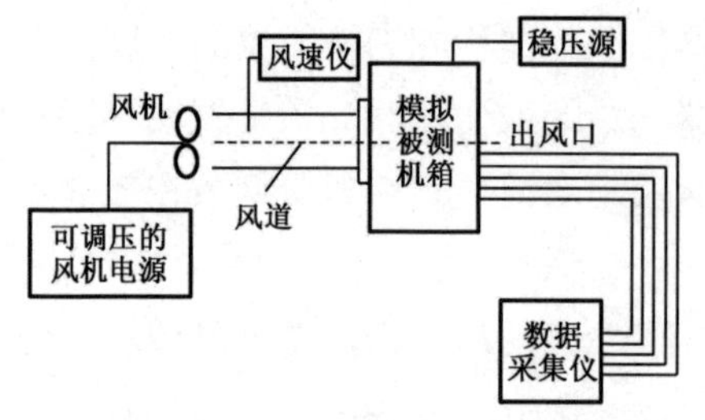

图 10.3　风冷散热测试系统框图

（2）试验方法。

常用的试验方法是用压装在散热器上的电阻来加热，以模拟微波功率晶体管功耗产生的热量，并通过改变热量、风量等方法来求得各种试验数据。风冷散热测试系统框图如图 10.3 所示。

从该图中可见，功耗可通过稳压电源进行控制，风机给模拟被测机箱（模块）送风，数据采集仪通过热电偶温度传感器读出被测点的温度值，用风速仪测试风道中的风速。

（3）散热器结构形式的优化。

由于散热器为型材散热器，材料为 LD31 铝合金，在 25℃时，其传热系数为 209W/(m・℃)。

根据分析，当散热器尺寸一定时，若肋片数增加，肋间距将减小，且因流体的黏滞作用，换热效果还将变差。另外，因为肋片间距的减小，肋片之间因相互吸收了一部分辐射热量，所以也会降低其换热效果。因此，肋片优化系数存在着一个最佳值，这个值通常反映在肋片的高度与肋片间距的比值上。

研究发现，改变散热器的肋片优化系数，即改变肋厚、肋间距和雷诺数，可以强化传热效果。

（4）变风量测试。

变风量测试的目的是测试壳温随风量的变化情况，优化设计参数，为风机的选择提供依据。

（5）传热基板试验。

为了使热载荷分散实现“热扩展”，可采用传热基板。经反复分析比较，选择导热和导电性能均佳的纯铜材料作为基板，其导热性最佳［在 20℃的时候，传热系数为 398W/(cm・℃)］。

从理论上讲，微波功率晶体管产生的热量，将沿结周围锥度为 60° 左右的锥形区域向热沉传递，再传至铜基板，然后到达终端散热器，由冷却空气带走。采用铜基板的目的主要是使热载荷分散，但其基板的厚度和面积还需经试验确定。

5. 发射机柜强迫风冷却

1）发射机柜的抽风与鼓风冷却

（1）发射机柜的抽风设计。

发射机柜抽风冷却适用于热量比较均匀，各单元和部件风阻比较小，没有大热流密度器件的机柜。抽风冷却的特点是风量大、风压小，风机通常安装在机柜顶部，位于出风口，它具有四个特点：①风量大，流动均匀；②风机热量不影响发射机系统；③如机柜有缝隙，空气会进入机柜，风量从入口到出口会增加；④位于热风处的风机，可能会降低寿命。

抽风式风机所需的风量 Q_w 为

$$Q_{\mathrm{w}}=\frac{P_{\mathrm{d}}}{\rho_{\mathrm{m}}\times C_{\mathrm{p}}\times\Delta t} \tag{10.25}$$

式（10.25）中，ρ_m 为空气的密度，C_p 为空气的比热，P_d 为总耗散功率，Δt 为冷却空气的进出口温差。

在发射机柜中，除晶体管散热器温差较小 Δt 取 5℃左右外，其余的强迫风冷却系统，Δt 一般可取 10℃左右。

在这种风量的计算方法中，由于忽略了机柜对大气辐射和自然对流换热的影响，因此所得的风量偏大（辐射与自然对流散热量一般占总散热量的 10%左右）。

（2）发射机柜的鼓风设计。

鼓风冷却常用在有大热流密度器件如磁控管、行波管等单元内热量分布不均匀的机柜，需要专门风道的场合。在这种情况下，风机通常安装在机柜的下方，位于进风口处。它具有三个特点：①可利用风管控制不同元件的风量；②风机热量将带入系统；③当机柜有缝隙时，机柜内部静压力将减小，气流泄漏，风量从入口到出口逐渐减小。

2）机柜的风压损失

发射机柜除固态发射机柜内部部件品种单一、排列整齐外，其余发射机的机柜内部器件品种多，不易排列整齐，几乎不可能用计算机算出一个给定风量下的机柜阻力，只能根据经验进行估算。标准机柜多采用 36U（U=44.44mm）的高度，一般分 4～5 层安装分机，其阻力多在 150～200Pa。如果采用翅板式散热器，则阻力可能达到 300～350Pa。

3）通风管道的设计

由于电子设备组成的形式复杂多变，因此气流状态十分复杂，不可能找到一个简单的公式来精确计算给定风量下通过机柜所需要的压力。为了将不必要的压力损失降到最低，可以在系统设计时尽可能采取一些优化措施来减小其阻力。为此，通风管道设计应注意六个问题：①避免采用急剧弯曲的风道，以减小压力损失；②避免采用骤然扩大和骤然缩小的风道，以减少局部压力损失；③风道应尽量使矩形管道接近于正方形，管道长边与短边之比最好小于 3:1；④应采用锥形风道，可利用静压复得的方法获得等风量送风；⑤对于风速圈套的风道，进口处应设置稳流段；⑥风道应采用光滑材料制成，尽量不用或少用软风管。

6. 风机的选择和运用

1）风机的分类和特点

风机按工作原理及结构形式可以分为轴流式风机和离心式风机两类。轴流式风机空气的进口与出口一致，且与轴线平行，其特点是风量大、风压小；离心式风机的空气进口与出口呈 90° 夹角，采用蜗壳送风，其特点是风压高、风量小。

2）风机的特性曲线及工作点的确定

风机的特性曲线是指风机在固定转速工作时，其压力、效率和功率随风量变化的关系曲线。风机的特性曲线共包含压力/风量、功率/风量和效率/风量三条曲线。其中最为重要的是压力/风量曲线。当风机自由送风时，其风量最大，风压为零；当风机出风口被堵住时，风量为零，静压最大。风机特性曲线如图 10.4 所示。

风机的工作点是随送风系统的连接不同而变化的。当风道确定后，可根据不同风压下的风量值画出一条曲线，即风道的特性曲线（不同的风道其特性曲线不一样，如图 10.5 所示的曲线 1、曲线 2 和曲线 3）。图 10.5 中风道的特性曲线 3 与风机的风压 P_c /风量 Q_{fc} 特性曲线的交点 C，即为风机适应此风道的实际工作点。

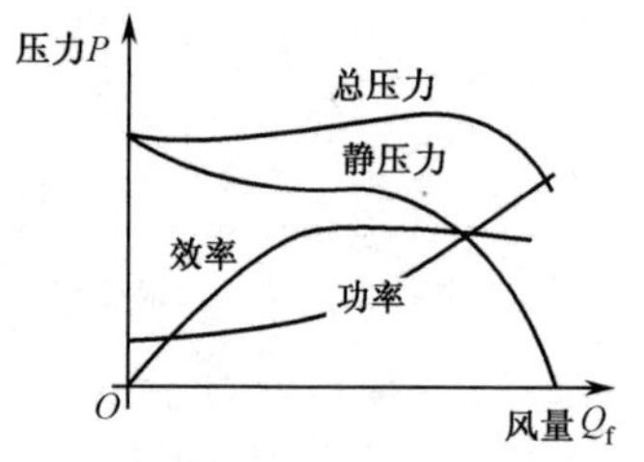

图 10.4　风机特性曲线

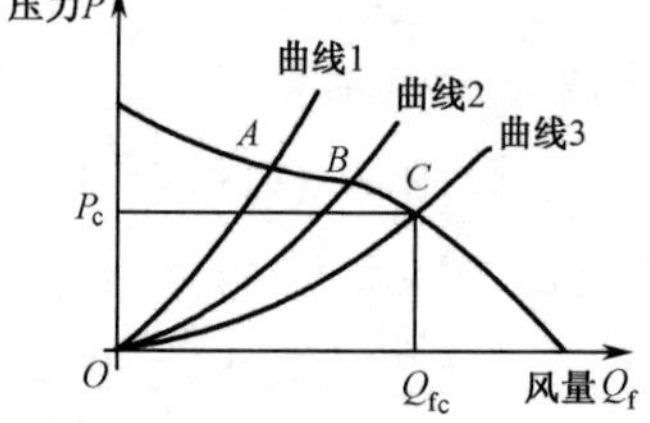

图 10.5　风机工作点的确定方法

3）风机的选择

选择风机时，通常先确定所需的风量和风压，同时考虑系统对工作环境、工作效率、噪声、振动、体积、质量等的要求。

4）风机的串、并联工作

在实际工作中，常常需要将两台或多台风机并联或串联在一个共同的风道系统中联合工作，目的在于增加系统中的空气风量或压力。

（1）风机的并联工作。当风道的特性曲线较平坦，系统要求风量很大且一台风机不能满足要求时，可采用多台风机并联运行。一般来说，当在理想情况下，两台风机并联时，其风压是单台风机的风压，而总风量则是两台风机之和。但严格来说，两台风机并联运行时，每台风机均不可能充分发挥出单机的能力，因此并联风机的总流量小于两台风机风量之和。

（2）风机的串联工作。当风道的特性曲线较陡，系统要求风压较高且单机不能提供足够的压力时，可采用多台风机串联运行。风机串联时，其风量实际上也不等于每台风机风量的和，风压也不会等于几台风机压力之和。此外，风机压力与自然抽力也可按串联工作方法进行分析（自然抽力是指空气被加热后自然向上的升力）。

需要特别说明的是，发射机中还经常用到两台不同风机的串联和并联。这时需要详细地加以分析，慎重使用。因为并联不当时，风量可能不增加，甚至发生倒流，总风量反而小于其中一台的风量；串联不当时，其压力会小于单台风机的压力，同时风量还将减少，功耗却增加。

7. 强迫风冷却的其他问题

1）空调器的使用

由于国家军用标准中发射机的工作温度通常是 50℃，为了满足某些工作温度低、热流密度大的器件需求，常常采用空调器来降低发射机冷却系统中的进风温度。

空调器的使用需要注意以下三个问题。

（1）空调器除需要保证足够的风量外，还要保证足够的制冷量，其制冷量应大于需要冷却耗散的总热量。这一热量包括发射机本身的热量、太阳辐射和外部高温空气渗入的热量，以及人员和照明灯具的热量等。

（2）由于空调器通常是串入闭环风道中的，当压缩机不工作时，应设置备用风道。

（3）空调器降温过程中可能带来结露问题。为防止结露，风道应采取绝热措施，工作舱门应尽量减少打开次数，关机时应先关制冷开关，再关循环风开关，以便使温度有一个缓慢的回升过程。

2）高海拔地区的强迫风冷却

在海拔高度 $H = 5500\text{m}$ 以下，一般认为传热系数 λ_m 、空气的比热 C_p 、运动黏度 U_m 及普朗特数 Pr 都随着高度的变化而变化，但这个变化很小，可以忽略。但是，空气的密度 ρ_m 的变化却很大。

试验获得的数据表明，在高空条件下，随高度的增大，大气压力 P 和温度 T 都减小，空气变稀薄，虽然相同的散热器通过气体的体积风量不变，但其质量风量却在减小。而由于进口空气的温度低于地面，直接引进外界的新风来对机柜进行散热是有利的。所以一般来说，在地面上能满足散热要求的，在高海拔地区也可以满足散热要求。但当温度低到影响设备正常工作时，应采用加热器的升温措施。

10.1.5 强迫液体冷却

1. 强迫液体冷却的分类

强迫液体冷却可以分为直接液体冷却和间接液体冷却两类。

1）直接液体冷却

直接液体冷却又可分为浸入式直接液体冷却和直接强迫液体冷却。

浸入式直接液体冷却主要用于发射机中的大功率高压器件，如将速调管的阴极，高压变压器、电感、硅堆等浸泡在冷却液中，将热带走。此类冷却液多为油介质，以解决冷却和高压绝缘问题。

直接强迫液体冷却在大功率发射机中应用极其广泛，如速调管的收集极、管体、输出窗、线包、隔离器和正交场管的阳极等都是采取这种方式。最新资料表明，国外在微波功率模块（MPM）中，为了减小体积、质量和解决高热流密度的散热问题，也应用直接强迫液体冷却。

2）间接液体冷却

采用间接液体冷却方式时，其冷却液不与被冷却的器件接触，而是制成液体冷却板和管路间接带走热量。这种方式在发射机中主要用于大功率固态组件，特别是大功率 T/R 组件，以及晶体管模块等。由于对流传热系数可轻易达到 10000W/(m^2 • ℃)以上，因此其冷却效果很好。

2. 强迫液体冷却系统设计

为完成强迫液体冷却系统的设计，必须了解被冷却真空微波管的收集极耗散功率、管体耗散功率、输出窗耗散功率、聚焦线圈耗散功率和高功率隔离器耗散功率等参数。

由于真空微波管收集极的耗散功率与其余部分的耗散功率差别很大，为便于流量的分配，在大功率系统中，通常将收集极的冷却单独做成一个系统，称为水冷系统（一），而将其余部分的冷却做成另一个系统，称为水冷系统（二）。对于车载式地面雷达，其二次冷却（外循环）可采用强迫风冷却方式；对于舰载雷达，其二次冷却也可采用水冷方式。典型的水冷系统的原理框图如图 10.6 所示。

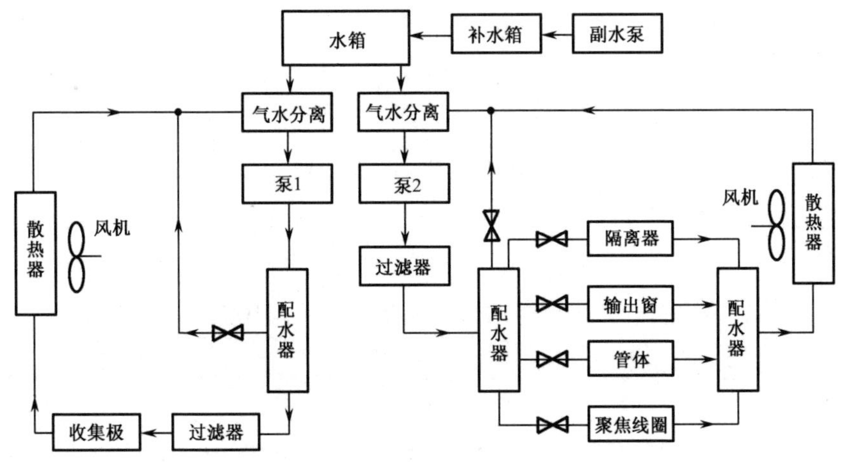

图 10.6　典型的水冷系统原理框图

1）设计依据

设计依据包括下列参数：

- 雷达所使用的速调管收集极的热流密度 D；
- 最高允许出水温度 T；
- 耗散功率 P_d；
- 工作环境温度，地面雷达发射机通常工作环境温度范围为-40℃～+50℃。

2）选择冷却液

在直接液体冷却的系统中，冷却液除要满足良好的热特性外，还必须具有较高的稳定性，在工作温度范围内不挥发，不产生状态的变化，与金属材料接触时，化学稳定性要好，并具有良好的物理特性和电特性。

对于间接液体冷却系统而言，衡量冷却液的主要因素是腐蚀性和热特性。由于冷却液不与电子元器件接触，所以对电性能没有影响。

水是最经济有效的冷却液。为防止水的腐蚀，可在水中加缓蚀剂；而为防止水中矿物质生成水垢，可采用蒸馏水或去离子水；考虑到地面雷达发射机通常工作范围为-40℃～+50℃，冷却液应加入 56%（质量比）的乙二醇，以使其冰点降为-44℃。

3）确定冷却液的温度、流量和压力

（1）确定冷却液的温度。

冷却液的温度并不是越低越好，根据计算和实际使用的经验表明，冷却液的最佳平均温度范围应在 20℃～75℃之间，此时发热面的温度最低，散热效果最好。对于乙二醇和水的混合溶液而言，在这一温度范围内，其黏度系数变化不大。当温度低于20℃时，黏度系数急剧增高，流动性变差。

（2）冷却液的流量。

在一定的耗散功率下，冷却液的流量越大，对流传热系数越大，发热器件的表面温度就越低。但冷却系统的压力随流量的平方递增而急剧增加，因此流量的上限值受冷却系统的压力所限制。冷却液流量的大小取决于发热器件的耗散功率和冷却水的进出口温升。冷却液的体积流量可由式（10.26）来决定，即

$$Q_{\mathrm{v}}=\frac{860P_{\mathrm{d}}}{C_{\mathrm{P}}\gamma'\cdot\Delta t} \tag{10.26}$$

式（10.26）中，Q_{v}为体积流量，P_{d}为发热器件的耗散功率，C_{P}为冷却液的比热，γ'为冷却液的密度，Δt为冷却液的温差。

若取内循环冷却液的进、出口温度差$\Delta t=8$℃，液体温度为 60℃，则 56%（质量比）的乙二醇水溶液的物性参数为

$$C_{\mathrm{P}}=0.84\mathrm{kCal/(kg\cdot ℃)}$$

$$\gamma'=1045\mathrm{kg/m^3}$$

对于水冷系统，当耗散功率P_{d}为已知时，代入式（10.26）便可求得Q_{v}值。

（3）冷却液的压力。

冷却液的压力取决于冷却液的流量及管路系统的阻力。在保证发热器件表面温度低于额定值（沸点）的前提下，应力求尽量减少冷却液的压力，这对减小水泵的驱动功率有利。

冷却系统的压力损失取决于流体的运动状态、管道内流体的流速、管道的粗糙度、流体的流动方向和流通截面的突变程度等因素。而冷却系统压力损失又由管路沿程压力损失和局部压力损失两部分组成。

首先，确定流体在管内与雷诺数Re有关的运动状态。当$Re\leqslant 2300$时，液体为层流流动；当$Re\geqslant 10^4$时，液体为紊流流动；当$2300< Re <10^4$时，液体为过渡流动状态。雷诺数Re由下式计算

$$Re=\frac{V_{\mathrm{v}}D_{\mathrm{eq}}}{V_{\mathrm{a}}} \tag{10.27}$$

式（10.27）中，V_{v}为液体平均流速，D_{eq}为当量直径，V_{a}为液体的运动黏度。

由于整个管路系统的安装方式暂不确定，所以各段管路的局部阻力系数难以计算，如果冷却系统管径设计合理，预计局部压力损失$\Delta P_{\mathrm{g}}\approx 1\mathrm{kg/cm^2}$。

水冷系统中除管路系统及真空微波管外，还有过滤器、配水器、阀门、散热

器、流量节点和温度节点，总的压力损失就等于各部分压力损失之和。

4）泵的选择

泵是冷却系统中的主要组成部分，选择泵主要依据冷却系统所需的流量及压力来确定。泵的总扬程 H 除包括吸入管、排出管路中所有沿程压力损失、局部压力损失外，还必须考虑吸入、排出管路的几何位置高度。为了便于调节，泵的总扬程通常应比冷却系统的计算压力大 15%～20%。同样，在选择水泵流量时，也应比冷却系统的计算流量大 10%～15%。泵所需的流量 Q_v 及总扬程 H 确定后，先要确定泵的种类，然后再根据冷却液的物理、化学特性和泵体材料的可容忍性，泵及电动机的机械噪声，以及电噪声等因素选择某类泵的具体型号。

使用乙二醇水溶液作为冷却液的冷却系统，泵的过流材料应为不锈钢。

5）风机的选择

选择风机时首先应根据所需风量、风压确定风机的类型，然后再选择具体的型号和规格。

风机所需的总压力等于风路系统所有构件的摩擦阻力损失与风路系统所有构件的局部阻力损失之和。

风机的风量可由式（10.25）计算得出。

6）热交换器的设计

热交换器是把热量从一种流体传给另一种流体的设备。对于地面机动雷达而言，二次冷却（外循环）采用强迫风冷却，即热交换器为液/气交换器，因此汽车常用的散热器及强迫风冷却冷凝器都是较好的选择对象。在设计中，常常采用空调用的强迫风冷却冷凝器作为热交换器，其理由如下：

（1）热交换器中与内循环水接触的材料和微波功率晶体管的发热表面均为纯铜制造，可以防止电化学腐蚀；

（2）热交换器多工作在常温、常压下，其工作温度一般为 90℃以下；

（3）热交换器坚固耐用，具有质量小、体积小、效率高、密封性好等特点。

热交换器的规格型号可根据热流体、冷流体和热交换器方程来确定：

热流体方程为

$$\varPhi = C_{P_1} Q_{v_1} \gamma_1' \cdot \Delta t_1 \tag{10.28}$$

冷流体方程为

$$\varPhi = C_{P_2} Q_{v_2} \gamma_2' \cdot \Delta t_2 \tag{10.29}$$

热交换器方程为

$$\varPhi = k'A' \cdot \Delta T \tag{10.30}$$

式中，Φ 为所耗散的热流量，C_{P} 为流体的比热，γ' 为流体的比重，Q_{v} 为流体的体积流量，Δt 为流体的出口温度和进口温度之差，k' 为热交换器的总传热系数，A' 为换热器的换热面积，ΔT 为冷、热流体平均有效温差。

上述各参数中下角标 1 代表热流体 1 的特性参数，下角标 2 代表冷流体 2 的特性参数，而

$$k' = \frac{1}{\dfrac{1}{\alpha_1'} + \dfrac{1}{\alpha_2'} + \dfrac{\delta}{\lambda_{\mathrm{T}}}} \tag{10.31}$$

式（10.31）中，α_1' 为热流体的传热系数，α_2' 为冷流体的传热系数，δ 为冷热流体间的金属壁厚，λ_{T} 为冷热流体间金属的传热系数。

对于冷却系统中的热交换器来说，大多采用传热系数很高的纯铜，而且管壁很薄，因此 $\delta/\lambda_{\mathrm{T}}$ 很小，管壁的传导热阻可以忽略不计，因而其 k' 值可按下式计算

$$k' = \frac{1}{\dfrac{1}{\alpha_1'} + \dfrac{1}{\alpha_2'}} = \frac{\alpha_2'}{1 + \dfrac{\alpha_2'}{\alpha_1'}} \tag{10.32}$$

对于强迫风冷却冷凝器，若 $\alpha_1' \gg \alpha_2'$，则 $k' \approx \alpha_2'$。

散热器的进风温度等于环境温度（50℃）。为了给散热器留下散热空间，冷却液的进口温度通常必须高于环境温度，比如取冷却液的进口温度为 67℃，进、出口温差在 8℃以下，其冷、热流体平均有效温差 $\Delta T = (75+67)/2-(50+60)/2 = 16℃$。

7）管道与阀门

管道与阀门是冷却系统中输送和控制冷却液不可缺少的元件。管道与阀门的大小应根据冷却液流量的大小来考虑，而管道与阀门的材料选择应该考虑耐腐蚀性。

纯水冷却系统中常用的管道有聚乙烯加强管、尼龙管、不锈钢波纹管和纯铜管等。由于纯水冷却系统对密封性要求较高，因此阀门常选用波纹管截止阀，这样维修起来很方便。

8）过滤器

过滤器的作用是保证固体颗粒不进入管路，避免固体颗粒沉淀并阻塞水套。水套与发热器件间的间隙通常设定在 0.8～5mm。因此，过滤器必须具有一定的过滤精度，但过滤精度不能太高，否则系统的压力损失将增大，并且过滤器芯容易被微粒阻塞。设计选用过滤精度一般在 20～40μm 较为适宜。

9）冷却系统的控制和保护

为了确保冷却系统正常工作，需对冷却液的流量、温度、压力和液位进行监

控（有关内容见第 8 章）。当冷却液的流量、温度、压力和液位异常时，应发出警告信号，并关闭发射机电源。因此，冷却系统通常装有流量接点、温度接点、压力接点和液位接点四种传感器。

10.1.6 蒸发冷却

雷达发射机既是雷达的“心脏”，又是一个消耗能源和发热的“大户”，发射机的冷却系统除采用强迫风冷和液体冷却外，有时也经常采用蒸发冷却。

1. 蒸发冷却系统的原理及组成

在大功率发射机（如速调管发射机）中，为了提高冷却效率，减少冷却设备，常采用高效的蒸发冷却系统。

当速调管工作时，耗散热量由速调管收集极的热壁传至与之直接接触的水，在水达到饱和温度后沸腾而蒸发，蒸汽带着热量经过蒸汽管道流到冷凝器中，其蒸汽热在冷凝器的外表面与空气进行换热，最终将热量散入空气中。冷凝后的水经回水管流入水箱再返回蒸发锅中，以形成周而复始的循环。常用蒸发冷却系统的组成框图如图 10.7 所示。

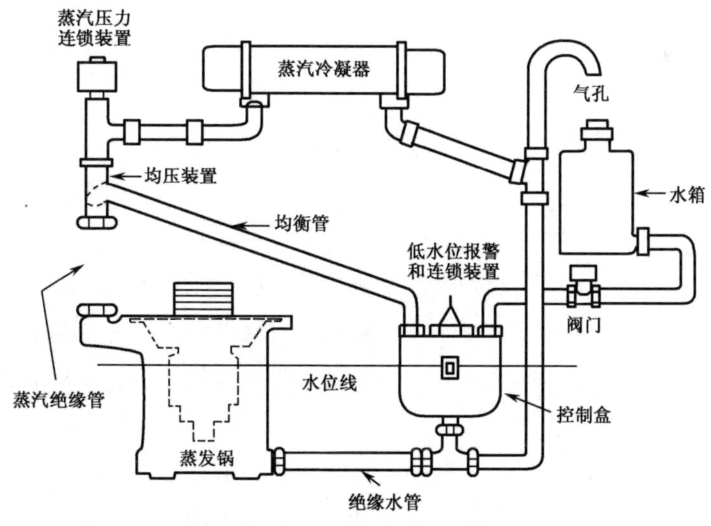

图 10.7　常用蒸发冷却系统的组成框图

根据不同的应用，蒸发冷却系统可分为闭环蒸发冷却系统和消耗性蒸发冷却系统，其中消耗性蒸发冷却系统多用于短时间工作的机载设备上，它将冷却液沸腾产生的蒸汽直接排入大气中；而闭环蒸发冷却系统则用于长期工作的大功率系统中。

2. 蒸发系统设备的安装要求

蒸发系统设备在安装中，其蒸汽管道应设置为0.02°～0.05°的坡度，坡度方向应与蒸汽流动方向一致；回水管应设置为0.01°～0.03°的坡度，坡度方向应与水流动方向一致。为了使回水管道与大气相通，还应安装透气管，以便让系统内膨胀的空气经它排出，使系统处于常压下工作。透气孔应设在冷凝水出口上方和系统最高处，以免阻塞。安装均压管时，应保证蒸汽管接头到水箱有一段倾斜管，以便冷凝水流回到水箱中。同时，为了保证水箱与蒸发锅内有相同的气压，均压管与蒸汽管的连接应面向蒸汽流动方向。

3. 蒸发冷却系统在应用中的一些问题

在设计和应用蒸发冷却系统时，要注意蒸发冷却系统的如下问题：

（1）液位波动较大，系统工作不够稳定；

（2）回水不太畅通；

（3）有漏水和漏气的现象。

在蒸发冷却过程中，阳极壁温和液体饱和温度之间的温差直接影响了沸腾状态，而不同的沸腾状态对于传热系数影响是非常明显的。

当温差$\Delta t<8℃$时，水并不沸腾，换热主要靠自然对流；只有当温差为$8℃<\Delta t<25℃$，气泡形成和运动加剧且放热系数剧增时，水才能达到稳定的沸腾状态（也称为末态沸腾），这是蒸发冷却的理想工作区；当$\Delta t>25℃$后，因气泡产生速度过快，将在导热面上形成一层蒸汽点，把液体和加热面隔开，使传热系数值下降，所以这一阶段称为膜态沸腾，也是不好的状态。

蒸发冷却系统是一个动态系统，影响沸腾的因素还有很多，如压力影响、加热面结垢的影响等。均压管虽有维持水箱和蒸发锅之间的压力平衡的作用，但进入水箱的蒸汽量还会直接影响水温，影响工作稳定时的平衡点，从而影响蒸发水量和沸腾状态，因此应认真对待。

笔者设计蒸发冷却系统是按照最大功耗和最恶劣环境（+55℃）设计的，当系统不是满负荷工作时，蒸发水量将大大减少，环境温度的改变也是非常大的，这时冷凝器出水口的温度也将发生很大的变化，回水压力和蒸汽速度都将改变，此时，微波功率管阳极与液体的温差也将改变，沸腾状态也随之改变，如何控制这些因素，需要进一步探讨。

10.2　电磁兼容设计

随着电子技术的迅猛发展，电子设备越来越多。电子设备的增多一方面使电磁辐射源增多和增强；另一方面，电子线路的工作电压不断降低，敏感度不断提高，从而引起抗扰度的降低。这种环境直接使电子设备的正常工作和人们的日常生活受电磁干扰的影响日趋严重，尤其是电磁脉冲武器的出现和使用，进一步加剧了电磁干扰对电子设备和人们生活的影响和危害。为了使电子设备能在这种环境里安全、可靠地工作，必须加强电子设备的电磁兼容性设计。在做好电磁兼容设计的基础上，还应把电磁脉冲防护纳入电子设备的设计之中。

10.2.1　概述

雷达发射机是一个产生大功率发射信号的装置，雷达发射机的电磁兼容设计既重要又困难，必须精心设计，以保证雷达发射机本身能正常工作。同时，又不对其他设备产生不应有的干扰。

要做好电磁兼容设计，必须根据电磁干扰的种类、特性、传播途径和耦合方式等情况，采取相应的抗干扰措施。

10.2.2　电磁干扰源的种类

电磁干扰源的分类方法虽有很多种，但可概括为自然干扰源和人为干扰源两大类。

在雷达发射机中，电磁兼容设计的重点应放在抑制雷达发射机本身产生的干扰上。

1. 自然干扰源

自然干扰源根据其起因和性质的不同，可分为电子噪声、天电噪声、地球外噪声及沉积静电等其他自然噪声四类。

1）电子噪声

电子噪声主要来源于电子设备内的元器件，是决定接收机噪声系数的重要因素。常见的电子噪声包括热噪声、散弹噪声、分配噪声、$1/f$ 噪声和天线噪声等。热噪声的频谱很宽，其能量随温度升高而增大，当绝对温度为零时，其热噪声为零；散弹噪声也是一种频谱很宽的噪声，它存在于遵循泊松统计分布的任何粒子流过程中；分配噪声是由电子器件各电极电流分配的随机起伏形成的；$1/f$ 噪声是由低频晶体管的输出功率随频率成反比变化而产生的；天线噪声则是由天线周围介质微粒的热运动状态所产生的一种电磁波。

2）天电噪声

天电噪声主要是由雷电产生的，它是一种频率在 30MHz 以下、对无线电通信影响很大的无线电强干扰源。地球上平均每秒约有 100 次的雷击，常伤及生物和毁坏设备，其电磁干扰很强，能传播很远。此外，空间的大量带电粒子在风暴的作用下也会产生天电噪声。

3）地球外噪声

地球外噪声是来自地球外层空间的噪声，它主要包括太阳、天空背景辐射和分布在银河系的宇宙源，其中频率大约在 150～200MHz 范围内的银河系辐射最强。在静止期内，太阳辐射的太阳噪声能覆盖整个无线电频段；在活动期内，太阳辐射能量比静止期大 60dB 以上，太阳核子辐射的频率甚至高于 30GHz。

4）沉积静电等其他自然噪声

沉积静电是由飞行器在飞行时，其表面与空气摩擦所产生的静电积累。高压静电会使空气电晕或辉光放电，其噪声频谱分布可覆盖从几赫兹至数吉赫兹的频率范围。

2. 人为干扰源

人为干扰源是人为因素所造成的各种电磁干扰。这种干扰可分为无线电干扰和非无线电干扰两大类。其典型例子有连续波干扰源、瞬态干扰源和非线性现象所产生的干扰源。

1）连续波干扰源

连续波干扰源产生的电磁干扰主要是纯的或由窄带信号调制的正弦波，以及高重复频率的周期性信号。它包括发射机、本机振荡器产生的连续波干扰源和交流声干扰源。

（1）发射机产生的连续波干扰源。广播、通信和电视发射机所产生的连续波电磁干扰包括有意发射信号和乱真发射信号。有意发射信号的带宽是由有用信号特性及所用调制方法决定的；乱真发射信号是有用信号带外的发射信号，它包括谐波、各种寄生振荡和它们之间的互调产物。这些发射信号可以由天线的主瓣或副瓣向外发射，也可通过发射机的壳体、天线馈线和电源线进行辐射，甚至壳体的缝隙、孔洞、输入/输出连接器等的泄漏也可进行辐射。

（2）本机振荡器产生的连续波干扰源。接收机本振、各种频率源、计算机和各种控制电路都是产生基波信号及乱真信号的发射源，它们也可通过相应的耦合方式耦合到敏感电路上成为干扰源。

（3）交流声干扰源。交流声是由电源频率及谐波、同步脉冲、扫描线搜索信号、时标频率等产生的连续波干扰源。这些信号常以低电平进入，随后逐段被放大。尤其是发射机中的大功率变压器、电感器或导线，其附近的交变磁场会在电路中感应出噪声电压，调制在有用信号上形成交流声。

2）瞬态干扰源

瞬态干扰源是由各种电子设备启动、状态转换、高压电晕或打火等原因形成的干扰源。核爆、电磁脉冲弹或微波弹也会产生强大的冲击脉冲干扰源。这种干扰源具有尖峰高、脉冲较窄、下降速度较快等特点，既有宽频带的辐射（0.5～150MHz，微波弹可产生上百吉赫兹的辐射干扰信号），也会产生很强的电场和磁场。

脉冲雷达发射机产生干扰发射的环节较多，其干扰信号的幅度较大，频谱很宽。要做好电磁干扰抑制，首先应减小这些干扰信号的强度，然后再通过减小耦合和敏感电路的灵敏度等多种措施，才可以使发射系统达到电磁兼容（EMC）设计的目的。雷达发射机产生干扰信号的地方大致包括如下三方面：

（1）雷达发射机中的大功率脉冲调制器、开关电源是强流脉冲工作方式。在脉冲前、后沿期间，由于分布电感和分布电容的存在，必然会产生瞬变充/放电过程，从而对附近的电子电路构成严重干扰。

（2）各种大功率开关，如交流接触器触点、继电器触点、脉冲电子开关、火花隙、尖端放电和各种控制开关等，在接通或断开电感电容负载时，都会产生很强的瞬态干扰信号。

（3）微波功率管、微波功率组件、射频传输系统和检测装置的屏蔽效果并非理想时，其微波泄漏是不可避免的。在不同的器件类型及其不同的系统组成中，泄漏信号的频谱和幅值是各不相同的。

① 正交场微波功率管的阴极被射频腔所包围，且处于数十千伏的高电位上，为了高压绝缘，常用绝缘陶瓷支撑着阴极引线，因而阴极与阳极间的距离较大，使得高频腔的射频能量可能通过阴极引线向外辐射，其强度大约为主信号强度的-60dB 以上。

② 为方便测试收集极电流，线性注微波功率管的收集极与管体是隔开的，特别是具有降压收集极的行波管，由于收集极处于高电位上，其绝缘距离较长，因而成为形成该类微波功率管微波泄漏的主要地方。而线性注微波功率管的阴极是在电子枪中，处于微波功率的输入区，功率较小，因此微波泄漏也相对较小。

③ 固态微波功率组件是靠盒体进行屏蔽的，其接缝、输入/输出接头、指示灯、开关等处都有可能泄漏微波。

④ 传输线中的波导和微波元器件的连接处、同轴电缆的外层金属网套也都是引起微波泄漏的地方。

⑤ 微波检测装置的信号采集口也容易引起微波泄漏。

⑥ 雷达发射机所用微波功率放大器多属脉冲调制的 C 类放大器，存在非线性问题，除主频信号外，还容易产生谐波和杂散信号输出。这些信号极易通过上述渠道泄漏出来。

⑦ 高速电子打在微波功率管的收集极、阳极或管体上，会产生 X 射线。当加速电压在 30kV 以上时，其强度较大。

3）非线性现象所产生的干扰源

非线性现象广泛存在于C类放大器中，而雷达发射机多属于C类放大器，这类放大器的非线性现象尤其明显。非线性现象所产生的干扰源是大量的乱真信号，如谐波和寄生振荡。

像铁磁元件的非线性现象，会使电感量发生突变，因而会引起感应电动势突变，并与其相关电路中的分布参数（引线电感和分布电容）构成振荡输出。

10.2.3 电磁干扰的耦合途径

各种电磁干扰源与敏感设备之间的耦合途径主要有传导耦合、共阻抗耦合、感应耦合和辐射耦合四种。

1. 传导耦合

传导耦合是干扰源与敏感设备之间的主要耦合途径之一，它可通过电源线、信号线、互连线和接地导体进行耦合。

当工作频率较低时，电源线、接地导体、电缆屏蔽层等呈现低阻抗。低频电流流经这些导体时，压降很小，因此低频噪声较容易传播到敏感电路上形成干扰。当工作频率较高时，因导体的电感和分布电容不能忽略，其电抗将随频率而变化（感抗随频率升高而增大，容抗则随频率升高而降低）。在无线电频率范围内，长电缆的干扰传播应按传输线特性来考虑，而不应按集总电路元件来考虑。根据传输线特性，当导体长度与 $\lambda/4$ 可以比拟时，其特性阻抗为 $\sqrt{L/C}$ 。而端接阻抗与该导体特性阻抗相等就不会产生反射信号，实际上这是难以完全匹配的，因而有反射和存在驻波，驻波现象即对干扰源起着耦合作用。

解决传导耦合的办法是适当进行屏蔽和将导线分离，以防止导体感应噪声，在干扰源进入敏感电路之前，采用滤波的方法将干扰信号滤除。

2. 共阻抗耦合

共阻抗耦合是两个以上不同电路的电流共同流经一个公共阻抗所产生的。这种情况下的电源线和地线常流过多个不同电路的电流，在其上产生的压降将耦合到各个电路中。

不同的接地方式，其共地阻抗的干扰耦合是不同的。常见的有并联共地法和串联共地法两种。其中并联电路共阻抗耦合如图 10.8 所示，串联电路共阻抗耦合如图 10.9 所示。

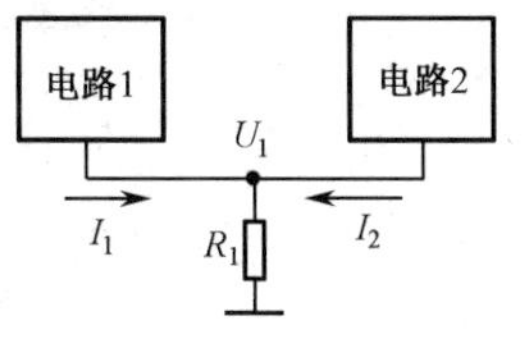

图 10.8　并联电路共阻抗耦合

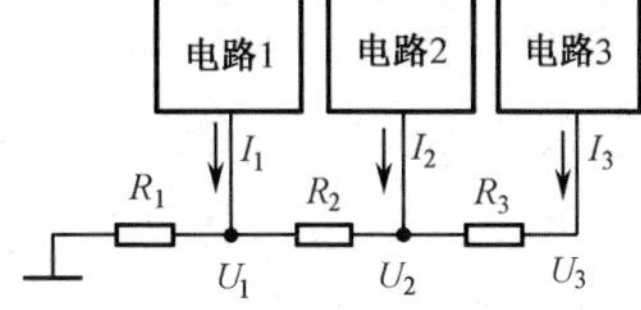

图 10.9　串联电路共阻抗耦合

在图 10.8 中，共地阻抗耦合到电路 1 和电路 2 的干扰电压均为 $U_1=(I_1+I_2)R_1$；在图 10.9 中，对电路 1 的干扰电压为 $U_1=(I_1+I_2+I_3)R_1$；对电路 2 的干扰电压为 $U_2=(I_1+I_2+I_3)R_1+(I_2+I_3)R_2=U_1+(I_2+I_3)R_2$；对电路 3 的干扰电压为 $U_3=(I_1+I_2+I_3)R_1+(I_2+I_3)R_2+I_3R_3=U_2+I_3R_3$。

上述公式表明，任意一个电路中的电流变化都会耦合到其他几个电路中去，电路越多，其影响面就越大，电流变化越大，则影响越大。

共电源线的共阻抗耦合与共地阻抗耦合类似，同一电源供应多个电路时，若其中某一电路的电流变化，共用该电源的其余电路都要受到影响，电流变化越大，其影响越大。

3. 感应耦合

感应耦合是导体之间、部件（变压器、继电器和电感器）之间和部件与导体之间的一种主要干扰耦合方式。这种耦合方式可分为电感应（容性）耦合和磁感应（感性）耦合两种。

1）电感应（容性）耦合

若两根导线之间存在分布电容，当其中一根导线上的电压通过电容耦合到另一根导线上时，就会对该导线所连的敏感电路形成干扰，如图 10.10 所示，其干扰电压与源的电压 U_1、频率 f、两导线间的电容 C_{12} 和电路阻抗 R 有关。

当 $R \ll 1/[j2\pi f(C_{12}+C_{2g})]$ 时，在电路 2 上产生的干扰电压为

$$U_{\mathrm{n}} = \mathrm{j}2\pi fRC_{12}U_1 = RI_{\mathrm{n}}$$

$$U_{\mathrm{n}} = \frac{\mathrm{j}2\pi f[C_{12}/(C_{12}+C_{2\mathrm{g}})]}{\mathrm{j}2\pi f + 1/(C_{12}+C_{2\mathrm{g}})}U_1 \tag{10.33}$$

相当于产生了一个幅度为$I_{\mathrm{n}} = \mathrm{j}2\pi fC_{12}V_1$的电流源。

减小容性耦合的办法是减小两根导线间的耦合电容C_{12}和敏感电路的输入电阻R。减小C_{12}可通过改变导线方向、加屏蔽和隔离措施来实现。

如果敏感电路的输入电阻R远大于C_{12}的容抗，即$R \gg 1/[\mathrm{j}2\pi f(C_{12}+C_{2\mathrm{g}})]$，则$C_{12}$和$C_{2\mathrm{g}}$成了电容分压器，此时与干扰源的频率$f$无关。

2）磁感应（感性）耦合

源电路通过电流产生的磁通与另一敏感电路进行交连，结果在敏感电路中产生磁感应耦合。感应电流是源电流、频率、导体几何形状和电路阻抗的函数。

如图 10.11 所示的电路中，当电流I_1在电路 1 中流动时，在电路 2 中产生磁通ϕ_{12}，两电路间的互感表达为

$$M_{12} = \phi_{12} \div I_1$$

磁通密度为B_{T}的磁场是电流I在面积为A的闭合电路中所引起的。

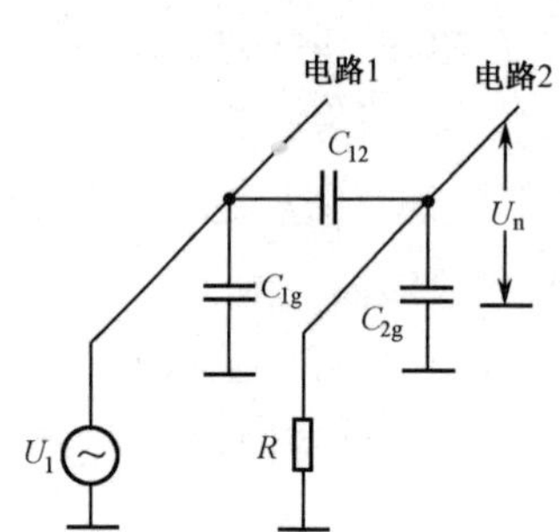

图 10.10　两导线间的容性耦合

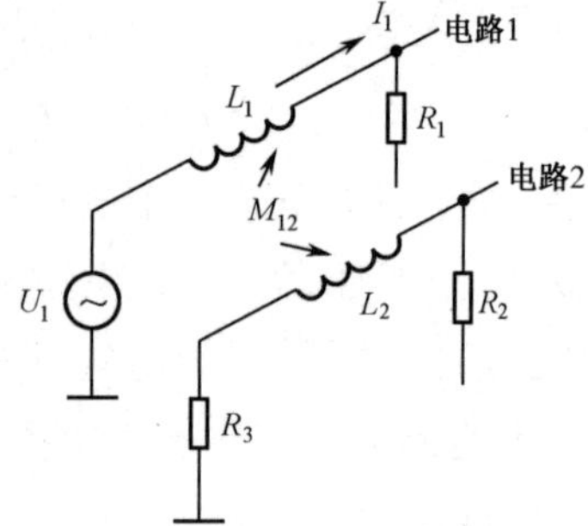

图 10.11　两电路的磁感应耦合

感应电压可由法拉第定律导出。当闭合电路是固定的，且环路面积A恒定时，其敏感电路的总磁通ϕ_{12}随时间按余弦变化，即$\phi_{12} = B_{\mathrm{T}}A\cos\theta$，该磁通在闭环电路中的感应电压为

$$U_{\mathrm{n}} = -\frac{\mathrm{d}}{\mathrm{d}t}\int_A B_{\mathrm{T}}\,\mathrm{d}A = \mathrm{j}\omega M_{12}I_1 = M_{12}\frac{\mathrm{d}I_1}{\mathrm{d}t} \tag{10.34}$$

减小磁感应的方法是减小磁通密度B_{T}和环路面积A或两电路间的夹角θ。

4. 辐射耦合

辐射电磁波可通过具有短单极天线（小于$\lambda/4$）作用的导线和电缆向外辐

射，其辐射耦合的途径可包括天线与天线、天线与电缆、天线与机壳、机壳与电缆、机壳与机壳、电缆与电缆等多种形式。根据它们之间的距离，其辐射耦合可分为近场耦合和远场耦合。对于不同的耦合场，其单极天线和小环形天线的麦克斯韦方程是不同的。

1）单极天线的近场和远场方程

单极天线的近场和远场方程分别如下。

（1）单极天线的近场（距离 r 远小于波长 λ 时）麦克斯韦方程可近似表示为下列方程组

$$\begin{cases} H_\varphi \approx \dfrac{I\mathrm{d}l}{4\pi r^2}\sin\theta \mathrm{e}^{-\mathrm{j}kr} \\ E_r \approx -\mathrm{j}\dfrac{I\mathrm{d}l}{2\pi\omega\varepsilon_0 r^3}\cos\theta \mathrm{e}^{-\mathrm{j}kr} \\ E_\theta \approx -\mathrm{j}\dfrac{I\mathrm{d}l}{4\pi\omega\varepsilon_0 r^3}\sin\theta \mathrm{e}^{-\mathrm{j}kr} \end{cases} \tag{10.35}$$

式（10.35）中，φ、r、θ 为球坐标参量，I 为天线电流，$\mathrm{d}l$ 为短单极天线长度，r 为天线距场点的距离，ω 为角频率，$\varepsilon_0 = 8.85\times10^{-12}$（F/m）为空气介电常数。

从式（10.35）中可看出，H 与 $1/r^2$ 成正比，E 与 $1/r^3$ 成正比，其波阻抗可表示为

$$|Z| = \left|\frac{E}{H}\right| = \left|-\mathrm{j}Z_0\frac{\lambda}{2\pi r}\right| \gg Z_0$$

$$Z_0 = \sqrt{\frac{\mu_0}{\varepsilon_0}} = 377(\Omega)$$

式中，Z_0 为自由空间波阻抗，$\mu_0 = 4\pi\times10^7$ 为空气的相对磁导率。

上式表明近场时单极短天线为容性高阻抗天线。

（2）单极天线的远场（距离 r 远大于波长 λ 时）麦克斯韦方程可近似表示为

$$\begin{cases} H_\varphi \approx \mathrm{j}\dfrac{I\mathrm{d}l}{4\lambda r}\sin\theta \mathrm{e}^{-\mathrm{j}kr} \\ E_\theta \approx \mathrm{j}\dfrac{I\mathrm{d}lk}{2\pi r\omega\varepsilon_0}\cos\theta \mathrm{e}^{-\mathrm{j}kr} \end{cases} \tag{10.36}$$

式（10.36）中，$k = 2\pi/\lambda$。从式（10.35）中可以看出，E_θ 和 H_φ 都与 $1/r$ 成正比，而波阻抗为 $Z = E_\theta / H_\varphi = k/\omega\varepsilon_0 = Z_0$。

2）小环形天线的近场和远场方程

小环形天线与单极短天线的辐射场相类似，也可获得类似的计算公式。

（1）小环形天线近场情况下，E 与 $1/r^2$ 成正比，H 与 $1/r^3$ 成正比，经简单推

算，其波阻抗为感性低阻抗，即

$$Z=\frac{E}{H}=\mathrm{j}Z_0\times\frac{2\pi r}{\lambda}$$

近场波阻抗为

$$|Z|\ll Z_0$$

即近场时的小环形天线为感性低阻抗天线。

（2）小环形天线远场情况下，E 和 H 都与 $1/r$ 成正比，其波阻抗也是

$$Z_0=377\,(\Omega)$$

常见的耦合类型有以下六种：

① 通过电源线和变压器引起的耦合；

② 电源线（或信号线）对信号线的感应耦合；

③ 通过共阻抗或电缆耦合的地电流耦合；

④ 设备内部各电路间的感应场耦合；

⑤ 电源线的辐射耦合到接收天线上；

⑥ 无线电或雷达发射机的辐射耦合到设备、电缆或其他天线上。

以上形式的耦合类型可归纳为差模、共模和天线模三种辐射耦合方式。其形成方式如图 10.12 所示。

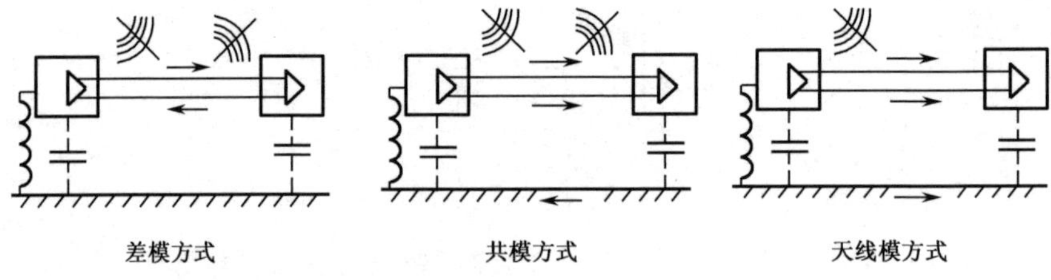

图 10.12　辐射耦合形成方式

10.2.4　雷达发射机的抗干扰设计

雷达发射机抗干扰设计技术主要从以下三个方面考虑：

（1）减小干扰信号的强度；

（2）减少干扰源与敏感电路之间的耦合；

（3）按最小敏感度要求设计敏感电路。

由于雷达发射机产生干扰的环节很多，所以应首先在产生干扰信号的地方采取抑制措施。抑制电磁干扰的具体方法可概括为地线设计、屏蔽设计、瞬态抑制与滤波设计三个方面。

1. 地线设计

前面讲的共地阻抗耦合是最重要的一条干扰途径，因此，地线设计是最有效而又廉价的解决电磁兼容性设计的方法。由于地阻抗的大小及两接地点间的电位差都直接影响到干扰源幅度的大小，所以减小其干扰幅度，就应减小其共地阻抗和两地间的电位差。

直流或低频的共地阻抗或两接地点间的电位差对敏感电路的影响，要远比高频信号或电流突变的影响小。因为频率越高或电流变化率越快，地线电抗越高，其影响越大。在同一频率下，地线越长，其电抗越大，且与地平面或机壳间构成一条传输线，并与被传信号产生谐振。为了避免出现谐振，其地线长度应小于 $\lambda/20$（λ 为最高频率的地电流信号的波长）。

为了消除两接地点间的电位差，通常采用悬浮地、单点接地、多点接地和混合接地四种接地形式，以减小不同频率信号的干扰。对于一个较大的系统，由于信号形式或电路形式较多，一般应采用多种接地方式，才能有效消除地电流的干扰。

（1）悬浮地有受雷击或漏电的威胁，适合于装在安全的笼子里（如法拉第笼），它与大地间有电位隔离问题。常用的地电位隔离法有光/电隔离法（用光/电耦合器或光纤隔离）、变压器隔离法（变压器线包间的电位隔离）、机电隔离法（继电器线包/触点间的电位隔离）、高阻隔离法（差分放大器的高阻输入/低阻输出间的隔离）四种。对于高电位（数千伏以上）的隔离常用光纤或变压器来实现。

（2）单点接地法适合于较近的多单元低频（低于 1MHz）电路的接地系统，将各单元的单点接地线并联，接到一个共同的参考地点上，以便使各单元间没有电位差。但是，如果当地线长度超过被传信号 1/4 波长时，其波阻抗和接地电阻都将增大，从而失去接地作用。

（3）多点接地法适合于高频（高于 10MHz）系统的接地方式。各高频单元间的地回路，宜采用大面积接地（最好采用大面积焊接），以减小共地阻抗和地线的趋肤效应。为此要求各高频单元的微带板、机壳和安装机架都应为良导体，以减小其接地电阻。分机与机架接触面积越大，其接触电阻越小。为了确保微波电路的微带板能与分机底板有效地大面积接触，最有效的方法是采用大面积焊接法。

（4）混合接地法适合于大系统。对于不同类型的电路单元宜采用不同的接地方式，然后将各类地的最佳参考点通过地线再连接到同一参考地电位点上，以形成统一的地回路系统。为了实现较好的混合接地，常采用“安全地（人能触及的机壳机箱）、模拟地（直流或低频地）、数字地（脉冲和高频地）”三地分开接地的方式。为了减小单元间的接地电阻，机柜内可采用三条面积较大的汇流条，各单元的三种地分别接在各自对应的汇流条上，然后分别引出机柜，再与机柜间的三条汇流条（其面积应更宽）对应相连，最后将各汇流条分别引线到同一参考地平面上。雷达发射机中常用的接地框图如图 10.13 所示。

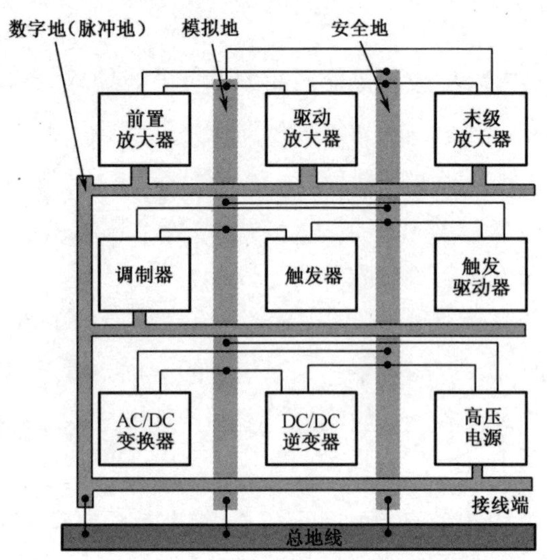

图 10.13　雷达发射机中常用的接地框图

在混合接地法中，机箱或机壳是离各电路最近的接地平面，对于高频信号的接地，可以通过一个 10～100nF 的无感电容器与机壳相接，以便使高频电流信号就近接地。为此要求机柜与各机箱或机壳间应具有良好的导电性能。

接地方式应尽量采用焊接，确实需要搭接的地方应按规范接牢，并应定期检查维护，排除锈蚀、污物或油漆，以保持接触良好。

使用屏蔽电缆或屏蔽双绞线时，在电场耦合的情况下，干扰源将通过屏蔽层与芯线间的分布电容耦合到芯线上，为了防止其耦合，屏蔽层应接地。但当干扰源频率较高，屏蔽电缆长度超过 1/4 波长时，因单端接地的屏蔽层会产生谐振，故应将屏蔽层的多处（其间距应小于 $\lambda/10$）接地，以减小干扰电场的影响。对于处在有磁场干扰的屏蔽电缆场合，当采用单端接地时，其屏蔽层上无电流通过，电流将通过地回路返回到干扰源中，因此屏蔽层不起作用，为了消除磁场的影响，其屏蔽层两端应同时接地，可是这样又将形成地环路问题。为了克服上述问题可采用双层屏蔽电缆予以解决，并将外屏蔽层两端接地，内屏蔽层单端接地。

2. 屏蔽设计

空间辐射的电磁波和敏感电路周围的交变磁场或交变电场，都能对敏感电路构成干扰。通过对敏感电路的屏蔽，可以减小其干扰。当然，也可通过对干扰源的屏蔽来削弱其干扰信号的辐射强度。就雷达发射机而言，能产生这种干扰源的地方较多，且其干扰信号的强度也较大，因此发射机中的屏蔽设计，既要对干扰源进行屏蔽，也要对敏感电路进行屏蔽，才能达到电磁兼容设计的要求。

对发射机中辐射干扰源的屏蔽主要集中在大功率射频振荡器（或放大器）和射频输能系统上。正像前面讲过的，正交场管的阴极与阳极间的缝隙、线性注管的收集极与管体间的缝隙、功率放大器组件盒体的孔洞、波导法兰和接头、同轴电缆和接头等处是常见的微波泄漏处，对这些地方都应采取堵漏的屏蔽措施。常用的堵漏屏蔽办法是用导电性很高的软金属薄膜或用具有绝缘特性的微波吸收材料包封泄漏微波的缝隙，同时对安装微波管的机箱或机柜再采取一次屏蔽处理，以提高其屏蔽效能。

电磁波在传播过程中，遇到金属物体时，一部分被反射，一部分被吸收，由此分别形成反射损耗和吸收损耗。因此，金属可作为电磁波的屏蔽材料。不同的金属材料对电磁波的屏蔽特性不同，不同频率的电磁波，遇到金属时的损耗特性也不相同。因此，设计屏蔽盒时应根据不同的频率来选择最佳的屏蔽材料，以获得最佳的屏蔽效能。金属屏蔽板的屏蔽效能为

$$\mathrm{SE} = A' + R' + B' \tag{10.37}$$

式（10.37）中，A' 为吸收损耗，R' 为反射损耗，B' 为反射修正项。

雷达发射机辐射的主要电磁波，其频率大都在数百兆赫兹以上，发射机内各敏感电路的屏蔽盒相对于厘米波频率而言，一般是远离辐射源的［符合 $d = \lambda / 2\pi < 1(\mathrm{m})$］，属远场，远场的反射损耗为

$$R' = 108.1 - 10\lg(\mu_\mathrm{r} f / \sigma_\mathrm{r}) \tag{10.38}$$

反射损耗 R' 取决于材料的相对导电率 σ_r，其屏蔽材料应选用反射损耗大的良导电材料（如银或铜镀银的导电率 $\sigma_\mathrm{r} = 1.064$，就属于良导电材料）。但是磁导率 μ_r 和频率 f 的增加，会造成导电率的下降（表面氧化），其反射损耗将会降低。

随着电磁波频率的升高，其吸收损耗 A' 也会增大，这可用下式进行估算：

$$A' = 20\lg \mathrm{e}^{\frac{t'}{\delta'}} = 8.68t' / \delta' = 0.131t' \times \sqrt{f \mu_\mathrm{r} \sigma_\mathrm{r}} \tag{10.39}$$

式（10.39）中，t' 为金属板厚度，δ' 为趋肤深度，f 为电磁波频率，μ_r 为金属板的相对磁导率，σ_r 为金属板的相对导电率。

经多次反射后还应加入一个反射修正项 B'，其计算公式为

$$B' = 20\lg\left[1-\left(\frac{Z_s - Z_w}{Z_s + Z_w}\right)\times 10^{-0.1A'} \times (\cos 0.23A' - \mathrm{j}\sin 0.23A')\right] \tag{10.40}$$

式（10.40）中，B' 为反射修正项，Z_s 为金属的波阻抗，Z_w 为空气的波阻抗，A' 为吸收损耗。

在功率转换系统中，因主要干扰源是低频（小于 1kHz）电场或磁场，所以屏蔽方法主要以磁屏蔽为主。变压器、电感器或强大电流引线，均应采用磁屏蔽罩或磁屏蔽套来屏蔽磁干扰（但要注意防止变压器出现磁路短路现象，变压器的屏蔽绕组层也可屏蔽线包间的干扰），并且将这些器件或导线安装在远离小信号线或敏感电路的地方，以减小其耦合。当磁场很强，使用一层高磁导率材料容易饱和时，应使用双层磁屏蔽。如果第一层用低磁导率材料不容易饱和，则在第二层使用高磁导率材料，便可获得良好的效果。

对于音频至微波范围（如超宽带电磁脉冲）的干扰源，因为既有磁场干扰源，也有电场干扰源，所以在对其进行屏蔽设计时，应综合考虑。其屏蔽盒体应采用在具有高磁导率材料的表面镀上一层高电导率材料（银或金）的方法，便可取得较好的屏蔽效能。

实际上任何一种屏蔽箱体总存在着接缝和孔洞，所以理想的屏蔽是做不到的。为了便于实现开盒检修、进出电缆或引线、通风散热、转换开关控制和完成工作状态及参数指示等功能，求得尽可能高的屏蔽效能，应对缝隙和孔洞采取进一步的屏蔽措施，其主要的方法有以下三种。

（1）采用导电衬垫堵住缝隙。

根据缝隙的不同形状、大小，采用不同的导电衬垫材料，如卷曲螺旋弹簧、卷曲螺旋屏蔽条、高性能屏蔽条、硅橡胶芯屏蔽衬垫、多重密封条、指形弹簧衬垫、金属编织网衬垫和导电橡胶衬垫等。

（2）采用截止波导式通风板。

根据不同风机的通风孔大小、不同的工作频率和不同的风速大小，选用普通型或高性能型具有蜂窝板的截止波导式通风板。

（3）操作器件的屏蔽及采取滤波措施。

根据不同的操作器件和不同的工作频率，进行屏蔽和选用滤波措施，如采用截止波导法或滤波法进行处理。

3. 瞬态抑制与滤波设计

有电流流通的电感负载在断开的瞬间，断开处会产生瞬态干扰；开关触点在接通或断开瞬间会产生火花放电，形成瞬态干扰；发动装置点火、天电脉冲、高压放电、静电放电等都会产生瞬态干扰。

在 110V/220V 电源线上，它们所产生的瞬态尖峰脉冲幅值在 100V 至数千伏之间，其频谱分布非常宽，很容易影响数字电路的正常工作。

电感负载电流突然截止时，其瞬变电压 U_L 为

$$U_L = -L\frac{\mathrm{d}I}{\mathrm{d}t} \tag{10.41}$$

U_L 正比于电感 L 和电流变化率 $\frac{\mathrm{d}I}{\mathrm{d}t}$。当电感量很大和电流变化率很快时，其瞬变电压是很高的。为了减小 U_L 应采用文献[3]中所列各种瞬态抑制电路。

触点开关间的火花会消耗一部分瞬变能量，但在未辉光放电之前的瞬变电压仍然会干扰敏感电路，应采用 RC 吸收电路来减小这种干扰电压；较长的电源线或信号线，其上的瞬态电流也会在长线上产生很高的瞬态尖峰电压，为了削弱其影响，对电源线上的干扰可采用电网滤波器滤除；信号线的输入/输出端口，除使用带滤波器的插头座外，还可采用如 RS485/RS422 这样的收/发器，它有消除±15kV 静电尖峰电压、抑制电磁干扰的能力。

抑制瞬变电压的方法，可根据不同的供电形式，参照文献[3]中所列各种瞬变抑制电路形式，把瞬态干扰电压降到最小。

除以上方式外，还要根据电磁环境和传输信号类型的不同，正确选择、安装和合理布线，使用各种类型的滤波器（电源滤波器、信号电缆滤波器、滤波连接器）；正确选择和使用各种电磁干扰抑制元件（各种铁氧体滤波材料）；正确选择和使用各种瞬态电压抑制器件（TVSD），如压敏电阻、齐纳二极管、固态闸流管和火花隙及触发管等，典型 TVSD 的特性参数如表 10.1 所示。

表 10.1　典型 TVSD 的特性参数

特性参数	器件名称				
	压敏电阻	齐纳二极管	固态闸流管	火花隙及触发管	充气闸流管
钳位电压范围	10V～5kV（AC）	5～400V（AC/DC）	800～1200V（DC）	近 20kV（DC）	近 50kV（DC）
钳位电压值	1～2 倍	1～1.5 倍	触发后为 0V	触发后为 0V	触发后约为 200V
峰值电流	100A/ms	50A/ms	1000A/ms	1～100kA/ms	1～100kA/ms
响应时间	10～15ns	＜1ns	10^2～10^5ns	10^3～10^4ns	10^3～10^4ns
每焦耳造价	低到中	低到中	较高	高	特高
体积	小/中	小	中/大	大	大
稳定性	易损	好	好	好	好
关断	自熄灭	自熄灭	需要恢复时间	需要恢复时间	需要恢复时间

布线设计也是很重要的环节，应予以高度重视。要根据传输信号的特性和干扰环境条件，正确选用各种导线或电缆，在强电磁干扰环境里，根据电磁干扰的不同特性，尽量选用双绞线、屏蔽双绞线、同轴电缆或屏蔽同轴电缆等有抑制电磁干扰能力的导线或电缆；走线时，应将设备的输入线与输出线分开、大信号线与小信号线分开、滤波器的输入线与输出线分开、屏蔽层与地线分开、高频电缆与视频电缆分开，以及将三种地线分开；屏蔽层应采用单端圆周（360°）方式接地，当屏蔽电缆较长（超过干扰信号$\lambda/4$）时，应分多段通过电容接地。

在微波和高速数字印制电路板的设计中，尤其要注意布线、元器件布局和装配设计，应尽量采用多层印制板，使地线和电源线的面积尽可能地大，并尽可能靠近；元器件尽量采用表面贴装元器件；信号线尽可能地短，缩小环路面积，使同一组信号线尽量靠近等措施，以减小辐射和耦合，提高电磁兼容的能力。

电磁兼容是一门涉及面很广的学科，具体设计时应参考《电磁兼容性工程设计手册》等书。

参考文献

[1] 邱成悌，赵谆殳，蒋全兴. 电子设备结构设计原理[M]. 南京：东南大学出版社，2001.

[2] 陈淑凤，马蔚宇，马晓庆. 电磁兼容设计[M]. 北京：北京邮电大学出版社，2001.

[3] 陈穷，等. 电磁兼容性工程设计手册[M]. 北京：国防工业出版社，1993.

第 11 章
第三代半导体全固态雷达发射机

本章主要介绍固态微波功率器件和全固态雷达发射机新技术的发展现状和工程应用，简述以 SiC 和 GaN 为代表的第三代固态微波功率器件特性、工作原理和实际应用。讨论了第三代半导体微波功率放大器和全固态雷达发射机的指标要求、方案选择、设计方法和特殊考虑。针对固态微波功率器件和全固态雷达发射机技术的新理论、新体制、新实践和雷达系统性能提升进行分析、归纳总结和发展展望。

11.1 概述

从 21 世纪初开始，第三代半导体材料和微波功率器件的水平不断发展进步，第三代半导体微波功率放大器和全固态发射机系统的性能也得到迅速提升，通过广泛的实际应用极大地促进了雷达系统技术和性能指标的发展进步。现代战争对雷达等电子系统与装备提出了越来越高的要求，雷达系统需要具有更强探测威力、更高探测精度和多目标跟踪能力，同时要求高功率雷达发射机具有长脉冲、宽脉冲和窄脉冲等复杂输出信号能力，并具有高功率、高机动、高集成、高效率和模块化、一体化等优良特性。

第一代半导体微波功率器件以 Si 双极型功率晶体管为典型代表，第二代半导体微波功率器件以 GaAs 场效应晶体管为典型代表，基于 Si 双极型功率晶体管和 GaAs 场效应晶体管的全固态雷达发射机为雷达系统性能提升和可靠性提高做出了巨大贡献，但是也面临着输出功率低、效率低和工作频率存在局限性等瓶颈问题。近年来，采用宽禁带半导体材料 SiC（碳化硅）、GaN 的第三代半导体微波功率器件取得了迅猛发展，宽禁带半导体材料具有击穿电场强度高、电子饱和速率高、介电常数小、热导率大、抗辐射能力强等特点，非常适合制作高功率、高效率、宽带、高温工作和抗辐射的微波功率器件。

第三代半导体全固态雷达发射机常用的微波功率器件主要有两类：一类是 SiC 器件，具有高临界电场、高热导率、抗辐射等特性，可以在高温、辐照等极端环境下应用；另一类是 GaN 器件，具有高功率密度、高效率、高工作频率、宽带宽等优点，也可以在高温、辐照等极端环境下应用。目前，SiC 作为微波功率器件的市场比重日益减小，仅在低频端（4GHz 以下）有部分工程应用。SiC 的重要贡献是作为 GaN 异质外延的衬底改善器件的散热特性，降低器件的结温。而目前最常用的第三代半导体微波功率器件是 AlGaN/GaN 异质结高电子迁移率晶体管，简称 GaN HEMT（High Electron Mobility Transistor，HEMT），从低频率的 UHF 波段直到毫米波波段都有货架产品投入工程应用，其中 P、L 和 S 波段微波输出功率可达数百瓦至千瓦以上，C 和 X 波段达到百瓦以上，Ku、Ka 和 W 波段可达数瓦至数十瓦。

第三代半导体微波功率放大器和全固态雷达发射机技术不断取得新的突破，主要表现在输出功率、工作带宽、全脉冲信号工作方式、效率、可靠性和环境适应性等方面。基于 GaN 的微波功率器件功率密度和工作电压的突破，微波功率放大器和全固态雷达发射机的输出功率和效率也具备了大幅提升的可能。同时，可以通过采用开关式和谐波控制式功率放大器技术，大幅提升输出功率和效率；采用工作点控制技术和脉冲调制技术实现全脉冲信号输出能力；采用数字化、在线监测、收/发前端、电磁兼容、高功率合成、结构-热控一体化等技术实现集中放大式高功率发射机和有源相控阵雷达发射机系统的成功研制。

11.2　第三代半导体微波功率器件

在半导体微波功率器件技术的发展历程中，以硅（Si）和锗（Ge）材料为主的第一代半导体材料和以砷化镓（GaAs）、磷化铟（InP）等化合物半导体材料为主的第二代半导体材料一直是微波功率器件所采用的主要半导体材料。这两代半导体微波功率器件是全固态雷达发射机的核心器件，起着举足轻重的作用。目前，由 Si 等材料制成的第一代半导体功率器件主要应用在 S 波段以下，脉冲输出功率可达百瓦至千瓦量级；由 GaAs 等材料制成的第二代半导体功率器件较第一代半导体功率器件在工作频率上有了很大的提高，可达到 100GHz 以上，输出功率在 C 波段和 X 波段可以达到几十瓦至百瓦。

随着半导体技术的发展进步，Si 微波功率器件性能虽然得到了显著的提升，并且已进入技术发展的平稳期，但主要性能已接近其材料特性固有的理论极限，尤其高温时，可能出现本征激发，器件会出现非正常工作状态，其性能的进一步提高将伴随着成本的急剧增加。GaAs 和 InP 等 Ⅲ-Ⅴ族化合物半导体具有载流子迁移率高的特点，使得半导体微波功率器件可以达到更高的工作频率、更宽工作带宽和更快的响应速度，特别是对 MMIC 的发展应用起着重要的作用。但是，这些半导体材料在制备中会出现一些缺陷，加之其热导率及临界击穿电场强度比较低，严重限制了其在高频、高温等极端条件下的应用。而航天、航空等领域又对可以工作在高温、高频、高速和极端环境下的器件提出了迫切需求，于是人们将越来越多的注意力投向基于宽禁带半导体材料的微波功率器件。

一般把禁带宽度室温下大于 2.0eV 的半导体材料归类为宽带隙半导体，又称为第三代半导体材料，代表材料有 SiC、GaN、金刚石、ZnO 等。第三代半导体材料具有很多优点，有些特性是其他半导体材料所不具备的，与 Si 和 GaAs 相比，GaN 和 SiC 的禁带宽度更宽、电子饱和速率更高，具有更好的耐压性以及更高的热导率，决定了其具有功率密度高、击穿电压高、工作温度高等优点。不同半导体材料特性比较如表 11.1 所示。

表 11.1　不同半导体材料特性比较

半导体材料特性	Si	GaAs	4H-SiC	InP	GaN
禁带宽度/eV	1.1	1.42	3.26	1.35	3.44
相对介电常数ε_r	11.8	13.1	10.0	10.8	9.0
电子饱和速率/（10^7cm/s）	1.0	1.0	2.0	2.3	2.5
击穿电场强度/（MV/cm）	0.3	0.4	3.0	0.5	3.3
热导率/[W/(cm·K)]	1.5	0.5	4.9	0.7	1.3
电子迁移率/[cm^2/(V·s)]	1500	6000	800	5400	1600

由于第三代半导体材料具有击穿电场高、热导率高、电子饱和速率高等极佳的抗辐射能力等优点，非常适合制作高温、高频和大功率电子器件。用这些材料做成的器件具有结温高（可达 600℃）、效率高（可高达 70%以上）、功率密度高（比 GaAs 提高 10 倍），以及高的击穿电压（可达 200V）等性能。第三代半导体微波功率放大器具有功率大、功耗低、工作频率高和带宽宽等特点，特别适合在航天、航空、雷达系统等武器装备中应用，其在恶劣环境下表现出的优良性能是前两代半导体微波功率器件所无法比拟的。尤其对于雷达发射机工程师而言，这些优良性能可降低功率放大器和发射机系统设计上的复杂性。

宽禁带半导体器件早期的发展一直受制于材料的提炼、制造及半导体制造工艺的制约，直到 20 世纪 90 年代，SiC 材料的提炼、制造技术及半导体制造工艺才有所突破，21 世纪初推出了基于 SiC 的肖特基二极管，性能全面优于硅基肖特基二极管，因而迅速在有关的电力电子装置中得到应用。GaN 半导体制造工艺自 20 世纪 90 年代开始也有所突破，先后在蓝宝石和硅等材料衬底的基础上实现了相应的器件。

SiC 的制造成本比 GaN 要高，在实际应用中受到一定限制，GaN 材料适合用于 HEMT，而 SiC 更适用于 MESFET（Metal-Semiconductor FET）。因为 HEMT 拥有高的电子迁移率和载流子浓度，其沟道电阻较低，电流密度较高。GaN HEMT 拥有高功率密度、高击穿电场强度等特性，GaN HEMT 功率放大器实现相同输出功率的器件尺寸更小，工作电压更高，从而达到更高的效率。以上优势使得 GaN HEMT 在微波功率器件领域中获得了广泛的关注和研究。

宽禁带半导体主要具有以下优点：

（1）由于宽禁带半导体材料具有宽的禁带宽度和很高的击穿电场强度，使得宽禁带半导体器件的工作电压和输出功率可以得到显著提高。

（2）宽禁带半导体材料具有高热导率、高化学稳定性等特点，使得宽禁带器件可以工作在更恶劣的环境下，因此将显著地提高系统的稳定性与可靠性。

（3）宽禁带半导体材料抗辐射能力非常好，在辐射环境下，宽禁带半导体器件对辐射的稳定性比 Si 半导体器件高 10～100 倍，是制造耐高温、抗辐射的大功率微波功率器件的优良材料。

（4）宽禁带半导体器件的工作结温高，在热设计和冷却保障条件存在一定的局限性的情况下也可以稳定工作。

宽禁带半导体材料中金刚石是性能最好的，也称之为理想的或最有前景的半导体材料。但目前阶段金刚石材料的获取及加工工艺均是相当困难的，实现基于金刚石材料的可以实用的微波功率器件的条件还不具备。

11.2.1　SiC 微波功率器件

高功率、高效率、高增益和高可靠性是微波功率器件性能指标的永恒追求。Si 微波功率器件受其半导体材料禁带宽度、击穿电场强度等固有特性的限制，很难在 S 波段输出连续波百瓦以上的功率和实现高效率。虽然 Si LDMOS、Si VDMOS 及 GaAs 器件波段不断发展进步，也显著提升了微波功率器件的性能指标，但离满足航天、航空等极端环境下的应用要求还存在比较大的差距。同时，具有较高迁移率的 GaAs 材料，一直存在着不容易形成稳定氧化层和热导率较低的问题，严重限制了其应用范围。但 SiC 材料与器件仍受到广泛关注，也是研究热点，其中 SiC MESFET 在理论上还是宽带高功率的理想器件。

1824 年，瑞典科学家在进行人工金刚石合成的过程中，观察到了 SiC 材料的存在，发现 SiC 材料可以利用冶炼技术来获取。实际上 SiC 材料的硬度仅比金刚石低一些。在 1907 年第一个 SiC 二极管诞生以前，SiC 主要是用来替代金刚石，进行研磨和切割材料的。1955 年以后，SiC 材料理论和制造技术取得了实质性的突破，当时 Si 材料正处于蓬勃发展时期，因此人们在一定程度上降低了对 SiC 材料的研究热情。20 世纪末期，CREE 公司首先利用生产线生产 SiC 基片，并形成规模商品化。经过 20 年的发展，当前 SiC 材料生长、外延工艺和器件制造技术都取得了快速发展，SiC 材料应用技术也不断走向成熟，发展成与 Si 材料同样重要的半导体材料，特别是在功率器件领域起到了不可替代的作用。

SiC 是元素周期表第Ⅳ主族元素中唯一的固态二元半导体化合物，是 Si、C 唯一的稳定化合物，SiC 物化性质具有一些独特之处，20℃时其硬度高达莫氏硬度

9.2～9.3，仅低于金刚石的硬度。SiC 在常温、常压下不融化，2300℃时才出现升华现象，常温下基本上不溶于任何溶剂，具有十分稳定的化学性能。SiC 更重要的特点是具有一些同素异构体，存在多种结晶形态，已经发现 200 余种同素异构晶态。到目前为止，SiC 的研究和应用主要集中在 3C、4H 和 6H 等结构，表 11.2 列出了这三种主要结构材料的基本性能参数。

表 11.2　SiC 材料的常见同素异构体性质比较

项目	3C-SiC	4H-SiC	6H-SiC
禁带宽度/eV	2.40	3.26	3.03
击穿电场强度/（MV/cm）	2.12	2.2	2.5
电子迁移率/（cm^2/（V・s））	800	900	400
热导率/（W/（cm・K））	3.2	4.9	4.9
电子饱和速率/（10^7cm/s）	2.5	2.0	2.0
电子热速度/（m/s）	2×10^5	1.9×10^5	1.5×10^5
热扩散率/（cm^2/s）	1.6	1.7	2.2

如表 11.2 所示，4H-SiC 相对于 3C-SiC、6H-SiC 具有更高的禁带宽度（3.26eV），高的禁带宽度是 SiC 器件具有高工作频率和高击穿电压的基本保证。高工作频率特性可以使器件实现优良的频率特性和高功率增益；高击穿电压特性可以使器件在高电压下稳定工作并实现高功率输出。4H-SiC 的电子饱和速率和电子迁移率相对更高一些，另外它的施主离化能较小，各向异性也较低，因此其综合性能更优越。这些都说明 4H-SiC 材料是 SiC 微波功率器件最理想的选择。

SiC 器件大都采用 MESFET 结构。1966 年，Mead 首次提出了 MESFET 器件结构，其工作机理是首先形成了栅极与重掺杂半导体层的肖特基接触，形成的肖特基势垒可避免少子效应。肖特基势垒使沟道层出现耗尽区，通过正向或反向栅压的作用，阻断或导通载流子由源极向漏极的流动，从而实现与 MOSFET 类似的开关特性。MESFET 与 MOSFET 的不同之处在于不存在栅极与沟道层之间的绝缘层，解决了因绝缘层产生的界面陷阱及热电子注入俘获的问题，使 MESFET 具有更高的可靠性与稳定性。同时，MESFET 不存在体材料与氧化层的界面问题，载流子迁移率可以更高，MESFET 具有的少子关断特性，使 MESFET 器件结构具有更高的工作频率特性。

多种不同的 MESFET 器件结构被人们发明并被用来不断提升器件性能，如图 11.1 所示是四种常用 SiC MESFET 的结构，包括图 11.1（a）传统结构，图 11.1（b）凹栅结构，图 11.1（c）凹沟结构，图 11.1（d）埋栅结构。它们的结构主要包括高纯度绝缘 SiC 衬底、P 型缓冲层、N 型沟道层等，而栅极（G）、源极（S）、漏极（D）通过溅射金属引出。栅极采用镍金属，功函数为 5.1eV，与沟道层形成肖特基接触，栅源电压控制肖特基势垒在沟道形成的耗尽区厚度，以实现器件的有效开启与关断。当栅源电压低于阈值电压时，沟道没有载流子流过，器件处于关断状态；当栅源电压高于阈值电压时，沟道电流随漏源电压的升高而增大直至饱和状态，此时栅源电压正比于器件导通电流。典型 4H-SiC MESFET I-V 特性曲线如图 11.2 所示。

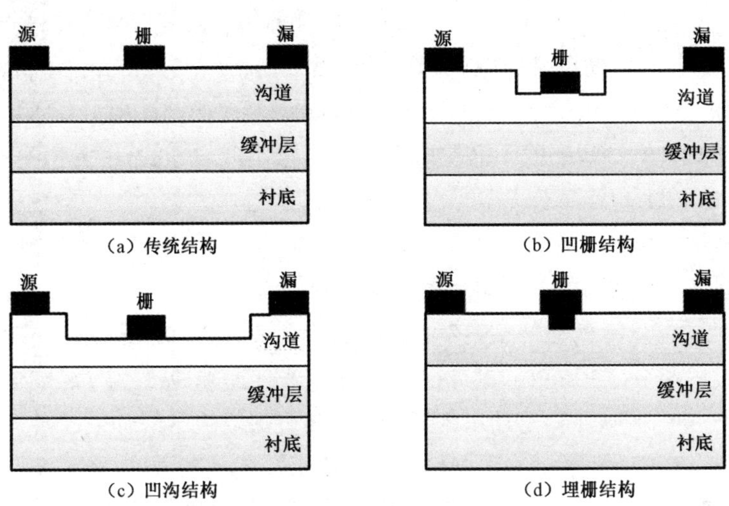

图 11.1　4 种常用 SiC MESFET 的结构

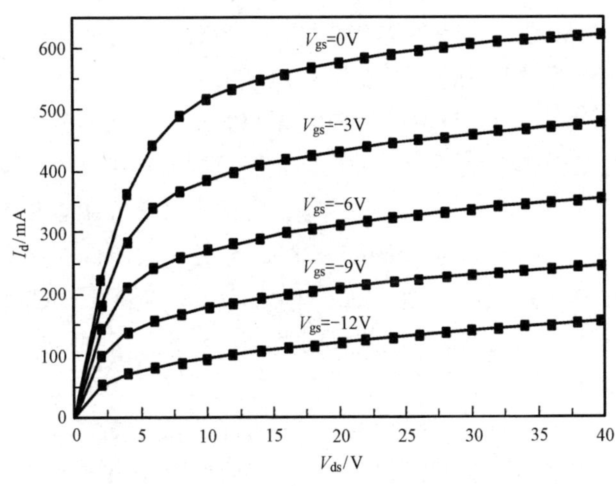

图 11.2　典型 4H-SiC MESFET I-V 特性曲线

这四种器件结构中，传统结构制备工艺最容易实现，凹沟结构刻蚀漂移层厚度相对比较薄，有利于提升器件的频率特性。

MESFET 器件的截止频率 f_t 由下式表示，即

$$f_t = \frac{g_m}{2\pi(C_{gs} + C_{gd})} \tag{11.1}$$

式（11.1）中，g_m 为等效跨导，C_{gs} 为栅源电容，C_{gd} 为栅漏电容。

4H-SiC MESFET 与以往的第一代和第二代半导体功率器件相比，具有以下优势：

（1）工作电压高，SiC 材料、器件的单晶质量和工艺制造水平不断进步，已有超过 100V 的器件，随着工作电压的提高，器件功率密度也得到显著提升。

（2）SiC MESFET 的输出阻抗比 Si 和 GaAs 器件的要高得多，实际应用时，只需要进行简单的预匹配或不需要内匹配就可以实现与 50Ω 阻抗相匹配，外匹配相对于 GaAs FET 也简单许多。

（3）阻抗匹配的简化，可以提高器件的通用性，特别是在进行宽带放大器设计时，可明显降低设计难度、缩小尺寸及降低成本。

美国 CREE 公司是 SiC 晶体生长、外延生长及器件研制的专业公司，其首先研制的 S 波段 SiC MESFET，其 48mm 大栅宽器件连续波输出功率为 80W，功率附加效率为 38%，脉冲输出功率为 120W。该公司建成了国际上首条 4 英寸 SiC MESFET 的 MMIC 标准工艺生产线，其研制生产的 SiC MESFET 产品，广泛地应用于雷达、通信及电子战系统中。美国西屋公司研制成功的 SiC MESFET，工作频率 10GHz 时增益为 8.5dB，效率为 45.5%，通过实际应用验证了 SiC MESFET 的性能和可靠性，美国最先进的战斗机 F22 也使用了 SiC MESFET MMIC。

近年来，SiC 和 GaN 等宽禁带半导体功率器件技术发展迅速，许多具有突破性的新产品不断涌现，越来越多的产品实现了大批量生产，SiC MESFET 已经在美国海军新一代预警机 E-2D 中大量应用。尽管如此，仍有许多技术挑战和客观因素制约了 SiC MESFET 的进一步发展，主要原因有以下几点：

（1）SiC 外延材料成本高。早期国际上只有几家公司具备 SiC 单晶片生产能力，如美国 CREE 公司、DowComing 公司、德国 SiCrystal 公司和日本制铁公司等。3 英寸 SiC 外延片曾经卖到 2000～3000 美元，4 英寸 SiC 外延片曾经卖到 5000 美元，而同期 4 英寸 Si 衬底圆片仅卖 7 美元。可以说 SiC 外延材料成本高的问题严重影响了民用半导体市场。

（2）工作频率低的问题。SiC MESFET 在工作频率高端器件中的应用远不及Ⅲ-Ⅴ族器件，如单指栅 SiC MESFET，其 f_t 为 14GHz，多指栅的 f_t 为 7～8GHz，而实际产品的工作频率一般仅为 1～3GHz。可以相信，未来在微波高频段，GaAs、InP、AlGaN、GaN 等半导体器件将是主要角色。

11.2.2 GaN 微波功率器件

固态发射机或相控阵雷达发射机系统最重要的组成部分是微波功率放大器，微波功率放大器最核心的器件是功率晶体管。以往微波功率放大器主要围绕Si材料和 GaAs 材料的器件来开展设计，但随着雷达系统的要求越来越高，受到材料本身物理特性的限制，它们已经不能完全满足雷达系统的要求。基于第三代半导体材料的 GaN 微波功率器件由于同时兼具高功率密度、高效率、高频率、宽频带等优点，因而逐步取代了第一代和第二代半导体功率器件而成为新一代雷达等电子系统的首选微波功率器件。

GaN 作为第三代半导体材料，禁带宽度分别是 GaAs 和 InP 的 2 倍、Si 的 3 倍，临界击穿场强相对于 GaAs、InP 和 Si 要高 10 倍左右，同时饱和电子迁移率也更高，耐高温特性也更优良。GaN 材料的禁带宽度和高热导率可以使其工作在更高的温度环境；高的击穿电压特性更适合于制作高压、大功率器件；高饱和电子迁移率有助于器件尺寸的缩小及器件频率特性的提高。此外，GaN 材料还具有优良的抗辐射稳定性。GaN 材料频率特性与 GaAs 几乎相近，但具有更高的电流密度，缘于 GaN 材料固有的压电效应和自发极化特性，因此其二维电子气浓度相对于 GaAs 要高 10 倍左右。GaN 材料这些特性决定了其在高频、高温和高功率等方面具有广泛的应用前景，也成为国际上新一代固态微波功率器件与材料研究的前沿热点。

GaN 是直接带隙半导体，与同为宽禁带半导体材料的 SiC 相比，击穿电场和饱和电子速度特性基本相似，GaN 材料一个独特的优势是可以与其他Ⅲ-Ⅴ族材料异质外延形成异质结。在这种异质结构界面可以形成高浓度、高迁移率的电子，更易于制作 HEMT，工作频段可以更高，而 SiC 材料只适合于 MESFET 的制作。

综上所述，以 GaN 材料制成的微波功率器件相对于 Si、SiGe、GaAs、InP 和 SiC 可以在更高的工作频率下输出更高的功率，是高频、高压、高温和大功率应用的首选材料。

近年来，GaN 材料和 GaN 器件越来越成为化合物半导体器件的研究重点，虽然 GaN 器件种类很多，但主要分为 FET 和 BJT 两大类。目前最主要的是异质结场效应晶体管（Heterostructure Field Effect Transistor，HFET），其中 HEMT 和赝配高电子迁移率半导体晶体管（pHEMT）是两种常用的结构。30 多年以来，HEMT 的性能在稳步提高，衍生出多种新型结构，在成本、制作难度、适用性和性能上不断寻求突破。目前，HEMT 已在微波功率放大器领域中，特别是 GaN HEMT 功率放大器，已经成为最有竞争力和最受市场欢迎的产品。

GaN 器件历经多年的研究，取得了许多重要的成果，而其中 AlGaN/GaN HEMT 一直是研究的重点。早在 1975 年，T. Mimura 就提出 AlGaN/GaN HEMT 器件的基础理论，即在 GaN 和 AlGaN 异质结构界面存在高迁移率的二维电子气（Two Dimensional Electron Gas，2DEG）；1992 年，Khan 初步验证了异质结构界面存在 2DEG，并通过试验获得了 AlGaN/GaN HEMT 异质结构；1993 年，Khan 首次研制成功了 AlGaN/GaN HEMT。据报道，器件沟道电子迁移率在温度 300K 时为 $563cm^2/(V\cdot s)$，微波特性 $f_t = 11GHz$，$f_{max} = 14GHz$。由于早期的工艺水平有限，HEMT 的频率响应都非常低。2000 年以后，AlGaN/GaN HEMT 工艺技术及理论研究已经发展到相对成熟阶段，通过工艺优化和创新器件结构使 AlGaN/GaN HEMT 的性能不断获得提升。

AlGaN/GaN HEMT 具有如下优点：

（1）更高的 2DEG 浓度。AlGaN/GaN 异质结具有独特的自发极化效应，2DEG 的浓度可以高达 $1\times10^{13}cm^{-2}$，同时势阱中的电子在空间上与施主杂质是分离的，所以电子迁移率提高得特别快，因此 AlGaN/GaN HEMT 表现出跨导大、饱和电流高和截止频率高等优势。

（2）更高的工作温度。GaN 材料的禁带宽可以在很宽的温度范围内，对自由载流子浓度进行准确的控制，以获得更高的工作温度。据相关文献报道，GaN HEMT 在绝对温度 1000K 时仍然具有良好的直流特性，此时可以考虑降低对冷却系统的要求，从而显著提高系统的效率，大幅降低体积和质量。

（3）更高的功率密度。GaN 材料热导率高、热容量大，击穿电场强度高。半导体材料临界击穿场强与能带隙的平方成正比，一般来说，GaN 材料临界击穿场强高于 4MV/cm，而 Si 为 0.2MV/cm，GaAs 为 0.4MV/cm。因此，可以说，GaN 材料的特性决定了 GaN HEMT 耐压高、电流密度大，可以输出更高功率。

（4）较薄的沟道层。其短沟道效应相对于 MESFET 器件比较不明显，更适合于毫米波器件纳米栅的制作。

AlGaN/GaN HEMT 剖面结构示意图如图 11.3 所示。

AlGaN/GaN HEMT 中的 AlGaN 相对于 GaN 是宽禁带材料（3.95eV），而 GaN 是窄带材料（3.4eV），AlGaN 的禁带宽度大于 GaN，两者正好形成异质结。

作为沟道层的 GaN 层能量相对要低一些，而作为势垒层的 AlGaN 层有多余的电子向禁带较低的 GaN 层扩散，电场在电子扩散的反方向上形成，当漂移电子与扩散电子达到平衡时，将会产生一个与 p-n 结相似的结构。位于无掺杂的 GaN 层上的电子，形成了 2DEG，仅可以在平行的方向上自由运动，但被限制于垂直于异质结方向上。HEMT 具有更高的电子迁移率。

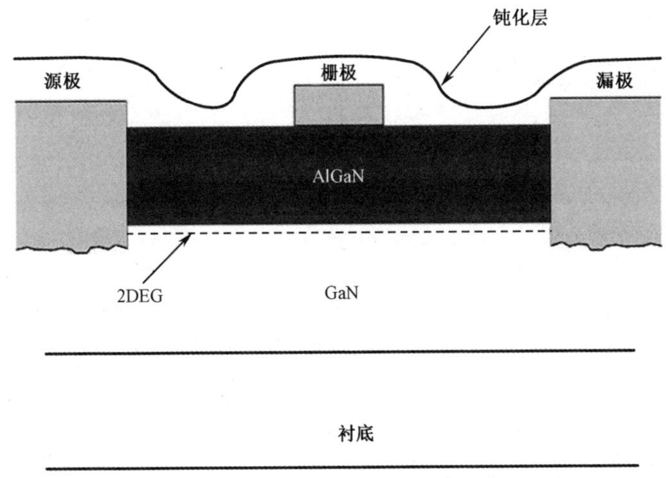

图 11.3　AlGaN/GaN HEMT 剖面结构示意图

GaN HEMT 固有特性决定了其 2DEG 的电子迁移率特别高，主要是因为 2DEG 与源散射杂质（即 AlGaN 层中的电离 Si 施主）在空间上是分离的。GaN HEMT 与 GaAs HEMT 的不同之处是它的异质结具有独特的自发极化效应。

AlGaN/GaN 异质结处 2DEG 的浓度可达到 $10^{13}cm^{-2}$。可以通过改变栅极偏压来调整耗尽层的厚度，进而控制异质结处 2DEG 的浓度，并最终决定 GaN HEMT 的工作点与输出电流。

AlGaN/GaN HEMT 器件工作时的偏压情况如图 11.4 所示，栅极加负压，漏极加正压，源极接地，通过改变偏压，实现器件的各种工作状态。

AlGaN/GaN 异质结在不加任何偏压时，沟道内依然存在高浓度的 2DEG，常规 AlGaN/GaN HEMT 器件是耗尽型器件，属于常开器件，这类器件具有负的阈值电压。当栅源电压小于阈值电压时，沟道内电子夹断，没有电流流动；当栅源电压大于阈值电压时，沟道内可移动的电子在漏源电压的作用下会形成电流，这种通过改变外加偏置来调制沟道载流子浓度和载流子漂移状态的器件称为电压控制性器件。

AlGaN/GaN HEMT 器件的 V-I 曲线如图 11.5 所示。

（1）截止区：当栅源电压小于阈值电压时，2DEG 将被耗尽，器件处于截止状态，输出电流 I_{ds} 约等于 0。

（2）线性区：当栅源电压大于阈值电压，且漏源电压 V_{ds} 较低时，沟道电场强度较低，器件的导通电阻近似保持不变；当 V_{ds} 增加时，漏源电流随漏源电压近似线性升高。

（3）饱和区：当栅源电压大于阈值电压，且 V_{ds} 值较高时，在沟道与漏极区域之间形成一段耗尽区，此时耗尽区的电子漂移速度达到了饱和速度，不再随电场继续增加，输出电流也不再变化。

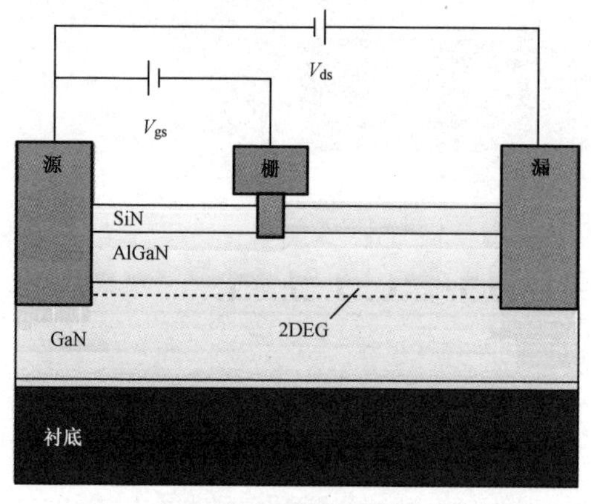

图 11.4　AlGaN/GaN HEMT 器件工作时的偏压情况

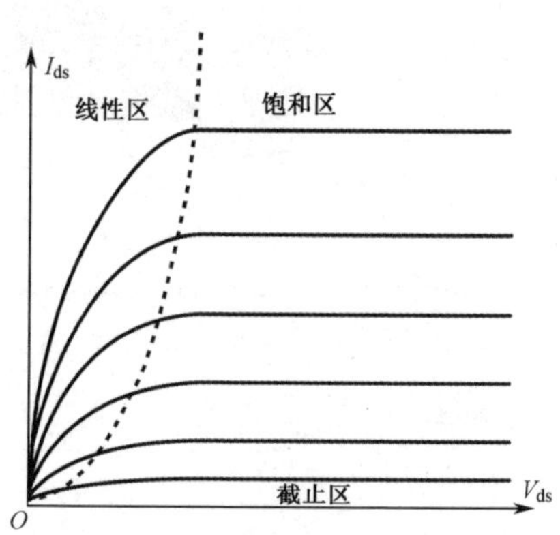

图 11.5　AlGaN/GaN HEMT 器件 V-I 曲线

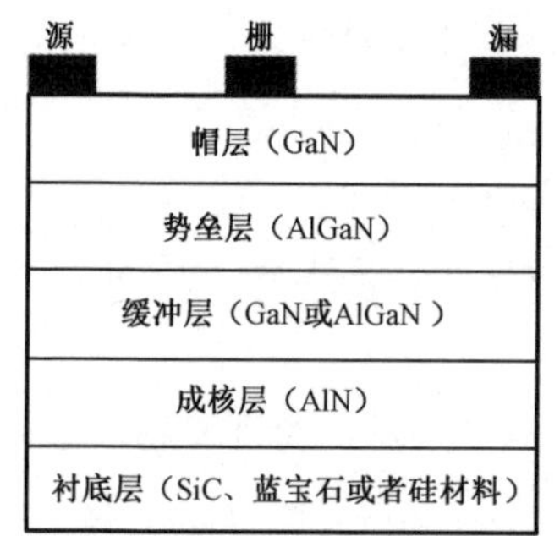

图 11.6　常规 AlGaN/GaN HEMT 器件的外延结构示意图

图 11.6 所示为常规 AlGaN/GaN HEMT 器件的外延结构示意图。自下而上依次为：衬底层（包括 SiC、蓝宝石或者硅材料）、成核层（AlN）、缓冲层（GaN 或 AlGaN）、势垒层（AlGaN）、帽层（GaN）。

从下往上各层材料及结构如下：

（1）衬底层。衬底材料的选择除主要考虑其与外延层良好的匹配与导热外，还需要考虑制作工艺及成本等多种因素。一般比较常用的衬底材料主要包括蓝宝石、Si 和 SiC 等，而 SiC 之所以成为目前为止应用最广泛的衬底材料，主要是因为其具有与 GaN 外延层良好匹配和导热的特性。如果考虑进一步提高衬底材料的导热性能，金刚石作为 GaN HEMT 衬底材料是不错的选择，采用金刚石衬底转移工艺和衬底材料直接生长外延层的 GaN HEMT，实际上也是一直以来的研究热点。

（2）成核层。成核层的作用主要是在以 Si 为衬底材料的器件中起着解决衬底与外延层晶格不匹配及外延层生长易发生断裂的问题，同时在改善缺陷、提升性能等方面也起着重要作用。图 11.6 中衬底若为 SiC 材料，则可以不需要成核层。

（3）缓冲层。GaN 缓冲层是衬底上生长的外延层，生长过程中一般都掺杂有背景杂质，并通过不同能级的掺杂改良其性质，GaN 缓冲层也起着形成 2DEG 的作用。

（4）势垒层。势垒层位于缓冲层的上面一层，其与缓冲层共同形成势阱，也起着限制 2DEG 的作用，其厚度一般为几十纳米。厚度过薄，可能引起栅极电流泄漏及电流崩塌效应；厚度过厚，可能增强栅极寄生效应，导致漏致势垒降低效应发生，从而对器件小信号特性产生影响，需要综合优化势垒层厚度。

（5）帽层。帽层位于势垒层的上面一层，起着降低栅极电流泄漏与电流崩塌效应、改善漏源极金属接触，以及提升器件击穿电压等重要作用。还可以通过表面沉积二氧化硅、氮化硅和钝化处理，进一步提升 GaN HEMT 沟道电子浓度和器件性能。

（6）电极区。为有效抑制栅极电流泄漏，通常采用高逸出功的镍/金或铂/金等合金材料作为栅极材料；为优化器件垂直方向的纵横比和减弱短沟道效应，可以采用凹栅或 T 型栅；为降低源极、漏极欧姆接触电阻，可以在相关接触区选用钛铝或钛/铝/钛/金等多层合金及使用 n 型重掺杂。

（7）场板结构。场板结构一般是由栅极或源极向漏极方向以金属形式延伸，场板结构可以显著提升 GaN HEMT 的功率密度和击穿电压，并对降低 GaN HEMT 的电流崩塌效应起着一定的作用。

衬底材料与异质外延 GaN 的晶体质量密切相关，衬底材料的结构特性、化学稳定性、电学性质、热稳定性等都可能影响 GaN 外延层的结晶取向、晶体质量、表面形貌、内应力和缺陷密度等。衬底材料参数选择的原则参照表 11.3。

表 11.3　不同衬底材料的各项参数（1K=–272.15℃）

名称	GaN	Si	Al_2O_3	γ-$LiAlO_2$	6H-SiC
晶体结构	纤锌矿	金刚石	纤锌矿	四方晶系	纤锌矿
晶格常数/nm	a=0.318 c=0.5182	0.5431	a=0.4758 c=1.2991	a=0.5169 c=0.6268	a=0.3081 c=1.5120
熔点/K	1770	1414	2315	1780	3100
机械强度	高	高	高	—	低
导电性	良好	良好	差	—	良好
解理程度	困难	困难	困难	容易	容易
热导率/[W/(cm・K)，室温]	2.0	1.56	0.35（c 轴）	—	4.9（a 轴）
热膨胀系数/（$10^{-6}K^{-1}$，室温）	3.1 3.5	2.57	5.9 6.3	—	2.9 2.9
晶格失配率	0	17%	16.1%	1.4%	3.5%

Al_2O_3 和 SiC 衬底具有较理想的晶体结构和表面形态，可以作为 GaN 外延层生长的主要衬底。Al_2O_3 与 GaN 之间的晶格失配虽然比 Si 材料要好一些，但是在

GaN 外延生长时也存在 $10^{10}/cm^2$ 的位错密度等严重缺陷。

Al_2O_3 与 GaN 的热膨胀系数比不同，会产生温度应力，应力与 GaN 外延层厚度正相关，最坏情况将导致 GaN 层开裂。同时，由于 Al_2O_3 热导率比较低，会限制器件的工作效率。特别是利用本身不导电的 Al_2O_3 制作器件时需要镀上电极，从而降低了可用面积。实际应用中需要在外延生长前，对衬底进行表面氮化和表面刻蚀等处理，以改善 Al_2O_3 衬底 GaN 外延层生长的质量。

SiC 材料衬底在 GaN 外延生长的过程中，比 Al_2O_3 具有较大的优势，其晶格失配率较低，热导率较高。同时，SiC 衬底具有导电性，可直接制作电极，使得器件结构得以简化。虽然 SiC 与 GaN 之间存在吸附力较差的问题，但 AlGaN 缓冲层可以解决此问题，而由于缓冲层的引入，加大了衬底与器件间的电阻，且因 SiC 与 GaN 的热膨胀系数不同，外延层将承受双向拉伸应力，可能影响外延层的质量。SiC 单晶衬底价格明显比 Al_2O_3 高出许多。

GaN 体单晶是外延生长 GaN 薄膜最好的衬底，这是因为同质外延生长不存在异质生长的问题，同时晶体的极性、掺杂浓度等更容易控制。需要解决的是 GaN 体单晶固有的高缺陷密度会扩展至 GaN 薄膜，形成大量位错，导致外延层开裂。

GaN、SiC、Al_2O_3 是高质量 GaN 外延层生长需要的衬底，目前 SiC 衬底生长工艺日益成熟，在 SiC 上生长缓冲层来生长 GaN 薄膜，是高性能器件的首选。

GaN 外延生长技术一般采用金属有机物化学气相淀积（Metal-organic Chemical Vapor Deposition，MOCVD）、分子束外延（Molecular Beam Epitaxy，MBE）和氢化物气相外延（Hydride Vapor Phase Epitaxy，HVPE）三种方法。

MOCVD 方法是最受重视、最早成功的方法。MOCVD 方法生长的 GaN 材料具有三个特点：①生长材料采用 NH_3 族化合物材料，与传统化合物半导体材料不同，它去除了砷烷和磷烷，降低了危险性；②采用 1000℃以上的高温环境生长材料，可以更好地保证高熔点 GaN 外延层的晶体质量；③生长周期短、一次性生产量大。MOCVD 方法的Ⅲ族源是Ⅲ族金属有机物，以 NH_3 作为 N 源，在 1000℃以上的高温环境生长Ⅲ族氮化物，NH_3 源难以裂解，同时容易与Ⅲ族金属有机物进行寄生反应，需要进一步优化生长设备和生长条件。

MBE 方法的 Ga 源是 Ga 分子束，N 源是 NH_3。MBE 方法的优点是 GaN 的生长可以在相对低温条件下，减少 N 原子挥发，进而控制本底 n 型载流子浓度。因为此方法外延生长的速率比较慢，所以使精确控制外延层厚度成为可能。

HVPE 方法是早期 GaN 外延生长的常用方法，HVPE 方法的外延生长速率很高，可达到 20～100μm/h。

近年来，GaN HEMT 大功率器件是国际上微波功率器件领域的主要研究热点，发展迅速，应用前景非常被看好。自 1993 年 M. A. Khan 等制作了第一个 GaN HEMT，经过多年的研究，解决了一些相关技术问题，产品性能得到了显著提升。目前，AlGaN/GaN HEMT 器件也早已经实现了商业化，各大厂商推出了自己的产品，2004 年日本的 Eudyna 公司首次发布了第一款 AlGaN/GaN 耗尽型微波晶体管，此后，各大公司都陆续推出各种系列的 GaN 基晶体管，从 P、L、S、C、X 波段一直到毫米波波段，最大输出功率达到数百瓦至千瓦以上。目前 CREE、Nitronex、Fujitsu、Eudyna、Toshiba 等公司的 GaN HEMT 微波功率器件已有许多商业化产品投入市场，除 Nitronex 公司的是基于 Si 基 GaN HEMT 外，其他厂家的基本上都是 SiC 衬底。表 11.4 所示为国际主要 GaN 微波功率器件各频段主要性能指标。

表 11.4　国际主要 GaN 功率器件各频段主要性能指标

公司名称	工作频率/GHz	输出功率/dBm（30dBm=1W）	增益/dB	效率/%	工作电压/V
RFMD	1.2～1.4	55.4	15	60	50
RFMD	2.8～3.4	54.5	12	52	50
RFMD	2.9～3.5	56	10	48	65
Mitsubishi	3.9～4.2	50	12	60	40
Mitsubishi	3.7～4.2	50	13	60	40
Mitsubishi	15	47.9	7	45	30
Fujitsu	4.8	55.4	—	53	60
Fujitsu	9.8	50	—	53	35
Toshiba	8.1	51	12	47.8	24
Toshiba	8.5～9.6	47	9	31	24
Toshiba	13～14	47	8	29	24

另外，2013 年报道了 SiC 衬底的 HEMT 器件，其 f_t 为 450GHz、f_{max} 为 580GHz，这是当时 HEMT 实现的最高频率特性。2018 年报道了 Si 衬底的 GaN HEMT 器件，其 f_t 为 250GHz，这是当时 Si 衬底上实现的最高频率特性。2017 年报道了 45nm 栅长的 GaN HEMT 器件，在 94GHz 工作频率，输出功率密度达到 6.5W/mm，效率为 14.4%。这是当时 W 波段 AlGaN/GaN HEMT 器件输出功率密度的最高水平。

纵观 GaN HEMT 微波功率器件的发展历程，表现为超高频、高效率和大功率三个主要特点。

未来 GaN HEMT 需要重点研究以下三个方面的问题。

（1）提升器件稳定性。

电流崩塌效应机理的研究。AlGaN/GaN HEMT 的电流崩塌效应会影响器件的工作稳定性，特别是器件高频工作时的效率将明显降低。电流崩塌效应机理及解决措施是基于一种虚栅模型进行研究的。

高温工作稳定性研究。AlGaN/GaN HEMT 的优点就是可在高温环境下正常工作，这对器件高温工作稳定性的研究很有意义。器件高温特性的研究重点主要是：高温环境下异质结材料的电子迁移率及电子面密度变化，欧姆接触及肖特基接触的高温稳定性。欧姆接触通过采用钼（Mo）作为阻挡层金属，而肖特基接触采用铼（Re）的办法都将对器件高温工作稳定性产生积极作用。

（2）提升功率密度。目前的相关理论及具体实践已证明高热导率衬底、表面钝化介质及场板技术是提升器件功率密度的关键技术，衬底材料的高热导率是器件热设计的基本出发点，介质表面钝化技术可以有效抑制电流崩塌效应，而场板技术可以优化电场分布以提升击穿电压。

（3）提升工作频率。理论上 GaN 材料的最高频率可达到太赫兹波段，对满足毫米波的应用不存在任何问题，但实际上目前的 GaN HEMT 毫米波器件的工作频率与理论值差距甚远，还需要在材料高质量生长、器件优化设计、工艺技术改进等多方面做出努力。

11.2.3 半导体微波功率器件发展展望

新一代雷达系统的发展对半导体微波功率器件的要求越来越高，不仅需要在更高的频率上提供更大的功率，而且对半导体微波功率器件的功耗、稳定性和可靠性等都提出了更高的要求，这些也是新一代雷达集成化、一体化等多功能系统的技术保障。新型高性能半导体微波功率器件将大力提升预警探测、情报侦察、火控制导等多功能一体化等雷达系统装备的能力，使雷达系统变得体积和质量更小、功耗更低、可靠性更高和环境及战场适应能力更强。

截至目前，Ka 波段以下 GaN HEMT 器件已经开始大规模应用，而更高频段、更大功率密度和更高效率的半导体微波功率器件及应用是主要发展方向和追逐的热点。

1. 新材料、新工艺、新器件

1）金刚石宽禁带半导体材料器件

金刚石宽禁带半导体材料具有高击穿场强、高热导率、高电子饱和速率和强抗辐射能力，非常适合制作高温、高频和高功率微波功率器件，符合预警探测等新一代雷达系统装备的应用需求，金刚石半导体微波功率器件可能是未来高性能电子系统的核心器件。

金刚石半导体微波功率器件成为继 GaN 半导体器件后新的研究热点，其对进一步提高系统输出功率和热可靠性具有显著优势。与 GaN 相比，金刚石材料的击穿电场强度要高出其 4 倍左右，热导率高出 10 倍以上，在微波功率器件领域有着巨大的应用前景，但是目前存在单晶面积小、掺杂困难和生产成本高等问题。

金刚石作为半导体材料具有以下六个方面的优势。

（1）禁带宽度宽。金刚石禁带宽度高达 5.5eV，比 Si 和 GaAs 宽得多，这决定了金刚石半导体微波功率器件可以在 70℃～1000℃的温度范围内稳定工作，同时具有良好的抗辐射能力，也可以显著提高金刚石基器件的雪崩击穿电压。

（2）热导率高。金刚石的热导率比 Si 和 GaAs 高数十倍，非常有利于器件的散热，可以更好地提高器件的最高工作温度。

（3）介质击穿场强高。金刚石的介质击穿电场强度很高，是 Si 的 20 倍、GaAs 的 40 倍，可以显著提高器件的功率承受能力。

（4）电子速度稳定。电子材料载流子的输运特性，即载流子的饱和速度和迁移率是相当重要的参数。图 11.7 给出了各种半导体材料的电子速度与电场强波的关系曲线。

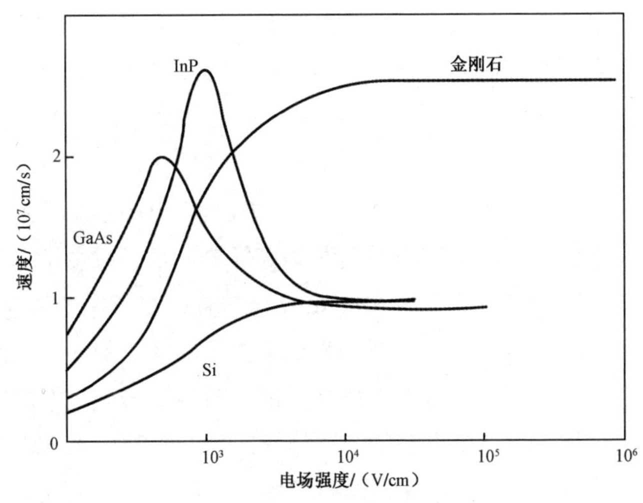

图 11.7　各种半导体材料的电子速度与电场强波的关系曲线

由图 11.7 可以看出，金刚石的载流子电子速度在电场强度升高时并不随之下降，其最大值达到 2.7×10^7cm/s，是 Si 的 2.7 倍，这对提高器件最高工作频率是极其有利的。

（5）介电常数低。金刚石材料的介电常数仅为 5.5，近似为 Si 和 GaAs 的一半，介电常数与器件阻抗参数直接相关，低介电常数有利于工作频率的提高。

（6）硬度和化学稳定性高。金刚石宽禁带半导体材料硬度和化学稳定性高的特性，对器件性能的提升十分有利。表 11.5 所示为金刚石、6H-SiC 等几种半导体材料特性及相对 Si 的比较。

表 11.5　几种半导体材料特性及相对 Si 的比较

特性	单位	GaAs		6H-SiC		金刚石		Si
		绝对值	相对 Si	绝对值	相对 Si	绝对值	相对 Si	绝对值
禁带宽度	eV	1.42	1.27	3.0	2.68	5.5	4.9	1.12
介电常数	F/m	12.9	1.09	10	0.85	5.5	0.47	11.8
电子迁移率	cm^2/（V·s）	8500	5.7	300	0.2	1900	1.27	1500
击穿电场强度	V/cm	$4×10^5$	1.08	$3×10^6$	8.1	$7×10^6$	18.9	$3.7×10^5$
热导率	W/（cm·K）	0.46	0.31	5	3.3	20	13.3	1.5

金刚石膜的合成方法一般主要有高温高压（High Pressure and High Temperature，HPHT）法和化学气相淀积（Chemical Vapor Deposition，CVD）法。

HPHT 法是一种在高温高压的情况下，使石墨粉末发生熔融、相变进而合成金刚石的方法，其基本原理是固体之间的结晶。石墨在自然环境下是稳定相，当温度和压力达到金刚石可以稳定存在的条件时，金刚石变成稳定相，即是金刚石膜形成的原理。合成金刚石的 HPHT 法广泛应用在工业生产领域，但此方法也有一定的缺陷性，如晶体尺寸有限、合成过程控制难度大、生产设备条件要求严格、压力控制稳定性差、杂质易引入，以及不能调控半导体掺杂等问题。

CVD 法生长金刚石薄膜，与 HPHT 法合成金刚石膜相比，具有掺杂可控、设备简单、可以大面积生长、金刚石膜质量高等优势，是合成金刚石薄膜方法的首选。微波等离子体化学气相淀积法（Microwave Plasma CVD，MPCVD）是所有的 CVD 方法中应用最广泛、质量最佳的方法。其重要的特点是通过微波形成的交变电场激发原料气体发生离化的 MPCVD 法，能够有效沉积金刚石膜的活性基团，可以较好地解决金属电极放电引起的杂质污染问题，同时 MPCVD 方法的气体放电区域既集中又稳定，可以有效提升金刚石膜的品质。

用目前方法合成的金刚石材料存在单晶面积小、掺杂困难及生产成本高等问题。通过 HPHT 法合成金刚石衬底，再进行同质外延生长而获取高品质单晶金刚石的方法使外延单晶金刚石的尺寸不可能足够大，未来研究的重点是突破获取高纯度、大尺寸及高质量单晶金刚石的关键技术。

含有杂质的天然金刚石具有 P 型导电性，采用离子注入法和 CVD 法在金刚石内部通过掺杂获得 P 型导电性的技术是一种成熟技术。

N 型天然金刚石是不存在的，N 型导电金刚石半导体材料是器件领域应用的瓶颈问题。实际中因为缺少合适的施主杂质，而杂质原子的电离活化能的增加与经掺杂的金刚石晶体的缺陷降低了载流子浓度，导致获得的 N 型金刚石材料导电性比较差，实际获得的 N 型掺杂金刚石薄膜的电阻率不满足制作器件的要求，因此金刚石场效应器件几乎所有都是采用 P 型金刚石，这些器件均为单极（P 型）器件。

金刚石半导体器件主要是基于氢终端金刚石 2DEG 制作 MESFET，金刚石薄膜表面通过氢等离子体处理形成表面导电沟道，产生浓度在 10^{12}～$10^{14}\mathrm{cm}^{-2}$ 的二维空穴气，进而制作 MESFET 器件。其中主要解决控制氢终端金刚石表面状态、界面特性的问题，深入研究和解决氢终端与金刚石半导体器件等相关稳定性问题。

氢终端金刚石 MESFET 目前最大振荡频率、截止频率分别达到了 120GHz 和 53GHz。金刚石材料固有的优势决定了其半导体器件也应该具有相对应的优良性能，但目前基于氢终端表面的金刚石 MESFET 还很难实现应有的高性能，距工程应用仍存在较大的差距。随着材料和器件的理论与工艺技术的不断进步，未来金刚石半导体器件应用前景将十分广阔。

2）其他宽禁带材料器件

ZnO 作为新一代宽禁带氧化物半导体，在能带构造、晶格特性及抗辐射特性等方面有其独特性。ZnO 宽禁带半导体的激子束缚能高、电子输运性佳、制作成本低等优点，将可能使其成为宽禁带半导体材料领域除 SiC、GaN 和金刚石外新的研究热点。

一直以来，ZnO 宽禁带半导体的材料制备与研究，主要是为了研制压电和气敏传感器等电子、光电子半导体器件，并不像 GaN 材料一样受到广泛的关注，主要原因与其不容易获得高结晶质量 ZnO 薄膜，以及它的高密度缺陷晶体 ZnO 在室温时存在紫外受激发射特性急遽猝灭问题等有关。

1997 年，Ohtomo 等人的研究工作改变了宽禁带半导体 ZnO 不受人们重视的局面，该研究小组采用激光分子束外延方法，利用蓝宝石衬底成功制备出高质量的 ZnO 结晶薄膜，并观察到薄膜室温条件下紫外受激发射现象。

通过深入开展 ZnO 单晶衬底、高质量结晶薄膜、ZnO 紫外发光、紫外探测性质、禁带调制及 P 型掺杂等一系列实验研究，研究人员认为 ZnO 可以在蓝光、紫光、近紫外等光电子器件研制中与 GaN 一样具有竞争力。

近年来的研究还发现，ZnO 比 Si、GaAs、CdS、GaN 等其他半导体材料具有更强的抗辐射能力，在未来可以应用于制作高速半导体器件和星用半导体器件。

ZnO 宽禁带半导体过往的研究以晶圆制造、薄膜外延生长、特性表征、异质结构及器件的试验研究等为主。ZnO 半导体材料的制作工艺、晶体缺陷等方面相比于大部分化合物半导体存在着明显的差别，进一步开展 ZnO 半导体的晶体缺陷及相关电学性质深入研究具有重要意义。

Ga_2O_3 宽禁带半导体材料比 SiC 和 GaN 具有更宽的禁带，其在高功率应用领域具有独特优势。Ga_2O_3 不是一种新的材料技术，许多年前已经有一些研究机构就对其在功率半导体领域的应用开展过研究，只是远不如 SiC 和 GaN 的应用面广。随着雷达等电子系统对高功率器件性能指标的要求越来越高，人们越来越认识到氧化镓材料的固有优势和应用前景。由于 Ga_2O_3 导电性能和发光特性比较优良，目前主要应用在制作光电子器件方面，如 Ga 基半导体材料的绝缘层及紫外线滤光片。

Ga_2O_3 的禁带宽度（4.9eV）超过了 SiC、GaN 和 Si 的禁带宽度，而半导体材料的禁带宽度可用来衡量电子进入导通状态所需的能量，由宽禁带半导体器件构成的功能模块及电子系统，远比由窄禁带半导体器件构成的功能模块及电子系统体积和质量更小，可以承受或输出更高的功率，制造出高耐压、低损耗及低成本的功率器件。另外，Ga_2O_3 宽禁带半导体材料及器件可以工作在更高的温度环境，从而降低对冷却系统的需求。

Ga_2O_3 宽禁带半导体材料有 α、β、γ、δ、ε 共五种结晶形态，尤以 β 结构最稳定，有关于 Ga_2O_3 材料结晶生长和性能的研究基本上都属 β 结构。单结晶 β-Ga_2O_3 材料具有较宽的禁带、很高的击穿电场强度，约为 8MV/cm，是 Si 的 20 多倍，比 SiC 或 GaN 高 2 倍以上。

β-Ga_2O_3 材料的优点是具有宽禁带，但是迁移率和热导率低，尤其是导热性能不好。还有采用 β-Ga_2O_3 制作单极功率器件时，其导通电阻比 SiC 或 GaN 的要低得多，其低导通电阻 β-Ga_2O_3 功率器件可以有效降低电源电路导通及开关时的损耗。

总的来说，禁带宽度大于硅、氮化镓和碳化硅的 Ga_2O_3 是一种新兴的功率半导体材料，尤其是应用到高功率领域的优势更加突出，但在目前认知的情况下，Ga_2O_3 暂时还不可能取代 SiC 和 GaN。

AlN 体单晶材料可以说是宽禁带半导体材料的一种典型代表材料，其具有最大的禁带宽度、超高的击穿场强和抗辐射能力，与金刚石、氧化镓一起被称为“超宽禁带”半导体材料，有时也称为第四代半导体材料。它是下一代超高压（20kV 以上）、超大功率 AlN 基电力电子器件、高温高压大功率高铝组分 AlGaN

微波功率器件等的核心基础材料。

2. 太赫兹固态器件

微波系统向高频段持续发展，特别是具有代表性的太赫兹电子信息系统，而新型半导体材料及新型器件技术也不断取得新的突破，其中由于 InP 材料具有高载流子迁移率、能带剪裁容易、生长工艺成熟等特性，所以目前的太赫兹单片集成电路（Tera Hertz MIC，TMIC）芯片普遍由 InP 基 HEMT 和 HBT 器件构成。HBT 与 HEMT 相比，开启电压较高、功耗较大，热可靠性问题相对突出，因此 InP HEMT 是 TMIC 芯片的发展重点。太赫兹固态器件的关键技术主要是缩小 HEMT 的栅长，提高最高振荡频率。

根据太赫兹雷达与通信系统的发展需求，美国重点开展了 InGaAs/InAlAs 太赫兹 InP HEMT 及 TMIC 技术的研究，最大振荡频率达到了 1THz，工作频率达到了 300GHz 以上。

太赫兹 InP HEMT 的研究重点包括以下方面：

（1）高 In 组分 InGaAs 沟道中高场载流子输运机理；

（2）纳米栅短沟道效应研究；

（3）太赫兹 InP HEMT 材料的结构设计；

（4）寄生参量对太赫兹 InP HEMT 器件直流和高频特性的影响。

太赫兹波段电磁波在大气中的衰减很快，传统器件的输出功率远远不能满足需求，而 GaN 具有较宽的带隙宽度、高击穿场强强度和高饱和电子漂移速度等特性。基于 GaN 的微波功率器件，可以输出大功率，在太赫兹波段输出的功率甚至比 GaAs 的高 2 个数量级，达到几百毫瓦以上，其负阻抗振荡频率可高达 750GHz，远高于 GaAs 微波功率器件。

总的来说，太赫兹固态器件相对成熟的器件是 GaAs 肖特基二极管，但它在太赫兹波段低端器件性能已接近于最佳值。未来太赫兹波段高端器件主要是解决工艺实现、腔体效应和单片集成等方面的问题；处于重点发展阶段的是 InP HEMT，需要进一步提升器件性能；处于起步阶段的是 GaN HEMT，重点集中在太赫兹固态器件高功率的应用方向。

3. 宽带毫米波 GaN 微波功率器件

未来雷达装备对更大输出功率、更宽工作带宽和更高工作效率及更强抗辐射能力的固态微波毫米波功率器件提出了越来越高的要求。

以往的超宽带、高功率各类电子装备普遍采用行波管放大器，但真空器件发射机系统固有的电源电压高、供电系统复杂、体积大、可靠性低、维护成本高等缺点给电子装备带来了许多问题。因此，采用固态半导体器件特别是 GaN 微波功率器件（GaN HEMT）实现宽带毫米波放大器成为重要发展方向，特别在较低功率场合下更是大势所趋。

GaN HEMT 在 2010 年以后进入了快速发展阶段，GaN HEMT 所具有的微波高功率密度和较好的高频性能在雷达、通信和电子对抗等领域的应用潜力引起了人们的高度关注，成为固态微波毫米波功率器件发展的技术制高点，也代表着未来的发展方向。目前，由于 GaN 技术的发展，GaN 器件的功率密度逐步提升，在 2～6GHz、6～18GHz、18～40GHz 等频率范围内具有输出高功率的能力，取代行波管放大器成为可能。

美国等西方国家率先将 GaN 微波毫米波功率器件技术作为毫米波功率器件技术发展的重点，W 波段及以下波段的 GaN HEMT 功率器件及 MMIC 产品已经通过工程化应用验证，相信在不久的未来其将广泛应用于高功率毫米波雷达等电子系统中。

毫米波功率器件的研究主要包括两方面，一方面是如何改善器件的小信号特性，另一方面是提升器件的功率特性。

针对小信号特性主要围绕最大截止频率 f_t 和最高振荡频率 f_{max} 参数开展研究。小信号特性主要受载流子迁移率、电子饱和速率、纵横比、栅长、沟道电阻、寄生电容和寄生电阻影响。改善器件的小信号特性方法一般包括：①缩小栅长，但栅长缩小至一定程度后，器件小信号的特性不再继续得到改善，反而出现了短沟道效应。为抑制短沟道效应及保证纵横比，此时需要势垒厚度随着栅长而等比例地缩小。②降低栅下的势垒层厚度。③降低寄生电参数值。

GaN 基器件应用在功率放大器中，尤其是应用在高频大功率场合时，不仅需要考虑频率特性，也需要考虑击穿电压和漏极电流，从而保证器件毫米波频率的功率特性。2015 年，DongXu 等人报道了采用原子层淀积 Al_2O_3 技术制作 InAlN/GaN HEMT，在工作频率为 86GHz 时，两级管芯的 MMIC 输出功率达到 1.43W，效率达到 12.7%；同年，Diedo Marti 等人也报道了工作频率为 94GHz 的 HEMT，其 f_t 和 f_{max} 分别达到了 141GHz 和 232GHz。随着工艺技术的不断进步，微波功率器件正逐步从 Ka 波段向 V 波段、W 波段发展。

虽然学术和产业界对 GaN 基材料及器件进行了多年的研究，但毫米波及更高频段器件的功率特性还与理论分析差距甚远。毫米波 GaN HEMT 器件面临的问题主要包括：

（1）短沟道效应。短沟道效应是指阈值电压与沟道相关到非常严重的程度。具体设计毫米波 GaN HEMT 时，需要将器件的栅长缩小到 0.20μm 以下，此时，如果势垒层的厚度不与栅长尺寸同步变小，将造成栅极对沟道二维电子气调控能力的明显降低，从而无法保证器件工作在正常状态。

（2）寄生效应。此处的寄生效应是指器件工作在毫米波波段时，器件将会受寄生参数的影响出现性能退化，如器件的特征频率下降。一般理论认为，器件的特征频率与栅长值成反比，通过适当缩小器件的栅长可以提升器件的特征频率。可是到具体制作毫米波器件时，实际的器件特征频率并不会随着栅长的缩小而持续提升，寄生参数的影响作用变得更大，因而必须考虑如何降低寄生效应的影响，如降低寄生电阻等。

（3）频散效应。毫米波 GaN HEMT 器件存在明显的频散效应，即存在由高浓度缺陷引起的电流崩塌、阈值偏移、微波功率增益下降等现象。频散效应将对器件的微波功率特性产生严重的影响。

（4）高电场效应。毫米波 GaN HEMT 器件的高电场效应问题是随着器件尺寸的缩小，沟道内部电场强度随之增强，进而出现明显漏电，如缓冲层及介质层漏电并击穿，或引起势垒层的损伤，因而严重限制了器件的高压工作状态及应用，同时影响了器件的可靠性。特别是对毫米波 GaN HEMT 中的细栅器件，会使其沟道内部的散射增强，导致电子迁移率及漂移速度明显下降，最终影响或制约毫米波 GaN HEMT 器件的频率特性及功率特性。

提升毫米波 GaN HEMT 器件频率特性的有效方法是缩小栅长尺寸，调整其纵横比（栅长与栅和沟道间距之比），提高器件的栅控能力。而提升毫米波 GaN HEMT 器件功率特性的有效办法是进一步优化器件的制作工艺，如优化表面钝化、欧姆接触和刻蚀等核心工艺技术；同时解决毫米波 GaN HEMT 器件尺寸缩小引起的电场强度、器件输出及外部电路功率损耗等问题，进一步提高器件工作电压和高功率输出能力。

GaN HEMT 器件的场板结构是处理高电场强度的有效方法，降低电场强度的同时还可改善器件的电流崩塌效应。场板技术作为 GaN HEMT 器件领域的一种关键技术，在实际应用中可显著提升 GaN HEMT 器件的输出功率和效率，但应用的同时也会引入较大的寄生电容，影响器件的频率特性，尤其是对毫米波高端的 W 波段影响更加突出。

4. 高压高功率 GaN 微波功率器件

随着雷达系统对固态微波功率器件输出功率的要求越来越高，必然要求其供电电源的电压和电流也随之提高或增加，增加电流意味着需要多个功率晶体管管芯并联工作。但是当电流增加到一定程度后，对于实际应用而言，一方面系统供电难度增大，同时大电流引起的电磁兼容性问题也更加突出。传统的解决方法是靠提升电压的方式来进一步提高输出功率。GaAs 微波功率器件就是因为无法在高电压下工作的原因，使得它在低频段无法完全替代 Si 器件，而只能作为推动级应用在大功率发射机系统中。

由于 GaN 材料具有禁带宽度大、击穿场强高、迁移率高的特点，使得 GaN HEMT 器件在高压微波功率器件方面具有显著优势。目前成熟 GaN HEMT 器件的工作电压为 28～50V，在 P 波段输出功率可达千瓦量级，X 波段输出功率也可实现百瓦以上，随着系统需求的进一步提升和 GaN HEMT 技术的发展进步，百伏以上工作电压的 GaN HEMT 器件呼之欲出。

GaN HEMT 器件在放大区的最大输出功率可以表示为

$$P = \frac{1}{8} I_{\mathrm{DS(MAX)}} (V_{\mathrm{BK}} - V_{\mathrm{KNEE}}) \tag{11.2}$$

式（11.2）中，$I_{\mathrm{DS(MAX)}}$ 为 GaN HEMT 器件的最大输出电流，V_{KNEE} 为 GaN HEMT 器件的膝点电压，V_{BK} 为 GaN HEMT 器件的击穿电压。

由式（11.2）可以看出，提高击穿电压，增大了最大输出功率，同时器件的可靠性也随之显著提高。

缓解 GaN 器件电流崩塌的常用方法是在栅漏之间淀积钝化层，但这样同时也会降低击穿电压。更好的办法是采用工艺上容易实现的场板结构，不仅可以显著提升器件击穿电压，还可以抑制电流崩塌效应，从而有效提高器件的功率密度、效率和增益。

（1）在器件材料结构上重点优化高阻缓冲层结构设计，依据能带工程理论和掺杂方式提高微波功率器件的工作电压。

① 能带工程优化结构。对于常规 AlGaN/GaN 异质结材料而言，由于沟道下方的势垒高度较低，在高温时，栅极电压或漏极电压较高的情况下，沟道中的载流子容易溢出沟道进入缓冲层成为三维电子，使 2DEG 限域性变差，导致耐器件击穿性能退化。有效的方法是在 GaN 沟道层与缓冲层之间插入一层背势垒，调整 AlGaN/GaN 的能带，将 GaN 沟道靠近缓冲层一侧的能带提升，阻碍电子向缓冲层流动，一方面降低器件缓冲层的电流，从而减小器件的关态泄漏电流，有效提高器件的击穿电压；另一方面能够将 2DEG 更好地限制在量子阱中，提高 2DEG 的限域性。同时，还可以通过调节 AlGaN 背势垒的组分及厚度，调制 AlGaN/GaN 异质结的能带，有效改善 2DEG 的限域性，提升靠近缓冲层的势垒高度，减少缓冲层电流泄漏。

② 掺杂缓冲层结构。传统 GaN 器件采用的缓冲层与沟道层同为 GaN 材料，当 GaN 器件工作在高电压情况时，沟道中的强电场将激发电子进入缓冲层，缓

冲层中存在的缺陷或者电子陷阱将捕获受激发的电子，从而引起 GaN 器件的电流崩塌。高阻缓冲层材料结构设计能够降低 GaN 器件在高压工作时的漏电，改善器件的微波特性，这是由于在 GaN 器件材料结构中，非故意掺杂的 GaN 缓冲层一般表现为 N 型，因此为了实现高阻 GaN，需要引入受主能级来补偿电子。通过掺杂 Fe 和 C 来实现 GaN 高阻缓冲层的生长。

（2）双场板可以改变微波功率器件内部电场分布，使微波功率器件具有高的击穿特性。场板可以有效减小栅端处电场峰值，提高击穿电压。而双场板的引入能有效降低栅极在漏端附近的电场强度，从而提高微波功率器件的击穿电压，以适合在高压环境下的工作。

（3）通过工艺技术降低欧姆接触电阻，优化 SiN 介质钝化前的表面处理，提高微波功率器件的钝化效果，发挥微波功率器件的性能并提升微波功率器件的可靠性。优化生长工艺，优化钝化介质的应力，提高介质膜的质量来改善钝化介质对微波功率器件电流崩塌的抑制作用。

经过器件结构和工艺技术的不断优化，GaN HEMT 微波功率器件的击穿电压已达数百伏。目前已规模化应用的器件，其工作电压在较低波段（L 和 S 波段以下）已超过 50V，较高波段（C 和 X 波段）已接近或超过 50V，预计实现 100V 以上工作电压的 GaN HEMT 功率器件将是未来发展重点。

5. 高功率微通道微波功率器件

随着高功率微波功率放大技术朝着微组装和多功率集成化方向的发展，高功率微波功率器件及其电路的散热问题显得更加突出，据有关报道预测，新一代高功率芯片的平均热流密度将达到 500W/cm^2，局部热点热流密度将会超过 1000W/cm^2。散热问题主要包括：①微波功率器件本身的散热问题。由于高功率微波器件本身的耗散功率越来越大，热耗散也随之大量增加，要想保证其正常工作，就必须具备良好的散热条件。②几乎所有的微波功率器件都需要在较低且稳定的环境温度范围内才能正常工作，此时，必须借助相应的冷却措施及设备来保证其周围的环境温度。

传统的冷却设备是风扇与散热片的组合，但随着技术的发展进步，雷达系统等快速向着高功率密度、集成化、轻量化和节能化的方向发展。对新一代雷达系统而言，传统的冷却技术已不能满足实际发展的要求，其中对微通道散热技术的需求越来越迫切。

20 世纪 80 年代，Tucker 和 Pease 首先提出了微通道换热器的想法，他们利用硅材料制作了一种内含平行矩形截面的微通道阵列的肋片式换热器。在 IC 裸晶片的背面，通过刻蚀等半导体工艺制作集成微通道，采用具有足够强能力的泵，使之达到 790W/cm^2 的换热能力，此时冷却液的温升仅为 71℃。据推算，当芯片表面温度为 85℃时，水在微通道中的单相换热热流密度为 300W/cm^2。

如图 11.8 所示的微通道的直径一般为 50～600μm。微通道散热技术的研究主要集中在微通道的结构仿真优化设计、散热性能的仿真试验研究和微通道高效液冷等关键技术方面。微通道的高效液冷一般包括单相和两相换热形式。其中，单相换热热应力较高，均匀性差；两相换热热应力低，冷却均匀性好，换热能力明显要高。同时，在相同换热量情况下，两相流动的压降损失比单相流动的也要小。相关研究表明，将微通道散热与半导体芯片、微波功率器件及微系统进行集成设计，冷却效果可能将是数量级别的提高。

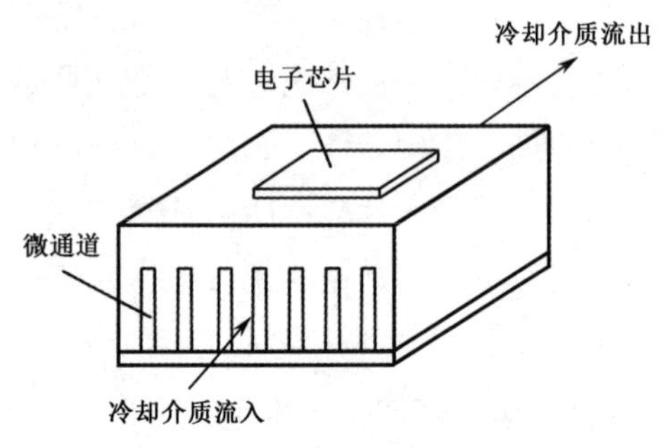

图 11.8　电子芯片微通道散热器示意图

近年来，应用于半导体芯片及微波功率器件的微通道散热技术主要包括大功率半导体芯片体/封装体集成微通道散热技术研究，以及三维集成封装体内集成微通道散热技术的研究，重点是解决微通道散热与微电子芯片复杂封装的兼容性问题。目前，前者的研究工作进展比较快，已取得一些研究与应用成果，而后者的研究工作难度更大，离真正的工程化应用还有较大距离。

随着 GaN 等宽禁带半导体材料和微波功率器件技术的发展进步及广泛应用，微通道 TSV 转接板异质集成将成为一种极具发展潜力的技术，它将推动 GaN 等Ⅲ-Ⅴ族化合物半导体材料与相关器件技术的进一步发展，促进其集成度和散热能力的明显提升，实现传统半导体器件以前无法达到的高性能。

11.3　第三代半导体全固态雷达发射机的设计

本节简要介绍第三代半导体微波功率放大器和全固态雷达发射机的发展背景、用途和特点，重点阐述 GaN 功率放大器的指标要求和设计方法，进而以集中放大式和有源相控阵体制为例，介绍第三代半导体全固态雷达发射机的主要组成、工作原理、主要技术参数、设计方法、设计要点及特殊考虑。

新一代雷达及其电子系统的发展趋势是实现雷达探测、电子对抗和通信等综合一体化电子系统，这对发射机的要求是在提高发射机的输出功率和功率密度的同时，提高工作频带宽度，甚至要具备多波段一体化的工作能力。要研制工作频带宽、输出功率和功率密度高的微波功率放大器和发射机，目前采用第一代和第二代半导体微波功率器件是无法实现的，而第三代半导体微波功率器件可以满足新一代发射机的需求。美国新型机载预警机 E2D 的雷达系统 ADS-18 和美国海军战区空中优势巡洋舰（Theater Air Dominance Cruiser）项目，就采用了大功率的第三代半导体功率器件。

第三代半导体微波功率放大器和发射机应用在现代雷达等电子系统中，将对系统性能带来深远的影响，主要表现在以下几个方面：

（1）显著提高发射机的输出功率和功率密度。雷达辐射功率一直都是衡量雷达性能的一项重要指标，尤其是一些天线孔径严格受限制的雷达，如机载火控雷达、无人机载雷达、机载预警雷达、星载雷达和弹载雷达等，其主要的技术措施为提高雷达系统中微波功率放大器的输出功率和功率密度。

（2）提高工作频率和工作频带宽度。未来雷达发展的主要方向之一就是提高工作频率来实现雷达高分辨率测量等功能，提高工作频率还可实现雷达的高密度、小型化、高机动性，进而实现雷达在更多种平台上的应用，如星载、弹载、机载和球载等高机动平台。提高雷达的工作带宽和瞬时信号带宽，对实现低截获概率雷达，提高雷达的反侦察能力和抗干扰能力，实现目标成像也有重大意义。

（3）增加发射机的工作模式，应用第三代半导体微波功率放大器可以使发射系统同时具有连续波、线性、脉冲、饱和及宽带等工作能力。

（4）改善幅度加权有源相控阵雷达的设计。为优化发射方向图和降低副瓣电平，有源相控阵雷达常采用幅度加权的方法实现，如机载预警雷达、二次询问机雷达和电子对抗特种体制雷达都大量采用幅度加权式的有源相控阵雷达。

（5）进一步提高发射机的总效率。一般来说，可以从两方面提高发射机的总效率：一方面是因为发射机是级联工作方式，而第三代半导体微波功率器件具有高增益和高效率，因此在合成网络效率相同的情况下，总效率较高；另一方面，对于大规模的有源相控阵雷达来说，由于阵面庞大，每个组件的输入电平很难控制，因此要利用微波功率器件的深饱和特性达到组件输出的一致性。而利用第三代半导体微波功率器件随着输入功率的增加，效率也提高、耗散功率基本维持不变这一特性，将大大提高 T/R 组件的效率，改善有源相控阵面的内部工作环境。

（6）提高环境适应能力。由于微波功率器件的寿命与其结温密切相关，其结温越高，寿命越低，目前的微波功率器件在地面条件下应用结温常常达到临界状态，更难满足机载和星载条件。而第三代半导体微波功率器件具有高结温和热传导率方面的优良特性，因此可以大大提高微波功率器件对环境温度的适应性。

（7）提高抗辐射能力。第三代半导体微波功率器件抗辐射能力强的特点，有利于提高雷达的抗辐射能力。应用在空间中的有源相控阵雷达，如星载雷达，其系统中的许多器件都存在解决抗辐射的问题，即使是地面雷达，为对付电磁脉冲的攻击，也存在提高抗强电磁脉冲干扰的问题。

11.3.1 GaN 微波功率放大器的指标要求和设计方法

过去十几年以来，由于 GaN 微波功率器件具有工作频带宽、输出功率和功率密度高、环境适应力强等优势，使微波功率放大器和发射机主要应用的微波功率器件由 Si、GaAs 逐渐向 GaN 过渡。目前，GaN 等第三代半导体微波功率放大器优良的性能指标明显地提升了雷达系统的威力等综合性能，且随着 GaN 微波功率器件和放大器技术的研究越来越完善。微波功率放大器的输出功率、功率密度、增益、效率、工作带宽、信号频谱质量、相位特性、复杂工作模式、环境适应力、可靠性等方面将成为未来关注的重点。

1. GaN 微波功率放大器的指标要求

GaN 微波功率放大器的技术指标比较多，最重要的是三要素：输出功率和功率密度、功率增益和效率，以及其他重要指标。具体指标定义见本书第 3 章相关内容。此处重点介绍 GaN 微波功率放大器的指标要求及具体优势。

（1）输出功率和功率密度：微波功率放大器的输出功率决定了发射机及雷达系统威力等战术指标，新一代雷达对其提出了更高的脉冲峰值功率、平均功率和功率密度的要求。GaN 微波功率放大器由于器件固有的优势，相比于 Si 微波功率放大器的输出功率约高出一个数量级，比 GaAs 微波功率放大器大致高两个数量级。

（2）功率增益：微波功率放大器的功率增益决定了发射机的组成部分、复杂程度、体积和质量、成本及可靠性等性能。GaN 微波功率器件的功率增益大于 Si 微波功率器件，所以要实现相同增益的微波功率放大系统，GaN 微波功率放大器的级联数更少。GaN 微波功率器件的功率增益与 GaAs 的相当，但是 GaAs 的输出功率远低于 GaN 微波功率器件的输出功率。

（3）效率：微波功率放大器是整个雷达系统功耗最大的部件，其效率的高低决定了整个系统的能耗和热耗，影响系统的工作环境。GaN 微波功率放大器由于器件固有的优势，且工作电压和增益也比较高，所以其放大器效率较 Si 和 GaAs

微波功率放大器高出许多。

（4）工作频率：工作频率范围一般是指微波功率放大器可工作的频率范围和实际工作带宽，是微波功率放大器设计首先应确定的指标。实际工作带宽一定要被包括在微波功率放大器本身可工作频率范围内。现代雷达及其电子系统正在朝多功能、一体化方向发展，雷达需具有较宽的工作带宽。在宽带系统中，输出功率和带宽很难兼顾，要得到大的输出功率一般要牺牲一定的带宽。在相同功率量级下，GaN 微波功率放大器的带宽优于 Si 和 GaAs 微波功率放大器的带宽。

（5）输出功率压缩点：现代发射机都是由多级微波功率放大器级联和并联而组成的，为了把每一级的差异对最后输出的影响减到最小，一般要求每一级都工作在饱和区。图 11.9 所示为微波功率放大器的输出功率、效率、功率增益与输入功率的关系，功率增益的减小过程，称为增益压缩，常用 1dB 压缩点表示。1dB 压缩点为微波功率器件进入非线性工作状态后，输出功率和理想线性状态下的输出功率相差 1dB 所在的点。P_{1dB} 是描述微波功率放大器输出功率的重要指标。

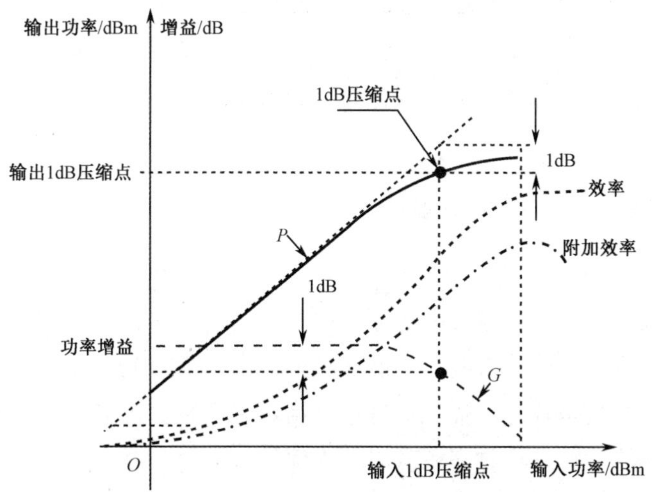

图 11.9　微波功率放大器输出功率、效率、功率增益和输入功率的关系

一般而言，微波功率放大器效率会随着激励信号的增加而增加，但随着饱和深度的增加，效率曲线会出现拐点，微波功率放大器设计时要避免在拐点及以上区域工作，因为此时输出功率增加反而引起效率下降，器件的热耗急剧增加，将导致微波功率器件烧毁或者可靠性大幅下降。

由于 GaN 微波功率器件输出功率大的特性，其微波功率放大器 P_{1dB} 压缩点功率比 Si 和 GaAs 的要高。

（6）输出脉冲波形：输出脉冲波形主要包括脉冲宽度、前沿、后沿、顶部波动和顶降，在某些体制雷达系统中要求微波功率放大器具有长脉冲、宽脉冲和窄脉冲全波形工作模式，GaN 微波功率放大器是在大功率条件下唯一具备以上能力的。

（7）频谱纯度和谐波抑制：现代雷达系统对发射机提出严格的频谱纯度和谐波抑制的要求，一些规模较大的雷达系统，由于发射机在空间的辐射功率比较大，其频谱纯度和谐波抑制性能的好坏会对接收等其他分系统以及其他电子设备产生干扰。

（8）幅相一致性：对集中式发射机而言，幅相一致性直接影响最终的合成效率和总输出功率，而对于分布式发射机则直接关系到发射方向图的形成和总辐射功率。

（9）稳定性：包括微波功率放大器的工作稳定性和抗驻波能力，由于宽禁带半导体微波功率器件的击穿电压较高，其抗驻波能力也相应较高。GaN 微波功率器件的输入/输出阻抗较 Si 微波功率器件要高，其匹配至系统 50Ω比 Si 微波功率器件要容易许多，相当于其端口驻波的匹配程度更好。

（10）环境适应性：现代发射机广泛应用于机载、舰载、星载、弹载等复杂环境下，GaN 微波功率放大器具有高结温、抗辐射工作能力，可以更好地适应复杂环境的要求。

2. GaN 微波功率放大器的设计方法

1）GaN 微波功率器件的选择

设计微波功率放大器首先要根据功率大小、使用工作频率和带宽、脉宽、工作比等条件，选择合适的微波功率器件类型，GaN 微波功率器件分为多种类型。

驱动放大器功率较低，优先选择增益高、带宽宽、可靠性高的 GaAs 微波功率器件，实现的功能是将频率源输出的小信号放大至瓦级。

末级放大电路是整个微波功率放大器的关键部分，主要采用 GaN 微波功率器件实现大功率输出，一般而言，根据微波功率放大器输出功率指标要求选择合适的末级微波功率晶体管，尽量采用单管输出的方式，对于集中式发射机功率放大器（简称功放）组件还需要考虑多路微波功率晶体管进行合成。主要的 GaN 微波功率器件类型和适用范围如下。

（1）单片微波集成电路。

单片微波集成电路（MMIC）一般指在半导体基片上利用外延、蒸发及扩散等技术制作的无源、有源器件及电路。MMIC 最适宜的工作频率范围是 S 波段以上直到毫米波，它的优点非常突出：①电路的体积、质量显著减小，成本大幅降低；②便于批量生产，电性能一致性好；③可用频率范围提高，频带成倍加宽，避免了有源器件管壳封装寄生参量的影响，使得电路工作频率和带宽大大提高；④可靠性高，寿命长，当集成度较高时，接点和互连线减少，整机零部件数可大幅减少，可靠性大大提高。

由于 MMIC 的快速发展及性能的提升，集成功能越来越丰富，非常适合 T/R 组件及高集成微波功率组件的应用，它使得微波功率组件结构简单，成本大大降低。由于电路集成度高，电路线宽和厚度的限制，MMIC 输出平均功率最高为几十瓦。目前 MMIC 是中等微波功率高集成组件中最重要的微波功率器件。

（2）内匹配微波功率器件。

内匹配微波功率器件主要应用在工作频率从 S 波段到 Ku 波段的大功率场合。11.2 节提到的 MMIC 具有体积小、带宽宽的特点，但是由于其电路集成度高，微带线宽度和场强击穿等原因，使其功率受到一定限制，如系统需要微波功率放大器输出更大的功率，可以采用内匹配微波功率器件来实现。

内匹配微波功率器件在器件内部通过阻抗匹配和功率合成相结合的方法，采用多个管芯并联实现宽带、大功率、高功率密度放大，其器件的输出阻抗直接为 50Ω或者接近 50Ω，外围电路仅仅考虑馈电和隔离即可，其微波功率放大电路简单，带宽宽。此类微波功率器件的平均功率可达数百瓦，但其微波功率器件体积较大，经常与 MMIC 器件级联放大使用，或者作为高功率放大器的末级功放晶体管使用。

因为微波功率器件内部含有匹配电路，对外阻抗为 50Ω，与外围电路阻抗匹配，所以微波功率器件输入/输出引线较细，内匹配微波功率器件外形如图 11.10 所示。

图 11.10　内匹配微波功率器件外形

（3）预匹配微波功率器件。

当微波功率放大器需要工作在 P 波段低功率、L 波段和 S 波段高功率时，微波功率器件内部尺寸无法满足内匹配电路的大小时，只能先采用集中参数进行预先匹配，再通过外围电路匹配至 50Ω的方法。具体为微波功率器件内部通过芯片电容和金丝电感初步将微波功率芯片的阻抗提升到数欧姆，因此其单个微波功率器件对外表现出的输入阻抗、输出阻抗低于 50Ω，且阻抗值往往还是复数。

微波功率器件内部一般采用 T 形匹配网络进行预先阻抗匹配，其内部阻抗变换原理如图 11.11 所示。

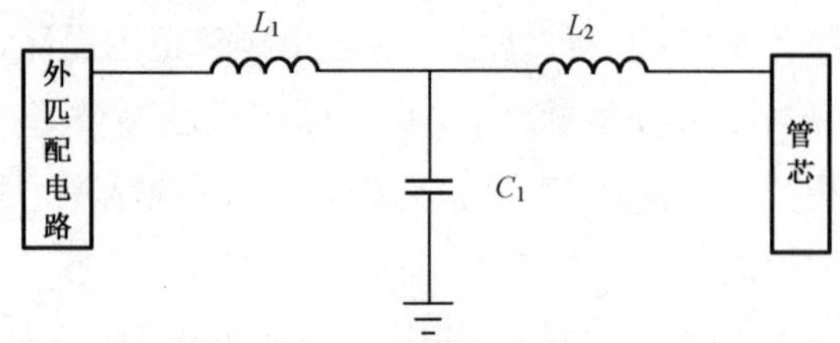

图 11.11　预匹配微波功率器件内部阻抗变换原理图

随着输出功率的提升，并联的微波功率管芯数量随之增加，导致输入阻抗、输出阻抗也变低，这使得外电路阻抗变换比增高，电路复杂性和难度加大。同时，预匹配微波功率器件由于阻抗较低，其晶体管输入/输出端的引线比内匹配微波功率器件的更宽，几乎和内部功率芯片总宽度相当。

GaN 预匹配微波功率器件在 P 波段一般可以输出几十瓦，在 L 波段和 S 波段输出功率可达近千瓦，是 L 波段和 S 波段高功率放大器末级器件的首选。

（4）推挽式微波功率晶体管。

图 11.12　推挽式微波功率晶体管外形图

推挽式微波功率晶体管结构形式上是一对电性能完全相同的微波功率器件，结合专门的推挽式放大电路实现高功率放大功能。

推挽式微波功率晶体管外形如图 11.12 所示。

推挽式微波功率放大器一般工作在 L 波段以下，其巴伦结构通常采用损耗较低的同轴线实现。同轴巴伦原理图如图 11.13 所示。

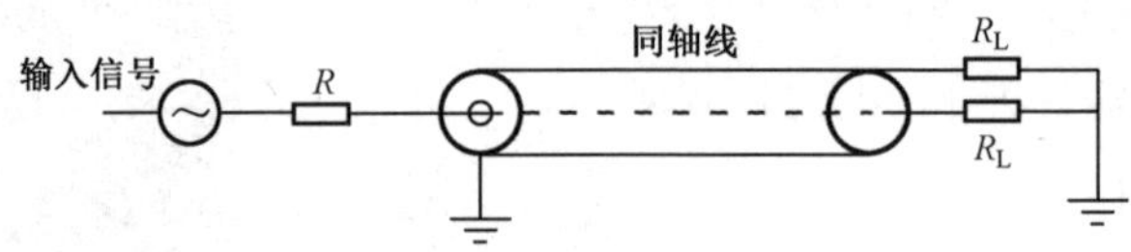

图 11.13　同轴巴伦原理图

输入信号通过同轴巴伦结构后变为振幅相同、相位相反的两路信号，经输入匹配网络，分别馈入对应的微波功率晶体管进行功率放大，在不同的半周两个微波功率晶体管分别导通，经放大后的振幅相同、相位相反的两路信号进入输出匹配网络，经过输出端同轴巴伦结构后形成最终所需的输出信号。推挽式微波功率放大器技术在低频段、宽带高功率及高效率微波放大器中广泛应用。

推挽式微波功率放大器原理如图 11.14 所示。

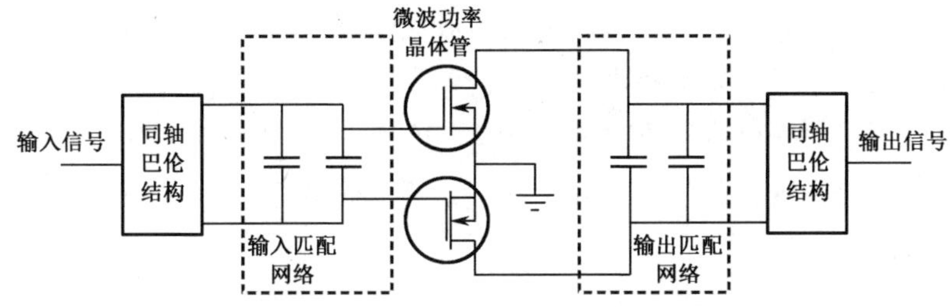

图 11.14　推挽式微波功率放大器原理图

典型推挽式微波功率放大器实物电路图如图 11.15 所示。采用巴伦结构电路的推挽式微波功率放大电路具有许多优点，包括输入/输出阻抗变换比高、工作带宽宽、功率增益高、谐波低等。推挽式微波功率放大器匹配网络的设计相对简单，其饱和输出功率与一般的微波功率放大器相比要高出 1 倍。推挽式微波功率放大器两路信号电流的方向相反，其等效电感可以相互抵消，增益得以提高，同时输入信号中的偶次谐波也被抵消，起到了对谐波抑制的作用。

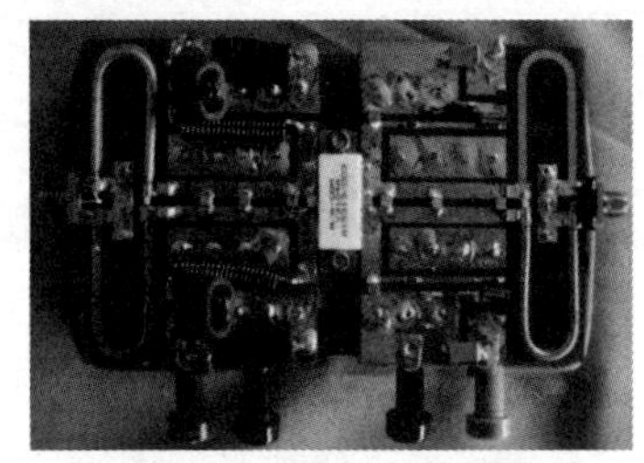

图 11.15　典型推挽式微波功率放大器实物电路图

实际应用的推挽式微波功率放大器，由于巴伦结构的原因，信号损耗与工作频率成正比，而且频率越高损耗越大。当工作频率大于 1GHz 时，推挽式微波功率放大器的损耗已经大到很难被接受的程度，同时损耗也与巴伦结构的材料相关。在低频段雷达中利用 GaN 微波功率器件和推挽电路已经实现了千瓦量级的平均功率输出，大大提升了雷达的性能和威力。

2）微波功率放大器的工作模式

微波功率放大器根据微波功率晶体管的工作状态可以分为甲类（A 类）、乙类（B 类）、甲乙类（AB 类）和丙类（C 类）等，这是以其电流导通角为依据划分的，其导通角分别为 2π、π、2π～π、π～0。另外，还可以根据微波功率放大器的输出电压、电流波形分为 D、E、F、J 类等工作模式，这些工作模式都具有工作效率高等特点。符合这些工作模式的微波功率放大器一般称为开关类微波功率放大器，而 F、J 类也称为谐波控制类微波功率放大器。当开关类微波功率放大器工作频率高于 2GHz 时，由于器件寄生参数的因素，使得开关特性变差，从而无法快速进行充放电，降低了工作效率。

谐波控制类微波功率放大器是通过采用波形整形技术，使微波功率器件电压或电流不同时输出，这种模式的微波功率放大器理想输出效率能达到 100%。

各类微波功率放大器简单介绍如下：

（1）A 类微波功率放大器是一种基本的线性放大器，具有 360° 的导通角，其晶体管在整个周期内处于导通状态。理论漏极效率为 50%。A 类微波功率放大器优缺点如下所述。

优点：瞬态失真、交替失真和线性度都比较好，电路组成简单，容易实现宽带微波功率的放大。

缺点：其晶体管功耗和热耗大、效率低。

对于某些特殊应用，如多功能一体化电子系统中窄脉冲微波功率放大器的快速前沿、后沿放大应首选 A 类工作方式。

（2）B 类微波功率放大器中晶体管的导通角为 180°，在半个周期内处于导通状态。一般采用双管推挽的方式。

B 类微波功率放大器的理论最高工作效率为

$$\eta = \frac{P_{\text{out}}}{P_{\text{dc}}} = \frac{\pi}{4} \approx 78.5\% \tag{11.3}$$

实际电路的效率达不到理论值，主要是因为微波功率晶体管固有特性、电路组成、接地和环境等诸多因素的影响。在实际工程应用中，B 类微波功率放大器的工作效率一般低于 60%。

（3）AB 类微波功率放大器。

AB 类微波功率放大器晶体管导通角介于 A 类和 B 类之间，即导通角范围为 180°～360°。该类放大器克服了 B 类放大器交越失真和 A 类放大器效率低下的问题，AB 类放大器的效率介于 A 类和 B 类微波功率放大器之间，即 50%～78.5%。

（4）C 类微波功率放大器。

C 类微波功率放大器的导通角小于 180°，导通时间小于半个周期，该微波功率放大器具有非线性特性。

C 类微波功率放大器的效率高于 A 类、B 类和 AB 类微波功率放大器，可以通过改变导通角的大小来改变微波功率放大器效率的降低或提高。导通角的大小直接影响各类微波功率放大器效率的高低，理论上微波功率放大器的效率与微波功率晶体管的导通角成反比关系，而微波功率放大器的增益与导通角成正比关系，即理论上 C 类微波功率放大器的导通角减小到 0° 时，效率达到 100%。但这种状态是没有实际意义的，实际中为提高效率，可以把微波功率晶体管当作开关管使用，避免微波功率晶体管的漏极电压和漏极电流同时出现，降低微波功率晶体管的功率损耗，这被称为开关类微波功率放大器，即 D 类、E 类、F 类微波功率放大器。

（5）开关类 D 类微波功率放大器，一般以双管推挽的方式出现在工作周期内，两个微波功率晶体管交替导通并在输出端得到一个完整波形，该波形与输入波形相对应。

它的优点是低失真、高效率、电路简单等，但工作频率较低，不适用于微波功率放大器的应用。

（6）E 类微波功率放大器。

开关类E类微波功率放大器与D类微波功率放大器的不同点是采用单管工作方式，不存在电压、电流波形重叠而产生功耗的问题，从而提高了工作效率。E类微波功率放大器通过特定的网络负载使得微波功率晶体管的电压和电流波形不重叠，得到理想状态下的功率零损耗，理想效率达到 100%。

E 类微波功率放大器漏极电压和电流波形如图 11.16 所示。

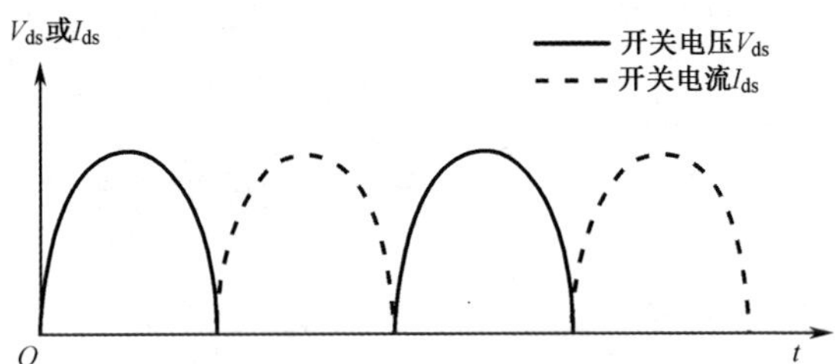

图 11.16　E 类微波功率放大器漏极电压和电流波形

E 类微波功率放大器的拓扑结构有并联电容型、并联电感型、串联电容型和串联电感型 4 种类型，其中并联电容型的 E 类微波功率放大器的基本原理如图 11.17 所示，其中 C_1 为并联电容，包括了功率晶体管自身的输出电容和功率晶体管漏极与地之间外部电路电容。

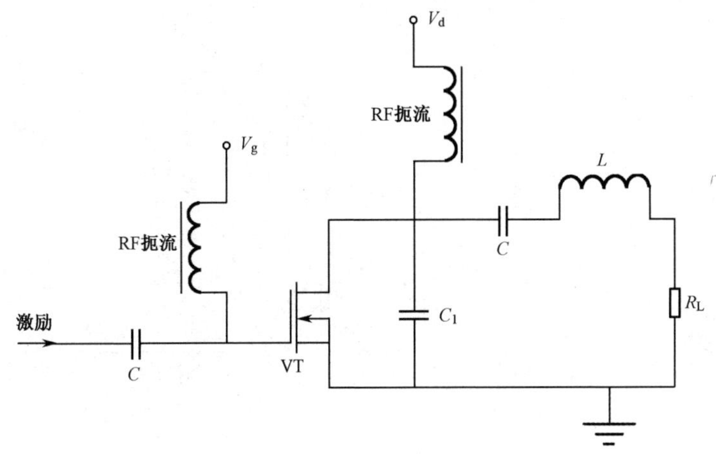

图 11.17　E 类微波功率放大器的基本原理图

E 类微波功率放大器理论效率可以达到 100%，同时结构简单，电路易实现。但由于它的高 Q 值的谐振网络限制，其放大器工作带宽较窄。

E 类微波功率放大器的漏极峰值电压较高，在并联电容 C_1 充电时，峰值电压达到电源电压的 3～4 倍，这就要求微波功率器件的击穿电压也必须比较高。

（7）F 类微波功率放大器。

开关类 F 类微波功率放大器采用单管工作模式，该微波功率放大器的主要设计思路是采用微波功率晶体管输出端谐波抑制电路，如图 11.18 所示。

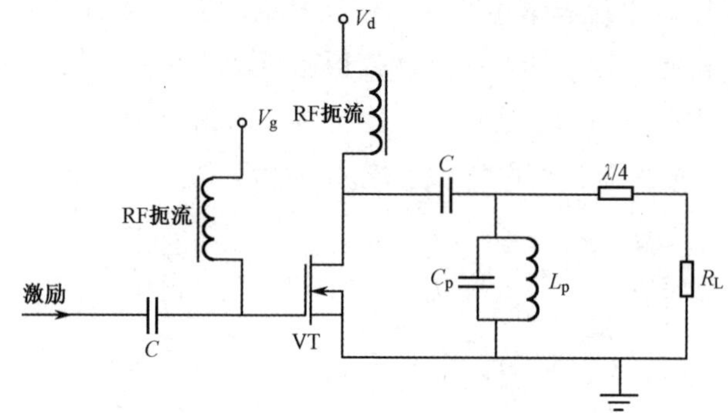

图 11.18　F 类微波功率放大器的基本原理图

F 类微波功率放大器输出电路主要包括无耗传输线和品质因数无穷大的并联谐振回路，它的无耗传输线长一般为λ/4 波长，电路功能是实现各次谐波短路和基波开路。此时漏极电压波形为方波，而漏极电流波形为半正弦波，分别包含全部的奇次谐波分量和偶次谐波分量。

逆 F 类微波功率放大器正好相反，其漏极电压波形为半正弦波，漏极电流波形为方波。其实际的波形如图 11.19 所示。

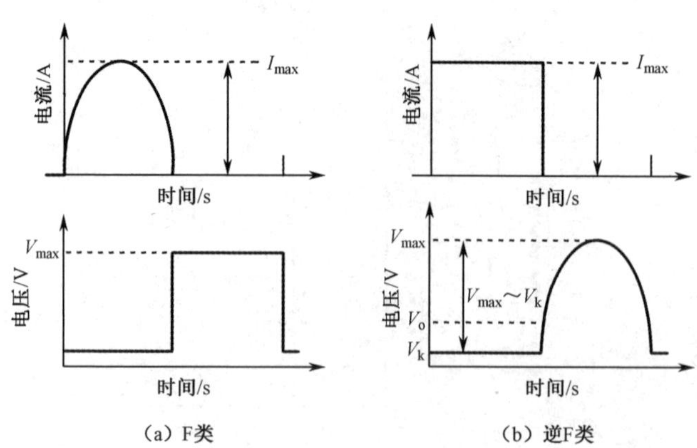

图 11.19　F 类和逆 F 类微波功率放大器漏极电压和电流波形

在 F 类微波功率放大器的具体设计中，上述理想的性能是不可能实现的。实际中，主要影响 F 类微波功率放大器输出功率和效率指标的谐波成分是二次谐波及三次谐波分量，其他高次谐波成分的影响一般可以忽略。因此，在实际设计时主要考虑二次和三次谐波的影响，结果只要接近奇次谐波开路和偶次谐波短路即可。

3）GaN 微波功率放大器的偏置电路设计

GaN 微波功率放大器的偏置电路是微波功率放大器的重要组成部分，也是微波功率放大器电路设计的核心之一。首先，需要确定微波功率放大器的工作模式和工作点，然后，开始设计偏置电路，以控制微波功率放大器工作在所设定的工作状态。偏置电路还需要合理地设计扼流电路和隔直电容，以实现微波信号与直流信号良好的隔离。

偏置电路分为栅极偏置电路和漏极偏置电路，这两种电路的作用分别如下所述。

栅极偏置电路的作用：

（1）保证微波功率晶体管工作在一个稳定的栅源电压状态下，GaN 器件的栅源电压一般是负压；

（2）提供合适的栅极电流；

（3）当栅源处于正向偏置时，可以通过限制栅极电流，来防止微波功率器件击穿和微波功率放大器出现故障；

（4）调整微波功率放大器处于稳定工作状态；

（5）控制漏极信号不通过偏置电路耦合到栅极，避免栅漏之间出现干扰。

漏极偏置电路的作用：

（1）保证微波功率晶体管工作在一个稳定的漏源电压状态下，同时为漏极提供所需要的电流；

（2）作为匹配电路的组成部分起到滤波作用并抑制谐波；

（3）保持微波功率放大器在工作频率以外的频率范围内也处于稳定状态。

常见的 GaN HEMT 器件偏置电路原理图如图 11.20 所示，其主要组成部分包括滤波电容、RF 扼流和隔直电容等。当微波功率放大器工作在较高频率时，一般采用$\lambda/4$ 微带线代替传统电感实现扼流功能，而在低频段工作时则直接采用集总电感达到扼流的作用。

4）GaN 器件的阻抗匹配

微波功率放大器的设计方法与其他放大器电路的设计方法存在许多不同之处，常见的共轭匹配电路匹配方法的原理是：假如信号源的内阻和负载阻抗互为共轭，此时可以保证负载得到的信号功率最高；而在微波功率放大器的阻抗匹配设计时，共轭匹配设计往往实现不了所需要的输出功率，而应该采用功率匹配法或者负载线匹配法。在共轭匹配时，当漏极电压为最大值，漏极电流可能远没有达到最大值，而此时可能漏极电压已经对漏极电流进行限制，将导致微波功率晶体管无法发挥放大信号的实际能力，微波功率放大器也无法实现最大输出功率。在低功率输入期间，输出功率随输入功率线性增加，此时共轭匹配电路的输出功率比功率匹配电路的输出功率要高；而随着逐步增大输入功率，共轭匹配电路对应的曲线由于受器件工作电压或电流峰值的限制，更快地出现了功率压缩效应，而功率匹配电路对应的曲线则逐渐反超。即使功率匹配电路的曲线也存在压缩效应，但是与共轭匹配相比，其出现压缩处对应的输入功率要更高，由此微波功率放大器的输出功率也更高。

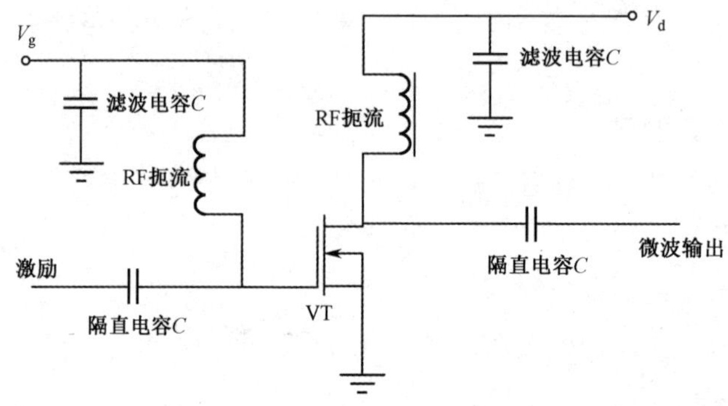

图 11.20 常见 GaN HEMT 器件偏置电路原理图

共轭匹配设计可以实现微波功率放大器更大的线性功率输出，因此功率匹配设计更适合用于高功率放大器，以保证工作电压和电流不出现限制的情况下，获得更高的输出功率，更好地发挥微波功率晶体管的放大能力。

微波功率晶体管的饱和功率输出存在随负载变化而变化的现象，这种现象被称为负载牵引效应。负载牵引技术是微波功率放大器设计的基础，该技术可以将复杂的非线性问题转换成利用线性技术和仿真分析技术解决的问题。

通过负载牵引方法可以得到 GaN 器件的多组相关数据，较容易获取最优负载阻抗，并由此设计阻抗变换与阻抗匹配电路。阻抗匹配的目的就是实现源到器件、器件之间以及到负载的传输功率最大、损耗功率最小和微波功率放大器其他性能指标。阻抗匹配电路的频率响应、复杂程度等都是具体设计需要考虑的因素。

GaN 微波功率器件的阻抗高、频率响应低，阻抗变换与匹配电路采用 $\lambda/4$ 阻抗变换器就能满足宽带变换的要求，且电路尺寸可以缩小，电路复杂性也可以大大降低。而 Si 基微波功率器件的匹配电路，则采用加载枝节匹配和阻抗变换器，实际中需要采用多阶阻抗匹配变换器来实现宽带应用。

5）GaN 微波功率器件的漏极电源调制

一般来说，GaN 微波功率器件需要采用漏极调制才能稳定工作，从 GaN 微波功率器件实际工程应用的经验上看，漏极电源调制电路是微波功率放大器重要电路之一。GaN HEMT 的应用极大地提升了有源相控阵雷达 T/R 组件的输出功率，但同时 T/R 组件的电磁兼容和隔离度有可能恶化，由此导致微波功率放大器的稳定性下降。在有源相控阵系统中，单个 T/R 组件出现发射自激将致使整个阵面的接收通道堵塞而无法工作。T/R 组件的自激故障由软故障成为整个阵面甚至电子系统的单点故障，可靠性大大降低。最有效的方法是使接收支路和发射支路的供电时序在时间上错开，即不允许出现发射和接收同时供电的情况，这种方法可以杜绝自激现象发生。

应用在固态放大器中的大功率调制电路根据主开关管分为 P-MOS 和 N-MOS 两种类型。两种开关管的特性决定了调制电路的形式和特点，且各有优缺点。

（1）P-MOS 调制电路。

由于 P-MOS 开关管通过负压开启，经反向驱动电路和自偏压分压实现 MOS 晶体管的开启和关断。其原理为：小信号的 TTL 信号经过反向放大电路驱动开关管，当驱动关断时，开关管栅极和源极处于同一电位，开关管截止；当驱动开通时，待调制的高压通过电阻和驱动管导通，栅极电位由于电阻分压产生负压差，从而开启开关管，实现调制的目的。P-MOS 调制电路原理图如图11.21 所示。

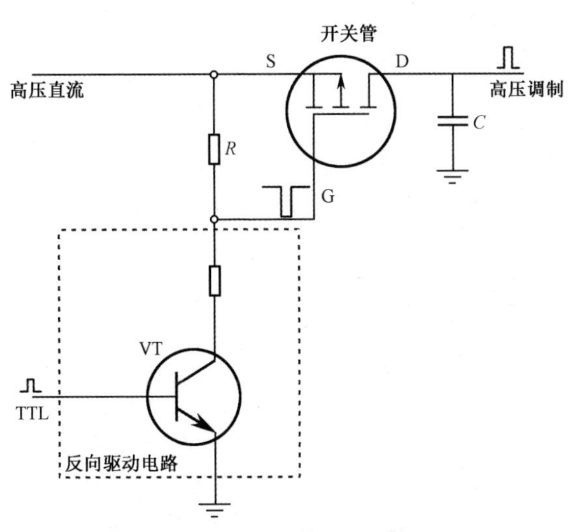

图 11.21　P-MOS 调制电路原理图

该电路输出信号的时延和脉冲宽度受驱动电路放大倍数和驱动电流的影响较大。一般而言，要提高调制速度，需要减小电阻值，同时增加电阻和驱动器功率。

此外，由于开关管栅极放电的原因，实际脉宽比输入存在一定的展宽，同时没有放电回路，后沿拖尾也比较严重，这对于比较窄的脉冲和负载较轻的应用状态影响较大。通过使用驱动调制和放电一体的多功能集成电路，以上问题便可以得到较好的解决。

（2）N-MOS 调制电路。

N-MOS 开关管的控制必须是正压开启，这要求另加一路辅助电源，使其浮动在工作电源之上，通过调制辅助电源打开或关闭开关管。这种驱动电路技术比较成熟。

图 11.22 所示为 N-MOS 调制电路原理图，驱动芯片将小信号的 TTL 调制信号进行放大，同时将电位抬高，使 T_G 调制电位高于 T_S 电位，$T_G - T_S = V_{CC}$，从而打开开启管，同时该电路允许串联另一个切尾管，控制在脉冲结束时将电路中的电荷放掉，实现快速放电的功能，从而实现快速下降沿的特性。应用静态电流足够大的功率晶体管作负载时，其短时间内可以完成放电，也可以只用一个开启管。

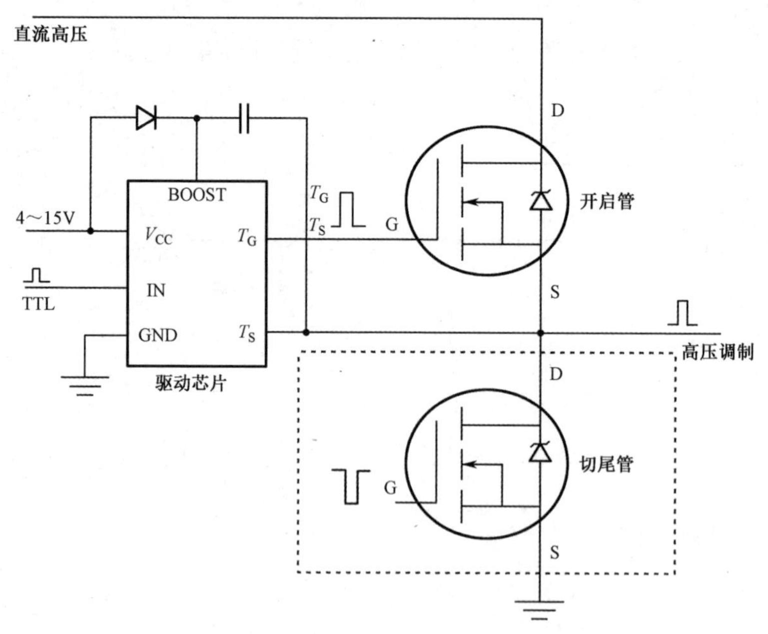

图 11.22　N-MOS 调制电路原理图

实际中常用的 P-MOS 和 N-MOS 两种开关管特点包括：①在相同功耗条件下，N-MOS 的内阻比 P-MOS 的内阻小一个数量级，其调制电流更大，速度更快；②即使 P-MOS 调制电路通过外围芯片进行放电，其放电电流和直接通过

N-MOS 进行放电的电流也是无法比拟的，所以 N-MOS 调制电路的调制沿远优于 P-MOS；③N-MOS 开关管本身的应用广泛程度远高于 P-MOS 开关管，其工作电压、调制功率等指标优于 P-MOS。两种调制电路的比较如表 11.6 所示。

表 11.6 两种调制电路的比较

比较项目	P-MOS 调制电路	N-MOS 调制电路
外围电路形式	简单	复杂，需要辅助电源
调制电压	几十伏	大于 100V
调制电流	几十安培	100～200A
内阻	几十毫欧	数毫欧
调制速度	百纳秒至微秒	数十纳秒

通过上面的分析，两种调制电路具有不同的优缺点，可以根据实际应用情况选择合适的电路。在高压、大电流应用中，N-MOS 调制电路效果明显优于 P-MOS 调制电路，因此微波高功率放大器的调制优选 N-MOS 调制电路，而对一些电流较小、开关压降影响不大的情况也可选用 P-MOS 调制电路。

6）GaN 微波功率放大器的稳定性

GaN 微波功率（简称微波功率）放大器稳定性的设计需要从信号源阻抗、负载阻抗等微波功率放大电路稳定性因素出发。微波功率放大电路适应环境温度变化、频率漂移、信号源阻抗和负载阻抗变化等因素，并维持微波功率放大器正常工作的能力称为微波功率放大电路的稳定性。

微波功率放大器的不稳定性主要表现为发生自激现象，即在无微波信号输入时，微波功率放大器的输出端口产生微波信号；当有微波输入信号时，微波功率放大器的输出信号不随输入信号的变化而变化。

微波功率放大器的不稳定性问题产生的原因一般有两种；一种是栅极偏置电路、漏极偏置电路及相关元器件引起的低频振荡；另一种是与微波功率放大器的匹配电路有关，即在一些频率点，由于匹配电路的阻抗失配现象引起的振荡。微波功率放大器出现严重振荡时可能会毁坏微波功率晶体管。

另外，在微波功率放大器测试试验过程中，消除自激的方法也有很多种：①检查偏置电路，选取合适的静态工作点；②栅极偏置电路添加小电阻，消除负阻；③添加偏置电路滤波电容，滤除直流偏置电源产生的寄生电磁波；④优化功放的散热条件，采用风冷或水冷的散热方法；⑤改善匹配电路，使电路匹配更完美；⑥检查层间接触，使 PCB 板充分接地；⑦检查各集总元器件的焊接等。

11.3.2 第三代半导体全固态雷达发射机系统设计

本节重点介绍第三代半导体全固态雷达发射机的主要组成、工作原理、主要技术参数、设计方法、设计要点及特殊考虑。

第三代半导体全固态雷达发射机可以明显提高输出功率、工作带宽和系统效率；更好地实现全脉冲信号工作，同时具有连续波、线性、脉冲、饱和等多种复杂模式及多波段一体化的工作能力；推动促进雷达的高密度、小型化、高机动性，推动在星载、弹载、机载、球载和车载等高机动平台上的应用；提高雷达等一体化电子系统的反侦察能力、抗干扰能力，以及高功率微波攻击能力；提高雷达系统环境适应能力、抗辐射能力和抗电磁脉冲的攻击能力。

十几年来，国内以 GaN 为主的第三代半导体全固态雷达发射机（简称全固态发射机）研制与应用得到了飞速发展。一方面全固态发射机输出功率不断大幅提升，另一方面全固态发射机的工作波段和工作带宽逐步提高，从最初的 P 波段、L 波段、S 波段，一直发展到 C 波段、X 波段甚至到 Ka 波段。以集中放大式高功率全固态发射机、有源相控阵雷达全固态发射机和以模拟相控阵雷达全固态发射机、数字相控阵雷达全固态发射机等形式广泛应用于各种平台及各个领域的雷达系统中。

从实际工程应用来看，GaN 微波功率器件的优势使得其几乎可以完全取代 Si 微波功率器件，在 X 波段以下的小功率应用领域，由于 GaAs 芯片与其他微波芯片具有可集成优势，使得 GaAs 微波功率器件作为发射机的推动级仍占有一席之地，但也仅限于输出不超过瓦级而已。

大功率全固态发射机仍然继续采用 Si 功率器件的是短波发射机，由于工作频率较低，而 GaN 功率器件的增益非常高，实际应用中的稳定性比较难解决，所以目前短波功率发射机仍然采用 LDMOS 功率器件。

从 200MHz 以上直到 X 波段甚至 Ku、Ka 波段，全固态发射机的主要功率器件都优先选用 GaN 功率器件，只是根据不同工作频率和功率要求稍有区别。

1GHz 以下大功率器件一般都是推挽型器件，输出功率可达数百瓦到千瓦以上，工作带宽随输出功率增加逐渐降低，一般在百瓦量级可以实现 2～3 个倍频程。小功率可以采用 MMIC 和预匹配功率器件，输出功率一般为数瓦至几十瓦，带宽可以实现数个倍频程。

L 波段至 S 波段低端的大功率器件一般为预匹配微波功率器件，平均输出微波功率可达百瓦，一般带宽可以超过 50%。中功率输出可以考虑 MMIC 微波功率器件，体积小，电路设计简单，带宽可以实现倍频程。

S 波段至 X 波段甚至 Ku、Ka 波段，微波功率器件一般为内匹配微波功率器件，输出平均功率从几瓦至百瓦，带宽可以达到 30%以上。中功率优先选择 MMIC 微波功率器件，带宽可以实现倍频程。

Ku 波段以上的工作频率，GaN 微波功率器件还没有大规模应用，实际工程中大量采用 GaAs 微波功率器件，由于功率限制和合成网络损耗，更多地采用分布式相控阵形式。

GaN 全固态雷达发射机（全固态发射机）主要技术参数包括以下七个方面。

1）输出功率

输出功率是全固态发射机系统最核心的指标，表示全固态发射机输出微波能量的大小，也决定了全固态发射机的成本及设计难度。具体包括输出平均功率和脉冲峰值功率，两者的比值为全固态发射机的工作比。GaN 功率器件不但提高了脉冲峰值输出功率，其工作比的大幅提升对系统平均功率提升的贡献更为显著。

2）工作频率及带宽

全固态发射机工作频率与选择哪种器件类型密切相关，GaN 微波功率器件的工作频率可以从 VHF 波段直到 W 波段。GaN 微波功率器件的带宽较 Si 微波功率器件有非常大的提高，有时可以达到倍频程以上，使得限制全固态发射机带宽的瓶颈不再是微波功率器件而可能是馈线系统和无源微波功率器件。

全固态发射机带宽是指实际工作频率范围，工作频率最大值与最小值之差根据全固态发射机输出功率下降幅度可以定义为 1dB 带宽和 3dB 带宽，即全固态发射机输出功率下降至 1dB 或 3dB 时的工作频率范围。

3）系统效率

全固态发射机的系统效率需要考虑整个全固态发射机系统的所有能耗，与微波功率放大器相比，还增加了电源转换、控制电路、功率合成甚至冷却等方面的损耗，所以全固态发射机的系统效率明显低于微波功率放大器的效率。

4）脉冲波形

GaN 全固态发射机的脉冲波形性能参数与 Si、GaAs 全固态发射机相比，除长脉冲顶降有改善外，其余参数相当。

5）输出频谱

GaN 全固态发射机的输出频谱性能参数与 Si、GaAs 全固态发射机的相当。

6）可靠性

GaN 全固态发射机系统的可靠性大幅提升主要是两方面原因，一方面是 GaN 微波功率器件自身可靠性具有优势，另一方面是由于 GaN 微波功率器件输出功率大、增益高，相同功率量级的全固态发射机使用的元器件数量大幅减少。

7）幅相一致性

幅相一致性是专门针对相控阵雷达发射机独有的技术参数，虽然相控阵雷达在发射通道中具有可单独修正相位功能的发射移相器，但这仅针对某一具体频率，对于宽带工作的全固态发射机而言，必须对独立的发射通道内的微波功率放大器幅相一致性提出具体要求。由于 GaN 微波功率放大器带宽性能优越，幅相一致性指标也具有明显优势。

下面简单介绍几种 GaN 全固态发射机。

1. GaN 集中放大式高功率全固态雷达发射机（集中放大式全固态发射机）

基于 GaN 的微波功率放大器是第三代半导体全固态发射机的核心部件，其优良的性能指标可显著地提升全固态发射机及雷达系统的威力等综合性能，同时可以通过简化或优化全固态发射机系统的组成以获取雷达整机体积、质量及能量消耗等系统优势。

GaN 集中放大式全固态发射机与以往传统集中放大式高功率全固态发射机一样，也采用多级合成的方式实现大功率输出，传统集中放大式高功率全固态发射机一般由前级微波功率放大器（前级放大器），前、后双工器，多个末级微波功率放大器（末级放大器），功率分配/合成网络，定向耦合器，发射电源，控制与保护和冷却系统等组成，如图 11.23 所示。

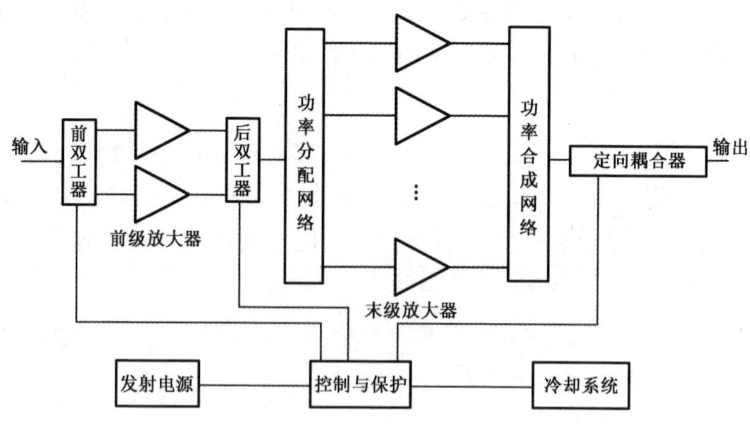

图 11.23　传统集中放大式高功率全固态发射机组成框图

下面主要介绍集中放大式全固态发射机的功率分配/合成网络、末级放大器、前级放大器、控制与保护、前后双工器、发射电源部分的工作原理、主要组成、设计方法、设计要点及特殊考虑。

1）分配/合成网络

集中放大式全固态发射机系统实际需求的功率往往远大于单个微波功率器件和放大器的能力，必须采用功率合成技术才能提供足够大的输出功率。功率合成技术的基本原理通常是指将一系列相同型号的微波功率放大器通过各类型的功率合成网络，在合成端口实现输出信号的矢量叠加，从而使最终输出功率远大于单一微波放大器的功率。微波功率合成技术自 20 世纪 60 年代起，经过多年的研究和改进，可归纳为芯片功率合成、外电路功率合成、空间功率合成、其他功率合成四类。

微波功率合成技术分类如图 11.24 所示。

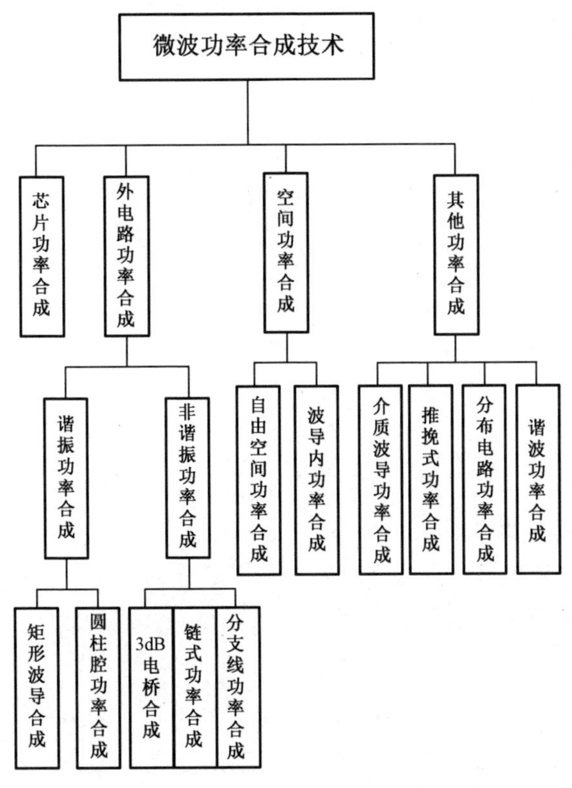

图 11.24　微波功率合成技术分类

芯片功率合成主要是在功率芯片或器件级实现功率合成，这是最基本的功率合成方式，当发射机功率较大，采用芯片功率合成无法实现时可以采用外电路功率合成（集中式合成）或者空间功率合成（相控阵合成）。下面对前两种合成方式的主要特点和应用进行介绍。

（1）芯片功率合成。

芯片功率合成一般是指将两个或两个以上的微波功率晶体管管芯通过串/并联等组合形式聚集在长度小于波长的散热基底上，然后与输入匹配、输出匹配电路连接，集成合成网络，从而获得较大的输出功率。芯片功率合成通常与微波功率器件内匹配和预匹配技术相结合进行。

芯片功率合成具有合成电路稳定，合成效率高，器件尺寸小，工作带宽较宽等优势。然而，随着输出功率的增大及工作波段的升高，该合成方式的局限性也逐渐体现出来：首先，随着微波功率晶体管管芯数量与合成路数的增加，其传输线距离也增加，增加的路径使信号在传输过程中的损耗变大，导致合成效率降低；其次，高频段时的工作波长变短，微波功率晶体管管芯的聚集面积也随之减小，各管芯之间产生的互扰对传输信号的影响也会使效率降低，同时缩小的面积使输入阻抗/输出阻抗的匹配也变得更加困难；再次，有限的面积及微波功率晶体管管芯聚集产生的热耗难以快速、有效地散发出去。除此之外，苛刻的工艺要求及材料的限制对芯片功率合成也存在一定的影响，所以想要依靠芯片合成对输出功率有大幅度提升还需要在外电路设计、半导体材料及加工工艺等方面力争新的突破。

（2）外电路功率合成。

外电路功率合成通常是指为了得到系统所需要的功率，选用合适的功率合成网络将两路或多路功率放大器单元组合进行功率合成。一般来说，外电路功率合成相对容易实现，主要是由于其被合成支路之间已完成了基本的隔离及匹配处理，同时可利用的空间也比较灵活。外电路功率合成主要分谐振式功率合成和非谐振式功率合成两种形式。

① 谐振式功率合成是将两路或多路功率器件的输出功率耦合至同一谐振腔中进行功率合成的方式。比较成功的应用是在毫米波高频段实现二极管器件的功率合成。

直接耦合方式的谐振式功率合成的优点是损耗低、合成效率高；缺点是其电路的品质因素高、工作频带窄，同时受谐振腔模式的限制，适用于合成路数较少的场合。

② 非谐振式功率合成是利用功率合成网络使两路或多路功率放大器单元通过合成获得合成输出功率。其优点是合成网络灵活多样、工作频带宽，各路之间的隔离度比较高，在一定程度上降低了系统的不稳定性。尤其是当选择对称形式的合成网络时，可进一步拓展带宽，提高幅相一致性，实现更高的合成效率。该合成网络主要有二进制功率合成、链式功率合成和直接多路功率合成三种。

外电路功率合成常用的功率合成和分配网络结构有威尔金森功分器、分支线耦合器、Lange 耦合器、环型耦合器四种。这四种功率合成网络都是基于 $\lambda/4$ 微带线实现的，具有较强的频率依赖性。

在实际的雷达发射机系统设计中，往往都需要综合采用两种或多种合成方式才能实现系统所需的高功率指标。一般来说，微波功率芯片均是合成式芯片，在具体雷达发射机系统应用时，都需要采用混合式功率合成方式，根据发射机系统的组成形式、工作频率、输出功率等综合考虑，如可依次选用芯片功率合成、外电路功率合成、空间功率合成或其他功率合成方式。

作为集中放大式全固态发射机的合成网络，由于合成后阻抗变比增加、带宽和功率容量的限制，单个发射机合成支路不能无限制地增加，根据工作频率限制在 8～16 路合成为宜，如果需要更大的功率指标，可以考虑多路发射机通过波导进一步合成实现。

2）末级放大器

末级放大器的设计首先考虑输出功率大小，其输出功率一般由多路微波功率晶体管合成实现，采用更大输出功率的微波功率器件意味着合成支路的减少，所以实际中尽量考虑采用大功率的微波功率器件实现末级放大器。由于随着频率的增加，微波功率器件的输出功率相应降低，同时受大功率接插件的耐功率限制，末级放大器的输出功率在 P 波段考虑最大 10kW 量级，S 波段为 2～3kW 量级，X 波段近千瓦级；其次需要考虑末级放大器的增益限制，末级放大器的增益如果太高，容易导致末级放大器不稳定现象发生，轻则出现杂散，重则使末级放大器产生自激甚至烧毁器件。

末级放大器原理框图如图 11.25 所示。

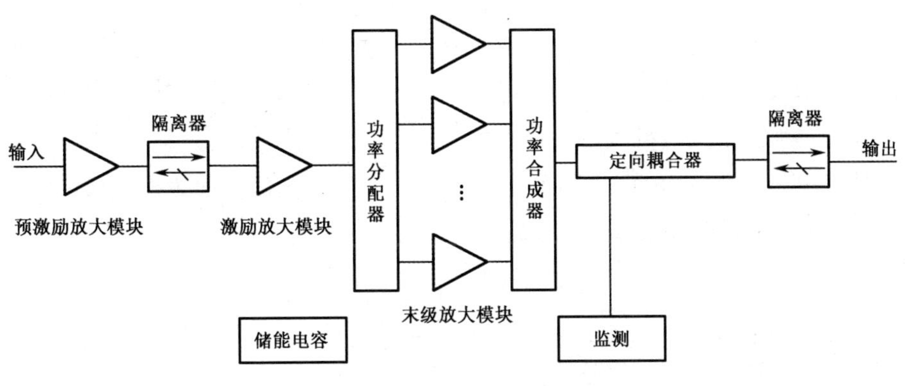

图 11.25　末级放大器原理框图

末级放大器中的功率合成器通常采用多级威尔金森合成电路或者串馈/合成方式，相比较而言，使用串馈/合成方式的体积较小，但对每条支路的耦合系数精度要求较高，一致性不易控制。串馈/合成网络支路耦合原理如图 11.26 所示。

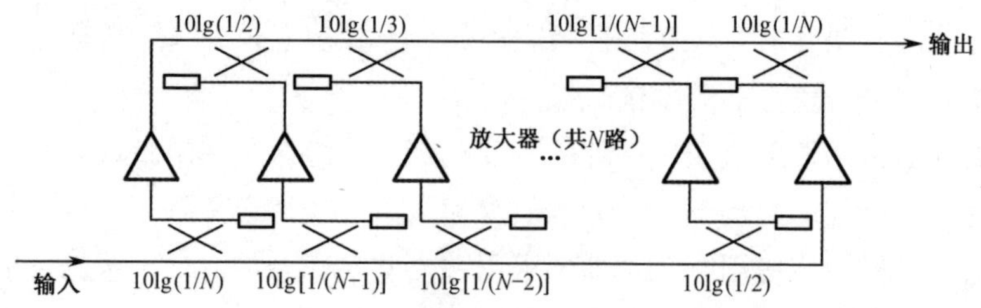

图 11.26　串馈/合成网络支路耦合原理图

集中放大式全固态发射机相对于 Si 微波功率器件发射机来说，体现出以下优势：

（1）GaN 微波功率器件的高增益和高输出功率使得末级放大器的设计大大简化，传统 Si 微波功率器件由于增益较低，当分配器的分配损耗及分配比与功放模块增益不匹配时，甚至需要考虑激励模块也进行功率合成，才能达到推动末级放大模块的目的。

（2）由于 GaN 微波功率放大器增益较双极微波功率器件高很多，级联级数相应减少，而由于级联产生的频带内起伏也大大降低，外加上 GaN 微波功率器件承受过激励能力增强，使得原 Si 微波功率器件放大器中普遍使用的带内均衡网络不再是必不可少的。

（3）GaN 微波功率放大器的工作带宽远远高于 Si 微波功率器件，限制微波功率放大器所需带宽的瓶颈可能已不再是微波功率器件，而是合成/分配网络或者隔离器的带宽限制了。

3）前级放大器

前级放大器也称为驱动放大器或前置放大器，其输出功率指标可以通过末级放大器的输入功率和分配网络损耗确定。一般而言，前级放大器的可靠性在整个集中放大式全固态发射机系统中占有很大比重，而输出功率量级的增加将使得微波功率放大器复杂性增加，可靠性降低，因此需要权衡考虑前级和末级放大器的输出功率和可靠性等指标要求。一般的前级放大器组成框图如图 11.27 所示。

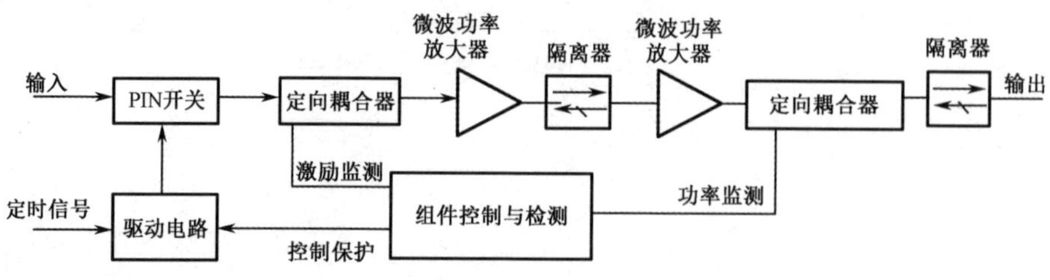

图 11.27　前级放大器组成框图

前级放大器的输入功率一般为毫瓦量级，因此第一级驱动模块常以 GaAs MMIC 为主；定向耦合器可以监测激励和输出是否正常，用以判断微波功率放大器是否出现故障，从而为是否需要双工切换提供信息；输出隔离器的功能一方面是保证前级放大器输出幅度和相位不受负载条件不同的限制而产生变化，另一方面避免输出能量全反射下损坏微波功率晶体管；驱动电路和 PIN 开关配合使用，可以保证送入微波功率放大器的脉冲信号宽度和工作比满足微波功率器件的要求，具体可以通过 PIN 开关截断多余微波信号，保证发射机正常工作。

4）控制与保护

控制与保护电路对功放组件和电源进行控制与保护，具有电流检测、温度检测、过流保护、过温保护、脉宽占空比保护和寿命记录等功能。

控制与保护电路主要包括可编程器件和对应驱动电路两部分，可编程器件对收到的监测信号和系统的控制信号进行逻辑处理，转换为指令，通过驱动电路放大后送至微波功率发射机中的各个部分。其主要实现的功能如下：

（1）脉宽占空比保护。保护电路对输入的调制信号电平进行检测，该信号与微波完全同步，通过脉宽占空比检测算法检测输入的脉冲占空比是否超出预设的门限值，如果超出将进行截断保护，并同时发送故障指示。

（2）电流检测。依赖于电路中高功率采样电阻，该电阻两端电压经过电平转换后与配置的电流门限值进行比较，当超过门限值时，就停止比较，保护电路将信号通路关断。

（3）温度检测。温度传感器输出的电压信号同步后用数字比较器与温度门限值比较，同时将实时温度值和过温时的温度值上报。

（4）工作指示。各级微波功率放大器中的定向耦合器将微波信号耦合后进行检波，检波电平的大小代表了微波功率放大器的工作是否正常，当检波电平低于预设的电平时，表示该放大器故障，需要进行更换，如果是前级放大器，还可以自动发出指令切换至另一路前级放大器工作。

5）前后双工器

集中放大式全固态发射机相较于真空微波管发射机最大的优势就是可靠性高，末级放大器中的微波功率晶体管少数失效对于系统影响非常小，但是如果前级放大器出现故障将导致整个发射机无法工作，因此对前级放大器的可靠性要求非常高。为避免此种现象的出现，往往在前级放大器前后设计同步动作的微波开关以实现双工器的功能。

前后双工器基本电路为双刀双掷的微波开关，前双工器微波开关一般采用 PIN 开关，该实现电路控制简单，速度快。而后双工器微波开关由于大功率的原因，普通PIN开关无法承受，一般采用大功率PIN管、微波机械开关、铁氧体开关来实现大功率的切换。各种微波开关的特点简单介绍如下。

PIN管开关：承受功率有限，大功率下多级损耗较大，但切换速度快。

微波机械开关：尺寸大小受工作频率限制，自身可靠性不高。

铁氧体开关：通过电流方向改变环流器方向实现大功率的切换，同样可靠性不高，带宽和隔离度稍差，优点是承受功率很大。

无论哪种开关，都不允许工作期间进行开关切换，因为大功率的微波信号有可能在切换瞬间，状态还未建立时使开关烧毁，因此实际双工器微波开关切换时，需要控制与保护电路进行配合，按照一定时序实现开关切换。

双工器前级微波开关切换的流程：在微波激励正常的情况下，若监测前级出现故障并无输出功率，通过驱动电路和PIN开关切断微波，前后双工器微波开关同步切换使另外一路放大器开始工作，实际中需要延迟一段安全时间后打开微波开关。

6）发射电源

集中放大式全固态发射机电源包括提供发射机微波功率放大器所有的发射电源，GaN微波功率器件的工作电压通常使用28～70V的直流电源，此外还有控制与保护电路所需的低压电源。在雷达工作期间，集中放大式全固态发射机电源负责提供所需的平均功率，但由于发射机是脉冲工作，脉冲间隔期间功率变化很大，需要外围储能电容进行充放电，具体原理为：在脉冲间隔期间，集中放大式全固态发射机电源为储能电容充电补充能量，当脉冲来临时，电容放电向微波功率放大器提供能量，储能电容的大小直接关系到微波输出脉冲顶降指标。

集中放大式全固态发射机的发射电源一般采用并联组合的形式，以提高整体可靠性，整个电源系统根据实际需求留有部分冗余，当其中一部或几部电源失效时，其余电源仍然可以满足使用要求，需要保证各电源之间的电流呈均流状态。

集中放大式全固态雷达发射机的主要优点如下：

（1）集中放大式高功率全固态发射机与天线阵面容易实现分离。对一些军用车载式雷达及地面固定式雷达，在发射机输出功率足够大时可以考虑将发射机放置于相对远离天线阵面的位置，此时与阵面连接的微波传输线需要选用低损耗传输线，这样布置可以提高雷达的战场生存能力。

（2）集中放大式全固态发射机的冷却设备布置在离开天线阵面一定距离的地方，可以有效预防敌方红外侦察和红外制导的反辐射导弹攻击。

（3）一般来说，集中放大式全固态发射机的制造成本相对比较低，尤其是低频段、中低功率的发射机本身组成比较简单，容易实现高效率。

（4）采用集中放大式全固态发射机的雷达系统的电磁兼容性优良，作为雷达系统最大能量源的发射机独立在其余小信号系统之外，对其余子系统的干扰非常小，即使有电磁兼容问题也很容易处理。

集中放大式全固态发射机主要缺点如下：

（1）集中放大式全固态发射机到天线阵面的传输线损耗比较高，使雷达系统的效率降低，尤其是在高功率、大规模阵面情况下，除传输线外，还包括功率分配网络、移相器等损耗将显著增加。

（2）集中放大式全固态发射机的微波传输线、功率分配网络和移相器需要承受高峰值功率和高平均功率，在增加设计难度的同时也增加了成本。

（3）集中放大式全固态发射机用于大规模阵面时，由微波传输线、功率分配网络和移相器高功率损耗带来的热耗散将引起天线阵面温度明显升高，必须考虑有效的阵面散热设计。

（4）集中放大式全固态发射机与分布式发射机相比，可靠性要低一些，尤其是高功率、高频段的应用场合，可靠性是一个需要重点考虑的问题。

2. GaN 有源相控阵雷达全固态发射机系统

GaN 有源相控阵雷达全固态发射机系统一般设计成两种形式：一种是在天线阵面的每行或每列布置行馈式或列馈式分布发射机，另一种是在天线阵面的 T/R 组件内布置微波功率放大器或发射组件，即完全分布式发射机系统。

GaN 有源相控阵雷达全固态发射机系统除分散布置在各个天线阵面的 T/R 组件中的微波功率放大器外，还需要有一个前级微波功率放大器用于为各个通道的微波功率放大器提供激励信号，此外对于大规模雷达阵面系统还需要增加一级子阵微波功率放大器。

GaN 有源相控阵雷达全固态发射机系统框图如图 11.28 所示。

GaN 有源相控阵雷达全固态发射机的微波功率放大链路主要包括微波功率放大器、功率分配器、移相器等馈线系统，其中的微波功率放大器与馈线系统的关系紧密，性能指标也相互影响。该发射机系统的激励信号经过前级微波功率放大器放大后，输出的信号经功率分配器分配给各个单元通道，再经子阵移相器移相后传送至子阵微波功率放大器和发射通道微波功率放大器放大。功率分配器与移相器是发射馈电网络中的主要部件，其传输损耗是低功率下的损耗，因此可以大大简化发射馈电网络与移相器的设计，同时整个发射机系统的效率也比较高。尤其是 GaN 微波功率器件输出功率高和功率增益高的优点，可以进一步简化或优化 GaN 有源相控阵雷达全固态发射机系统的组成。

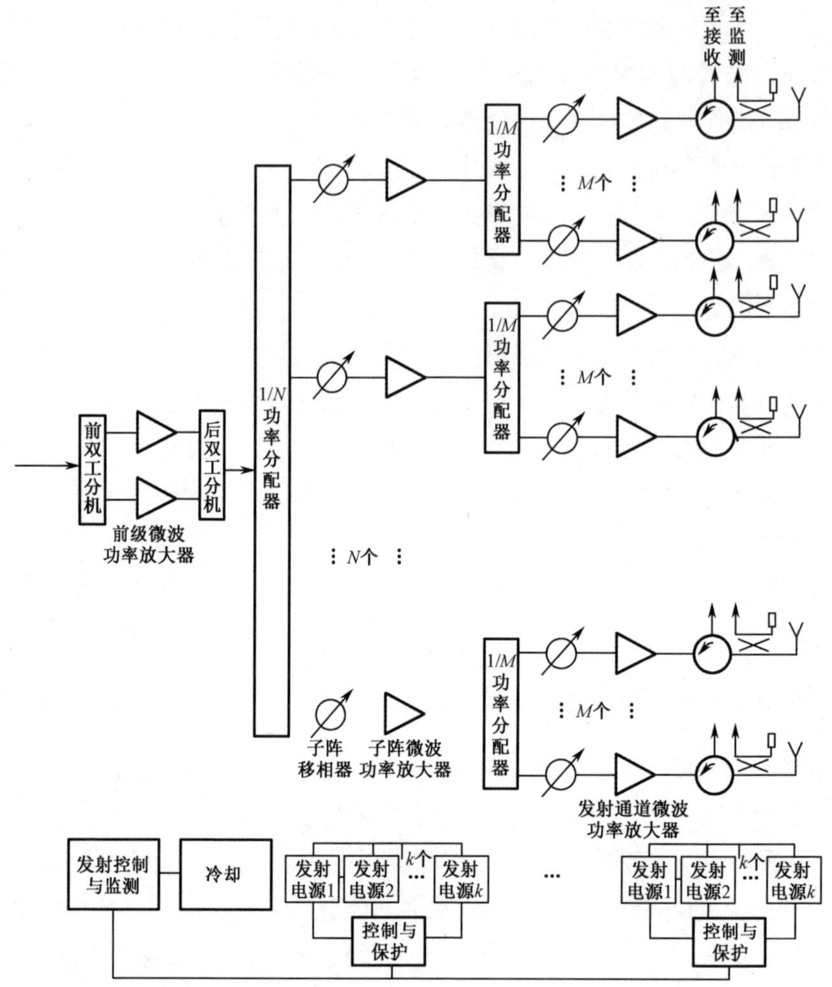

图 11.28　GaN 有源相控阵雷达全固态发射机系统框图

对于一些规模比较庞大的相控阵雷达系统，由于前级微波功率放大器的特殊性，其中一个部件的失效可能使微波功率放大器输出不正常甚至导致整个系统功能失效，因此前级微波功率放大器常采用双工工作方式以提高系统可靠性。

发射系统的供电常采用集中供电的方式，数个相同的发射电源并联后向阵面微波功率放大器供电，各个电源之间设计有均流电路，以保证各电源之间供电电流基本相同，由于电源并联工作设计有一定冗余，在一定数量的电源故障时仍能保证系统正常工作，可靠性显著提升。当 GaN 有源相控阵雷达发射及系统的功率特别大时，需要考虑大量电源开机瞬间对电网的冲击及数量巨大的电源并联引起的问题，可以将电源根据阵面子阵的形式划分为数个独立的区域，每个区域包含几个子阵的微波功率放大器。发射控制与检测、控制与保护可以单独监控发射电源的开关机和工作状态，并及时汇总至雷达系统。

GaN 微波功率放大器的工作电压比以往其他的微波功率放大器的工作电压有较大提高，相同输出功率情况下的电流也有比较大的下降，这对整个电子系统的电磁兼容性能起到了一定的积极作用。

GaN 有源相控阵雷达天线常常是收/发共用天线，因此收/发开关设置在单元功率放大器的输出端，通常采用无源环流器和极化器或者有源大功率开关。

GaN 有源相控阵雷达全固态发射机系统的优点是：

（1）可以通过空间合成获得 GaN 有源相控阵雷达全固态发射机系统所需的高发射功率。

对于大规模 GaN 有源相控阵雷达，在阵面内部布置了大量的 T/R 组件，可以在每一个 T/R 组件发射通道设计一部高功率 GaN 微波功率放大器，通过控制发射通道移相器实现空间高功率的合成。

（2）显著提高 GaN 有源相控阵雷达全固态发射机系统的效率。

GaN 有源相控阵雷达全固态发射机相对于无源相控阵雷达的集中放大式发射机，最大限度地减小了后者的高功率收/发开关、功率分配器、移相器及其他传输线等的损耗，等于显著提高了 GaN 有源相控阵雷达全固态发射机系统效率及发射机总输出功率。

（3）降低了传统馈线系统耐高功率的压力，简化了馈线系统的复杂性。

GaN 集中放大式全固态雷达发射机系统要求馈线具有耐高功率的能力，而 GaN 有源相控阵雷达的全固态发射机是由许多分布式微波功率放大器构成的，单部微波功率放大器的输出功率远远低于集中放大式全固态发射机的输出功率，从根本上解决了馈线系统耐高功率的问题。另外，GaN 有源相控阵雷达全固态发射机系统可将原本复杂的微波传输线系统简化，采用标准化及模块化设计，进行批量生产和测试。

（4）有利于规模化生产。GaN 有源相控阵雷达全固态发射机系统中的 T/R 组件的微波放大器数量多，品种少，可以满足实现模块化和通用化的生产条件，提高调试生产效率，大大缩短该雷达系统的研制周期。

（5）高可靠性和长寿命。GaN 有源相控阵雷达全固态发射机系统最重要的特点是弱化故障，当 5%以下的 T/R 组件微波功率放大器出现故障时，其雷达仍能保持系统性能工作，甚至出现更大比例的 T/R 组件失效时也只是雷达威力下降，并不会出现完全功能丧失的故障。同样，发射电源也是以多个电源并联的形式工作，在小比例的电源失效时，并不会影响整个雷达系统的正常工作。

GaN 模拟有源相控阵雷达全固态发射机设计实例如下：

P 波段超大型 GaN 有源相控阵雷达全固态发射机系统的原理框图如图 11.29 所示。

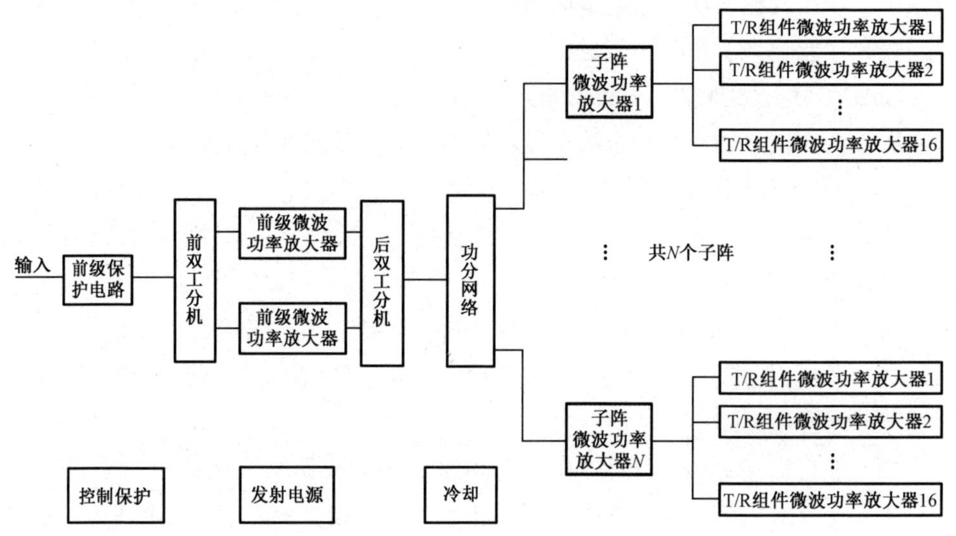

图 11.29　P 波段超大型 GaN 有源相控阵雷达全固态发射机系统的原理框图

该系统采用模块化设计，全阵面划分为 N 个子阵，每个子阵包含 16 个 T/R 组件微波功率放大器和 1 个子阵微波功率放大器，每 4 个子阵的 T/R 组件微波功率放大器由一组并联发射电源供电，当出现个别电源失效时也不会影响整个子阵的正常工作。整个发射机最前端采用双工工作的前级微波功率放大器为系统提供激励功率。

该发射机系统的设计要点和特殊考虑如下：

（1）稳定性。由于 GaN 器件在 P 波段增益非常高，如果在 T/R 组件内直接进行多级级联，其稳定性将可能大大下降，适当提高子阵微波功率放大器的功率，可以相应降低组件内微波功率放大器的增益，进而提升稳定性。

（2）可靠性。前级微波功率放大器的可靠性对整个系统而言非常重要，一方面采用双工工作的方式提高了可靠性，另一方面可综合分析和确定前级微波功率放大器的输出功率和可靠性的关系。一般前级微波功率放大器输出功率选择为百瓦量级。

（3）通道隔离度。P 波段频率较低，组件间通道隔离度受供电回路影响较大，单个微波功率放大器的馈电滤波需要重点关注。

此外，还要考虑馈线系统中耐功率器件的成本因素、生产线批量生产、调试与测试等因素。

集多种因素综合考虑，T/R 组件微波功率放大器输出功率确定为数百瓦，增益约为 30dB，采用两级级联 GaN 推挽器件实现；子阵微波功率放大器输出功率确定为几十瓦，增益为 26dB，采用两级 GaN 放大器级联工作和降低工作电压的方式来提高可靠性；前级微波功率放大器的输出确定为百瓦，由于激励信号只有毫瓦量级，增益需要 40～50dB 才能达到功率要求，采用 GaAs 器件外加两级 GaN 放大器级联工作，同样采用降压工作以保证其可靠性的要求。

某 X 波段 GaN 有源相控阵雷达全固态发射机系统的原理框图如图 11.30 所示。

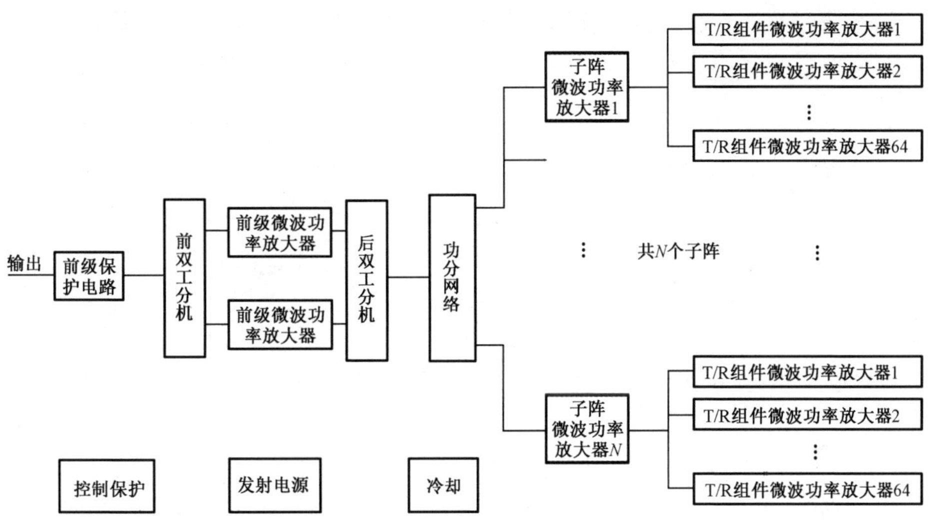

图 11.30　某 X 波段 GaN 有源相控阵雷达全固态发射机系统的原理框图

该系统设计要点和特殊考虑如下：

（1）X 波段阵面单元间距小，对组件的尺寸有严格要求，不适合采用大功率器件实现最终功率输出，实际中一般采用 GaN MMIC 器件，输出功率被限制在数十瓦以下。

（2）馈线系统中大量采用了芯片式移相器和开关，其耐功率的限制使得微波功率放大器的输入功率仅为毫瓦量级，放大链采用 GaAs MMIC 加 GaN MMIC 级联的方式来实现。

（3）每个子阵内的组件数量明显增加，一般为 64 个甚至更多，这种子阵式设计，易于进行批量生产和测试，可大大简化阵面系统的调试难度。

（4）由于频率提高，单元通道间的隔离主要受辐射空间的影响，因此在组件中采用了吸波材料来解决环路增益增加带来的问题。

综合多种因素考虑，X 波段组件输出确定为 10W，增益约为 40dB，采用

GaAs MMIC 推动 GaN MMIC 的方式，GaAs MMIC 与移相器开关集成一体设计；子阵微波功率放大器输出功率约为 1W，采用一级 GaN MMIC；前级微波功率放大器根据馈线损耗和分配比例计算得到输出约为 10W，利用双工分机工作以提高系统可靠性。

发射电源布置按照子阵分布进行划分，每个子阵配一个发射电源，与子阵进行一体化设计。

GaN 数字有源相控阵雷达全固态发射机系统设计实例如下：

GaN 数字有源相控阵雷达全固态发射机系统按照数字模块的通道数进行阵面划分，每个数字模块可以控制 N 个 T/R 组件中的发射通道及发射电源，其原理框图如图 11.31 所示。

由此可见，该系统组成中已没有了移相器和衰减器。时钟和本振网络取代了原有的微波网络，阵面构建的灵活性大大增加。

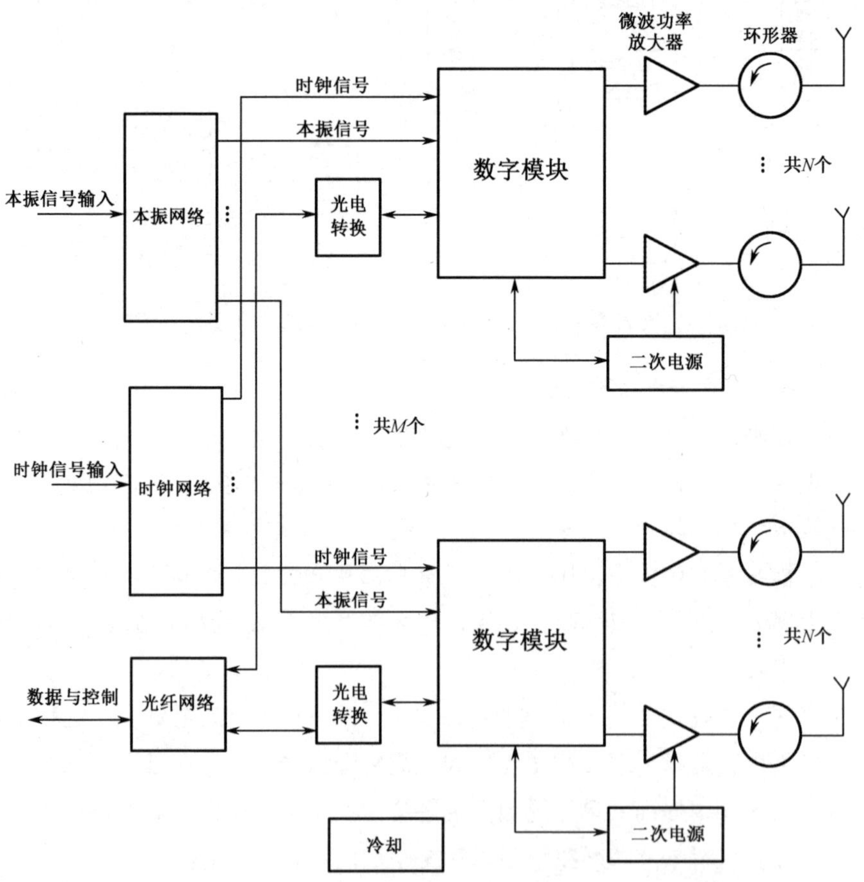

图 11.31　GaN 有源数字相控阵雷达全固态发射机系统原理框图

数字 T/R 组件是基于直接数字综合器（DDS）而实现的（频率较低的雷达系统可以直接产生微波），发射时通过光纤接收系统的控制信号，解调后在 FPGA 中经过运算送入 DDS。数字模块原理框图如图 11.32 所示。

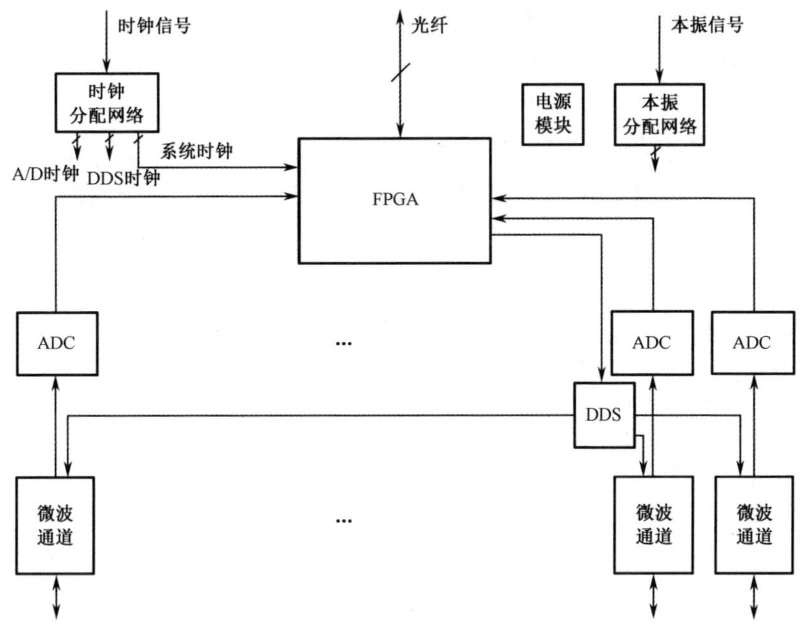

图 11.32　数字模块原理框图

控制信号外加时钟和本振信号进入微波通道，由 DDS 产生的基带信号经过混频后产生雷达发射激励信号，经过预激励、功放模块和环行器再传送到天线单元向空间辐射。数字式 T/R 组件中的发射通道原理框图如图 11.33 所示。

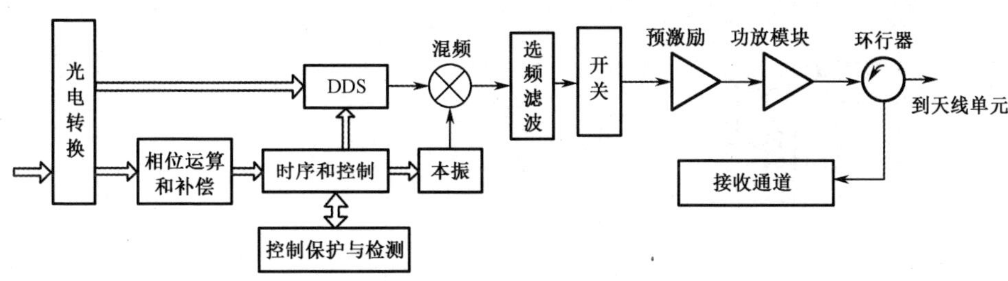

图 11.33　数字式 T/R 组件中的发射通道原理框图

GaN 有源数字相控阵雷达全固态发射机系统还有以下一些优点：

（1）GaN 微波功率器件的高电压、低电流的特性对组件的电磁兼容性有很大的改善作用，对于数字电路正常工作与抗干扰也有积极作用。

（2）GaN 微波功率器件的高增益特性降低了组件中微波功率放大器的级联数量，简化了微波功率放大器的设计。

（3）微波功率放大器的控制保护与检测功能由数字板中的逻辑芯片实现，其能力远远强于模拟组件相应的能力，使得数字 T/R 组件和微波功率放大器的故障诊断与健康管理性能显著提升。

同时，还需要重点关注以下几点：

（1）由于数字模块中 DDS 信号大小的限制，微波功率放大器的激励信号功率都很小，需要发射通道中微波功率放大器的增益都非常高，因此微波功率放大器的稳定性是需要重点关注的。

（2）数字 T/R 组件中集成了多种控制信号和大功率微波信号，电磁兼容性问题更加突出，使组件整体设计难度加大。

（3）数字模块尺寸大小及在处理数字带宽上的限制，决定了其在高频率和宽带时依然无法完全取代模拟组件。

某 P 波段单元级 GaN 有源数字相控阵雷达全固态发射机原理框图如图 11.34 所示。

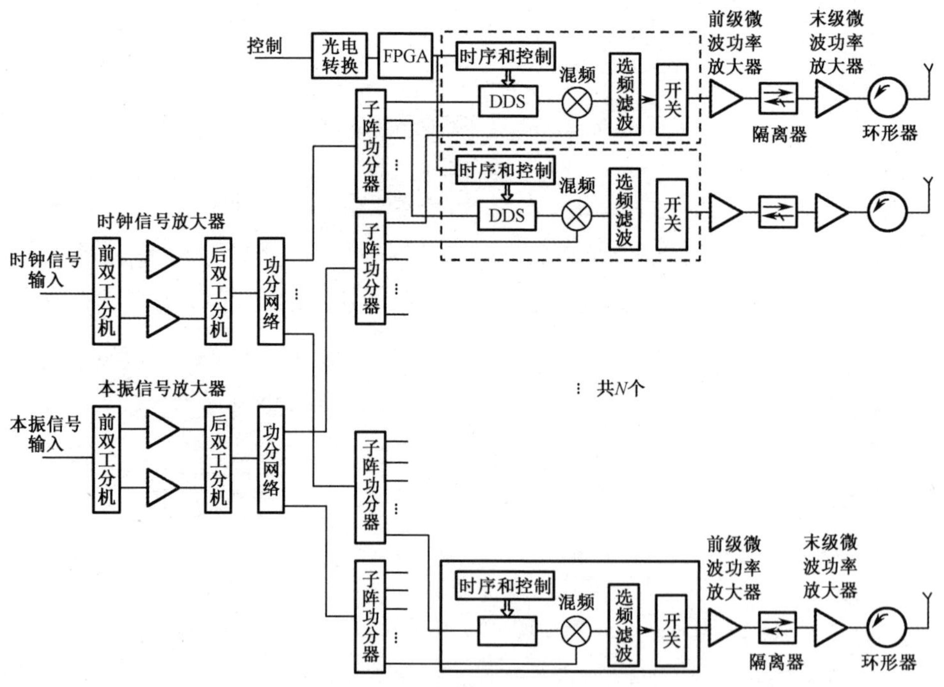

图 11.34　某 P 波段单元级 GaN 有源数字相控阵雷达全固态发射机原理框图

该发射机的设计要点和特殊考虑如下：

（1）由于该系统庞大，要求时钟和本振功率比较大，需要对时钟和本振信号进行阵面级放大，考虑可靠性因素，两个微波功率放大器都需要采用双工工作方式，同时两个微波功率放大器都是连续波工作，且对其频谱质量要求非常高。

（2）微波功率放大器激励信号是毫瓦量级，增益非常高，因此微波功率放大器的稳定性和组件的电磁兼容性设计难度很大。

（3）单个收/发子阵除数字组件外，还包含了发射电源，其电源的控制与监控也需要通过数字模块来实现。

综合考虑多种因素，P 波段数字组件微波功率放大器的增益约为 60dB，采用 GaAs MMIC 加两级 GaN 放大器级联实现，末级微波功率放大器采用大功率推挽电路，前级微波功率放大器中的晶体管调制采用 P-MOS 调制电路，末级微波功率放大器中的晶体管调制采用 N-MOS 调制电路。

参考文献

[1] 郑新. 三代半导体功率器件的特点与应用分析[J]. 现代雷达，2008(7)：10-17.

[2] 郑新. 新型半导体功率器件在现代雷达中的应用研究(Ⅰ) [J]. 半导体技术，2009(9)：828-832.

[3] 郑新. 新型半导体功率器件在现代雷达中的应用研究(Ⅱ) [J]. 半导体技术，2009(10)：937-941.

[4] 余振坤，郑新. SiC 宽禁带功率器件在雷达发射机中的应用分析[J]. 微波学报，2007，23(3)：61-65.

[5] Weitzel C E, Moore K E. Performance Comparison of Wide Bandgap Semiconductor RF Power Devices[J]. Journal of Electonic Materials, 1998, 27: 4.

[6] Choyke W J, Matsunami H, Pensl G. Silicon Carbide: Recent Major Advances[M]. Pittsburgh: Springer, 2003.

[7] 宋坤. 新型碳化硅微波功率 MESFET 结构设计及性能分析[D]. 西安：西安电子科技大学，2013：51-52.

[8] 张昇. 毫米波 GaN 基功率器件及 MMIC 电路研究[D]. 西安：西安电子科技大学，2019：16-17.

[9] 朱丽萍，何海平. 宽禁带化合物半导体材料与器件[M]. 杭州：浙江大学出版社，2016(9)：124.

[10] 张力江. 大功率氮化镓高电子迁移率晶体管可靠性研究[D]. 南京：东南大

学，2018：2-3.

[11] 田敬民. 宽禁带半导体金刚石材料与功率器件[J]. 半导体杂志，1995，9：40-46.

[12] 钱吉裕，魏涛，王韬，等. 高性能硅基微流道优化方法研究[J]. 电子科技大学学报，2020.

[13] Tuckerman D B, Pease R F W. High-performance heat sink for VLSI[J]. IEEE Electron Device Letters, 1981, 2(5)：126-129.

[14] 刘芳，杨志鹏，袁卫星，等. 电子芯片散热技术的研究现状及发展前景[J]. 科学技术与工程，2018，18(23)：163-167.

[15] 余振坤，刘登宝. S 波段宽带 GaN 芯片高功率放大器的实现与应用研究[J]. 微波学报，2011，27(2)：68-71.

[16] 葛园园，余振坤，梁东东，等. 电源调制电路在 T/R 组件中的应用与分析[J]. 现代雷达，2020，42(2)：71-74.

[17] Zheng X, Liu H. S-band Broadband High Power GaN Amplifier for Digital T/R Modules[C]. 2018 International Conference on Microwave and Millimeter Wave Technology, 2018.

[18] 赵正平，等. 宽禁带半导体高频及微波功率器件与电路[M]. 北京：国防工业出版社，2017.

[19] 张光义，赵玉洁. 相控阵雷达技术[M]. 北京：电子工业出版社，2006.

第 12 章

真空微波管雷达发射机新技术

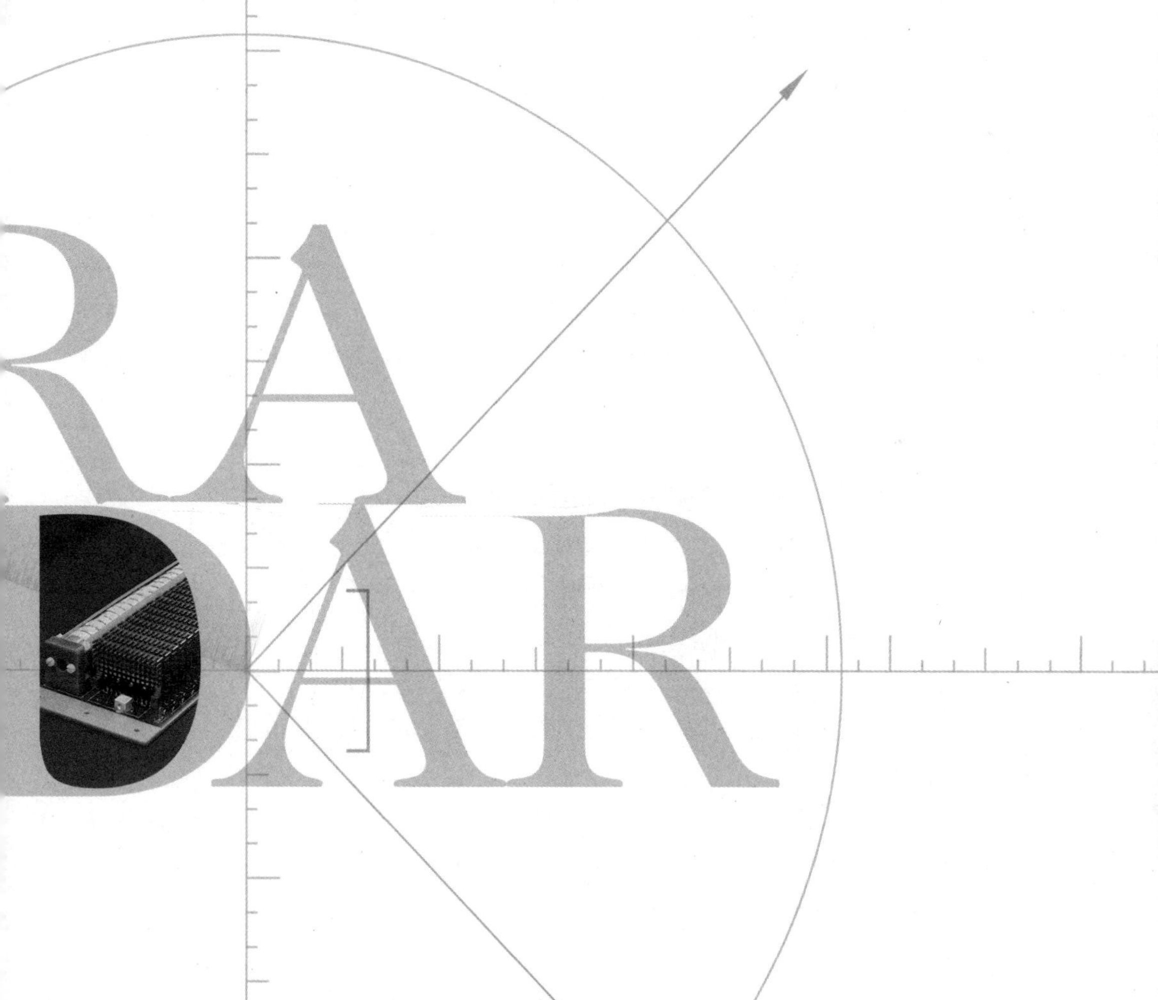

本章主要介绍真空微波管和发射机新技术的发展现状和工程应用，简述以行波管和回旋管为代表的毫米波真空微波管的特性、工作原理和实际应用。讨论毫米波真空微波管发射机、分布式空间合成真空微波管发射机和全固态脉冲调制器的指标要求、方案选择、设计方法和特殊考虑。针对真空微波管和发射机技术的新理论、新体制、新实践和雷达系统性能的提升进行分析、归纳总结和发展展望。

12.1 概述

进入 21 世纪以来，新一代高分辨率成像、目标特性测量等高性能雷达越来越朝向毫米波等高频段方向发展，同时，毫米波真空微波管的设计方法、制造工艺和测量技术也取得突破性进展，通过相关专业人员的努力，毫米波及太赫兹波段低端发射机研究取得重要突破并成功应用于实际工程中。此外，近年来，微型行波管、小型行波管及集成行波管的性能参数、工作寿命和可靠性等指标进步很快，分布式空间合成发射机系统也可以满足相关工程需求。新一代武器装备对雷达等电子系统提出了新的要求，进一步增强了探测威力，提高了探测精度，要求高功率发射机具有高频率、高集成、高效率和模块化等优良特性的同时，要具有输出长脉冲、宽脉冲和窄脉冲等复杂信号的能力。

毫米波真空微波管发射机常用的真空微波管主要包括毫米波行波管、毫米波回旋管和毫米波扩展互作用速调管（Extended Interaction Klystron，EIK）三大类。

（1）毫米波行波管。雷达发射机常用的有螺旋线行波管、耦合腔（折叠波导）行波管。螺旋线行波管具有优良的幅相特性且可实现宽带工作，Ka 波段螺旋线行波管带宽可覆盖 26.5～40GHz，脉冲功率可达数百瓦；耦合腔行波管特别是折叠波导行波管可以在较宽的频带内保证电子注与电磁波的同步条件，具有输出功率大、工作带宽宽等优点，W 波段折叠波导行波管带宽可达 10GHz，脉冲功率可达百瓦以上。

（2）毫米波回旋管。雷达发射机常用的有回旋行波管（Gyrotron Traveling Wave Tube，Gyro-TWT）和回旋速调管（Gyrotron Klystron）。回旋行波管兼具高功率、高效率和宽带工作的优势，其中 Ka 波段输出脉冲功率可超过 200kW，带宽可超过 4GHz；W 波段输出脉冲功率可超过 100kW，带宽可超过 8GHz。回旋速调管具有输出功率大、效率高等特点，但工作带宽与回旋行波管相比较窄，输出脉冲功率可达兆瓦量级，效率可超过 30%。

（3）毫米波扩展互作用速调管。它是一种将行波管宽频带和速调管高功率高增益技术结合起来的新型高功率真空微波管，具有互作用结构短和聚焦系统质量轻等优点。W 波段 EIK 输出脉冲功率可超过数千瓦，工作带宽可达数百兆赫兹。此外，目前用于毫米波高分辨雷达和视频合成孔径雷达（Visual Synthetic Aperture Radar，ViSAR）的太赫兹真空微波管主要是指工作波长在 1～2mm 的毫米波高端真空微波管。低端太赫兹真空微波管常用的有行波管和回旋管两类，太赫兹行波管由于工作频率高，通常采用折叠波导作为慢波系统，工作频率为 220GHz 的折叠波导行波管，输出脉冲功率可达 80W，带宽可达 10GHz。

随着现代精确物理模型和先进制造工艺的持续进步，新出现的微型行波管、小型行波管及集成行波管克服了一般行波管体积大、预热时间长和工作寿命有限等缺点，综合了高功率密度、高幅相一致性、宽带工作、高效率、低电压、长寿命和结构紧凑易集成等优点，适合于阵列化空间功率合成应用。

近年来，基于固态开关器件的开关速度、工作电压、功率容量等性能指标的快速提升，全固态高压高功率模块化脉冲调制器和高速高集成脉冲调制器技术也有了迅猛的发展。全固态脉冲调制器以 IGBT 作为核心开关器件，采用串联、并联、均压、模块化和组合化等技术，实现了可输出窄脉冲、宽脉冲和长脉冲等多种脉冲形式的高压高功率、长脉冲和高速高集成脉冲调制器，显著地提高了雷达发射机的性能指标、可靠性和可维护性。

在毫米波真空微波管和小型行波管、集成行波管设计、制造水平不断提高的同时，发射机技术的新理论和新体制也在不断发展，尤其是全固态脉冲调制器等发射机的关键核心技术的不断突破，奠定了发射机多功能广泛应用的技术基础。通过学习和掌握发射机的新理论、新体制和新技术，进行方案优化、器件应用技术提升和设计方法创新，实现了 Ka 波段高功率回旋管、宽带行波管发射机，W 波段高功率回旋管、宽带行波管、EIK 雷达发射机，太赫兹行波管发射机，分布式空间合成真空微波管发射机系统的成功研制，有力地推动了远程高分辨率成像雷达、目标特性测量雷达和视频合成孔径雷达的广泛应用。

12.2　毫米波真空微波管

毫米波是波长范围在 1～10mm（频率范围在 30～300GHz）的电磁波。位于无线电波谱中的微波与光谱中的远红外波相交叠的范围，兼有两种波谱的特点。其低端与厘米波段相邻，高端与红外波段相邻，兼具厘米波和红外波的特点。

毫米波雷达乃至更高频率的电子系统具有频谱宽、信息容量大、对等离子体的穿透性好、波束能量集中、测量灵敏度高、分辨率高和抗干扰能力强等特点。在精密跟踪、精确制导、反隐身等领域具有广泛的应用前景。毫米波雷达要求发射机具有高频段、高功率、高效率和宽带工作等特性。同时，随着固态微波功率器件的不断发展进步，电真空微波管在低频段应用场合被不断替代。而在毫米波和太赫兹波段，电真空微波管的输出功率、工作带宽和效率等方面的优势在很长一段时间内仍难以被超越，这也决定了向更高频率方向发展是电真空微波管一个明确的发展方向。

目前，电真空微波管已经在 Ka 波段和 W 波段研制成功并投入实际工程应用，特别是 Ka 波段的器件已经相当成熟。W 波段器件随着设计、加工、装配焊接、测试等技术的不断成熟，也正在越来越多的实际系统中得到应用，并为电真空微波管向太赫兹波段迈进奠定了基础。

毫米波真空微波管是毫米波发射机的核心器件，直接决定了发射机的性能和功能。传统的真空微波管，由于材料、结构、工艺等多种因素的影响，在毫米波段遇到了极大的挑战。高功率毫米波真空微波管研究的重点是探索新机理，采用新结构、新工艺，突破传统微波器件的限制。

毫米波和太赫兹技术的大多数应用研究，主要集中在 35GHz、94GHz、140GHz 及 220GHz、340GHz、650GHz 等大气窗口频段。雷达中常用的毫米波波段主要是 Ka 和 W 波段，以及太赫兹波段低端（220GHz）。

根据驻波互作用机理，毫米波真空微波管一般分为两类：一类是慢波器件，其高频结构内的电磁波的相速低于光速，通过电子注与电磁波相速同步获得驻波能量转换；另一类则是快波器件，其高频结构内的电磁波的相速高于光速，基于电子回旋脉塞不稳定性，实现回旋电子注与快波场能量交换。雷达发射机中常用的毫米波慢波器件有螺旋线行波管、耦合腔行波管和 EIK，常用的快波器件主要是回旋管。

下面对一些常用毫米波真空微波管的工作原理、性能和特点进行介绍。

12.2.1 Ka 和 W 波段真空微波管

当器件工作在毫米波段时，因为共度效应的影响，使器件的尺寸变得更小。小尺寸结构一方面导致行波管制造不适合采用传统加工方法，另一方面意味着电子注通道变小，在相同的电流密度下，能够允许通过的总电流变小，这将直接导致器件的输出功率降低。螺旋线行波管及耦合腔行波管的发展遇到了瓶颈问题，尤其是螺旋线行波管中，细微的螺旋线内径、脆弱的慢波结构和热传导问题，使输出功率和工作频率难以提升。全金属慢波结构的耦合腔行波管，能承受高功率容量，可以在更高的频段工作，是目前可以实用的大功率毫米波行波管。但毫米波行波管的休斯结构耦合腔加工精度高，装配误差要求严格，对工艺一致性要求非常高的腔片加工和组装使得这类毫米波行波管生产难以实现。

常用的 Ka 和 W 波段真空微波管主要包括毫米波行波管、毫米波回旋管和毫米波扩展互作用速调管三大类。

1. 毫米波行波管

行波管是线性电子注微波功率放大器件，是一种广泛应用的可多频段工作的宽带中、大功率器件。行波管的电子注受到慢波结构上电磁场的调制作用，输入慢波结构的电磁波能量，以行波形式沿慢波结构传播并与电子注进行互作用，使电子发生群聚。电子在与电磁场进行互作用的过程中，处于减速场的电子，将能量与电磁波的能量进行交换，实现电磁波功率的放大。行波管工作的关键是使电子注和电磁波保持速度同步。详见本书第 2 章相关内容。

行波管由电子枪、慢波系统、输入/输出能量耦合装置、聚焦系统和收集极组成。

（1）电子枪。电子枪用于产生符合要求的电子注，并将其加速至比电磁波相速稍快的速度。

（2）慢波系统。慢波系统降低电磁波的轴向速度，使其速度比电子注稍快，从而实现电子注与电磁波能量充分而持续的交换，并放大电磁波信号。通常采用加入集中衰减器的方法，抑制振荡，提高行波管工作的稳定性。

（3）输入/输出能量耦合装置。输入/输出能量耦合装置用于电磁波的输入和输出，一般有同轴和波导两种结构形式。功率较高且工作带宽要求不高时采用波导结构，而低功率及工作带宽较宽时采用同轴结构。

（4）聚焦系统。聚焦系统保证电子注在通过慢波结构时，既紧靠慢波结构又不发散，并与电磁波充分交换能量。

（5）收集极。收集极是用于收集完成注-波互作用后仍具有一定速度的电子注，并将电子动能转化为热量。为了提高行波管效率，可以采用一级或多级降压收集极。

随着工作频率的升高，尤其到毫米波及以上波段，行波管的设计、加工制造和性能指标的实现面临以下挑战：

（1）电子注通道变小，使电子光学系统设计难度变大。毫米波行波管电子注半径变小，电子枪的面积压缩比变大，电荷空间作用力增大，同时慢波系统尺寸变小，电子注聚焦难度增大。毫米波行波管由于对电子注层流性、阴极发射均匀性和高频结构尺寸要求更高，需要提高加工及装配精度。另外，电子注通道变小将影响微波功率的进一步提高。

（2）返波振荡问题加剧。抑制返波振荡主要有快波抑制、谐振损耗、相速渐变等方法。其中，快波抑制法是通过设计使螺旋线中的返波相速和电子注的快空间电荷同步，实现快空间电荷对返波振荡能量的吸收；谐振损耗法是在螺旋线的夹持杆上设计有损曲折线，其谐振频率与返波振荡频率一致，加入随频率而变的衰减，使曲折线不断耦合吸收返波能量，但由于损耗较大可能会引起功率下降；相速渐变法是通过改变螺旋线的直径和螺距的方法来抑制返波振荡。

（3）散热能力限制了功率的提高。影响螺旋线行波管热传导的主要因素是螺旋线与夹持杆及夹持杆与管壳间的热阻。螺旋线一般有复合管壳、变形和热膨胀等多种夹持方法，导热能力最好的是复合管壳夹持方法。焊接螺旋线与夹持杆、夹持杆与管壳可有效降低热阻，大幅提高热传导能力，但需要解决工艺问题。随着计算机仿真能力和工艺水平的提升，借助计算机仿真工具，可显著地改善行波管的散热能力。

根据慢波结构的不同，毫米波行波管大致可以分为螺旋线行波管、耦合腔行波管和折叠波导行波管 3 种。这 3 种慢波结构行波管的工作频率、带宽和输出功率具有各自的特点。螺旋线行波管输出功率量级较低，但可超宽带工作；耦合腔行波管输出功率量级较高，但工作带宽较窄；折叠波导行波管工作频率较高，在毫米波高端更容易实现大功率输出。下面重点介绍毫米波螺旋线行波管和毫米波折叠波导行波管。

1）毫米波螺旋线行波管

螺旋线行波管属传统结构行波管，具有较宽的工作带宽，在毫米波段有着广泛的应用前景。螺旋线行波管的结构示意图如图 12.1 所示。

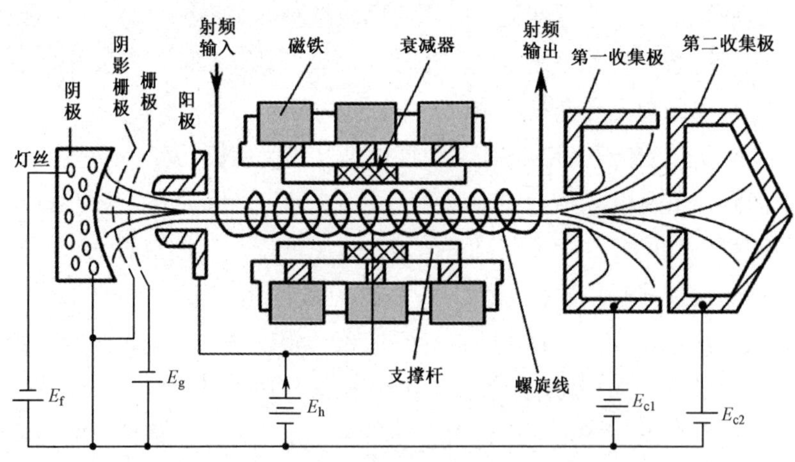

图 12.1　螺旋线行波管的结构示意图

螺旋线行波管的慢波系统由螺旋金属丝构成，几乎没有色散。合理设置行波管工作电压，满足注-波互作用所需的同步条件，使电子注的色散曲线与电磁波的色散曲线大部分重合，在较大的频率范围内更好地完成注-波互作用，实现宽带工作。

螺旋线行波管的固有结构和组成，决定了其散热性能很弱和功率量级低。随着工作频率的不断提高，螺旋线半径不断变小，进一步限制了螺旋线行波管的散热能力和功率量级。

同时，螺旋线行波管的螺旋线结构基本属于直通状态，易出现返波振荡，需要通过截断螺旋线和加载衰减器抑制振荡。

宽带毫米波行波管相对于低频段行波管具有更宽的绝对带宽，但在相同的功率量级上存在更高的电压击穿风险，需要选择较低的工作电压，以适应更大电子注半径和螺旋线半径。当其在毫米波甚至更高频段工作时，共度效应更加明显，慢波结构尺寸变得更小，传统加工方法无法实现，需要采用深反应离子蚀刻技术、微机械加工和紫外光刻、电铸、注塑等加工方法。

目前，在 Ka 波段采用圆螺旋线行波管的开发技术已较为成熟。2012 年，美国 L3 公司和美国海军研究所联合开发的空间行波管，在 18～40GHz 频率范围内，连续波输出功率达到了 130W，在 18～38GHz 频率范围内输出功率达到了 200W；2014 年，国内科研院所研制的 Ka 波段高功率行波管，连续波输出功率达到 250W，带宽达到 2GHz，在 30～40GHz 频率范围内，输出功率达到 150W。

当工作频率达到 W 波段时，精确加工圆螺旋线行波管的三维结构比较困难，加之工作频率达到 W 波段时，电子注通道迅速减小，使圆螺旋线行波管在毫米波高端应用受限。

一般来说，通过增加电子注电流密度可以提高行波管的输出功率，但传统的圆形电子注的空间电荷效应，会使电子注分散，限制输出功率的提高。一种有效的办法是采用带状电子注的平面慢波结构。带状电子注可以解决空间电荷力的问题，进而增大电子注电流，提高行波管输出功率。带状电子注行波管的平面结构更适合采用微加工等精确加工技术，使之适合毫米波波段工作。

2）毫米波折叠波导行波管

在低频段应用非常广泛的螺旋线行波管具有很宽的工作频带，甚至达到 2 个以上倍频程。随着工艺和材料的发展，制作技术的完善，其功率进一步得到提高。但是螺旋线行波管固有结构的散热能力不足，限制了输出功率的进一步提高。而全金属慢波结构的耦合腔行波管可以较好地解决散热能力不足的问题，与螺旋线行波管相比，其输出平均功率和脉冲功率都有较大提高，甚至可以高出一个数量级，但是耦合腔行波管存在色散大、带宽窄等缺点，相对带宽值一般在 10%左右。

折叠波导行波管的慢波系统可以保证电磁波在较宽的频带与电子注同步，它的优点是输出功率大、工作带宽宽。折叠波导又称曲折波导，属于新型全金属慢波结构，可以在较宽的工作频带内实现大功率输出。折叠波导结构机械强度高、容易加工。1979 年，美国斯坦福大学率先开展了折叠波导慢波结构的相关研究工作，引起了国内外对折叠波导的关注。美国 Litton 公司开展了整体极靴式折叠波导行波管的研究，将折叠波导中的隔板延伸形成极靴，实现了低电压、大电流的电子注聚焦和良好的散热性能，显著地提高了折叠波导行波管的输出功率。1993 年，美国 Litton 公司研制成功了 Ka 波段整体极靴式折叠波导行波管，电子注电压 20kV，电流 0.75A，输出平均功率大于 250W，瞬时带宽达到 350MHz。2002 年，美国 Northrop Grumman 公司研制了采用周期永磁聚焦的 W 波段小型化折叠波导行波管，在 90～100GHz 的频率范围内，连续波输出功率为 50～100W。目前，国内科研单位研制成功了 W 波段折叠波导行波管，在所需的带宽内实现了 200W 的脉冲功率输出，当 Ka 波段折叠波导连续波行波管工作于 34.5～37GHz 时，输出功率超过 60W；当脉冲行波管工作于 32～35GHz 时，峰值输出功率达到 600W 以上。

折叠波导行波管结构示意图如图 12.2 所示。

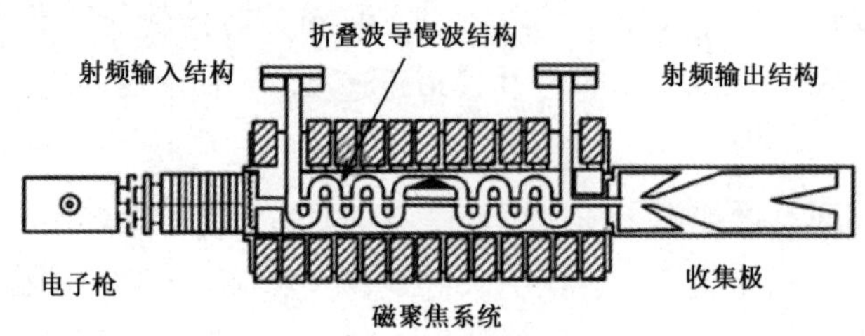

图 12.2　折叠波导行波管结构示意图

折叠波导行波管的工作原理为：由电子枪产生电子注，通过聚焦系统的作用，在电子枪到收集极之间聚焦。输入装置将电磁波信号耦合进折叠波导慢波结构，电磁波信号在折叠波导慢波结构中曲折前行，相速得到降低，同时电子注在折叠波导慢波结构中向前运动，发生能量交换，实现电子群聚。大部分电子处于减速场，向电磁波交出能量，从而完成对输入电磁波信号的放大。折叠波导行波管的工作带宽比耦合腔行波管的带宽宽，比螺旋线行波管窄；折叠波导行波管输出功率比螺旋线行波管大，比耦合腔行波管小。折叠波导慢波结构具有以下优点：

（1）折叠波导具有全金属结构的特点，散热性能、结构强度和抗振能力都比较优良。

（2）折叠波导属于二维结构，易于制造和装配，一致性好，适于大规模批量生产。

（3）折叠波导可以采用微细加工工艺制造。通过微细加工，可以大幅度提高折叠波导结构尺寸的精度和改善表面粗糙度，显著降低损耗，并提高行波管的可靠性。

为改善行波管工作性能，国内外学者相继在变周期折叠波导、光子晶体折叠波导、过模折叠波导等方面开展了相关的理论研究，并提出了一系列新型的折叠波导结构。在常规的等周期折叠波导慢波结构中，返波可能引起行波管振荡，影响行波管工作稳定性。可以采用变周期结构对返波振荡进行抑制，以及改善电路的传输特性。

2. 毫米波回旋管

回旋管是基于电子回旋脉塞不稳定性机理进行工作的一类快波器件。20 世纪 50 年代末，澳大利亚天文学家 R. Q. Twiss、苏联学者 A. V. Gaponov 和美国科学家 J. Schneder 各自独立提出了电子回旋受激辐射的概念。20 世纪 60 年代，美国物理学家 J. L. Hirshfield 与苏联学者 A. V. Gaponov 各自用实验证实了电子回旋脉塞受激辐射机理，为回旋器件的发展奠定了理论基础。1964 年，苏联科学院应用物理研究所研制成功大功率的毫米波段回旋管，并进行了测试，该管在工作频率为 10GHz 处获得了 6W 的连续波输出功率。

回旋管结构示意图如图 12.3 所示，其主要包括磁控注入式电子枪、磁场线圈、驻波互作用腔体、电子注收集极及微波耦合输出结构五个部分。

（1）磁控注入式电子枪的作用是在电场作用下，发射具有横向初始速度的空心电子注。

（2）磁场线圈的作用是产生轴向磁场，约束电子注的运动。不断增长的轴向磁场具有收敛性和绝热压缩作用，径向压缩电子注，并将电子注的横向动量进一步增大。

（3）驻波互作用腔体是电磁波和电子注相互作用并进行能量交换的场所。

在驻波互作用腔体内，电子的运动可分解为拉姆（Larmor）回旋和轴向运动，若电子沿着磁场方向的轴向速度为 $\boldsymbol{v}_z$，电子围绕各自引导中心的横向速度（拉姆回旋速度）为 $\boldsymbol{v}_\theta$，则电子回旋拉姆半径 r_{L} 为

$$r_{\mathrm{L}}=\frac{\boldsymbol{v}_\theta}{\Omega} \tag{12.1}$$

式（12.1）中，Ω 是电子回旋频率，即

$$\Omega = \frac{eB}{m_0 \gamma} \qquad (12.2)$$

$$\gamma = \frac{1}{\sqrt{1 - \boldsymbol{v}^2 / c^2}} \qquad (12.3)$$

式中，γ 是考虑电子速度的相对论因子，e 是电子电荷绝对值，B 是磁场强度，m_0 是电子的静止质量，c 是真空中的光速，$\boldsymbol{v}$ 是电子速度，由横向速度 $\boldsymbol{v}_\theta$ 和轴向速度 $\boldsymbol{v}_z$ 矢量合成，即

$$\boldsymbol{v}^2 = \boldsymbol{v}_\theta^2 + \boldsymbol{v}_z^2 \qquad (12.4)$$

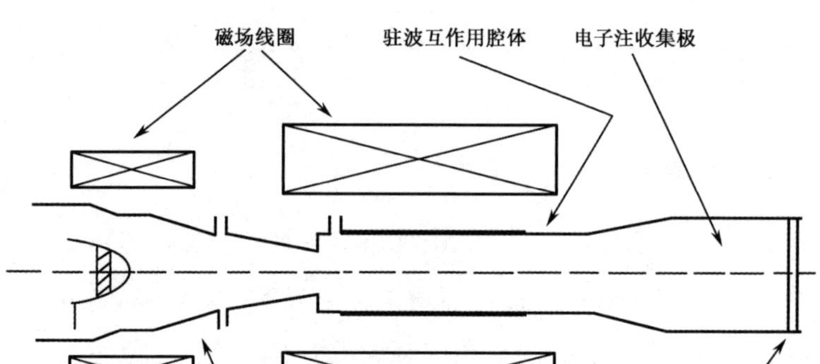

图 12.3 回旋管结构示意图

（4）电子注收集极的作用是用于收集完成电磁波互作用和能量交换后的电子注。

（5）微波耦合输出结构是将互作用腔体中产生的电磁波向外辐射。

回旋管的基本工作原理如下：磁控注入式电子枪的环形阴极发射的环形空心电子注，在电场和磁场的共同作用下，开始进行初始回旋运动。环形空心电子注中的电子运动，可分解为轴向运动，轴向速度为 $\boldsymbol{v}_z$；横向运动，横向速度为 $\boldsymbol{v}_\theta$。初始的电子横向能量较小，经过轴向磁场过渡区，环形空心回旋电子注受到绝热压缩，回旋能量越来越大。当电子的轴向速度和横向速度之比达到要求时，环形空心回旋电子注进入驻波互作用段，通过互作用，环形空心回旋电子注横向群聚，与电磁波交换能量。假设所有电子具有相同的轴向能量和横向能量，这些电子做相同的横向回旋运动，回旋中心处于半径为 $r_{\rm L}$ 的圆周上。

在各自回旋轨道内都有电子在做回旋半径与初始回旋频率相同只是相位不同的回旋运动，研究回旋电子与高频场的互作用，只需要观察 3 个典型电子，如图 12.4 所示。

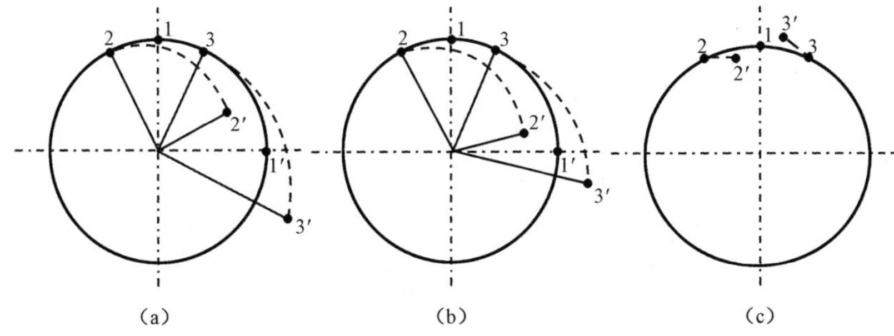

图 12.4　回旋管中电子的横向群聚

假设 1 号电子位于电磁波场的零相位，电磁波场作用于它的力为零；2 号电子位于减速场；3 号电子位于加速场。经过一段相同的时间后，不受电磁波场作用力的 1 号电子，作等速圆周运动到达1′位置，其圆周半径为r_L；受电磁波场作用力的 2 号电子减速而失去能量，相对论因子γ值减小，Ω值增大(即回旋变快)，回旋半径减小；受电磁波场作用力的 3 号电子，加速而能量增加，相对论因子γ值增大，Ω值减小（即回旋变慢），回旋半径增大。

图 12.4（a）所示是未考虑相对论效应的电子横向群聚，图 12.4（b）所示为考虑相对论效应的电子横向群聚。由于相对论效应，1 号电子作半径为r_L的等速圆周运动，2 号电子从圆周的内部靠近 1 号电子，3 号电子从圆周的外部靠近 1 号电子。在图 12.4（c）所示的运动坐标系中观察电子运动，以 1 号电子为群聚中心形成横向群聚。如果电磁场的角频率ω与电子初始的回旋频率Ω相等，加速的电子数与减速的电子数相等，则电子与场之间的净能量交换为零；如果$\omega<\Omega$，电磁场的旋转速度低于电子的旋转速度，此时电子的群聚块处于加速场中，受到加速的电子数多于减速的电子数，电子注从电磁场获得能量，则电磁场能量衰减；如果$\omega>\Omega$，电磁场的旋转速度高于电子的旋转速度，此时电子的群聚块将处于减速场，受到减速的电子数多于加速的电子数，电子注失去能量，则电磁场能量增加，电子回旋频率Ω增加，$\omega-\Omega$值减小。尽可能使群聚电子在作用过程中处于减速场，从而不断向电磁场交出能量实现微波振荡或放大。由于相对论效应，电子回旋脉塞器件利用电子注与电磁场的互作用，形成电子横向群聚，使电子注与电磁场发生净能量交换。这里所说的电磁场既可以是行波场，也可以是驻波场。

回旋管器件具有相对简单的结构和较小的体积，可实现很宽的工作频率范围，在毫米波电磁频谱应用领域起着重要的作用。回旋管器件在毫米波及太赫兹波段，既可以输出高峰值脉冲功率，也可以输出连续波功率。

历经多年的发展研究，回旋管单管在性能指标等方面取得了连续波功率为

1MW、脉冲功率为2.2MW和工作频率为1.3THz的突破，同时在高电流密度电子注的产生、高次模驻波互作用、准光模式高效率转换和收集极等关键技术方面取得了很大进步。未来，回旋管的主要发展方向如下：

（1）更高的连续波输出功率。重点研究圆柱腔在更高阶模工作、更优模式同轴腔和多电子注等技术。

（2）更高的工作频率，向太赫兹波段拓展。

（3）更有效的调谐能力，未来的回旋管需要具备宽带阶跃调谐能力。

（4）更高的效率和稳定性。重点研究高效互作用、多级降压收集极及冷却系统优化等。

毫米波雷达系统常用的回旋管有回旋行波管和回旋速调管。回旋行波管兼具高功率、高效率和宽带工作的优势；而回旋速调管虽然输出功率大、效率高，但工作带宽与回旋行波管相比比较窄。

1）回旋行波管

回旋行波管在毫米波及太赫兹波段具有高功率、宽频带的特点，是远程毫米波高分辨率成像雷达发射机的首选大功率毫米波微波真空管。回旋行波管结构示意图如图12.5所示，其主要包括双阳极磁控注入电子枪、输入窗、驻波互作用高频结构、输出渐变耦合器、收集极和输出窗。

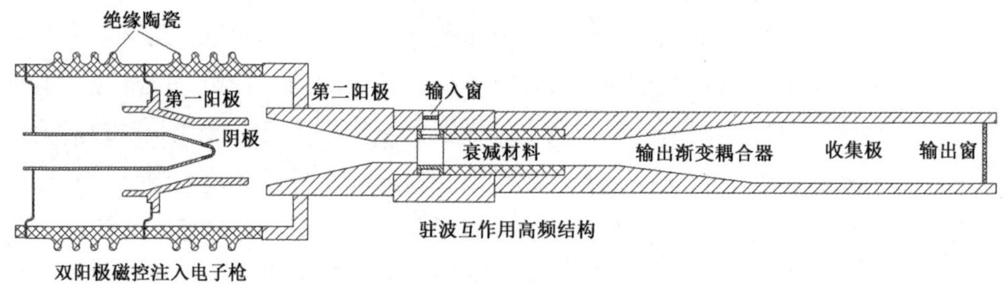

图12.5　回旋行波管结构示意图

回旋行波管的双阳极磁控注入电子枪具有两个阳极，第一阳极是调制阳极，用于控制电子注的参数调节，第二阳极是加速阳极，主要起电子注加速的作用。第一阳极和第二阳极之间采用绝缘陶瓷隔离。电磁波信号通过真空密封的输入窗进入回旋行波管。电子注和电磁波在驻波互作用高频结构内部进行驻波互作用并发生能量交换，电子注剩余能量经输出渐变耦合器被收集极吸收，同时经过能量交换被放大的电磁波信号通过输出窗传输给负载。在回旋行波管外围加有三段磁体，分别是调节电子枪磁场的电子枪磁体，提供电子注和电磁波换能同步条件的互作用磁体，收集电子注的收集极磁体。

双阳极磁控注入电子枪发射的空心螺旋电子注，被电子枪磁体的磁场绝热压缩后，空心螺旋电子注的横向能量增强，在电子注和电磁波满足互作用同步条件时，电子注和电磁波发生能量交换，加速场区域的电子注横向能量增加，相对论因子值变大，回旋变慢，频率降低，相位滞后；减速场区域的电子注横向能量降低，相对论因子值变小，回旋变快，频率升高，相位超前。电子注形成横向群聚块，当其在加速场时，电子注获得能量，电磁波失去能量；当其在减速场时，电子注失去能量，电磁波获得能量，微波信号被有效放大。

20 世纪 70 年代，苏联、美国等国家开展了回旋行波管的理论研究，并进行了大量的实验，发现器件的自激振荡是影响回旋行波管性能的主要因素。20 世纪 90 年代，中国某研究小组深入开展了回旋行波管绝对不稳定性的理论研究和计算机仿真计算，采用微波损耗材料分布加载抑制自激振荡的方法，研制了中心频率为35GHz的高增益回旋行波管，其阴极电压为100kV，输出峰值功率为93kW，3dB 相对带宽为 8.6%，增益为 70dB。美国某高校也开展了微波损耗材料分布加载回旋行波管的实验研究，其回旋行波管工作频率为W波段，阴极电压为100kV，电流为 5A，输出功率为 200kW，3dB 相对带宽为 5%。

20 世纪 90 年代，俄罗斯科学院应用物理研究所提出了一种新的高频互作用结构——螺旋波纹波导，螺旋波纹波导改变了高频互作用段的色散特性，特别是在轴向波数较小区域。螺旋波纹波导在改善了回旋行波管对电子注速度离散敏感性的同时，带宽得到增加。工作频率 36.5GHz 的螺旋波纹波导回旋行波管样管的性能指标中，阴极电压为 300kV，电流为 40A，脉冲输出功率为 3MW，增益为 33dB；阴极电压为 50～80kV，电流为 4～9A，输出功率为 180kW，相对带宽为 10%，增益为 30dB。该样管工作在二次谐波放大模式下，磁场强度比基波放大模式的减少 50%。

中国国内科研院校也开展了微波损耗材料分布加载抑制振荡的理论与实验研究，研制了毫米波波段回旋行波管。2011 年，研制成功了 Ka 波段微波损耗材料分布加载回旋行波管，其工作在 TE_{01} 基模，阴极电压为 70kV，电流为 10A，输出功率为 160kW，饱和增益为 40dB，效率为 22.8%，3dB 相对带宽为 5%。2012 年，研制成功了 Q 波段周期损耗陶瓷加载回旋行波管，其工作在 TE_{01} 基模，阴极电压为 70kV，电流为 10A，在中心频率处，输出峰值功率为 152kW，饱和增益为 41dB，效率为 21.7%。2014 年，研制成功了 Ku 波段 TE_{11} 模周期损耗陶瓷加载回旋行波管，其阴极电压为 63kV，电流为 12A，输出功率为 153kW，带宽为 2.3GHz，相对带宽为 14%，饱和增益为 41dB，效率为 20%。同年，研制成功了 W 波段 TE_{01} 模基模回旋行波管，其阴极电压为 60kV，峰值功率为 110kW，效率为 23.3%，饱和增益为 69.7dB。

21 世纪初，国内科研院所开展了二次谐波回旋行波管的研究，2007 年研制的回旋行波管样管指标中，阴极电压为 68kV，电流为 15A，峰值输出功率为 25kW，工作比为 0.1%。2010 年，研制的回旋行波管样管指标为：阴极电压为 67.2kV，脉冲电流为 15.8A，输出功率为 75kW，增益超过了 25dB，工作比为 0.1%。目前国际上对回旋行波放大器的研究已进入开发和应用相结合的阶段。

2）回旋速调管

回旋速调管是回旋管和速调管相结合的一种管型，它是基于回旋管的电子回旋脉塞机理、速调管的谐振腔电子注群聚及与电磁波互作用的机理，实现的微波高功率放大的一种复合型器件。

回旋速调管结构示意图如图 12.6 所示，回旋速调管主要包括双阳极磁控注入电子枪、输入窗、群聚谐振腔（包括漂移段）、输出渐变耦合器、收集极、输出窗。该双阳极磁控注入电子枪与常规速调管的电子枪不同，它采用双阳极结构，可以产生高质量的小回旋电子注，当微波经输入窗注入回旋管时，对回旋电子注进行调制，电子注发生横向群聚后进入群聚谐振腔，在群聚谐振腔内激发放大微波场，对电子注进一步调制，然后再进入第二个群聚谐振腔，使电子注调制进一步加深，最后进入输出渐变耦合器，被进一步调制的绝大部分电子注能量转换为微波能量，剩余的电子注能量被收集极收集，转化为热量，放大后的高功率微波经输出窗输出，从而实现了微波信号的放大。

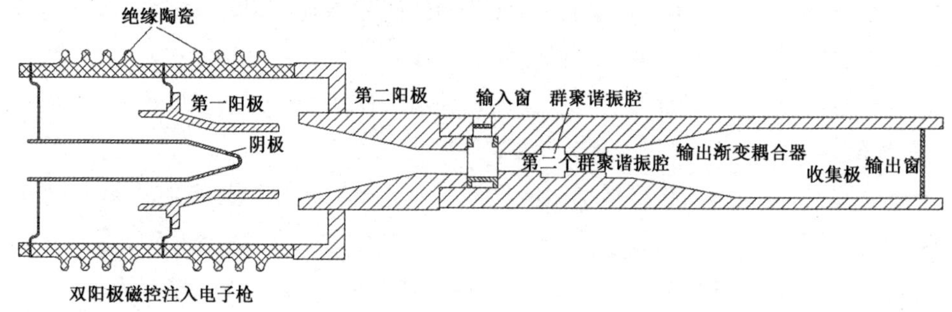

图 12.6　回旋速调管结构示意图

回旋速调管是毫米波微波源中较早研究应用的器件，并取得了一定的成果。在 Ka 波段，俄罗斯研制的中心频率为 35.2GHz 的回旋速调管，采用 2 个谐振腔，工作模式为 TE_{02}，输出峰值功率为 750kW，效率为 24%，增益为 20dB，带宽超过 200MHz；中心频率为 35GHz 的回旋速调管，采用 3 个谐振腔，工作模式为 TE_{01}，输出峰值功率为 250kW，效率为 35%，增益为 40dB，带宽为 490MHz；

美国研制的中心频率为 34.9GHz 的回旋速调管，采用 4 个谐振腔，工作模式为 TE_{01}，输出峰值功率为208kW，效率为30%，增益为53dB，带宽超过170MHz；在 W 波段，美国研制的中心频率为94GHz 的回旋速调管，采用5个谐振腔，工作模式为 TE_{01}，输出峰值功率为 102kW，平均功率为 10.2kW，效率为 31%，增益为 33dB，相对带宽为 0.75%。

回旋速调管具有高功率、高效率的优点，同时具有一定的工作带宽，广泛应用于毫米波雷达、电子对抗和加速器中。

回旋速调管发展研究的主要方向是：

（1）更高的脉冲峰值功率、平均功率和效率；

（2）更宽的工作带宽；

（3）更高的工作频率，在 8mm 和 3mm 两个波段的基础上，向太赫兹波段等更高频率发展；

（4）工作在二次谐波等高次谐波模式，降低工作磁场强度和提高系统效率；

（5）更高可靠性和稳定性及开展工程实用化研究。

3. 毫米波扩展互作用速调管

毫米波扩展互作用速调管（EIK）又称为分布作用速调管，是采用分布作用腔作为互作用结构实现微波功率放大的一种紧凑型新型速调管，它可以在毫米波甚至太赫兹波段输出高功率，具有高效率、小体积、高稳定性等优点。

在线性电子注器件中，常规速调管具有高功率、高增益、高效率和高稳定性等特点，但速调管带宽较窄，只有百分之十几。而宽带螺旋线行波管的带宽可以达到数个倍频程，但增益不高。为了获得同时具备高功率、高增益、高效率的真空微波管，尤其是在毫米波波段，EIK 作为一种复合型器件，是一种可行的管型。20 世纪 60 年代，美国斯坦福大学的研究小组开展了对 EIK 的研制工作，EIK 是速调管和行波管结合的产物，兼具两者的优点。EIK 用多个单间隙谐振腔形成组合谐振腔，代替传统速调管的单间隙谐振腔，使驻波互作用分布在多个间隙内。EIK 的驻波互作用结构既可以看作是慢波结构，也可以看作是谐振腔，可以在保持电磁波与电子注强互作用的同时，增加互作用长度，使电子注和电磁波的能量充分交换。由于互作用结构的间隙数量增多，对应的内表面也增加，从而改善了速调管的散热性能，减小了被击穿的风险。

EIK 结构示意图如图 12.7 所示，主要包括电子枪、输入窗、输入腔、漂移管、中间腔、输出窗、输出腔、收集极和聚焦磁场等部分。当电磁波信号经输入窗进入输入腔，依次通过各中间腔，电子注在中间腔与电磁波互作用，进行能量交换，最后经输出腔耦合放大后形成微波信号，其工作机理与常规速调管类似，中间腔是速调管和行波管两种管型的重要区别。

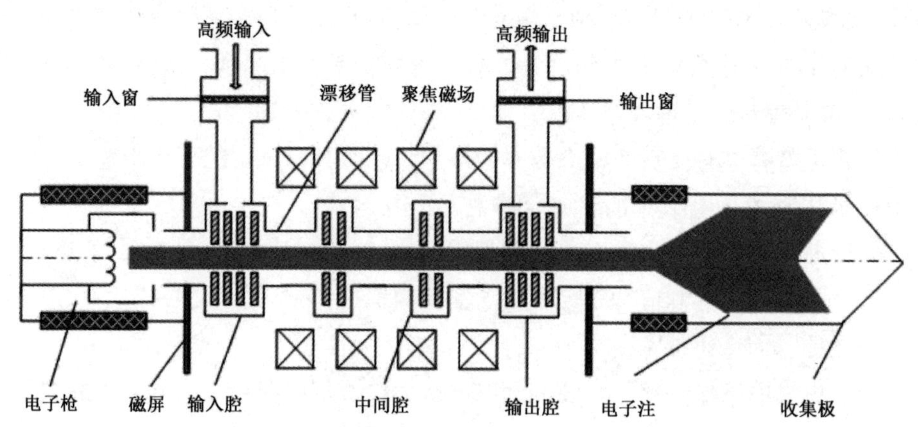

图 12.7　EIK 结构示意图

EIK 的中间腔一般包含 2 个或 2 个以上互作用间隙，电子注在其中与电磁波场互作用，进行速度调制和密度调制，同时电磁波场的能量通过间隙的耦合增强，在短距离内进一步加强对电子注的调制。中间腔兼具谐振腔和慢波线的特点，可增加驻波互作用长度，使互作用更加有效。

EIK 未来将向太赫兹波段发展，利用微细加工技术，已经制造出 263GHz 的 EIK 样管。国际上利用高阶梯形结构高频互作用系统技术，开展了 700GHz EIK 的研制。冷阴极、微电子机械系统技术及紫外光刻、电铸、注塑等技术将越来越多地应用到 EIK 的研发和生产中。

EIK 具有结构紧凑、体积小、质量小、功率高、带宽宽等特点，有很大的发展潜力。在毫米波和太赫兹波段，CPI 公司研制了一系列 EIK。在 W 波段，脉冲功率达到了 3kW，平均功率达到了 400W；在 220GHz 频率，脉冲功率达到了 100W，平均功率达到了 5W。

国内科研院所研制出的 EIK 样管在 Ka 波段，窄带脉冲输出功率达到了 15kW，带宽为 50MHz；W 波段脉冲功率最高可达 2kW，带宽最宽为 1GHz。

与行波管、回旋管、磁控管等电真空器件相比，EIK 兼具功率大和结构紧凑的优点，可用作雷达、成像等电子系统的微波源。EIK 的未来发展趋势体现在以下四个方面。

1）应用带状电子注提升输出功率

某 W 波段毫米波空间目标探测雷达发射机需要千瓦以上的输出功率。因此，需要采用带状电子注进一步增大阴极发射电流，从而增大输出功率，还可以适当降低阴极发射电流的密度。

2）应用高精密微加工工艺提升工作频率

毫米波及太赫兹系统具有较高的成像分辨率，在空间探测、雷达成像、生物检测等应用领域都有毫米波/太赫兹波段信号源方面的迫切需求。例如，美国和欧洲已经在考虑下一代测云雷达采用 G 波段的系统；美国 DARPA 太赫兹电子学计划正在开展 0.67THz、0.85THz、1.03THz EIK 的研制。目前，紫外光刻、电铸、注塑工艺、高精度慢走丝电火花放电工艺、纳米数控系统等工艺已经应用到 EIK 器件高精密微加工工艺，用以提升工作频率方面的研究。

3）应用降压收集极技术提升效率

降压收集极技术对于提升真空管的效率是一项行之有效的技术。特别是对于毫米波 EIK，电子效率本身就较低，其收集极和管体的功耗比低频段真空管高出许多，为了提升系统效率，降低对供电的要求，更加需要采用降压收集极技术。例如，Claudsat 和 Earthcare 卫星中 W 波段功率源的 EIK，采用降压收集极技术将电子效率从 21.3%提升至 32%。

4）应用新结构技术提升带宽

扩展毫米波 EIK 的带宽对其在雷达与通信领域的应用具有重要意义。对新型毫米波 EIK 器件来说，其加工尺寸和精度要求非常高，任何微小误差都会极大影响器件的性能和研制的成败。因此，应用新结构技术在提升带宽的同时，还可以放宽对器件尺寸、加工精度和装配精度的容差要求，利于批量生产。另外，应用新结构技术的宽带 EIK 可以省去调谐机构，简化电路设计，降低性能的不稳定性。

12.2.2 太赫兹波段真空微波管

太赫兹波与 Ka 和 W 波段的毫米波相比，频率更高、波长更短，太赫兹系统具有高分辨率、宽频带和体积小等优点。与光波相比，太赫兹波具有更强穿透性、更易被物质所吸收等特点。太赫兹波兼具毫米波与光波的优势，其在超高分辨率雷达成像、通信等领域具有重要的研究价值和广泛的应用前景。

开发应用太赫兹频谱资源的关键在于产生太赫兹波的辐射源。

目前，产生太赫兹波的辐射源主要包括基于半导体的太赫兹源、基于光子学的太赫兹源及基于真空电子学的太赫兹源。

（1）基于半导体的太赫兹源。人们都希望基于半导体的太赫兹源具有体积小、成本低和频率可调等特点，如量子级联半导体激光器太赫兹源。但基于半导体的太赫兹源，一般输出功率都比较低，并且往往要求对半导体器件进行冷却，同时在太赫兹波段高端也比较难实现。

（2）基于光子学的太赫兹源。例如，超短激光脉冲激发的太赫兹源。而激光激发技术主要有光导和光整流技术，它们的转换效率都比较低，一般只有微瓦量级。

（3）基于真空电子学的太赫兹源，如自由电子激光器、太赫兹回旋管、太赫兹返波管等。基于真空电子学的太赫兹源具有输出功率高、常温可正常工作等优点。

一般来说，基于半导体技术和光子学原理的太赫兹源只能输出毫瓦量级功率，对于远距离成像系统等需要大功率输出的太赫兹源，可以采用基于真空电子学太赫兹源获得瓦级以上的输出功率。太赫兹技术的发展有力地促进了太赫兹真空管的发展。

低端太赫兹真空管常用的有行波管和回旋管两类，太赫兹行波管由于工作频率高，通常采用折叠波导作为慢波系统。

1. 太赫兹折叠波导行波管

太赫兹真空管的长度和直径都很小，同时要求它具有承受严酷的工作环境的能力，如高工作电压和高阴极温度，并且要保持高真空环境。

国内外在太赫兹行波管的研制与发展过程中，大都使用了折叠波导作为太赫兹行波管的慢波结构。折叠波导是将矩形波导沿轴线方向按一定周期性弯曲所形成的一种慢波结构，它属于一种全金属结构周期性加载波导，具有结构强健、耦合结构简单和散热能力强等优点。折叠波导慢波结构主要具有以下优点。

（1）全金属结构。折叠波导慢波结构由矩形波导通过 E 面弯曲得到，类似于耦合腔结构，不需要使用螺旋线结构的复杂夹持杆等固定结构件，可整体加工，具有散热性好、功率容量大等优点。

（2）色散较平坦，带宽较宽。折叠波导慢波结构本身具有色散较平坦、频带较宽的优点。

（3）容易匹配。折叠波导慢波结构由矩形波导通过 E 面弯曲得到，可以与输入/输出系统结构良好匹配。

（4）容易制造。折叠波导慢波结构是准二维结构，可以通过机床精密铣削加工，对于毫米波高波段或太赫兹波段，采用微细加工就可以实现低成本、批量化的加工，与螺旋线或者耦合腔的加工相比，更容易制造。

（5）坚固性好、可靠性高。同螺旋线和耦合腔行波管相比，折叠波导慢波结构可以实现整体加工，不需要特殊固定部件。

折叠波导慢波结构的这些优点，适合作为太赫兹行波管的慢波结构。太赫兹折叠波导行波管作为未来毫米波雷达、通信、成像等电子系统的微波源，需要在以下几方面开展深入研究。

（1）采用先进的微细加工技术。行波管工作频率上升到太赫兹波段后，首要解决的问题是，提高折叠波导慢波结构的加工精度和表面光洁度，因此需要更先进的微电子机械系统、深 X 射线光刻、深反应离子刻蚀、微电火花等微细加工技术。

20 世纪 80 年代以来，低损耗介质微带电路应用越来越广泛，印制型慢波电路也开始在小型化微波管中应用，促进了小型化微波管的迅速发展。印制型慢波电路是用微电子工艺和薄膜沉积工艺在低损耗介质基片上加工的平面型慢波结构，主要有平面型螺旋线、曲折线、梳状线、梯状线和叉指线慢波结构等几种结构。利用微电子工艺和薄膜沉积工艺加工的曲折线、梳状线、梯状线和叉指线慢波结构已在小型化微波管中多次应用，性能良好。

（2）采用带状电子注或多电子注来减少平板型和多电子注太赫兹行波管的共度效应引起的问题，进而提高电子注电流和输出功率。

20 世纪 50 年代，带状电子注真空微波管开始成为研究的热点，带状电子注与传统的实心柱电子注或环形电子注相比，具有如下优点：①可通过很小的横向尺寸来传输大电流，增大毫米波真空微波管的输出功率；②降低了空间电荷效应和对磁聚焦系统的较高要求；③扩大了驻波互作用区域，降低了电场强度，避免了真空微波管内部击穿问题的发生。在发展初期，带状电子注真空微波管由于传输的稳定性和聚焦困难等问题，一直发展缓慢，直到 1993 年，美国马里兰大学研究小组采用周期交错聚焦磁场，初步解决了带状电子注传输的稳定性问题之后，带状电子注真空微波管才又一次成为人们关注的焦点并得到发展。

（3）开展新概念行波管慢波结构研究，实现太赫兹行波管的成功研制。

变形折叠波导利用微电子机械系统技术制造两个 1/2 折叠波导，将两个 1/2 折叠波导并联再焊接起来，在中间留有一个缝隙，作为电子注通道。这个变形折叠波导具有全金属慢波结构的良好散热性特点。

全介质光子晶体也可以作为太赫兹行波管的慢波结构。全介质光子晶体是在传统慢波结构内添加光子晶体，利用光子晶体结构消除非工作模式，改善色散特性，增加功率容量，提高行波管的工作稳定性的一种新型慢波结构。

过模折叠波导可作为太赫兹行波管的慢波结构，它工作在 TE_{20} 模式，采用双电子注。过模折叠波导的尺寸比传统折叠波导尺寸更大，加工难度减小，同时可以通过更大的电子注电流，使行波管输出功率更高。

同时，为了改善折叠波导慢波结构的色散或耦合阻抗特性，通过优化折叠波导慢波结构的形式，对折叠波导进行改进，提出了新型的慢波结构，如双脊折叠波导、脊加载折叠波导、槽加载折叠波导等新型结构。2012 年前后，电子科技大学提出了折叠矩形槽慢波结构，它是折叠波导和槽波导结合的产物，折叠矩形槽慢波结构示意图如图 12.8 所示。它具有槽波导损耗低、工作频带宽、加工容易和电子注通道无须单独加工的优点，适合作为太赫兹行波管的慢波结构。

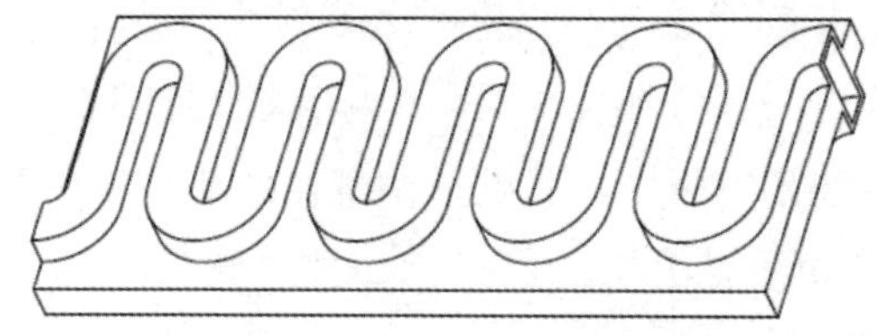

图 12.8　折叠矩形槽慢波结构示意图

在太赫兹雷达探测和成像系统等领域，目前主要工作频点有 0.14THz、0.22THz、0.34THz、0.65THz 和 0.85THz 等“大气窗口”，这些频点具有大气传输衰减小的特点。

美国国防高级研究计划局于 2007 年启动了高频集成真空电子学计划，重点开展对真空高功率放大器的研究；2008 年启动了太赫兹电子学计划，开展对太赫兹高功率放大器的研究。美国海军试验室于 2014 年研制成功折叠波导行波管，工作频率为 0.218THz，输出功率为 64W，增益为 14dB，带宽为 15GHz。

美国 Northrop Grumman 公司于 2012—2014 年研制成功了多个折叠波导行波管，工作频率分别为 0.214THz、0.67THz 和 0.85THz。0.214THz 的折叠波导行波管的电子注电压为 19kV，阴极电流为 250mA，脉冲功率的输出功率为 56W，带宽为 5GHz；0.67THz 的折叠波导行波管的输出功率为 100mW，带宽为 15GHz，增益为 21.5dB；0.85THz 的折叠波导行波管的输出功率为 50mW，带宽为 11GHz，增益为 26dB。

国内科研院所在 0.14THz 频率实现了连续波最大输出功率大于 7W、带宽大于 3GHz 的折叠波导行波管，在 0.22THz 频率实现了输出脉冲功率大于 20W、带宽大于 5GHz 的折叠波导行波管。

2. 太赫兹回旋管

太赫兹回旋管包括回旋振荡器件和回旋放大器件。

（1）太赫兹回旋振荡器件。在国际核聚变反应堆计划的推动下，工作频率为 0.11THz、0.14THz 和 0.17THz 的太赫兹回旋振荡器件输出功率已达兆瓦量级。

（2）太赫兹回旋放大器件。目前来看，具有应用前景的主要有太赫兹回旋行波管、太赫兹回旋速调管和太赫兹回旋行波速调管，这三种太赫兹回旋放大器件可以通过调谐，实现高增益放大，在比较宽的频带内输出大功率。

雷达系统常用的低频段太赫兹回旋管是太赫兹回旋行波管。太赫兹回旋行波管相比于太赫兹回旋振荡器件，具有工作频率宽、输出信号频率稳定性好等优点，但其输出功率和效率却相对较低。太赫兹回旋行波管未来将越来越广泛地应用在小目标探测跟踪与太赫兹雷达及太赫兹成像等领域。

太赫兹回旋行波管与一般回旋行波管的组成基本一致，主要由阴极电子枪、互作用高频结构、收集极和输出结构四部分组成。太赫兹回旋行波管电子枪也是采用磁控注入式电子枪，阴极发射的环型空心电子注通过绝热压缩后，进入互作用高频结构，实现电子注与电磁波能量的交换，使电磁波获得能量，完成互作用后的电子注进入收集极，由收集极对电子注、电磁波进行分离，最后被放大及分离的电磁波信号从输出结构向外辐射。

12.2.3　真空微波管发展展望

新一代高分辨率探测成像雷达需要实现对空间目标的多维特征精细测量、高分辨率目标成像、复杂天气环境高分辨率成像和多功能探测，要求雷达发射机向高频率、高功率、宽带宽、高效率和复杂工作模式等方向发展。同时，随着真空微波管的新原理、新结构、新材料、新设计方法和先进加工技术的不断出现，推动了毫米波真空管的快速发展和新管型的不断涌现，真空微波管朝着毫米波高波段、太赫兹波段、高功率、超宽带和多模式工作等方向发展。

1）新管型、新体制、新结构

进一步研究带状电子注替代圆柱形注的理论和实现方法，利用带状电子注增大慢波结构横向结构尺寸获得更大的注电流，实现微波输出功率的提升；研究高次模工作模式，同样增大慢波结构的横向尺寸，增大注电流，提升功率容量及输出功率；研究多电子注技术，采用多电子注技术，既能使单电子注以较小的电流传输，又能保证互作用，同时降低聚焦磁场。当圆形电子注达到足够多且保持稳定传输时，相当于具有带状电子注的性能。

研究将全介质光子晶体作为毫米波真空微波管慢波结构，或者说在传统慢波结构中加入光子晶体，利用工作在高阶模式改善色散特性及增加功率容量。

研究过模折叠波导毫米波行波管，采用双电子注，增大慢波结构尺寸，提高电子注电流，实现短毫米波甚至太赫兹波段的大功率输出。

研究梯形线耦合腔慢波结构及折叠矩形槽慢波结构，并将其应用于毫米波、太赫兹行波管的设计中，用圆形腔体替代矩形腔体，进行整体制造和装配，这样既可便于制造，又可保留功率容量大的特点。

2）新设计方法和先进加工技术

深入研究大功率、非线性、宽带、多模、部件和整管动态三维仿真的新设计方法，创新与完善 Ka 和 W 波段、太赫兹波段的行波管、回旋管、EIK 等真空管的设计与实现。

引入微细加工、紫外光刻、电铸、注塑、深 X 射线光刻、深反应离子刻蚀、微电火花加工等先进加工技术，解决常规加工方法无法实现和解决的高频段、小尺寸、复杂结构、特种材料加工精度和表面光洁度的瓶颈问题。采用先进的微细加工技术，保证毫米波真空管结构尺寸的精确度，这是一般行波管的工作频率上升到太赫兹波段首先需要解决的问题。采用微细加工和紫外光刻、电铸、注塑等加工技术制造毫米波行波管、EIK 等新器件，进一步提高毫米波真空管的工作频率、输出功率和寿命。

3）宽带高功率毫米波和全波形工作回旋管

未来高功率雷达发射机的一个重点要求是需要毫米波真空管具有长脉冲、宽脉冲和窄脉冲等高功率全波形输出信号的能力。重点研究 Ka 和 W 波段回旋行波管，具体指标包括：Ka 波段回旋行波管输出功率达到数百千瓦，相对带宽达到 15%以上，脉冲宽度达到数十毫秒；W 波段回旋行波管输出功率达到数百千瓦，相对带宽达到 15%以上，脉冲宽度达到数十毫秒。采用高阶模式和准光输出方式，使高频结构尺寸增大，进而提高毫米波回旋行波管功率容量和输出功率；采用谐波模式，降低磁场强度，研制永磁包装的高功率宽带毫米波回旋行波管；采用多电子注回旋管技术，进一步提升毫米波回旋管的输出功率、工作带宽和效率。

4）高频段宽带和多模工作毫米波行波管

对未来雷达发射机的另一个重点要求是需要毫米波真空管在具有较高输出功率的同时，实现更宽的工作带宽。要重点研究毫米波波段宽带、多频点、多种模式行波管；研究 W 波段折叠波导行波管，使其输出功率达到数百瓦，相对带宽达到 20%以上。

5）大功率太赫兹行波管和回旋管

重点研究带状电子注、相速跳变和相速渐变等技术，进一步提升太赫兹行波管的输出功率；研究交错双栅、正弦波导等慢波结构，提高慢波结构的输出功率；研究全介质光子晶体新型慢波结构，优化色散特性；优化传统慢波结构或添加光子晶体，通过采用高阶模式来增大太赫兹真空管结构的尺寸，进而获得更大的输出功率。实现 220GHz 行波管输出功率达到 100W 和带宽超过 20GHz，以及

340GHz 以上工作频率的行波管输出功率达到 10W 以上。

重点研究超高次谐波技术、双注和多注技术、超强磁体技术和回旋管多级降压收集极技术；进一步开展高性能电子注产生、高阶模式驻波互作用、准光模式转换和高效降压收集极技术的研究，实现太赫兹波段 220GHz 和 340GHz 回旋行波管的输出功率达到 10kW 以上，带宽超过 10GHz。

6）毫米波高功率高效率 EIK

重点开展新型阴极材料和新工艺研究，如钪酸盐阴极和纳米粒子薄膜阴极等，加强阴极发射稳定性，提高发射电流密度；研究光子晶体带隙（PBG）结构，增大注通道，降低电子注电流密度和聚焦磁场强度；研究过模高频结构，提高 EIK 的输出功率；研究二次谐波腔、分布作用谐振腔等技术，拓展带宽，以满足未来雷达发射机对 EIK 提出的高效率、高功率和宽带的要求。

12.3　毫米波真空微波管雷达发射机

本节简要介绍毫米波真空微波管（简称毫米波真空管）雷达发射机的发展史、分类、功能和特点，阐明 Ka 和 W 波段毫米波发射机和太赫兹发射机的类型、基本组成、工作原理、主要技术参数，针对行波管、回旋管和毫米波 EIK 发射机，主要描述其体制及选择、具体组成、原理及作用、设计方法、设计要点及特殊考虑。

12.3.1　Ka 和 W 波段真空微波管发射机

Ka 和 W 波段真空微波管（简称真空管）发射机是毫米波雷达的核心组成部分，毫米波雷达具有能量集中、分辨率高、成像精度高、工作频带宽、抗干扰能力强等优点。

20 世纪 70 年代到 80 年代，随着毫米波元器件的发展和微细加工技术的提升，毫米波雷达的相关技术已经取得突破性进展，毫米波雷达系统的研制进入快速发展阶段。20 世纪 80 年代，美国研制成功了 W 波段高功率毫米波雷达 HIPCOR-95，应用于试验任务、效果评估和实验数据获取。HIPCOR-95 雷达发射机采用 EIK，其提供全相参高稳定高功率发射信号（＞1kW）的输出，脉冲宽度为 50ns 和 100ns，带宽为 500MHz。HIPCOR-95 雷达可以为战场监视与目标探测系统、车载火控系统和导弹系统提供多种恶劣环境下的技术支持，同时还可以为机载监视、无人驾驶飞机目标传感器、火炮控制、雷达截面积评估、主动式导引头、子弹头传感器、地形回避和导航等提供技术支持。

20 世纪 90 年代以来，毫米波器件理论、加工工艺等相关技术进步显著，毫米波雷达进入了快速发展阶段。俄罗斯研制的大型毫米波空间监视相控阵雷达 RUZA，工作于 Ka 波段，频率范围为 33.75～34.25GHz，发射波束宽度为 0.06°，天线口径为 7.2m，天线增益为 56dB，整个雷达的脉冲峰值功率高达 1MW，工作比为 1%，作用距离为 1000km。该雷达发射机采用两个回旋速调管放大器，每个回旋速调管输出峰值功率为 500kW，输出平均功率为 5kW。

美国海军试验室研制的 W 波段大孔径无线电定位器雷达，工作频率为 94.2GHz，波束宽度为 0.11°，天线口径为 1.83m，天线增益为 62.5dB，作用距离为 1000km。该雷达主要应用于深空探测，以及对海面低空飞行目标的探测、成像和目标特性分析，它能有效地排除海面杂波的干扰，识别掠海飞行的目标。其雷达发射机使用了回旋速调管放大器，输出峰值功率为 100kW，平均功率为 10kW，瞬时带宽为 600MHz，效率为 33%。位于林肯空间观察室的 Haystack 超宽带卫星成像雷达，是由麻省理工学院林肯实验室依托 W 波段大孔径无线电定位器雷达组建而成的，主要用于深空探测、卫星编目、空间碎片数据收集和近地卫星成像。该雷达系统工作于 X 和 W 波段，X 波段雷达负责跟踪测量，W 波段雷达负责成像。W 波段雷达发射机采用 4 套 16 路发射机进行功率合成，每套发射机包含 1 个作为驱动级的回旋行波管和 4 个作为末级高功率回旋行波速调管的放大器，可实现 8GHz 带宽拼接和功率合成，合成带宽为 8GHz，频率范围为 92～100GHz，形成了超宽带能力。W 波段发射机输出峰值功率为 160kW，工作比为 40%，带宽为 8GHz。

1980 年以来，国内科研院所相继进行了毫米波真空管和其系统的研发工作，研制出大批新型毫米波真空管，进而研制出 Ka 波段中、低功率毫米波雷达发射机。近年来，随着毫米波雷达的迫切需求和毫米波真空器件的迅速发展，毫米波雷达发射机向着高频段、大功率、宽带、长脉冲和小型化方向发展，出现了多种体制、多种功率量级、多种管型、多种工作模式的毫米波及太赫兹雷达发射机。

在 Ka 和 W 波段，峰值功率在 100kW 以上，平均功率在数千瓦至数十千瓦，瞬时带宽为 10%左右或更宽的中远程固定式雷达发射机设计中，一般选用阴极脉冲调制形式的真空微波管，如回旋行波管。调制器一般选用大功率刚管脉冲调制器，调制器开关为 IGBT。

在 Ka 和 W 波段，峰值功率在数千瓦至数十千瓦，平均功率在数十瓦至数百瓦，瞬时带宽为 5%以内的机动式雷达发射机设计中，一般选用阴极脉冲调制形式的真空微波管，如扩展互作用速调管。调制器一般选用大功率刚管脉冲调制器，调制器开关为 IGBT；还可以选用栅极、阳极或聚焦极控制形式的真空微波管，如耦合腔行波管。调制器一般选用浮动板等形式的刚管脉冲调制器，调制器开关为 MOSFET 或 IGBT。

在 Ka 波段，峰值功率在 1kW 以内，平均功率在数十瓦至数百瓦的雷达发射机设计中，一般选用栅极控制的真空微波管。例如，瞬时带宽在 10%以上，可以选用螺旋线行波管；如果瞬时带宽为 10%左右或更低时，可以选用折叠波导行波管和耦合腔行波管。调制器一般选用浮动板调制器，调制器开关为 IGBT 或者 MOSFET。

在毫米波高频段如 W 波段，螺旋线行波管中的螺旋线三维结构，使得其精确加工变得困难而烦琐，同时电子注通道半径也随着工作频率的提高而被急剧压缩，这些因素极大地限制了螺旋线行波管在高频段的应用。因此，在 W 波段，瞬时带宽为 10%左右，峰值功率在 1kW 以内，平均功率在数十瓦至数百瓦的雷达发射机设计中，选用聚焦极控制形式的折叠波导行波管。调制器一般选用浮动板调制器，调制器开关为 MOSFET。

毫米波真空微波管发射机首先在方案论证阶段确定适用的毫米波真空微波管及发射机的类型，在工程设计中，主要考虑如何设计组成发射机的各个子系统，以全面实现发射机主要技术参数和性能指标要求。

毫米波真空微波管发射机主要技术参数和性能指标要求一般应包括：

（1）工作频段；

（2）信号相对带宽；

（3）输出功率，主要包括峰值功率和平均功率；

（4）功率增益；

（5）信号形式，主要包括脉冲重复频率、脉冲宽度和工作比等；

（6）微波包络，包括脉冲宽度、上升时间、下降时间、顶部降落和顶部不平度；

（7）平均无故障间隔时间（MTBF）和平均故障维修时间（MTTR）；

（8）系统效率；

（9）环境条件，包括温度、湿度、高度、振动和冲击等；

（10）应用平台，包括车载、地面、机载、舰载及空间应用等。

毫米波真空微波管发射机的类型主要根据工作波段、信号相对带宽、峰值功率、平均功率和功率增益指标进行选择，如表 12.1 所示。

表 12.1　毫米波真空微波管发射机的类型和主要技术参数

性能指标	螺旋线行波管发射机	耦合腔行波管（包括折叠波导行波管）发射机	EIK 发射机	回旋行波管发射机
工作波段	Ka	Ka、W、THz	Ka、W、THz	Ka、W、THz
信号相对带宽	超过 10%	3%～10%	3%以内，一般在1%左右	10%以内
峰值功率	一般在数十瓦到千瓦	Ka 波段小于 1kW W 波段小于 500W THz 波段小于 100W	Ka 波段小于 50kW W 波段小于 30kW THz 波段小于 1kW	Ka 波段小于 300kW W 波段小于 200kW THz 波段小于 10kW
平均功率	1kW 以内	Ka 波段小于 200W W 波段小于 100W THz 波段小于 50W	Ka 波段小于 5kW W 波段小于 3kW THz 波段小于 100W	Ka 波段小于 30kW W 波段小于 20kW THz 波段小于 1kW
功率增益/dB	25～30	25～35	30～50	30～50

1. 毫米波回旋管发射机

1）毫米波回旋管发射机组成

毫米波回旋管发射机主要由前级放大器、回旋行波管、超导线包、检测波导、电弧保护、定向耦合器、模式变换器、反射保护、功率检测、灯丝电源、钛泵电源、控制保护分机、高压电源、磁场电源、高压固态脉冲调制器和冷却系统等部分组成，如图 12.9 所示。其中，回旋行波管和高压电源采用液冷方式，超导线包采用超导制冷机进行冷却。

2）毫米波回旋管发射机工作原理

毫米波回旋管发射机为主振放大式，采用两级放大，前级放大器采用固态放大器或者行波管放大器，末级放大器均采用回旋行波管的真空管放大器。前级放大器将激励源送来的毫瓦级微波信号放大至瓦级以上，经过均衡器和可调衰减器后，推动末级回旋行波管将功率放大至 50kW 以上，输出满足指标要求的脉冲功率。

高压电源为高压固态脉冲调制器提供直流能量，高压固态脉冲调制器提供回旋行波管工作所需的阴极高压调制脉冲，灯丝电源为回旋行波管灯丝供电，钛泵电源维持回旋行波管的真空度。超导线包为回旋行波管提供聚焦磁场并参与互作用，由于回旋行波管需要的磁场强度较高，一般聚焦线包采用超导磁体实现。回旋行波管输出链路中的检测波导和定向耦合器为发射机提供波导电弧、反射和输出功率检测信号，模式变换器完成回旋行波管输出的 TE_{01} 模到 HE_{11} 模的转换，实现准光输出。控制保护分机完成整个发射机包括发射机冷却的本地控制和保护，并完成对外通信功能，形成功能完整的单路发射机，发射机多路工作时，配合发射显示控制台，保证每套发射机独立可控，冷却系统负责回旋行波管、各种电源、超导线包等部件的散热。

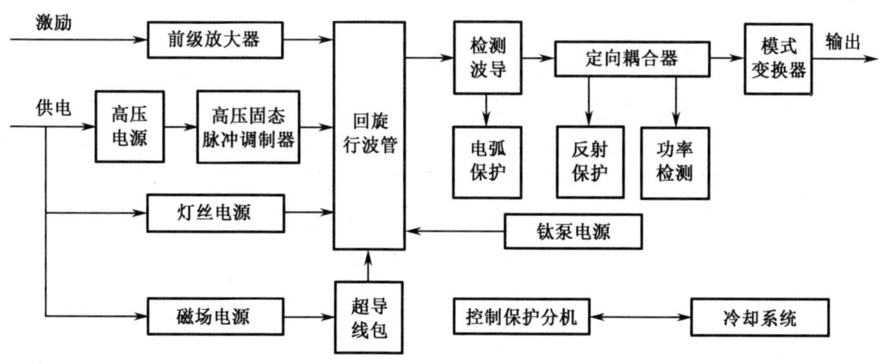

图 12.9　毫米波回旋管发射机组成示意图

3）发射机主要子系统

（1）前级放大器。

根据毫米波回旋管的输入激励要求，前级放大器可以选用固态功率放大器或者行波管放大器。

固态功率放大器组成主要包括：固态功率放大器（固态功放）、低压电源、控制电路、定向耦合器、可变衰减器和功率监测等。固态功率放大器将来自激励源的微波信号放大后，经定向耦合器、可变衰减器后输出，到达回旋行波管输入端，功率约为瓦级。固态功率放大器的组成框图如图 12.10 所示。

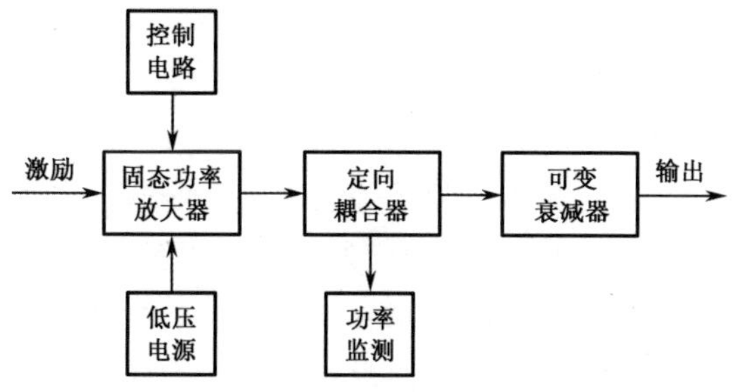

图 12.10　固态功率放大器的组成框图

行波管放大器由行波管、高压电源、灯丝电源、调制电源、偏压电源、调制器、低压电源、定向耦合器、可变衰减器、功率检测、控制保护电路、均衡器、隔离器和冷却系统等部分组成，行波管放大器的组成框图如图 12.11 所示。

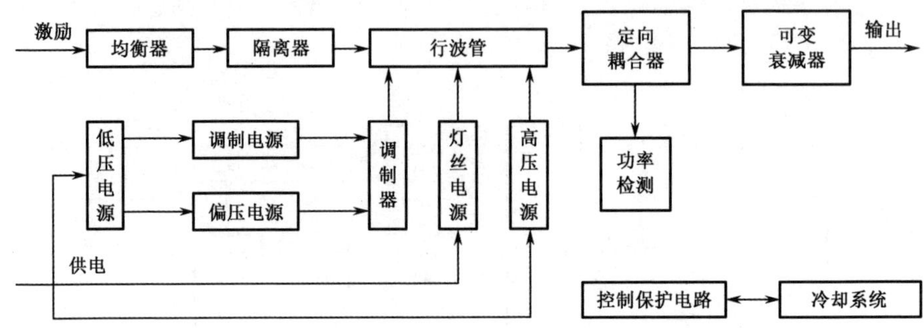

图 12.11　行波管放大器

来自激励源的微波信号经行波管放大后，经定向耦合器、可变衰减器输出至回旋行波管输入端，功率达到 10W 以上，增益约为 30dB。

行波管放大器中的高压电源包括阴极电源和收集极电源，为行波管供电，其电源采用软开关式逆变器，损耗小，可靠性高。调制器采用浮动板调制器，浮动于阴极高电位上，主开关管选用 MOSFET 晶体管等固态开关器件，调制波形较好。灯丝电源、偏压电源和调制电源均浮动在阴极高电位上。低压电源为各组件提供辅助电源。控制保护电路采用单片机控制，对行波管放大器进行故障保护与开关机控制。冷却系统用于实现行波管和高压电源的散热。

（2）回旋行波管。

回旋管器件是一类新型的毫米波和太赫兹快波器件，主要包含回旋振荡管、回旋速调管、回旋行波管等多个品种，已在许多工程实际应用。其中，回旋振荡管为单频工作，适用于自激振荡式发射机；回旋速调管工作带宽较窄，不能很好地满足毫米波雷达对宽频带的要求；回旋行波管具有高功率、宽频带的特点，适用于宽带毫米波雷达的需求。

（3）高压电源。

高压电源包括三相供电分机、集中控制单元、谐振变换器、升压整流组件、储能电容和高压分压采样电路等，如图 12.12 所示。三相供电分机用于完成 380V 交流供电的整流、滤波和软启动；谐振变换器对直流 500V 进行高频变换和输出；升压整流组件用于完成升压整流，输出电压为数十千伏，以满足回旋行波管对工作电压的要求；集中控制单元用于完成高压闭环稳压及高压电源的控制保护。考虑到高压电源的安全性、可靠性和环境适应性，为减少低气压打火隐患，将升压整流组件置于油箱中。

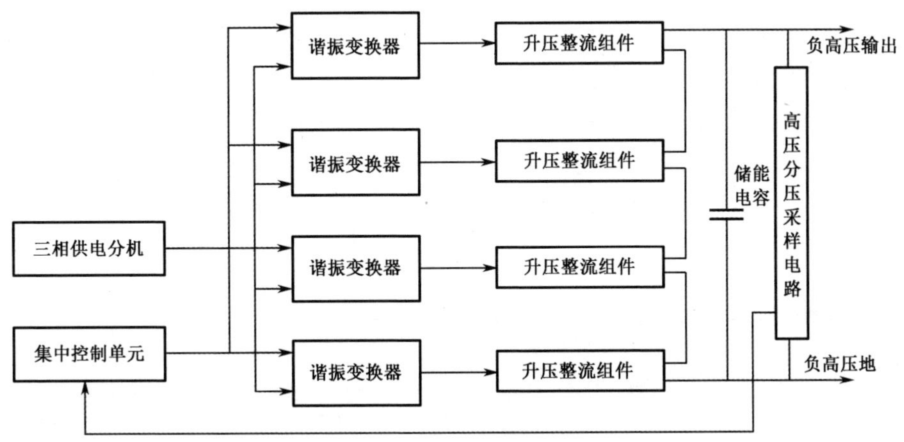

图 12.12　高压电源

（4）高压固态脉冲调制器。

回旋行波管为阴极调制工作方式，脉冲调制方式采用传统的“套脉冲”工作方式，即微波信号嵌套在较宽的调制脉冲信号内，如图 12.13 所示，保证回旋行波管输出信号具有较好的脉冲前沿、后沿与较小的顶部波动。

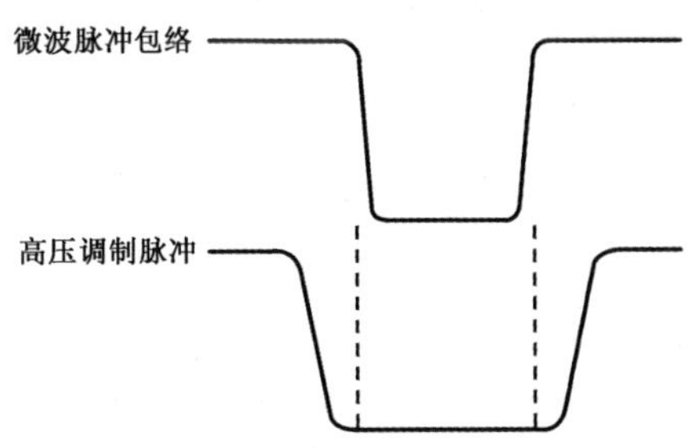

图 12.13　套脉冲工作方式

高压固态脉冲调制器如图 12.14 所示，包括栅极驱动电路及控制电路、调制固态开关及均压电路和储能电容等。栅极驱动电路及控制电路提供调制固态开关的驱动信号，检测调制电流，当调制电流过大时，快速切断调制固态开关并上报发射机控制保护分机；高压固态脉冲调制器采用多组调制固态开关器件串、并联设计，调制器可实时、灵活地输出各种脉宽和重复频率的高压脉冲信号；储能电容为调制脉冲提供能量。

（5）磁场电源、灯丝电源、钛泵电源。

回旋行波管工作时，需要聚焦磁场参与回旋行波管的驻波互作用，回旋行波管对聚焦磁场强度和稳定度有较高要求。一般回旋行波管聚焦线包（磁体）主要有三种：一是永磁体，其体积小、无须磁场电源，但磁场很难达到 0.7T 以上；二是常规电磁线包磁体，这种磁体调节方便，能很好地满足微波功率真空管对聚焦磁场的要求，但配套的磁场电源功耗较高（一般几十千瓦），且冷却系统设备量大；三是超导线包磁体，该磁体具有电磁线包的优势，体积小、磁场强，供电功率小，但制冷时间长，磁场建立时间长。目前回旋管磁体大多采用超导线包。

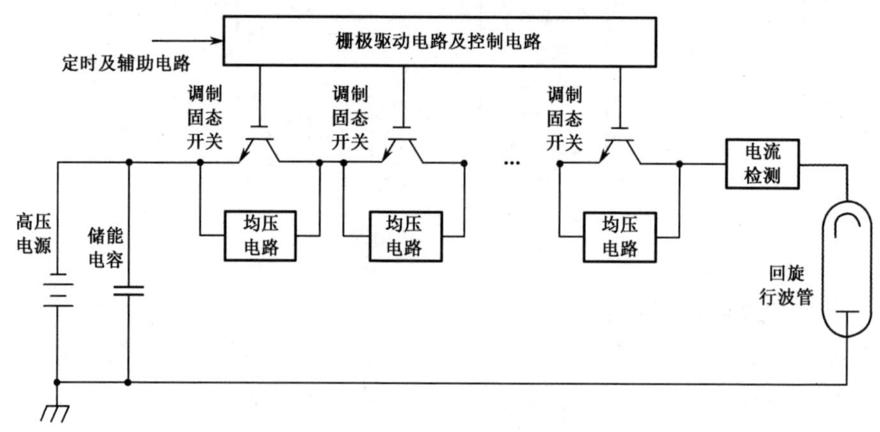

图 12.14　高压固态脉冲调制器

超导线包磁体实现方式根据不同使用场合，有多种实现方式。常用的是传导式制冷无液氦低温超导磁体，这种方式使用广泛，技术成熟。由于磁场线圈工作在超导状态，所需磁场电源功率较小（约几十瓦），有利于提高发射机效率。

磁场电源用于超导线包的供电，磁场电流需要具备电流缓慢上升和下降功能。回旋行波管对磁场电源的主要技术指标要求在输出电流范围 0～60A 连续可调，输出电压不超过 1V，电流纹波不超过 5×10^{-3}。

回旋行波管对反线包电源的主要技术指标要求在输出电流范围 0.1～3A 连续可调。反线包电源功率较小，可采用串联稳流的方式。

回旋行波管对灯丝电源的主要技术指标要求在输出电流范围 6～10A 连续可调，灯丝电压范围为 7～10V，电流纹波不超过 1×10^{-3}。为提高发射机稳定度，灯丝电源采用直流稳流供电。回旋行波管灯丝功率一般不大，为简化设计，灯丝采用单相供电和典型的半桥变换电路，以提高可靠性。灯丝电源利用灯丝变压器实现高、低电位隔离。灯丝电源组成框图如图 12.15 所示。

（6）冷却系统。

冷却系统可采用一次水冷、二次风冷的方案。冷却系统主要由末端冷却机组和冷却管网等组成（如图 12.16 所示），对发射机由冷却单元进行冷却。

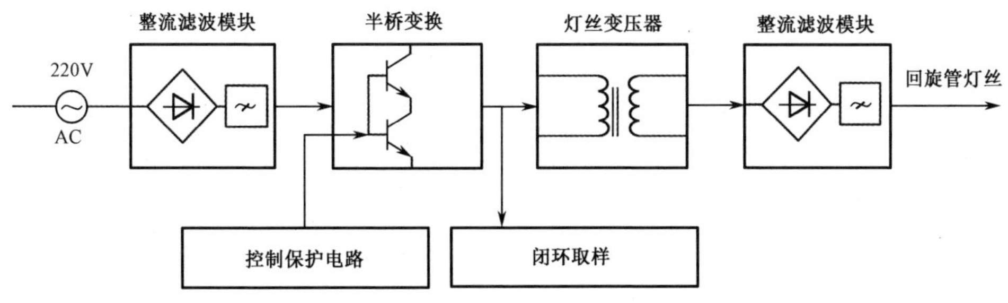

图 12.15　灯丝电源组成框图

需要冷却系统提供散热的部件主要包括回旋行波管收集极、回旋行波管管体、高压油箱热交换器、水负载、*N* 路高压电源逆变器及真空泵等，如图 12.17 所示。

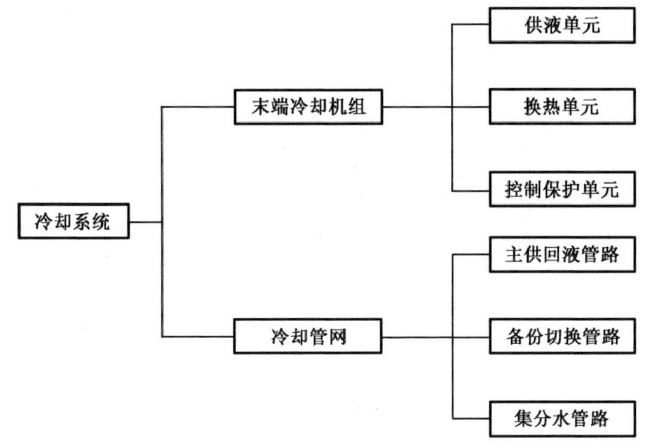

图 12.16　冷却系统组成框图

冷却系统的工作原理：从冷却机组供液端口出来的低温冷却液通过主供液阀进入集分水管路，分别对回旋行波管收集极、回旋行波管管体、高压油箱热交换器、水负载、高压电源逆变换器、真空泵进行冷却，升温后的冷却液再经集分水管路、回液主管进入冷却机组的水箱；水箱中的冷却液经过冷却机组的循环泵加压，依次经过散热器、过滤器等装置后，输出低温冷却液完成一个循环。冷却系统的控制单元同时采集各管路的供液压力、流量、回液温度信息，提交发射分系统控制保护分机。

需要说明的是，回旋行波管发射机中采用的超导磁体，需要采用超导制冷装置，超导制冷装置包括真空泵和制冷机。真空泵在磁体制冷过程中，保证磁体内部达到真空状态，当真空度达到要求后，真空泵停止工作，而制冷机为维持线包超导状态，需 24 小时连续工作。

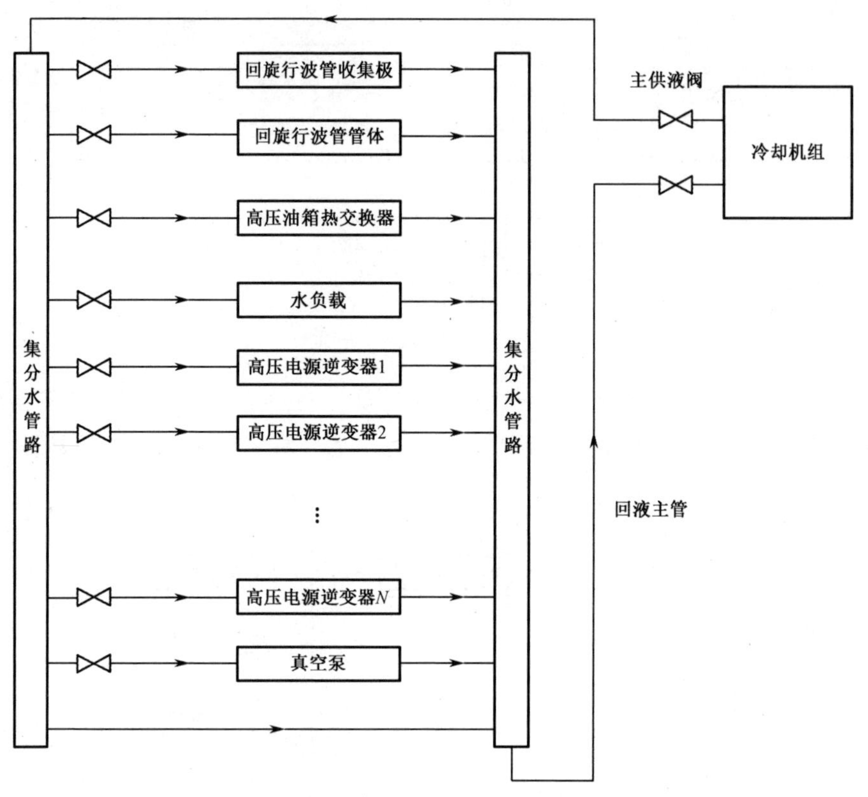

图 12.17　冷却系统工作组成框图

4）发射机设计要点及特殊考虑

（1）全固态高压脉冲调制器技术。

由于回旋行波管发射机输出峰值功率和平均功率高，脉冲宽度变化多，脉冲前沿、后沿要求高，同时为提高整机的效率和可靠性，减小发射机的体积和质量，一般采用直接耦合型的全固态高压脉冲调制器，直接为速调管提供阴极高压脉冲，省掉了体积庞大的高压脉冲变压器。全固态高压脉冲调制器具有全波形输出、体积小、质量小、效率高、可靠性高、寿命长、便于维护、容易实现模块化设计等优点。

下面以某型回旋行波管发射机为例，简要介绍全固态高压脉冲调制器的设计。回旋行波管发射机调制器输出电压为-80kV，其调制器主要包括栅极驱动电路及控制电路、调制固态开关及均压电路和储能电容。

调制固态开关通常选用高耐压的 IGBT 或 MOSFET 等固态器件，本设计采用 IGBT，目前常用的 IGBT 单管最大工作电压只能达到 6kV，必须采用多管串联方法来解决耐压问题，可以采用 2500V/75A 的高速 IGBT 开关管，这种 IGBT 开关管开关损耗小，开启和关断速度较快。同时，考虑到负载工作和故障时的最大电流冲击，需要采用多管并联方式。全固态高压脉冲调制器采用多组串联、每组多个 IGBT 并联的方案实现总输出电压和电流。多个 IGBT 安装在一块印制板上，形成模块化的开关组件板。

IGBT 的均压保护主要由静态均压、动态均压及钳位电路组成，静态均压电路用于保证脉冲间歇期间每组 IGBT 承受电压的一致性，动态均压电路用于保证 IGBT 管导通前沿和关断后沿电压变化时的管压降的一致性。每组 IGBT 设有检测电路，用于检测 IGBT 管是否损坏。

栅极驱动电路及控制电路提供调制固态开关的驱动信号，检测调制电流，当调制电流过大时，快速切断调制开关并上报发射机控保分机。

（2）模块化高压开关电源技术。

为提高整机效率，减小整机的体积、质量，高压电源采用相移式模块化高压全开关电源技术。

以某型回旋管发射机为例，其高压开关电源采用模块化设计，输出电压、功率可灵活扩展，开关频率提高至 20kHz 以上，以减小升压整流组件体积。高压开关电源由三相供电分机、谐振变换器、集中控制单元、高频升压整流组件、储能电容和高压分压采样电路等组成。发射机采用模块化设计，其中 1 个谐振变换器与 2 个高频升压整流组件为一个功率单元，谐振变换器为分机结构，安装在发射机机柜中；高频升压整流组件为组件结构，安装在高压油箱内；每组额定输出功率为 25kW，采用 4 组功率单元，合成输出功率为 100kW，由集中控制单元对 4 路谐振变换器集中控制。模块化高压开关电源组成框图如图 12.18 所示。

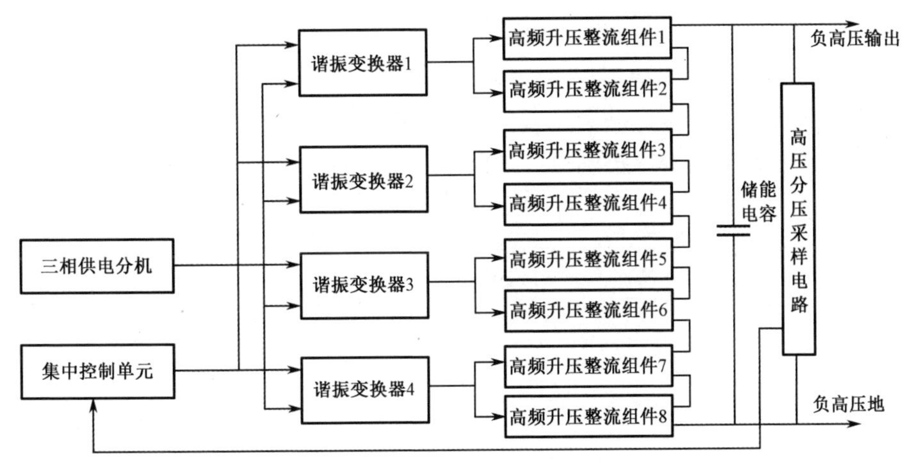

图 12.18　模块化高压开关电源组成框图

谐振变换器中，三相电经 EMI 滤波器、三相整流桥、滤波电感 L_1 和滤波电容 C_1 和 C_2 整流为直流，4 个 IGBT（VT_1～VT_4）组成全桥移相电路，受控制分机控制；谐振电感 L_2 和电容 C_3 串联工作，高频变压器的漏感作为谐振电感的一部分。移相控制器产生不同相位差的 4 个触发脉冲，分别控制 4 个 IGBT 的开通与关断，实现全桥移相，高频交流电压经高压油箱中高频变压器升压、整流、滤波，输出直流高压。高压电源采用移相软开关加串联谐振及恒流充电技术，提高电源效率和稳定性，同时恒流充电技术大大提高了电源的抗过流能力和可靠性。谐振变换器组成图如图 12.19 所示。

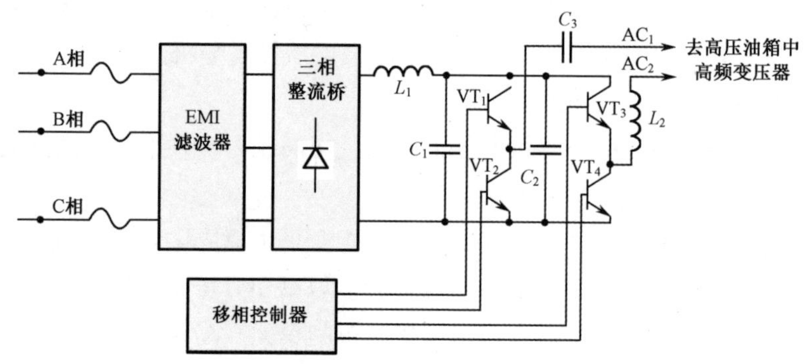

图 12.19　谐振变换器组成图

（3）磁场电源技术。

超导线包磁场电源用于超导线包供电，输出功率仅需要几十瓦，但磁场建立需要一定的时间，磁场电源必须具备电流缓慢上升和下降能力，满足超导线包稳流输出和加电要求，以提高磁场稳定度。

超导线包磁场电源移相全桥零电压变换器电路采用移相全桥工作方式，实现软开关，提高变换效率。其磁场电源移相全桥零电压变换器组成框图如 12.20 所示。该电源一般采用程序控制设计，以实现电流的缓慢上升和下降功能。

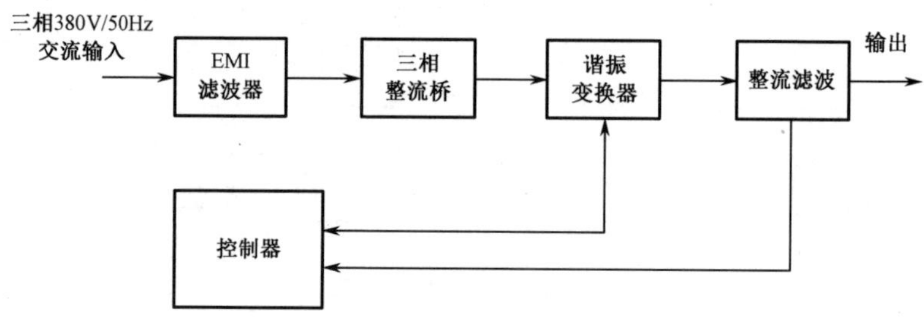

图 12.20　磁场电源移相全桥零电压变换器组成框图

（4）超导线包技术。

超导线包工作温度约为 4.2K，采用制冷机制冷，一般超导线包从常态到超导状态需制冷时间约为 24h，超导线包制冷过程中同时进行抽真空，当真空度满足要求后，关掉真空泵，制冷机继续维持工作。该超导系统包括超导线包、制冷机、真空泵、温度检测和真空度检测等，其组成框图如图 12.21 所示。

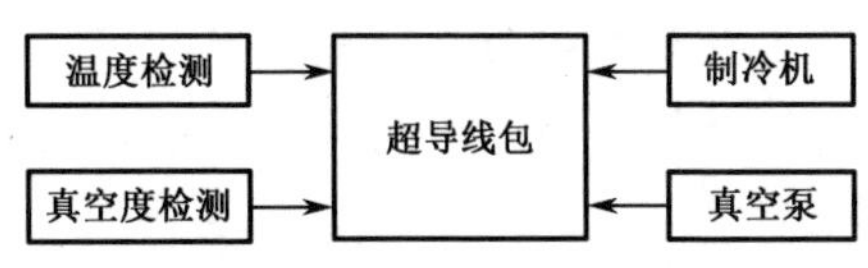

图 12.21　超导系统组成框图

2. 折叠波导行波管发射机

1）折叠波导行波管发射机组成

折叠波导行波管发射机包括前级固态放大器、折叠波导行波管、高压电源（包含阴极高压电源和收集极高压电源）、灯丝电源、聚焦极电源、聚焦极调制器、控保（控制保护）电路、定向耦合器、反射保护、功率检测和冷却系统等。折叠波导发射机组成框图如图 12.22 所示。

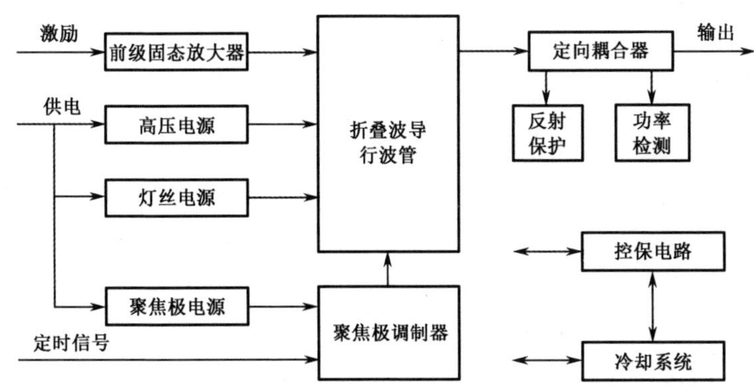

图 12.22　折叠波导发射机组成框图

2）折叠波导行波管发射机工作原理

折叠波导行波管发射机为主振放大式，采用两级放大，其前级采用固态放大器，末级采用折叠波导行波管放大器，将激励源所产生的微波小信号放大到所需要的功率。

折叠波导行波管发射机采用小型化高精度高压电源、高稳定度聚焦极电源及稳定可靠的控制系统等，确保放大器稳定、可靠地工作。

折叠波导行波管发射机控制系统可以实现本控和遥控两种工作方式。本控模式下，折叠波导行波管发射机能够独立控制，并对折叠波导行波管发射机的状态及重要数据进行实时显示。

折叠波导行波管发射机采用小型化和标准化设计，外观为一个标准插箱，所有的组件都位于插箱内部。标准插箱分为上下两层，上层主要是控保电路、高压电源低压部分等；下层主要是折叠波导行波管、高压电源高压部分、聚焦极调制器、灯丝电源和聚焦极电源等。折叠波导行波管发射机具有体积小、质量小、便于维护安装的特点。

考虑到折叠波导行波管的工作电压较高（一般为数千伏到数十千伏），为实现折叠波导行波管发射机的小型化、轻型化设计，并能在较为恶劣的环境条件下工作，结合散热及高压隔离的设计要求，把折叠波导行波管发射机插箱分为高压部分和低压部分的上下两层，相互间通过箱体隔离，所有关联信号通过底板过孔传输，部分电路采用金属外罩加以保护。

高压部分采用环氧箱体或有机玻璃与外界隔绝，使高压部分不裸露，保证器件能安全工作。

3）折叠波导行波管发射机主要子系统

（1）高压电源。高压电源包含低压部分（变频器）和高压部分。变频器包括整流、滤波和开关变换部分，它的主要功能是把220V交流电变换为高频交流电，提供给高压电源部分。高压电源部分是将高频交流电经倍压整流、滤波产生相应高压，给折叠波导行波管提供阴极电压、收集极电压等。

（2）灯丝电源、聚焦极电源和调制器。灯丝电源和聚焦极电源把 220V 交流电经隔离变压器变换为折叠波导行波管灯丝所需要的直流电源和聚焦极所需要的截止电压和导通电压。聚焦极调制器根据定时信号产生折叠波导行波管的聚焦极脉冲。

（3）控保电路。控保电路包含控制电路和定时驱动电路。控制电路实施对折叠波导行波管发射机的控制、故障保护和监控，并与系统进行信息传输。定时驱动电路对定时信号进行接收、整形及预放大，除送给前级放大器外，还需要通过隔离变压器送给高压端的聚焦极调制器。

（4）折叠波导行波管。折叠波导行波管主要是把小功率的微波信号进行放大，使之达到系统所要求的功率。其工作原理见 12.2.1 节中折叠波导行波管部分内容。

4）折叠波导行波管发射机设计要点及特殊考虑

（1）小型化高效高压电源。高压电源是折叠波导行波管发射机的重要组成部分，包括低压部分和高压部分，它的体积、质量和效率是实现发射机小型化的关键。在设计中采用零电压谐振高频开关方案，开关频率可达到 100kHz 以上，可以有效减小电源的滤波电容、开关变压器、谐振电感及电容等大型器件的体积和质量，并且可以降低功率开关器件的开关损耗，简化吸收电路设计，减少电磁干扰，提高电源效率。高压部分的储能电容采用多组高压组合电容，减小了高压部分的体积。

（2）控制保护技术。通过新型控制技术在发射机中的应用，提高了发射机的智能化和人性化设计。折叠波导行波管发射机的控保电路与系统通信，接收远程控制指令，执行相应的控制操作，控制指令通过接口电路发送给控保电路的执行模块。折叠波导行波管发射机的故障信息及工作参数，按照协议上报给系统监测汇总，折叠波导行波管发射机也可以实现本地单独控制。

（3）毫米波波段功率的传输及合成技术。一般在低频段常用的传输线，如同轴电缆在毫米波波段损耗较大，波导传输是功率传输的主要方式。毫米波波段行波管输出的功率一般都不大，需要采用多管功率合成技术来实现系统更高的功率要求。

（4）热设计技术。毫米波行波管效率较低，散热问题是折叠波导行波管发射机设计的一个瓶颈，需要系统考虑热设计。折叠波导行波管发射机机箱采用一体成型，分成上下 2 层，上层为低压电路，下层为高压电路，中间隔板兼做散热冷板。折叠波导行波管发射机主要散热器件如折叠波导行波管，直接固定在高热传导率的散热冷板上，采用强迫风冷或液冷散热，有效解决了折叠波导行波管发射机的热设计问题。

3. 毫米波 EIK 发射机

1）毫米波 EIK 发射机组成

毫米波 EIK 发射机包括固态放大器、EIK、定向耦合器、高压电源、全固态调制器、灯丝电源、控制保护电路和冷却系统等。毫米波 EIK 发射机组成框图如图 12.23 所示。

2）毫米波 EIK 发射机工作原理

毫米波 EIK 发射机采用主振放大式结构，由两级放大器组成，前级采用固态放大器，末级采用 EIK 放大器。EIK 为阴极调制工作方式，永磁聚焦，冷却方式为液冷。

高压电源通过调制器为 EIK 提供阴极高压脉冲，灯丝电源为 EIK 灯丝供电，控保电路完成毫米波EIK发射机的模拟采样和处理，进行故障保护与开关机控制。

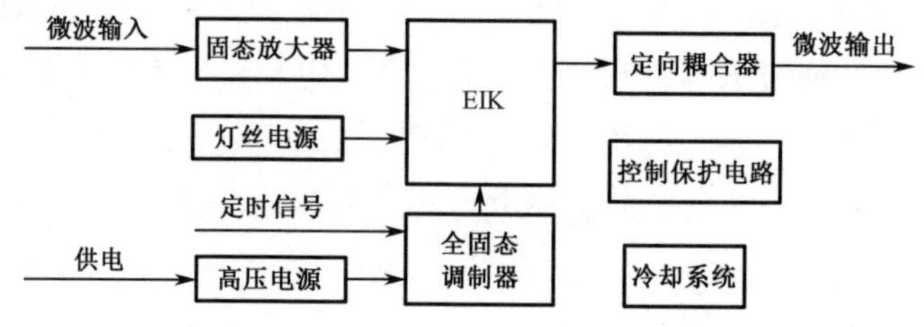

图 12.23　毫米波 EIK 发射机组成框图

3）毫米波 EIK 发射机主要子系统

（1）高压电源。高压电源包含交错式 PFC、移相全桥电路、升压变压器、倍压整流电路和数字控制板等。交错式 PFC 将电压升至 370～400V，输入移相全桥电路，将直流电变换为高频交流电，提供给升压变压器。经升压变压器升压和倍压整流滤波产生相应高压，给 EIK 全固态调制器提供所需的高压。高压电源组成框图如图 12.24 所示。

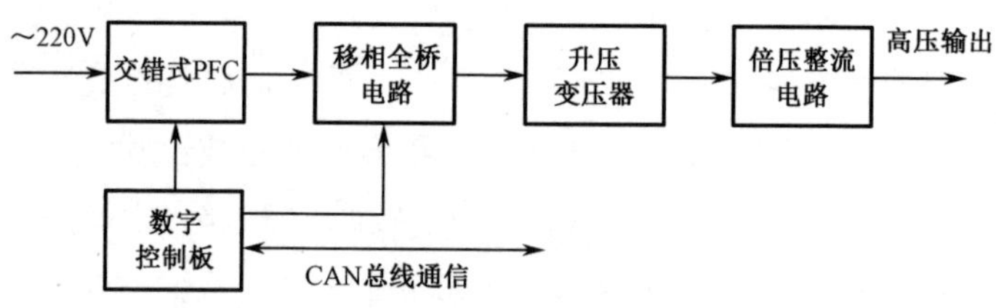

图 12.24　高压电源组成框图

（2）灯丝电源。灯丝电源由交错式 PFC 电路、推挽电路、隔离变压器、整流滤波电路和数字控制板等组成，其组成框图如图 12.25 所示。灯丝电源采用单相 220V 供电，通过交错式 PFC 将电压升至 370～400V 作为灯丝电源推挽电路的输入电压。为了减小体积，灯丝电源和高压电源共用交错式 PFC 电路。灯丝电源采用电压和电流双闭环，以抑制灯丝启动时的浪涌电流。

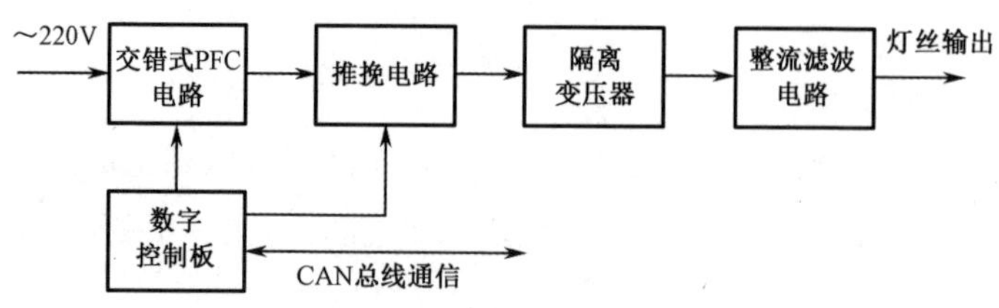

图 12.25　灯丝电源组成框图

（3）全固态调制器。全固态调制器采用全固态刚管调制器方案，可满足多种脉冲宽度瞬时切换要求。全固态调制器由多组串联的固态开关、均压电路、储能电容、栅极驱动及控制电路和电流检测等电路组成，工作电压在十几伏到几十千伏。全固态调制器组成示意图如图 12.26 所示。

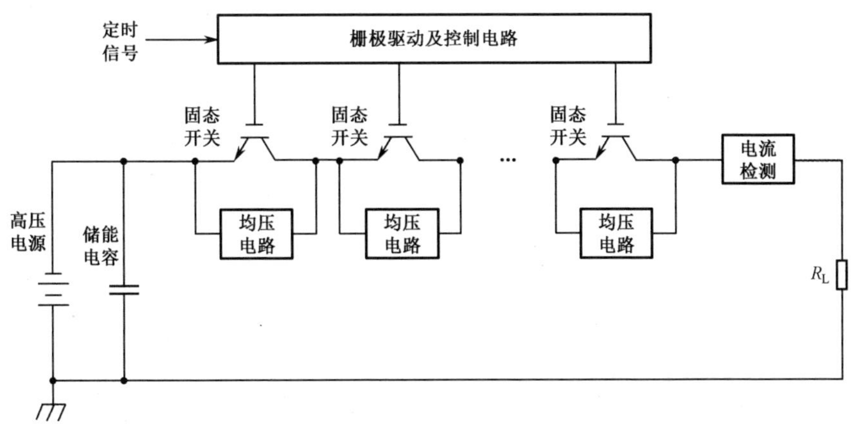

图 12.26　全固态调制器组成示意图

全固态调制器的固态开关采用 IGBT 串、并联形式，解决了耐压和大电流问题。它具有很强的通用性能，通过固态开关的任意组合可以组成不同输出脉冲电压和电流的调制器。

栅极驱动及控制电路主要用于接收定时脉冲、使能信号，经过处理后输出脉冲信号驱动全固态调制器的固态开关，同时电流检测过流信号，快速关断调制器开关。

（4）控保电路。控保电路由单片机、光电隔离、模拟采样、数字采样等模块组成，控保电路组成示意图如图 12.27 所示。控保电路可通过 CAN 总线进行通信，接收开关机命令，并向外传送发射机的工作状态和故障信息。控保电路电源采用 DC/DC 隔离供电，外界采样数据和控制信号均通过光电耦合器隔离后与控保电路相连，因而提高了电路的可靠性和抗干扰能力。

毫米波 EIK 发射机上电后，控保电路控制毫米波 EIK 发射机开机和关机时序，当毫米波 EIK 发射机出现致命故障时，必须进行必要、及时的保护，否则可能会造成毫米波 EIK 发射机的重要核心部件（如全固态调制器、EIK 等）损坏。控保电路组成主要包括过压保护、欠压保护、过流保护、灯丝保护、过热保护和功率检测等功能。

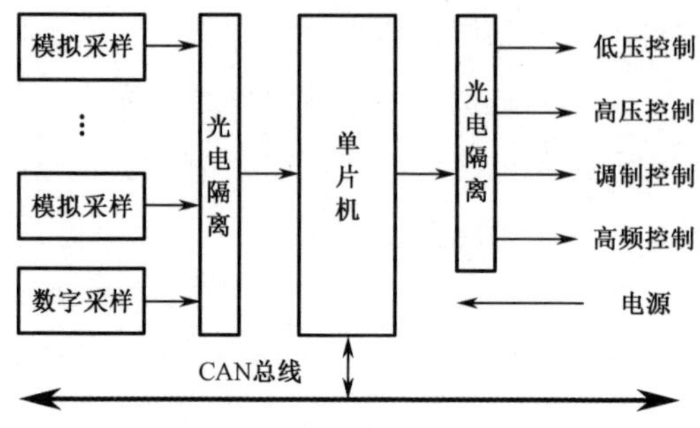

图 12.27　控保电路组成示意图

4）毫米波 EIK 发射机设计要点及特殊考虑

（1）集成控制一体化数字电源技术。高压电源采用数字化电源技术，可产生电源驱动信号，实现电源闭环控制。高压电源采用单相 220V 供电，为了降低电路损耗，减少对电网的影响，同时为了获取更佳的稳压效果，整流后通过交错式 PFC 将电压升至 370～400V 作为移相全桥的输入。

高压电源闭环控制通过数字控制板实现，逆变器采用移相全桥的拓扑结构。该系统采用双闭环控制，外环为电压环，内环为电流环。电压环的输出作为电流环的输入，并与当前电流采样值进行比较，调节移相全桥的移相角，从而实现高压电源闭环控制。

（2）小型模块化固态调制器技术。小型模块化固态调制器采用开关管串/并联技术，通过优选高速固态开关器件和均压网络，保证调制器正常工作。均压网络由静态均压和动态均压电路组成，静态均压电路用于保证脉冲间歇期间每组开关管承受电压的一致性；动态均压电路用于保证开关管导通前沿和关断后沿电压变化时的管压降的一致性。

小型模块化固态调制器具有以下优点：模块化设计，结构紧凑，体积和质量小。输出可直接连接速调管，调制波形好，脉冲宽度连续可调，效率高。

12.3.2　太赫兹波段真空微波管发射机

太赫兹波段真空微波管发射机（简称太赫兹真空管发射机）一般采用太赫兹波段折叠波导行波管（简称太赫兹折叠波导行波管）或者回旋行波管。目前工程应用的太赫兹真空管发射机以太赫兹波段折叠波导行波管发射机（简称太赫兹行波管发射机）为主。

1. 太赫兹行波管发射机组成

太赫兹行波管发射机主要由固态放大器、太赫兹折叠波导行波管、高压电源（阴极电源、收集极电源）、控制极电源、调制器、灯丝电源、控保电路和冷却系统等组成。太赫兹行波管发射机组成框图如图 12.28 所示。

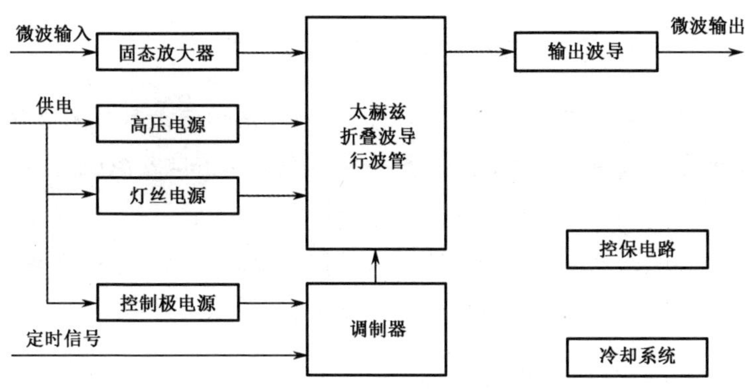

图 12.28　太赫兹行波管发射机组成框图

2. 太赫兹行波管发射机工作原理

太赫兹行波管发射机为主振放大式，前级采用固态放大器，末级采用太赫兹折叠波导行波管。固态放大器为太赫兹折叠波导行波管提供激励信号。高压电源主要为太赫兹折叠波导行波管提供阴极和收集极电源，太赫兹折叠波导行波管的供电采用串联馈电方式，即收集极电源从阴极电源分压产生。高压电源采用全桥串联谐振变换拓扑结构，以达到效率高、质量轻和低纹波的要求。

灯丝电源用于给太赫兹折叠波导行波管灯丝供电，调制器主要用于给太赫兹折叠波导行波管提供控制极脉冲。灯丝电源和调制器浮动在阴极电压之上。控保电路用于控制太赫兹行波管发射机的开、关机时序和保护。

3. 太赫兹行波管发射机主要子系统

（1）高压电源。高压电源组成框图如图 12.29 所示，它主要由整流滤波、逆变器、升压整流组件、控制器和电压采样组成。逆变器采用全桥串联谐振变换拓扑结构，可以实现效率高、质量小和低纹波的要求。逆变器的作用是将输入的直流电压经过开关管组成的全桥电路，逆变为高频方波，通过升压整流组件得到所需的直流高压。电压采样电路将电源输出的高电压采样后传给控制器，实现高压电源的闭环稳压。为减小电源整机体积、质量和降低成本，将阴极和收集极电源进行集成设计。

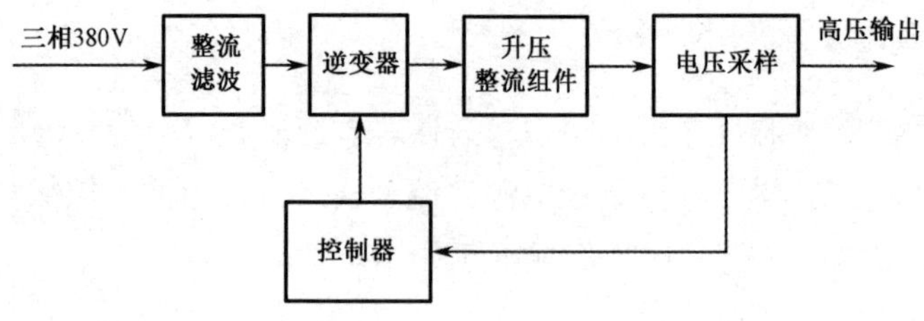

图 12.29　高压电源组成框图

（2）调制器。调制器根据定时信号产生太赫兹折叠波导行波管所需的控制极脉冲，主要由隔离驱动电路、调制开关和调制器保护电路组成，其组成框图如图 12.30 所示。调制开关用于产生控制极脉冲，实现调制器的开启和切尾；隔离驱动电路用于实现调制器定时信号的高、低电位隔离与放大；调制器保护电路用于保护调制开关的正常工作，避免反向尖峰引起调制开关的损坏。

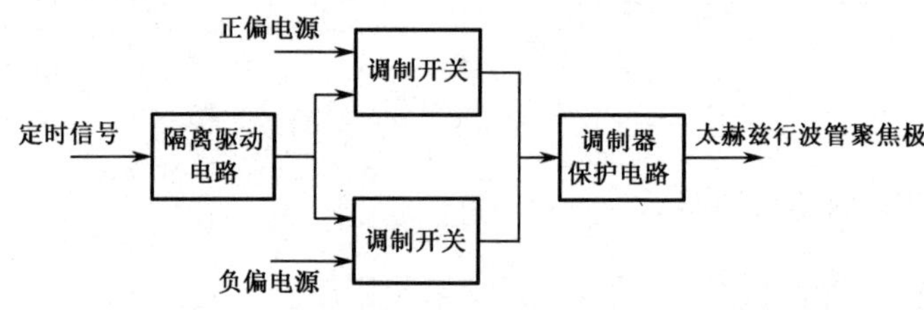

图 12.30　调制器组成框图

（3）控保电路。控保电路组成如图 12.31 所示，主要包括数字信号处理（Digital Signal Processing，DSP）、数字可编程器件和定时驱动电路等。控保电路对发射分系统进行统一控制和保护，对发射机的各种数字参量进行采样和处理，进行故障保护与开关机控制，可以提供时序保护、过温、过压、欠流、过流、打火保护等，并通过总线方式与总系统进行通信。

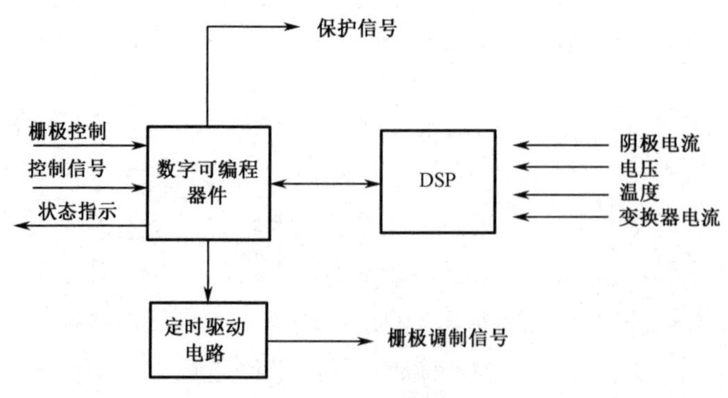

图 12.31　控保电路组成示意图

定时驱动电路用于完成太赫兹行波管发射机前级固态放大器、调制器等的定时和驱动信号的产生。

另外，为了实现发射机小型化设计，控保电路还可以对高压电源和偏压电源进行集中控制，以实现高压电源和偏压电源的闭环稳压。

4. 太赫兹行波管发射机设计要点及特殊考虑

1）高压电源等多种电源的控制电路和控保电路集成一体化设计

根据太赫兹行波管发射机小型化设计的要求，将高压电源、控制极电源、调制器的控制电路与控保电路集成设计。控保单元以 DSP 和数字可编程器件作为核心，实现多种功能的集中控制，包括太赫兹行波管发射机的控制保护，高压电源、灯丝电源和控制极电源的闭环控制，调制器的定时驱动集中控制。

控保单元对太赫兹行波管发射机进行统一控制和保护，对太赫兹行波管发射机的各种数字参量进行采样和处理，进行故障保护与开关机控制，实现时序、过温、过压、欠流、过流、打火保护等保护功能。

高压电源集成阴极电源、收集极电源、控制极电源和灯丝电源，采用全桥移相软开关技术提高开关电源的频率，实现缩小变压器和滤波电容的目标。重点需要解决小型化、绝缘设计和抗干扰设计问题。

2）小型化控制极调制技术

调制器设计主要考虑波形参数和管体打火保护措施，为了获得好的调制脉冲，适应各种不同的波形要求，调制器的主开关管选用高反向耐压的MOSFET，开关管保护可以在调制脉冲输出端对阴极并接两个过压保护瞬态抑制二极管。随着集成控制芯片技术的发展，调制信号的开启信号采用基于控保电路中可编程器件产生的载频调制，再经过驱动、隔离、整流后控制 MOSFET 的开启和关断，实现调制器的全波形输出。这样可以用较小的脉冲变压器来实现开启、切尾信号的传递及电位隔离，提高系统的集成度。

3）太赫兹行波管发射机的测量系统

太赫兹行波管发射机的测量系统主要包括对频率、功率、波形、频谱等指标的测量，重点在于指标测量的精度和能力。完成上述关键指标测量的主要仪器和元器件有太赫兹信号源、倍频模块、太赫兹频谱仪、功率放大器、信号发生器、微波负载、传输耦合微波组件和功率测量系统等。

典型的太赫兹行波管发射机测量系统框图如图 12.32 所示。

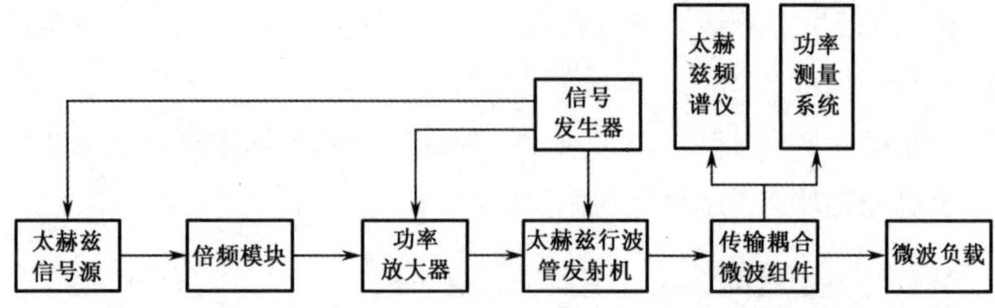

图 12.32　典型的太赫兹行波管发射机测量系统框图

（1）信号源和倍频模块，为太赫兹行波管发射机测试提供必需的激励信号。太赫兹信号源采用具有太赫兹扩频功能的微波信号源主机加频率扩展模块的方式实现，频率扩展模块通过固态倍频器实现主机输出频率倍频到太赫兹波段，具有极高的频谱纯度和分辨率，并且可以产生 AM、FM、PM 和脉冲调制的信号。

（2）太赫兹频谱仪，用于测试和分析太赫兹行波管发射机的频谱相关指标，如带宽、主副瓣比、相位噪声和杂散等。太赫兹频谱仪采用具有太赫兹扩展功能的微波频谱仪主机加频率扩展模块的方式实现，频率扩展模块是通过固态谐波混频器实现太赫兹信号下变频输入微波频谱仪。商业化的太赫兹频谱仪，通过外置谐波混频器，测试频率范围可扩展为 325GHz，其具备中频识别功能，可对混频输出的中频信号进行识别，正确显示被测毫米波信号的频谱特性。

（3）功率测量系统，用于测试和分析太赫兹行波管发射机的功率指标和波形指标，如平均功率、峰值功率、功率稳定度、脉宽、前后沿和脉冲顶部波动等指标。其对功率测量可以采用热探测方法和用功率计直接测量方法。

① 用热探测方法测量功率。

对于大功率太赫兹功率源系统，由于采用脉冲磁场，系统只能工作在单次脉冲状态，但因为太赫兹功率源系统检测手段不成熟，要准确测量单脉冲太赫兹波的功率和频率比较困难。可以采用热探测方法测量功率，用波导将输出信号引出至热探测器，记录热响应波形，用已知功率的小功率源进行脉冲标定。

为确定输出功率，必须对测量系统进行标定，探测器所吸收的辐射能量 W 可表示为

$$W=\int_0^\infty P(t)\mathrm{d}t=\frac{1}{S}\int_0^\infty U(t)\mathrm{d}t \tag{12.5}$$

式（12.5）中，$P(t)$为辐射功率，$U(t)$为探测器的输出电压，S 为探测器的响应度，即单位辐射功率对应的输出电压。从式（12.5）可以看出，只要确定了探测器的响应度 S，就可由式（12.5）计算出辐射能量，用计算得到的辐射能量除以高压脉宽即获得脉冲输出功率。

对于高功率太赫兹连续波和长脉冲波，信号平均功率可以采用量热计或热探测器等基于热效应的方法进行准确测量。但对于高功率太赫兹短脉冲，单次脉冲脉宽短、能量低，对热效应测量法提出了很高的灵敏度和快速响应时间要求，且其无法给出脉冲的峰值功率。

② 用功率计直接测量脉冲功率。

测量脉冲功率的最常用、成本最低的方法是使用功率计进行测量。使用功率计进行测量时，要考虑的首要问题之一就是功率探头。太赫兹功率计采用功率计加功率探头的方式实现，软件控制和数据传输通过专用电缆来完成。不同的频率范围可通过更换功率探头来进行实现。商业化的太赫兹功率计，可完成对信号的功率参数测量，包括对雷达脉冲调制信号的峰值功率、平均功率、脉冲波形等参数的测量。

（4）功率放大器，将信号源输出的功率放大至太赫兹行波管发射机所需的输入功率要求。功率放大器可以采用固态放大器，太赫兹波段低端输出功率可达百毫瓦量级，也可以采用真空管放大器，输出功率可达瓦级以上。

（5）信号发生器用于提供太赫兹行波管发射机正常工作所必需的定时信号，应涵盖各种脉冲宽度和工作比。

（6）微波负载用于吸收太赫兹行波管发射机的微波功率，太赫兹行波管发射机测试时，需要太赫兹高功率负载进行匹配。

（7）传输耦合微波组件，提供太赫兹行波管发射机正常工作和测试所需的高频系统，包括各种频段的波导、定向耦合器、衰减器等。太赫兹波段馈线通常采用金属波导形式，需要在不同波导之间进行转接，并且需要进行波导旋转与转向，因此需要配备弯波导、扭波导及矩形波导。搭建测试系统常用的无源器件包括直波导、E 面弯曲波导、固定衰减器、可变衰减器，以及 10dB、20dB 和 30dB 的定向耦合器等。

12.4　分布式空间合成真空微波管发射机

随着新一代雷达等电子系统不断向多功能、一体化方向发展，有源相控阵雷达系统已成为主流，其对雷达发射机提出了宽频带、小型化、模块化和阵列化的要求。

有源相控阵雷达与传统雷达最大的不同就是将高功率集中放大式发射机转变成放置在阵面上的阵列化发射单元，为保证良好的发射方向图和扫描范围，对发射单元的体积尺寸提出了极为苛刻的要求。

近年来，小型化行波管有了较大的发展，本节介绍的真空微波管一般选用小型化行波管，所以下面无特殊情况，都以行波管进行介绍。

基于现代精确物理模型和先进制造工艺的持续改进，行波管逐渐克服了早期的寿命短、体积大、启动时间慢等缺点。同时，行波管功率密度也得到了大幅提升，特别是从 21 世纪初开始，随着小型化或微型化行波管的出现，实现了高密度、宽频带、高幅相一致性、高效率和长寿命等性能指标，随着标准化结构的推广、计算机仿真技术的应用和批量制造技术的突破，采用小型化行波管的分布式空间合成真空管发射机可以满足多功能、一体化雷达等电子系统的需求。

12.4.1 小型化行波管

与固态微波功率放大器相比，传统行波管虽然可以提供足够大的输出功率，但行波管的尺寸和质量太大，结构也比较复杂。面对固态微波功率器件的挑战，越来越需要研制出高性能、长寿命的小型化行波管。

近年来，基于新材料、新工艺和先进设计方法的小型化行波管迅速发展，其性能指标不断提升，目前已可满足新一代雷达系统对发射机真空微波管提出的要求。

根据雷达对发射机工作带宽、输出功率和效率的要求，小型化行波管一般应采用螺旋线慢波结构。小型化行波管的结构与传统行波管类似，主要包括电子枪、慢波结构、聚焦系统、收集极和输入/输出结构等，其工作原理也相似。

行波管的小型化需重点解决以下问题：①行波管慢波线长度缩短会导致信号不能充分放大，使输出功率降低；②小型化通常需要降低工作电压、提高工作电流，因而增加了电子枪的设计难度；③电子注直径缩小，需要提高聚焦磁体材料的矫顽力和磁通密度；④慢波线尺寸缩小带来的散热问题；⑤小型化引起的耐压要求提高，需要在采用低同步电压的同时，提升零件加工的表面光洁度和精度；⑥需要采用多极降压收集极，以提高效率；⑦需要优化行波管输入/输出的方式和位置。

小型化行波管不仅存在物理尺寸的压缩和变化，还需要建立机、电、磁、热综合精细物理模型并采用新材料、新技术和新设计方法，提高行波管的性能和工作寿命。压缩纵向慢波结构的长度，需要提高互作用阻抗；横向物理尺寸的压缩将改变慢波结构附近的电磁场分布，需要通过理论和工艺研究，解决电磁场分布问题。小型化行波管面临的另一个重要问题是效率，可以通过提高流通率、互作用效率和多极高效率降压收集极等方式实现小型化行波管效率的提升。应用新型导热材料，探索新型加工装配工艺，也可以改善散热环境并降低热损耗。要实现行波管小型化的突破，还需要使用微细切削、高能束流微细特种加工和微细电加工等先进加工技术。

小型化行波管在压缩尺寸，提高输出功率、效率和寿命的同时，还需要拓展带宽。采用色散成型技术，实现宽带同步；采用谐振损耗法、快波抑制法和相速渐变法等措施抑制带内谐波和返波振荡。

自 20 世纪 70 年代，行波管作为相控阵系统的微波功率器件以来，行波管小型化和长寿命一直是一个重要的研究方向，特别是在 2010 年后，用于分布式空间合成的小型化行波管成为国内研究的重点，并不断在技术和系统应用上取得成果，波段覆盖 C、X、Ku、Ka 波段。其中，X 波段小型化行波管输出功率达到 8kW，工作带宽达到 1GHz；Ka 波段小型化行波管输出功率达到 1kW，工作带宽达到 6GHz。

小型化行波管具有结构尺寸小、输入/输出匹配性好、接口标准化、行波管幅相一致性好、效率高、工作寿命长等优点，小型化行波管可多路集成并共用同一集成电源，易于实现系统的轻量化、模块化和组合化。

12.4.2　分布式空间合成小型化行波管发射机系统的设计

本节简要介绍分布式空间合成雷达阵面单元放大式和子阵放大式两种形式，并结合两种阵面形式对小型化行波管发射机的要求，介绍分布式空间合成小型化行波管发射机系统的具体组成、工作原理、设计方法、设计要点及特殊考虑。

单元放大式相控阵阵面组成框图如图 12.33 所示，该阵面由多个相同的收/发单元组成，每个收/发单元主要包含移相器、前级放大器、行波管放大器、环形器、隔离器/限幅器、接收支路和辐射单元等。单元间距与雷达波束扫描角、扫描波束栅瓣和工作频段等相关，波束扫描角越大，对栅瓣的要求越高，工作频段越高，要求单元间距越小。为了使雷达波束扫描角大、栅瓣低，单元间距需要小于 1 个波长甚至接近于半个波长，单元内的所有元件对尺寸都有严格要求。一般在 X 以下波段，小型化行波管的尺寸可以满足较大波束扫描角阵面的要求，而在 X 波段以上的 Ku 和 Ka 波段，小型化行波管的相对雷达工作波长的尺寸较大，只能满足较小波束扫描角阵面要求，通常需要采用机械扫描和相位扫描结合的工作方式。

子阵放大式相控阵阵面组成框图如图 12.34 所示，该阵面由多个相同的收/发子阵组成，每个收/发子阵主要包含前级放大器、行波管放大器、环形器、功分器、隔离器/限幅器、接收支路、移相器和辐射单元等。激励信号经前级放大器、行波管放大器放大后，通过功分器分成多路，并独立移相后送到各个辐射单

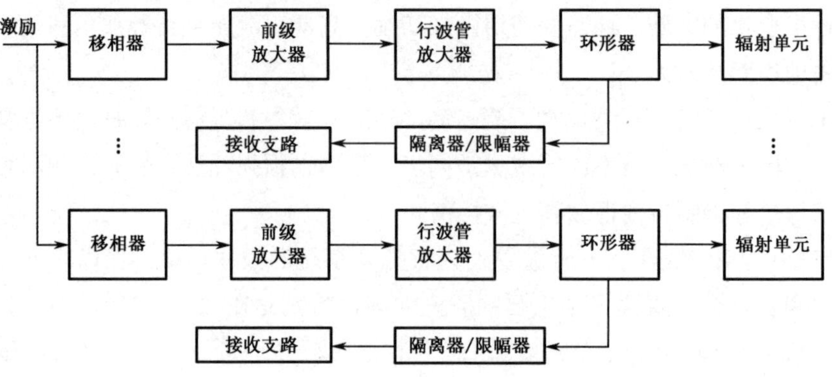

图 12.33　单元放大式相控阵阵面组成框图

元。子阵放大式相控阵阵面对辐射单元、移相器等元件的尺寸有严格的限制，对前级放大器、行波管放大器、环形器、功分器等部件的尺寸要求不高。小型化行波管在大部分频段都可以满足较大波束扫描角阵面的要求。但是，移相器需要承受较大的功率，并具有较低的插入损耗，否则将影响系统的辐射功率。

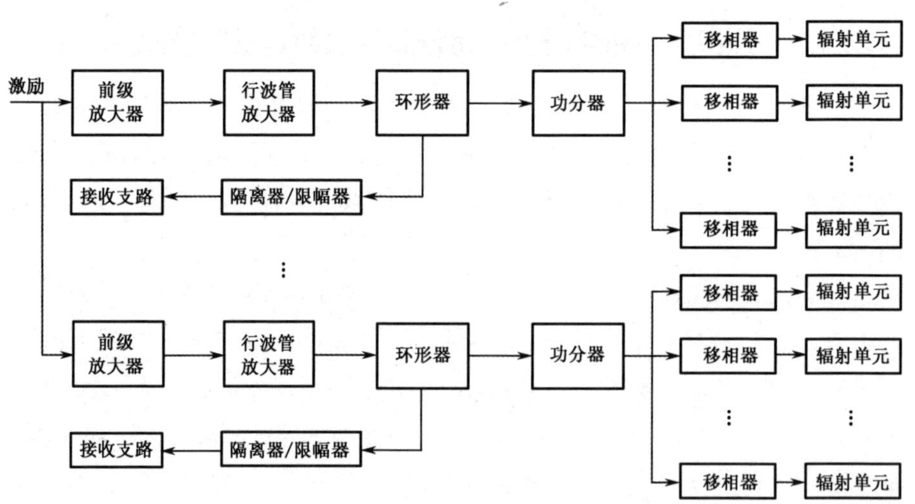

图 12.34　子阵放大式相控阵阵面组成框图

分布式空间合成小型化行波管发射机较多采用螺旋线行波管作为末级放大器件。这里详细介绍栅极调制的螺旋线行波管发射机。

1. 螺旋线行波管发射机组成

螺旋线行波管发射机主要包括螺旋线行波管、高压电源、全固态浮动板调制器、正偏电源、负偏电源、灯丝电源、控保电路、隔离器、定向耦合器和冷却系统。其中，高压电源包括行波管阴极、管体电源和三路收集极电源等。螺旋线行波管发射机组成框图如图 12.35 所示。

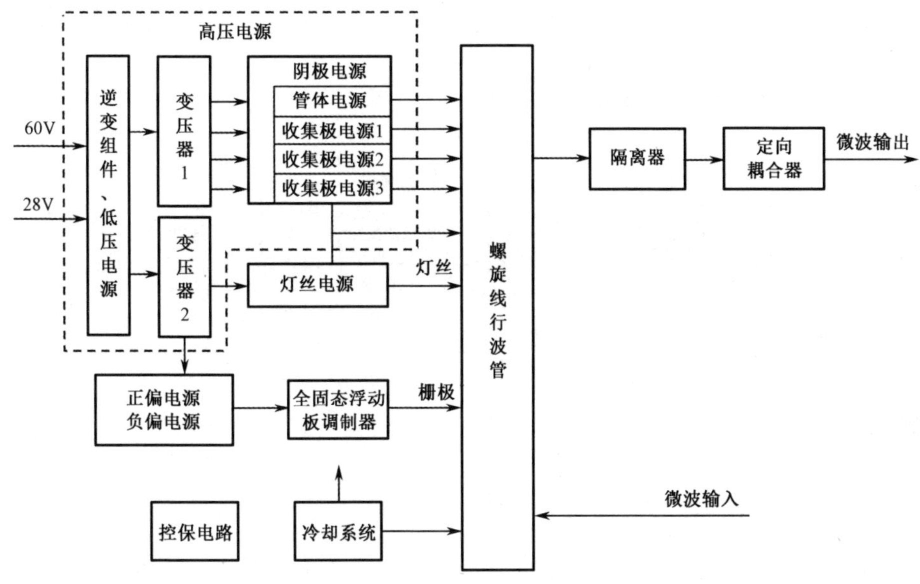

图 12.35 螺旋线行波管发射机组成框图

2. 螺旋线行波管发射机工作原理

螺旋线行波管放大器将输入的瓦级微波信号放大到数百瓦至数千瓦。高压电源包括一路阴极电源和三路收集极电源，选择并联馈电方式。为提高螺旋线行波管输出微波信号的幅相一致性和稳定性，阴极电源需要采用稳压方式。螺旋线行波管采用全固态浮动板调制器，实现栅极控制；灯丝电源为螺旋线行波管灯丝供电；控保电路采用 DSP 控制，对螺旋线发射机的各种模拟、数字参量进行采样和处理，以实现故障保护与开、关机控制；冷却系统为螺旋线行波管、高压电源等发热部件进行冷却。

3. 螺旋线行波管发射机主要子系统

1）小型化螺旋线行波管

近年来，国内科研院所基于多物理量精细模型结合新材料、新技术和新设计方法，压缩行波管纵向慢波结构的长度和横向物理尺寸，提高流通率和互作用效率，采用高效率多级降压收集极，应用新型导热材料，使用微细切削、高能注流微细特种加工和微细电加工等先进加工技术，突破了多项关键技术，研制了

C、X、Ku、Ka 等多波段小型化螺旋线行波管，实现了高功率密度、高幅相一致性、高效率和长寿命，基本满足了分布式空间合成小型化行波管发射机对行波管的严苛要求。

2）高压电源

高压电源原理框图如图 12.36 所示。

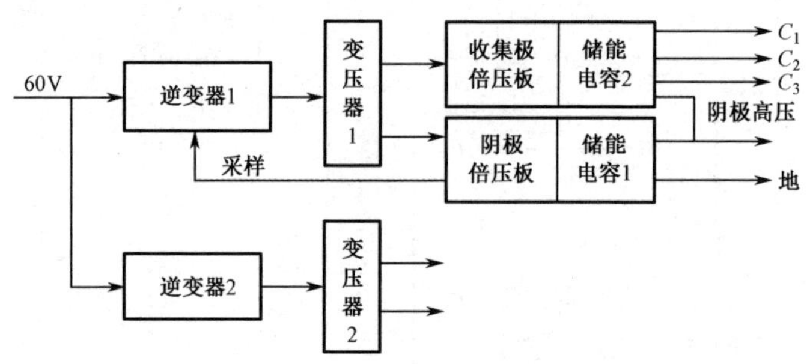

图 12.36　高压电源原理框图

高压电源包括两路逆变器、两个变压器、收集极倍压板、阴极倍压板、两个储能电容。阴极电源为小型化螺旋线行波管提供慢波线同步电压，对小型化螺旋线行波管稳定工作和相位变化影响较大。其阴极电源采用稳压方式，以实现高稳定度和低纹波的要求。可以采用阴极电源和收集极电源并馈供电方式，减小高压储能电容容量。阴极电源采用移相软开关技术，以实现小型化和高效率设计。

3）全固态浮动板调制器

全固态浮动板调制器采用浮动板体制，其组成包括触发脉冲电路、开启管、切尾管，以及隔离变压器等，如图 12.37 所示。分布式空间合成小型化行波管发射机要求全固态浮动板调制器可以输出优良的脉冲波形，具备复杂的工作模式能力。

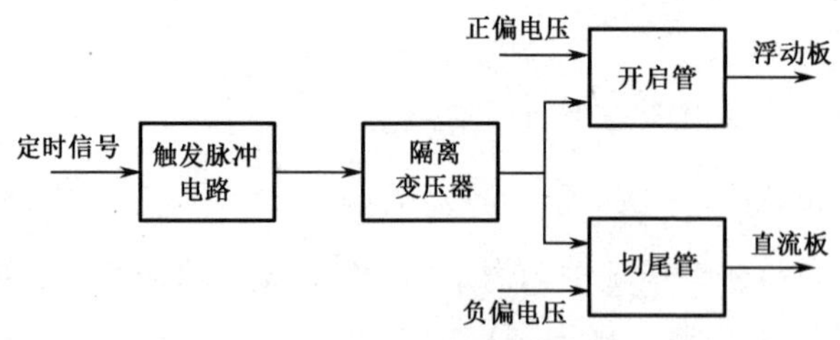

图 12.37　调制器组成框图

全固态浮动板调制器采用 IGBT 或 MOSFET 作为开启管和切尾管，在脉冲间歇期时，开启管、切尾管都处于截止状态，当开启脉冲来到时，开启管导通，切尾管截止；当开启脉冲结束时，切尾脉冲到达，开启管截止，切尾管导通。开启管和切尾管一般根据调制幅度、耐压、电流能力和开关速度的要求选择。

全固态浮动板调制器可以采用光纤、脉冲变压器或互感器隔离高、低电位，将触发信号耦合到高电位，控制开启管和切尾管的工作，形成所需的栅极调制脉冲。采用光纤耦合的方式具有隔离电位高、触发波形好的优点，但需要在高电位上增加辅助电源，增加了电路的复杂性和设备量，降低了电路的可靠性。隔离变压器采用脉冲变压器耦合的方式，无须增加辅助电源，浮动板上的电路相对简单，电路可靠性高，但受到脉冲变压器自身因素的限制，体积不可能做得很小，而且很难集成在印制板上。互感器耦合方式不但具有脉冲变压器的优点，而且体积小，用高压线或绝缘材料隔离互感器初次级后，全固态浮动板调制器能工作在较高的浮动电位上。分布式空间合成小型化行波管发射机中优选互感器耦合方式。

4）控保电路

控保电路采用可编程器件和 DSP，实现小型化行波管发射机的全数字化控制。控制方式一般可以分为模块独立控制和集中控制两种。

模块独立控制方式是指每个功能模块（包括电源和全固态浮动板调制器）都有各自独立的控制电路，总的控制模块只是控制各模块的使能和收集各模块工作状态及故障保护信号。各个模块具有较强的独立性，但控制方式欠灵活，在整机的协同工作上也存在较大的弊端。

集中控制方式是指所有的功能模块都由总的控制模块统一控制，省去了分散在每一个功能模块中的控制电路。控制器采用 DSP 和复杂可编程逻辑器件（Complex Programmable Logic Device，CPLD）作为核心，定时同步，直接控制各功能模块的执行单元，并接收各模块的工作状态、故障保护信号和稳压、稳流采样信息，实现整个微波功率模块的统一控制。集中控制方式有利于实现各功能模块间的同步工作。

分布式空间合成小型化行波管发射机一般采用全数字集中控制方式，它具有以下优点：

（1）简化了电路结构，提高了可靠性；

（2）实现了各功能模块间的协同工作，有利于提高系统指标；

（3）使小型化行波管发射机具备了较强的可扩展能力；

（4）所有功能模块共用一个控制器，减小了体积、质量。

4. 小型化行波管发射机设计要点及特殊考虑

1）小型化行波管发射机集成技术

小型化行波管发射机集成需要重点开展集中控制、小型化行波管共用电源及幅相一致性保证等技术研究。

集中控制关键技术以 DSP 和 CPLD 作为核心，统一控制所有功能模块同步工作，简化了电路结构，减小了体积、质量。

小型化行波管共用电源关键技术的核心是集成电源中的多路输出电源一致性研究，实现一套电源推动多个小型化行波管工作，保证发射多个通道发射组件的幅度和相位一致性。共用数字化高压电源是用 DSP 替代通用的电源控制芯片，实现电源的正常工作和稳压闭环控制。使用 DSP 自带的 PWM 和模/数转换模块来完成逆变器开关管的驱动及输出电压的采样，通过稳压算法，调整 PWM 模块输出的脉宽或相位，灵活地实现脉宽调制或相移式稳压电源。控制软件采用 C 语言和汇编语言混合编程的方式来实现。

分布式空间合成雷达阵面单元尺寸较小，同时对阵面精度和形变控制等要求较高，这就对小型化行波管发射组件在体积、质量等方面提出了更高的要求，因此小型化行波管发射组件必须研究小型化集成技术，以适应阵面需求。电源控制电路采用与控保电路集成一体化设计，减小了小型化行波管发射机的体积和质量，提高了小型化行波管发射机的功率密度。

幅相一致性保证技术是为了满足微波功率模块的幅相一致性要求，在系统中增加幅相控制系统。幅相控制系统包含数控衰减器、数控移相器和DSP控制器，DSP 控制器可以与控保电路共用。DSP 通过 CPLD 扩展的控制接口直接控制数控衰减器和数控移相器，实现了小型化行波管输入射频信号的幅度和相位的控制，从而使微波功率模块的输出满足幅相一致性的要求。

2）小型化行波管发射机组阵技术

开展小型化行波管发射机组阵技术研究，应重点开展对小型化行波管发射单元的幅相一致性和组阵单元电路结构形式的研究，提高发射单元的集成化、小型化、可靠性、可维修性、批量调试和功率密度等要求。由于常规的高频段相控阵天线单元间距小，辐射单元形式常采用易于小型化的印制板振子形式，以及与发射单元直接通过盲插互联的集成形式，单元和馈电连接处容易被击穿，因此研究高效辐射单元十分必要。

3）小型化行波管发射机数字化集中控制技术

小型化行波管发射机数字化集中控制电路完成小型化行波管放大器的开、关机控制，故障保护等功能。控保电路电源采用 DC/DC 隔离供电，采样数据和控制信号均通过光耦隔离，由此提高了电路的可靠性和抗干扰能力。控保电路采用 DSP 芯片控制，其组成框图如图 12.38 所示。

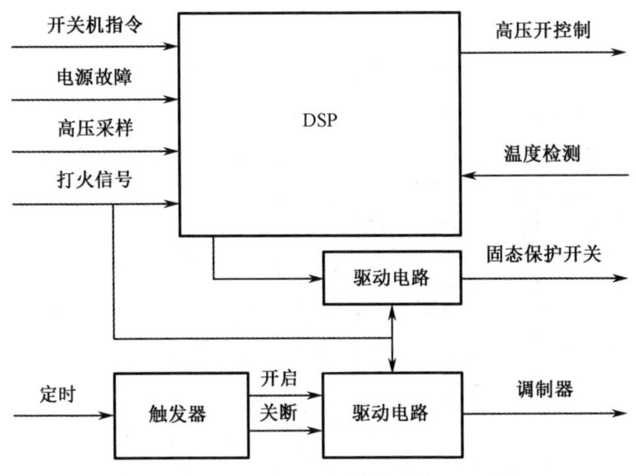

图 12.38　控保电路组成框图

控保电路检测内容包括过压保护、欠压保护、过流保护、偏压保护、过热保护等。

小型化行波管发射机数字化集中控制电路具备数字化控制保护、数字化幅相控制、数字化控制保护接口、定时控制及数字化电源的闭环控制算法等几种功能。

（1）数字化控制保护功能可以采用工业控制领域广泛运用的商业化 DSP 芯片或 CPLD 芯片作为核心控制模块。DSP 芯片具有硬件浮点运算功能，有利于实现数字电源的高精度稳压或稳流，内核具有单周期 32×32 位乘法及累积单元等内置功能，大幅度提高了计算速度。DSP 芯片上集成了独立运行的高精度 PWM 模块，支持高频率和对死区控制。使用 DSP 芯片的外部接口功能可以很方便地扩展具有总线接口的外部异步器件，如 CPLD、数字存储芯片等。

（2）数字化幅相控制功能是为了满足小型化行波管发射机的幅相一致性要求。幅相控制系统包含数控衰减器、数控移相器和 DSP 控制器。DSP 通过 CPLD 扩展的控制接口直接控制数控衰减器和数控移相器，实现小型化行波管输入射频信号的幅度和相位的控制，从而使小型化行波管发射机的输出满足幅相一致性的要求。

（3）数字化控制保护接口是为了实现数字化控制回路和高压功率回路的电气

隔离，小型化行波管发射机脉冲控制信号均采用变压器隔离驱动方式，数字化控制信号隔离原理图如图 12.39 所示。DSP 输出的控制信号经推挽电路隔离后，直接控制功能模块的执行单元，控制采用双路脉冲驱动，可以方便地产生正、负极性的脉冲信号。

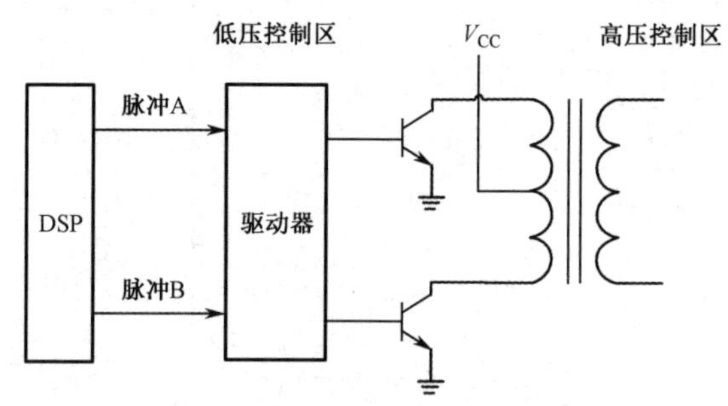

图 12.39　数字化控制信号隔离原理图

（4）定时控制电路分为高精度定时和一般精度定时两种类型。需要实现闭环的电源（如高压电源）由 DSP 的高精度的 PWM 模块来实现，这样可以快速地进行运算和移相控制。一般精度的定时（如调制定时等）则由控制板上 CPLD 完成。为方便管理，时序电路在 CPLD 中采用参数模块化设计，可以方便系统调用。

（5）数字化电源的闭环控制算法用于数字化高压电源稳压闭环控制，采用 DSP 替代通用的电源控制芯片，高压电源的拓扑结构采用常用的全桥逆变结构，使用 DSP 自带的 PWM 模块和模/数转换模块来完成逆变器 4 个开关管的驱动及输出电压的采样，可以灵活地选择脉宽控制、移相控制、调频控制等多种稳压算法。在每半个开关周期内，对输出电压在 4 个点上进行等间隔采样。这些电压采样的平均值在一个周期内计算完成。通过采样值与基准值相比较，经控制算法实现电源的稳压输出。

12.5　全固态脉冲调制器

本节简要介绍全固态脉冲调制器的功能、发展史和类型，并针对直接耦合型全固态调制器、变压器耦合型调制器、加法器式调制器和 Marx 调制器，介绍调制器的工作原理、特点和适用场景。此外，本节详细介绍高压高功率模块化脉冲调制器、高压模块化长脉冲调制器和高速高集成脉冲调制器的具体组成、工作原理、设计方法和设计实例。

全固态脉冲调制器是真空管雷达发射机的一个重要组成部分，主要功能是将电源提供的直流转换为脉冲，满足微波功率器件所需要的脉冲功率。

新一代雷达的复杂工作模式对高压高功率模块化调制器和高压模块化长脉冲调制器提出了新的需求，也对第三代半导体全固态雷达发射机的高速高集成脉冲调制器提出了迫切需求。

基于固态开关的高压脉冲调制器类型主要包括直接耦合型全固态调制器、变压器耦合型调制器、加法器式调制器和 Marx 调制器。

1）直接耦合型全固态调制器

直接耦合型全固态调制器由高压电源、储能电容、调制开关、栅极驱动电路及控制电路组成，其组成框图如图 12.40 所示。存储在储能电容上的能量直接通过浮动在高电位上的调制开关向负载放电，因此具有波形好、效率高、可输出高低重复频率和宽窄脉冲的能力。但调制开关需要直接承受高压电源的高电压，必须通过多个开关管串/并联的形式实现高压调制波形的输出，解决耐压及均压、均流问题。由于调制开关浮动在高电位上和负载存在打火情况，栅极驱动电路及控制电路需要重点考虑高低点位隔离和快速过流保护问题。

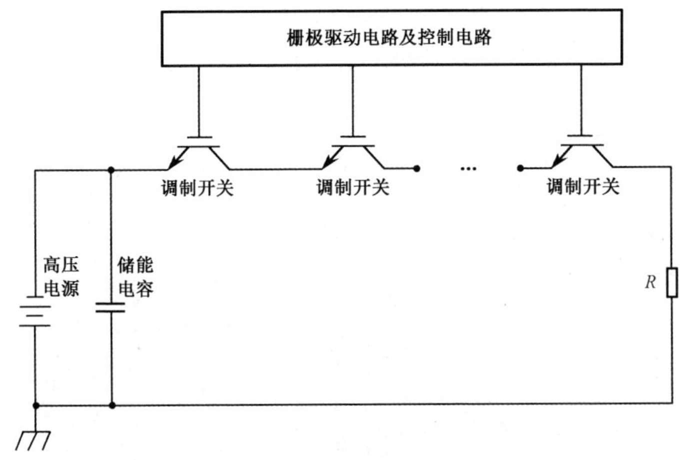

图 12.40 直接耦合型全固态调制器组成框图

2）变压器耦合型调制器

变压器耦合型调制器由高压电源、储能电容、调制开关、栅极驱动电路及控制电路和脉冲变压器 T 等组成，其组成框图如图 12.41 所示。存储在储能电容上的能量通过浮动在高电位上的调制开关和脉冲变压器升压后向负载放电，其具有高压电源输出电压低和调制开关承受电压低的优点。由于脉冲变压器的引入，脉冲宽度、重复频率及波形前后沿受到一定限制，同时带来初级电流大、损耗大、质量和体积增加等问题。

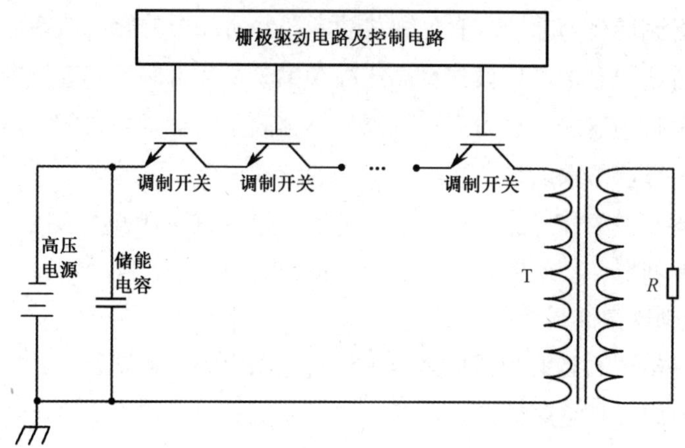

图 12.41　变压器耦合型调制器组成框图

3）加法器式调制器

加法器式调制器由多组高压电源、储能电容、调制开关、驱动电路、反峰吸收电路和脉冲变压器等组成，其组成框图如图 12.42 所示。存储在储能电容上的

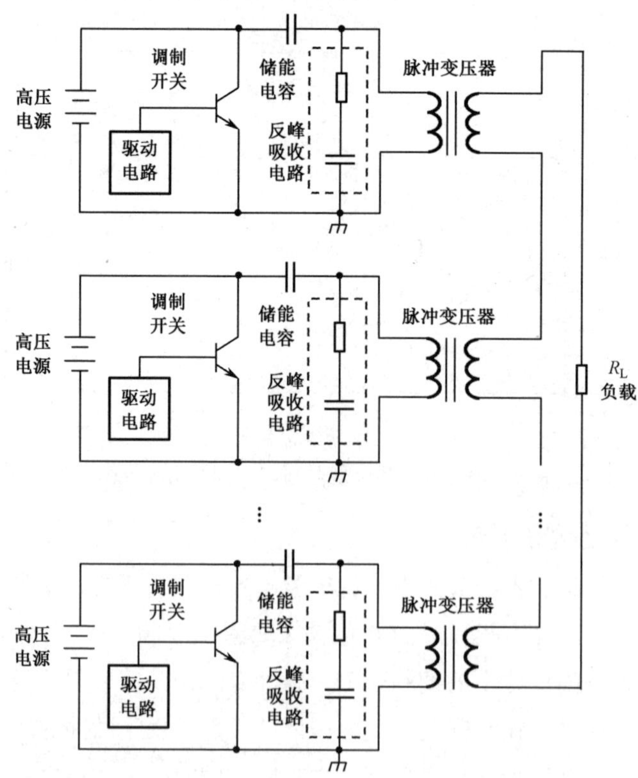

图 12.42　加法器式调制器组成框图

能量通过多组调制开关和脉冲变压器升压后叠加输出，向负载放电。该电路具有电路简单、模块化、调制开关承受电压低和驱动电路不需要浮动在高电位上等优点。调制开关位于脉冲变压器，需要选择耐高压、大电流的开关管，输出调制脉冲宽度受限，脉冲波形前后沿受脉冲变压器漏感和分布参数影响大，一般适用于窄脉冲、低重频系统。

4）Marx 调制器

Marx 调制器由高压电源和多组充电电感、储能电容、调制开关、驱动电路、旁路二极管等组成，其组成框图如图 12.43 所示。Marx 调制器具有并联充电、串联放电的特点，高压电源通过充电电感将能量存储在储能电容中，调制开关在驱动电路的控制下导通，将储能电容串联后向负载放电。Marx 调制器省去了大功率脉冲变压器，具有高压电源电压低、输出脉冲波形好、效率高、调制开关承受电压低、体积小、质量小等优点。其缺点是放电时储能电容是串联放电，需要大容量的储能电容保证脉冲顶降小、波形优良。

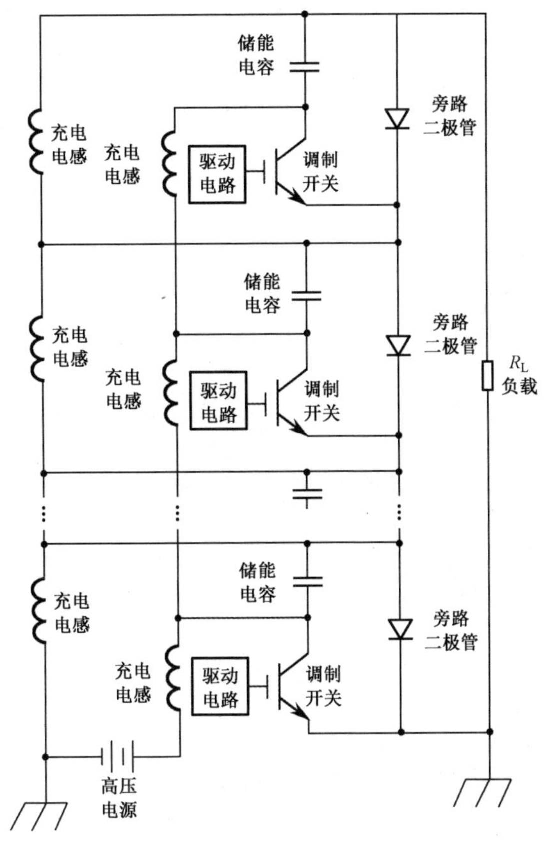

图 12.43　Marx 调制器组成框图

12.5.1 高压高功率模块化脉冲调制器

高压高功率模块化脉冲调制器通常采用直接耦合型调制器架构。直接耦合型调制器在高压电源和储能电容之间，串联高压开关的形式，通过控制高压开关的导通和关断来实现输出高压脉冲。直接耦合型调制器适用于输出电压在百千伏量级以内，脉冲频率在50kHz以内，脉冲宽度及重复频率变化较多，脉冲前沿、后沿要求较高的场合。

1. 高压高功率模块化脉冲调制器的组成

高压高功率模块化脉冲调制器主要包括储能电容、串并联的固态开关 K_1～K_{100}、栅极驱动电路及控制电路和电流检测单元等。高压高功率模块化脉冲调制器组成如图 12.44 所示。

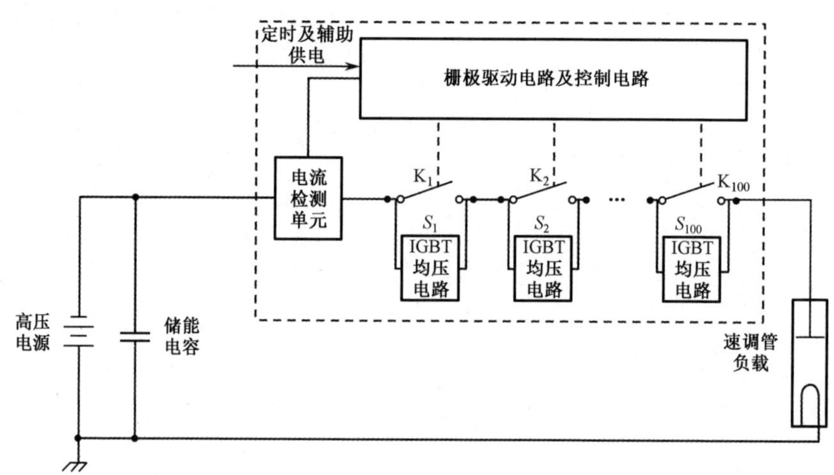

图 12.44 高压高功率模块化脉冲调制器组成

2. 高压高功率模块化脉冲调制器的工作原理

高压高功率模块化脉冲调制器的调制开关直接串联在储能电容和速调管负载之间，所有开关均浮动在高电位上。当栅极驱动电路及控制电路给出触发脉冲信号时，储能电容经调制开关对速调管负载进行放电。

高压电源为高压高功率模块化脉冲调制器提供所需的功率，为减小体积，高压电源一般采用组合式开关电源来实现。储能电容是为高功率真空微波管提供足够能量的关键部件，储能电容必须具有足够的耐压能力和电容容量，同时其损耗也要足够低，以保证高压高功率模块化脉冲调制器的正常工作。

栅极驱动电路及控制电路的作用包括两方面，一是根据定时信号形成高压高功率模块化脉冲调制器调制开关的触发脉冲；二是根据电流检测电路，控制触发脉冲的开启和关断。对于采用直接耦合型调制器架构的高压高功率模块化脉冲调制器来说，必须做好触发信号与驱动信号之间的高电位隔离设计，以确保能够安全、可靠地工作。在脉冲宽度和重复频率变化较大的场合，栅极驱动电路及控制电路常用光纤传输触发信号；在脉冲宽度变化不大的场合，栅极驱动电路及控制电路一般采用脉冲变压器传输触发信号。采用脉冲变压器进行触发信号的耦合与隔离传输时，为了省去高电位上的电源，栅极驱动电路及控制电路可以形成较强的驱动信号，通过脉冲变压器的多次级绕组分别驱动高压高功率模块化脉冲调制器的各个并联的调制开关，以实现对各调制开关的直接驱动和隔离。

电流检测电路用于检测负载和高压高功率模块化脉冲调制器调制开关的工作状态，以确保在负载打火或调制开关本身有故障时，能够迅速检测到故障信息，给出控制信号，控制调制开关在允许的时间内迅速、有效地关断。

高压高功率模块化脉冲调制器的优点如下：

（1）所有开关管驱动信号均为同步信号，电路简单；

（2）每个开关管输出电容串联，可减小开关管关断后调制波形的后沿；

（3）开关管直接串联，简化了电路结构设计。

高压高功率模块化脉冲调制器的缺点如下：

（1）驱动信号严格同步，当信号不同步，势必导致一部分开关管先导通，其余开关管后导通，先导通的开关管集电极-发射极两端电压低，输入总电压则被分配到没有导通的开关管两端，则未导通开关管集电极-发射极两端电压可能超过开关管的集电极-发射极极限电压，导致开关管损坏。

（2）电路运行中，当部分开关管短路时，迫使其余开关管分摊电源电压，与缺点（1）类似，容易使其余开关管损坏。

（3）电路运行中，当一个开关管断开后，整个电路停止工作，负载无能量提供。

3．高压高功率模块化脉冲调制器的设计方法和设计实例

以某发射机高压高功率模块化脉冲调制器为例，简要介绍高压高功率模块化脉冲调制器的设计方法。高压高功率模块化脉冲调制器的指标如下：

- 最高脉冲电压为-42kV；
- 最大脉冲电流为 90A；
- 最大脉冲宽度为 105μs；
- 最高重复频率为 600Hz；

- 脉冲电压顶降≤5%。

由于高压高功率模块化脉冲调制器输出平均功率高，脉冲宽度及重复频率变化多，脉冲前沿、后沿要求高，为提高整机的效率和可靠性，减小发射机的体积和质量，本方案采用直接耦合型的高压高功率模块化脉冲调制器，直接为速调管提供高压脉冲。高压高功率模块化脉冲调制器采用 IGBT 开关串、并联技术，模块化设计，结构紧凑，具有技术先进、体积小、质量小、效率高、可靠性高、寿命长、便于维护等优点。

高压高功率模块化脉冲调制器输出电压达-42kV，而目前单个 IGBT 最大工作电压无法满足要求，需要采用多个 IGBT 串联解决耐压问题。选用 1200 V 的小型高速 IGBT，这种 IGBT 开关损耗小，开启和关断速度较快。考虑到负载最大电流的冲击，单管电流不够，必须采用多管并联的方式。

设计中采用 4 个高压高功率模块化脉冲调制器开关组件串联。每个组件使用 4 个 IGBT 并联为一组，25 组 IGBT 串联，共计 100 个 IGBT。高压高功率模块化脉冲调制器共使用 400 个 IGBT，极限耐压可达 120kV，可承受超过 800A 的极限瞬时脉冲电流。这种设计可解决高压高功率模块化脉冲调制器的耐压和电流问题，且每组 IGBT 正常工作电压不超过单管极限耐压的一半。

由图 12.44 可知，高压高功率模块化脉冲调制器由储能电容、电流检测单元、栅极驱动电路及控制电路、多组 IGBT 及 IGBT 均压电路组成。IGBT 的均压保护主要由静态均压及钳位电路组成，静态均压电路用于保证脉冲间歇期间每组 IGBT 承受电压的一致性。

单个调制开关组件采用多个 IGBT 串、并联设计，4 组调制开关组件串联形成高压开关。由于高压高功率模块化脉冲调制器的高压开关组件输出电压达到-42kV 以上，因此采用油箱绝缘，将开关组件整体放到油箱中，既减小了体积，又可解决绝缘耐压的问题。

高压高功率模块化脉冲调制器的损耗由 3 部分组成，导通损耗为脉冲工作期间 IGBT 的电压降引起的损耗；开关损耗为高压高功率模块化脉冲调制器开通、关闭的能量损耗；分布参数损耗包括高压高功率模块化脉冲调制器输出分布电容及回路的分布参数损耗，这部分电容的充放电有一半能量损耗在高压高功率模块化脉冲调制器上。

采用 IGBT 串、并联技术的高压高功率模块化脉冲调制器具有以下特点：

（1）模块化设计，结构设计合理，体积小，质量小；

（2）输出可直接连接速调管，无须脉冲变压器，调制波形好，脉冲宽度可调，效率高；

（3）电路设计简单，模块化冗余设计，可靠性高；

（4）打火保护可靠、迅速。

12.5.2　高压模块化长脉冲调制器

高压模块化长脉冲调制器采用直接耦合型调制器，其采用多个顶降补偿电路，实现了长脉冲输出。高压模块化长脉冲调制器适用于输出电压在百千伏量级以内、脉冲宽度超过 1ms 的场合。

1. 高压模块化长脉冲调制器的组成

高压模块化长脉冲调制器包括主储能电容、多个顶降补偿电路和调制开关。顶降补偿电路包括补偿电源、补偿开关和补偿电容。

2. 高压模块化长脉冲调制器的工作原理

高压模块化长脉冲调制器包括高压电源、储能电容、高压调制开关及多个顶降补偿电路，通过控制高压开关的导通和关断来实现输出高压脉冲。同时，在长脉冲输出时，多个顶降补偿电路的补偿开关依次导通，从而实现长脉冲输出。

顶降补偿电路实际上相当于一个小功率和中等脉冲宽度的模块化脉冲调制器，其包括电源、储能电容、调制开关和旁路二极管。其中，电源、储能电容、调制开关与直接耦合型脉冲调制器中的器件用途是一致的，旁路二极管用于在顶降补偿电路不起作用时，即该顶降补偿电路中的调制开关关断时，为高压模块化长脉冲调制器的调制脉冲提供电流通路。

顶降补偿电路输出电流与高压模块化长脉冲调制器的输出电流一致，工作电压通常为几千伏，一般不超过 5kV，这样更方便选择合适的调制开关。高压模块化长脉冲调制器中的顶降补偿电路的个数与其工作电压呈反比关系，工作电压越高，则使用顶降补偿电路的个数可以越少；其工作电压越低，则使用的顶降补偿电路的个数越多，相应地，其定时与控制电路相对也越复杂。

3. 高压模块化长脉冲调制器的设计方法和设计实例

高压模块化长脉冲调制器的设计重点包括如下三个方面。

（1）调制开关由多个 IGBT 串、并联组成，工作在高电位，要求每个开关器件的驱动必须严格同步，驱动信号间绝缘隔离。因此，高压模块化长脉冲调制器工作于长脉冲时，应重点解决长脉冲驱动信号传输和抗干扰等设计难题。

（2）高压模块化长脉冲调制器在脉冲放电期间，其能量由储能电容提供，在相同脉冲电流、电压的情况下，储能电容与脉冲宽度成正比。为减小高压模块化长脉冲调制器的储能电容的容量和体积，需采用脉冲能量补偿技术，减小储能电容的容量和体积，使之满足体积、安装等要求。

（3）为提高绝缘耐压和抗干扰能力，需要保证驱动信号间严格同步，高压模块化长脉冲调制器的驱动电路一般采用变压器传输的无源耦合驱动技术，但由于变压器不适合传输长脉冲，因此采用驱动信号载波调制技术，经高压端整流，还原成长脉冲驱动信号。为保证脉冲后沿，设计切尾电路，进行切尾整形。这样既保持了无源耦合驱动技术的优势，又拓展了驱动信号的宽度，使高压模块化长脉冲调制器脉冲宽度范围从几微秒直至直流。

下面以某大功率高压模块化长脉冲调制器的设计为例，简要介绍高压模块化长脉冲调制器的设计方法。高压模块化长脉冲调制器的设计指标如下：

- 最高输出脉冲电压为-50kV；
- 最大输出脉冲电流为 100A；
- 最大脉冲宽度为 5ms；
- 脉冲前沿≤2μs；
- 脉冲后沿≤5μs；
- 脉冲最高重复频率为 100Hz；
- 输出脉冲电压顶降≤5%；
- 高压模块化脉冲调制器最大工作比为 3%。

高压模块化长脉冲调制器采用直接耦合型调制器形式。为满足长脉冲要求，在高压电源输出端，串联多路补偿电源，每路补偿电源与主电源通过开关连接，当调制脉冲放电期间，脉冲顶降达到门限电平，补偿电源顺序导通，对调制脉冲进行能量补偿，减小脉冲顶降幅度。高压模块化长脉冲调制器组成如图 12.45 所示。

高压模块化长脉冲调制器主要由高压主电源、高压调制开关、高压储能电容、顶降补偿电路和定时驱动控制单元等组成。高压主电源给高压储能电容及顶降补偿电路充电，经过高压调制开关后输出脉冲高压给速调管。定时驱动控制单元主要接收定时脉冲、使能信号，经过处理后输出脉冲信号驱动高压调制开关IGBT，而且输出信号控制顶降补偿电路以补偿脉冲期间高压储能电容上的电压降落，同时检测故障信号快速关断调制器开关。当负载发生打火时，定时驱动单元产生保护信号关断高压输出，达到保护速调管的目的。为解决高压绝缘和散热设计问题，减小高压模块化长脉冲调制器的体积，提高可靠性，其调制器开关及其悬浮在高电位的电路单元全部放在高压油箱里。

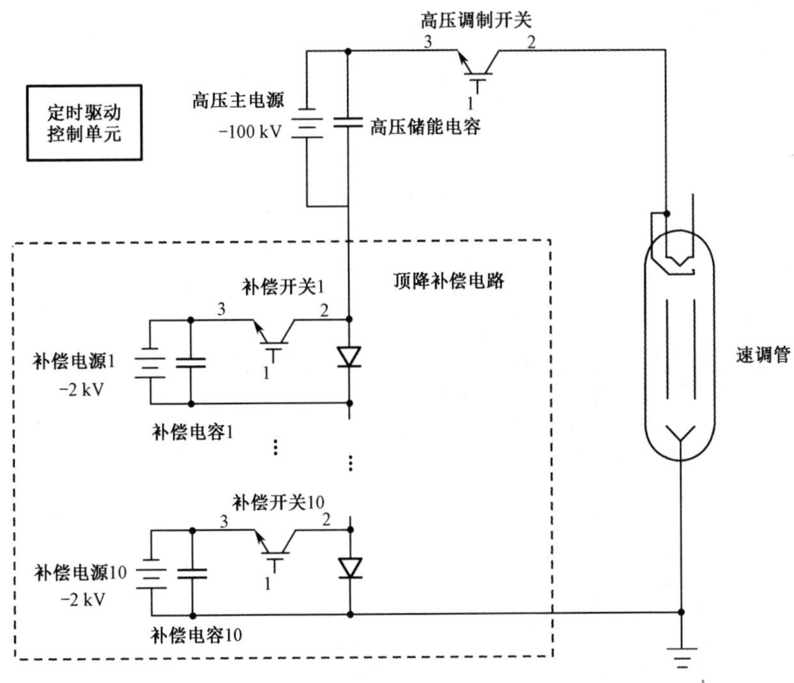

图 12.45　高压模块化长脉冲调制器组成

高压模块化长脉冲调制器的工作电压高达 50kV，使用多个 IGBT 串联是高压模块化长脉冲调制器的核心技术。设计中选用的 IGBT 耐压为 2500V，使用 50 组 IGBT 进行串联，有利于器件的降额使用，提高可靠性，而且可以在个别 IGBT 损坏的情况下，保证高压模块化长脉冲调制器不用停机继续使用，大大提高了系统的连续工作时间和可靠性。设计中主要通过动态均压和直流均压网络两种电路，保证这 50 组 IGBT 始终工作在安全电压范围内，在 IGBT 导通和截止的稳态工作期间，由直流均压电路平均分配加在 IGBT 上的电压，而由动态均压网络保证 IGBT 在脉冲开启上升和关断下降期间的电压尖峰在安全工作电压以内并保持一致。

由于高压模块化长脉冲调制器的脉冲电流高达 100A，考虑到负载最大电流，IGBT 必须并联使用，以提高高压模块化长脉冲调制器的抗电流冲击能力，选择了三个 IGBT 的并联方案，且选正温度系数特性的 IGBT 并联使用。

高压模块化长脉冲调制器中的开关组件原理框图如图 12.46 所示。整个高压模块化长脉冲调制器采用多个调制开关组件组成。每个调制开关组件包括 100 个 IGBT 开关（VT_1～VT_{100}），由 25 组 IGBT 串联，每组由 4 个 IGBT 并联。IGBT 安装在印制板上，整个高压模块化长脉冲调制器的极限耐压超过 120kV。IGBT 开关由触发驱动电路控制导通和关断。

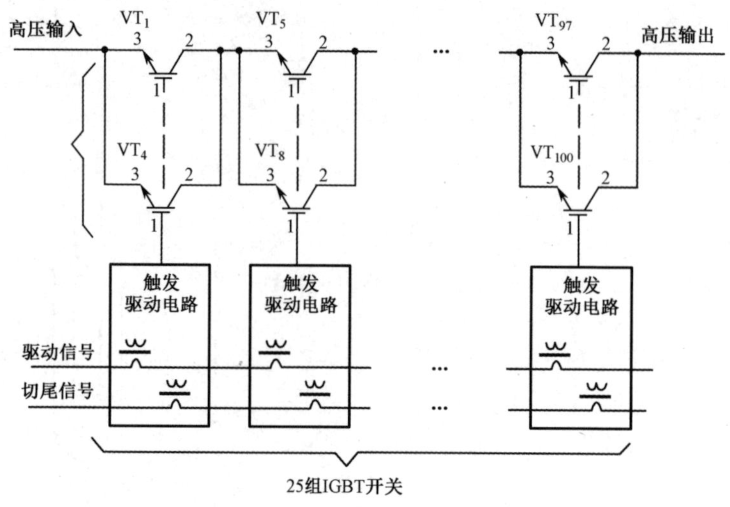

图 12.46　高压模块化长脉冲调制器中的开关组件原理框图

高压模块化长脉冲调制器开关触发驱动电路组成框图如图 12.47 所示。该触发驱动电路采用了高频调制技术并且增加了切尾开关来解决长脉冲的传输问题。它包括一个 100kHz 的振荡器及驱动电路、定宽电路及其驱动电路、整流滤波电路和切尾开关。振荡器产生的 100kHz 方波经过驱动电路推动互感器 T_1，振荡方波耦合到互感器 T_1 次级后由整流滤波电路处理，给开关管提供驱动电平。在脉冲信号关断或者输入过流保护信号时，控制电平立即下降为低电平，振荡器停止工作，开关管的驱动电平下降；与此同时，定宽电路产生 10μs 左右的切尾脉冲，经过驱动电路推动互感器 T_2，脉冲耦合到切尾开关，切尾开关导通使开关管的驱动电平迅速下降为零值，加快了高压模块化长脉冲调制器开关的关断速度，提高了高压模块化长脉冲调制器开关的保护性能。

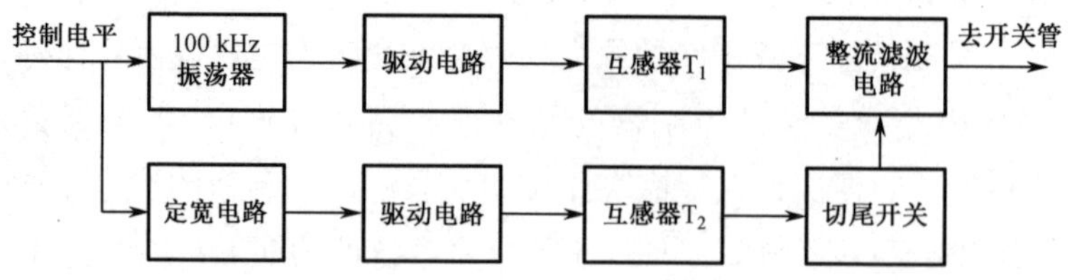

图 12.47　高压模块化长脉冲调制器开关触发驱动电路组成框图

12.5.3　高速高集成脉冲调制器

近年来，微波功率放大器及雷达发射机的技术不断发展进步，其性能指标也持续提升，在输出功率、工作频率与带宽、全脉冲信号工作方式、效率、可靠性和环境适应性等方面表现得尤其突出。微波功率放大器是雷达发射机的关键部件，其性能直接决定了整个雷达系统的性能。为了进一步降低微波功率放大器的功耗，提高微波功率放大器的效率，提升优良的全脉冲信号工作能力，为微波功率放大器提供脉冲电源的高速高集成脉冲调制器的性能提升，以及在微波功率放大器中的实际应用变得越来越重要。

1. 高速高集成脉冲调制器的组成

高速高集成脉冲调制器主要由直流电源、储能电容、驱动单元及脉冲调制单元等组成，其组成框图如图 12.48 所示，它的主要作用是为微波功率器件提供性能指标满足要求的脉冲调制电源。

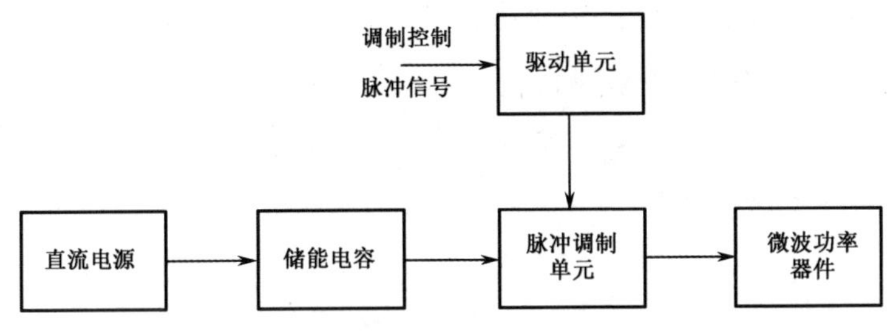

图 12.48　高速高集成脉冲调制器组成框图

2. 高速高集成脉冲调制器的工作原理

直流电源将能量储存至储能电容中，储能电容提供瞬时脉冲所需要的能量，稳定输出脉冲的电压幅值、减小脉冲顶降；驱动单元把调制控制脉冲信号转换为脉冲调制单元固态开关所需的大电流驱动信号，快速驱动脉冲调制单元固态开关的通断；脉冲调制单元一般采用高速、大电流、低内阻的 MOSFET 开关器件，在脉冲调制单元导通期间将储存能量快速地泄放到微波功率器件负载上，得到满足技术要求的高电压、大电流、具有快速前后沿的调制脉冲。调制脉冲产生电路和储能电容共同保证输出的调制脉冲幅值维持在要求的顶降范围之内。

3. 高速高集成脉冲调制器的设计方法和设计实例

微波功率放大器性能指标的进一步提升对高速高集成脉冲调制器的输出电压、电流、导通与关断速度、脉内顶降、重复频率等指标提出了更高的要求；同时也对高速高集成脉冲调制器适应负载特性和体积、质量，以及与微波放大器的匹配电路、微波功率器件的紧密集成等也提出了严格的要求。另外，随着第三代半导体高压大功率微波器件和多路合成技术的快速发展与应用，对高速高集成脉冲调制器的要求也大幅提高，有时脉冲峰值电流需求高达上百安培，且要求脉冲前后沿指标小于百纳秒。

下面以高速高集成脉冲调制器的设计为例，简要介绍高速高集成脉冲调制器的设计方法。该调制器的设计指标如下：

- 最高输出脉冲电压为100V；
- 最大输出脉冲电流为100A；
- 脉冲前沿≤100ns；
- 脉冲后沿≤100ns；
- 输出脉冲电压顶降≤5%。

高速高集成脉冲调制器设计的重点是实现大电流、低阻抗及复杂负载情况下输出波形的快速上升和下降。脉冲调制单元采用快速、导通电阻很小的 NMOS 器件作为开关管，可有效调控输出脉冲的上升、下降时间和过冲等波形参数，同时可以减小导通期间 MOS 管的导通压降，提高系统效率。高速高集成脉冲调制器组成框图如图 12.49 所示。

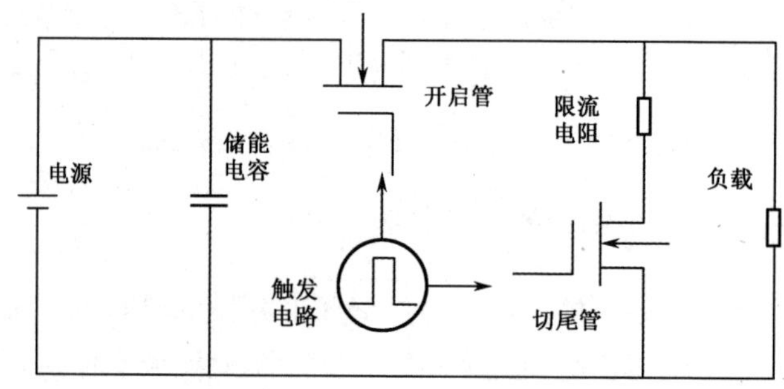

图 12.49　高速高集成脉冲调制器组成框图

高速高集成脉冲调制器包括电源、储能电容、开启管、切尾管、触发电路、限流电阻和负载等。

电源为储能电容提供直流能量；储能电容经开启管为负载提供能量；切尾管在脉冲结束时导通，提供快速放电通路，从而改善调制脉冲的后沿；限流电阻用于控制放电时的电流；触发电路用于接收定时控制信号，形成两路输出互为反相关系的驱动信号，并经过整形放大后，分别控制开启管和切尾管的导通与关断。

当定时信号由低电平翻转为高电平时，开启管导通，切尾管关断，储能电容经开启管向负载放电；当定时信号由高电平翻转为低电平时，开启管关断，切尾管导通，使得微波功率放大器的漏极脉冲能量通过限流电阻和切尾管快速泄放，以加快输出脉冲后沿下降速度和改善脉冲振荡及拖尾。

此类高速高集成脉冲调制器的特点是低阻抗、大电流，重点是脉冲前沿、后沿指标要求高，须关注以下几个方面的内容。

1）单元电路的高集成设计

调制开关器件、驱动模块和储能装置是高速高集成脉冲调制器的三个重要组成部分。调制开关器件在驱动模块输出脉冲控制下导通或关断，使储能电容向负载功率器件放电，从而在负载上得到所设定脉宽和重复频率的调制脉冲。为避免产生过大的脉冲顶降，要求储能电容具有足够的容量，同时储能电容应具有小的等效串联电阻以实现快速充放电。

由于负载等效阻抗加传输线阻抗较小，调制供电馈电线上的大脉冲电流供电能力和脉冲前沿、后沿速度受放电回路参数的影响比较大，因此在电路实现时必须尽可能地缩短调制管、储能电容和微波功率器件的物理距离，进行集成设计，努力降低调制放电回路等效串联电感，优化回路参数。

由于单元电路脉冲调制电流非常大，对输出脉冲波形的影响很大，传统的电路布局已经不能满足单元电路的性能要求，同时也需要紧凑布置储能电容和微波功率器件。为提升调制脉冲前沿、后沿速度，减小回路参数损耗，就需要在三维空间将电源调制电路与功放电路集成设计，同时综合选择开关管、驱动模块和储能电容的型号及集成实现形式。放电回路参数优化的有效手段主要为通过理论计算和仿真分析，优化单元电路的高集成设计，减小电流传输距离，实现调制、储能和阻抗匹配的集成设计。

具体实例的单元电路高集成设计的实现方式为充分利用微波功率器件匹配电路上方的空间，将常用的微带电路改为带状线电路，在带状线电路的上部空间内布置调制电路及储能电容组合，通过过孔在带状线和微带电路之间实现连接，完成立体结构的集成排布。选用固体介质电容器作为储能电容，可以起到减小脉冲调制电路的体积，降低大电流放电电路中回路参数对脉冲前沿、后沿影响的作用，同时固体钽电容的耐压较低，需要通过串联应用来提高其耐压，并通过设计串联均压电路来保证电容器件的可靠应用。

2）调制开关浮动电位驱动及低功率损耗设计

调制开关在脉冲调制电路中起着重要作用，调制开关的性能在很大程度上决定了脉冲调制电路的输出性能。根据微波功率器件的工作电压和脉冲峰值电流，调制开关通常选用快速 Si MOSFET 功率开关器件，Si MOSFET 功率开关的栅源极、栅漏极之间具有较大的寄生电容，为了提升前沿、后沿速度，要求驱动模块在脉冲前沿输出足够大的瞬态电流给寄生电容充电，而在脉冲后沿提供低阻抗回路供寄生电容迅速放电，充放电越快，开关时间越短，开关损耗越小。

根据电路结构，调制开关管浮动在漏极电源的高电位上，驱动方式不能采用分压驱动的模式实现，实现的技术途径一般采用自举电路设计调制开关管驱动电路，不增加额外的辅助电源，简化电路设计，减小电路体积，而且可以实现脉冲调制电路的输出短路保护，提高脉冲调制电路的可靠性。

调制开关的损耗包括开关管的开关损耗和通态损耗，减小损耗的措施主要是增加开关管的驱动电流，提高开关速度来减小器件开通、关断过程中电流和电压的交叠区域，从而减小开关损耗；通过优选导通损耗低的半导体开关器件，减小开关压降，从而降低开关管的通态损耗。

3）脉冲调制单元前沿、后沿速度提升技术

脉冲调制单元是脉冲调制器的核心部分，如何实现输出脉冲的快速上升、下降，是脉冲调制单元设计的重点。采用具备高电压、大电流及快速导通与关断能力的 Si MOSFET 或 GaN 半导体 NMOS 管作为开关器件，利用高集成设计前沿和后沿陡化电路措施，有效减小调制输出脉冲的前沿、后沿时间。通过合理设计脉冲前沿过冲吸收回路和后沿过冲泄放回路，有效减小输出脉冲前沿、后沿过冲和消除脉冲振荡拖尾，使负载得到较为理想的脉冲。

4）储能电容快速放电与减小顶降技术

储能电容不是理想电压源，不可避免地存在等效串联电阻和电感，这就使得脉冲前沿上升变缓、脉冲波形波动，而且由于电容容量有限，脉冲电压也会有顶降，将会影响脉冲功率放大器的性能。在具体实例设计中，储能电容采用钽电容和陶瓷电容的组合形式，这种组合有利于在有限空间的情况下，既可以得到有较快上升速度的脉冲前沿，又可以将脉内顶降保持在允许范围内。陶瓷电容的频率特性较好，具有极低的等效串联电阻和电感，但是其容量较小，储能密度低，其主要作用是实现较快上升速度的脉冲前沿。相同体积下，钽电容的容量远远大于陶瓷电容，可以有效改善脉内顶降的问题。但是钽电容存在一定的等效串联电阻和电感，可能引起脉冲顶部振荡。

5）减小回路等效阻抗设计技术

为减小电路中输出脉冲电流回路的等效串联电阻和电感，宜采用多层布线降低回路的等效阻抗，储能电容靠近主开关器件并对耦放置以降低等效电感，设置过孔以就近连接相应回路，放置大电流母排，增加布线宽度以降低等效阻抗。

高速高集成脉冲调制器、高压高功率模块化脉冲调制器等固态脉冲调制器是雷达发射机的一个重要组成部分，可以产生高速窄脉冲、宽脉冲和长脉冲等复杂脉冲波形，可以满足新一代雷达复杂工作模式的需求，并将显著地提高发射机及雷达系统的技术性能指标。

参考文献

[1] Zheng Xin. Research on a Novel Millimeter Wave Radar Transmitter[C]. Proceedings of 2006 Cie International Conference on Radar, IEEE Press, 2006.

[2] 郑新，刘超，杨明. 大功率毫米波雷达及器件新技术研究[J]. 微波学报，2020，36(1)：62-66.

[3] 向敬成，张明友. 毫米波雷达及其应用[M]. 北京：国防工业出版社，2005.

[4] 江伟华，张弛. 高功率微波[M]. 北京：国防工业出版社，2009.

[5] 郑新，刘超. 太赫兹技术的发展及在雷达和通讯系统中的应用(Ⅰ)[J]. 微波学报，2010，26(6)：1-6.

[6] 郑新，刘超. 太赫兹技术的发展及在雷达和通讯系统中的应用(Ⅱ)[J]. 微波学报，2011，27(1)：1-5.

[7] 薛良金. 毫米波工程基础[M]. 北京：国防工业出版社，2001.

[8] 王文祥. 真空电子器件[M]. 北京：国防工业出版社，2012.

[9] 杨明，刘超，郑新. 大功率、高频段电真空器件在雷达技术领域的应用分析[J]. 现代雷达，2017，39(4)：83-86.

[10] 郭开周. 行波管研制技术[M]. 北京：电子工业出版社，2008.

[11] Robert J Barker, Edl Schamiloglu. 高功率微波源与技术[M].《高功率微波源与技术》翻译组，译. 北京：清华大学出版社，2005.

[12] 王明红，薛谦忠，刘濮鲲. 太赫兹真空电子器件的研究现状及其发展评述[J]. 电子与信息学报，2008，30(7)：1766-1772.

[13] Gilmour A S. 速调管、行波管、磁控管、正交场放大器和回旋管[M]. 丁耀根，张兆传，等译. 北京：国防工业出版社，2012.

[14] Richard G Carter. 微波和射频真空电子功率源[M]. 冯进军，杨金生，蔡军，等译. 北京：清华大学出版社，2021.

[15] 杨明，郑新. 一种毫米波数字化微波功率模块的研究[J]. 微波学报，2017，33(2)：36-40.

[16] 杨明. 毫秒级宽脉冲速调管发射机研究[J]. 现代雷达，2017，39(6)：63-66.

反侵权盗版声明

举报电话：（010）88254396；（010）88258888

传　　真：（010）88254397

E-mail:　　dbqq@phei.com.cn

通信地址：北京市万寿路 173 信箱

电子工业出版社总编办公室

邮　　编：100036